新编高等教育电子信息类系列教材

单片微机原理与接口技术
——基于 STC8H8K64U 系列单片机

丁向荣　编　著
姚永平　主　审

U0290502

教材内容与特色：

1. 教学与生产实际同步，采用 STC8051 单片机终极版：STC8H8K64U 系列单片机为教学机型；

2. 理实一体，精选工程训练实例；

3. "汇编+C" 双语言编程；

4. STC 大学计划；

5. 免费提供教学课件与工程训练源程序。

电子工业出版社
Publishing House of Electronics Industry
北京·BEIJING

内 容 简 介

本书以STC8H8K64U系列单片机为教学平台，该系列单片机代表当今8位机较高水平，包含高级PWM定时器、USB模块及16位硬件乘/除法器等高级功能模块。本书基于STC大学计划实验箱（8.3）（主控单片机为STC8H8K64U系列单片机），采用"汇编+C"双语言编程，精选工程训练实例，设计多种类型的习题。本书内容包括单片机基础，对STC8H8K64U系列单片机的增强型8051内核、应用系统的开发工具、指令系统、汇编及C双语言程序设计、存储器与应用编程、定时/计数器、中断系统、串行通信端口、人机对话接口的应用设计、12位A/D转换模块、比较器、SPI接口、I²C通信接口、高级PWM定时器、USB模块、16位乘/除法器的介绍，以及应用其进行低功耗设计与可靠性设计的介绍。

本书可作为高等学校电子信息类、电子通信类、自动化类、计算机应用类专业"单片机原理与应用"或"微机原理"课程教材，也可作为电子设计竞赛、单片机应用工程师考证的培训教材，还可作为传统8051单片机应用工程师升级转型的参考书。

为便于教学，宏晶科技有限公司免费提供STC8H8K64U或STC32G12K128迷你核心板（以院校为单位，由授课老师提交申请，联系电话：0513-55012928）。

图书在版编目（CIP）数据

单片微机原理与接口技术：基于STC8H8K64U系列单片机 / 丁向荣编著. —北京：电子工业出版社，2021.9

ISBN 978-7-121-42082-5

Ⅰ. ①单… Ⅱ. ①丁… Ⅲ. ①单片微型计算机－基础理论－高等学校－教材②单片微型计算机－接口－高等学校－教材 Ⅳ. ①TP368.1

中国版本图书馆CIP数据核字（2021）第190858号

责任编辑：郭乃明　　　　　特约编辑：田学清
印　　刷：涿州市京南印刷厂
装　　订：涿州市京南印刷厂
出版发行：电子工业出版社
　　　　　北京市海淀区万寿路173信箱　　　　邮编：100036
开　　本：787×1092　　1/16　　印张：32.25　　字数：825.6千字
版　　次：2021年9月第1版
印　　次：2023年6月第4次印刷
定　　价：59.00元

序

21 世纪，全球全面进入了计算机智能控制和计算时代，而其中的一个重要发展方向就是以单片机为代表的嵌入式计算机控制和计算。在中国工程师和学生群体中普遍使用的 8051 单片机已有 40 多年的应用历史，绝大部分工科院校均有相关必修课，行业企业中也有几十万名对该单片机十分熟悉的工程师在长期地相互交流开发和学习心得，还有大量的经典程序和电路可以直接套用，大幅降低了开发风险，极大地提高了开发效率，这也是基于 8051 单片机的 STC 系列单片机产品的巨大优势。

Intel 8051 技术诞生于 20 世纪 70 年代，如果不对其进行大规模创新，我国的单片机教学与应用将陷入被动局面。为此，深圳市宏晶科技有限公司（以下简称宏晶科技）对 8051 单片机进行了全面的技术升级与创新，发布了 STC89 系列、STC90 系列、STC10 系列、STC11 系列、STC12 系列、STC15 系列、STC8A 系列、STC8G 系列、STC8H 系列，累计有上百种产品。

这些产品具有如下特点：采用 Flash（可反复编程 10 万次以上）和 ISP/IAP（在系统可编程/在应用可编程）技术；针对抗干扰性能进行了专门设计，超强抗干扰；进行了特别加密设计，如 STC8H 系列单片机现无法解密；对传统 8051 单片机进行了全面提速，STC 系列单片机的指令执行速度最高可达传统 8051 单片机指令执行速度的 24 倍；大幅提高了集成度，如集成了 USB、12 位 A/D（15 通道）、16 位高级 PWM（PWM 还可作为 DAC 使用）、高速同步串行通信端口 SPI、I²C、高速异步串行通信端口 UART（4 组）、16 位自动重载定时器、硬件看门狗、内部高精准时钟（温漂为±1%，工作温度为-40～+85℃，可彻底省掉价格昂贵的外部晶振）、内部高可靠复位电路（可彻底省掉外部复位电路）、大容量 SRAM、大容量 Data Flash/EEPROM、大容量 Flash 程序存储器等。

对于高等院校的单片机教学，一个 STC15/STC8H 系列单片机就是一个仿真器，定时器被改造为支持 16 位自动重载（学生只需要学一种模式），串行通信端口通信波特率计算公式变为[系统时钟/4/(65536-重载数)]，极大地简化了教学。针对实时操作系统 RTOS，推出了不可屏蔽的 16 位自动重载定时器作为系统节拍定时器，并且在最新的 STC-ISP 在线编程软件中提供了大量的贴心工具，如范例程序、定时/计算器、软件延时计算器、波特率计算器、头文件、指令表、Keil 仿真设置等。

STC 系列单片机的封装也从传统的 PDIP40、LQFP44 发展到 SOP8/DFN8、SOP16、TSSOP20/QFN20、LQFP32/QFN32、LQFP48/QFN48、LQFP64/QFN64 等。每个芯片的 I/O 口有 6～60 个，价格从 0.65 元到 2.4 元不等，极大地方便了客户选型和设计。

2014 年 4 月，宏晶科技重磅推出了 STC15W4K32S4 单片机，该单片机能在较宽的电压范围内工作，集成了更多的 SRAM（4KB）、定时器（共 7 个，5 个普通定时器+2 个 CCP 定时器）、串行通信端口（4 组）、比较器、6 路 15 位增强型 PWM 等；宏晶科技为该产品专门开发了功能强大的 STC-ISP 在线编程软件，该软件具有项目发布、脱机下载、RS-485

下载、程序加密后传输下载、下载需要口令等功能，并已申请专利。IAP15W4K58S4 是全球第一个利用一个芯片不需要 J-Link/D-Link 就可进行仿真的芯片。

2020 年 3 月，宏晶科技推出了具有 USB 功能的 STC8H8K64U 单片机，其工作电压为 1.9～5.5V，不需要任何转换芯片。STC8H8K64U 单片机可直接通过计算机 USB 接口进行 ISP 下载编程和仿真，它集成了更多的扩展 SRAM（8KB+1KB）、定时器（共 13 个，5 个普通定时器 + 8 个 PWM 定时器）、串行通信端口（4 组）、I²C、SPI、带死区控制的 8 路 16 位高级 PWM、比较器等。STC8H8K64U 单片机的 16 位乘除法器标志着其成了准 16 位单片机，后续版本还会增加 DMA、实时时钟 RTC 等功能。

STC8H 实验箱已推出，使用本书的高等院校可优先免费获得 STC8H 实验箱，以建立 STC 高性能 8051 单片机联合实验室。

宏晶科技的 16 位 8051 单片机（这里简写为 STC16）支持 16MB 寻址。STC16 集成了 40KB SRAM、128KB Flash、USB、CAN、Lin，增加了单精度浮点运算器和 32 位乘除法器，浮点运算能力超过 M0/M3，用 Keil μVision 集成开发环境的 80251 编译器编译即可。

STC16F40K128-LQFP64/48 单片机集成了 USB、ADC、PWM、CAN、Lin、UART、SPI、IIC、40KB SRAM、128KB Flash、60 个 I/O 口，特别增加了单精度浮点运算器和 32 位硬件乘除法器。这是一款准 32 位单片机，其实验箱已推出，与 STC8H8K64U 单片机引脚兼容。

STC32M4（ARM V8 架构的 32 位单片机）与 STC8H/STC16/STC32M4 的引脚兼容。

利用同一个实验箱，大学一年级实验焊 STC8H，大学二年级实验焊 STC16，大学三年级实验焊 STC32M4。这将成为中国高等院校嵌入式系统教学改革的主流。

对 STC 大学计划与单片机教学的看法

STC 大学计划正在如火如荼地进行中。从第十五届 STC 大学计划开始，全国大学生智能汽车竞赛已指定 STC8H8K64U / STC8G2K64S4 系列单片机为大赛指定用控制器，全国数百所高等院校，上千支队伍参赛。在国内多所大学建立了 STC 高性能 8051 单片机联合实验室。

现在大学的学生单片机入门到底先学 32 位机好还是先学 8 位机（8051）好？我觉得还是 8 位机（8051）好。因为现在大学嵌入式课程一般只有 64 学时，甚至只有 48 学时，仅够学生把 8 位机（8051）学懂，达不到能做出产品的水平，但如果用同样的时间去学 32 位机，如 STC32M4，学生很可能学不懂，最多只会函数调用，没有实际意义，反而不如先打牢基础，如果想继续深入学习，也可以凭借坚实的基础迅速提高。

对大学工科非计算机专业 C 语言教学的看法

现在工科非计算机专业介绍 C 语言的教材内容较为空洞，学生学完之后不知道干什么。以前我们在学 BASIC 或 C 语言时，学完理论知识后用 DOS 系统，也在 DOS 系统下开发软件。现在学生学完理论知识后，要从 Windows 系统返回 DOS 系统，并且 C 语言程序也不能在 8051 单片机上运行。嵌入式 C 语言有多个版本。我们现在将单片机和 C 语言（面向控制的嵌入式 C 语言）放在一门课中，学生学完后知道可以用这些知识做什么。我们现在主要的工作是，推进我国的工科非计算机专业微机原理/单片机原理高校教学改革，研究成果的具体化，就是大量教学改革教材的推出。丁向荣老师编写的这本书就是这些研究成果中的杰出代表。希望能在我们这一代人的努力下，让我国的嵌入式单片机系统设计全球领先。

对全国大学生电子设计竞赛的支持

2021 年和 2023 年的全国大学生电子设计竞赛采用可仿真的超高速 STC8H/STC8G/STC16 系列 1T 8051 单片机为主控芯片（不需要外部晶振/外部复位，宽电压，一个单片机就是一台仿真器）。

获得最高奖的参赛队伍（限一支），宏晶科技特别奖励其 10 万元，全体指导老师分享 7 万元，全体参赛学生分享 3 万元。

获得一等奖的参赛队伍（限 300 支以内），宏晶科技特别奖励每队 2 万元，参赛学生分享 1 万元，老师分享 1 万元。

STC8H8K64U 单片机是宏晶科技基于 8051 单片机架构设计的新型产品，除保留了 STC8A 等系列产品的优良性能外，还增加了 USB 接口、高级 PWM 定时器、16 位乘除法器、实时时钟等高级功能模块，尤其具备了准 16 位单片机的运算能力。STC8H8K64U 单片机是第 15 届和第 16 届全国智能汽车大赛的指定参赛芯片。

感谢 Intel 公司推出了经久不衰的 8051 体系结构，感谢丁向荣老师基于 STC8H8K64U 系列单片机编写的新书。本书是 STC 大学计划实验箱的配套教材，STC 大学推广计划的合作教材，STC 杯单片机系统设计大赛的参考教材，全国智能汽车大赛和全国大学生电子设计竞赛的参考教材。

STC 单片机创始人
姚永平

前　言

　　单片机技术是现代电子系统设计、智能控制的核心技术。单片机课程是应用电子、电子信息、电子通信、物联网、机电一体化、电气自动化、工业自动化、计算机应用等相关专业的必修课程。本书是编者根据自身 35 年单片机应用经历及教学经验，精心打造的 8051 单片机前沿技术的单片机课程教材。

　　STC 系列单片机传承自 Intel 8051 单片机，其在 Intel 8051 单片机框架基础上注入了新鲜血液。宏晶科技对 8051 单片机进行了全面的技术升级与创新：采用 Flash（可反复编程 10 万次以上）和 ISP/IAP（在系统可编程/在应用可编程）技术；针对抗干扰性能进行了专门设计，超强抗干扰；进行了特别加密设计，如 STC8H 系列单片机现无法解密；对传统 8051 单片机进行了全面提速，STC 系列单片机的指令执行速度最高可达传统 8051 单片机指令执行速度的 24 倍；大幅提高了集成度，如集成了 USB、12 位 A/D（15 通道）、16 位高级 PWM（PWM 还可作为 DAC 使用）、高速同步串行通信端口 SPI、I²C、高速异步串行通信端口 UART（4 组）、16 位自动重载定时器、硬件看门狗、内部高精准时钟（温漂为±1%，工作温度为-40~+85℃，可彻底省掉价格昂贵的外部晶振）、内部高可靠复位电路（可彻底省掉外部复位电路）、大容量 SRAM、大容量 Data Flash/EEPROM、大容量 Flash 程序存储器等。STC 系列单片机的在线下载编程功能、在线仿真功能及分系列的资源配置，增加了单片机型号的可选择性，用户可根据单片机应用系统的功能要求选择合适的单片机，从而降低单片机应用系统的开发难度与开发成本，使得单片机应用系统更加简单、高效，提高了单片机应用产品的性价比。

　　STC8H8K64S4U 单片机是宏晶科技基于 8051 单片机架构的新型产品。STC8H8K64U 系列单片机是当今 8 位机中的佼佼者，除保留了 STC8A 等系列产品的优良性能外，还增加了 USB 接口、高级 PWM 定时器、16 位乘除法器、实时时钟等高级功能模块，尤其具备了 16 位单片机的运算能力。STC8H8K64U 单片机是第 15 届和第 16 届全国智能汽车大赛的指定参赛芯片。

　　MCU（微控制器）的学习与应用，在编程上分为三个层次：一是基于寄存器的编程，8 位单片机的编程大多采用这种方式；二是基于库函数的编程，STM32 系列单片机可以采用基于寄存器的编程，但它通常还是采用基于库函数的编程；三是基于操作系统的编程（高端 ARM 应用）。

　　单片机的学习实际上就是学习单片机各功能模块、接口对应的特殊功能寄存器，单片机编程就是利用编程语言（汇编语言或 C 语言）管理与控制各特殊功能寄存器，达到用单片机完成各种具体任务的目的。所以说，掌握单片机的特殊功能寄存器是学好单片机的关键。为了更好地理解和应用特殊功能寄存器，本书根据特殊功能寄存器的特点，对特殊功能寄存器的描述进行了相应调整，在此，事先简要说明。

　　（1）因为 STC8H8K64U 系列单片机功能接口较多，基本 RAM 区的特殊功能寄存器区

已容纳不下，大部分特殊功能寄存器都布局在扩展 RAM 区域。所以，可将 STC8H8K64U 系列单片机的特殊功能寄存器可分成两种类型：一种称为基本特殊功能寄存器（FSR），即传统 8051 单片机的特殊功能寄存器；另一种称为扩展特殊功能寄存器（XFSR），位于扩展 RAM 地址空间区域。访问扩展特殊功能寄存器要与访问扩展 RAM 区相区分。**要特别注意，在访问扩展特殊功能寄存器前，要执行"P_SW1|=0x80;"语句，访问结束后，执行"P_SW1&=0x7f;"语句，切换为访问扩展 RAM 区状态。**

（2）基本特殊功能寄存器又分为两种类型：可位寻址特殊功能寄存器和不可位寻址特殊功能寄存器。在单片机的应用中，很多时候只需要进行一位或少数几位的控制，而此时又不能影响该特殊功能寄存器其他位的信息。对于可位寻址特殊功能寄存器，可直接对该特殊功能寄存器的位符号进行操作，若要将 PSW 的 CY 位置"1"，则直接执行"CY=1;"语句；若要将 PSW 的 CY 位清零，则直接执行"CY=0;"语句。在描述可位寻址特殊功能寄存器时，直接用该特殊功能寄存器的位符号来实现，如在介绍 PSW 的 CY 位时，直接对 CY 位进行描述。对于不可位寻址特殊功能寄存器，不可以直接对该特殊功能寄存器的位符号进行操作。例如，单片机需要进入停机模式，需要对 PCON 的 PD 位进行置"1"操作，但我们不能直接对 PD 位赋值，即直接执行"PD=1;"语句是错误的，必须知道 PD 位在 PCON 中的位置，利用或语句对指定的位进行与 1 相或（加）操作，其他位与 0 相或（加）实现对该位置"1"。如果 PD 位在 PCON 中的位置是 B1，那么对 PD 位的置"1"操作的语句是"PCON|=0x02;"。同样，如果需要对 PCON 的 PD 位进行置"0"操作，那么我们也不能直接对 PD 位赋值，如"PD=0;"语句是错误的，必须利用与语句对指定的位进行与 0 相与（乘）操作，其他位与 1 相与（乘）实现对该位置"0"。因此，对 PD 位的置"0"操作语句是"PCON&=0xfd;"。可见，对于不可位寻址特殊功能寄存器，各控制位的位符号虽然重要，但它所在的位置更重要。在描述不可位寻址特殊功能寄存器的某个控制位时，主体是"特殊功能寄存器名称+位位置"，主体后面所跟括号中给出该位的位符号。例如，在描述 PCON 的 PD 位时，相应语句为"PCON.1（PD）"，一目了然，知道该控制位在该特殊功能寄存器中的位置，利用"或"和"与"操作，就能实现该位的置"1"与置"0"操作，而其他位则不受影响。

（3）扩展特殊功能寄存器是不可位寻址的，因此，必须对扩展特殊功能寄存器的功能位（控制位或状态位）进行或"1"和与"0"操作，才能对指定位实现置"1"或置"0"操作。

本书采用 STC8H8K64U 系列单片机作为主讲机型。本书基于 STC 大学计划实验箱(8.3)（主控单片机：STC8H8K64U），采用"汇编+C"双语言教学，精选工程训练实例，设计多种类型的习题。本书内容包括认识单片机、STC8H8K64U 系列单片机增强型 8051 内核、STC8H8K64U 系列单片机应用系统的开发工具、STC8H8K64U 系列单片机的指令系统与汇编语言程序设计、C51 与 C51 程序设计、STC8H8K64U 系列单片机的存储器与应用编程、STC8H8K64U 系列单片机的定时/计数器、STC8H8K64U 系列单片机的中断系统、STC8H8K64U 系列单片机的串行通信端口、STC8H8K64U 系列单片机人机对话接口的应用设计、STC8H8K64U 系列单片机的 A/D 转换模块、STC8H8K64U 系列单片机的比较器、STC8H8K64U 系列单片机的 SPI 接口、STC8H8K64U 系列单片机的 I²C 通信接口、

STC8H8K64U 系列单片机的高级 PWM 定时器、STC8H8K64U 系列单片机的 USB 模块、STC8H8K64U 系列单片机的 16 位乘除法器、STC8H8K64U 系列单片机的低功耗设计与可靠性设计。

本书兼顾实用性、应用性与易学性，并以提高读者的工程设计能力与实践动手能力为目标。本书具有以下几方面的特点。

（1）单片机机型贴近生产实际。STC 系列单片机是我国 8 位单片机应用市场占有率较高的，本书采用 STC8H8K64U 系列单片机作为主讲机型。

（2）采用"双"语言编程。绝大多数应用程序的编程采用的是汇编语言和 C 语言（C51）对照编程。采用汇编语言设计的程序进行教学更有利于加强读者对单片机的理解，而 C51 在功能、结构，以及用其编写的程序的可读性、可移植性、可维护性方面相对于汇编语言而言有非常明显的优势。

（3）理论联系实际。在介绍单片机指令系统前，第 3 章专门介绍了单片机应用系统的开发工具，贯穿程序的编辑、编译、下载与调试。强化单片机知识的应用性与实践性，一条或若干条指令或一个程序段都可以用开发工具进行仿真调试或在线联机调试。

（4）强化了单片机应用系统的概念。学习单片机就是为了能开发与制作有具体意义的单片机应用系统，因此绝大多数章节都配置了工程训练实例。

（5）为了便于读者更好地理解教学内容，以及满足教学的需要，本书采用了多样化的习题类型，包括填空题、选择题、判断题、问答题与程序设计题。

（6）为便于读者学习与应用开发，附录中提供了实用的技术资料，如 STC 大学计划实验箱（8.3）电路图、STC8H8K64U 系列单片机特殊功能寄存器一览表、STC8H8K64U 系列单片机内部接口功能引脚的切换、C 语言编译错误信息一览表、C51 的模块化编程与 C51 库函数的制作等。

（7）在本书的编写过程中，编者直接与 STC 系列单片机的创始人姚永平先生、陈锋工程师进行了密切沟通与交流。姚永平先生担任本教材的主审，确保了本书内容的系统性与正确性。

（8）本书工程训练是基于 STC 大学计划实验箱（8.3）开发的，同样适用于 STC 大学计划实验箱（9.3）。本书是 STC 大学推广计划指定教材。

本书由丁向荣编著。宏晶科技在技术上给予了大力支持和帮助，STC 系列单片机创始人姚永平先生对全书进行了认真审阅，并提出了宝贵意见。在此，向所有提供帮助的人表示感谢！

由于编者水平有限，书中定有疏漏和不妥之处，敬请读者不吝指正！书中相关勘误或信息也会动态地公布在 STC 官网上。可发电子邮件到 dingxiangrong65@163.com，与编者进一步沟通与交流。

编　者

2020.10 于广州

目　　录

第1章　认识单片机

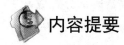 内容提要

从计算机的诞生、冯·诺依曼提出的"程序存储"和"二进制运算"的思想与冯·诺依曼经典结构，到微型计算机，引出了单片机的基本概念。着重介绍了 STC 系列单片机发展概况，以及 STC8H8K64U 单片机的资源配置。

1.1　单片机概述

1.1.1　微型计算机的工作原理

1946 年 2 月，第一台电子数字计算机 ENIAC（Electronic Numerical Integrator and Computer）问世，这标志着计算机时代的到来。

ENIAC 是电子管计算机，体积庞大，时钟频率仅有 100kHz。与现代计算机相比，ENIAC 的各方面性能都较差，但它的问世开创了计算机科学的新纪元，对人类的生产和生活方式产生了巨大的影响。

1946 年 6 月，美籍匈牙利数学家冯·诺依曼提出了"程序存储"和"二进制运算"的思想，构建了由运算器、控制器、存储器、输入设备和输出设备组成的电子计算机的冯·诺依曼经典结构，如图 1.1 所示。电子计算机技术的发展，相继经历了电子管计算机、晶体管计算机、集成电路计算机、大规模集成电路计算机和超大规模计算机五个时代，但是，计算机的结构始终没有突破冯·诺依曼提出的计算机的经典结构框架。

1.1.1.1　微型计算机的基本组成

随着集成电路技术的飞速发展，1971 年 1 月 Intel 公司的德·霍夫将运算器、控制器及一些寄存器集成在一块芯片上，组成了微处理器或中央处理单元（以下简称 CPU），形成了以 CPU 为核心的总线结构框架。

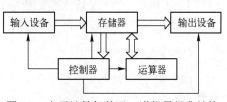

图 1.1　电子计算机的冯·诺依曼经典结构

微型计算机的组成框图如图 1.2 所示。微型计算机由微处理器、存储器（ROM、RAM）和输入/输出接口（I/O 口）和连接它们的总线组成。微型计算机配上相应的输入/输出设备（如键盘、显示器）就构成了微型计算机系统。

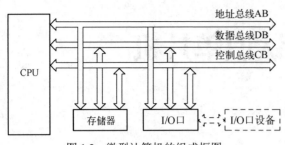

图 1.2　微型计算机的组成框图

1．CPU

CPU 由运算器和控制器两部分组成，是计算机的控制核心。

（1）运算器。

运算器由算术逻辑单元（ALU）、累加器（ACC）和寄存器等部分组成，主要负责数据的算术运算和逻辑运算。

（2）控制器。

控制器是发布指令的"决策机构"，可协调和指挥整个计算机系统的操作。控制器由指令部件、时序部件和微操作控制部件 3 部分组成。

指令部件是一种能对指令进行分析、处理和产生控制信号的逻辑部件，是控制器的核心部件。指令部件通常由程序计数器（Program Counter，PC）、指令寄存器（Instruction Register，IR）和指令译码器（Instruction Decode，ID）3 部分组成。

时序部件由时钟系统和脉冲发生器组成，用于产生微操作控制部件所需的定时脉冲信号。

微操作控制部件根据指令译码器判断出的指令功能形成相应的伪操作控制信号，用以完成该指令所规定的功能。

2．存储器

通俗来讲，存储器是微型计算机的仓库，包括程序存储器和数据存储器两部分。程序存储器用于存储程序和一些固定不变的常数和表格数据，一般由只读存储器（ROM）组成；数据存储器用于存储运算中的输入数据、输出数据或中间变量数据，一般由随机存取存储器（RAM）组成。

3．I/O 口

微型计算机的 I/O 设备（如键盘、显示器等），有高速的也有低速的，有机电结构的也有全电子式的，由于其种类繁多且速度各异，因此它们不能直接同高速工作的 CPU 相连。I/O 口是 CPU 与 I/O 设备连接的桥梁，其相当于一个转换器，用于保证 CPU 与 I/O 设备协调工作。不同的 I/O 设备需要的 I/O 口不同。

4．总线

CPU 与存储器和 I/O 口是通过总线相连的，总线包括地址总线（AB）、数据总线（DB）与控制总线（CB）。

（1）地址总线。

地址总线用于 CPU 寻址，地址总线的多少标志着 CPU 寻址能力的大小。若地址总线的根数为 16，则 CPU 的最大寻址能力为 2^{16}=64KB。

（2）数据总线。

数据总线用于 CPU 与外围元器件（存储器、I/O 口）交换数据，数据总线的多少标志着 CPU 一次交换数据的能力大小，决定了 CPU 的运算速度。通常所说的 CPU 的位数就是指数据总线的宽度，如 16 位机就是指计算机的数据总线为 16 位。

（3）控制总线。

控制总线用于确定 CPU 与外围元器件交换数据的类型，主要为读和写两种类型。

1.1.1.2　指令、程序与编程语言

一个完整的计算机是由硬件和软件两部分组成的。上文所述为计算机的硬件部分，是看得到、摸得着的实体部分，但计算机硬件只有在软件的指挥下，才能发挥其效能。计算机采取"存储程序"的工作方式，即事先把程序加载到计算机的存储器中，当启动运行后，计算机便自动地按照程序进行工作。

指令是规定计算机完成特定任务的指令，CPU 就是根据指令指挥与控制计算机各部分协调工作的。

程序是指令的集合，是解决某个具体任务的一组指令。在用计算机完成某个工作任务之前，人们必须事先将计算方法和步骤编制成由逐条指令组成的程序，并预先将它以二进制代码（机器代码）的形式存放在程序存储器中。

编程语言分为机器语言、汇编语言和高级语言。

- 机器语言是用二进制代码表示的，是机器能直接识别和执行的语言。采用机器语言编写的程序称为目标程序。机器语言具有灵活、可直接执行和速度快的优点，但可读性、移植性及重用性较差，编程难度较大。
- 汇编语言是用英文助记符来描述指令的，是面向机器的程序设计语言。采用汇编语言编写程序，既保持了机器语言的一致性，又增强了程序的可读性，并且降低了编写难度。但使用汇编语言编写的程序，机器不能直接识别，还要由汇编程序（又称汇编语言编译器）转换成机器指令。
- 高级语言是采用自然语言描述指令功能的，与计算机的硬件结构及指令系统无关，它有更强的表达能力，可方便地表示数据的运算和程序的控制结构，能更好地描述各种算法，而且容易学习掌握。但用高级语言编译生成的程序代码长度一般比用汇编语言编写的程序代码长度长，执行的速度也慢。高级语言并不是特指的某一种具体的语言，其包括很多编程语言，如目前流行的 Java、C、C++、C#、Pascal、Python、Lisp、Prolog、FoxPro、VC 等，这些语言的语法、指令格式都不相同。目前，在单片机、嵌入式系统应用编程中，主要采用 C 语言编程，在具体应用中还增加了面向单片机、嵌入式系统硬件操作的程序语句，如 Keil C（或称为 C51）。

1.1.1.3　微型计算机的工作过程

微型计算机的工作过程就是程序的执行过程，计算机执行程序是一条指令一条指令执行的。执行一条指令的过程分为三个阶段，即取指令、指令译码与执行指令，执行完一条指令，自动转向执行下一条指令。

1. 取指令

取指令是根据 PC 中的地址，在程序存储器中取出指令代码，并将其送到 IR 中。之后，PC 自动加 1，指向下一指令（或指令字节）地址。

2. 指令译码

指令译码是 ID 对 IR 中的指令进行译码，判断出当前指令的工作任务。

3. 执行指令

执行指令是在判断出当前指令的工作任务后，控制器自动发出一系列微指令，指挥计算机协调动作，从而完成当前指令指定的工作任务。

微型计算机工作过程示意图如图 1.3 所示，程序存储器从 0000H 地址开始存放了如下所示的指令。

```
ORG  0000H              ;伪指令，指定下列程序代码从 0000H 地址开始存放
MOV  A, #0FH            ;对应的机器代码为 740FH
ADD  A, 20H             ;对应的机器代码为 2520H
MOV  P1, A              ;对应的机器代码为 F590H
SJMP $                  ;对应的机器代码为 80FEH
```

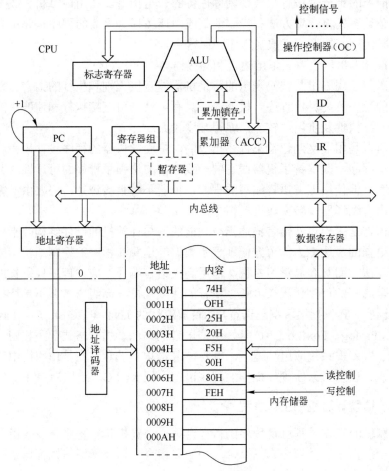

图 1.3 微型计算机工作过程示意图

下面分析微型计算机工作过程。

- 将 PC 内容 0000H 送至地址寄存器（MAR）；
- PC 值自动加 1，为获取下一个指令字节的机器代码做准备；

- 地址寄存器中的地址经地址译码器找到程序存储器的 0000H 单元；
- CPU 发读指令；
- CPU 将 0000H 单元内容 74H 读出，并送至数据寄存器中；
- 将 74H 送至 IR 中；
- 经 ID 译码，判断指令所代表的功能，操作控制器（OC）发出相应的微操作控制信号，完成指令操作；
- 根据指令功能要求，将 PC 内容 0001H 送至地址寄存器；
- PC 值自动加 1，为获取下一个指令字节的机器代码做准备；
- 地址寄存器中的地址经地址译码器找到程序存储器的 0001H 单元；
- CPU 发出读指令；
- CPU 将 0001H 单元内容 0FH 读出，并送至数据寄存器中；
- 数据读出后根据指令功能直接送至累加器（ACC），至此，完成该指令操作。

1.1.2　单片机

1.1.2.1　单片机的概念

将微型计算机的基本组成部分（CPU、存储器、I/O 口，以及连接它们的总线）集成在一块芯片上而构成的计算机，称为单片机。考虑到单片机的实质是用作控制，现已普遍改用微控制器（Micro Controller）一词来命名，缩写为 MCU。

由于单片机是嵌入式应用，故又称为嵌入式微控制器。根据单片机数据总线的宽度不同，单片机主要可分为 4 位机、8 位机、16 位机和 32 位机。在高端控制应用（如图形、图像处理与通信等）中，32 位机的应用已越来越普及；但在中低端控制应用中，在将来较长一段时间内，8 位机仍是单片机的主流机种。增强型单片机产品内部普遍集成有丰富的 I/O 口，而且集成有 ADC、DAC、PWM、WDT（硬件看门狗）等接口或功能部件，并在低电压、低功耗、串行扩展总线、程序存储器类型、存储器容量和开发方式等方面都有较大的发展。

由于单片机具有较高的性价比、良好的控制性能和灵活的嵌入特性，所以它在各个领域都得到了广泛的应用。

1.1.2.2　常见单片机

8051 内核单片机应用比较广泛，常见的 8051 内核单片机有以下几种。

（1）Intel 公司的 MCS-51 系列单片机。

MCS-51 系列单片机是美国 Intel 公司研发的，该系列产品主要有 8031、8032、8051、8052、8751、8752 等。8051 是 MCS-51 系列单片机中的典型产品，其构成了 8051 单片机的标准。MCS-51 系列单片机的资源配置如表 1.1 所示。

表 1.1　MCS-51 系列单片机的资源配置

型　　号	程序存储器	数据存储器	定时/计数器	并行 I/O 口	串行通信端口	中　断　源
8031	无	128B	2	32	1	5
8032	无	256B	3	32	1	6

型　　号	程序存储器	数据存储器	定时/计数器	并行 I/O 口	串行通信端口	中　断　源
8051	4KB ROM	128B	2	32	1	5
8052	8KB ROM	256B	3	32	1	6
8751	4KB EPROM	128B	2	32	1	5
8752	8KB EPROM	256B	3	32	1	6

由于 Intel 公司发展战略的重点并不在单片机方向，因此 Intel 公司已不生产 MCS-51系列单片机，现在应用的 8051 单片机已不再是传统的 MCS-51 系列单片机。获得 8051 内核的厂商在该内核基础上对其进行了功能扩展与性能改进。

（2）国产 STC 系列单片机，含 8 位单片机和 32 位单片机。

（3）荷兰 PHILIPS 公司的 8051 内核单片机。

（4）美国 Atmel 公司的 89 系列单片机。

1.1.2.3　其他单片机

除了 8051 内核单片机，比较有代表性的单片机还有以下几种。

（1）Freescale 公司的 MC68 系列单片机、MC9S08 系列单片机（8 位）、MC9S12 系列单片机（16 位）及 32 位单片机。

（2）美国 Microchip 公司的 PIC 系列单片机。

（3）美国 TI 公司的 MSP430 系列单片机（16 位）。

（4）日本 National 公司的 COP8 系列单片机。

（5）美国 Atmel 公司的 AVR 系列单片机。

随着单片机技术的发展，其产品也趋于多样化和系列化，用户可以根据自己的实际需求进行选择。

虽然单片机技术缺乏统一的标准，但单片机的基本工作原理都是一样的，它们的主要区别在于包含的资源不同、编程语言的格式不同。在使用 C 语言进行编程时，编程语言的差别就更小了。因此，只要学好了一种单片机，使用其他单片机时，只需要仔细阅读相应的技术文档就可以进行项目或产品的开发。

1.2　STC8H 系列单片机简介

1.2.1　STC 系列单片机概述

STC 系列单片机是增强型 8051 内核单片机，相对于传统的 8051 内核单片机，STC 系列单片机在片内资源、性能及工作速度方面都有很大的改进。STC 系列单片机采用的基于 Flash 的在线系统编程（ISP）技术，使得单片机应用系统的开发变得简单了，不需要仿真器或专用编程器就可以进行单片机应用系统的开发，同时方便了人们对单片机的学习。

STC 系列单片机产品系列化、种类多，现有超过百种的产品，能满足不同单片机应用系统的控制需求。按照工作速度与片内资源配置的不同，STC 系列单片机可分为若干个系列。按照工作速度不同，STC 系列单片机可分为 12T/6T 型单片机和 1T 型单片机：12T/6T 是指每个机器周期可设置为 12 个系统时钟或 6 个系统时钟，12T/6T 型单片机包括 STC89 和 STC90 两个系列；1T 是指每个机器周期只有 1 个系统时钟，1T 型单片机包括 STC11/10 和 STC12/15/8 等系列。STC89、STC90 和 STC11/10 系列属于基本配置单片机；STC12/15 系列相应地增加了 PWM、A/D 和 SPI 等接口模块；STC8A 系列则在 STC15 系列基础上增加了 I²C 模块，A/D 转换模块扩展到了 12 位；STC8H 系列则在 STC8A 系列基础上增加了 USB 模块，设置了高级 PWM 定时器，综合与优化了原有 PCA 模块及增强型 PWM 的功能。此外，STC8H8K64U 系列单片机还增加了 16 位乘/除法器。每个系列都包含若干产品，其差异主要体现在片内资源数量上。在应用选型时，应根据控制系统的实际需求，选择合适的单片机，即单片机内部资源要尽可能地满足控制系统的要求而减少外部接口电路，同时，在选择片内资源时应遵循"够用"原则，以保证单片机应用系统的高性价比和高可靠性。

1.2.2　STC8H 系列单片机

1．概述

STC8H 系列单片机采用 STC-Y6 超高速 CPU 内核，不需要外部晶振和外部复位，是以超强抗干扰、超低价、高速、低功耗为目标的 8051 单片机。在相同的工作频率下，STC8H 系列单片机的运行速度比传统 8051 单片机的运行速度快 11.2~13.2 倍。依次按顺序执行完全部的 111 条指令，STC8H 系列单片机仅需 147 个时钟，而传统 8051 单片机则需要 1944 个系统时钟。STC8H 系列单片机是单系统时钟/机器周期（1T）的单片机，是宽电压、高速、高可靠、低功耗、强抗静电、较强抗干扰的新一代 8051 单片机，超级加密。STC8H 系列单片机指令代码完全兼容传统 8051 单片机。

STC8H 系列单片机内部集成高精度 RC 时钟，-1.38%~+1.42%温漂（-40~85℃），常温（25℃）下温漂为±0.3%；在系统中编程时，可设置时钟频率为 4~35MHz（需要注意的是，当温度范围为-40~85℃时，最高时钟频率须控制在 35MHz 以下）；可彻底省掉价格昂贵的外部晶振和外部复位电路（内部已集成高可靠复位电路，在系统中编程时，4 级复位门槛电压可选）。

STC8H 系列单片机内部有 3 个可选时钟源：内部高精度 IRC（可适当调高或调低）、内部 32KHz IRC、外部晶振（4~33MHz 或外部时钟）。在用户代码中，可自由选择时钟源，时钟源选定后，可经过 8bit 的分频器分频后再将时钟信号提供给 CPU 和各个外部设备（如定时器、串行通信端口、SPI 等）。

STC8H 系列单片机提供两种低功耗模式：IDLE 模式和 STOP 模式。在 IDLE 模式下，STC8H 系列单片机停止为 CPU 提供时钟，CPU 无时钟，停止执行指令，但所有的外部设备仍处于工作状态，此时功耗约为 1.3mA（工作频率为 6MHz）。STOP 模式即主时钟停振模式，也即传统的掉电模式/停电模式/停机模式，此时 CPU 和全部外部设备都停止工作，功耗可降低至 0.6μA（V_{CC}=5V 时）、04μA（V_{CC}=3.3V 时）。

STOP 模式可以使用 INT0（P3.2）、INT1（P3.3）、INT2（P3.6）、INT3（P3.7）、INT4

（P3.0）、T0（P3.4）、T1（P3.5）、T2（P1.2）、T3（P0.4）、T4（P0.6）、RXD（P3.0/P3.6/P1.6/P4.3）、RXD2（P1.4/P4.6）、RXD3（P0.0/P5.0）、RXD4（P0.2/P5.2）、I2C_SDA（P1.4/P2.4/P3.3）、比较器中断、低压检测中断、掉电唤醒定时器进行唤醒。

STC8H 系列单片机提供了丰富的数字外部设备（串行通信端口、定时器、高级 PWM、I²C、SPI、USB）与模拟外部设备（超高速 ADC、比较器），可满足广大用户的设计需求。

STC8H 系列单片机内部集成了增强型双数据指针，通过程序控制，可实现数据指针自动递增或递减，以及两组数据指针的自动切换功能。

2．STC8H 系列单片机的子系列单片机与资源配置

STC8H 系列单片机包括 STC8H1K08-20PIN 系列、STC8H1K28-32PIN 系列、STC8H3K64S4-48PIN 系列、STC8H3K64S2-48PIN 系列与 STC8H8K64U-64/48PIN USB 系列。STC8H 系列单片机各子系列的资源配置如表 1.2 所示。

表 1.2　STC8H 系列单片机各子系列的资源配置

子　系　列	I/O 端口	串行通信端口（UART）	定时器	ADC（通道数×位数）	高级 PWM	比较器（CMP）	SPI 串行总线	I²C 串行总线	USB 串行总线	16 位乘法器（MDU16）	I/O 中断
STC8H1K08-20PIN 系列	17	2	3	9×10	√	√	√	√			
STC8H1K28-32PIN 系列	29	2	5	12×10	√	√	√	√			
STC8H3K64S4-48PIN 系列	45	4	5	12×12	√	√	√	√			√
STC8H3K64S2-48PIN 系列	45	2	5	12×12	√	√	√	√		√	√
STC8H8K64U-64/48PIN USB 系列	60	4	5	15×12	√	√	√	√	√	√	

1.2.3　STC8H8K64U 系列单片机

1．STC8H8K64U 系列单片机的内部资源与工作特性

（1）内核。

- 超高速 CPU 内核（1T），运行速度比传统 8051 单片机运行速度快 11.2～13.2 倍。
- 指令代码完全兼容传统 8051 单片机。
- 22 个中断源，4 级中断优先级。
- 支持在线编程与在线仿真。

（2）工作电压。

- 1.9～5.5V。
- 内建 LDO。

（3）工作温度。

−40～85℃（如果需要工作在更宽的温度范围，那么可使用外部时钟或较低的工作频率）。

（4）程序存储器。

- 最大 64KB 程序存储器（ROM），用于存储用户代码，支持用户配置 EEPROM 大小。EEPROM 可 512B 单页擦除，擦写次数超过 10 万次。
- 支持在系统编程方式下更新用户应用程序，无需专用编程器；支持单芯片仿真，无需专用仿真器，理论断点个数无限制。

（5）SRAM。

- 128B 内部直接访问 RAM（DATA）。
- 128B 内部间接访问 RAM（IDATA）。
- 8192B 内部扩展 RAM（内部 XDATA）。
- 1280B USB 数据 RAM。

（6）时钟控制.

用户可自由选择以下时钟源。

- 内部高精度 IRC（在系统中编程时可进行上下调整）。-1.35%～+1.30%温漂（-40℃～85℃），常温（25℃）下温漂为±0.3%。
- 内部 32KHz IRC（误差较大）。
- 外部晶振（4～33MHz）或外部时钟。

（7）复位。

复位分为硬件复位和软件复位。软件复位通过编程写复位触发寄存器实现。硬件复位还可分为以下几种。

- 上电复位。复位电压为下限门槛电压～上限门槛电压，当工作电压从 5V/3.3V 向下掉到上电复位的下限门槛电压时，芯片处于复位状态；当电压从 0V 上升到上电复位的上限门槛电压时，芯片解除复位状态。
- 复位引脚复位。出厂时 P5.4 引脚默认为 I/O 口，在系统中下载时可将 P5.4 引脚设置为复位引脚（需要注意的是，当设置 P5.4 引脚为复位引脚时，复位电平为低电平）。
- 硬件看门狗溢出复位。
- 低压检测复位。提供 4 级低压检测电压：1.9V、2.3V、2.8V、3.7V。每级低压检测电压都为下限门槛电压～上限门槛电压，当工作电压从 5V/3.3V 向下掉到低压检测的下限门槛电压时，低压检测生效；当电压从 0V 上升到低压检测的上限门槛电压时，低压检测生效。

（8）中断。

- 提供 22 个中断源：INT0（支持上升沿中断和下降沿中断）、INT1（支持上升沿中断和下降沿中断）、INT2（只支持下降沿中断）、INT3（只支持下降沿中断）、INT4（只支持下降沿中断）、定时/计数器 0、定时/计数器 1、定时/计数器 2、定时/计数器 3、定时/计数器 4、串行通信端口 1、串行通信端口 2、串行通信端口 3、串行通信端口 4、A/D 转换、LVD 低压检测、SPI、I²C、比较器、PWM1、PWM2、USB。
- 提供 4 级中断优先级。

（9）数字外部设备。

- 5 个 16 位定时/计数器：定时/计数器 0、定时/计数器 1、定时/计数器 2、定时/计数器 3、定时/计数器 4。其中定时/计数器 0 的工作方式 3 具有 NMI（不可屏蔽中断）

功能，定时/计数器 0 和定时/计数器 1 的工作方式 0 为 16 位自动重载工作方式。

- 4 个高速串行通信端口：串行通信端口 1、串行通信端口 2、串行通信端口 3、串行通信端口 4，波特率时钟源最快为 $f_{OSC}/4$。
- 2 组高级 PWM 定时器：可实现带死区的控制，不仅具有外部异常检测功能，还具有 16 位定时器、8 个外部中断、8 路外部捕获测量脉宽等功能。
- SPI：支持主机模式和从机模式，以及主机模式和从机模式自动切换。
- I^2C：支持主机模式和从机模式。
- MDU16：硬件 16 位乘/除法器（支持 32 位除以 16 位、16 位除以 16 位、16 位乘以 16 位、数据移位，以及数据规格化等运算）。
- USB：USB2.0/USB1.1 兼容全速 USB，6 个双向端点，支持 4 种端点传输模式（控制传输、中断传输、批量传输和同步传输），每个端点都拥有 64B 的缓冲区。

（10）模拟外部设备。

- 超高速 ADC：支持 12 位高精度 15 通道（通道 0~通道 14）的 A/D 转换，速度最快可达 800K（每秒进行 80 万次 A/D 转换）。ADC 的通道 15 用于测试内部 1.19V 参考信号源（芯片在出厂时，内部参考信号源已调整为 1.19V）。
- 一组比较器：正端可选择 CMP+端口和所有的 ADC 输入端口。一组比较器可当作多路比较器进行分时复用。
- DAC：8 通道高级 PWM 定时器可作为 8 路 DAC 使用。

（11）GPIO。

最多可达 60 个 GPIO：P0.0~P0.7、P1.0~P1.7（无 P1.2）、P2.0~P2.7、P3.0~P3.7、P4.0~P4.7、P5.0~P5.4、P6.0~P6.7、P7.0~P7.7。所有的 GPIO 均支持准双向口模式、强推挽输出模式、开漏输出模式、高阻输入模式，除 P3.0 和 P3.1 外，其余所有 I/O 口上电后的状态均为高阻输入状态，用户在使用 I/O 口时必须先设置 I/O 口模式。另外，每个 I/O 均可独立使能内部 4K 上拉电阻。

（12）电源管理。

系统有 3 种省电模式：降频运行模式、空闲模式与停机模式。

（13）其他功能。

在 STC-ISP 在线编程软件的支持下，可实现程序加密后传输、设置下次更新程序所需口令，同时支持 RS485 下载、USB 下载及在线仿真等。

2. STC8H8K64U 系列单片机的型号

STC8H8K64U 系列单片机包括 STC8H8K32U、STC8H8K60U 和 STC8H8K64U 三种型号，它们之间的区别在于，程序存储器与 EEPROM 的分配不同。

（1）STC8H8K32U 系列单片机：程序存储器与 EEPROM 是分开编址的，程序存储器是 32KB，EEPROM 也是 32KB。

（2）STC8H8K60U 系列单片机：程序存储器与 EEPROM 是分开编址的，程序存储器是 60KB，EEPROM 只有 4KB。

（3）STC8H8K64U 系列单片机：程序存储器与 EEPROM 是统一编址的，所有 64KB Flash ROM 都可用作程序存储器，所有 64KB Flash ROM 理论上也可用作 EEPROM。

STC8H8K64U 系列单片机的存储空间为 64KB，未用的 Flash ROM 都可用作 EEPROM。

3. STC8H8K64U 系列单片机的引脚及其功能

STC8H8K64U 系列单片机有 LQFP64、QFN64、LQFP48、QFN48 等封装形式。图 1.4、图 1.5 分别为 STC8H8K64U 单片机的 LQFP64/QFN64、LQFP48/QFN48 封装引脚图。

下面以 STC8H8K64U 单片机的 LQFP64/QFN64 封装为例介绍 STC8H8K64U 系列单片机的引脚功能。从图 1.4 中可以看出，其中有 4 个专用引脚：19（VCC/AVCC，即电源正极/ADC 电源正极）、21（GND/AGND，即电源地/ADC 电源地）、20（ADC_VRef+，即 ADC 参考电压正极）和 17（UCAP，即 USB 内核电源稳压引脚）。除此 4 个专用引脚外，其他引脚都可用作 I/O 口，无需外部时钟与复位电路。也就是说，STC8H8K64U 单片机接上电源就是一个单片机最小系统了。因此，下面以 STC8H8K64U 单片机的 I/O 口引脚为主线，介绍 STC8H8K64U 单片机的各引脚功能。

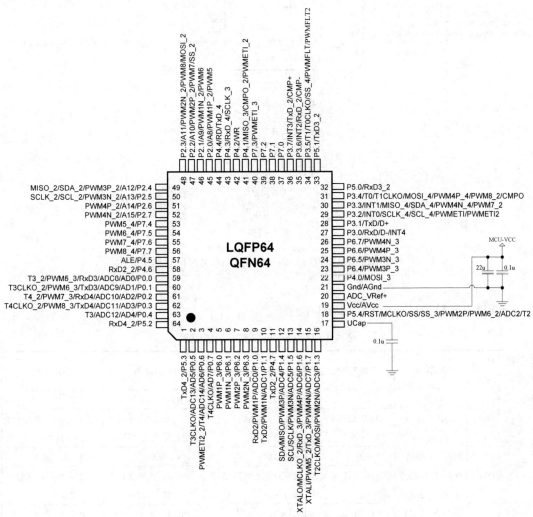

图 1.4　STC8H8K64U 单片机的 LQFP64/QFN64 封装引脚图

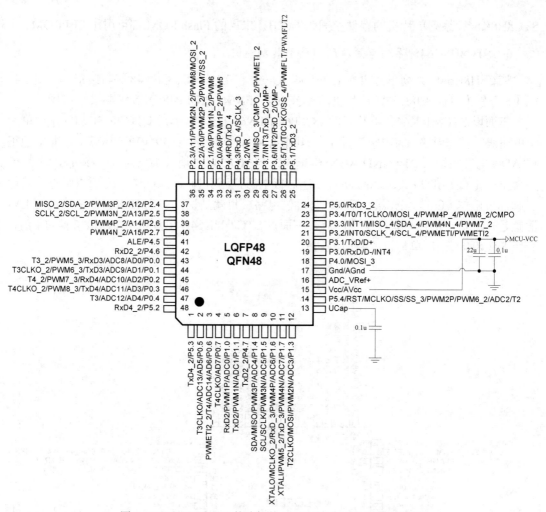

图 1.5　STC8H8K64U 单片机的 LQFP48/QFN48 封装引脚图

（1）P0 口。

P0 口引脚排列与功能说明如表 1.3 所示。

表 1.3　P0 口引脚排列与功能说明

引脚号	I/O 口名称	第二功能	第三功能	第四功能	第五功能	第六功能
59	P0.0	（AD0~AD7）构建、访问外部	ADC8 ADC 模拟输入通道 8	RxD3 串行通信端口 3 数据接收端	PWM5_3 PWM5 的捕获输入和脉冲输出端（切换2）	T3_2 T3 外部计数时钟输入端（切换1）
60	P0.1	数据存储器时，分时复用，用作低 8 位地址总线和 8 位数据总线	ADC9 ADC 模拟输入通道 9	TxD3 串行通信端口 3 数据发送端	PWM6_3 PWM6 的捕获输入和脉冲输出端（切换2）	T3CLKO_2 T3 可编程时钟输出端（切换1）
61	P0.2		ADC10 ADC 模拟输入通道 10	RxD4 串行通信端口 4 数据接收端	PWM7_3 PWM7 的捕获输入和脉冲输出端（切换2）	T4_2 T4 外部计数时钟输入端（切换1）

续表

引脚号	I/O 口名称	第二功能	第三功能	第四功能	第五功能	第六功能
62	P0.3		ADC11	TxD4	PWM8_3	T4CLKO_2
			ADC 模拟输入通道 11	串行通信端口 4 数据发送端	PWM8 的捕获输入和脉冲输出端（切换2）	T4 可编程时钟输出端（切换 1）
63	P0.4	（AD0~AD7）构建、访问外部数据存储器时，分时复用，用作低 8 位地址总线和 8 位数据总线	ADC12	T3	—	—
			ADC 模拟输入通道 12	T3 的外部计数时钟输入端	—	—
2	P0.5		ADC13	T3CLKO	—	—
			ADC 模拟输入通道 13	T3 的可编程时钟输出端	—	—
3	P0.6		ADC14	T4	PWMETI2_2	—
			ADC 模拟输入通道 14	T4 的外部计数时钟输入端	PWM 外部触发输入引脚 2 切换 1	—
4	P0.7		T4CLKO	—	—	—
			T4 的可编程时钟输出端	—	—	—

（2）P1 口。

P1 口引脚排列与功能说明如表 1.4 所示。

表 1.4　P1 口引脚排列与功能说明

引脚号	I/O 口名称	第二功能	第三功能	第四功能	第五功能	第六功能	第七功能
9	P1.0	ADC0	PWM1P	RxD2	—	—	—
		ADC 模拟输入通道 0	PWM 通道 1 的捕获输入和脉冲输出正极	串行通信端口 2 串行数据接收端	—	—	—
10	P1.1	ADC1	PWM1N	TxD2	—	—	—
		ADC 模拟输入通道 1	PWM 通道 1 的捕获输入和脉冲输出负极	串行通信端口 2 串行数据发送端	—	—	—
	P1.2	已无此引脚					
16	P1.3	ADC3	PWM2N	MOSI	T2CLKO	—	—
		ADC 模拟输入通道 3	PWM 通道 2 的捕获输入和脉冲输出负极	SPI 接口主机输出从机输入端	T2的可编程时钟输出端	—	—
12	P1.4	ADC4	PWM3P	MISO	SDA	—	—
		ADC 模拟输入通道 4	PWM 通道 3 的捕获输入和脉冲输出正极	SPI 接口主机输入从机输出端	I²C 接口数据线	—	—
13	P1.5	ADC5	PWM3N	SCLK	SCL	—	—
		ADC 模拟输入通道 5	PWM 通道 3 的捕获输入和脉冲输出负极	SPI 接口同步时钟输入端	I²C 接口时钟线	—	—

续表

引脚号	I/O口名称	第二功能	第三功能	第四功能	第五功能	第六功能	第七功能
14	P1.6	ADC6	RxD_3	PWM4P	MCLKO_2	XTALO	—
		ADC 模拟输入通道 6	串行通信端口 1 串行数据接收端（切换 2）	PWM 通道 4 的捕获输入和脉冲输出正极	主时钟输出端（切换 1）	内部时钟放大器反相放大器的输出端	—
15	P1.7	ADC7	TxD_3	PWM4N	PWM5-2	XTALI	—
		ADC 模拟输入通道 7	串行通信端口 1 串行数据发送端（切换 2）	PWM 通道 4 的捕获输入和脉冲输出负极	PWM2 通道 5 的捕获输入和脉冲输出端（切换 1）	内部时钟放大器反相放大器的输入端	—

（3）P2 口。

P2 口引脚排列与功能说明如表 1.5 所示。

表 1.5　P2 口引脚排列与功能说明

引脚号	I/O口名称	第二功能		第三功能	第四功能	第五功能
45	P2.0	A8	构建、访问外部数据存储器时，用作高 8 位地址总线	PWM1P_2	PWM5	—
				PWM 通道 1 的捕获输入和脉冲输出正极（切换 1）	PWM 通道 5 的捕获输入和脉冲输出端	
46	P2.1	A9		PWM1N_2	PWM6	—
				PWM 通道 1 的捕获输入和脉冲输出负极（切换 1）	PWM 通道 6 的捕获输入和脉冲输出端	
47	P2.2	A10		SS_2	PWM2P_2	PWM7
				SPI 接口的从机选择引脚（切换 1）	PWM 通道 2 的捕获输入和脉冲输出正极（切换 1）	PWM 通道 7 的捕获输入和脉冲输出端
48	P2.3	A11		MOSI_2	PWM2N_2	PWM8
				SPI 接口主出从入数据端（切换 1）	PWM 通道 2 的捕获输入和脉冲输出负极（切换 1）	PWM8 的捕获输入和脉冲输出
49	P2.4	A12		MISO_2	SDA_2	PWM3P_2
				SPI 接口主入从出数据端（切换 1）	I²C 接口数据端（切换 1）	PWM 通道 3 的捕获输入和脉冲输出正极（切换 1）
50	P2.5	A13		SCLK_2	SCL_2	PWM3N_2
				SPI 接口同步时钟端（切换 1）	I²C 接口时钟端（切换 1）	PWM 通道 3 的捕获输入和脉冲输出负极（切换 1）
51	P2.6	A14		PWM4P_2	—	—
				PWM 通道 4 的捕获输入和脉冲输出正极（切换 1）		
52	P2.7	A15		PWM4N_2	—	—
				PWM 通道 4 的捕获输入和脉冲输出负极（切换 1）		

（4）P3 口。

P3 口引脚排列与功能说明如表 1.6 所示。

表 1.6　P3 口引脚排列与功能说明

引脚号	I/O 口名称	第二功能	第三功能	第四功能	第五功能	第六功能	第七功能
27	P3.0	RxD 串行通信端口 1 串行数据接收端	D- USB 数据口-	INT4 外部中断 4 中断请求输入端	— 	— —	— —
28	P3.1	TxD 串行通信端口 1 串行数据发送端	D+ USB 数据口+	— —	— 	— —	— —
29	P3.2	INT0 外部中断 0 中断请求输入端	SCLK_4 SPI 接口同步时钟端（切换 3）	SCL_4 I²C 接口时钟端（切换 3）	PWMETI PWM 外部触发输入端	PWMETI2 PWM 外部触发输入端 2	—
30	P3.3	INT1 外部中断 1 中断请求输入端	MISO_4 SPI 接口从出主入数据端（切换 3）	SDA_4 I²C 接口数据端（切换 3）	PWM4N_4 PWM 通道 4 的捕获输入和脉冲输出负极（切换 3）	PWM7_2 PWM 通道 7 的捕获输入和脉冲输出端（切换 1）	—
31	P3.4	T0 T0 的外部计数脉冲输入端	T1CLKO T1 的时钟输出端	MOSI_4 SPI 接口主出从入数据端（切换 3）	CMPO 比较器输出通道	PWM4P_4 PWM 通道 4 的捕获输入和脉冲输出正极（切换 3）	PWM8_2 PWM 通道 8 的捕获输入和脉冲输出端（切换 1）
34	P3.5	T1 T1 的外部计数脉冲输入端	T0CLKO T0 的时钟输出端	SS_4 SPI 接口的从机选择引脚（切换 3）	PWMFLT PWM1 的外部异常检测端	PWMFLT2 PWM2 的外部异常检测端	—
35	P3.6	INT2 外部中断 2 中断请求输入端	RxD_2 串行通信端口 1 串行接收数据端（切换 1）	CMP- 比较器反相输入端	— 	— 	—
36	P3.7	INT3 外部中断 3 中断请求输入端	TxD_2 串行通信端口 1 串行发送数据端（切换 1）	CMP+ 比较器同相输入端	— 	— 	—

（5）P4 口。

P4 口引脚排列与功能说明如表 1.7 所示。

表 1.7　P4 口引脚排列与功能说明

引脚号	I/O 口名称	第二功能	第三功能	第四功能
22	P4.0	MOSI_3	—	—
		SPI 接口主出从入数据端（切换 2）	—	—
41	P4.1	MISO_3	CMPO_2	PWMETI_2
		SPI 接口主入从出数据端（切换 2）	比较器输出通道（切换 1）	PWM1 外部触发输入引脚（切换 1）
42	P4.2	$\overline{\text{WR}}$	—	—
		外部数据存储器写控制端	—	—
43	P4.3	RxD_4	SCLK_3	
		串行通信端口 1 串行接收数据端（切换 3）	SPI 接口同步时钟端（切换 2）	
44	P4.4	$\overline{\text{RD}}$	TxD_4	
		外部数据存储器读控制端	串行通信端口 1 串行发送数据端（切换 3）	—
57	P4.5	ALE		
		访问外部数据存储器时的地址锁存信号	—	
58	P4.6	RxD2_2		
		串行通信端口 2 串行接收数据端（切换 1）	—	
11	P4.7	TxD2_2		
		串行通信端口 2 串行发送数据端（切换 1）	—	

（6）P5 口。

P5 口引脚排列与功能说明如表 1.8 所示。

表 1.8　P5 口引脚排列与功能说明

引脚号	I/O 口名称	第二功能	第三功能	第四功能	第五功能	第六功能	第七功能	第八功能	第九功能
32	P5.0	RxD3_2	—	—	—	—	—	—	—
		串行通信端口 3 串行接收数据端（切换 1）							
33	P5.1	TxD3_2	—	—	—	—	—	—	—
		串行通信端口 3 串行发送数据端（切换 1）	—						

引脚号	I/O口名称	第二功能	第三功能	第四功能	第五功能	第六功能	第七功能	第八功能	第九功能
64	P5.2	RxD4_2	—	—	—	—	—	—	—
		串行通信端口4串行接收数据端（切换1）		—	—	—	—	—	—
1	P5.3	TxD4_2	—	—	—	—	—	—	—
		串行通信端口4串行发送数据端（切换1）		—	—	—	—	—	—
18	P5.4	RST	MCLKO	SS	SS_3	PWM2P	PWM6_2	T2	ADC2
		复位脉冲输入端	主时钟输出端	SPI接口的从机选择端	SPI接口的从机选择端（切换2）	PWM通道2的捕获输入与脉冲输出正极	PWM通道6的捕获输入与脉冲输出端（切换1）	T2外部计数脉冲输入端	ADC模拟输入通道2

（7）P6口。

P6口引脚排列与功能说明如表1.9所示。

表1.9　P6口引脚排列与功能说明

引脚号	I/O口名称	第二功能
5	P6.0	PWM1P_3
		PWM通道1的捕获输入和脉冲输出正极（切换2）
6	P6.1	PWM1N_3
		PWM通道1的捕获输入和脉冲输出负极（切换2）
7	P6.2	PWM2P_3
		PWM通道2的捕获输入和脉冲输出正极（切换2）
8	P6.3	PWM2N_3
		PWM通道2的捕获输入和脉冲输出负极（切换2）
23	P6.4	PWM3P_3
		PWM通道3的捕获输入和脉冲输出正极（切换2）
24	P6.5	PWM3N_3
		PWM通道3的捕获输入和脉冲输出负极（切换2）
25	P6.6	PWM4P_3
		PWM通道4的捕获输入和脉冲输出正极（切换2）
26	P6.7	PWM4N_3
		PWM通道4的捕获输入和脉冲输出负极（切换2）

（8）P7 口。

P7 口引脚排列与功能说明如表 1.10 所示。

表 1.10 P7 口引脚排列与功能说明

引 脚 号	I/O 口名称	第 二 功 能
37	P7.0	—
38	P7.1	—
39	P7.2	—
40	P7.3	PWMETI_3 PWM1 外部触发输入端（切换 2）
53	P7.4	PWM5_4 PWM 通道 5 的捕获输入和脉冲输出端（切换 3）
54	P7.5	PWM6_4 PWM 通道 6 的捕获输入和脉冲输出端（切换 3）
55	P7.6	PWM7_4 PWM 通道 7 的捕获输入和脉冲输出端（切换 3）
56	P7.7	PWM8_4 PWM 通道 8 的捕获输入和脉冲输出端（切换 3）

注：STC8H8K64U 单片机内部部分接口的外部输入、输出引脚可通过编程进行切换，上电或复位后，默认功能引脚的名称以原功能状态名称表示，切换后引脚状态的名称在原功能名称基础上加一下画线和序号，如 RXD 和 RXD_2，RXD 为串行通信端口 1 默认的数据接收端，RXD_2 为串行通信端口 1 切换（第 1 组切换）后的数据接收端名称，其功能与串行通信端口 1 的串行数据接收端功能相同。

本章小结

1946 年 2 月，第一台电子数字计算机 ENIAC（Electronic Numerical Integrator and Computer）问世，这标志着计算机时代的到来。1946 年 6 月，美籍匈牙利数学家冯·诺依曼提出了"程序存储"和"二进制运算"的思想，构建了由运算器、控制器、存储器、输入设备和输出设备组成的电子计算机的冯·诺依曼经典结构。

将运算器、控制器及各种寄存器集成在一块芯片上可组成 CPU。CPU 配上存储器、I/O 口便构成了微型计算机。微型计算机配以 I/O 设备，即可构成微型计算机系统。

一个完整的计算机包括硬件与软件两部分，硬件是指看得见、摸得着的实体部分，也就是计算机结构中所阐述的部分，软件是指挥计算机的指令的集合。简单来说，计算机的工作过程很简单，就是机械地按照取指令→指令译码→执行指令的顺序逐条执行指令。

单片机与系统机分属微型计算机的两个发展方向，均发展迅速，如今分别在嵌入式系统、科学计算与数据处理等领域起着至关重要的作用。

STC 系列单片机产品系列化、种类多，现有超过百种的产品，能满足不同单片机应用系统的控制需求。按照工作速度与片内资源配置的不同，STC 系列单片机可分为若干个系列。按照工作速度不同，STC 系列单片机可分为 12T/6T 型单片机和 1T 型单片机：12T/6T

是指每个机器周期可设置为 12 个系统时钟或 6 个系统时钟，12T/6T 型单片机包括 STC89 和 STC90 两个系列；1T 是指每个机器周期只有 1 个系统时钟，1T 型单片机包括 STC11/10 和 STC12/15/8 等系列。STC89、STC90 和 STC11/10 系列属于基本配置单片机；STC12/15 系列相应地增加了 PWM、A/D 和 SPI 等接口模块；STC8A 系列则在 STC15 系列基础上增加了 I²C 模块，A/D 转换模块扩展到了 12 位；STC8H 系列则在 STC8A 系列基础上增加了 USB 模块，设置了高级 PWM 定时器，综合与优化了原有 PCA 模块及增强型 PWM 的功能。此外，STC8H8K64U 系列单片机还增加了 16 位乘/除法器。

习题

一、填空题

1. _____年_____月_____日，第一台电子数字计算机 ENIAC（Electronic Numerical Integrator and Computer）问世，这标志着计算机时代的到来。

2. 1946 年 6 月，美籍匈牙利数学家_____提出了"程序存储"和"二进制运算"的思想，构建了由运算器、控制器、存储器、输入设备和输出设备组成的电子计算机。

3. 将运算器、控制器及各种寄存器集成在一块芯片上可组成_____。

4. 将 CPU、_____、I/O 口，以及连接它们的总线集成在一块芯片上而构成的计算机，称为单片机。

5. STC 系列单片机中的 1T 指的是，单片机的机器周期为_____个系统周期。

二、选择题

1. 下列选项中，不属于微型计算机基本组成部分的是（　　）。
   A. 微处理器　　　　B. 存储器　　　　C. I/O 口　　　　D. I/O 设备

2. 下列选项中，STC8H8K64U 单片机不具备的是（　　）。
   A. 高级定时器　　　　　　　　B. USB 接口
   C. 16 位硬件乘法器　　　　　　D. I/O 口中断

3. 下列单片机中，不属于 1T 型单片机的是（　　）。
   A. STC89 系列　　　　　　　　B. STC15 系列
   C. STC12 系列　　　　　　　　D. STC8 系列

4. STC 系列单片机程序存储器的存储类型是（　　）。
   A. ROM　　　　　　　　　　　B. EPROM
   C. EEPROM　　　　　　　　　D. Flash ROM

5. STC8H8K64U 系列单片机 P1 口少一个输出引脚，它是（　　）。
   A. P1.0　　　　B. P1.1　　　　C. P1.2　　　　D. P1.3

6. 在微型计算机中，CPU 能直接识别的程序是（　　）。
   A. 汇编语言程序　　　　　　　B. 机器语言程序
   C. C 语言程序　　　　　　　　D. Java 语言程序

三、判断题

1．所有 STC 系列单片机都具有在线编程功能。（　　　）

2．所有 STC 系列单片机都具有在线仿真功能。（　　　）

3．STC8H8K64U 单片机本身就是一个单片机最小系统，上电就可以跑程序。（　　　）

4．STC 系列单片机是基于 8051 单片机框架研发的增强型 8051 单片机。（　　　）

5．STC 系列单片机采用的都是宽电压供电。（　　　）

四、问答题

1．微型计算机的基本组成部分是什么？从微型计算机的地址总线、数据总线来看，能确认微型计算机哪几方面的性能？

2．与电子计算机的经典结构相比，微型计算机的结构有哪些改进？

3．简述微型计算机的工作过程。

4．目前，STC 系列单片机有哪些系列？简述这些系列产品的基本情况。

第2章 增强型8051内核

 **内容提要**

STC8H8K64U 系列单片机采用的是"STC-Y6"内核，其运行速度比传统8051内核运行速度约快16倍。

本章主要学习 STC8H8K64U 系列单片机的 CPU 结构、存储结构及并行 I/O 口；重点学习 STC8H8K64U 系列单片机的复位种类与复位状态；应掌握 STC8H8K64U 系列单片机主时钟的选择，以及系统时钟的控制。

2.1 CPU 结构

单片机的 CPU 由运算器和控制器（包括 8 位数据总线，16 位地址总线）组成，它的作用是读入并分析每条指令，根据各指令功能控制单片机的各功能部件执行指定的运算或操作。

1. 运算器

运算器由 ALU（算术/逻辑运算部件）、ACC（累加器）、寄存器 B、暂存器（TMP1，TMP2）和 PSW（程序状态标志寄存器）组成，用于实现算术运算、逻辑运算、位变量处理与传送等操作。

ALU 功能极强，不仅可以实现 8 位二进制数据的算术运算（加、减、乘、除）和逻辑运算（与、或、非、异或、循环等），还具有一般 CPU 不具备的位处理功能。

ACC 又记作 A，用于向 ALU 提供操作数和存放运算结果，它是 CPU 中工作最频繁的寄存器，大多数指令的执行都要通过 ACC 实现。

寄存器 B 是专门为乘法运算和除法运算设置的，用于存放乘法运算和除法运算的操作数和运算结果。对于其他指令，寄存器 B 可用作普通寄存器。

PSW 简称程序状态字，用于保存 ALU 运算结果的特征和处理状态，这些特征和状态可以作为控制程序转移的条件，供程序判别和查询。PSW 的地址与各位定义如下所示。

	地址	B7	B6	B5	B4	B3	B2	B1	B0	复位值
PSW	D0H	CY	AC	F0	RS1	RS0	OV	F1	P	0000 0000

CY：进位位。在执行加/减法指令时，如果操作结果的最高位 B7 出现进/借位，则 CY 置 1，否则清 0。在执行乘法运算后，CY 清 0。

AC：辅助进位位。在执行加/减法指令时，如果低 4 位数向高 4 位数（或者说 B3 位向

B4 位）进/借位，则 AC 置 1，否则清 0。

F0：用户标志位 0。该位是由用户定义的状态标志位。

RS1、RS0：工作寄存器组选择控制位，其含义详见表 2.2。

OV：溢出标志位。该位用于指示运算过程中是否发生了溢出。有溢出时，(OV)=1；无溢出时，(OV)=0。

F1：用户标志位 1。该位是由用户定义的状态标志位。

P：奇偶标志位。如果 ACC 中 1 的个数为偶数，则(P)=0；否则，(P)=1。在具有奇偶校验的串行数据通信中，可以根据 P 值设置奇偶校验位，若奇校验，取 $\overline{P}$，若为偶校验取 P。

2．控制器

控制器是 CPU 的指挥中心，由指令寄存器 IR、指令译码器 ID、定时及控制逻辑电路，以及程序计数器 PC 等组成。

PC 是一个 16 位的计数器（PC 不属于特殊功能寄存器），它总是存放着下一个要取指令字节的 16 位程序存储器存储单元的地址，并且每取完一个指令字节，PC 的内容自动加 1，为取下一个指令字节做准备。因此在一般情况下，CPU 是按指令顺序执行程序的。只有在执行转移、子程序调用指令和中断响应时，CPU 是由指令或中断响应过程自动为 PC 置入新的地址的。PC 指向哪里，CPU 就从哪里开始执行程序。

IR 用于保存当前正在执行的指令，在执行一条指令前，先要把它从程序存储器取到 IR 中。指令内容包含操作码和地址码两部分，操作码送至 ID，并形成相应指令的微操作信号；地址码送至操作数形成电路，以形成实际的操作数地址。

定时及控制逻辑电路是 CPU 的核心部件，它的任务是控制取指令、执行指令、存取操作数或运算结果等操作，向其他部件发出各种微操作信号，协调各部件工作，完成指令指定的工作任务。

2.2 存储结构

STC8H8K64U 系列单片机存储器结构的主要特点是程序存储器与数据存储器是分开编址的，它没有提供访问外部程序存储器的总线，所有程序存储器只能是片内 Flash 存储器。

STC8H8K64U 系列单片机内部集成了大容量的数据存储器，这些数据存储器在物理和逻辑上都分为两个地址空间：内部 RAM（256 字节）和内部扩展 RAM。其中内部 RAM 高 128 字节的数据存储器与特殊功能寄存器（SFR）的地址重叠，实际使用时通过不同的寻址方式加以区分。

STC8H8K64U 系列单片机片内在物理上有 3 个相互独立的存储器空间，即 Flash ROM、基本 RAM 与扩展 RAM；在使用上有 4 个存储器空间，即程序存储器（程序 Flash）、片内基本 RAM、片内扩展 RAM 与 EEPROM（数据 Flash），如图 2.1 所示。

此外，STC8H8K64U 系列单片机可在片外扩展 RAM。

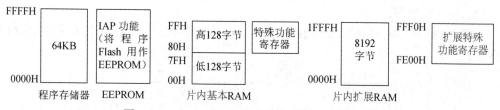

图 2.1　STC8H8K64U 系列单片机片内存储器结构

1. 程序存储器

程序存储器用于存放用户程序、数据和表格等信息。STC8H8K64U 系列单片机片内集成了 64KB 的程序存储器，其地址为 0000H～FFFFH。

在程序存储器中有些特殊的单元，在应用中应加以注意。

（1）0000H 单元。系统复位后，PC 值为 0000H，单片机从 0000H 单元开始执行程序。一般在 0000H 开始的三个单元中存放一条无条件转移指令，让 CPU 去执行用户指定位置的主程序。

（2）0003H～00DDH，这些单元用作 22 个中断的中断响应的入口地址（或称为中断向量地址）。

0003H：外部中断 0 中断响应的入口地址。

000BH：定时/计数器 T0 中断响应的入口地址。

0013H：外部中断 1 中断响应的入口地址。

001BH：定时/计数器 T1 中断响应的入口地址。

0023H：　串行通信端口 1 中断响应的入口地址。

以上为 5 个基本中断源的中断向量地址，其他中断源对应的中断向量地址详见第 8 章。

每个中断向量间相隔 8 个存储单元。在编程时，通常在这些中断向量地址开始处放入一条无条件转移指令，指向真正存放中断服务程序的入口地址。只有在中断服务程序较短时，才可以将中断服务程序直接存放在相应中断向量地址开始的几个单元中。

（3）特殊参数的存放。

STC8H8K64U 系列单片机内部程序存储器中保存有与芯片相关的一些特殊参数，如表 2.1 所示。

表 2.1　STC8H8K64U 系列单片机内部程序存储器中存放的特殊参数

参 数 名 称	保 存 地 址	参 数 说 明
全球唯一 ID 号	FDF9H~FDFFH	7 字节
内部 1.19V 参考信号源	FDF7H~FDF8H	单位为 mV，存放格式为高字节在前
32K 掉电唤醒定时器的频率	FDF5H~FDF6H	单位为 Hz，存放格式为高字节在前
22.1184MHz 的 IRC 参数	FDF4H	—
24MHz 的 IRC 参数	FDF3H	—

2. 片内基本 RAM

片内基本 RAM 包括低 128 字节、高 128 字节和特殊功能寄存器（SFR）3 部分。

（1）低 128 字节。

根据 RAM 作用的差异性,低 128 字节又分为工作寄存器区、位寻址区和通用 RAM 区,如图 2.2 所示。

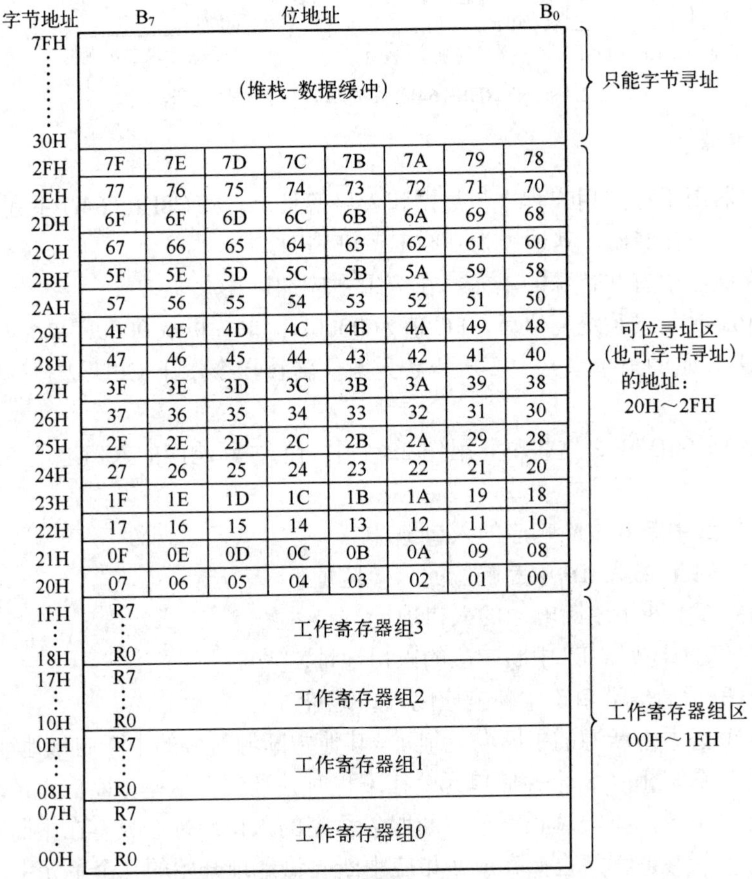

字节地址	B₇			位地址				B₀	
7FH ⋮ 30H				(堆栈-数据缓冲)					只能字节寻址
2FH	7F	7E	7D	7C	7B	7A	79	78	
2EH	77	76	75	74	73	72	71	70	
2DH	6F	6F	6D	6C	6B	6A	69	68	
2CH	67	66	65	64	63	62	61	60	
2BH	5F	5E	5D	5C	5B	5A	59	58	
2AH	57	56	55	54	53	52	51	50	可位寻址区
29H	4F	4E	4D	4C	4B	4A	49	48	(也可字节寻址)
28H	47	46	45	44	43	42	41	40	的地址:
27H	3F	3E	3D	3C	3B	3A	39	38	20H~2FH
26H	37	36	35	34	33	32	31	30	
25H	2F	2E	2D	2C	2B	2A	29	28	
24H	27	26	25	24	23	22	21	20	
23H	1F	1E	1D	1C	1B	1A	19	18	
22H	17	16	15	14	13	12	11	10	
21H	0F	0E	0D	0C	0B	0A	09	08	
20H	07	06	05	04	03	02	01	00	
1FH ⋮ 18H	R7 ⋮ R0			工作寄存器组3					
17H ⋮ 10H	R7 ⋮ R0			工作寄存器组2					工作寄存器组区
0FH ⋮ 08H	R7 ⋮ R0			工作寄存器组1					00H~1FH
07H ⋮ 00H	R7 ⋮ R0			工作寄存器组0					

图 2.2 低 128 字节的功能分布图

① 工作寄存器区(00H~1FH)。STC8H8K64U 系列单片机片内基本 RAM 低端的 32 字节分成 4 个工作寄存器组,每组占用 8 字节。但程序在运行时,只能有一个工作寄存器组为当前工作寄存器组,当前工作寄存器组的存储单元可用作寄存器,即用寄存器符号(R0、R1、…、R7)来表示。当前工作寄存器组的选择是通过 PSW 中的 RS1、RS0 实现的。RS1、RS0 的状态与当前工作寄存器组的关系如表 2.2 所示。

表 2.2 RS1、RS0 的状态与当前工作寄存器组的关系

组号	RS1	RS0	R0	R1	R2	R3	R4	R5	R6	R7
0	0	0	00H	01H	02H	03H	04H	05H	06H	07H
1	0	1	08H	09H	0AH	0BH	0CH	0DH	0EH	0FH
2	1	0	10H	11H	12H	13H	14H	15H	16H	17H
3	1	1	18H	19H	1AH	1BH	1CH	1DH	1EH	1FH

当前工作寄存器组从一个工作寄存器组切换到另一个工作寄存器组后,原来工作寄存

器组的各寄存器的内容相当于被屏蔽保护起来了。利用这一特性可以方便地完成快速现场保护任务。

② 位寻址区（20H～2FH）片内基本 RAM 的 20H～2FH 共 16 字节是位寻址区，每字节有 8 位，共 128 位。该区域不仅可按字节进行寻址，也可按位进行寻址。从 20H 的 B0 位到 2FH 的 B7 位，其对应的位地址依次为 00H～7FH。位地址还可用字节地址加位号表示，如 20H 单元的 B5 位，其位地址可用 05H 表示，也可用 20H.5 表示。

特别提示：在编程时，位地址一般用字节地址加位号的方法表示。

③ 通用 RAM 区（30H～7FH）。30H～7FH 共 80 字节为通用 RAM 区，即一般 RAM 区域，无特殊功能特性，一般用作数据缓冲区，如显示缓冲区。通常也将堆栈设置在该区域。

（2）高 128 字节。

高 128 字节的地址为 80H～FFH，属于普通存储区域，但高 128 字节地址与特殊功能寄存器区的地址是相同的。为了区分这两个不同的存储区域，规定了不同的寻址方式，高 128 字节只能采用寄存器间接寻址方式进行访问；特殊功能寄存器只能采用直接寻址方式进行访问。此外，高 128 字节也可用作堆栈区。

（3）特殊功能寄存器 SFR（80H～FFH）。

特殊功能寄存器 SFR 属特殊功能寄存器区 1，其地址为 80H～FFH，但 STC8H8K64U 系列单片机中只有 99 个地址有实际意义。也就是说，STC8H8K64U 系列单片机特殊功能寄存器区 1 中实际上只有 99 个特殊功能寄存器。特殊功能寄存器是指该 RAM 单元的状态与某一具体的硬件接口电路相关，该 RAM 单元要么反映了某个硬件接口电路的工作状态，要么决定着某个硬件接口电路的工作状态。单片机内部 I/O 口电路的管理与控制就是通过对与其相关特殊功能寄存器进行操作与管理实现的。特殊功能寄存器根据其存储特性的不同又分为两类：可位寻址特殊功能寄存器与不可位寻址特殊功能寄存器。凡字节地址能够被 8 整除的特殊功能寄存器都是可位寻址的，对应可寻址位都有一个位地址，其位地址等于其字节地址加上位号，在进行实际编程时大多数位地址都是用其位功能符号表示的，如 PSW 中的 CY、AC 等。特殊功能寄存器与其可寻址位都是按直接地址进行寻址的。STC8H8K64U 系列单片机特殊功能寄存器 SFR 字节地址与位地址表如表 2.3 所示，表 2.3 中给出了各特殊功能寄存器的符号、地址与复位状态值。

特别提示：在用汇编语言或 C 语言编程时，一般用特殊功能寄存器的符号或位地址的符号来表示特殊功能寄存器的地址或位地址。

表 2.3　STC8H8K64U 系列单片机特殊功能寄存器 SFR 字节地址与位地址表

字节地址	可位寻址	不可位寻址						
	+0	+1	+2	+3	+4	+5	+6	+7
80H	P0	SP	DPL	DPH	S4CON	S4BUF	—	PCON
88H	TCON	TMOD	TL0 (RL_TL0)	TL1 (RL_TL1)	TH0 (RL_TH0)	TH1 (RL_TH1)	AUXR	INTCLKO
90H	P1	P1M1	P1M0	P0M1	P0M0	P2M1	P2M0	—

续表

字节地址	可位寻址 +0	不可位寻址						
		+1	+2	+3	+4	+5	+6	+7
98H	SCON	SBUF	S2CON	S2BUF	—	IRCBAND	LIRTRIM	IRTRIM
A0H	P2	BUS_SPEED	P_SW1	—	—	—	—	—
A8H	IE	SADDR	WKTCL (WKTCL_CNT)	WKTCH (WKTCH_CNT)	S3CON	S3BUF	TA	IE2
B0H	P3	P3M1	P3M0	P4M1	P4M0	IP2	IP2H	IPH
B8H	IP	SADEN	P_SW2	—	ADC_CONTR	ADC_RES	ADC_RESL	—
C0H	P4	WDT_CONTR	IAP_DATA	IAP_ADDRH	IAP_ADDRL	IAP_CMD	IAP_TRIG	IAP_CONTR
C8H	P5	P5M1	P5M0	P6M1	P6M0	SPSTAT	SPCTL	SPDAT
D0H	PSW	T4T3M	T4H (RL_TH4)	T4L (RL_TL4)	T3H (RL_TH3)	T3L (RL_TL3)	T2H (RL_TH2)	T2L (RL_TL2)
D8H	—	—	—	—	USBCLK	—	ADCCFG	IP3
E0H	ACC	P7M1	P7M0	DPS	DPL1	DPH1	CMPCR1	CMPCR2
E8H	P6	—	—	—	USBDAT	—	IP3H	AUXINTIF
F0H	B	—	—	—	USBCON	IAP_TPS	—	—
F8H	P7	—	—	—	USBADR	—	—	RSTCFG

注：各特殊功能寄存器地址等于行地址加列偏移量；加阴影部分为相比于经典 8051 单片机新增的特殊功能寄存器。

① 与运算器相关的寄存器（3 个）。

ACC：累加器，它是 STC8H8K64U 系列单片机中最繁忙的寄存器，用于向 ALU 提供操作数，同时许多运算结果也存放在 ACC 中。在实际编程时，若用 A 表示累加器，则表示寄存器寻址；若用 ACC 表示累加器，则表示直接寻址（仅在 PUSH、POP 指令中使用）。

B：寄存器 B，主要用于乘法、除法运算，也可用作一般 RAM 单元。

PSW：程序状态标志寄存器，简称程序状态字。

② 指针类寄存器（3 个）。

SP：堆栈指针，它始终指向栈顶。堆栈是一种遵循"先进后出，后进先出"存储原则的存储区。入栈时，SP 先加 1，数据再压入（存入）SP 指向的存储单元；出栈时，先将 SP 指向单元的数据弹出到指定的存储单元中，SP 再减 1。STC8H8K64U 系列单片机复位时，SP 为 07H，即默认栈底是 08H 单元。在实际应用中，为了避免堆栈区与工作寄存器区、位寻址区发生冲突，堆栈区通常设置在通用 RAM 区或高 128 字节区。堆栈区主要用于存放中断或调用子程序时的断点地址和现场参数数据。

DPTR（16 位）：增强型双数据指针，集成了 2 组 16 位的数据指针，分别为 DPTR0 和 DPTR1。DPTR0 由 DPL 和 DPH 组成，DPTR1 由 DPL1 和 DPH1 组成。DPTR 用于存放 16 位地址，并对 16 位地址的程序存储器和扩展 RAM 进行访问。

特别提示：在指令中只能以 DPTR 出现，但通过程序控制可实现两组数据指针自动切换，以及数据指针自动递增或递减。具体实现方法见第 5 章。

特别提示：无论是基本 RAM 区的特殊功能寄存器，还是扩展 RAM 区的特殊功能寄存器，各寄存器对应的地址都是固定的，但在学习与应用中，并不需要记住这些地址。在编程时，将 STC8H8K64U 系列单片机特殊功能寄存器地址定义的文件（STC8.INC 或 STC8.H）包含进去即可直接使用各特殊功能寄存器符号与可寻址位符号。

3. 扩展 RAM（XRAM）

（1）片内扩展 RAM 与片外扩展 RAM。

STC8H8K64U 系列单片机的片内扩展 RAM 空间为 8192 字节，地址范围为 0000H～1FFFH。片内扩展 RAM 类似传统的片外数据存储器，可采用访问片外数据存储器的访问指令（助记符为 MOVX）访问片内扩展 RAM 区域。

STC8H8K64U 系列单片机保留了传统 8051 单片机片外数据存储器（片外扩展 RAM）的扩展功能，但在使用时，片内扩展 RAM 与片外扩展 RAM 不能并存，可通过 AUXR 中的 EXTRAM 控制位进行选择，EXTRAM=0（默认状态）选择的是片内扩展 RAM；EXTRAM=1 选择的是片外扩展 RAM。在扩展片外数据存储器时，要占用 P0 口、P2 口，以及 ALE、$\overline{RD}$ 与 $\overline{WR}$ 引脚，而在使用片内扩展 RAM 时与它们无关。在实际应用中，应尽量使用片内扩展 RAM，不推荐扩展片外数据存储器。

（2）扩展特殊功能寄存器。

特殊功能寄存器区 2 中的特殊功能寄存器称为扩展特殊功能寄存器，其地址与片内扩展 RAM 地址是重叠的，实际使用时通过特殊功能寄存器位 P_SW2.7（EAXSFR）来进行选择：当 P_SW2.7（EAXSFR）位为 0 时，扩展 RAM 访问指令（MOVX）访问的是扩展 RAM 地址空间；当 P_SW2.7（EAXSFR）位为 1 时，扩展 RAM 访问指令（MOVX）访问的是扩展特殊功能寄存器空间。STC8H8K64U 系列单片机扩展特殊功能寄存器的名称与地址一览表如表 2.4 所示。

表 2.4　STC8H8K64U 系列单片机扩展特殊功能寄存器的名称与地址一览表

地址	+0	+1	+2	+3	+4	+5	+6	+7
FCF0H	MD3	MD2	MD1	MD0	MD5	MD4	ARCON	OPCON
FE00H	CLKSEL	CLKDIV	HIRCCR	XOSCCR	IRC32KCR	MCLKOCR	IRCDB	IRC48MCR
FE10H	P0PU	P1PU	P2PU	P3PU	P4PU	P5PU	P6PU	P7PU
FE18H	P0NCS	P1NCS	P2NCS	P3NCS	P4NCS	P5NCS	P6NCS	P7NCS
FE20H	P0SR	P1SR	P2SR	P3SR	P4SR	P5SR	P6SR	P7SR
FE28H	P0DR	P1DR	P2DR	P3DR	P4DR	P5DR	P6DR	P7DR
FE30H	P0IE	P1IE	—	—	—	—	—	—
FE80H	I2CCFG	I2CMSCR	I2CMSST	I2CSLCR	I2CSLST	I2CSLADR	I2CTxD	I2CRxD
FE88H	I2CMSAUX	—	—	—	—	—	—	—
FE98H	SPFUNC	RSTFLAG	—	—	—	—	—	—
FEA0H	—	—	TM2PS	TM3PS	TM4PS	—	—	—
FEA8H	ADCTIM	—	—	—	T3T4PIN	ADCEXCFG	CMPEXCFG	—
FEB0H	PWMA_ETRPS	PWMA_ENO	PWMA_PS	PWMA_IOAUX	PWMB_ETRPS	PWMB_ENO	PWMB_PS	PWMB_IOAUX

续表

地址	+0	+1	+2	+3	+4	+5	+6	+7
FEC0H	PWMA_CR1	PWMA_CR2	PWMA_SMCR	PWMA_ETR	PWMA_IER	PWMA_SR1	PWMA_SR2	PWMA_EGR
FEC8H	PWMA_CCMR1	PWMA_CCMR2	PWMA_CCMR3	PWMA_CCMR4	PWMA_CCER1	PWMA_CCER2	PWMA_CNTRH	PWMA_CNTRL
FED0H	PWMA_PSCRH	PWMA_PSCRL	PWMA_ARRH	PWMA_ARRL	PWMA_RCR	PWMA_CCR1H	PWMA_CCR1L	PWMA_CCR2H
FED8H	PWMA_CCR2L	PWMA_CCR3H	PWMA_CCR3L	PWMA_CCR4H	PWMA_CCR4L	PWMA_BKR	PWMA_DTR	PWMA_OISR
FEE0H	PWMB_CR1	PWMB_CR2	PWMB_SMCR	PWMB_ETR	PWMB_IER	PWMB_SR1	PWMB_SR2	PWMB_EGR
FEE8H	PWMB_CCMR1	PWMB_CCMR2	PWMB_CCMR3	PWMB_CCMR4	PWMB_CCER1	PWMB_CCER2	PWMB_CNTRH	PWMB_CNTRL
FEF0H	PWMB_PSCRH	PWMB_PSCRL	PWMB_ARRH	PWMB_ARRL	PWMB_RCR	PWMB_CCR5H	PWMB_CCR5L	PWMB_CCR6H
FEF8H	PWMB_CCR6L	PWMB_CCR7H	PWMB_CCR7L	PWMB_CCR8H	PWMB_CCR8L	PWMB_BKR	PWMB_DTR	PWMB_OISR

注：各特殊功能寄存器地址等于行地址加列偏移量。

4. EEPROM

STC8H8K64U 系列单片机的程序存储器与 EEPROM 在物理上是共用一个地址空间的。STC8H8K64U 系列单片机的 EEPROM 空间理论上为 0000H～FFFFH，但在实际使用时，程序存放剩余的 Flash ROM 才能用作 EEPROM。

数据存储器被用作 EEPROM，用来存放一些应用时需要经常修改且掉电后又能保持不变的参数。数据存储器的擦除操作是按扇区进行的，在使用时建议将同一次修改的数据放在同一个扇区，不同次修改的数据放在不同的扇区。在程序中，用户可以对数据存储器进行字节读、字节写与扇区擦除等操作，具体操作方法见 6.4 节。

2.3　并行 I/O 口

对于采用 LQFP64/QFN64 封装的 STC8H8K64U 系列单片机，除 4 个专用引脚外（VCC/AVCC、GND、ADC_VRef+、UCAP），其余所有引脚都可用作 I/O 口，每一个引脚都对应 1 位特殊功能寄存器位，并对应 1 位数据缓冲器位。STC8H8K64U 单片机最多有 60 个 I/O 口，对应的特殊功能寄存器位分别为 P0.0～P0.7、P1.0、P1.1、P1.3～P1.7、P2.0～P2.7、P3.0～P3.7、P4.0～P4.7、P5.0～P5.4、P6.0～P6.7、P7.0～P7.7。此外，大多数 I/O 口都具有 2 种以上功能，各 I/O 口的引脚功能名称前文已介绍过，详见表 1.3～表 1.10。

2.3.1　并行 I/O 口的工作模式

STC8H8K64U 系列单片机的所有 I/O 口均有 4 种工作模式：准双向口（传统 8051 单片机 I/O）工作模式、推挽输出工作模式、仅为输入（高阻状态）工作模式与开漏工作模式。除 P3.0 和 P3.1 外，其余所有 I/O 口上电后的状态均为高阻状态，用户在使用 I/O 口工作时必须先设置 I/O 口工作模式。

1. I/O 口工作模式的配置

每个 I/O 口的工作模式都需要使用两个寄存器进行配置，Pn 口由 PnM1 和 PnM0 进行配置，这里 n 可取值为 0、1、2、3、4、5、6、7。例如，P0 口的工作模式需要使用 P0M1 和 P0M0 两个寄存器进行配置。P0 口工作模式配置图如图 2.3 所示，P0M1.7 和 P0M0.7 用于设置 P0.7 的工作模式。STC8H8K64U 系列单片机 I/O 口工作模式的配置如表 2.5 所示。

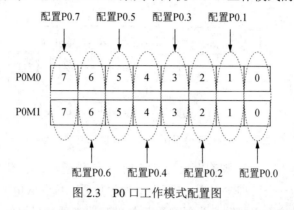

图 2.3　P0 口工作模式配置图

表 2.5　STC8H8K64U 系列单片机 I/O 口工作模式的配置

控 制 信 号		I/O 口工作模式
PnM1[7:0]	PnM0[7:0]	
0	0	准双向口工作模式：灌电流可达 20mA，拉电流为 150～230μA
0	1	推挽输出工作模式：强上拉输出，拉电流可达 20mA，要外接限流电阻
1	0	仅为输入（高阻状态）工作模式
1	1	开漏工作模式：内部上拉电阻断开，要外接上拉电阻才可以拉高。此工作模式可用于 5V 元器件与 3V 元器件的电平切换

注：

（1）虽然每个 I/O 口在除高阻状态外的 3 种工作模式时都能承受 20mA 的灌电流（还是要加限流电阻，阻值可取 1kΩ、560Ω、472Ω 等），并且在强推挽输出时能输出 20mA 的拉电流（也要加限流电阻），但整个芯片的工作电流建议不要超过 70mA。

（2）当有 I/O 口被选择为 ADC 输入通道时，必须用 PnM0/PnM1 寄存器将 I/O 口模式配置为高阻状态工作模式。如果 MCU 在进入掉电模式/时钟停振模式后，仍需要使能 ADC 通道，则需要设置 PnIE 寄存器关闭数字输入，这样才能保证不会有额外的耗电。

2. STC8H8K64U 系列单片机并行 I/O 口的结构与工作原理

下面介绍 STC8H8K64U 系列单片机并行 I/O 口在不同工作模式下的结构与工作原理。

（1）准双向口工作模式。

准双向口工作模式下的 I/O 口的电路结构如图 2.4 所示。在准双向口工作模式下，I/O 口可直接输出而不需要重新配置 I/O 口输出状态。这是因为当 I/O 口输出高电平时驱动能力很弱，允许外部装置将其电平拉低；当 I/O 口输出低电平时，其驱动能力很强，可吸收相当大的电流。

每个 I/O 口都包含一个 8 位锁存器，即特殊功能寄存器 P0～P7。这种结构在数据输出时具有锁存功能，即在重新输出新的数据之前，I/O 口上的数据一直保持不变，但其对输入信号是不锁存的，所以 I/O 设备输入的数据必须保持到取指令开始执行为止。

准双向口有 3 个上拉场效应管 T1、T2、T3，可以适应不同的需要。其中，T1 称为"强上拉"，上拉电流可达 20mA；T2 称为"极弱上拉"，上拉电流一般为 30μA；T3 称为"弱上拉"，上拉电流一般为 150～270μA，典型值为 200μA。若输出低电平，则灌电流最大可达 20mA。

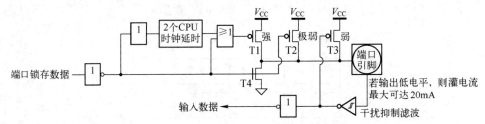

图 2.4　准双向口工作模式下的 I/O 口的电路结构

当端口锁存器为"1"且引脚输出也为"1"时，T3 导通，T3 提供基本驱动电流使准双向口输出为"1"。当一个引脚输出为"1"且由外部装置下拉到低电平时，T3 断开，T2 维持导通状态，为了把这个引脚强拉为低电平，外部装置必须有足够的灌电流使引脚上的电压降到门槛电压以下。

当端口锁存器为"1"时，T2 导通。当引脚悬空时，这个极弱的上拉源产生很弱的上拉电流，引脚被上拉为高电平。

当端口锁存器由"0"跳变到"1"时，T1 用来加快准双向口由逻辑"0"到逻辑"1"的转换。当发生这种情况时，T1 导通约两个时钟以使引脚能够迅速地上拉到高电平。

准双向口带有一个施密特触发输入电路及一个干扰抑制电路。

当从端口引脚上输入数据时，T4 应一直处于截止状态。如果在输入之前曾输出锁存过数据"0"，那么 T4 是导通的，这样引脚上的电位就始终被钳位在低电平，使高电平输入无法被读入。因此，若要从端口引脚读入数据，必须先将端口锁存器置"1"，使 T4 截止。

（2）推挽输出工作模式。

推挽输出工作模式下的 I/O 口的电路结构如图 2.5 所示。

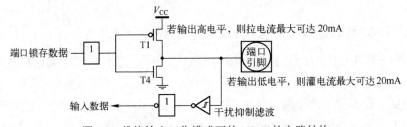

图 2.5　推挽输出工作模式下的 I/O 口的电路结构

在推挽输出工作模式下，I/O 口输出的下拉结构、输入电路结构与准双向口工作模式下的相同结构一致，不同的是推挽输出工作模式下 I/O 口的上拉是持续的"强上拉"，若输出高电平，则拉电流最大可达 20mA；若输出低电平，则灌电流最大可达 20mA。同准双向口工作模式，若要从端口引脚上输入数据，则必须先将端口锁存器置"1"，使 T4 截止。

（3）仅为输入（高阻状态）工作模式。

仅为输入（高阻状态）工作模式下的 I/O 口的电路结构如图 2.6 所示。

在仅为输入（高阻状态）工作模式下，可直接从端口引脚读入数据，不需要先将端口锁存器置"1"。

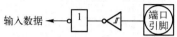

图 2.6　仅为输入（高阻状态）工作模式下的 I/O 口的电路结构

（4）开漏工作模式

开漏工作模式下的 I/O 口的电路结构如图 2.7 所示。

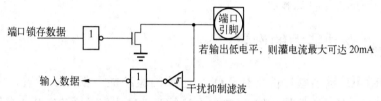

图 2.7　开漏工作模式下的 I/O 口的电路结构

在开漏工作模式下，I/O 口输出的下拉结构与推挽输出工作模式和准双向口工作模式下的相同结构一致，输入电路结构与准双向口工作模式下的相同结构一致，但输出驱动无任何负载，即在开漏工作模式下输出应用时，必须外接上拉电阻。

2.3.2　内部上拉电阻的设置

STC8H8K64U 系列单片机所有 I/O 口内部都可以使能一个阻值大约为 4.1kΩ 的上拉电阻，由 PnPU（n=0,1,2,3,4,5,6,7）寄存器来控制。例如，P1.7 口内部上拉电阻的使能就是由 P1PU.7 来控制的，"0" 禁止，"1" 使能。

STC8H8K64U 系列单片机并行 I/O 口内部 4.1kΩ 上拉电阻的结构图如图 2.8 所示。

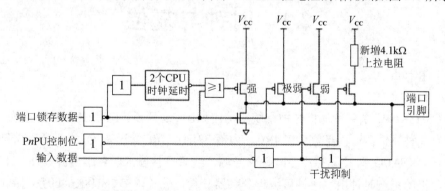

图 2.8　STC8H8K64U 系列单片机并行 I/O 口内部 4.1kΩ 的上拉电阻的结构图

2.3.3　施密特触发器的设置

STC8H8K64U 系列单片机所有 I/O 口输入通道都可以使能一个施密特触发器，由

PnNCS（n=0,1,2,3,4,5,6,7）寄存器来控制。例如，P1.7 口内部施密特触发器的使能就是由 P1PNCS.7 来控制的，"0" 使能，"1" 禁止。

2.3.4　电平转换速度的设置

STC8H8K64U 系列单片机所有 I/O 口电平的转换速度都可以设置，由 PnSR（n=0,1,2,3,4,5,6,7）寄存器来控制，如 P1.7 口电平的转换速度就是由 P1SR.7 来控制的，当设置为 "0" 时，电平的转换速度快，但相应的上下冲比较大；当设置为 "1" 时，电平的转换速度慢，但相应的上下冲比较小。

2.3.5　电流驱动能力的设置

STC8H8K64U 系列单片机所有 I/O 口电流的驱动能力都可以设置，由 PnDR（n=0,1,2,3,4,5,6,7）寄存器来控制，如 P1.7 口电流的驱动能力就是由 P1DR.7 来控制的，当设置为 "1" 时，为一般电流驱动能力；当设置为 "0" 时，增强端口的电流驱动能力。

2.3.6　数字信号输入使能的设置

STC8H8K64U 系列单片机 P0 口、P1 口、P3 口的数字信号输入均可控制，由 PnIE（n=0,1,3）寄存器来控制，如 P1.7 口的数字信号输入是否允许就是由 P1IE.7 来控制的，"0" 禁止，"1" 使能。

> **特别提示**：若 I/O 口被当作比较器输入口、ADC 输入口或触摸按键输入口等模拟口，则在进入时钟停振模式前，必须设置为 0，否则会有额外的耗电。

2.4　时钟与复位

2.4.1　时钟

STC8H8K64U 系列单片机时钟系统结构图如图 2.9 所示。STC8H8K64U 系列单片机的主时钟有 3 种时钟源：内部高精度 IRC、内部 32KHz IRC（误差较大）在和外部时钟（由 XTALI 和 XTALO 外接晶振产生时钟信号源，或者直接输入时钟信号源）。STC8H8K64U 系列单片机的系统时钟由主时钟可编程分频器获得。此外，STC8H8K64U 系列单片机的系统时钟可通过编程从 I/O 口输出。STC8H8K64U 系列单片机时钟系统由如表 2.6 所示的特殊功能寄存器进行管理，下面从主时钟的选择与控制、系统时钟的分频系数，以及系统时钟输出的控制这三个方面进行说明。

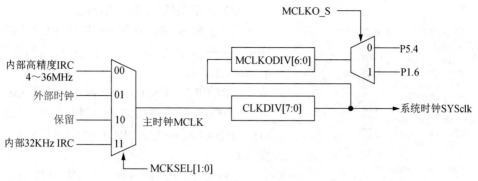

图 2.9 STC8H8K64U 系列单片机时钟系统结构图

表 2.6 STC8H8K64U 系列单片机时钟系统相关特殊功能寄存器

符号	名称	位位置与符号								复位值
		B7	B6	B5	B4	B3	B2	B1	B0	—
CKSEL	时钟选择寄存器	—	—	—	—	—	—	MCKSEL[1:0]		xxxxxx00
CLKDIV	时钟分频寄存器									00000100
HIRCCR	内部高精度 IRC 控制寄存器	ENHIRC	—	—	—	—	—	—	HIRCST	1xxxxxx0
XOSCCR	外部时钟控制寄存器	ENXOSC	XITYPE	—	—	—	—	—	XOSCST	00xxxxx0
IRC32KCR	内部 32KHz IRC 控制寄存器	ENIRC32K	—	—	—	—	—	—	IRC32KST	0xxxxxx0
MCLKOCR	系统时钟输出控制寄存器	MCLKO_S	MCLKODIV[6:0]							00000000

1. 主时钟的选择与控制

（1）主时钟的选择。

STC8H8K64U 系列单片机主时钟（MCLK）的选择由时钟选择寄存器 CKSEL 中的 CKSEL.1、CKSEL.0（MCKSEL[1:0]）进行控制，具体如表 2.7 所示。默认选择的是内部高精度 IRC,频率范围是 4～36MHz,可在 STC-ISP 在线编程软件下载程序前设置好,如图 2.10 所示,在"输入用户程序运行时的 IRC 频率"下拉菜单中选择。

表 2.7 STC8H8K64U 系列单片机主时钟（MCLK）的选择控制表

CKSEL.1、CKSEL.0（MCKSEL[1:0]）	主时钟
00	内部高精度 IRC（默认状态，4～36MHz）
01	外部晶振产生信号源，或者外部输入时钟信号源
10	保留
11	内部 32KHz IRC（误差较大）

特别提示：当需要切换主时钟时，必须先使能目标时钟源，当目标时钟源频率稳定后再进行主时钟源切换。

图 2.10　选择内部高精度 IRC 的工作频率

（2）内部高精度 IRC 的控制。

内部高精度 IRC 由内部高精度 IRC 控制寄存器 HIRCCR 进行控制。内部高精度 IRC 的频率范围为 4～36MHz。

HIRCCR.7（ENHIRC）：内部高精度 IRC 使能位。HIRCCR.7（ENHIRC）=0 时，关闭内部高精度 IRC；HIRCCR.7（ENHIRC）=1 时，使能内部高精度 IRC。

HIRCCR.0（HIRCST）：内部高精度 IRC 频率稳定标志位（只读位）。当内部高精度 IRC 从停振状态开始使能后，其频率必须经过一段时间才会稳定。因为当其频率稳定后，HIRCCR 会自动将 HIRCCR.0（HIRCST）标志位置 1。所以，当用户程序需要将主时钟切换到内部高精度 IRC 时，必须先设置 HIRCCR.7（ENHIRC）为 1，使能内部高精度 IRC，然后一直查询 HIRCCR.0（HIRCST）位，只有当该标志位为 1 时，才可以进行主时钟切换。

（3）内部 32KHz IRC 的控制。

内部 32KHz IRC 由内部 32KHz IRC 控制寄存器 IRC32KCR 进行控制。

IRC32KCR.7（ENIRC32K）：内部 32KHz IRC 使能位。IRC32KCR.7（ENIRC32K）=0 时，关闭内部 32KHz IRC；IRC32KCR.7（ENIRC32K）=1 时，使能内部 32KHz IRC。

IRC32KCR.0（IRC32KST）：内部 32KHz IRC 频率稳定标志位。当内部 32KHz IRC 从停振状态开始使能后，其频率必须经过一段时间才会稳定。因为当其频率稳定后，IRC32KCR 会自动将 IRC32KCR.0（IRC32KST）标志位置 1。所以，当用户程序需要将主时钟切换到内部 32KHz IRC 时，必须先设置 IRC32KCR.7（ENIRC32K）为 1，使能内部 32KHz IRC，然后一直查询 IRC32KCR.0（IRC32KST）位，只有当该标志位为 1 时，才可以进行主时钟切换。

（4）外部时钟的控制。

外部时钟由外部时钟控制寄存器 XOSCCR 进行控制。

XOSCCR.7（ENXOSC）：外部时钟使能位。XOSCCR.7（ENXOSC）=0 时，关闭外部时钟；XOSCCR.7（ENXOSC）=1 时，使能外部时钟。

XOSCCR.6（XITYPE）：外部时钟的类型选择位。XOSCCR.6（XITYPE）=0 时，外部时钟直接输入时钟，信号源从单片机的 XTALI（P1.7 口）输入，此时建议 XTALO（P1.6 口）不使用，因为后者会受到外部输入时钟源时钟的影响；XOSCCR.6（XITYPE）=1 时，外部时钟是由外部晶振构成，从单片机的 XTALI（P1.7 口）和 XTALO（P1.6 口）接入。STC8H8K64U 系列单片机的外部时钟电路如图 2.11 所示。

XOSCCR.0（XOSCST）：外部时钟频率稳定标志位。当外部时钟从停振状态开始使能后，其频率必须经过一段时间才会稳定。因为当其频率稳定后，XOSCCR 会自动将 XOSCCR.0（XOSCST）标志位置 1。所以，当用户程序需要将主时钟切换到外部时钟时，必须先设置 XOSCCR.7（ENXOSC）为 1，使能外部时钟，然后一直查询 XOSCCR.0（XOSCST）位，只有当该标志位为 1 时，才可以进行主时钟切换。

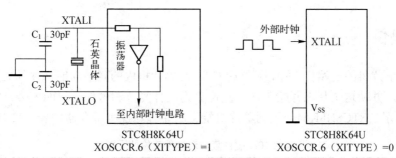

图 2.11 STC8H8K64U 系列单片机的外部时钟电路

2. 系统时钟的分频系数

STC8H8K64U 系列单片机的系统时钟是供 STC8H8K64U 系列单片机 CPU 和外部设备使用的。从图 2.9 中可以看出,STC8H8K64U 系列单片机的系统时钟是主时钟(MCLK)经分频器分频所得。分频器分频系数由时钟分频寄存器 CLKDIV 进行控制,具体如表 2.8 所示。

表 2.8 STC8H8K64U 系列单片机系统时钟的分频系数控制表

CLKDIV(十进制数字)	系统时钟频率
0	MCLK/1
1	MCLK/1
2	MCLK/2
3	MCLK/3
4	MCLK/4(默认状态)
...	...
255	MCLK/255

3. 系统时钟输出的控制

从图 2.9 中可以看出,STC8H8K64U 系列单片机的系统时钟可通过编程从外部引脚输出,主要由系统时钟输出控制寄存器 MCLKOCR 进行控制。

MCLKOCR.7(MCLKO_S):系统时钟输出引脚的选择控制位。MCLKOCR.7(MCLKO_S)=0 时,系统时钟输出引脚为 P5.4(默认状态);MCLKOCR.7(MCLKO_S)=1 时,系统时钟输出引脚为 P1.6。

MCLKOCR.6~MCLKOCR.0(MCLKODIV[6:0]):系统时钟输出分频系数的选择控制位,具体如表 2.9 所示。

表 2.9 STC8H8K64U 系列单片机系统时钟输出分频系数的选择控制表

MCLKOCR.6~MCLKOCR.0(MCLKODIV[6:0])	系统时钟输出分频系数
0000000	禁止输出(默认状态)
0000001	MCLK/1
0000010	MCLK/2
0000011	MCLK/3
...	...
1111110	MCLK/126
1111111	MCLK/127

2.4.2 复位

复位是单片机的初始化工作，复位后 CPU 及单片机内的其他功能部件都处在一个确定的初始状态，并从这个状态开始工作。复位分为硬件复位和软件复位两大类，它们的区别如表 2.10 所示。STC8H8K64U 系列单片机复位的管理与控制寄存器如表 2.11 所示。

表 2.10   硬件复位和软件复位的区别

复位种类	复位源	上电复位标志 PCON.4（POF）	复位后状态	复位后程序启动区域
硬件复位	上电复位，系统停电后再上电引起的硬件复位，复位电压为 1.7V 左右	1	所有寄存器的值都会复位到初始值，系统会重新读取所有的硬件选项。同时根据硬件选项设置的上电等待时间进行上电等待	从系统 ISP 监控程序区开始执行程序，如果检测不到合法的 ISP 下载指令流，则将软复位到用户程序区执行用户程序
硬件复位	外部 RST 引脚复位（低电平复位）	不变		
硬件复位	低压复位（复位电压可在 STC-ISP 在线编程软件下载程序时进行选择，一般为 2.0V、2.4V、2.7V、3.0V）	不变		
硬件复位	内部 WDT 复位	不变		
软件复位	通过对 IAP_CONTR 寄存器操作的软复位	不变	除与时钟相关的寄存器保持不变外，其余所有寄存器的值都会复位到初始值，软件复位不会重新读取所有的硬件选项	若 SWBS=1，复位到系统 ISP 监控程序区；若 SWBS=0，复位到用户程序区 0000H 处

表 2.11   STC8H8K64U 系列单片机复位的管理与控制寄存器

符　　号	名　　称	位位置与符号								复位值
		B7	B6	B5	B4	B3	B2	B1	B0	
RSTCFG	复位配置寄存器	—	ENLVR	—	P54RST	—	—	LVDS[1:0]		x0x0xx00
WDT_CONTR	看门狗控制寄存器	WDT_FLAG	—	EN_WDT	CLR_WDT	IDL_WDT	WDT_PS[2:0]			0x000000
IAP_CONTR	IAP 控制寄存器	IAPEN	SWBS	SWRST	CMD_FAIL	—	IAP_WT[2:0]			0000x000

1. 硬件复位

STC8H8K64U 系列单片机的硬件复位包括上电复位、外部 RST 引脚复位、低压复位和内部 WDT 复位。

（1）上电复位。

当电源电压低于掉电/上电复位检测门槛电压时，所有逻辑电路都会复位。当电源电压高于掉电/上电复位检测门槛电压时，延迟 8192 个时钟，掉电/上电复位结束。

若 MAX810 专用电路在 ISP 编程时被允许，则掉电/上电复位结束后产生约 180ms 的复位延迟。

上电复位时，电源控制寄存器 PCON 的上电复位标志位 PCON.4（POF）置 1，其他复位模式复位后 POF 不变。在实际应用中，POF 用来判断单片机复位是上电复位、外部 RST 引脚复位、内部 WDT 复位、低压复位还是软件复位，但应在判断出上电复位种类后及时将 POF 清 0。用户可以在初始化程序中判断 POF 是否为 1，并对不同情况进行不同的处理，如图 2.12 所示。

（2）外部 RST 引脚复位。

外部 RST 引脚复位是低电平复位，与传统 8051 单片机的复位电平是不一致的，传统 8051 单片机的复位电平是高电平。STC8H8K64U 系列单片机外部 RST 引脚复位电路如图 2.13 所示。

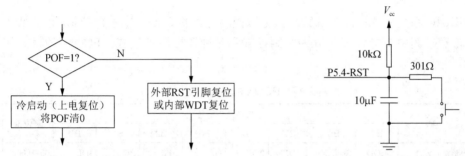

图 2.12　复位种类判断流程图　　图 2.13　STC8H8K64U 系列单片机外部 RST 引脚复位电路

RST 引脚具备复位功能与否可由 STC-ISP 在线编程软件下载程序时进行设置，或者应用复位配置寄存器 RSTCFG 来进行控制。RSTCFG 控制关系如下。

RSTCFG.4（P54RST）：RST 引脚功能选择控制位。RSTCFG.4（P54RST）=0 时，RST 引脚用作普通 I/O 口（P54）；RSTCFG.4（P54RST）=1 时，RST 引脚用作复位引脚。

（3）低压复位。

除掉电/上电复位检测门槛电压外，STC8H8K64U 系列单片机还有一组更可靠的内部低压检测（LVD）门槛电压。当电源电压 V_{CC} 低于内部低压检测门槛电压时，若允许低压复位，则可产生复位。RSTCFG 控制关系如下。

RSTCFG.6（ENLVR）：低压复位选择控制位。RSTCFG.6（ENLVR）=0 时，禁止低压复位，当低压中断允许，系统检测到低压事件时，会产生低压中断；RSTCFG.6（ENLVR）=1 时，允许低压复位。

STC8H8K64U 系列单片机内置 4 级低压检测门槛电压：2.0V、2.4V、2.7V、3.0V，可在 STC-ISP 在线编程软件进行程序下载时设置。

（4）内部 WDT 复位。

WDT 的基本作用是监视 CPU 的工作。如果 CPU 在规定的时间内没有按要求访问 WDT，那么认为 CPU 处于异常状态，WDT 就会强迫 CPU 复位，使系统重新运行用户程序。内部 WDT 复位是一种提高系统可靠性的措施，详见 18.2 节。

2. 软件复位

在系统运行过程中，有时需要根据特殊需求实现单片机系统软复位，由于传统 8051 单片机在硬件上不支持此功能，因此用户必须用软件进行模拟，实现起来较麻烦。STC8H8K64U 系列单片机利用 IAP 控制寄存器 IAP_CONTR 实现了此功能。用户只需要简单地控制 IAP_CONTR 的两位（SWBS、SWRST）就可以使系统复位。

IAP_CONTR.5（SWRST）：软件复位控制位。IAP_CONTR.5（SWRST）=0 时，不操作；IAP_CONTR.5（SWRST）=1 时，产生软件复位。

IAP_CONTR.6（SWBS）：软件复位程序启动区的选择控制位。IAP_CONTR.6（SWBS）=0 时，从用户程序区启动；IAP_CONTR.6（SWBS）=1 时，从 ISP 监控程序区启动。

若要切换到从用户程序区起始处开始执行程序，则执行"MOV IAP_CONTR，#20H"指令；若要切换到从 ISP 监控程序区起始处开始执行程序，则执行"MOV IAP_CONTR，#60H"指令。

3．电源管理

STC8H8K64U 系列单片机的电源管理由电源控制寄存器 PCON 来进行控制，包括低压管理和节能管理。其中节能管理又分为空闲模式和时钟停振两种模式。PCON 的格式如表 2.12 所示。

表 2.12　PCON 的格式

符　号	名　　称	位位置与符号								复位值
		B7	B6	B5	B4	B3	B2	B1	B0	
PCON	电源控制寄存器	SMOD	SMOD0	LVDF	POF	GF1	GF0	PD	IDL	00110000

PCON.5（LVDF）：低压检测标志位。当系统检测到低压事件时，硬件自动将此位置 1，并向 CPU 提出中断请求。此标志位需要由用户软件清 0。

PCON.0（IDL）：IDLE 模式（空闲模式）控制位。PCON.0（IDL）=0 时，对系统无影响；PCON.0（IDL）=1 时，单片机进入 IDLE 模式（空闲模式），只有 CPU 停止工作，其他外部设备依然在运行。唤醒后，硬件自动清 0 该控制位。

PCON.1（PD）：时钟停振模式（掉电模式、停电模式）控制位。PCON.1（PD）=0 时，对系统无影响；PCON.1（PD）=1 时单片机进入时钟停振模式（掉电模式、停电模式），CPU 及全部外部设备均停止工作。唤醒后，硬件自动清 0 该控制位。需要注意的是，在时钟停振模式下，CPU 和全部外部设备均停止工作，但 SRAM 和 XRAM 中的数据是一直维持不变的）。

电源的节能管理主要用于单片机的低功耗设计，具体应用方法见 18.1 节。

本章小结

本章以 STC8H8K64U 系列单片机为例，介绍了 STC 增强型 8051 单片机内核：增强型 8051 CPU、存储器和 I/O 口。重点介绍了 STC8H8K64U 系列单片机的片内存储结构和并行 I/O 口。STC8H8K64U 系列单片机在使用上有 4 个存储器空间，即程序存储器（程序 Flash）、片内基本 RAM、片内扩展 RAM 与 EEPROM（数据 Flash）。程序 Flash ROM 用作程序存储器，用于存放程序代码和常数。数据 Flash 用作 EEPROM，用于存放一些应用时需要经常修改停机时又能保持不变的工作参数。片内基本 RAM 包括低 128 字节、高 128 字节和特殊功能寄存器三部分，其中低 128 字节又分为工作寄存器区、位寻址区与通用 RAM 区三部分；高 128 字节是一般数据存储器，而特殊功能寄存器具有特殊的含义，总是与单片机的内部接口电路有关；片内扩展 RAM 是数据存储器的延伸，用于存储一般的数据，类似于传统 8051 单片机的片外扩展数据存储器。STC8H8K64U 系列单片机保留了传统 8051 单片机的片外扩展数据总线，但在使用片内扩展 RAM 与片外扩展 RAM 时，只能选中其中之一，可通过 AUXR 中的 EXTRAM 控制位进行选择，默认选择的是片内扩展 RAM。扩展特殊功能寄存器的地址与片内扩展 RAM 的地址是重叠的，实际使用时通过特殊功能寄存器位 P_SW2.7（EAXSFR）来选择：当 P_SW2.7（EAXSFR）位为 0 时，扩展 RAM 访问指令（MOVX）访问的是片内扩展 RAM 地址空间；当 P_SW2.7（EAXSFR）位为 1 时，扩展 RAM 访问指令（MOVX）访问的是扩展特殊功能寄存器空间。

STC8H8K64U 系列单片机有 P0、P1、P2、P3、P4、P5、P6、P7 等 I/O 口，但封装不同，I/O 口的引脚数也不同。通过设置 P0、P1、P2、P3、P4、P5、P6、P7 口，这些 I/O 口可工作在准双向口工作模式、推挽输出工作模式、仅为输入（高阻状态）工作模式或开漏工作模式。I/O 口的最大驱动能力为 20mA，但单片机的总驱动电流不能超过 70mA。此外，I/O 口还可以进行上拉电阻、对外输出速度、电流驱动能力等性能的控制。

STC8H8K64U 系列单片机的主时钟有 3 种时钟源：内部高精度 IRC、内部 32KHz IRC 和外部时钟。通过设置时钟分频寄存器 CLKDIV，可动态调整单片机分频器的分频系数。STC8H8K64U 系列单片机的主时钟可以通过 P5.4 引脚或 P1.6 引脚输出，可选择主时钟输出的分频系数（由系统时钟输出控制寄存器 MCLKOCR 控制）。

STC8H8K64U 系列单片机集成有内部专用复位电路，不需要外部复位电路就能正常工作。STC8H8K64U 系列单片机主要有 5 种复位模式：上电复位、外部 RST 引脚复位、低压复位、内部 WDT 复位与软件复位。

习题

一、填空题

1．CPU 由_____和控制器组成。

2．特殊功能寄存器 PSW 称为_____。

3．PSW 中的 CY 称为_____，AC 称为_____，OV 称为_____。

4．CPU 中的 PC 称为_____，用于决定 CPU 执行程序的顺序，PC 指到哪就从哪开始执行程序。

5．STC8H8K64U 系列单片机的在物理上可分为_____个存储器空间，在使用上可分为_____个存储器空间。

6．STC8H8K64U 系列单片机的工作寄存器区可分为 4 个工作寄存器组，是通过 PSW 中的_____、_____来选择当前工作寄存器组的。

7．若工作寄存器组 2 是当前工作寄存器组组，则 R3 对应基本 RAM 单元的地址是_____。

8．STC8H8K64U 系列单片机外部 RST 引脚复位的有效电平是_____。

9．STC8H8K64U 系列单片机的时钟源有_____、_____和_____3 种，STC8H8K64U 系列单片机的系统时钟经分频器分频所得，用于控制分频器分频系数的特殊功能寄存器是_____。

10．STC8H8K64U 系列单片机的系统时钟可通过_____引脚或_____引脚输出，用于选择系统时钟输出引脚和分频系数的特殊功能寄存器是_____。

11．STC8H8K64U 系列单片机并行 I/O 口的工作模式有准双向口工作模式、_____、仅为输入（高阻状态）工作模式和_____4 种。

12．STC8H8K64U 系列单片机并行 I/O 口的灌电流最高可达_____，但单片机的总驱动电流不能超过_____。

13．STC8H8K64U 系列单片机复位后的启动区域分为_____和用户程序区，当从用户程序区启动时，复位的起始地址是_____。

14．SP 是_____，复位后 SP 值是_____。

15．程序存储器 0003H 地址称为_____，内部扩展 RAM 和片外扩展 RAM 是不能同时访问的，是通过_____寄存器位来选择的；内部扩展 RAM 和扩展特殊功能寄存器的地址也是冲突的，不能同时访问，是通过_____寄存器位来选择的。

二、选择题

1．当 P1M1=0xff、P1M0=0xfe 时，P1.0 的工作模式是（　　　）。
　　A．准双向口工作模式　　　　　　　　B．仅为输入（高阻状态）
　　C．推挽输出工作模式　　　　　　　　D．开漏工作模式

2．当 RS1=1、RS0=0 时，CPU 选择的当前工作寄存器组是（　　　）。
　　A．1 组　　　　　B．0 组　　　　　C．2 组　　　　　D．3 组

3．当 RS1=1、RS0=0 时，R6 对应的 RAM 单元地址是（　　　）。
　　A．06H　　　　　B．0EH　　　　　C．16H　　　　　D．1EH

4．当 CLKDIV=0x08 时，系统时钟分频器的分频系数是（　　　）。
　　A．10　　　　　B．6　　　　　C．8　　　　　D．18

5．当 MCKSEL[1:0]=01 时，STC8H8K64U 系列单片机选择的主时钟是（　　　）。
　　A．内部高精度 IRC　B．外部时钟　　　C．内部 32KHz IRC

6．STC8H8K64U 系列单片机程序存储器的存储体类型是（　　　）。
　　A．ROM　　　　　B．SRAM　　　　　C．EEPROM　　　　D．Flash ROM

7．STC8H8K64U 系列单片机数据存储器的存储体类型是（　　　）。
　　A．ROM　　　　　B．SRAM　　　　　C．EEPROM　　　　D．Flash ROM

8．STC8H8K64U 系列单片机 EEPROM 的存储体类型是（　　　）。
　　A．ROM　　　　　B．SRAM　　　　　C．EEPROM　　　　D．Flash ROM

9．当 CPU 执行 65H 与 89H 的加法运算后，PSW 中的 CY 值与 P 值分别是（　　　）。
　　A．0，0　　　　　B．0，1　　　　　C．1，0　　　　　D．1，1

10．当 CPU 执行 65H 与 89H 的加法运算后，PSW 中的 AC 值与 OV 值分别是（　　　）。
　　A．0，0　　　　　B．0，1　　　　　C．1，0　　　　　D．1，1

三、判断题

1．程序计数器 PC 是特殊功能寄存器。（　　　）

2．CLKDIV 位于特殊功能寄存器区 2。（　　　）

3．片内扩展 RAM 与扩展特殊功能寄存器不会产生地址冲突，可同时访问。（　　　）

4．基本 RAM 的 30H～7FH 是位寻址区。（　　　）

5．基本 RAM 的高 128 字节和特殊功能寄存器具有相同的地址空间。（　　　）

6．STC8H8K64U 系列单片机执行的第 1 个用户程序代码的起始地址是 0000H。（　　　）

7．STC8H8K64U 系列单片机外部 RST 引脚复位有效电平是高电平。（　　　）

8．STC8H8K64U 系列单片机所有复位形式复位后的启动区域都是一样的。（　　　）

9．STC8H8K64U 系列单片机除 P3.0、P3.1 外，复位后其余所有的 I/O 口都处于仅为输入（高阻状态）工作模式。（　　　）

10．STC8H8K64U 系列单片机在任何时候都可以从 I/O 口读取输入数据。（　　　）

11．STC8H8K64U 系列单片机没有 P1.2 引脚。（　　　）

四、问答题

1．简述 STC8H8K64U 系列单片机的存储结构。说明程序 Flash 与数据 Flash 的工作特性。数据 Flash 与 EEPROM 有什么区别？

2．简述特殊功能寄存器与一般数据存储器之间的区别。

3．简述低 128 字节中工作寄存器组的工作特性。当前工作寄存器组的组别是如何选择的？

4．在低 128 字节中，哪个区域的特殊功能寄存器具有位寻址功能？在编程应用中，如何表示位地址？

5．在特殊功能寄存器中，只有部分特殊功能寄存器具有位寻址功能，如何判断哪些是具有位寻址功能的特殊功能寄存器？可位寻址位的位地址与其对应的字节地址有什么关系？在编程应用中，如何表示特殊功能寄存器的位地址？

6．特殊功能寄存器的地址与高 128 字节的地址是重叠的，在寻址时如何区分？

7．简述 PSW 各位的含义。

8．如果 CPU 的当前工作寄存器组为工作寄存器组 2，则此时 R2 对应的 RAM 地址是多少？

9．STC8H8K64U 系列单片机有哪几种复位模式？复位模式与复位标志的关系如何？如何根据复位标志判断复位模式？

10．简述 STC8H8K64U 系列单片机复位后，PC、主要特殊功能寄存器及片内 RAM 的工作状态。

11．简述 STC8H8K64U 系列单片机主时钟的选择与控制，以及系统时钟与主时钟之间的关系。

12．简述 STC8H8K64U 系列单片机从 ISP 监控程序区起始处开始执行程序和从用户程序区起始处开始执行程序的不同。

13．STC8H8K64U 系列单片机的系统时钟是从哪个引脚输出的？它是如何控制的？

14．简述访问 STC8H8K64U 系列单片机的扩展特殊功能寄存器的方法。

第3章　应用系统的开发工具

内容提要

学习单片机就是学习如何用单片机设计电子产品（单片机应用系统）。不管程序多么简单，都需要通过软件工具将用 C 语言或汇编语言编写的源程序转换为机器能识别的机器代码，并下载到单片机中运行。STC8H8K64U 系列单片机应用系统的开发工具包括如下。

（1）Keil μVision4 集成开发环境：主要用于将用 C 语言或汇编语言编写的源程序转换为机器代码。

（2）STC-ISP 在线编程软件：主要用于将机器代码文件下载到单片机中。

（3）Proteus 仿真软件：单片机学习与应用开发的"好伴侣"，主要用于绘制单片机应用系统硬件电路和加载用户程序，以及实施模拟仿真。

3.1　Keil μVision4 集成开发环境——单片机应用程序的编辑、编译与调试流程

单片机应用程序的编辑、编译一般都采用 Keil μVision4 集成开发环境实现，但程序有多种调试方法，如目标电路在线调试、Proteus 仿真软件模拟调试、Keil μVision4 模拟（软件）仿真、Keil μVision4 与目标电路硬件仿真。单片机应用程序的编辑、编译与调试流程如图 3.1 所示。

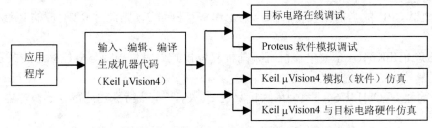

图 3.1　单片机应用程序的编辑、编译与调试流程

1. Keil μVision4 集成开发环境的编辑/编译界面

Keil μVision4 集成开发环境根据工作特性可分为编辑/编译界面和调试界面，启动 Keil μVision4 后，进入编辑/编译界面，如图 3.2 所示。在编辑/编译界面中可创建、打开用户项目文件，以及进行汇编程序或 C51 程序的输入、编辑与编译。

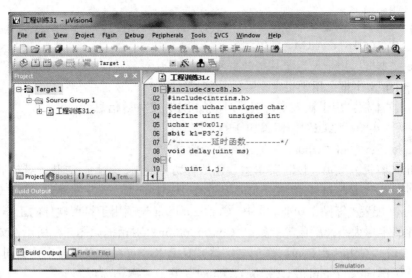

图 3.2 Keil μVision4 编辑/编译界面

Keil μVision4 集成开发环境的菜单栏在编辑/编译界面和调试界面是不一样的，灰白显示的为当前界面无效菜单项。

① File（文件）菜单。File 菜单命令主要用于对文件进行常规操作（如新建文件、打开文件、关闭文件与文件存盘等），其功能、使用方法与一般 Word、Excel 等应用程序类似命令的功能、使用方法一致。但 Device Database 命令是本开发环境的 File（文件）菜单特有的，该命令用于修改 Keil μVision4 集成开发环境支持的单片机型号及 ARM 芯片。"Device Database" 对话框如图 3.3 所示，用户可在该对话框中添加或修改 Keil μVision4 集成开发环境支持的单片机型号及 ARM 芯片。

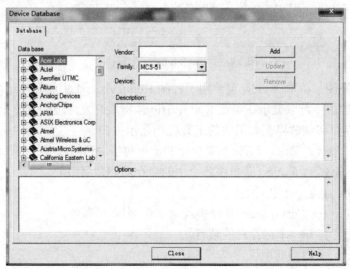

图 3.3 "Device Database" 对话框

"Device Database" 对话框各选项功能如下。

Database 列表框：用于浏览 Keil μVision4 集成开发环境支持的单片机型号及 ARM 芯片。

Vendor 文本框：用于设定单片机的类型。

Family 列表框：用于选择 MCS-51 单片机家族及其他微控制器家族，包括 MCS-51、MCS-251、80C166/167、ARM。

Device 文本框：用于设定单片机的型号。

Description 文本框：用于设定型号的功能描述。

Options 文本框：用于输入支持型号对应的 DLL 文件等信息。

Add 按钮：单击"Add"按钮添加新的支持型号。

Update 按钮：单击"Update"按钮确认当前修改。

② Edit（编辑）菜单。Edit 菜单主要包括剪切、复制、粘贴、查找、替换等通用编辑命令。此外，Keil μVision4 集成开发环境还有 Bookmark（书签管理）、Find（查找）及Configuration（配置）等操作功能。其中，Configuration 选项用于设置软件的工作界面参数，如编辑文件的字体大小及颜色等参数。"Configuration"对话框如图 3.4 所示，该对话框中有 Editor（编辑）、Colors & Fonts（颜色与字体）、User Keywords（设置用户关键词）、Shortcut Keys（快捷关键词）、Templates（模板）、Other（其他）等选项页。

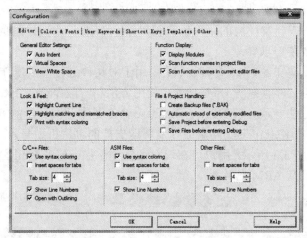

图 3.4　"Configuration"对话框

③ View（视图）菜单。View 菜单用于控制 Keil μVision4 集成开发环境界面显示。使用 View 菜单中的命令可以显示或隐藏 Keil μVision4 集成开发环境的各个窗口和工具栏等。编辑/编译工作界面和调试界面有不同的工具栏和显示窗口。

④ Project（项目）菜单。Project 菜单中的命令包括项目的建立、打开、关闭、维护、目标环境设定、编译等。Project 菜单中各个中的命令功能介绍如下。

New Project：建立一个新项目。

New Multi-Project Workspace：新建多项目工作区域。

Open Project：打开一个已存在的项目。

Close Project：关闭当前项目。

Export：导出为 Keil μVision3 格式。

Manage：工具链、头文件和库文件路径的管理。

Select Device for Target：为目标选择元器件。

Remove Item：从项目中移除文件或文件组。

Options：修改目标、组或文件的选项设置。

Build Target：编译修改过的文件并生成应用程序。

Rebuild Target：重新编译所有文件并生成应用程序。

Translate：传输当前文件。

Stop Build：停止编译。

⑤ Flash 菜单。Flash 菜单主要用于程序下载到 EEPROM 的控制。

⑥ Debug（调试）菜单。Debug 菜单中的命令用于软件仿真环境下的调试，该菜单提供断点、单步、跟踪与全速运行等命令。

⑦ Peripherals（外部设备）菜单。Peripherals 菜单中的命令用于芯片的复位和片内功能模块的控制。

⑧ Tools（工具）菜单。Tools 菜单命令主要用于支持第三方调试系统，包括 Gimpel Software 公司的 PC-Lint 和西门子公司的 Easy-Case。

⑨ SVCS（软件版本控制系统）菜单。SVCS 菜单命令用于设置和运行软件版本控制系统（Software Version Control System，SVCS）。

⑩ Window（窗口）菜单。Window 菜单命令用于设置窗口的排列方式，与 Windows 操作系统的窗口管理兼容。

⑪ Help（帮助）菜单。Help 菜单命令用于提供软件帮助信息和版本说明。

2．工具栏

Keil μVision4 集成开发环境在编辑/编译界面和调试界面有不同的工具栏，在此介绍编辑/编译界面的工具栏。

① 常用工具栏。图 3.5 为 Keil μVision4 集成开发环境的常用工具栏，从左至右依次为 New（新建文件）、Open（打开文件）、Save（保存当前文件）、Save All（保存全部文件）、Cut（剪切）、Copy（复制）、Paste（粘贴）、Undo（取消上一步操作）、Redo（恢复上一步操作）、Navigate Backwards（回到先前的位置）、Navigate Forwards（前进到下一个位置）、Insert/Remove Bookmark（插入或删除书签）、Go to Previous Bookmark（转到前一个已定义书签处）、Go to Next Bookmark（转到下一个已定义书签处）、Clear All Bookmarks（取消所有已定义的书签）、Indent Selection（右移一个制表符）、Unindent Selection（左移一个制表符）、Comment Selection（选定文本行内容）、Uncomment Selection（取消选定文本行内容）、Find in Files（查找文件）、Find（查找内容）、Incremental Find（增量查找）、Start/Stop Debug Session（启动或停止调试）、Insert/Remove Breakpoint（插入或删除断点）、Enable/Disable Breakpoint（允许或禁止断点）、Disable All Breakpoint（禁止所有断点）、Kill All Breakpoint（删除所有断点）、Project Windows（窗口切换）、Configuration（参数配置）工具图标。单击工具图标，执行图标对应的功能。

图 3.5　Keil μVision4 集成开发环境的常用工具栏

② 编译工具栏。图 3.6 为 Keil μVision4 集成开发环境的编译工具栏，从左至右依次为 Translate（传输当前文件）、Build（编译目标文件）、Rebuild（编译所有目标文件）、Batch Build

（批编译）、Stop Build（停止编译）、Download（下载文件到 Flash ROM）、Select Target（选择目标）、Target Option（目标环境设置）、File Extensions,Books and Environment（文件的组成、记录与环境）、Manage Multi-Project Workspace（管理多项目工作区域）工具图标。单击工具图标，执行图标对应的功能。

图 3.6　Keil μVision4 集成开发环境的编译工具栏

3. 窗口

Keil μVision4 集成开发环境在编辑/编译界面和调试界面有不同的窗口，在此介绍编辑/编译界面的窗口。

① 编辑窗口。在编辑窗口中，用户可以输入或修改源程序，Keil μVision4 的编辑器支持程序行自动对齐和语法高亮显示。

② 项目窗口。执行"View"→"Project Window"命令或单击工具图标可以显示或隐藏项目窗口。该窗口主要用于显示当前项目的文件结构和寄存器状态等信息。项目窗口中共有 4 个选项页，分别为 Files 选项页、Books 选项页、Functions 选项页及 Templates 选项页。Files 选项页显示当前项目的组织结构，可以在该选项页中直接单击文件名打开该文件，如图 3.7 所示。

③ 编译信息输出窗口。Keil μVision4 集成开发环境的编译信息输出窗口用于显示编译时的输出信息，如图 3.8 所示。在窗口中，双击输出的 Warning 信息或 Error 信息可以直接跳转至源程序的警告或错误所在行。

4. Keil μVision4 集成开发环境的调试界面

Keil μVision4 集成开发环境除可以编辑 C 语言程序和汇编语言程序外，还可以进行软件模拟调试和硬件仿真调试，以验证用户程序的正确性。Keil μVision4 集成开发环境软件模拟调试和硬件仿真调试都属于模拟调试，在此主要介绍两方面的内容：一方面是程序的运行方式；另一方面是如何查看与设置单片机内部资源的状态。

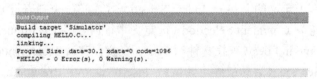

图 3.7　项目窗口中的 Files 选项页　　图 3.8　Keil μVision4 集成开发环境的编译信息输出窗口

执行"Debug"→"Start/Stop Debug Session"命令或单击工具栏中的调试按钮，系统进入调试界面，如图 3.9 所示；若再次单击调试按钮，则退出调试界面。

（1）程序的运行方式。

图 3.10 为 Keil μVision4 集成开发环境的程序运行工具栏，从左至右依次为"Reset"（复位）、"Run"（全速运行）、"Stop"（停止运行）、"Step"（跟踪运行）、"Step Over"（单步运行）、"Step Out"（跳出跟踪）、"Run to Cursor Line"（运行到光标处）工具图标。单击工具图标，执行图标对应的功能。

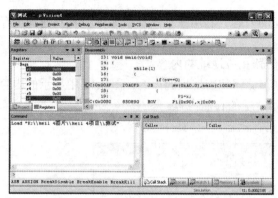

图 3.9　Keil μVision4 集成开发环境的
调试界面

图 3.10　Keil μVision4 集成开发环境的
程序运行工具栏

(复位)：单击该图标，使单片机恢复到初始状态。

(全速运行)：单击该图标，从 0000H 开始运行程序，若无断点，则无障碍运行程序；若遇到断点，则在断点处停止运行程序；再次单击该图标，则从断点处继续运行程序。

特别提示： 在其程序行双击即可设置断点，此时程序行的左边会出现一个红色方框；再次在此程序行双击则取消断点。断点调试主要用于分块调试程序，以便缩小程序故障范围。

(停止运行)：单击该图标，退出程序运行状态。

(跟踪运行)：每单击该图标一次，系统均执行一条指令，包括子程序（或子函数）的每一条指令。利用该图标可逐条进行指令调试。

(单步运行)：每单击该图标一次，系统均执行一条指令。与跟踪运行不同的是，单步运行将调用子程序指令当作一条指令执行。

(跳出跟踪)：当执行跟踪运行指令进入某个子程序时，单击该图标可从子程序中跳出，回到调用该子程序指令的下一条指令处。

(运行到光标处)：单击该图标，程序从当前位置运行到光标处停下，其作用与断点作用类似。

（2）查看与设置单片机的内部资源的状态。

单片机的内部资源包括存储器、寄存器、内部接口特殊功能寄存器等，打开相应窗口，就可以查看并设置单片机内部资源的状态。

① 寄存器窗口。在默认状态下，寄存器窗口位于 Keil μVision4 集成开发环境调试界面的左边，如图 3.11 所示，包括"r0"～"r7"寄存器、累加器"a"、寄存器"b"、寄存器"psw"、数据指针"dptr""PC"。选中要设置的寄存器并双击，即可输入数据。

② 存储器窗口。执行"View"→"Memory Window"→"Memory1"（或"Memory2"或"Memory3"或"Memory4"）命令，即可显示或隐藏"Memory1"（或"Memory2"或"Memory3"或"Memory4"）窗口。"Memory1"窗口如图 3.12 所示。存储器窗口用于显示当前程序内部数据存储器、外部数据存储器与程序存储器的内容。

在"Address"文本框中输入存储器的类型与地址，对应存储器窗

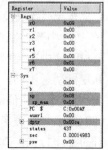

图 3.11　寄存器窗口

口中即可显示以该地址为起始地址存储单元的内容。利用垂直滚动条即可查看其他地址存储单元的内容，或者修改这些存储单元的内容。

- 输入"C:存储器地址"，显示程序存储器相应地址的内容。
- 输入"I:存储器地址"，显示片内数据存储器相应地址的内容。图 3.12 中显示的内容为以片内数据存储器 20H 单元为起始地址的存储内容。
- 输入"X:存储器地址"，显示片外数据存储器相应地址的内容。

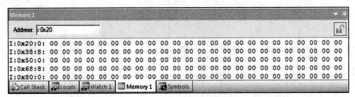

图 3.12 "Memory1"窗口

在"Address"文本框中单击鼠标右键，可以在弹出的快捷菜单中选择修改存储器内容的显示格式或修改指定存储单元的内容，如图 3.13 所示。将 20H 单元的内容修改为 55H，如图 3.14 所示。

③ I/O 口控制窗口。进入调试模式后，执行"Peripherals"→"I/O-Port"命令，在弹出的下级子菜单中选择显示与隐藏指定的 I/O 口（P0、P1、P2、P3）控制窗口，如图 3.15 所示。通过该窗口可以查看各 I/O 口的状态并设置输入引脚状态。在相应的 I/O 口中，第一行为 I/O 口输出锁存器值，第二行为输入引脚状态，单击相应位，方框将在"√"与空白框之间切换，"√"表示值为 1，空白框表示值为 0。

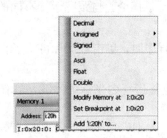

图 3.13 快捷菜单　　　　　　　　图 3.14 将 20H 单元的内容修改为 55H

④ 定时/计数器控制窗口。进入调试模式后，执行"Peripherals"→"Timer"命令，在弹出的下级子菜单中选择显示与隐藏指定的定时/计数器控制窗口，如图 3.16 所示。通过该窗口可以设置对应定时/计数器的工作方式，观察和修改定时/计数器相关控制寄存器的各个位及定时/计数器的当前状态。

⑤ 中断控制窗口。进入调试模式后，执行"Peripherals"→"Interrupt"命令，可以显示与隐藏中断控制窗口，如图 3.17 所示。中断控制窗口用于显示和设置单片机的中断系统。单片机型号不同，中断控制窗口会有所区别。

⑥ 串行通信端口控制窗口。进入调试模式后，执行"Peripherals"→"Serial"命令，可以显示与隐藏串行通信端口控制窗口，如图 3.18 所示。通过该窗口可以设置串行通信端口的工作方式，观察和修改串行通信端口相关控制寄存器的各个位，以及发送缓冲器、接收缓冲器中的内容。

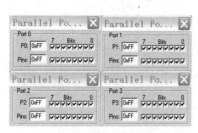

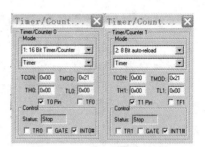

图 3.15　I/O 口控制窗口　　　　　　图 3.16　定时/计数器控制窗口

⑦ 监视窗口。进入调试模式后，执行"View"→"Watch Window"命令，在弹出的下级子菜单中有"Locals""Watch #1""Watch #2"等选项，每个选项都对应一个窗口，单击相应选项，可以显示与隐藏对应的监视窗口，如图 3.19 所示。通过该窗口可以观察程序运行中特定变量或寄存器的状态及函数调用时的堆栈信息。

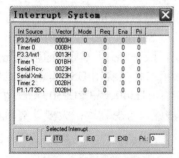

图 3.17　中断控制窗口　　　　　　图 3.18　串行通信端口控制窗口

Locals：用于显示当前运行状态下的变量信息。

Watch #1：对应"Watch 1"窗口，按"F2"键可以添加要监视的变量的名称，Keil μVision4 集成开发环境会在程序运行中全程监视该变量的值，如果该变量为局部变量，那么在运行变量有效范围外的程序时，该变量的值以"????"的形式表示。

Watch #2：对应"Watch 2"窗口，其操作与使用方法同"Watch 1"窗口。

⑧ 堆栈信息窗口。进入调试模式后，执行"View"→"Call Stack Window"命令，可以显示与隐藏堆栈信息窗口，如图 3.20 所示。通过该窗口可以观察程序运行中函数调用时的堆栈信息。

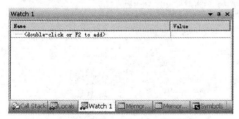

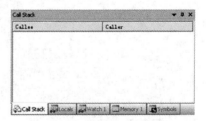

图 3.19　监视窗口　　　　　　　图 3.20　堆栈信息窗口

⑨ 反汇编窗口。进入调试模式后，执行"View"→"Disassembly Window"命令，可以显示与隐藏反汇编窗口，如图 3.21 所示。反汇编窗口同时显示机器代码程序与汇编语言源程序（或 C 语言源程序和相应的汇编语言源程序）。

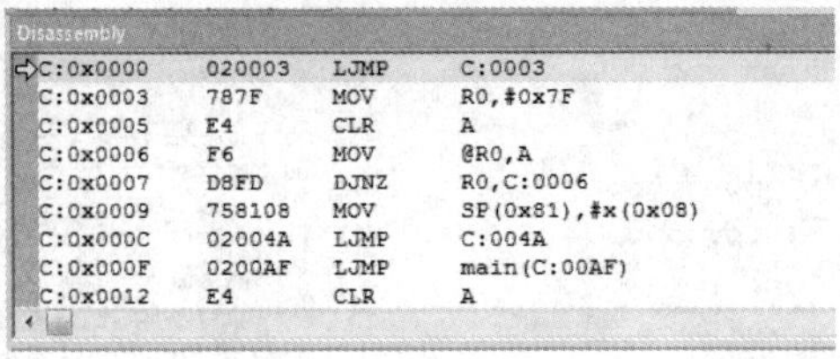

```
Disassembly
C:0x0000    020003    LJMP    C:0003
C:0x0003    787F      MOV     R0,#0x7F
C:0x0005    E4        CLR     A
C:0x0006    F6        MOV     @R0,A
C:0x0007    D8FD      DJNZ    R0,C:0006
C:0x0009    758108    MOV     SP(0x81),#x(0x08)
C:0x000C    02004A    LJMP    C:004A
C:0x000F    0200AF    LJMP    main(C:00AF)
C:0x0012    E4        CLR     A
```

图 3.21　反汇编窗口

3.2　在线编程与在线仿真

3.2.1　在线可编程电路

STC8H8K64U 系列单片机用户程序的下载本质上是通过计算机的 RS-232 串行通信端口与单片机的串行通信端口进行通信的。目前，计算机与 STC8H8K64U 系列单片机的通信线路（下载线路）主要有三种：第一种是利用 RS-232 串行通信端口实现的通信线路，此时需要 RS-232 转 TTL 芯片实现电平转换，如 MAX232；第二种是利用 USB 串行总线实现的通信线路，此时需要 USB 转 TTL 芯片实现电平转换，有 CH340G 和 PL2303-GL 两种类型的转换芯片；第三种是直接利用 USB 接口实现的通信线路。考虑到现在大多计算机已不具备 RS-232 串口，这里不介绍 RS-232 串口的通信线路。

1. 计算机 USB 接口与 STC8H8K64U 系列单片机的通信线路

计算机 USB 接口与 STC8H8K64U 系列单片机的通信线路既可以采用 CH340G 转换芯片，也可以采用 PL2303-GL 转换芯片。STC8H8K64U 系列单片机官方学习板采用的是 PL2303-GL 转换芯片，可实现在线编程与在线仿真。使用 PL2303-GL 转换芯片下载的在线编程电路如图 3.22 所示。

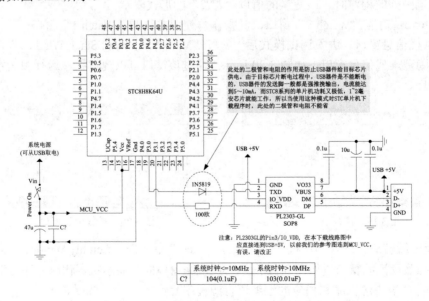

图 3.22　使用 PL2303-GL 转换芯片下载的在线编程电路

2. STC8H8K64U 系列单片机直接与 USB 接口相连的在线编程电路

STC8H8K64U 系列单片机采用新型在线编程技术，除可以通过 USB 转串行通信端口芯片（PL2303 或 CH340G）进行数据转换外，还可以直接与计算机的 USB 接口相连进行在线编程。计算机与 STC8H8K64U 系列单片机在线编程线路图如图 3.23 所示。当 STC8H8K64U 系列单片机直接与计算机 USB 接口相连进行在线编程时，不具备在线仿真功能。

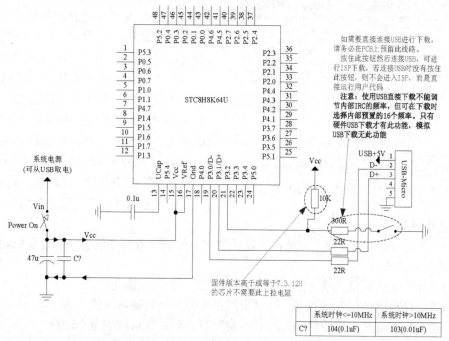

图 3.23　计算机与 STC8H8K64U 系列单片机在线编程线路图

特别提示：只有 P3.2 接地时，才可以下载程序。

3.2.2　单片机应用程序的下载与运行

1. 单片机应用程序的下载

在进行单片机应用程序的下载与运行之前，首先需要用 USB 线将计算机与 STC 大学计划实验箱（8.3）的 J4 接口相连。

利用 STC-ISP 在线编程软件可将单片机应用系统的用户程序（hex 文件）下载到单片机中。STC-ISP 在线编程软件可从 STC 官方网站下载，运行下载程序（如 STC_ISP_V6.87K），弹出如图 3.24 所示的 STC-ISP 在线编程软件工作界面，按该界面左侧标注顺序操作即可完成单片机应用程序的下载任务。

特别提示：STC-ISP 在线编程软件工作界面的右侧为单片机开发过程中常用的实用工具。

步骤 1：选择单片机型号，必须与所使用单片机的型号一致。单击"单片机型号"的下拉按钮，在其下拉菜单中选择"STC8H8K64U"。

步骤 2：打开文件。打开要烧录到单片机中的程序，该程序是经过编译而生成的机器代码文件，扩展名为 ".hex"，如 "流水灯.hex"。

步骤 3：选择串行通信端口。系统会直接检测 USB 的模拟串行通信端口号，如 Prolific PL2303GL USB Serial COM7 表示模拟串行通信端口号是 COM7。

步骤 4：设置硬件选项，一般情况下，按默认设置。

可设置的硬件选项如下。

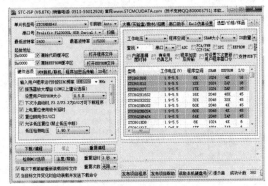

图 3.24　STC-ISP 在线编程软件工作界面

（1）在 "输入用户程序运行时的 IRC 频率" 的下拉菜单中选择时钟频率，这里选择 11.0592MHz。可单击下拉按钮选择其他频率值，或者直接在文本框中输入频率值。

（2）"振荡器放大增益（12M 以上建议选择）" 复选框：默认状态是不勾选。

（3）"设置用户 EEPROM 大小"：0.5K（0.5KB）。可单击下拉按钮选择其他值。

（4）"下次冷启动时，P3.2/P3.3 为 0/0 才可下载程序" 复选框：默认状态是不勾选。

（5）"上电复位使用较长延时" 复选框：默认为选中状态。

（6）"复位脚用作 I/O 口" 复选框：默认状态是勾选。若要复位引脚具备复位功能，则应不勾选该复选框。

（7）"允许低压复位（禁止低压中断）" 复选框：默认状态是勾选。

（8）"低压检测电压"：1.90V。可单击下拉按钮选择其他电压值。

（9）"上电复位时由硬件自动启动看门狗" 复选框：默认状态是不选择。

（10）"看门狗定时器分频系数"：256。可单击下拉按钮选择其他值。

（11）"空闲状态时停止看门狗计数" 复选框：默认状态是勾选。

（12）"下次下载用户程序时擦除用户 EEPROM 区" 复选框：默认状态是勾选。

（13）"串行通信端口 1 数据线[RxD，TxD]切换到[P3.6，P3.7]" 复选框：默认状态是不勾选。

（14）"选择串行通信端口仿真端口"：P3.0/P3.1。可单击下拉按钮选择其他端口。

（15）"在程序区的结束处添加重要测试参数" 复选框：默认状态是不勾选。

（16）"选择 Flash 空白区域的填充值"：FF。可单击下拉按钮选择其他值。

步骤 5：下载用户程序。单击 "下载/编程" 按钮，按 SW19 键，重新为单片机上电，启动用户程序下载流程。当用户程序下载完毕后，单片机自动运行用户程序。

（1）若勾选 "每次下载都重新装载目标文件" 复选框，则当用户程序发生变化时，不需要进行步骤 2，直接进入步骤 5 即可。

（2）若勾选 "当目标文件变化时自动装载并发送下载指令" 复选框，则当用户程序发生变化时，系统会自动侦测到该变化，同时启动用户程序装载并发送下载指令，用户只需要重新为单片机上电即可完成用户程序的下载。

2. 单片机应用程序的在线调试

本书中的单片机应用程序是在 STC 大学计划实验箱（8.3）中进行调试的，当用户程序下载完毕后，单片机自动运行用户程序。STC 大学计划实验箱（8.3）的各功能模块电路详见课件中的附录 D。

3.2.3　Keil μVision4 集成开发环境与 STC 仿真器的在线仿真

Keil μVision4 集成开发环境的硬件仿真需要与外围 8051 单片机仿真器配合实现，这里选用 STC8H8K64U 系列单片机。STC8H8K64U 系列单片机兼有在线仿真功能。

1）Keil μVision4 集成开发环境硬件仿真电路的连接

Keil μVision4 集成开发环境硬件仿真电路实际上就是相应的程序下载电路，STC 大学计划实验箱（8.3）已有连接，直接使用即可。

2）设置 STC 仿真器

由于 STC 系列单片机采用了基于 Flash 存储器的 ISP 技术，因此不需要仿真器、编程器就可进行单片机应用系统的开发，但为了满足习惯采用硬件仿真的单片机应用工程师的要求，STC 开发了 STC 仿真器，单片机既是仿真芯片，又是应用芯片。下面简单介绍 STC 仿真器的设置与使用。

（1）设置仿真芯片。

运行 STC-ISP 在线编程软件，单击"Keil 仿真设置"选项页，如图 3.25 所示。

在"单片机型号"的下拉菜单中选择"STC8H8K64U"，单击"将所选目标单片机设置为仿真芯片"按钮，即可启动"下载/编程"功能，按 SW19 键，重新为单片机上电，启动用户程序下载流程。完成上述操作后该芯片即仿真芯片，即可与 Keil μVision4 集成开发环境进行在线仿真。

（2）设置 Keil μVision4 集成开发环境硬件仿真调试模式。

① 打开"Options for Target' Target 1'"对话框，如图 3.26 所示，打开"Debug"选项页，选中"STC Monitor-51 Driver"，勾选"Load Application at Startup"复选框和"Run to main()"复选框。

图 3.25　设置仿真芯片　　　　　　图 3.26　"Options for Target' Target 1'"对话框

② 设置 Keil μVision4 集成开发环境硬件仿真参数。

单击图 3.26 右上角的"Settings"按钮，弹出 Keil μVision4 集成开发环境硬件仿真参数设置对话框，如图 3.27 所示。根据仿真电路所使用的串行通信端口号（或 USB 驱动的模拟串行通信端口号）选择串行通信端口。

- 选择串行通信端口：根据在线下载电路实际使用的串行通信端口号（或 USB 驱动时的模拟串行通信端口号）进行选择，如本例的"COM7"。
- 设置串行通信端口的波特率：单击"Baudrate"下拉按钮，在弹出的下拉列表中选择合适的波特率，如本例的"115200"。

设置完毕后，单击"OK"按钮，再单击"Options for Target' Target1'"对话框中的"OK"按钮，即可完成硬件仿真参数的设置。

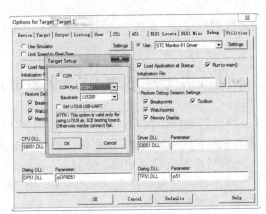

图 3.27　Keil μVision4 集成开发环境硬件仿真参数设置对话框

3）在线仿真调试

同软件模拟调试一样，执行"Debug"→"Start/Stop Debug Session"命令或单击工具栏中的 按钮，系统进入调试界面，再次单击 按钮，即可退出调试界面。在线调试除可以在 Keil μVision4 集成开发环境调试界面观察程序运行信息外，还可以直接通过目标电路观察程序的运行结果。

Keil μVision4 集成开发环境在线仿真状态下，能查看 STC 系列单片机新增内部接口的特殊功能寄存器状态，打开"Debug"下拉菜单就可查看 ADC、CCP、SPI 等接口状态。

3.2.4　STC-ISP 在线编程软件的其他功能

STC-ISP 在线编程软件除可实现在线编程（程序下载）外，还具有如下功能。

（1）串行通信端口助手：可作为计算机 RS-232 串行通信端口的控制终端，用于计算机 RS-232 串行通信端口发送与接收数据。

（2）Keil 设置：用于向 Keil μVision4 集成开发环境添加 STC 系列单片机机型、STC 系列单片机头文件及 STC 仿真器，同时可以生成仿真芯片。

（3）范例程序：提供 STC 各系列、型号单片机应用例程。

（4）波特率计算器：用于自动生成 STC 各系列、型号单片机串行通信端口应用时所需波特率的设置程序。

（5）软件延时计算器：用于自动生成所需延时的软件延时程序。

（6）定时器计算器：用于自动生成所需延时的定时器初始化设置程序。

（7）头文件：提供用于定义 STC 各系列、型号单片机特殊功能寄存器及可寻址特殊功能寄存器位的头文件。

（8）指令表：提供 STC 系列单片机的指令系统，包括汇编符号、机器代码、运行时间等。

（9）自定义加密下载：用户先将程序代码通过自己的一套专用密钥进行加密，然后将加密后的代码通过串行通信端口下载。此时下载的是加密文件，通过串行通信端口分析出来的是加密后的乱码，如果没有相应加密密钥，这个加密文件就无任何价值，这样可防止烧录人员在烧录程序时通过监测串行通信端口分析出代码。

（10）脱机下载：需要脱机下载电路的支持，用于批量生产。

（11）发布项目程序：主要用于将用户程序与相关的选项设置打包成一个可以直接对目

标芯片进行下载编程的、超级简单的、具有用户界面的可执行文件。用户可以自己进行定制（如可以自行修改发布项目程序的标题、按钮名称及帮助信息），还可以指定目标计算机的硬盘号和目标芯片的 ID 号。在指定了目标计算机的硬盘号后，便可以控制发布应用程序只能在指定的计算机上运行，若复制到其他计算机，则应用程序不能运行。当指定了目标芯片的 ID 号后，用户程序只能下载到具有相应 ID 号的目标芯片中，ID 号与目标芯片 ID 号不一致的其他芯片不能进行下载编程。

更多详情参见 STC8H 系列单片机技术参考手册。

3.3　仿真软件 Proteus

Proteus 是英国 Labcenter 公司开发的电路分析与实物仿真软件。Proteus 运行于 Windows 操作系统上，可以仿真、分析各种模拟元器件和集成电路，它具有如下特点。

（1）实现了单片机仿真和 SPICE 电路仿真相结合。

Proteus 具有模拟电路仿真、数字电路仿真、单片机及其外围电路组成的系统仿真、RS-232 动态仿真、I²C 调试器仿真、SPI 调试器仿真、键盘和 LCD 系统仿真的功能；以及模拟各种虚拟仪器，如示波器、逻辑分析仪、信号发生器等。

（2）支持主流单片机系统的仿真。

Proteus 目前支持的单片机类型有 68000 系列、8051 系列、AVR 系列、PIC12 系列、PIC16 系列、PIC18 系列、Z80 系列、HC11 系列、ARM7，以及各种外围芯片。

特别提示： 旧版本 Proteus 设备库中没有 STC 系列单片机，在利用 Proteus 绘制 STC 系列单片机电路原理图时，可选任何厂家的 51 或 52 系列单片机，但 STC 系列单片机的新增特性不能得到有效地仿真。可喜的是，Proteus 8.9 SP0 以上版本包含义 STC15W4K32S4 单片机模型。

（3）提供软件调试功能。

由于硬件仿真系统具有全速、单步、设置断点等调试功能，同时可以观察各个变量、寄存器等的当前状态，因此在 Proteus 软件仿真系统中，也必须具有这些功能。

简单来说，Proteus 可以仿真一个完整的单片机应用系统，具体步骤如下。

① 用 Proteus 绘制单片机应用系统的电路原理图。

② 将用 Keil μVision4 集成开发环境编译生成的机器代码文件加载到单片机中。

③ 运行程序，进行调试。

3.4　工程训练

3.4.1　Keil μVision4 集成开发环境的操作使用

一、工程训练目标

（1）在 Keil μVision4 集成开发环境中配置 STC 系列单片机的开发环境。

（2）学会使用 Keil μVision4 集成开发环境输入、编辑与编译单片机应用程序，生成单片机应用程序的机器代码文件。

（3）学会使用 Keil μVision4 集成开发环境软件模拟调试单片机应用程序。

二、任务功能与参考程序

1. 任务功能与硬件设计

任务功能：实现流水灯控制，当开关合上时，流水灯（高电平信号）左移；当开关断开时，流水灯（高电平信号）右移。左移时间间隔为 1s，右移时间间隔为 0.5s。

硬件设计：从 P3.2 引脚输入开关信号，开关断开时输入高电平，开关合上时输入低电平；P1 口输出流水灯信号。

2. 参考 C 语言源程序（工程训练 31.c）

```
#include<stc8h.h>    //包含支持 STC8H 系列单片机的头文件
#include<intrins.h>  //包含循环左移、循环右移及空操作等函数
#define uchar unsigned char
#define uint  unsigned int
uchar x=0x01;
sbit k1=P3^2;
/*--------延时函数--------*/
void delay(uint ms)
{
    uint i,j;
    for(j=0;j<ms;j++)
        for(i=0;i<1210;i++);
}
/*--------主函数--------*/
void main(void)
{
    while(1)
    {
        P1=x;
        if(k1==0)
        {
            x=_crol_(x,1);
            delay(1000);
        }
        else
        {
            x=_cror_(x,1);
            delay(500);
        }

    }
}
```

三、训练步骤

1. 配置开发参数

Keil μVision4 集成开发环境本身不带 STC 系列单片机的数据库和头文件，为了能在 Keil μVision4 集成开发环境软件设备库中直接选择 STC 系列单片机型号，并在编程时直接使用 STC 系列单片机新增的特殊功能寄存器，需要用 STC-ISP 在线编程软件中的工具将 STC 系列单片机的数据库（包括型号、文件与仿真器驱动）添加到 Keil μVision4 集成开发环境软件设备库中，操作方法如下。

（1）运行 STC-ISP 在线编程软件，单击"Keil 仿真设置"选项，如图 3.28 所示。

（2）单击"添加型号和头文件到 Keil 中添加 STC 仿真器驱动到 Keil 中"按钮，弹出"浏览文件夹"对话框，在该对话框中选择 Keil 的安装目录（如 C:\Keil），如图 3.29 所示，单击"确定"按钮即可完成添加工作。

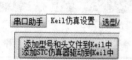

图 3.28　STC-ISP 在线编程软件　　　　　图 3.29　选择 Keil 的安装目录
　　　　"Keil 仿真设置"选项

（3）查看 STC 系列单片机的头文件。

添加的头文件在 Keil 的安装目录的子目录下，如 C:\Keil\ C51\INC，打开 STC 文件夹，即可查看添加的 STC 系列单片机的头文件，如图 3.30 所示。其中，STC8H.h 头文件适用于所有 STC8H 系列单片机。

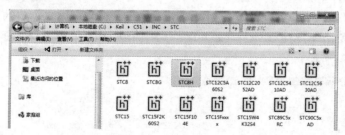

图 3.30　添加的 STC 系列单片机头文件

2. 编辑、编译用户程序，并生成机器代码

Keil μVision4 集成开发环境开发流程如下。

1）创建项目

Keil μVision4 集成开发环境中的项目是一种具有特殊结构的文件，它包含所有应用系统相关文件的相互关系。在 Keil μVision4 集成开发环境中，主要是使用项目来进行应用系统开发的。

（1）创建项目文件夹。

根据自己的存储规划，创建一个存储该项目的文件夹，如 E:\流水灯。

（2）启动 Keil μVision4 集成开发环境，执行"Project"→"New μVision Project"命令，弹出"Create New Project"（创建新项目）对话框，在该对话框中选择新项目的保存路径并输入项目文件名，如图 3.31 所示。Keil μVision4 集成开发环境项目文件的扩展名为".uvproj"。

（3）单击"保存"按钮，弹出"Select a CPU Data Base File"对话框，其下拉列表中有"Generic CPU Data Base"和"STC MCU Database"2 个选项，如图 3.32 所示。选择"STC MCU Database"选项并单击"OK"按钮，弹出"Select Device for Target'Target 1'"对话框，拖动垂直滚动条找到目标芯片（如 STC8H8K64U），如图 3.33 所示。

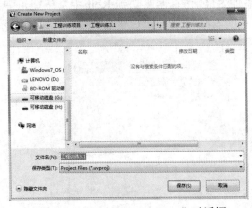

图 3.31　"Create New Project"对话框　　　图 3.32　"Select a CPU Data Base File"对话框

（4）单击"Select Device for Target'Target 1'"对话框中的"OK"按钮，程序会弹出询问是否将标准 8051 初始化程序（STARTUP.A51）加入项目中的对话框，如图 3.34 所示。单击"是"按钮，程序会自动将标准 8051 初始化程序复制到项目所在目录并将其加入项目中。一般情况下应单击"否"按钮。

2）输入、编辑应用程序

执行"File"→"New"命令，弹出程序编辑窗口，在程序编辑窗口的工作区中，按前文所示的源程序清单输入并编辑程序，并以"工程训练 31.c"文件名保存该程序，如图 3.35 所示。

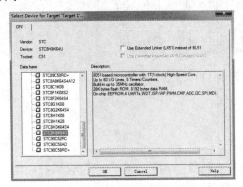

图 3.33　目标芯片的选择　　　　　图 3.34　询问是否将标准 8051 初始化程序加入项目中的对话框

图 3.35　保存程序

> **特别提示**：保存时应注意选择文件类型，若是用汇编语言编写的源程序，则以 .asm 为扩展名保存；若是用 C 语言编写的源程序，则以 .c 为扩展名保存。

3）将程序文件添加到项目中

选中"Project"窗口中的文件组后单击鼠标右键，在弹出的快捷菜单中选择"Add File to Group'Source Group 1'"选项，如图 3.36 所示。打开"Add File to Group'Source Group 1'"对话框，如图 3.37 所示，选中"工程训练 31.c"文件，单击"Add"按钮添加文件，单击"Close"按钮关闭对话框。

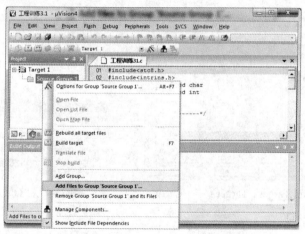

图 3.36　为项目添加文件的快捷菜单

展开"Project"窗口中的文件组，即可查看添加的文件，如图 3.38 所示。

图 3.37　为项目添加文件的对话框　　图 3.38　查看添加的文件

可连续添加多个文件，添加完所有必要的文件后，即可在程序组目录下查看并管理相关文件，双击选中的文件即可在编辑窗口中打开该文件。

4）编译与连接、生成机器代码文件

项目文件创建完成后，就可以对项目文件进行编译与连接、生成机器代码文件（.hex），但在编译、连接前需要根据样机的硬件环境先在 Keil μVision4 集成开发环境中进行目标配置。

（1）设置编译环境。

执行"Project"→"Options for Target"命令或单击工具栏中的按钮，弹出"Options for Target'Target 1'"对话框，在该对话框中可以设定目标样机的硬件环境，如图 3.39 所示。"Options for Target'Target 1'"对话框有多个选项页，用于设备选择，以及目标属性、输出属性、C51 编译器属性、A51 编译器属性、BL51 连接器属性、调试属性等信息的设置。一般情况下按默认设置应用即可，但在编译、连接程序时，需自动生成机器代码文件（工程训练 31.hex）。

单击"Output"选项页，如图 3.40 所示，在"Output"选项页中勾选"Create HEX File"复选框，单击"OK"按钮结束设置。在采用默认设置时，编译时自动生成的文件名与项目名相同，若需要采用不同的名字，则可在"Name of Executable"文本框中修改。

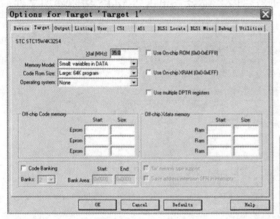

图 3.39　"Options for Target'Target 1'"对话框　　　图 3.40　"Output"选项页

（2）编译与连接。

执行"Project"→"Build target(Rebuild target files)"命令或单击编译工具栏中的按钮，启动编译、连接程序，在输出窗口中输出编译、连接信息，如图 3.41 所示。若提示"0 error（s）"，则表示编译成功；否则提示错误类型和错误语句位置。双击错误信息，光标将出现在程序错误行，此时可进行程序修改，修改完成后，必须重新编译，直至提示"0 error（s）"。需要注意的是，"0 error（s）"只代表编译成功了，并不代表程序已无语法错误，最好修正到"0 error（s）""0 Warning（s）"状态。

（3）查看机器代码文件。

hex 文件是机器代码文件，即单片机运行文件。打开项目文件夹，查看是否存在机器代码文件。图 3.42 中的"工程训练 31.hex"就是编译时生成的机器代码文件。

图 3.41　编译与连接信息

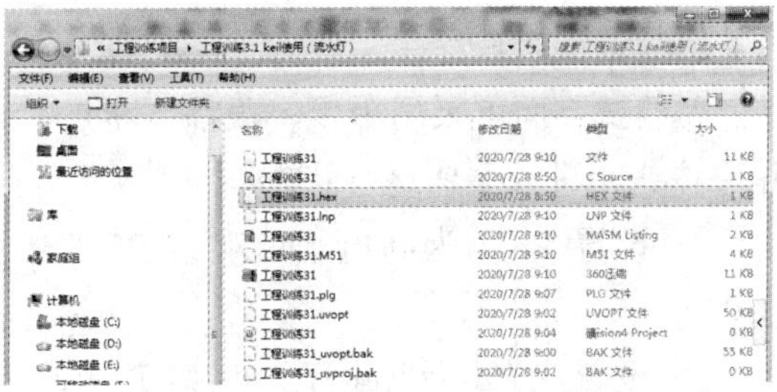

图 3.42　查看 hex 文件

3．软件模拟仿真

（1）设置软件模拟仿真模式。

打开"Options for Target'Target 1'"对话框，单击"Debug"选项，在"Debug"选项页中单击"Use Simulator"单选按钮，如图 3.43 所示，单击整个对话框的"OK"按钮，Keil μVision4 集成开发环境被设置为软件模拟仿真模式。

特别提示：Keil μVision4 集成开发环境默认为软件模拟仿真模式。

图 3.43　"Options for Target'Target 1'"对话框

（2）进入调试界面。

执行"Debug"→"Start/Stop Debug Session"命令或单击工具栏中的 按钮，系统进入调试界面，若再次单击 按钮，则退出调试界面。

（3）调出 P1 口和 P3 口。

本程序中用到 P1 口和 P3 口，执行"Pcripherals"→"I/O-Port"命令，在弹出的子菜单中选择 P1 口与 P3 口的控制窗口，如图 3.44 所示。

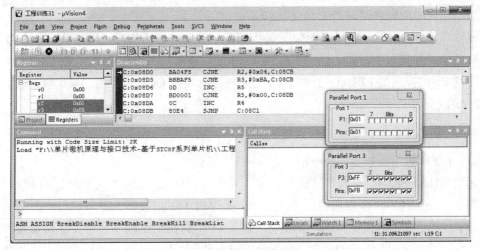

图 3.44　进入调试界面

（4）调试用户程序。

在调试界面可采用单步、跟踪、断点、运行到光标处、全速运行等方式进行调试。单击 button 按钮，进入全速运行状态。

① 设置 P3.2 为高电平，观察 P1 口，应能看到代表高电平输出的"√"循环往右移动。

② 设置 P3.2 为低电平，观察 P1 口，应能看到代表高电平输出的"√"循环往左移动。

四、训练拓展

（1）单步调试用户程序。

（2）跟踪调试用户程序。

（3）设置断点，利用断点调试用户程序。

3.4.2　STC8H8K64U 系列单片机的在线调试与在线仿真

一、工程训练目标

（1）学习利用 STC-ISP 在线编程软件向 STC 系列单片机下载用户程序。

（2）利用 Keil μVision4 集成开发环境与 STC 大学计划实验箱（8.3）进行 STC 系列单片机的在线仿真。

二、任务功能与参考程序

1.　任务功能与硬件设计

任务功能：实现流水灯控制，当开关合上时，流水灯左移；当开关断开时，流水灯右移。左移时间间隔为 1s，右移时间间隔为 0.5s。要求流水灯间隔的延时时间函数通过 STC-ISP 在线编程软件中的软件延时器工具获得。

硬件设计：流水灯电路原理图如图 3.45 所示，从 P3.3 引脚输入开关信号，开关断开时输入高电平，开关合上时输入低电平；P6 口输出控制 8 只 LED，输出低电平，LED 亮；P4.0 选通 P6 口控制的 LED 的电源，P4.0 为高电平时切断 LED 的电源，P4.0 为低电平时接通 LED 的电源。

2.　参考 C 语言源程序（工程训练 32.c）

（1）I/O 口初始化程序（gpio.h）。

因为 STC8H8K64U 系列单片机复位后，除 P3.0、P3.1 引脚外，其他所有的 I/O 口（引脚）都处于高阻状态，所以在使用 I/O 口前，必须将 I/O 口设置为准双向或需要的其他工作模式。为了简化编程，将统一设计的一个 I/O 口的初始化程序（将 I/O 口设置为准双向口工作模式）定义为 gpio()函数，并存储成一个独立文件 gpio.c，以后程序中只需要包含 gpio.c，并在主函数调用即可。gpio.c 程序如下：

```
void gpio()      //初始化 I/O 口
{
    P0M1=0; P0M0=0; P1M1=0; P1M0=0; P2M1=0;
    P2M0=0; P3M1=0; P3M0=0; P4M1=0; P4M0=0;
    P5M1=0; P5M0=0; P6M1=0; P6M0=0; P7M1=0;
    P7M0=0;
}
```

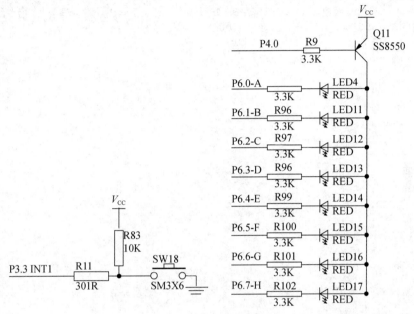

图 3.45　流水灯电路原理图

（2）主程序文件。

```
#include<stc8h.h>   //STC8H 系列单片机特殊功能寄存器地址定义的头文件
#include<intrins.h>
#include<gpio.c>    //I/O 口初始化头文件
#define uchar unsigned char
#define uint  unsigned int
uchar x=0xfe;
sbit SW18=P3^3;      //流水灯状态切换开关
sbit control=P4^0;  //LED 工作电源的选通控制位
/*---1000ms 延时函数,从 STC-ISP 在线编程软件延时器工具中获得(STC-Y6 指令集)----*/
void Delay1000ms() //@24.000MHz
{
    unsigned char i, j, k;

    _nop_();
    _nop_();
    i = 122;
    j = 193;
    k = 128;
    do
```

```
    {
        do
        {
            while (--k);
        } while (--j);
    } while (--i);
}

/*---500ms 延时函数，从 STC-ISP 在线编程软件延时器工具中获得（STC-Y6 指令集）----*/
void Delay500ms()        //@24.000MHz
{
    unsigned char i, j, k;

    _nop_();
    _nop_();
    i = 61;
    j = 225;
    k = 62;
    do
    {
        do
        {
            while (--k);
        } while (--j);
    } while (--i);
}

/*--------主函数--------*/
void main(void)
{
    control=0;    //打开流水灯电源
    gpio();        //将 I/O 口设置为准双向口工作模式
    while(1)
    {
        P6=x;
        if(SW18==0)
        {
            x=_crol_(x,1);
            Delay1000ms();
        }
        else
        {
            x=_cror_(x,1);
            Delay500ms();
        }

    }
}
```

三、训练步骤

（1）利用 Keil μVision4 集成开发环境创建项目。

（2）输入与编辑"gpio.c"文件。

（3）输入、编辑与编译"工程训练 32.c"用户程序，生成机器代码文件（如工程训练 32.hex）。

（4）应用 STC-ISP 在线编程软件，向 STC 大学计划实验箱（8.3/9.3）单片机中下载用户程序：

① 用双头 USB 线连接计算机与 STC 大学计划实验箱（8.3/9.3）。

② 安装 USB 转串行通信端口驱动程序。

③ 打开 STC-ISP 在线编程软件，系统弹出 STC-ISP 在线编程软件的工作界面，界面左侧为下载用户程序部分，从上到下为下载用户程序的操作步骤，具体如下。

- 选择目标单片机的型号；
- 选择目标开发板的 USB 模拟串行通信端口号（软件会自动侦测）；
- 添加要下载的用户程序：工程训练 32.hex；
- 在硬件选项中，选择单片机的时钟频率（24MHz），其他选项按默认设置；
- 单击"下载"按钮，右侧信息栏会出现"检测目标单片机"的信息；
- 为开发板单片机重新上电（按动 SW19 按钮），下载成功后，单片机自动运行用户程序。

（5）在线调试用户程序。

① 直接观察：默认时，SW18 输出的是高电平，观察流水灯（P6 控制的 LED）的运行情况，这时流水灯应该右移。

② 按住 SW18，SW18 输出的是低电平，观察流水灯（P6 控制的 LED）的运行情况，这时流水灯应该左移。

四、训练拓展

在线仿真调试用户程序。

（1）将 STC8H8K64U 系列单片机设置为仿真芯片。

（2）设置 Keil μVision4 集成开发环境为在线仿真模式。

① 选择"STC Monitor-51 Driver"仿真器。

② 设置 Keil μVision4 集成开发环境硬件仿真参数。

- 选择串行通信端口：根据硬件仿真，选择实际使用的串行通信端口号（或 USB 驱动时的模拟串行通信端口号）；
- 设置串行通信端口的波特率：单击下拉按钮，在下拉菜单中选择一合适的波特率。

（3）在线仿真调试。

执行"Debug"→"Start/Stop Debug Session"命令或单击工具栏中的调试按钮 ，Keil μVision4 集成开发环境进入调试界面。

打开"Debug"下拉菜单，单击"ALL Ports"选项，弹出 STC 系列单片机所有 I/O 口，如图 3.46 所示。此时，即可在 Keil μVision4 系统中观察运行结果，也可同在线调试一样在 STC 系列大学计划实验箱（8.3/9.3）上查看运行结果。

图 3.46　Keil μVision4 集成开发环境在线仿真状态下 STC 系列单片机所有的 I/O 口

3.4.3　Proteus 单片机应用系统的仿真

一、工程训练目标

（1）学习用 Proteus 绘制单片机应用系统电路原理图。

（2）学习用 Proteus 实现单片机应用系统的仿真。

二、任务功能与参考程序

1. 任务功能与硬件设计

任务功能：实现流水灯控制，同工程训练 3.1。

硬件设计：流水灯电路原理图如图 3.47 所示。

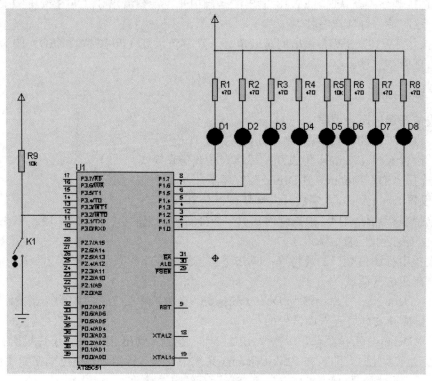

图 3.47　流水灯电路原理图

2．参考 C 语言源程序

同"工程训练 31.c"。

三、训练步骤

1．用 Proteus 绘制电路原理图

1）将电路所需元器件加至对象选择器窗口

单击 按钮, 如图 3.48 所示, 弹出"Pick Devices"对话框, 在"Keywords"文本框中输入"AT89C51", 系统会根据关键字在对象库中进行搜索, 并将搜索结果显示在"Results"栏中, 如图 3.49 所示。

在"Results"栏的列表项中, 双击"AT89C51"即可将"AT89C51"添加至对象选择器窗口, 如图 3.50所示。

按照上述方法, 在"Keywords"文本框中依次输入发光二极管（LED）、电阻（RES）、开关（SWITCH）等元器件的关键词, 在各自搜索结果中, 将电路需要的元器件加至对象选择器窗口, 如图 3.51 所示。

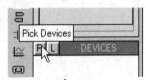

图 3.48　单击 按钮

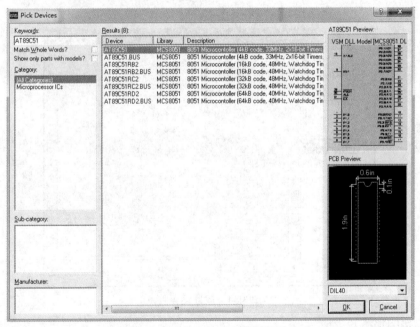

图 3.49　在搜索结果中选择元器件

图 3.50　添加的"AT89C51"

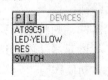

图 3.51　添加的电路元器件

特别提示：若电路仅用于仿真, 则可不绘制单片机复位电路和时钟电路。

2）将元器件放置到图形编辑窗口

在对象选择器窗口中，选中"AT89C51"，预览窗口中将显示该元器件的图形，如图 3.52 所示。单击界面左侧工具栏中的电路元器件方向图标（见图 3.53），可改变元器件的方向，图 3.53 中的图标从上到下依次表示顺时针旋转 90°、逆时针旋转 90°、自由角度旋转（在文本框输入角度数，按"Enter"键即可）、左右对称翻转、上下对称翻转。

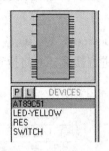

图 3.52　元器件的预览窗口　　　　　　　　　　图 3.53 元器件方向的调整

在预览窗口选中元器件后，将光标置于图形编辑窗口任意位置并单击，在光标位置即会出现该元器件对象，将元器件拖到合适位置，再次在图形编辑窗口任意位置单击，即可完成该对象的放置。同理，将 LED、RES 和其他元器件放置到图形编辑窗口中，如图 3.54 所示。

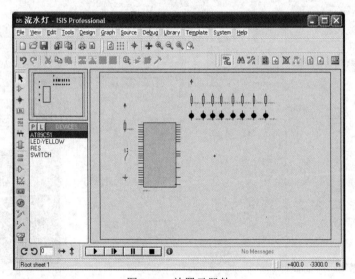

图 3.54　放置元器件

3）编辑图形

（1）移动元器件。

若要移动元器件，则将光标移动到该元器件上并按住鼠标左键不放，该元器件颜色将变至红色，这表明该元器件已被选中，拖动鼠标，将元器件移动到新位置后，松开鼠标左键，完成元器件移动操作。

（2）编辑元器件属性。

若要修改元器件属性，则将光标移动到该元器件上并双击，即可弹出元器件属性编辑对话框。图 3.55 为 AT89C51 单片机的元器件属性编辑对话框，根据元器件属性要求修改即可。

（3）删除对象。

若要删除元器件，则将光标移动到该元器件上，单击鼠标右键，在弹出的快捷菜单中选择"删除对象"命令，即可删除所选元器件，如图 3.56 所示。

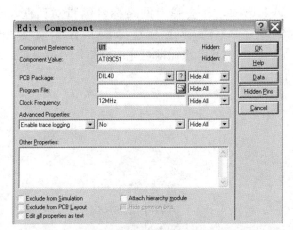

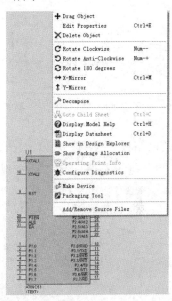

图 3.55　AT89C51 单片机的元器件属性编辑对话框　　　图 3.56　单击鼠标右键弹出的快捷菜单

4）放置电源、公共地、I/O 口符号

单击 按钮，I/O 口、电源、公共地等电气符号将出现在对象选择器的窗口中。用选择、放置元器件的方法放置电源、公共地符号，如图 3.57 所示。

5）电气连接

（1）直接连接。

Proteus 具有自动布线的功能，当单击 按钮时，Proteus 处于自动布线状态；否则 Proteus 处于手动布线状态。

当需要实现两个电气连接点的电气连接时，将光标移动至其中一个电气连接点上，此时会自动显示一个小红圆点，单击该小红圆点；再将光标移动至另一个电气连接点上，此时同样会自动显示一个小红圆点，单击该小红圆点，即完成这两个电气连接点的电气连接。

（2）通过网络标号的方法连接。

当两个电气连接点相隔较远，并且中间夹有其他元器件，不便于直接连接时，建议通过网络标号的方法实现电气连接，具体步骤如下。

① 放置电气连接点。单击工具栏中的 按钮，在元器件的电气连接点的同方向一定距离处单击，即会出现一活动的圆点，移动到位后单击即可放置电气连接点，如图 3.58 所示。

② 元器件引脚延伸。采用直接连线的方法将放置的电气连接点与元器件自身的电气连接点相连，如图 3.59 所示。

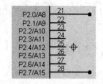

图 3.57　放置电源、公共地符号　　　图 3.58　放置电气连接点　　　图 3.59　引脚线延伸

③ 添加网络标号。将光标移至欲加网络标号的线段，单击鼠标右键即会弹出快捷菜单，如图 3.60 所示。

在如图 3.60 所示的快捷菜单中选择"Place Wire Label"选项，即会弹出网络标号编辑对话框，在"String"文本框输入网络标号（如 A1、A2），如图 3.61 所示，单击"OK"按钮即可完成网络标号的设置。设

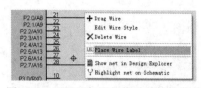

图 3.60　用于添加网络标号的快捷菜单

置好的网络标号（A1、A2）如图 3.62 所示。

图 3.61　网络标号编辑对话框

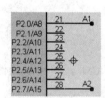

图 3.62　设置好的网络标号（A1、A2）

用上述方法对另一电气连接点添加网络标号，具有相同网络标号的线段就实现了电气连接。

（3）按如图 3.47 所示电路原理图进行电气连接，绘制流水灯控制电路原理图。

2．Proteus 单片机应用系统仿真

1）将用户程序机器代码文件下载到单片机中

将光标移动到单片机位置，单击鼠标右键即会弹出单片机属性编辑对话框，如图 3.55 所示。

（1）在"Program File"文本框中直接输入所要下载文件的路径与文件名。

（2）单击"Program File"文本框右侧的文件夹即会弹出查找、选择文件的对话框，找到要下载的程序文件，即工程训练 31.hex，如图 3.63 所示，单击"打开"按钮，所选程序文件即出现在"Program File"文本框中，如图 3.64 所示，单击"OK"按钮即完成程序下载工作。

图 3.63　选择要下载的程序文件

70

2）仿真调试

单击窗口左下方模拟调试运行按钮，Proteus 进入调试状态。调试按钮如图 3.65 所示，从左至右依次为全速运行、单步运行、暂停、停止。

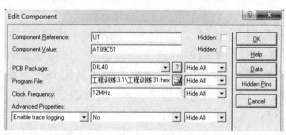

图 3.64　单片机属性编辑对话框

图 3.65　调试按钮

（1）合上 K1，观察 LED 的点亮情况。

（2）断开 K1，观察 LED 的点亮情况。

四、训练拓展

电子时钟的仿真调试。图 3.66 为电子时钟电路原理图。用 Proteus 绘制电子时钟电路原理图并加载电子时钟程序（工程训练 33 拓展.hex），运行程序，观察电子时钟并将电子时钟时间设置为当前时间。在图 3.66 中，K0 为调节时间的方式键（含秒十位数、分十位数与个位数、时十位数与个位数，选中位会闪烁显示），K1 为加 1 键，K2 为减 1 键。

需要注意的是，排电阻的关键词是 RESPACK-8，LED 数码管显示器的关键词是 7SEG-MPX6-CC。

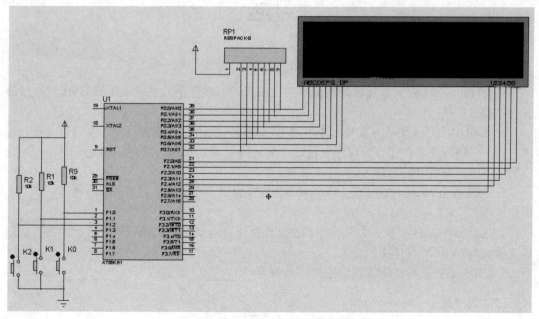

图 3.66　电子时钟电路原理图

本章小结

程序的编辑、编译与下载是单片机应用系统开发过程中不可或缺的工作流程。由于 STC 系列单片机有在线下载功能，因此单片机应用系统的开发变得简单了。在硬件方面，只要在单片机应用系统中嵌入计算机与单片机的串行通信端口通信电路（又称 ISP 下载电路）即可。在软件方面，一是需要进行汇编语言或 C 语言源程序编辑、编译的开发工具（如 Keil μVision4 集成开发环境）；二是需要 STC 系列单片机 ISP 下载软件。单片机应用系统的开发工具非常简单，也非常廉价，因此，我们可以用实际的单片机应用系统开发环境来学习单片机，相当于每人都拥有一个单片机实验室。

Keil μVision4 集成开发环境除具备程序编辑、编译功能外，还具备程序调试功能，可对单片机的内部资源（包括存储器、并行 I/O 口、定时/计数器、中断系统与串行通信端口等）进行仿真，可采用全速运行、单步运行、跟踪运行、执行到光标处或设置断点等程序运行模式来调试用户程序，与 STC 仿真器配合可实现硬件在线仿真。

STC-ISP 在线编程软件的核心功能是向 STC 系列单片机中下载用户程序。另外，该软件还包含串行通信端口助手、软件延时计算器、定时器计算器、波特率计算器、脱机下载、STC 芯片选型与 STC 芯片例程等工具。

Proteus 可利用计算机实现单片机应用系统硬件与软件的综合仿真，简单、方便、实用。

习题

一、填空题

1. 目前，STC 系列单片机开发板中在线编程（下载程序）电路采用的 USB 转串行通信端口的芯片是_____。

2. Keil μVision4 集成开发环境中，既可以编辑、编译 C 语言源程序，也可以编辑、编译_____源程序。在保存源程序文件时，若采用 C 语言编程；其后缀名是_____，若采用汇编语言编程，其后缀名是_____。

3. 在 Keil μVision4 集成开发环境中，除可以编辑、编译用户程序外，还可以_____用户程序。

4. Keil μVision4 集成开发环境中，在编译时允许自动创建机器代码文件状态下，其默认文件名与_____相同。

5. STC 系列单片机能够识别的文件类型为_____，其后缀名是_____。

二、选择题

1. 在 Keil μVision4 集成开发环境中，在勾选 "Create HEX File" 复选框后，默认状态下机器代码名称与（　　）相同。

　　A. 项目名　　　　　B. 文件名　　　　　C. 项目文件夹名

2．在 Keil μVision4 集成开发环境中，下列不属于编辑、编译界面操作功能的是（　　）。

　A．输入用户程序　　B．编辑用户程序　　C．全速运行程序　　D．编译用户程序

3．在 Keil μVision4 集成开发环境中，下列不属于调试界面操作功能的是（　　）。

　A．单步运行用户程序　　　　　　　　B．跟踪运行用户程序

　C．全速运行程序　　　　　　　　　　D．编译用户程序

4．在 Keil μVision4 集成开发环境中，编译过程中生成的机器代码文件的后缀名是（　　）。

　A．c　　　　　　　　B．asm　　　　　　　C．hex　　　　　　　D．uvproj

5．下列 STC 系列单片机中，不能实现在线仿真的是（　　）。

　A．IAP15F2K61S2　　B．STC15F2K60S2　　C．IAP15W4K61S4　　D．STC8H8K64U

三、判断题

1．STC89C52RC 单片机与 STC8H8K64U 系列单片机在相同封装下，其引脚排列是一样的。（　　）

2．在 Keil μVision4 集成开发环境中，编译时默认会自动生成机器代码文件。（　　）

3．在 Keil μVision4 集成开发环境中，若不勾选"Create HEX File"复选框编译用户程序，则不能调试用户程序。（　　）

4．Keil μVision4 集成开发环境既可以用于编辑、编译 C 语言源程序，也可以编辑、编译汇编语言源程序。（　　）

5．在 Keil μVision4 集成开发环境调试界面中，默认状态下选择的是软件模拟仿真。（　　）

6．在 Keil μVision4 集成开发环境调试界面中，若调试的用户程序无子函数调用，则单步运行与跟踪运行的功能是完全一致。（　　）

7．在 Keil μVision4 集成开发环境中，若编辑、编译的源程序类型不同，则生成机器代码文件的后缀名不同。（　　）

8．STC-ISP 在线编程软件是直接通过计算机 USB 接口与单片机串行通信端口进行数据通信的。（　　）

9．在 STC-ISP 在线编程软件中，单击"下载/编程"按钮后，一定要让单片机重新上电才能完成程序下载工作。（　　）

10．STC8H8K64U 系列单片机既可用作目标芯片，又可用作仿真芯片。（　　）

11．STC8H8K64U 系列单片机可不经过 USB 转串行通信端口芯片，直接与计算机 USB 接口相连，实现在线编程功能。（　　）

12．STC8H8K64U 系列单片机可不经过 USB 转串行通信端口芯片，直接与计算机 USB 接口相连，实现在线编程功能，而且可实现在线仿真。（　　）

四、问答题

1．简述应用 Keil μVision4 集成开发环境进行单片机应用程序开发的工作流程。

2．在 Keil μVision4 集成开发环境中，如何根据编程语言的种类选择存盘文件的扩展名？

3．在 Keil μVision4 集成开发环境中，如何切换编辑/编译界面与调试程序界面？

4．在 Keil μVision4 集成开发环境中，有哪几种程序调试方法？它们各有什么特点？

5．Keil μVision4 集成开发环境在调试程序时，如何观察片内 RAM 的信息？

6．在 Keil μVision4 集成开发环境中调试程序时，如何观察片内通用寄存器的信息？

7．在 Keil μVision4 集成开发环境中调试程序时，如何观察或设置定时器、中断与串行通信端口的工作状态？

8．简述利用 STC-ISP 在线编程软件下载用户程序的工作流程。

9．怎样通过设置实现下载程序时自动更新用户程序代码？

10．怎样通过设置实现当用户程序发生变化时自动更新用户程序并启动下载指令？

11．STC8H8K64U 系列单片机既可用作目标芯片，又可用作仿真芯片，当用作仿真芯片时，应如何操作？

12．简述 Keil μVision4 集成开发环境硬件仿真（在线仿真）的设置。

13．Proteus 包含哪些功能？

14．在 Proteus 工作界面中，如何建立自己的元器件库？在绘图时，如何调整元器件的放置方向？

15．在 Proteus 工作界面，如何将元器件放置在画布中？如何移动元器件及设置元器件的工作参数？

16．如何绘制元器件间电气连接点的连线？如何在画布空白区域放置电气连接点？

17．如何为电气接连接点设置网络标号？如何通过网络标号实现元器件间的电气连接？

18．描述 Proteus 实现单片机应用系统虚拟仿真的工作流程。

19．在用 Proteus 绘图时，如何调用电源、公共地、I/O 口符号？

第4章　指令系统与汇编语言程序设计

 内容提要

STC8H8K64U 系列单片机的指令系统与传统 8051 单片机的指令系统完全兼容。42 种助记符代表 33 种功能，共 111 条指令，包括数据传送类指令、算术运算类指令、逻辑运算类指令、控制转移类指令与位操作类指令。

本章主要介绍 STC8H8K64U 系列单片机的指令系统，以及汇编语言程序设计。在工程训练中，着重介绍 LED 数码管的驱动与显示（汇编语言版），为后续汇编语言的应用编程奠定良好的基础。

指令是 CPU 按照人们的意图来完成某种操作的依据，一台计算机的 CPU 能执行的全部指令的集合称为这个 CPU 的指令系统。指令系统功能的强弱体现了 CPU 性能的高低。

STC8H8K64U 系列单片机的指令系统与传统 8051 单片机完全兼容。42 种助记符代表了 33 种功能，而指令功能助记符与各种操作数寻址方式的结合构造出了 111 条指令。其中，数据传送类指令 29 条，算术运算类指令 24 条，逻辑运算类指令 24 条，控制转移类指令 17 条，位操作类指令 17 条。

单片机应用系统是硬件系统与软件系统的有机结合，其中，软件系统指用于完成系统任务、指挥 CPU 等硬件系统工作的程序。

STC8H8K64U 系列单片机的程序设计主要采用两种语言：汇编语言和高级语言。采用汇编语言生成的目标程序占用的存储空间小、运行速度快，具有效率高、实时性强的优点，适合编写短小、高效的实时控制程序。采用高级语言进行程序设计对系统硬件资源的分配比采用汇编语言简单，且程序的阅读、修改及移植比较容易，所以高级语言适合编写规模较大的程序，特别是运算量较大的程序。本章重点介绍汇编语言程序设计。

4.1　指令系统

4.1.1　概述

计算机只能识别和执行二进制编码指令，该指令称为机器指令，但机器指令不便于记忆和阅读。为了编写程序的方便，一般采用汇编语言和高级语言编写程序，但编写好的源程序必须经汇编程序或编译程序转换成机器指令后，才能被计算机识别和执行。

STC8H8K64U 系列单片机指令系统采用助记符指令（汇编语言指令）格式描述，与机器指令有一一对应的关系。

1. 机器指令的编码格式

机器指令通常由操作码和操作数（或操作数地址）两部分构成，其中，操作码用来规定指令执行的操作功能；操作数是指参与操作的数据（或操作对象）。

STC8H8K64U 系列单片机的机器指令按指令字节数分为三种格式：单字节指令、双字节指令和三字节指令。

（1）单字节指令。

单字节指令有以下两种编码格式。

① 仅为操作码的 8 位编码，格式如下：

位　76543210
字节　| opcode |

这类指令的 8 位编码仅为操作码，指令的操作数隐含在其中。例如，"DEC A" 的指令编码为 "14H"，其功能是累加器 A 的内容减 1。

② 含有操作码和寄存器编码的 8 位编码，格式如下：

位　76543210
字节　| opcode | r r r |

这类指令的高 5 位为操作码，低 3 位为操作数对应的编码。例如，"INC R1" 的指令编码为 "09H"，其中，高 5 位 00001B 为寄存器内容加 1 的操作码；低 3 位 001B 为寄存器 R1 对应的编码。

（2）双字节指令。

双字节指令格式如下：

位　76543210
字节　| opcode |
　　　| data或direct |

双字节指令的第一字节为操作码，第二字节为参与操作的数据或存放数据的地址。例如，"MOV A, #60H" 的指令代码为 "01110100 01100000B"，其中，高 8 位 01110100B 为将立即数传送到累加器 A 的操作码；低 8 位 01100000B 为对应的立即数（源操作数，即 60H）。

（3）三字节指令。

三字节指令格式如下：

位　76543210
字节　| opcode |
　　　| direct |
　　　| data或direct |

三字节指令的第一字节为操作码，后两字节为参与操作的数据或存放数据的地址。例如，"MOV 10H, #60H" 的指令代码为 "01110101 00010000 01100000B"，其中，高 8 位 01110101B 为将立即数传送到直接地址单元的操作码；中间 8 位 00010000B 为目标操作数对应的存放地址（10H）；低 8 位 01100000B 为对应的立即数（源操作数，即 60H）。

2. 汇编语言指令格式

汇编语言指令格式指用表示指令功能的助记符来描述指令。8051 单片机（包括 STC 系列单片机，后同）汇编语言指令格式表示如下。

[标号:] 操作码 [第一操作数] [,第二操作数] [,第三操作数] [;注释]

其中，方括号内为可选项。各部分之间必须用分隔符隔开，即标号要以 ":" 结尾，操作码和操作数之间要有一个或多个空格，操作数和操作数之间用 "," 分隔，注释开始之前要加 ";"。例如：

START: MOV P1, #0FFH ;对 P1 口初始化

标号：表示该语句的符号地址，可根据需要设置。当计算机对汇编语言源程序进行汇编时，以该指令所在的地址值来代替标号。在编程的过程中，适当使用标号，不仅可以使程序便于查询、修改，还可以方便转移指令的编程。标号通常用在转移指令或调用指令对应的转移目标地址处。标号一般由若干个字符组成，但第一个字符必须是字母，其余的可以是字母也可以是数字或下画线，系统保留字符（含指令系统保留字符与汇编系统保留字符）不能用作标号，标号尽量用与转移指令或调用指令操作含义相近的英文缩写来表示。标号和操作码必须用 ":" 分开。

操作码：表示指令的操作功能，用助记符表示，是指令的核心，不能缺少。8051 单片机指令系统中共有 42 种助记符，代表 33 种不同的功能。例如，MOV 是数据传送的助记符。

操作数：表示操作码的操作对象。根据指令的功能不同，操作数的个数可以是 3、2、1，也可以没有操作数。例如，"MOV P1,#0FFH"，包含了两个操作数，即 P1 和#0FFH，它们之间用 "," 隔开。

注释：用来解释该条指令或该段程序的功能。注释可有可无，对程序的执行没有影响。

3. 指令系统中的常用符号

指令中常出现的符号及含义如下。

（1）#data：表示 8 位立即数，即 8 位常数，取值范围为#00H~#0FFH。

（2）#data16：表示 16 位立即数，即 16 位常数，取值范围为#0000H~#0FFFFH。

（3）direct：表示片内 RAM 和特殊功能寄存器的 8 位直接地址。其中，特殊功能寄存器的直接地址可直接使用特殊功能寄存器的名称代替。

特别提示：当常数（如立即数、直接地址）的首字符是字母（A~F）时，数据前面一定要添加一个 "0"，以与标号或字符名称区分。例如，0F0H 和 F0H，0F0H 表示的是一个常数，即 F0H；而 F0H 表示的是一个转移标号地址或已定义的一个字符名称。

（4）Rn：n=0、1、2、…、7，表示当前选中的工作寄存器 R0~R7。选中的工作寄存器组的组别由 PSW 中的 RS1 和 RS0 确定。其中，工作寄存器组 0 的地址为 00H~07H；工作寄存器组 1 的地址为 08H~0FH；工作寄存器组 2 的地址为 10H~17H；工作寄存器组 3 的地址为 18H~1FH。

（5）Ri：i=0、1，可用作间接寻址的寄存器，指 R0 或 R1。

（6）addr16：16 位目的地址，只限于在 LCALL 和 LJMP 指令中使用。

（7）addr11：11 位目的地址，只限于在 ACALL 和 AJMP 指令中使用。

（8）rel：相对转移指令中的偏移量，为补码形式的 8 位带符号数，为 SJMP 和所有条件转移指令所用。转移范围为相对于下一条指令首地址的-128～+127。

（9）DPTR：16 位数据指针，用于访问 16 位的程序存储器或 16 位的数据存储器。

（10）bit：片内 RAM（包括部分特殊功能寄存器）中的直接寻址位。

（11）/bit：表示对 bit 位先取反再参与运算，但不影响该位的原值。

（12）@：间址寄存器或基址寄存器的前缀。例如，@Ri 表示将 R0 寄存器或 R1 寄存器内容作为地址的 RAM，@DPTR 表示根据 DPTR 内容指出外部存储器单元或 I/O 的地址。

（13）(×)：表示某寄存器或某直接地址单元的内容。

（14）((×))：表示将由×寻址的存储单元中的内容作为地址的存储单元的内容。

（15）direct1←(direct2)：将直接地址 2 指示的地址单元的内容传送到直接地址 1 指示的地址单元中。

（16）Ri←(A)：将累加器 A 的内容传送给 Ri 寄存器。

（17）(Ri)←(A)：将累加器 A 的内容传送到以 Ri 的内容为地址的存储单元中。

4. 寻址方式

寻址方式指在执行一条指令的过程中寻找操作数或指令地址的方式。

STC 系列单片机的寻址方式与传统 8051 单片机的寻址方式一致，可分为操作数寻址与指令寻址。一般来说，在研究寻址方式时更多的是指操作数寻址，而且当有两个操作数时，默认所指的是源操作数寻址。操作数寻址可分为立即寻址、直接寻址、寄存器寻址、寄存器间接寻址、变址寻址。寻址方式与其对应的存储空间如表 4.1 所示。本节仅介绍操作数寻址。

表 4.1　寻址方式与其对应的存储空间

寻址方式		存储空间
操作数寻址	立即寻址	程序存储器
	寄存器寻址	工作寄存器 R0～R7，A，AB，C，DPTR
	直接寻址	基本 RAM 的低 128 字节，特殊功能寄存器（SFR），位地址空间
	寄存器间接寻址	基本 RAM 的低 128 字节、高 128 字节，扩展 RAM 或片外 RAM
	变址寻址	程序存储器
指令寻址		寻址空间为程序存储器，也可分为直接寻址、相对寻址与变址寻址

（1）立即寻址。

立即寻址是指由指令直接给出参与实际操作的数据（立即数）。为了与直接寻址方式中的直接地址相区别，立即数前必须冠以符号"#"。例如：

```
MOV DPTR,#1234H
```

其中，1234H 为立即数，该指令的功能是将 16 位立即数 1234H 送至数据指针 DPTR。立即寻址示意图如图 4.1 所示。

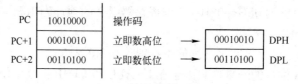

图 4.1　立即寻址示意图

（2）寄存器寻址。

寄存器寻址是由指令给出寄存器名，再以该寄存器的内容作为操作数的寻址方式。能用寄存器寻址的寄存器包括累加器 A、寄存器 AB、数据指针 DPTR、进位标志位 CY，以及工作寄存器组中的 R0～R7。例如：

```
INC  R0
```

该指令的功能是将 R0 中的内容加 1，再送回 R0。寄存器寻址示意图如图 4.2 所示。

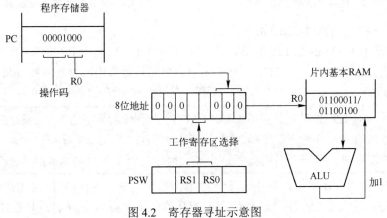

图 4.2　寄存器寻址示意图

（3）直接寻址。

直接寻址是指由指令直接给出操作数所在地址，即指令操作数为存储器单元的地址，真正的数据在存储器单元中。例如：

```
MOV  A,3AH
```

该指令的功能是将片内基本 RAM 中 3AH 单元内的数据送至累加器 A。直接寻址示意图如图 4.3 所示。

直接寻址只能给出 8 位地址，因此，能用这种寻址方式的地址空间有以下几种。

① 片内基本 RAM 的低 128 字节（00H～7FH），在指令中直接以单元地址形式给出。

② 特殊功能寄存器除可以以单元地址形式给出寻址地址外，还可以以特殊功能寄存器名称的形式给出寻址地址。虽然特殊功能寄存器可以使用符号标志，但在指令代码中还是按地址进行编码的，其实质属于直接寻址。

③ 位地址空间（20H.0～2FH.7 及特殊功能寄存器中的可寻址位）。

（4）寄存器间接寻址。

指令给出的寄存器内容是操作数所在地址，从该地址中取出的数据才是操作数，这种寻址方式称为寄存器间接寻址。为了区别寄存器寻址和寄存器间接寻址，在寄存器间接寻址中，应在寄存器的名称前面加前缀 “@”。例如：

```
MOV  A,@R1
```

该指令的功能是将以 R1 的内容作为地址的存储单元内的数据送至累加器 A。如果 R1 的内容为 60H，那么该指令的功能为将 60H 存储单元中的数据送至累加器 A。寄存器间接寻址示意图如图 4.4 所示。

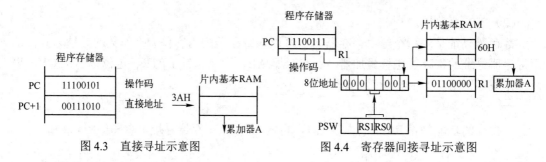

图 4.3 直接寻址示意图　　　　图 4.4 寄存器间接寻址示意图

寄存器间接寻址的寻址范围如下。

① 片内基本 RAM 的低 128 字节、高 128 字节单元，可采用 R0 或 R1 作为间接寻址寄存器，其形式为@Ri（i=0,1）。其中，高 128 字节单元只能采用寄存器间接寻址方式。例如：

```
MOV  A,@R0      ; 将 R0 所指的片内基本 RAM 单元中的数据送至累加器 A
```

特别提示：高 128 字节地址空间（80H～FFH）和特殊功能寄存器的地址空间是一致的，它们是通过不同的寻址方式来区分的。对于 80H～FFH，若采用直接寻址方式，则访问的是特殊功能寄存器；若采用寄存器间接寻址方式，则访问的是片内基本 RAM 的高 128 字节。

② 片内扩展 RAM 单元：若小于 256 字节，则使用 Ri（i=0,1）作为间接寻址寄存器，其形式为@Ri；若大于 256 字节，则使用 DPTR 作为间接寻址寄存器，其形式为@DPTR。例如：

```
MOVX  A,@DPTR  ; 把 DPTR 所指的片内扩展 RAM 或片外 RAM 单元中的数据送至累加器 A
```

又如：

```
MOVX  A,@R1    ; 把 R1 所指的片内扩展 RAM 或片外 RAM 单元中的数据送至累加器 A
```

（5）变址寻址。

变址寻址是基址寄存器+变址寄存器间接寻址的简称。变址寻址是以 DPTR 或 PC 为基址寄存器，以累加器 A 为变址寄存器，将两者内容相加形成的 16 位程序存储器地址作为操作数地址。例如：

```
MOVC  A,@A+DPTR
```

该指令的功能是把 DPTR 和累加器 A 的内容相加所得到的程序存储器地址单元中的内容送至累加器 A。变址寻址示意图如图 4.5 所示。

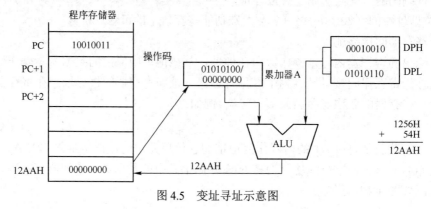

图 4.5 变址寻址示意图

4.1.2　数据传送类指令

数据传送类指令是 8051 单片机指令系统中最基本的一类指令，也是包含指令最多的一类指令。数据传送类指令共有 29 条，用于实现寄存器与存储器之间的数据传送，即把源操作数单元中的数据传送到目的操作数单元，而源操作数单元中的数据不变，目的操作数单元中的数据被源操作数单元中的数据代替。

1. 基本 RAM 传送指令（16 条）

指令助记符：MOV。

指令功能：将源操作数单元中的数据送至目的操作数单元。

寻址方式：寄存器寻址、直接寻址、立即寻址与寄存器间接寻址。

基本 RAM 传送指令的具体形式与功能如表 4.2 所示。

表 4.2　基本 RAM 传送指令的具体形式与功能

指 令 分 类	指 令 形 式	指 令 功 能	字节数	指令执行时间（系统时钟数）
累加器 A 为目的操作数单元	MOV　A,Rn	将 Rn 的内容送至累加器 A	1	1
	MOV　A,direct	将 direct 单元的内容送至累加器 A	2	1
	MOV　A,@Ri	将 Ri 指示单元的内容送至累加器 A	1	1
	MOV　A,#data	将 data 常数送至累加器 A	2	1
Rn 为目的操作数单元	MOV　Rn,A	将累加器 A 的内容送至 Rn	1	1
	MOV　Rn,direct	将 direct 单元的内容送至 Rn	2	1
	MOV　Rn,#data	将 data 常数送至 Rn	2	1
direct 为目的操作数单元	MOV　direct,A	将累加器 A 的内容送至 direct 单元	2	1
	MOV　direct,Rn	将 Rn 的内容送至 direct 单元	2	1
	MOV direct1,direct2	将 dirct2 单元的内容送至 direct1 单元	3	1
	MOV direct,@Ri	将 Ri 指示单元的内容送至 direct 单元	2	1
	MOV direct,#data	将 data 常数送至 direct 单元	3	1
@Ri 为目的操作数单元	MOV @Ri,A	将累加器 A 的内容送至 Ri 指示单元	1	1
	MOV @Ri,direct	将 direct 单元的内容送至 Ri 指示单元	2	1
	MOV @Ri,#data	将 data 常数送至 Ri 指示单元	2	1
16 位传送	MOV DPTR,#data16	将 16 位常数送至 DPTR	3	1

例 4.1　分析执行下列指令序列后各寄存器及存储单元的结果。

```
MOV  A,  #30H
MOV  4FH,  A
MOV  R0,  #20H
MOV  @R0,  4FH
MOV  21H,   20H
MOV  DPTR, #3456H
```

解　分析如下：

```
MOV  A,  #30H              ; (A)=30H
```

```
MOV  4FH, A          ; (4FH)=30H
MOV  R0, #20H        ; (R0)=20H
MOV  @R0, 4FH        ; ((R0)) =(20H)=(4FH)=30H
MOV  21H, 20H        ; (21H)=(20H)=30H
MOV  DPTR, #3456H    ; (DPTR)=3456H
```

所以执行程序段后，(A)=30H，(4FH)=30H，(R0)=20H，(20H)=30H，(21H)=30H，(DPTR)=3456H。

例 4.2 编程实现片内 RAM 20H 单元内容与 21H 单元内容的互换。

解 实现片内 RAM 20H 单元内容与 21H 单元内容互换的方法有多种，分别编程如下：

（1）
```
MOV  A,20H
MOV  20H,21H
MOV  21H,A
```
（2）
```
MOV  R0,20H
MOV  20H,21H
MOV  21H,R0
```
（3）
```
MOV  R0,#20H
MOV  R1,#21H
MOV  A,@R0
MOV  20H,@R1
MOV  @R1,A
```

例 4.3 编程实现 P1 口的输入数据从 P2 口输出。

解 编程如下：

（1）
```
MOV  P1,#0FFH    ; 将 P1 口设置为输入状态
MOV  A,P1
MOV  P2,A
```
（2）
```
MOV  P1,#0FFH    ; 将 P1 口设置为输入状态
MOV  P2,P1
```

2. 累加器 A 与扩展 RAM 之间的传送指令（4 条）

指令助记符：MOVX。

指令功能：实现累加器 A 与扩展 RAM 之间的数据传送。

寻址方式：Ri（8 位地址）或 DPTR（16 位地址）寄存器间接寻址。

累加器 A 与扩展 RAM 之间的传送指令的具体形式与功能如表 4.3 所示。

表 4.3 累加器 A 与扩展 RAM 之间的传送指令的具体形式与功能

指 令 分 类	指 令 形 式	指 令 功 能	字节数	指令执行时间（系统时钟数）
读扩展 RAM	MOVX A,@Ri	将 Ri 指示单元（扩展 RAM）的内容送至累加器 A	1	3
	MOVX A,@DPTR	将 DPTR 指示单元（扩展 RAM）的内容送至累加器 A	1	2

续表

指 令 分 类	指 令 形 式	指 令 功 能	字节数	指令执行时间 （系统时钟数）
写扩展 RAM	MOVX　@Ri,A	将累加器 A 的内容送至 Ri 指示单元（扩展 RAM）	1	3[1]
	MOVX　@DPTR,A	将累加器 A 的内容送至 DPTR 指示单元（扩展 RAM）	1	3[1]

注：在用 Ri 寄存器进行间接寻址时只能寻址 256 字节（00H～FFH），当访问超过 256 字节的扩展 RAM 空间时，可选用 DPTR 寄存器进行间接寻址，DPTR 寄存器可访问整个 64 千字节空间。[1] 表示片外扩展 RAM 访问时间见电子课件中附录 2。

例 4.4　将扩展 RAM 2010H 单元中的内容送至扩展 RAM 2020H 单元，用 Keil μVision4 集成开发环境进行调试。

解　（1）编程如下：

```
ORG    0           ;伪指令，指定下列程序从 0000H 单元开始存放
MOV  DPTR, #2010H  ;将 16 位地址 2010H 赋给 DPTR
MOVX  A, @DPTR     ;读扩展 RAM 2010H 单元中的数据送至累加器 A
MOV  DPTR, #2020H  ;将 16 位地址 2020H 赋给 DPTR
MOVX  @DPTR, A     ;将累加器 A 中的数据送至扩展 RAM 2020H 单元
END                ;伪指令，汇编结束指令
```

（2）按第 3 章所学知识，编辑好文件与编译好上述指令后，进入调试界面，设置好被传送地址单元的数据，如 66H（见图 4.6）。

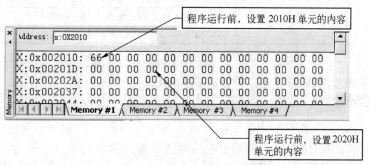

图 4.6　程序运行前设置 2010H 单元与 2020H 单元的内容

单步运行或全速运行上述指令，观察程序运行后 2010H 单元内容的变化（见图 4.7）。

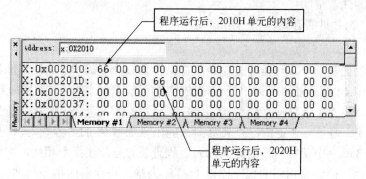

图 4.7　程序运行后 2010H 单元与 2020H 单元内容的变化

由图 4.6 和图 4.7 可知，传送指令执行后，传送目标单元的内容与被传送单元的内容一致，同时，被传送单元的内容不会改变。

教学建议：后续的例题尽可能用 Keil μVision4 集成开发环境对指令功能进行仿真，以

加深学生对指令功能的理解，同时可提高学生使用 Keil μVision4 集成开发环境的熟练程度及应用能力。

例 4.5 将扩展 RAM 2000H 单元中的数据送至片内 RAM 30H 单元。

解 编程如下：

```
MOV  DPTR, #2000H   ; 将 16 位地址 2000H 赋给 DPTR
MOVX A, @DPTR       ; 读扩展 RAM 2000H 单元中数据至累加器 A
MOV  R0, #30H       ; 设定 R0 指针，指向基本 RAM 30H 单元
MOV  @R0, A         ; 将扩展 RAM 2000H 单元中的数据送至片内基本 RAM 30H 单元
```

3. 访问程序存储器指令（或称查表指令）（2 条）

指令助记符：MOVC。

指令功能：从程序存储器读取数据到累加器 A。

寻址方式：变址寻址。

累加器 A 与程序存储器之间的传送指令（查表指令）如表 4.4 所示。

表 4.4 累加器 A 与程序存储器之间的传送指令（查表指令）

指令分类	指令形式	指令功能	字节数	指令执行时间（系统时钟数）
DPTR 为基址寄存器	MOVC A,@A+DPTR	将累加器 A 的内容与 DPTR 内容之和指示的程序存储器单元的内容送至累加器 A	1	4
PC 为基址寄存器	MOVC A,@A+PC	将累加器 A 的内容与 PC 内容之和指示的程序存储器单元的内容送至累加器 A	1	3

注：PC 值为该指令的下一指令的首地址，即当前指令首地址加 1。

（1）以 DPTR 为基址寄存器，指令格式如下：

```
MOVC A, @A+DPTR              ; A←((A)+(DPTR))
```

该指令的功能是以 DPTR 为基址寄存器，其与累加器 A 相加后获得一个 16 位地址，然后将该地址对应的程序存储器单元中的内容送至累加器 A。

由于该指令的执行结果仅与 DPTR 和累加器 A 的内容有关，与该指令在程序存储器中的存放地址无关，DPTR 的初值可任意设定，所以又称为远程查表，其查表范围为 64 千字节程序存储器的任意空间。

（2）以 PC 为基址寄存器，指令格式如下：

```
MOVC A, @A+PC                ; PC←(PC)+1, A←((A)+(PC))
```

该指令的功能是以 PC 为基址寄存器，将执行该指令后的 PC 值与累加器 A 中的内容相加，获得一个 16 位地址，将该地址对应的程序存储器单元内容送至累加器 A。

由于该指令为单字节指令，CPU 读取该指令后的 PC 值已经加 1，指向下一条指令的首地址，所以 PC 值是一个定值，查表范围只能由累加器 A 的内容确定，因此常数表只能在查表指令后 256 字节范围内，因此又称为近程查表。与前述指令相比，本指令易读性差，编程技巧要求高，但编写相同的程序比以 DPTR 为基址寄存器的指令简洁，占用寄存器资源少，在中断服务程序中更能体现其优越性。

例 4.6 将程序存储器 2010H 单元中的数据送至累加器 A（设程序的起始地址为 2000H）。

解　方法一编程如下：

```
ORG 2000H                          ;伪指令,指定下列程序从 2000H 单元开始存放
MOV DPTR, #2000H
MOV A, #10H
MOVC A, @A+DPTR
```

编程技巧：在访问前，必须保证(A)+(DPTR)等于访问地址，如本例中的 2010H，一般方法是将访问地址低 8 位地址（10H）赋给累加器 A，剩下的 16 位地址（2010H-10H=2000H）赋给 DPTR。编程与指令所在的地址无关。

方法二编程如下：

```
ORG  2000H
MOV A, #0DH
MOVC A, @A+PC
```

分析：因为程序的起始地址为 2000H，第一条指令为双字节指令，所以第二条指令的地址为 2002H，第二条指令下一条指令的首地址应为 2003H，即(PC)=2003H，因为(A)+(PC)=2010H，故(A)=0DH。

因为该指令与指令所在地址有关，不利于修改程序，所以不建议使用。

4．交换指令（5 条）

指令助记符：XCH、XCHD、SWAP。

指令功能：实现指定单元的内容互换。

寻址方式：寄存器寻址、直接寻址、寄存器间接寻址。

累加器 A 与基本 RAM 之间的交换指令如表 4.5 所示。

表 4.5　累加器 A 与基本 RAM 之间的交换指令

指 令 分 类	指 令 形 式	指 令 功 能	字节数	指令执行时间（系统时钟数）
字节交换	XCH　A,Rn	将 Rn 的内容与累加器 A 的内容互换	1	1
	XCH　A,direct	将 direct 单元的内容与累加器 A 的内容互换	2	1
	XCH　A,@Ri	将 Ri 指示单元的内容与累加器 A 的内容互换	1	1
半字节交换	XCHD　A,@Ri	将 Ri 指示单元的低 4 位与累加器 A 的低 4 位互换	1	1
	SWAP　A	将累加器 A 的高 4 位、低 4 位交换	1	1

例 4.7　采用字节交换指令，编程实现片内 RAM 20H 单元与 21H 单元的内容互换。

解　编程如下：

```
XCH A, 20H
XCH A, 21H
XCH A, 20H
```

例 4.8　将累加器 A 的高 4 位与片内 RAM 20H 单元的低 4 位互换。

解　编程如下：

```
SWAP A
MOV R1, #20H
XCHD A, @R1
```

```
SWAP  A
```

5. 堆栈操作指令（2 条）

指令助记符：PUSH、POP。

指令功能：将指定单元的内容压入堆栈或将堆栈内容弹出到指定的直接地址单元中。

寻址方式：直接寻址，隐含寄存器间接寻址（间接寻址指针为 SP）。

堆栈操作指令的具体形式与功能如表 4.6 所示。

表 4.6　堆栈操作指令的具体形式与功能

指令分类	指令形式	指令功能	字节数	指令执行时间（系统时钟数）
入栈操作	PUSH direct	将 direct 单元内容压入（传送）SP 指示单元（堆栈）	2	1
出栈操作	POP direct	将 SP 指示单元（堆栈）内容弹出（传送）到 direct 单元中	2	1

在 8051 单片机片内基本 RAM 区中，可设定一个对存储单元数据进行"先进后出，后进先出"操作的区域，即堆栈，8051 单片机复位后，(SP)=07H，即栈底为 08H 单元；若要更改栈底位置，则需要重新为 SP 赋值（堆栈一般设在 30H～7FH 单元）。在应用中，SP 始终指向堆栈的栈顶。

例 4.9　设(A)=40H，(B)=41H，分析执行下列指令序列后的结果。

解　分析如下：

```
MOV  SP, #30H      ; (SP)=30H
PUSH ACC           ; (SP)=31H, (31H)=40H, (A)=40H
PUSH B             ; (SP)=32H, (32H)=41H,  (B)=41H
MOV  A, #00H       ; (A)=00H
MOV  B, #01H       ; (B)=01H
POP  B             ; (B)= (32H)=41H, (SP)=31H
POP  ACC           ; (A)= (31H)=40H, (SP)=30H
```

程序执行后，(A)=40H，(B)=41H，(SP)=30H，累加器 A 和寄存器 B 中的内容恢复原样。入栈操作、出栈操作主要用于子程序及中断服务程序；入栈操作用来保护 CPU 现场参数，出栈操作用来恢复 CPU 现场参数。

例 4.10　利用堆栈操作指令，将累加器 A 的内容与寄存器 B 的内容互换。

解　编程如下：

```
PUSH ACC  ; 堆栈操作时，累加器必须用 ACC 表示
PUSH B
POP  ACC  ; 堆栈操作时，累加器必须用 ACC 表示
POP  B
```

4.1.3　算术运算类指令

8051 单片机算术运算类指令包括加法（ADD、ADDC）、减法（SUBB）、乘法（MUL）、除法（DIV）、加 1 操作（INC）、减 1 操作（DEC）和十进制调整（DA）等指令，共有 24 条，如表 4.7 所示。多数算术运算类指令会对 PSW 中的 CY、AC、OV 和 P 产生影响，但

加 1 操作和减 1 操作指令并不直接影响 CY、AC、OV 和 P，只有当操作数为 A 时，加 1 操作和减 1 操作指令才会影响 P；乘法和除法指令会影响 OV 和 P。

表 4.7　算术运算类指令

指令分类	指令形式	指令功能	字节数	指令执行时间（系统时钟数）
不带进位位加法	ADD　A,Rn	将累加器 A 和 Rn 的内容相加送至累加器 A	1	1
	ADD　A,direct	将累加器 A 和 direct 单元的内容相加送至累加器 A	2	1
	ADD　A,@Ri	将累加器 A 的内容和 Ri 指示单元的内容相加送至累加器 A	1	1
	ADD　A,#data	将累加器 A 和 data 常数的内容相加送至累加器 A	2	1
带进位位加法	ADDC　A,Rn	将累加器 A、Rn 的内容及 CY 值相加送至累加器 A	1	1
	ADDC　A,direct	将累加器 A、direct 单元的内容及 CY 值相加送至累加器 A	2	1
	ADDC　A,@Ri	将累加器 A 的内容、Ri 指示单元的内容及 CY 值相加送至累加器 A	1	1
	ADDC　A,#data	将累加器 A 的内容、data 常数及 CY 值相加送至累加器 A	2	1
减法	SUBB　A,Rn	将累加器 A 的内容减 Rn 的内容及 CY 值送至累加器 A	1	1
	SUBB　A,direct	将累加器 A 的内容减 direct 单元的内容及 CY 值送至累加器 A	2	1
	SUBB　A,@Ri	将累加器 A 的内容减 Ri 指示单元的内容及 CY 值送至累加器 A	1	1
	SUBB　A,#data	将累加器 A 的内容减 data 常数及 CY 值送至累加器 A	2	1
乘法	MUL　AB	将累加器 A 的内容乘以寄存器 B 的内容，积的高 8 位存入寄存器 B、低 8 位存入累加器 A	1	2
除法	DIV　AB	将累加器 A 的内容除以寄存器 B 的内容，商存入累加器 A、余数存入寄存器 B	1	6
十进制调整	DA　A	对 BCD 码加法结果进行调整	1	3
加 1 操作	INC　A	将累加器 A 的内容加 1 送至累加器 A	1	1
	INC　Rn	将 Rn 的内容加 1 送至 Rn	1	1
	INC　direct	将 direct 单元的内容加 1 送至 direct 单元	1	1
	INC　@Ri	将 Ri 指示单元的内容加 1 送至 Ri 指示单元	1	1
	INC　DPTR	将 DPTR 的内容加 1 送至 DPTR	1	1
减 1 操作	DEC　A	将累加器 A 的内容减 1 送至累加器 A	1	1
	DEC　Rn	将 Rn 的内容减 1 送至 Rn	1	1
	DEC　direct	将 direct 单元的内容减 1 送至 direct 单元	2	1
	DEC　@Ri	将 Ri 指示单元的内容减 1 送至 Ri 指示单元	1	1

1. 加法指令

加法指令包括不带进位位的加法指令（ADD）和带进位位加法指令（ADDC）。

（1）不带进位位加法指令（4 条）。

```
ADD  A, #data      ; A←(A)+data
ADD  A, direct     ; A←(A)+(direct)
ADD  A, Rn         ; A←(A)+(Rn)
ADD  A, @Ri        ; A←(A)+((Ri))
```

该指令的功能是将累加器 A 中的值与源操作数指定的值相加，并把运算结果送至累加器 A。这类指令会对 AC、CY、OV、P 标志位产生如下影响。

CY：进位位，当运算中位 7 有进位时，CY 置位，表示和溢出，即和大于 255；否则，CY 清 0。这实际是将两个操作数作为无符号数直接相加得到 CY 的值。

OV：溢出标志位，当运算中位 7 与位 6 中有一位进位而另一位不产生进位时，OV 置位；否则，OV 清 0。如果将两个操作数当作有符号数运算，就需要根据 OV 值来判断运算结果是否有效，若 OV 为 1，则说明运算结果超出 8 位有符号数的表示范围（-128～127），运算结果无效。

AC：半进位位，当运算中位 3 有进位时，AC 置 1；否则，AC 清 0。

P：奇偶标志位，若结果中 1 的个数为偶数，则(P)=0；若结果中 1 的个数为奇数，则(P)=1。

（2）带进位位加法指令（4 条）。

```
ADDC  A, Rn            ; A←(A)+(Rn)+(CY)
ADDC  A, direct        ; A←(A)+(direct)+(CY)
ADDC  A, @Ri           ; A←(A)+((Ri))+(CY)
ADDC  A, #data         ; A←(A)+data+(CY)
```

该指令的功能是将指令中规定的源操作数、累加器 A 的内容和 CY 值相加，并把操作结果送至累加器 A。

特别提示：这里所指的 CY 值是指令执行前的 CY 值，而不是指令执行中形成的 CY 值。PSW 中各标志位状态变化和不带进位位加法指令的 PSW 中各标志位状态变化相同。

带进位位加法指令通常用于多字节加法运算。由于 8051 单片机是 8 位机，所以只能进行 8 位的数学运算，为扩大运算范围，在实际应用时通常将多个字节组合运算。例如，两字节数据相加时，先算低字节，再算高字节，低字节采用不带进位位加法指令，高字节采用带进位位加法指令。

例 4.11 试编制 4 位十六进制数加法程序，假定和超过双字节，要求如下：

(21H)(20H)+(31H)(30H)→(42H)(41H)(40H)

解 先做不带进位的低字节求和，再做带进位的高字节求和，最后处理最高位。

$$
\begin{array}{r}
(21H)(20H) \\
+\quad(31H)(30H) \\
\hline
(42H)(41H)(40H)
\end{array}
$$

参考程序如下：

```
ORG  0000H
MOV  A, 20H
ADD  A, 30H            ; 低字节不带进位加法
MOV  40H, A
MOV  A, 21H
ADDC A, 31H            ; 高字节带进位加法
MOV  41H, A
MOV  A, #00H           ; 最高位处理：0+0+(CY)
ADDC A, #00H
MOV  42H, A
SJMP $                 ; 原地踏步，作为程序结束指令
END
```

2. 减法指令（4 条）

```
SUBB  A, Rn        ; A←(A) - (Rn) - (CY)
SUBB  A, direct    ; A←(A) - (direct) - (CY)
SUBB  A, @Ri       ; A←(A) - ((Ri)) - (CY)
SUBB  A, #data     ; A←(A) -data- (CY)
```

该指令的功能是将累加器 A 的内容减去指定的源操作数及 CY 值，并把结果（差）送至累加器 A。

（1）在 8051 单片机指令系统中，没有不带借位位的减法指令，如果需要做不带借位位的减法，则需要用带借位位的减法指令替代，即在带借位位减法指令前预先用一条能够将 CY 清 0 的指令（CLR C）。

（2）产生各标志位的法则：若最高位在做减法时有借位，则(CY)=1，否则(CY)=0；若低 4 位在做减法时向高 4 位借位，则(AC)=1，否则(AC)=0；若在做减法时最高位有借位而次高位无借位或最高位无借位而次高位有借位，则(OV)=1，否则(OV)=0；P 只取决于累加器 A 自身的数值，与指令类型无关。

设(A)=85H，(R2)=55H，(CY)=1，指令"SUBB A,R2"的执行情况如下。

$$
\begin{array}{r}
1000\ 0101 \quad 累加器A \\
-0101\ 0101 \quad R2 \\
-\qquad\quad 1 \quad CY \\
\hline
0010\ 1111
\end{array}
$$

运算结果为(A)=2FH，(CY)=0，(OV)=1，(AC)=1，(P)=1。

例 4.12　编制下列减法程序，设够减，要求如下：

$$(31H)(30H) - (41H)(40H) \rightarrow (31H)(30H)$$

解　先进行低字节不带借位位求差，再进行高字节带借位位求差。
编程如下：

```
ORG    0000H
CLR    C              ; CY 清 0
MOV    A, 30H         ; 取低字节被减数
SUBB   A, 40H         ; 被减数减去减数，差送至累加器 A
MOV    30H, A         ; 差存低字节
MOV    A, 31H         ; 取高字节被减数
SUBB   A, 41H         ; 被减数减去减数，差送至累加器 A
MOV    31H, A         ; 差存高字节
SJMP   $              ; 原地踏步，作为程序结束指令
END
```

3. 乘法指令（1 条）

```
MUL  AB               ; BA←(A)×(B)
```

该指令的功能是把累加器 A 和寄存器 B 中的两个 8 位无符号数相乘，并把乘积的高 8 位存入寄存器 B 中，乘积的低 8 位存入累加器 A 中。当乘积高字节(B)≠0，即乘积大于 255(FFH)时，OV=1；当乘积高字节(B)=0 时，OV=0。CY 总是为 0，AC 保持不变。P 仍由累加器 A 中的 1 的个数决定。

设(A)=40H，(B)=62H，则其执行指令为

```
MUL  AB
```

运算结果为(B)=18H，(A)=80H，乘积为 1880H。(CY)=0，(OV)=1，(P)=1。

4. 除法指令（1 条）

```
DIV  AB ; A←(A)÷(B) 的商，B←(A)÷(B) 的余数
```

该指令的功能是将累加器 A 中的 8 位无符号数除以寄存器 B 中的 8 位无符号数，所得商存入累加器 A 中，余数存入寄存器 B 中。CY 和 OV 都为 0，如果在做除法前，寄存器 B 中的值是 00H，即除数为 0，那么(OV)=1。

设(A)=F2H，(B)=10H，则其执行指令为

```
DIV  AB
```

运算结果为商(A)=0FH，余数(B)=02H，(CY)=0，(OV)=0，(P)=0。

5. 十进制调整指令（1 条）

```
DA   A                          ;对十进制加法运算结果进行修正
```

该指令功能是对 BCD 码进行加法运算后，根据 CY、AC 的状态及累加器 A 中的结果对累加器 A 中的内容进行加 6 调整，使其转换成压缩的 BCD 码形式。

特别提示：
（1）该指令只能紧跟在加法指令（ADD/ADDC）后进行。
（2）两个加数必须是 BCD 码形式的。BCD 码是用二进制数表示十进制数的一种表示形式，与其值没有关系，如十进数 56 的 BCD 码形式为 56H。
（3）该指令只能对累加器 A 中的结果进行调整。

例 4.13 试编制十进制数加法程序（单字节 BCD 码加法），并说明程序运行后 22H 单元中的内容是什么。要求如下：

56+38→(22H)

解 编程如下：

```
ORG  0000H
MOV  A, #56H
ADD  A, #38H
DA   A
MOV  22H, A
SJMP $
END
```

分析如下：

```
       0101 0110    56
      +0011 1000    38
      ─────────────
       1000 1110
      +     0110    低4位加6调整
      ─────────────
       1001 0100    94
```

所以，22H 单元的内容为 94H，即十进制数 94（56+38）。

例 4.14 编程实现单字节的十进制数减法程序，假定够减，要求如下：

(20H) - (21H)→ (22H)

解 8051 单片机指令系统中无十进制减法调整指令，十进制减法运算需要通过加法运

算来实现，即被减数加上减数的补数，再用十进制调整指令即可。

编程如下：

```
ORG    0000H
CLR    C
MOV    A,   #9AH          ; 减数的补数为 100-减数
SUBB   A,   21H
ADD    A,   20H          ; 被减数与减数的补数相加
DA     A                  ; 十进制调整指令
MOV    22H, A            ; 保存十进制减法结果
SJMP   $
END
```

6. 加 1 操作指令（5 条）

```
INC  A          ; A←(A)+1
INC  Rn         ; Rn←(Rn)+1
INC  direct     ; direct←(direct)+1
INC  @Ri        ; (Ri)←((Ri))+1
INC  DPTR       ; DPTR← (DPTR)+1
```

该指令的功能是将操作数指定单元的内容加 1。此组指令除"INC　A"影响 P 外，其余指令不对 PSW 产生影响。若执行指令前操作数指定的单元内容为 FFH，则加 1 后溢出为 00H。

设(R0)=7EH，(7EH)=FFH，(7FH)=40H。执行下列指令：

```
INC  @R0        ; (FFH)+1=00H, 存入 7EH 单元
INC  R0         ; (7EH)+1=7FH, 存入 R0
INC  @R0        ; (40H)+1=41H, 存入 7FH 单元
```

执行结果为(R0)=7FH，(7EH)=00H，(7FH)=41H。

说明："INC　A"和"ADD　A,#1"虽然运算结果相同，但"INC　A"是单字节指令，而"INC　A"除了影响 P，不会影响其他 PSW 标志位；"ADD　A,#1"则是双字节指令，会对 CY、OV、AC 和 P 产生影响。若要实现十进制数加 1 操作，则只能用"ADD　A,#1"指令做加法，再用"DA　A"指令调整。

7. 减 1 操作指令（4 条）

```
DEC  A          ; A←(A) -1
DEC  Rn         ; Rn←(Rn) -1
DEC  direct     ; direct←(direct) -1
DEC  @Ri        ; (Ri)←((Ri)) -1
```

该指令的功能是将操作数指定单元的内容减 1。除"DEC　A"影响 P 外，其余指令不对 PSW 产生影响。若执行指令前操作数指定的单元内容为 00H，则减 1 后溢出为 FFH。

注意： 不存在"DEC　DPTR"指令，在实际应用时可用"DEC　DPL"指令代替（在 DPL≠0 的情况下）。

4.1.4　逻辑运算与循环移位类指令

逻辑运算类指令可实现逻辑与、逻辑或、逻辑异或、累加器清 0 及累加器取反操作，

循环移位类指令可完成对累加器 A 的循环移位（左移或右移）操作。逻辑运算与循环移位类指令如表 4.8 所示。逻辑运算与循环移位类指令一般不直接影响标志位，只有在操作中直接涉及累加器 A 或 CY 时，才会影响 P 和 CY。

表 4.8　逻辑运算与循环移位类指令

指令分类	指令形式	指令功能	字节数	指令执行时间（系统时钟数）
逻辑与	ANL　A,Rn	将累加器 A 和 Rn 的内容按位相与送至累加器 A	1	1
	ANL　A,direct	将累加器 A 和 direct 单元的内容按位相与送至累加器 A	2	1
	ANL　A,@Ri	将累加器 A 的内容和 Ri 指示单元的内容按位相与送至累加器 A	1	1
	ANL　A,#data	将累加器 A 的内容和 data 常数按位相与送至累加器 A	2	1
	ANL　direct,A	将 direct 单元的内容和累加器 A 的内容按位相与送至 direct 单元	2	1
	ANL　direct,#data	将 direct 单元的内容和 data 常数按位相与送至 direct 单元	3	1
逻辑或	ORL　A,Rn	将累加器 A 和 Rn 的内容按位相或送至累加器 A	1	1
	ORL　A,direct	将累加器 A 和 direct 单元的内容按位相或送至累加器 A	2	1
	ORL　A,@Ri	将累加器 A 的内容和 Ri 指示单元的内容按位相或送至累加器 A	1	1
	ORL　A,#data	将累加器 A 的内容和 data 常数按位相或送至累加器 A	2	1
	ORL　direct,A	将 direct 单元的内容和累加器 A 的内容按位相或送至 direct 单元	2	1
	ORL　direct,#data	将 direct 单元的内容和 data 常数按位相或送至 direct 单元	3	1
逻辑异或	XRL　A,Rn	将累加器 A 和 Rn 的内容按位相异或送至累加器	1	1
	XRL　A,direct	将累加器 A 和 direct 单元的内容按位相异或送至累加器 A	2	1
	XRL　A,@Ri	将累加器 A 的内容和 Ri 指示单元的内容按位相异或送至累加器 A	1	1
	XRL　A,#data	将累加器 A 的内容和 data 常数按位相异或送至累加器 A	2	1
	XRL　direct,A	将 direct 单元的内容和累加器 A 的内容按位相异或送至 direct 单元	2	1
	XRL　direct,#data	将 direct 单元的内容和 data 常数按位相异或送至 direct 单元	3	1
累加器清 0	CLR　A	将累加器 A 的内容清 0	1	1
累加器取反	CPL　A	将累加器 A 的内容取反	1	1
循环左移	RL　A	将累加器 A 的内容循环左移 1 位	1	1
	RLC　A	将累加器 A 的内容及 CY 循环左移 1 位	1	1
循环右移	RR　A	将累加器 A 的内容循环右移 1 位	1	1
	RRC　A	将累加器 A 的内容及 CY 循环右移 1 位	1	1

1. 逻辑与指令（6 条）

```
ANL  A, Rn              ; A←(A)∧(Rn)
ANL  A, direct          ; A←(A)∧(direct)
ANL  A, @Ri             ; A←(A)∧((Ri))
ANL  A, #data           ; A←(A)∧data
ANL  direct, A          ; direct←(A)∧(direct)
ANL  direct, #data      ; direct←(direct)∧data
```

前四条指令的功能是将源操作数指定的内容与累加器 A 的内容按位进行逻辑与运算，运算结果送至累加器 A，源操作数可以是工作寄存器、片内 RAM 或立即数。

后两条指令的功能是将目的操作数（直接地址单元）指定的内容与源操作数（累加器 A 或立即数）按位进行逻辑与运算，运算结果送至直接地址单元。

位逻辑与运算规则：只要两个操作数中任意一位为 0，该位操作结果为 0，只有当两位均为 1 时，运算结果才为 1。在实际应用中，逻辑与指令通常用于屏蔽某些位，具体方法是将需要屏蔽的位和 0 相与。

设(A)=37H，编写指令将累加器 A 中的高 4 位清 0，低 4 位不变。

```
ANL  A, #0FH              ; (A)=07H
```

$$
\begin{array}{r}
0011\ 0111 \\
\wedge\quad 0000\ 1111 \\
\hline
0000\ 0111
\end{array}
$$

2．逻辑或指令（6 条）

```
ORL  A, Rn        ; A ←(A)∨(Rn)
ORL  A, direct    ; A ←(A)∨(direct)
ORL  A, @Ri       ; A ←(A)∨((Ri))
ORL  A, #data     ; A ←(A)∨data
ORL  direct, A    ; direct ←(A)∨(direct)
ORL  direct, #data ; direct ←(direct)∨data
```

该指令的功能是将源操作数指定的内容与目的操作数指定的内容按位进行逻辑或运算，运算结果送至目的操作数指定的单元。

位逻辑或运算规则：只要两个操作数中任意一位为 1，运算结果就为 1，只有当两位均为 0 时，运算结果才为 0。在实际应用中，逻辑或指令通常用于使某些位置位。

例 4.15　将累加器 A 的 1、3、5、7 位清 0，其他位置 1，并将结果送至片内 RAM 20H 单元。

解 编程如下：

```
ANL  A, #55H     ; 将累加器 A 的 1、3、5、7 位清 0
ORL  A, #55H     ; 将累加器 A 的 0、2、4、6 位置 1
MOV  20H, A
```

3．逻辑异或指令（6 条）

```
XRL  A, Rn        ; A ←(A) ⊕ (Rn)
XRL  A, direct    ; A ←(A) ⊕ (direct)
XRL  A, @Ri       ; A ←(A) ⊕ ((Ri))
XRL  A, #data     ; A ←(A) ⊕data
XRL  direct, A    ; direct ←(A) ⊕ (direct)
XRL  direct, #data ; direct ←(direct) ⊕data
```

该指令的功能是将源操作数指定的内容与目的操作数指定的内容按位进行逻辑异或运算，运算结果送至目的操作数指定的单元。

位逻辑异或运算规则：若两个操作数中进行逻辑异或运算的两个位相同，则该位运算结果为 0，只有当两个位不同时，运算结果才为 1，即相同运算结果为 0，相异运算结果为 1。在实际应用中，逻辑异或指令通常用于使某些位取反，具体方法是将取反的位与 1 进行逻辑异或运算。

例 4.16　设(A)=ACH，要求将第 0 位和第 1 位取反，第 2 位和第 3 位清 0，第 4 位和第 5 位置 1，第 6 位和第 7 位不变。

解 编程如下：

```
XRL  A, #00000011B        ; (A)=10101111
ANL  A, #11110011B        ; (A)=10100011
ORL  A, #00110000B        ; (A)=10110011
```

例 4.17 试编写扩展 RAM 30H 单元内容的高 4 位不变，低 4 位取反的程序。

解 编程如下：

```
MOV   R0, #30H            ; 将扩展 RAM 30H 地址送至 R0
MOVX  A, @R0             ; 取扩展 RAM 30H 单元的内容
XRL   A, #0FH            ; 低 4 位与 1 进行逻辑异或运算，实施取反操作
MOVX  @R0, A             ; 将累加器 A 中的内容送回扩展 RAM 30H 单元
```

4. 累加器 A 清 0 指令（1 条）

```
CLR  A;    A←0
```

该指令的功能是将累加器 A 的内容清 0。

5. 累加器 A 取反指令（1 条）

```
CPL  A;    A←(A)
```

该指令的功能是将累加器 A 的内容取反。

6. 循环移位指令（4 条）

```
RL   A                    ; 将累加器 A 的内容循环左移一位
RR   A                    ; 将累加器 A 的内容循环右移一位
RLC  A                    ; 将累加器 A 的内容连同进位位循环左移一位
RRC  A                    ; 将累加器 A 的内容连同进位位循环右移一位
```

循环移位示意图如图 4.8 所示。

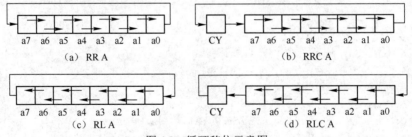

|（a）RR A | （b）RRC A |
|（c）RL A | （d）RLC A |

图 4.8 循环移位示意图

已知(A)=56H，(CY)=1，各指令运行结果如下：

```
RL   A              ; (A)=ACH, (CY)=1
RLC  A              ; (A)=59H, (CY)=1
RR   A              ; (A)=ACH, (CY)=1
RRC  A              ; (A)=D6H, (CY)=0
```

循环移位指令除可以实现左、右移位控制以外，还可以实现数据运算操作。

（1）当累加器 A 最高位为 0 时，左移 1 位，相当于累加器 A 的内容乘以 2。

（2）当累加器 A 最低位为 0 时，右移 1 位，相当于累加器 A 的内容除以 2。

4.1.5　控制转移类指令

控制转移类指令是用来改变程序的执行顺序的，即改变 PC 值，使 PC 有条件、无条件，或者通过其他方式从当前位置转移到一个指定的程序地址单元，从而改变程序的执行方向。

控制转移指令可分为无条件转移指令、条件转移指令、子程序调用及返回指令。

1. 无条件转移指令（5 条）

程序在执行无条件转移指令时，无条件地转移到指令所指定的目标地址，因此，在分析无条件转移指令时，应重点关注其转移的目标地址。无条件转移指令的具体形式与功能如表 4.9 所示。

表 4.9　无条件转移指令的具体形式与功能

指令分类	指令形式	指令功能	字节数	指令执行时间（系统时钟数）
长转移	LJMP　addr16	将 16 位目标地址 addr16 装入 PC	3	3
短转移	AJMP　addr11	提供低 11 位地址，PC 的高 5 位为下一指令首地址的高 5 位	2	3
相对转移	SJMP　rel	目标地址为下一指令首地址与 rel 相加，rel 为 8 位有符号数	2	3
间接转移	JMP　@A+DPTR	目标地址为累加器 A 中的内容与 DPTR 中的内容相加	1	4
空操作	NOP	目标地址为下一指令首地址	1	1

（1）长转移指令（1 条）。

```
LJMP addr16              ; PC←addr15～0
```

该指令是三字节指令，在执行该指令时，将 16 位目标地址 addr16 装入 PC，程序无条件转向指定的目标地址。长转移指令的目标地址可在 64K 字节程序存储器地址空间的任何地方，不影响任何标志位。

例 4.18　已知某单片机监控程序地址为 2080H，试问用什么办法可使单片机开机后自动执行监控程序。

解　单片机开机后，PC 总是复位为全 0，即(PC)=0000H。因此，为使单片机开机后能自动转入 2080H 处执行监控程序，在 0000H 处必须存放一条指令：

```
LJMP 2080H
```

（2）短转移指令（1 条）。

```
AJMP addr11             ; PC←(PC)+2, (PC10～0)←addr10～0, PC15～11 保持不变
```

该指令是双字节指令，在执行该指令时，先将 PC 值加 2，然后把指令中给出的 11 位地址 addr11 送入 PC 的低 11 位（PC10～PC0），PC 的高 5 位保持原值，由 addr11 和 PC 的高 5 位形成新的 16 位目标地址，程序随即转移到该地址处。

注意：因为短转移指令只提供了低 11 位地址，PC 的高 5 位保持原值，所以转移的目标地址必须与 PC+2 后的值（AJMP 指令的下一条指令首址）位于同一个 2K 字节区域。

（3）相对转移指令（1 条）。

```
SJMP rel                ; (PC)←(PC)+2, (PC)←(PC)+rel
```

该指令是双字节指令，在执行该指令时，先将 PC 值加 2，再把指令中带符号的偏移量加到 PC 上，然后将得到的跳转目的地址送入 PC。

$$目的地址=(PC)+2+rel$$

其中，rel 表示相对偏移量，是一个 8 位有符号数，因此该指令转移的范围为 SJMP 指令的下一条指令首地址的前 128 字节和后 127 字节。

上面三条指令的根本区别在于转移的范围不同。LJMP 可以在 64K 字节范围内转移，而 AJMP 只能在 2K 字节范围内转移，SJMP 则只能在 256 字节之间转移。从原则上来讲，所有涉及 SJMP 或 AJMP 的地方都可以用 LJMP 来替代，需要注意的是，AJMP 和 SJMP 是双字节指令，而 LJMP 是三字节指令。在程序存储器空间较富裕时，采用长转移指令会更方便些。在实际编程时，addr16、addr11、rel 都是用转移目标地址的符号地址（标号）来表示的。程序在汇编时，汇编系统会自动计算出执行该指令转移到目标地址所需的 addr16、addr11、rel 值。

编程时通常会使用如下指令：

```
HERE: SJMP  HERE
```

或写成：

```
SJMP  $
```

rel 就是用转移目标地址的标号 HERE 来表示的，表示执行该指令后 PC 转移到 HERE 标号地址处。该指令是一条死循环指令，目标地址等于源地址，通常用作程序的结束指令或用来等待中断。当有中断申请时，CPU 转去执行中断服务程序；当中断返回时，仍然返回到该指令处继续等待中断。

（4）间接转移指令（1 条）。

```
JMP   @A+DPTR                ; PC←(A)+(DPTR)
```

该指令的功能是把数据指针 DPTR 的内容与累加器 A 中的 8 位无符号数相加形成的转移目标地址送入 PC，不改变 DPTR 和累加器 A 中的内容，也不影响标志位。当 DPTR 的值固定，而为累加器 A 赋以不同的值时，即可实现程序的多分支转移。

通常，DPTR 中的基地址是一个确定的值，常用来作为一个转移指令表的起始地址，以累加器 A 中的值为表的偏移量地址（与分支号相对应），根据分支号，通过间接转移指令 PC 转移到转移指令分支表中，再执行转移指令分支表的无条件转移指令（AJMP 或 LJMP）转移到该分支对应的程序中，即可完成多分支转移。

（5）空操作指令（1 条）。

```
NOP                          ; PC←(PC)+1
```

该指令是一条单字节指令，CPU 不进行任何操作，只在时间上进行消耗，因此常用于程序的等待或时间的延迟。

2. 条件转移指令（8 条）

条件转移指令是根据特定条件是否成立来实现转移的指令。在执行条件转移指令时，先检测指令给定的条件，如果条件满足，则程序转向目标地址去执行；否则程序不转移，按顺序执行。

8051 单片机指令系统的条件转移指令采用的寻址方式都是相对寻址，其转移的目标地

址为转移指令的下一条指令的首地址加上 rel 偏移量，rel 是一个 8 位有符号数。因此，8051
单片机指令系统的条件转移指令的转移范围为转移指令的下一条指令的前 128 字节和后
127 字节，即转移空间为 256 字节单元。

条件转移指令可分为三类：累加器判 0 转移指令、比较不等转移指令、减 1 非 0 转移
指令。实际上，还有位信号判断指令，为了区分字节与位操作，位信号判断指令被归纳到
了位操作类指令中。

条件转移指令的具体形式与功能如表 4.10 所示。

表 4.10　条件转移指令的具体形式与功能

指令分类	指令形式	指令功能	字节数	指令执行时间（系统时钟数）
累加器判 0 转移	JZ　rel	累加器 A 为 0 转移	2	1/3
	JNZ　rel	累加器 A 为非 0 转移	2	1/3
比较不等转移	CJNE　A,#data,rel	将累加器 A 中的内容与 data 常数不等转移	3	1/3
	CJNE　A,direct,rel	将累加器 A 中的内容与 direct 单元中的内容不等转移	3	2/3
	CJNE　Rn,#data,rel	将 Rn 中的内容与 data 常数不等转移	3	2/3
	CJNE　@Ri,#data,rel	将 Ri 指示单元中的内容与 data 常数不等转移	3	2/3
减 1 非 0 转移	DJNZ　Rn,rel	将 Rn 中的内容减 1，若不为 0 则转移	2	2/3
	DJNZ　direct,rel	将 direct 单元中的内容减 1，若不为 0 则转移	3	2/3

（1）累加器判 0 转移指令（2 条）。

```
JZ   rel    ；若(A)=0，则 PC←(PC)+2，PC←(PC)+rel；若(A)≠0，则 PC←(PC)+2
JNZ  rel    ；若(A)≠0，则 PC←(PC)+2+rel；若(A)=0，则 PC←(PC)+2
```

第一条指令的功能是，如果(A)=0，则转移到目标地址处执行，否则顺序执行（执行该
指令的下一条指令）。

第二条指令的功能是，如果(A)≠0，则转移到目标地址处执行，否则顺序执行（执行
该指令的下一条指令）。

其中，转移目标地址=转移指令首地址+2+rel，在实际应用时，通常使用标号作为目标
地址。

JZ、JNZ 指令示意图如图 4.9 所示。

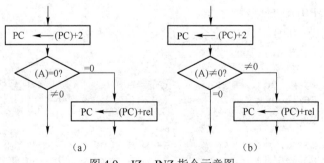

图 4.9　JZ、JNZ 指令示意图

例 4.19　试编程实现将扩展 RAM 的一个数据块（首地址为 0020H）传送到内部基本
RAM（首地址为 30H），当传送的数据为 0 时停止传送。

解：

```
        ORG     0000H
        MOV     R0, #30H        ; 设置基本 RAM 指针
        MOV     DPTR, #0020H    ; 设置扩展 RAM 指针
LOOP1:
        MOVX    A, @DPTR        ; 获取被传送数据
        JZ      LOOP2           ; 传送数据不为 0，传送数据；传送数据为 0，结束传送
        MOV     @R0, A          ; 传送数据
        INC     R0              ; 修改指针，指向下一个操作数
        INC     DPTR
        SJMP    LOOP1           ; 重新进入下一个传送流程
LOOP2:
        SJMP    LOOP2           ; 程序结束（原地踏步）
        END
```

（2）比较不等转移指令（4 条）。

```
        CJNE    A, #data, rel
        CJNE    A, direct, rel
        CJNE    Rn, #data, rel
        CJNE    @Ri, #data, rel
```

比较不等转移指令有三个操作数：第一个操作数是目的操作数，第二个操作数是源操作数，第三个操作数是偏移量。该指令具有比较和判断双重功能，比较的本质是做减法运算，用第一个操作数的内容减去第二个操作数的内容，该运算会影响 PSW 标志位，但差值不回存。

这 4 条指令的基本功能分别如下所示。

若目的操作数>源操作数，则 PC←(PC)+3+rel，CY←0；

若目的操作数<源操作数，则 PC←(PC)+3+rel，CY←1；

若目的操作数=源操作数，则 PC←(PC)+3，即顺序执行，CY←0。

因此，若两个操作数不相等，在执行该指令后利用判断 CY 值的指令便可确定前两个操作数的大小。

可通过 CJNE 指令和 JC 指令来完成三分支程序—相等分支、大于分支、小于分支。

例 4.20 编程实现如下功能。

(A)>10H   (R0)=01H

(A)=10H   (R0)=00H

(A)<10H   (R0)=02H

解 编程如下：

```
        ORG     0000H
        CJNE    A, #10H, NO_EQUAL    ; (A)≠10H，转 NO_EQUAL 标号处执行
        MOV     R0, #00H            ; (A)=10H，R0 内容设置为 00H
        SJMP    HERE                ; 转分支结束处（HERE）
NO_EQUAL:
        JC      LESS                ; CY 为 1，说明(A)<10H，转 LESS 标号处执行
        MOV     R0, #01H            ; CY 为 0，说明(A)>10H，R0 设置为 01H
        SJMP    HERE                ; 转分支结束处
LESS:
        MOV     R0, #02H            ; CY 为 1，R0 设置为 02H
```

```
HERE:
    SJMP    HERE                    ;分支结束处
    END
```

（3）减 1 非 0 转移指令（2 条）。

```
DJNZ  Rn, rel
    ; PC←(PC)+2, Rn←(Rn)-1；若(Rn)≠0, PC←(PC)+rel；若(Rn)=0, 则按顺序往下执行
DJNZ  direct, rel
    ; 若(direct)=0, 则按顺序往下执行
    ; PC←(PC)+3, direct←(direct) -1；若(direct)≠0, PC←(PC)+rel
```

该指令的功能是，每执行一次该指令，先将指定的 Rn 或 direct 单元的内容减 1，再判别其内容是否为 0。若不为 0，则转向目标地址，继续执行循环程序段；若为 0，则结束循环程序段，程序往下执行。

例 4.21　试编写程序实现在扩展 RAM 0100H 开始的 100 个单元中分别存放 0～99。

解　编程如下：

```
    ORG   0000H
    MOV   R0, #64H          ; 设定循环次数
    MOV   A, #00H           ; 设置预置数初始值
    MOV   DPTR, #0100H      ; 设置目标操作数指针
LOOP:
    MOVX  @DPTR, A          ; 对指定单元置数
    INC   A                ; 预置数加 1
    INC   DPTR             ; 指向下一个目标操作数地址
    DJNZ  R0, LOOP         ; 判断循环是否结束
    SJMP  $
    END
```

3. 子程序调用及返回指令（4 条）

在实际应用中，经常需要重复使用一个完全相同的程序段。为避免重复，可把这段程序独立出来，独立出来的程序称为子程序，原来的程序称为主程序。当主程序需要调用子程序时，通过一条调用指令进入子程序执行即可。在子程序结束处放一条返回指令，执行完子程序后能自动返回主程序的断点处继续执行主程序。

为保证返回正确，子程序调用和返回指令应具有自动保护断点地址及恢复断点地址的功能，即在执行调用指令时，CPU 自动将下一条指令的地址（称为断点地址）保存到堆栈中，然后去执行子程序；当遇到返回指令时，按"后进先出"的原则把断点地址从堆栈中弹出，送到 PC 中。

子程序调用及返回指令的具体形式与功能如表 4.11 所示。

表 4.11　子程序调用及返回指令的具体形式与功能

指 令 分 类	指 令 形 式	指 令 功 能	字节数	指令执行时间（系统时钟数）
子程序调用	LCALL　addr16	调用 addr16 地址处子程序	3	3
	ACALL　addr11	调用下一指令首地址的高 5 位与 addr11 合并所指的子程序	2	3
子程序返回	RET	返回子程序调用指令下一指令处	1	3
中断返回	RETI	返回到中断断点处	1	3

（1）子程序调用指令（2 条）。

```
LCALL  addr16
    ; PC←(PC)+3, SP←(SP)+1, (SP)←(PCL), SP←(SP)+1, (SP)←(PCH), PC←addr16
ACALL  addr11
    ; PC←(PC)+2, SP←(SP)+1, (SP)←(PCL), SP←(SP)+1, (SP)←(PCH), PC10~0←addr11
```

其中，addr16 和 addr11 分别为子程序的 16 位和 11 位入口地址，在编程时可用调用子程序的首地址（入口地址）标号代替。

第一条指令为长调用指令，是一条三字节指令，在执行时先将(PC)+3 获得下一条指令的地址，再将该地址压入堆栈（先 PCL，后 PCH）进行保护，然后将子程序入口地址 addr16 装入 PC，程序转去执行子程序。由于该指令提供了 16 位子程序入口地址，所以调用的子程序的首地址可以在 64K 字节范围内。

第二条指令为短调用指令，是一条双字节指令，在执行时先将(PC)+2 获得下一条指令的地址，再将该地址压入堆栈（先 PCL，后 PCH）进行保护，然后把指令给出的 addr11 送入 PC，并和 PC 的高 5 位组成新的 PC，程序转去执行子程序。由于该指令仅提供了 11 位子程序入口地址 addr11，所以调用的子程序的首地址必须与 ACALL 后面指令的第一字节在同一个 2K 字节区域。

例 4.22 已知(SP)=60H，分析执行下列指令后的结果。

```
①
1000H: ACALL  1100H
②
1000H: LCALL  0800H
```

解 ① (SP)=62H，(61H)=02H，(62H)=10H，(PC)=1100H。

② (SP)=62H，(61H)=03H，(62H)=10H，(PC)=0800H。

（2）返回指令（2 条）。

```
RET   : PC15~8←((SP)), SP←(SP)-1, PC7~0←((SP)), SP←(SP)-1
RETI
      ; 清除内部相应的中断状态寄存器
      ; PC15~8←((SP)), SP←(SP)-1, PC7~0←((SP)), SP←(SP)-1
```

第一条指令为子程序返回指令，表示结束子程序，在执行时将栈顶的断点地址送入 PC（先 PCH，后 PCL），程序返回原断点地址继续往下执行。

第二条指令为中断返回指令，它除了从中断服务程序返回中断时保护的断点处继续执行程序（类似 RET 功能）外，还清除了内部相应的中断状态寄存器。

特别提示： 在使用上，RET 指令必须作为调用子程序的最后一条指令；RETI 指令必须作为中断服务子程序的最后一条指令，两者不能混淆。

4.1.6 位操作类指令

在 8051 单片机的硬件结构中，有一个位处理器（又称布尔处理器），该处理器有一套位变量处理的指令集，它的操作对象是位，以进位标志位 CY 为位累加器。通过位操作类指令可以完成以位为对象的数据传送、运算、控制转移等操作。

位操作类指令的对象是内部基本 RAM 的位寻址区，它由两部分构成：一部分为片内 RAM 低 128 字节的位地址区 20H～2FH 的 128 个位，其位地址为 00H～7FH；另一部分为特殊功能寄存器中可位寻址的各位（字节地址能被 8 整除的特殊功能寄存器的各有效位），其位地址为 80H～FFH。

在汇编语言中，位地址的表达方式有以下几种。

（1）用直接位地址表示，如 20H、3AH 等。

（2）用寄存器的位定义名称表示，如 CY、RS1、RS0 等。

（3）用点操作符表示，如 PSW.3、20H.4 等，其中 "." 前面部分为字节地址或可位寻址的特殊功能寄存器的名称，后面部分的数字表示它们在字节中的位置。

（4）用自定义的位符号地址表示，如 "MM BIT ACC.7"，只要定义了位符号地址 MM，就可在指令中使用 MM 代替 ACC.7。

位操作类指令的具体形式与功能如表 4.12 所示。

表 4.12 位操作类指令的具体形式与功能

指令分类	指令形式	指令功能	字节数	指令执行时间（系统时钟数）
位数据传送	MOV C,bit	将 bit 值送至 CY	2	1
	MOV bit,C	将 CY 值送至 bit	2	1
位清 0	CLR C	CY 值清 0	1	1
	CLR bit	bit 值清 0	2	1
位置 1	SETB C	CY 值置 1	1	1
	SETB bit	bit 值置 1	2	1
位逻辑与	ANL C,bit	将 CY 值与 bit 值相与结果送至 CY	2	1
	ANL C,/bit	将 CY 值与 bit 取反值相与结果送至 CY	2	1
位逻辑或	ORL C,bit	将 CY 值与 bit 值相或结果送至 CY	2	1
	ORL C,/bit	将 CY 值与 bit 取反值相或结果送至 CY	2	1
位取反	CPL C	CY 状态取反	1	1
	CPL bit	bit 状态取反	2	1
判 CY 转移	JC rel	CY 为 1 则转移	2	1/3
	JNC rel	CY 为 0 则转移	2	1/3
判 bit 转移	JB bit,rel	bit 值为 1 则转移	3	1/3
	JNB bit,rel	bit 值为 0 则转移	3	1/3
	JBC bit,rel	bit 值为 1 则转移，同时 bit 位清 0	3	1/3

1. 位数据传送指令（2 条）

```
MOV  C, bit  ; CY←(bit)
MOV  bit, C  ; bit←(CY)
```

该指令的功能是将源操作数（位地址或位累加器）送至目的操作数（位累加器或位地址）。

特别提示：位数据传送指令的两个操作数，一个是指定的位单元，另一个必须是位累加器 CY（进位标志位 CY）。

例 4.23 试编写程序实现将位地址为 00H 的内容和位地址为 7FH 的内容相互交换。

解 编程如下：

```
ORG    0000H
MOV C, 00H          ; 获取位地址 00H 的值并将其送至 CY
MOV 01H, C          ; 暂存在位地址 01H 中
MOV C, 7FH          ; 获取位地址 7FH 的值并将其送至 CY
MOV 00H, C          ; 存在位地址 00H 中
MOV C, 01H          ; 获取暂存在位地址 01H 中的值并将其送至 CY
MOV 7FH, C          ; 存在位地址 7FH 中
SJMP  $
END
```

2. 位变量修改指令（6 条）

（1）位清 0 指令（2 条）。

```
CLR  C              ; CY←0
CLR  bit            ; bit←0
```

设 P1 口的内容为 11111011 B，执行如下指令。

```
CLR  P1.0
```

执行结果为(P1)= 11111010 B。

（2）位置 1 指令（2 条）。

```
SETB  C             ; CY←1
SETB  bit           ; bit←1
```

设(CY)=0，P3 口的内容为 11111010B，执行如下指令。

```
SETB  P3.0
SETB  C
```

执行结果为(CY)=1，(P3.0)=1，即(P3)=11111011B。

（3）位取反指令（2 条）。

```
CPL  C              ; CY← (CȲ)
CPL  bit            ; bit←(bit̄)
```

设(CY)=0，P1 口的内容为 00111010B，执行如下指令。

```
CPL  P1.0
CPL  C
```

执行结果为(CY)=1，(P1.0)=1，即(P0)=00111011B。

3. 位逻辑与指令（2 条）

```
ANL  C, bit         ; CY←(CY)∧(bit)
ANL  C, /bit        ; CY←(CY)∧(bit̄)
```

该指令的功能是把位累加器 CY 的内容与位地址的内容进行逻辑与运算，并将结果送至位累加器 CY。

特别提示：指令中的"/"表示该位地址内容取反后再参与运算，但并不改变该位地址的原值。

4. 位逻辑或指令（2 条）

```
ORL  C, bit      ; CY←(CY)∨(bit)
ORL  C, /bit     ; CY←(CY)∨(bit̄)
```

该指令的功能是把位累加器 CY 的内容与位地址的内容进行逻辑或运算，并将结果送至位累加器 CY。

5. 位条件转移指令（5 条）

（1）判 CY 转移指令（2 条）。

```
JC   rel       ; 若(CY)=1, 则(PC)←(PC)+2+rel; 若(CY)=0, 则(PC)←(PC)+2
JNC  rel       ; 若(CY)=0, 则(PC)←(PC)+2+rel; 若(CY)=1, 则(PC)←(PC)+2
```

第一条指令的功能是：如果(CY)=1，则程序转移到目标地址处执行；否则，程序顺序执行。第二条指令的功能则与第一条指令的功能相反，即如果(CY)=0，则程序转移到目标地址处执行；否则，程序顺序执行。

上述两条指令在执行时不影响任何标志位，包括 CY 本身。

JC、JNC 指令示意图如图 4.10 所示。

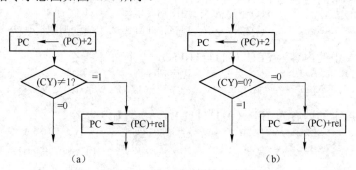

图 4.10　JC、JNC 指令示意图

设(CY)=0，执行如下指令。

```
JC   LABEL1      ; (CY)=0, 程序顺序执行
CPL  C
JC   LABEL2      ; (CY)=1, 程序转向 LABEL2 标号地址处执行
```

程序执行后，进位位取反变为 1，程序转向 LABEL2 标号地址处执行。

设(CY)=1，执行如下指令。

```
JNC  LABEL1      ; (CY)=1, 程序顺序执行
CLR  C
JNC  LABEL2      ; (CY)=0, 程序转向 LABEL2 标号地址处执行
```

程序执行后，进位位清 0，程序转向 LABEL2 标号地址处执行。

（2）判 bit 转移指令（3 条）。

```
JB   bit, rel; 若(bit)=1, 则 PC←(PC)+3+rel; 若(bit)=0, 则 PC←(PC)+3
JNB  bit, rel; 若(bit)=0, 则 PC←(PC)+3+rel; 若(bit)=1, 则 PC←(PC)+3
JBC  bit, rel; 若(bit)=1, 则 PC←(PC)+3+rel, 且 bit←0; 若(bit=0), 则 PC←(PC)+3
```

该指令以指定位 bit 的值为判断条件。

第一条指令的功能是，若指定位 bit 的值是 1，则程序转移到目标地址处执行；否则，程

序顺序执行。第二条指令的功能和第一条指令的功能相反，即如果指定位 bit 的值为 0，则程序转移到目标地址处执行；否则，程序顺序执行。第三条指令的功能是，判断指定位 bit 的值是否为 1，若为 1，则程序转移到目标地址处执行，并将指定位清 0；否则，程序顺序执行。

JB、JNB、JBC 指令示意图如图 4.11 所示。

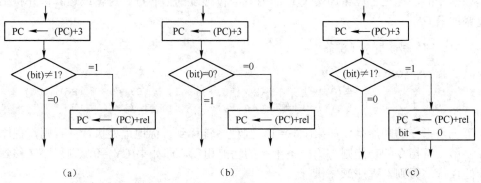

图 4.11　JB、JNB、JBC 指令示意图

设累加器 A 中的内容为 FEH（11111110 B），执行如下指令。

```
JB   ACC.0, LABEL1  ; (ACC.0)=0，程序顺序执行
JB   ACC.1, LABEL2  ; (ACC.1)=1，程序转向 LABEL2 标号地址处执行
```

设累加器 A 中的内容为 FEH（11111110 B），执行如下指令。

```
JNB  ACC.1, LABEL1  ; (ACC.1)=1，程序顺序执行
JNB  ACC.0, LABEL2  ; (ACC.0)=0，程序转向 LABEL2 标号地址处执行
```

设累加器 A 中的内容为 7FH（01111111 B），执行如下指令。

```
JBC  ACC.7, LABEL1   ; (ACC.7)=0，程序顺序执行
JBC  ACC.6, LABEL2   ; (ACC.6)=1，程序转向 LABEL2 标号地址处执行并将 ACC.6 位清 0
```

4.2　汇编语言程序设计

汇编语言是面向机器的语言，使用汇编语言对单片机的硬件资源进行操作既直接又方便，尽管对编程人员硬件知识的掌握水平要求较高，但对于学习和掌握单片机的硬件结构及编程技巧极为有用。虽然采用高级语言进行单片机开发是如今的主流，但我们仍然建议从汇编语言开始学习。本节介绍汇编语言程序设计，下一章介绍 C 语言程序设计，后续的单片机应用程序的学习将采用汇编语言和 C 语言对照讲解的方式，以达到在单片机的学习过程中，汇编语言和 C 语言程序设计相辅相成、相互促进的目的。

4.2.1　汇编语言程序设计基础

1. 程序设计的步骤

程序设计的具体步骤如下。

（1）系统任务的分析。

首先，对单片机应用系统的设计任务进行深入分析，明确系统的功能要求和技术指标。其次，对系统的硬件资源和工作环境进行分析。系统任务的分析是单片机应用系统程序设计的基础。

（2）提出算法与算法的优化。

算法是解决问题的具体方法。一个应用系统经过分析、研究和明确规定后，可以通过严密的数学方法或数学模型来实现对应的功能和技术指标，从而把一个实际问题转化成由计算机进行处理的问题。解决同一个问题的算法有多种，这些算法都能完成任务或达到目标，但它们在程序的运行速度、占用单片机的资源及操作的方便性等方面会有较大的区别，所以应对各种算法进行分析、比较，并进行合理的优化。

（3）总体设计程序及绘制程序流程图。

经过任务分析、算法优化后，就可以对程序进行总体构思，确定程序的结构和数据形式，并考虑资源的分配和参数的计算。根据程序运行过程，确定程序执行的逻辑顺序，用图形符号将总体设计思路及程序流向绘制在平面图上，从而使程序的结构关系直观明了，便于检查和修改。

应用程序根据功能可以分为若干部分，通过程序流程图可以将具有一定功能的各部分有机地联系起来，并由此抓住程序的基本线索，从而对全局有一个完整的了解。清晰、正确的程序流程图是编制正确无误的应用程序的基础，所以，绘制一个好的程序流程图是设计程序的一项重要内容。

程序流程图可以分为总流程图和局部流程图。总流程图侧重反映程序的逻辑结构和各程序模块之间的相互关系。局部流程图侧重反映程序模块的具体实施细节。对于简单的应用程序，可以不画程序流程图。但当程序较为复杂时，绘制程序流程图是一个良好的编程习惯。

常用的程序流程图符号有开始或结束符号、工作任务（肯定性工作内容）符号、判断分支（疑问性工作内容）符号、程序连接符号、程序流向符号等，如图 4.12 所示。

除应绘制程序流程图以外，还应编制资源（寄存器、程序存储器与数据存储器等）分配表，包括数据结构和形式、参数计算、通信协议、各子程序的入口和出口说明等。

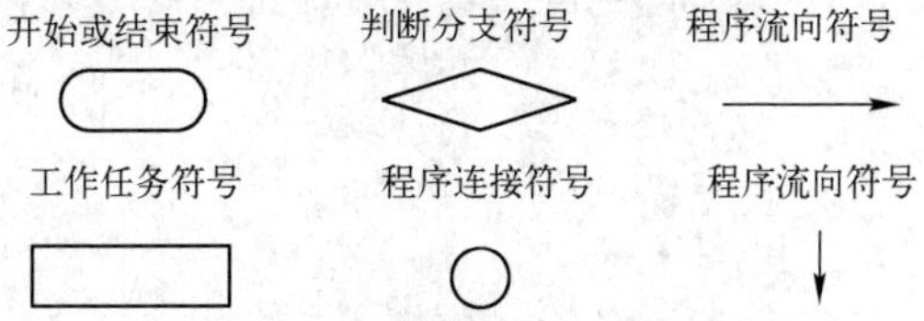

2. 程序的模块化设计

（1）模块化的程序设计方法。

单片机应用系统的程序一般由包含多个模块的主程序和各种子程序组成。每个程序

图 4.12 常用的程序流程图符号

模块都要完成一个明确的任务，实现某个具体的功能，如发送、接收、延时、打印、显示等。采用模块化的程序设计方法，就是对这些功能不同的程序进行独立设计和分别调试，最后将这些模块程序装配成整体程序并进行联调。

模块化的程序设计方法具有明显的优点。把一个多功能的、复杂的程序划分为若干个简单的、功能单一的程序模块，不仅有利于程序的设计和调试，也有利于程序的优化和分工，可以提高程序的阅读性和可靠性，使程序的结构层次一目了然。所以，进行程序设计的学习，首先要树立模块化的程序设计思想。

（2）尽量采用循环结构和子程序。

循环结构和子程序可以使程序的长度变短，程序简单化，占用内存空间减少。对于多重循环，要注意各重循环的初值、循环结束条件与循环位置，避免出现程序无休止循环的现象。对于通用的子程序，除了用于存放子程序入口参数的寄存器，子程序中用到的其他寄存器的内容应压入堆栈进行现场保护，并要特别注意堆栈操作的压入和弹出的顺序。对于中断处理子程序，除了要保护程序中用到的寄存器，还应保护标志寄存器。这是由于中断处理难免会对标志寄存器中的内容产生影响，而中断处理结束后返回主程序时可能会遇到以中断前的状态标志位为依据的条件转移指令，如果该标志位被破坏，则程序的运行将发生混乱。

3．伪指令

为了便于编程和对汇编语言源程序进行汇编，各种汇编程序都提供一些特殊的指令，供人们编程使用，这些指令被称为伪指令。伪指令不是真正的可执行指令，只在对源程序进行汇编时起控制作用，如设置程序的起始地址、定义符号、为程序分配一定的存储空间等。在对汇编语言源程序进行汇编时，伪指令并不产生机器指令代码，不影响程序的执行。常用的伪指令共 9 条，下面分别对其进行介绍。

（1）设置起始地址伪指令。

设置起始地址伪指令的指令格式：

```
ORG   16 位地址
```

该指令的作用是指明后面的程序或数据块的起始地址，它总是出现在每段源程序或数据块的起始位置。一个汇编语言源程序中可以有多条 ORG 伪指令，但后一条 ORG 伪指令指定的地址空间大小应大于当前 ORG 伪指令定义的地址空间加上当前程序机器码所占用的存储空间的大小。

例 4.24 分析 ORG 伪指令在下面程序段中的控制作用。

```
        ORG  1000H
 START:
        MOV  R0, #60H
        MOV  R1, #61H
        ……
        ORG  1200H
 NEXT:
        MOV  DPTR, #1000H
        MOV  R2, #70H
        ……
```

解 以 START 开始的程序汇编后机器代码从 1000H 单元开始连续存放，不能超过 1200H 单元；以 NEXT 开始的程序汇编后机器代码从 1200H 单元开始连续存放。

（2）汇编语言源程序结束伪指令。

汇编语言源程序结束伪指令的指令格式：

```
[标号：]  END  [mm]
```

其中，mm 是程序起始地址。标号和 mm 不是必需的。

该指令的功能是表示源程序到此结束，汇编程序将不处理 END 伪指令之后的指令。一个汇编语言源程序中只能在末尾有一个 END 伪指令。

例 4.25　分析 END 伪指令在下面程序段中的控制作用。
```
START:
        MOV   A, #30H
        ......
        END   START
NEXT:
        ......
        RET
```

解　系统在对该程序进行汇编时，只将 END 伪指令前面的程序转换为对应的机器代码，而以 NEXT 标号为起始地址的程序将予以忽略。因此，若以 NEXT 标号为起始地址的子程序是本程序的有效子程序，那么应将整个子程序段放到 END 伪指令的前面。

（3）赋值伪指令。

赋值伪指令的指令格式：
```
字符名称 EQU   数值或汇编符号
```

该伪指令的功能是使指令中的"字符名称"等价于给定的"数值或汇编符号"。赋值后的字符名称可在整个汇编语言源程序中使用。字符名称必须先赋值后使用，通常将赋值放在汇编语言源程序的开头。

例 4.26　分析下列程序中 EQU 伪指令的作用。
```
AA      EQU  R1          ; 将 AA 定义为 R1
DATA1   EQU  10H         ; 将 DATA1 定义为 10H
DELAY   EQU  2200H       ; 将 DELAY 定义为 2200H
        ORG  2000H
        MOV  R0, DATA1    ; R0←(10H)
        MOV  A, AA        ; A←(R1)
        LCALL  DELAY     ; 调用起始地址为 2200H 的子程序
        END
```

解　经 EQU 伪指令定义后，AA 等效于 R1，DATA1 等效于 10H，DELAY 等效于 2200H，在汇编时，系统自动将程序中的 AA 换成 R1、DATA1 换成 10H、DELAY 换成 2200H，之后汇编为机器代码程序。

使用 EQU 伪指令的好处在于，程序占用的资源数据符号或寄存器符号可用占用源的英文或英文缩写字符名称来定义，后续编程中只要出现该数据符号或寄存器符号就用该字符名称代替。因此，采用有意义的字符名称进行编程，更容易记忆和避免混淆，便于阅读和修改。

（4）数据地址赋值伪指令。

数据地址赋值伪指令的指令格式：
```
字符名称 DATA  表达式
```

该伪指令的功能是将表达式指定的数据地址赋予规定的字符名称。

例如：

```
AA    DATA    2000H
```

在对上述程序进行汇编时，将程序中的字符名称 AA 用 2000H 替代。

DATA 伪指令的功能与 EQU 伪指令的功能相似，两者的主要区别如下。

① DATA 伪指令定义的字符名称可先使用、后定义，放于汇编语言源程序的开头、结尾均可；而 EQU 伪指令定义的字符名称只能先定义、后使用。

② EQU 伪指令可以将一个汇编符号赋值给字符名称，而 DATA 伪指令只能将数据地址赋值给字符名称。

（5）定义字节伪指令。

定义字节伪指令的指令格式：

```
[标号：]  DB  字节常数表
```

该伪指令的功能是从指定的地址单元开始，定义若干个 8 位内存单元中的内容。字节常数可以采用二进制、十进制、十六进制和 ASCII 码等多种表示形式。例如：

```
      ORG  2000H
TABLE:
      DB   73H, 100, 10000001B, 'A'；对应数据形式依次为十六进制、十进制、二进制
                                 ；和 ASCII 码形式
```

汇编结果为 (2000H)=73H，(2001H)=64H，(2002H)=81H，(2003H)=41H。

（6）定义字伪指令。

定义字伪指令的指令格式：

```
[标号：] DW 字常数表
```

该伪指令功能是从指定地址开始，定义若干个 16 位数据，该数据的高 8 位存入低地址，低 8 位存入高地址。例如：

```
      ORG  1000H
TAB:
      DW 1234H, 0ABH, 10
```

汇编结果为 (1000H)=12H，(1001H) = 34H，(1002H)= 00H，(1003H)) = ABH，(1004H) = 00H，(1005H)=0AH。

（7）定义存储区伪指令。

定义存储区伪指令的指令格式：

```
[标号：]  DS  表达式
```

该指令的功能为从指定的单元地址开始，保留一定数量的存储单元，以备使用。在对汇编语言源程序进行汇编时，对这些单元不赋值。例如：

```
      ORG 2000H
      DS  10
TAB:
      DB 20H
      ……
```

汇编结果为(200AH)=20H，即从 2000H 单元开始，保留 10 字节单元，以备汇编语言源程序使用。

> **特别提示**：DB、DW、DS 只能应用于程序存储器，而不能应用于数据存储器。

（8）位定义伪指令。

位定义伪指令的指令格式：

```
字符名称 BIT  位地址
```

该伪指令的功能是将位地址赋值给指定的符号名称，通常用于位符号地址的定义。例如：

```
KEY0 BIT  P3.0
```

该伪指令的功能是使 KEY0 等效于 P3.0，在后面的编程中，KEY0 即 P3.0。

（9）文件包含伪指令。

文件包含伪指令的指令格式：

```
$INCLUDE （文件名）
```

该伪指令用于将寄存器定义文件或其他程序文件包含于当前程序，也可直接包含汇编程序文件，寄存器定义文件的后缀名一般为".INC"。例如：

```
$INCLUDE (STC8H.INC)
```

使用上述伪指令后，在用户程序中就可以直接使用 STC8H 系列单片机的所有特殊功能寄存器了，也不必对相对于传统 8051 单片机新增的特殊功能寄存器进行定义了。

4.2.2　基本程序结构与程序设计举例

模块化程序设计是指各模块程序都要按照基本程序结构进行编程。模块化程序主要有 4 种基本程序结构：顺序结构、分支结构、循环结构和子程序结构。

1. 顺序结构程序

顺序结构程序是指无分支、无循环结构的程序，其执行流程是根据指令在程序存储器中的存放顺序进行的。顺序结构程序比较简单，一般不需要绘制程序流程图，直接编程即可。

例 4.27　试将 8 位二进制数转换为十进制（BCD 码）数。

解　8 位二进制数对应的最大十进制数是 255，说明一个 8 位二进制数需要用 3 位 BCD 码来表示，即百位数、十位数与个位数。

（1）用 8 位二进制数减 100，够减，则百位数加 1，直至不够减为止；再用剩下的数减 10，够减，则十位数加 1，直至不够减为止；剩下的数即个位数。

（2）用 8 位二进制数除以 100，商为百位数；再用余数除以 10，商为十位数，余数为个位数。

显然，第（1）种方法更复杂，应选用第（2）种方法。设 8 位二进制数存放在 20H 单元，转换后十位数、个位数存放在 30H 单元，百位数存放在 31H 单元。

参考程序如下：

```
ORG  0000H
MOV  A, 20H    ;取 8 位二进制数
MOV  B, #100
```

```
DIV  AB              ; 转换数除以 100, A 为百位数
MOV  31H, A          ; 百位数存放在 31H 单元
MOV  A, B            ; 取余数
MOV  B, #10
DIV  AB              ; 余数除以 10, A 为十位数, B 为个位数
SWAP A              ; 将十位数从低 4 位交换到高 4 位
ORL  A, B            ; 十位数、个位数合并为压缩 BCD 码
MOV  30H, A          ; 十位数、个位数存放在 30H 单元(高 4 位为十位数, 低 4 位为个位数)
SJMP $
END
```

上述程序的执行顺序与指令的编写顺序是一致的,故该程序称为顺序结构程序,简称顺序程序。

2. 分支结构程序

通常情况下,程序的执行是按照指令在程序存储器中存放的顺序进行的,但有时需要根据某种条件的判断结果来决定程序的走向,这种程序结构就属于分支结构。分支结构可以分为单分支结构、双分支结构和多分支结构,各分支间相互独立。

单分支结构如图 4.13 所示,若条件成立,则执行程序段 A,然后执行下一条指令;若条件不成立,则不执行程序段 A,直接执行下一条指令。

双分支结构如图 4.14 所示,若条件成立,则执行程序段 A;否则;执行程序段 B。

多分支结构如图 4.15 所示,通用的分支程序结构是先将分支按序号排列,然后按照序号来实现多分支选择。

由于分支结构程序中存在分支,因此在编程时存在先编写哪一段分支程序的问题,另外分支转移到何处在编程时也要安排正确。为了减少错误,对于复杂的程序,应先画出程序流程图,在转移目标处合理设置标号,按从左到右的顺序编写各分支程序。

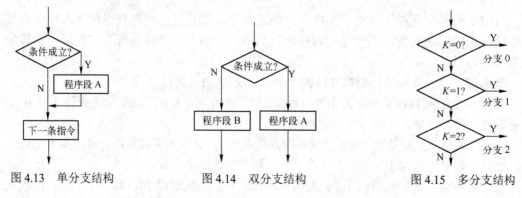

图 4.13　单分支结构　　　　图 4.14　双分支结构　　　　图 4.15　多分支结构

例 4.28　求 8 位有符号数的补码。设 8 位二进制数存放在片内 RAM 30H 单元。

解　由于负数的补码为除符号位以外按位取反加 1,而正数的补码就是原码,所以判断数据的正负是关键,最高位为 0,表示正数;最高位为 1,表示负数。

参考程序如下:

```
ORG 0000H
MOV  A, 30H
JNB  ACC.7, NEXT         ; 为正数, 不进行处理
```

```
        CPL  A                      ; 负数取反
        ORL  A, #80H                ; 恢复符号位
        INC  A                      ; 加 1
        MOV  30H, A
  NEXT:
        SJMP  NEXT
        END                         ; 结束
```

例 4.29 试编写实现如下公式的程序。

$$Y = \begin{cases} 100 & (X \geqslant 0) \\ -100 & (X \leqslant 0) \end{cases}$$

解 该例是一个双分支结构程序，关键是判断 X 是正数还是负数。判断方法与例 4.28 相同。设 X 存放于 40H 单元中，结果 Y 存放于 41H 中。

程序流程图如图 4.16 所示。

参考程序如下：

```
    X   EQU    40H               ; 定义 X 的存储单元
    Y   EQU    41H               ; 定义 Y 的存储单元
        ORG  0000H
        MOV  A, X                 ; 取 X
        JB  ACC.7, BRANCH1        ; 若 ACC.7 为 1 则转向 BRANCH1；否则，顺序执行
        MOV  A, #64H ; X≥0, Y=100
        SJMP  COMMON              ; 转向 COMMON（分支公共处）
BRANCH1:
        MOV  A, #9CH ; X<0, Y=-100, 把-100 的补码（9CH）送至累加器 A
COMMON:
        MOV  Y, A                 ; 保存累加器 A 中的值
        SJMP  $
        END                       ; 程序结束
```

例 4.30 编写多分支处理程序，设各分支的分支号码从 0 开始按递增自然数排列，执行分支号存放在 R3 中。

解 首先，在程序存储器中建立一个分支表，分支表按从 0 开始的分支顺序从起始地址（表首地址，如 TABLE）开始存放各分支的一条转移指令（AJMP 或 LJMP，AJMP 占用 2 字节，LJMP 占用 3 字节），各转移指令的目标地址就是各分支程序的入口地址。

根据各分支程序的分支号，转移到分支表中对应分支的入口处，执行该分支的转移指令，再转到分支程序的真正入口处，执行该分支程序。

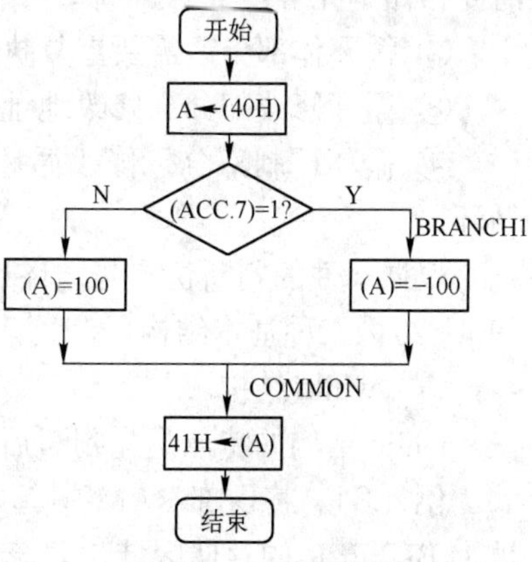

图 4.16 程序流程图

参考程序如下：

```
        ORG  0000H
        MOV  A, R3                ; 取分支号
        RL  A                     ; 分支号×2，若分支表中用 LJMP，则改为分支号×3
```

```
          MOV   DPTR, #TABLE      ; 分支表表首地址送 DPTR
          JMP   @A+DPTR           ; 转移到分支表中对应分支的入口处
   TABLE:
          AJMP  ROUT0             ; 分支表，采用短转移指令，每个分支占用 2 字节
          AJMP  ROUT1             ; 各分支在分支表的入口地址=TABLE+分支号×2
          AJMP  ROUT2
          ……
   ROUT0:
          ……                      ; 分支 0 程序
          LJMP  COMMON            ; 分支程序结束后，转各个分支的公共汇总点处
   ROUT1:
          ……                      ; 分支 1 程序
          LJMP  COMMON            ; 分支程序结束后，转各个分支的公共汇总点处
   ROUT2:
          ……                      ; 分支 2 程序
          LJMP  COMMON            ; 分支程序结束后，转各个分支的公共汇总点处
          ……
   COMMON:
          SJMP  COMMON            ; 各个分支的汇总点
          END
```

特别提示：无论哪个分支程序执行完毕后，都必须回到所有分支的公共汇合点处，如各分支程序中的"LJMP COMMON"指令。

3．循环结构程序

在程序设计中，当需要对某段程序进行大量的有规律重复执行时，可采用循环结构设计程序。循环结构程序主要包括以下 4 个部分。

① 循环初始化部分：设置循环开始时的状态，如地址指针、寄存器初值、循环次数、清 0 存储单元等。

② 循环体部分：需要重复执行的程序段，是循环结构的主体。

③ 循环修改部分：修改地址指针、工作参数等。

④ 循环控制部分：修改循环变量，并判断循环是否结束，直到符合结束条件并跳出循环。

根据条件的判断位置与循环次数的控制，循环结构又分为 while 结构、do…while 结构和 for 结构三种基本结构。

（1）while 结构。

while 结构的特点是先判断后执行，因此，循环体程序也许一次都不执行。

例 4.31 将内部 RAM 中起始地址为 DATA 的字符串数据传送到扩展 RAM 中起始地址为 BUFFER 的存储区域，并统计传送字符的个数，发现空格字符，则停止传送。

解 由题可知，发现空格字符时就停止传送，因此在编程时应先对传送数据进行判断，再决定是否传送。

设 DATA 为 20H，BUFFER 为 0200H，参考程序如下：

```
          ORG   0000H
```

```
DATA     EQU   20H
BUFFER   EQU   0200H
         MOV   R2, #00H            ; 统计传送字符个数计数器清 0
         MOV   R0, #DATA           ; 设置源操作数指针
         MOV   DPTR, #BUFFER       ; 设置目标操作数指针
LOOP0:
         MOV   A, @R0              ; 取被传送数据
         CJNE  A, #20H, LOOP1      ; 判断是否为空格字符（ASCII 码为 20H）
         SJMP  STOP                ; 是空格字符，则停止传送
LOOP1:
         MOVX  @DPTR, A            ; 不是空格字符，则继续传送数据
         INC   R0                  ; 指向下一个被传送地址
         INC   DPTR                ; 指向下一个传送目标地址
         INC   R2                  ; 传送字符个数计数器加 1
         SJMP  LOOP0               ; 继续下一个循环
STOP:
         SJMP  $
         END                       ; 程序结束
```

（2）do…while 结构。

do…while 结构的特点是先执行、后判断，因此循环体程序至少执行一次。

例 4.32　将内部 RAM 中起始地址为 DATA 的字符串数据传送到扩展 RAM 中起始地址为 BUFFER 的存储区域，字符串的结束字符是 "$"。

解　该程序的功能与例 4.31 基本一致，但字符串的结束字符 "$" 是字符串中的一员，也是需要传送的，因此在编程时应先传送，再判断字符串数据传送是否结束。

设 DATA 为 20H，BUFFER 为 0200H，参考程序如下：

```
DATA     EQU   20H
BUFFER   EQU   0200H
         ORG   0000H
         MOV   R0, #DAT
         MOV   DPTR, #BUFFER
LOOP0:
         MOV   A, @R0              ; 读取被传送的数据
         MOVX  @DPTR, A
         INC   R0                  ; 指向下一个被传送地址
         INC   DPTR                ; 指向下一个传送目标地址
         CJNE  A, #24H, LOOP0      ; 判断是否为 "$" 字符（ASCII 码为 24H），若不是则
                                   ; 继续传送；
         SJMP  $                   ; 若是 "$" 字符，则停止传送
         END
```

（3）for 结构。

for 结构的特点和 do…while 结构一样也是先执行、后判断，但是 for 结构循环体程序的执行次数是固定的。

例 4.33　编写将以扩展 RAM 0200H 为起始地址的 16 字节数据传送到以片内基本

RAM 20H 为起始地址的单元中的程序。

解 在本例中，数据传送的次数是固定的，即 16 次，因此，可用一个计数器来控制循环体程序的执行次数。既可以用加 1 计数来实现控制（采用 CJNE 指令），也可以采用减 1 计数来实现控制（采用 DJNZ 指令）。一般情况下，采用减 1 计数控制。

参考程序如下：

```
        ORG  0000H
        MOV  DPTR, #0200H      ; 设置被传送数据的地址指针
        MOV  R0, #20H          ; 设置目的地地址指针
        MOV  R2, #10H          ; 将 R2 作为计数器，设置传送次数
LOOP:
        MOVX A, @DPTR          ; 获取被传送数
        MOV  @R0, A            ; 传送到目的地
        INC  DPTR             ; 指向下一个源操作数地址
        INC  R0               ; 指向下一个目的操作数地址
        DJNZ R2, LOOP         ; 若计数器 R2 减 1 的值不为 0，则继续传送；否则，结束传送
        SJMP $
        END
```

例 4.34 已知单片机系统的系统时钟频率为 12MHz，试设计一个软件延时程序，延时时间为 10ms。

解 软件延时程序是应用编程中的基本子程序，是通过反复执行空操作指令（NOP）和循环控制指令（DJNZ）来占用时间而达到延时目的的。因为执行一条指令的时间非常短，所以一般需要采用多重循环才能满足要求。

参考程序如下：

源程序	系统时钟数	占用时间		
DELAY:				
MOV R1, #100	1	$1/12\mu s$		
DELAY1:				
MOV R2, #200	1	$1/12\mu s$		
DELAY2:				
NOP	1	$1/12\mu s$	内循环	外循环
NOP	1	$1/12\mu s$		
NOP	1	$1/12\mu s$		
DJNZ R2, DELAY2	2/3	$1/6\mu s$ （$1/4\mu s$）		
DJNZ R1, DELAY1	2/3	$1/6\mu s$ （$1/4\mu s$）		
RET	3	$1/4\mu s$		

例 4.34 的程序采用了多重循环，即在一个循环程序中又包含了其他循环程序。在例 4.34 的程序中，用 3 条"NOP"指令和一条"DJNZ R2,DELAY2"指令构成内循环。执行一遍内循环占用系统时钟数为 6 个，即占用时间为 $0.5\mu s$，内循环的控制寄存器为 R2；执行一个外循环占用时钟数为 $6\times(R2)+1+3\approx6\times(R2)$，即一个外循环占用时间为 $0.5\mu s\times(R2)=0.5\mu s\times200=100\mu s$，外循环的控制寄存器为 R1；这个延时程序占用的时钟数为 $6\times(R2)\times(R1)+1+3\approx6\times(R2)\times(R1)$，即占用时间为 $0.5\mu s\times200\times100=10ms$。

延时时间越长，所需的循环次数就越多，其延时时间的计算可简化为内循环体时间×第一重循环次数×第二重循环次数×……

> 提示：STC-ISP 在线编程软件实用工具箱中提供了软件延时计算工具，只需要输入所需延时时间就能自动提供汇编语言或 C 语言的源程序。图 4.17 和图 4.18 分别为 STC8H8K64U 系列单片机系统频率为 12MHz、延时时间为 10ms 的汇编语言程序和 C 语言程序。

4．子程序

在实际应用中，子程序的调用与返回经常会遇到一些通用性的问题，如数值转换、数值计算、数码显示等。这时可以将其设计成通用的子程序以供随时调用。利用子程序可以使程序结构更加紧凑，同时使程序的阅读和调试更加方便。

子程序的结构与一般程序的结构并无多大区别，它的主要特点是在执行过程中需要由其他程序来调用，执行完又需要把执行流程返回至调用该子程序的主程序中。

当主程序调用子程序时，需要使用子程序调用指令"ACALL"或"LCALL"；当子程序返回主程序时，需要使用子程序返回指令"RET"。因此，子程序的最后一条指令一定是子程序返回指令（RET），这也是判断一段程序是否为子程序结构的唯一标志。

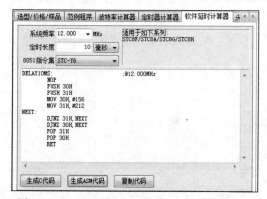

图 4.17　STC8H8K64U 系列单片机系统频率为
12MHz、延时时间为 10ms 的汇编语言程序

图 4.18　STC8H8K64U 系列单片机系统频率为
12MHz、延时时间为 10ms 的 C 语言程序

在调用子程序时要注意两点：一是现场的保护和恢复；二是主程序与子程序间的参数传递。

（1）现场的保护与恢复。

在子程序执行过程中经常要用到单片机的一些通用单元，如工作寄存器 R0～R7、累加器 A、数据指针 DPTR 及有关标志和状态等。而这些单元中的内容在调用结束后的主程序中仍有用，所以需要进行保护，称其为现场保护。在执行完子程序返回继续执行主程序前，要恢复其原内容，称其为现场恢复。现场的保护与恢复是采用堆栈方式实现的，现场保护就是把需要保护的内容压入堆栈，现场保护必须在执行具体的子程序前完成；现场恢复就是把原来压入堆栈的数据弹回原来的位置，现场恢复必须在执行完具体的子程序后返回主程序前完成。根据堆栈的工作特性，在编程时现场的保护与恢复一定要保证弹出顺序与压入顺序相反。例如：

```
LAA:
    PUSH  ACC            ;现场保护
    PUSH  PSW
```

```
    MOV  PSW, #10H        ; 选择当前工作寄存器组
    ……                   ; 子程序任务
    POP  PSW              ; 现场恢复
    POP  ACC
    RET                   ; 子程序返回
```

（2）主程序与子程序间的参数传递。

由于子程序是主程序的一部分，所以，程序在执行时必然要发生数据上的联系。在调用子程序时，主程序应通过某种方式把有关参数（子程序的入口参数）传给子程序。当子程序执行完毕后，又需要通过某种方式把有关参数（子程序的出口参数）传给主程序。传递参数的方式主要有三种。

① 利用累加器或寄存器进行参数传递。在这种方式中，要把预传递的参数存放在累加器 A 或工作寄存器 R0～R7 中，即在主程序调用子程序时，应事先把子程序需要的数据送入累加器 A 或指定的工作寄存器，当执行子程序时，可以从指定的单元中取得数据，执行运算。反之，子程序也可以用同样的方法把结果传给主程序。

例 4.35 试编制可实现 $C=a^2+b^2$ 的程序。设 a、b 均小于 10 且分别存放于扩展 RAM 的 0300H、0301H 单元，要求运算结果 C 存放于扩展 RAM 0302H 单元。

解 本例可利用子程序完成求单字节数据的平方，然后通过调用子程序求出 a^2 和 b^2。

参考程序如下：

```
; 主程序
    ORG   0000H
START:
    MOV  DPTR, #0300H
    MOVX A, @DPTR        ; 获取 a 的值
    LCALL SQUARE         ; 调用子程序求 a 的平方
    MOV  R1, A           ; 将 a² 暂存于 R1 中
    INC  DPTR
    MOVX A, @DPTR        ; 获取 b 的值
    LCALL SQUARE         ; 调用子程序求 b 的平方
    ADD  A, R1           ; A←a²+b²
    INC  DPTR
    MOVX @DPTR, A        ; 存结果
    SJMP $
; 子程序
    ORG   2500H
SQUARE:
    INC  A               ; 表首地址与查表指令相隔 1 字节，故加 1 调整
    MOVC A, @A+PC        ; 使用查表指令求平方
    RET
TAB:
    DB  0, 1, 4, 9, 16, 25, 36, 49, 64, 81; 平方表
    END
```

SQUARE 子程序的入口参数和出口参数都是通过累加器 A 进行传递的。

② 利用存储器进行参数传递。当传送的数据量比较大时，可以利用存储器实现参数的传递。在这种方式中，要事先建立一个参数表，用指针指示参数表所在的位置，也称指针

传递。当参数表建立在内部基本 RAM 中时，用 R0 或 R1 作为参数表的指针；当参数表建立在扩展 RAM 中时，用 DPTR 作为参数表的指针。

例 4.36　有两个 32 位无符号数分别存放在以片内基本 RAM 20H 和 30H 为起始地址的存储单元内，低字节在低地址，高字节在高地址。试编制将两个 32 位无符号数相加的结果存放在以扩展 RAM 0020H 为起始地址的存储单元中的程序。

解　入口时，R0、R1、DPTR 分别指向被加数、加数、和的低字节地址，R7 传递运算字节数，出口时，DPTR 指向和的高字节地址。

参考程序如下：

```
; 主程序
      ORG  0000H
      MOV  R0, #20H
      MOV  R1, #30H
      MOV  DPTR, #0020H
      MOV  R7, #04H
      LCALL  ADDITION
      SJMP  $
; 子程序
ADDITION:
      CLR  C
ADDITION1:
      MOV  A, @R0        ; 取被加数
      ADDC  A, @R1       ; 与加数相加
      MOVX  @DPTR, A     ; 存和
      INC  R0            ; 修改指针，指向下一位操作数
      INC  R1
      INC  DPTR
      DJNZ  R7, ADDITION1 ; 判断运算是否结束
      CLR  A
      ADDC  A, #00H
      MOVX  @DPTR, A     ; 计算与存储最高位的进位位
      RET
      END
```

③ 利用堆栈进行参数传递。利用堆栈进行参数传递是在子程序嵌套中常用的一种方式。在调用子程序前，用 PUSH 指令将子程序中所需数据压入堆栈；在执行子程序时，再用 POP 指令从堆栈中弹出数据。

例 4.37　把内部 RAM 20H 单元中的十六进制数转换为 2 位 ASCII 码，并存放在 R0 指示的连续单元中。

解　参考程序如下：

```
; 主程序
      ORG 0000H
      MOV  A, 20H        ; 获取转换数据
      SWAP  A            ; 高 4 位与低 4 位对调
      PUSH  ACC          ; 参数（转换数据）入栈
      LCALL  HEX_ASC     ; 调用十六进制转 ASCII 码子程序
      POP  ACC           ; 获取转换后数据
      MOV  @R0, A        ; 存高位十六进制数转换结果
```

```
        INC  R0              ; 修改指针，指向低位十六进制数转换结果存放地址
        PUSH 20H             ; 参数（转换数据）入栈
        LCALL  HEX_ASC       ; 调用十六进制转 ASCII 码子程序
        POP  ACC             ; 获取转换后数据
        MOV  @R0, A          ; 存低位十六进制数转换结果
        SJMP  $              ; 程序结束
; 子程序
HEX_ASC:
        MOV  R1, SP          ; 获取堆栈指针
        DEC  R1
        DEC  R1              ; R1 指向被转换数据
        XCH  A, @R1          ; 获取被转换数据，同时保存累加器 A 的值
        ANL  A, #0FH         ; 获取 1 位十六进制数
        ADD  A, #2    ; 偏移量调整，所加值为 MOVC 指令与下一 DB 伪指令间字节数
        MOVC  A, @A+PC       ; 查表
        XCH  A, @R1          ; 将结果存入堆栈，同时恢复累加器 A 中的值
        RET                  ; 子程序返回
; 16 位十六进制数码对应的 ASCII 码
ASC_TAB:
        DB  30H, 31H, 32H, 33H, 34H, 35H, 36H, 37H
        DB  38H, 39H, 41H, 42H, 43H, 44H, 45H, 46H
        END
```

一般来说，当相互传递的数据较少时，利用寄存器进行参数传递可以获得较快的传递速度；当相互传递的数据较多时，宜利用存储器进行参数传递；如果是嵌套子程序，宜利用堆栈进行参数传递。

4.3 工程训练 LED 数码管的驱动与显示 （汇编语言版）

一、工程训练目标

（1）掌握 LED 数码管显示的工作原理。

（2）进一步掌握单片机 I/O 口的输出操作（汇编语言）。

（3）掌握 LED 数码管驱动程序的编制（汇编语言）。

二、任务功能与参考程序

1. 任务功能与硬件设计

LED 数码管从高到低显示数字为 "7、6、5、4、3、2、1、0"。

2. 硬件设计

LED 数码管采用共阳极显示元器件，采用 P6 口输出段码，采用 P7 口输出位控制码。LED 数码管显示与驱动电路原理图如图 4.19 所示。

3. 参考程序（汇编语言版）

（1）由于 LED 数码管显示程序是通用程序，是许多实验程序与应用程序的基础，因此有必要将 LED 数码管显示程序做成独立文件，在使用时直接包含进去，再调用 LED 显示子程序即可。LED 显示文件命名为 LED_display.inc，子程序名称定义为 LED_display，显示数据存储指针为 R0，低位地址存高位显示数据，高位地址存低位显示数据。

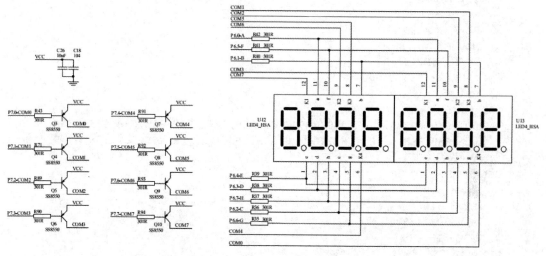

图 4.19　LED 数码管显示与驱动电路原理图

（2）I/O 口初始化程序（gpio.inc）。

```
GPIO:
    MOV P0M1, #0
    MOV P0M0, #0
    MOV P1M1, #0
    MOV P1M0, #0
    MOV P2M1, #0
    MOV P2M0, #0
    MOV P3M1, #0
    MOV P3M0, #0
    MOV P4M1, #0
    MOV P4M0, #0
    MOV P5M1, #0
    MOV P5M0, #0
    MOV P6M1, #0
    MOV P6M0, #0
    MOV P7M1, #0
    MOV P7M0, #0
    RET
```

（3）LED_display.inc。

```
LED_display:
    MOV R2, #8
    MOV DPTR, #LED_num
```

```
        MOV R3,#7FEH
LED_loop0:
        MOV P7, #0FFH
        MOV A,@R0
        INC R0
        MOVC A, @A+DPTR
        MOV P6, A
        MOV A, R3
        MOV P7, A
        RR A
        MOV R3, A
        LCALL DELAY1MS
        DJNZ R2,LED_loop0
        RET
LED_num:
        DB  0C0H,0F9H,0A4H,0B0H,99H,92H,82H,0F8H,80H,90H,88H,83H,0C6H,0A1H,
        DB  86H,8EH,0FFH,40H,79H,24H,30H,19H,12H,02H,78H,00H,10H,0BFH

DELAY1MS:                ;@24.000MHz
        PUSH 30H
        PUSH 31H
        MOV 30H,#32
        MOV 31H,#39
NEXT:
        DJNZ 31H,NEXT
        DJNZ 30H,NEXT
        POP 31H
        POP 30H
        RET
```

（4）工程训练 41.asm。

```
                         ;显示数据存放在基本 RAM50H 以上地址空间中，50H 地址单元存低位
显示数据，57H 地址单元存高位显示数据
    $include (stc8h.inc) ;包含 STC8H 系列单片机新增特殊功能寄存器地址的定义（汇编格式）
        ORG 0
        LJMP MAIN
MAIN:
        LCALL GPIO       ;调用 I/O 口初始化程序
        MOV R0,#50H
        MOV @R0,#7
        INC R0
        MOV @R0,#6
        INC R0
        MOV @R0,#5
        INC R0
        MOV @R0,#4
        INC R0
        MOV @R0,#3
        INC R0
        MOV @R0,#2
        INC R0
```

```
    MOV @R0,#1
    INC R0
    MOV @R0,#0
LOOP:
    MOV R0,#50H
    LCALL LED_display
    SJMP LOOP
    $INCLUDE (LED_display.inc)
    $INCLUDE (gpio.inc)
    END
```

三、训练步骤

（1）分析"LED_diaplay.inc""gpio.inc""工程训练 41.asm"程序文件。

（2）用 Keil μVision4 集成开发环境编辑、编译用户程序，生成机器代码。

① 用 Keil μVision4 集成开发环境新建工程训练 41 项目。

② 输入与编辑"gpio.inc"文件。

③ 输入与编辑"LED_diaplay.inc"文件。

④ 输入与编辑"工程训练 41.asm"文件。

⑤ 将"工程训练 41.asm"文件添加到当前项目中。

⑥ 设置编译环境，勾选"编译时生成机器代码文件"复选框。

⑦ 编译程序文件，生成"工程训练 41.hex"文件。

（3）将 STC 大学计划实验箱（8.3/9.3）连接至计算机。

（4）利用 STC-ISP 在线编程软件将"工程训练 41.hex"文件下载到 STC 大学计划实验箱（8.3）中。

（5）观察 STC 大学计划实验箱（8.3/9.3）的 LED 数码管，应能看到从高到低依次为"7、6、5、4、3、2、1、0"。

四、训练拓展

在"工程训练 41.asm"基础上修改程序，实现在 LED 数码管上显示自己学生证号的后 8 位，显示要求：从高到低逐位显示自己学生证号，位与位之间的间隔为 1s，8 位显示结束后，停 2s，然后 LED 数码管熄灭 2s；周而复始。

本章小结

指令系统的功能强弱体现了计算机性能的高低。指令由操作码和操作数组成，操作码用于规定要执行的操作性质；操作数用于为指令的操作提供数据和地址。

STC8H8K64U 系列单片机的指令系统完全兼容传统 8051 单片机的指令系统，其指令分为数据传送类指令、算术运算类指令、逻辑运算与循环移位类指令、控制转移类指令与位操作类指令，42 种助记符代表了 33 种功能，而指令功能助记符与操作数各种寻址方式的结合构造出了 111 条指令。

寻找操作数的方法称为寻址，STC 系列单片机的指令系统中共有 5 种寻址方式：立即寻址、寄存器寻址、直接寻址、寄存器间接寻址与变址寻址。

数据传送类指令在单片机中应用最为频繁，它的执行一般不影响标志位的状态；算术运算类指令的特点是它的执行通常影响标志位的状态；逻辑运算与循环移位类指令的执行一般也不影响标志位的状态，仅在涉及累加器 A 时才会对标志位 P 产生影响；控制程序的转移要利用控制转移类指令，该指令可分为无条件转移、条件转移、子程序调用及返回、中断返回等；位操作指令具有较强的位处理能力，在进行位操作时，以进位标志位 CY 为位累加器。

伪指令不同于指令系统中的指令，只在汇编程序对用户程序进行编译时起控制作用，在汇编时不生成机器代码。伪指令主要有 ORG、EQU、DATA、DB、DW、DS、BIT、END、$INCLUDE 等。汇编语言源程序采用模块化设计，典型的模块化程序结构有顺序结构、分支结构、循环结构与子程序结构。

习题

一、填空题

1. STC8H8K64U 系列单片机操作数的寻址方式包括立即寻址、_____、直接寻址、_____和变址寻址 5 种方式。

2. 一条指令包括操作码和_____两个部分。

3. STC8H8K64U 系列单片机指令系统与 8051 单片机指令系统完全兼容，包括_____指令、算术运算类指令、_____指令、_____指令和_____指令 5 种类型，42 种指令功能助记符代表_____种功能，而指令功能助记符与操作数各种寻址方式的结合共构造出了_____条指令。

4. 用于设置程序存放首地址的伪指令是_____。

5. 用于表示汇编语言源程序结束的伪指令是_____。

6. 用于定义存储字节的伪指令是_____。

7. 用于定义存储区的伪指令是_____。

二、选择题

1. 累加器与扩展 RAM 进行数据传送，采用的指令助记符是（　　）。
   A. MOV　　　　　B. MOVX　　　　　C. MOVC

2. 对于高 128 字节，访问时采用的寻址方式是（　　）。
   A. 直接寻址　　B. 寄存器间接寻址　C. 变址寻址　　　　D. 立即寻址

3. 对于特殊功能寄存器，访问时采用的寻址方式是（　　）。
   A. 直接寻址　　B. 寄存器间接寻址　C. 变址寻址　　　　D. 立即寻址

4. 对于程序存储器，访问时采用的寻址方式是（　　）。
   A. 直接寻址　　B. 寄存器间接寻址　C. 变址寻址　　　　D. 立即寻址

三、判断题

1. 堆栈入栈操作源操作数的寻址方式是直接寻址。（　　）
2. 堆栈出栈操作源操作数的寻址方式是直接寻址。（　　）
3. 堆栈数据的存储规则是先进先出，后进后出。（　　）
4. "MOV A,#55H"的指令字节数是 3。（　　）
5. "PUSH B"的指令字节数是 1。（　　）
6. DPTR 数据指针的减 1 操作可用"DEC DPTR"指令实现。（　　）
7. "INC direct"指令的执行对 PSW 标志位有影响。（　　）
8. "POP　ACC"的指令字节数是 1。（　　）

四、问答题

1. 简述 STC8H8K64U 系列单片机寻址方式与寻址空间的关系。
2. 简述长转移指令、短转移指令、相对转移指令的区别。
3. 简述利用间接转移指令实现多分支转移的方法。
4. 简述转移指令与调用指令之间的相同点与不同点。
5. 简述"RET"指令与"RETI"指令的区别。
6. 简述"MOVC A,@a+PC"指令与"MOVC A,@A+DPTR"指令各自的访问空间。

五、指令分析题

（建议先分析各段程序，判断程序运行结果，然后利用 Keil C 集成开发环境编辑、编译与调试如下各段程序，验证程序结果。）

1. 执行如下三条指令后，30H 单元的内容是多少？

```
MOV       R1, #30H
MOV       40H, #0EH
MOV       @R1, 40H
```

2. 设内部基本 RAM(30H)=5AH,(5AH)=40H,(40H)=00H,P1 端口输入数据为 7FH,问执行下列指令后，各存储单元（即 R0，R1，A，B，P1，30H，40H 及 5AH）的内容如何？

```
MOV    R0, #30H
MOV    A, @R0
MOV    R1, A
MOV    B, R1
MOV    @R1, P1
MOV    A, P1
MOV    40H, #20H
MOV    30H, 40H
```

3. 执行下列指令后，各存储单元（即 A，B，30H，R0）的内容如何？

```
MOV A, #30H
MOV B, #0AFH
MOV R0, #31H
MOV 30H, #87H
```

```
XCH   A, R0
XCHD  A, @R0
XCH   A, B
SWAP  A
```

4．执行下列指令后，A、B 和 SP 的内容分别为多少？

```
MOV  SP, #5FH
MOV  A, #54H
MOV  B, #78H
PUSH  ACC
PUSH  B
MOV  A, B
MOV  B, #00H
POP  ACC
POP  B
```

5．分析执行下列指令序列后各寄存器及存储单元的结果。

```
MOV  34H, #10H
MOV  R0, #13H
MOV  A, 34H
ADD  A, R0
MOV  R1, #34H
ADD  A, @R1
```

6．若(A)=25H，(R0)=33H，(33H)=20H，则执行下列指令后，33H 单元的内容是多少？

```
CLR  C
ADDC  A, #60H
MOV  20H, @R0
ADDC  A, 20H
MOV  33H, A
```

7．分析下列程序段的运行结果。若将"DA A"指令取消，则结果会有什么不同？

```
MOV  30H, #89H
MOV  A, 30H
ADD  A, #11H
DA  A
MOV  30H, A
```

8．分析执行下列各条指令后的结果。

指令助记符		结果
MOV 20H, #25H	;	_____
MOV A, #43H	;	_____
MOV R0, #20H	;	_____
MOV R2, #4BH	;	_____
ANL A, R2	;	_____
ORL A, @R0	;	_____
SWAP A	;	_____
CPL A	;	_____
XRL A, #0FH	;	_____
ORL 20H, A	;	_____

9．分析如下指令，判断指令执行后 PC 值为多少。

```
(1) 2000H：LJMP 3000H   ；  (PC)=_____
(2) 1000H：SJMP 20H     ；  (PC)=_____
```

10．分析如下程序段，判断程序执行后 PC 值为多少。

```
(1) ORG  1000H
    MOV  DPTR, #2000H
    MOV  A, #22H
    JMP  @A+DPTR          ；  (PC)=_____
(2) ORG  0000H
    MOV  R1, #33H
    MOV  A, R1
    CJNE A, #20H, L1 ；  (PC)=_____
    MOV  70H, A
    SJMP L2              ；  (PC)=_____
    L1:
    MOV  71H, A
    L2:
    ……
```

11．若(CY)=1，P1 口输入数据为 10100011B，P3 口输入数据为 01101100B。试指出执行下列程序后，CY、Pl 口及 P3 口内容的变化情况。

```
MOV P1.3, C
MOV P1.4, C
MOV C,  P1.6
MOV P3 .6, C
MOV C,  P1.2
MOV P3.5, C
```

六、程序设计题

（建议利用 Keil μVision4 集成开发环境编辑、编译与调试自己编写的程序，验证程序是否正确。）

1．编写程序段，实现如下功能。

（1）将 R1 中的数据传送到 R3。

（2）将基本 RAM 30H 单元的数据传送到 R0。

（3）将扩展 RAM 0100H 单元的数据传送到基本 RAM 20H 单元。

（4）将程序存储器 0200H 单元的数据传送到基本 RAM 20H 单元。

（5）将程序存储器 0200H 单元的数据传送到扩展 RAM 0030H 单元。

（6）将程序存储器 2000H 单元的数据传送到扩展 RAM 0300H 单元。

（7）将扩展 RAM 0200H 单元的数据传送到扩展 RAM 0201H 单元

（8）将片内基本 RAM 50H 单元的数据与 51H 单元中的数据进行交换。

2．编写程序，实现 16 位无符号数加法，两数分别存放在 R0R1、R2R3 寄存器中，其和存放在 30H、31H 和 32H 单元，低 8 位先存放，即

$$(R0)(R1)+(R2)(R3)\rightarrow(32H)(31H)(30H)$$

3. 编写程序，将片内基本 RAM 30H 单元的数据与 31H 单元的数据相乘，乘积的低 8 位送至 32H 单元，高 8 位送 P2 口输出。

4. 编写程序，将片内基本 RAM 40H 单元的数据除以 41H 单元的数据，商送至 P1 口输出，余数送至 P2 口输出。

5. 试用位操作类指令实现下列逻辑操作。要求不得改变未涉及位的内容。

（1）使 ACC.1、ACC.2 置位。

（2）清除累加器的高 4 位。

（3）使 ACC.3、ACC.4 取反。

6. 试编程实现十进制数加 1 功能。

7. 试编程实现十进制数减 1 功能。

8. 设单片机晶振为 24MHz，试编写从 STC-ISP 在线编程软件工具中获取 40ms 延时函数的延时程序（汇编语言格式）。

第5章 C51与C51程序设计

内容提要

C51 在 ANSI C 基础上，新增了面向 8051 单片机硬件操作的编程语言：一是新增了用于特殊功能寄存器及可寻址位地址定义的关键字；二是新增了用于分配存储器类型的关键字；三是新增了中断函数的定义。

本章主要介绍 C51 基础，以及 C51 程序设计。在工程训练中，着重介绍 LED 数码管的驱动与显示（C 语言版），为后续 C 语言的应用编程奠定良好的基础。

与汇编语言程序相比，用高级语言程序对系统硬件资源进行分配更简单。高级语言程序的阅读、修改及移植比较容易，适用于编写规模较大，尤其是运算量较大的程序。

C51 是在 ANSI C 基础上，根据 8051 单片机特性开发的专门用于 8051 单片机及 8051 兼容单片机的编程语言。相比于汇编语言，C51 在功能、结构、可读性、可移植性、可维护性方面，都有非常明显的优势。目前，比较先进、功能很强大、国内用户很多的 C51 编译器是 Keil Software 公司推出的 Keil C51 编译器，一般所说的 C51 编译器就是 Keil C51 编译器。

C 语言程序设计是普通高等学校理工科专业学生的必修课程，很多同学在学习单片机时已有良好的 C 语言程序设计基础，有关 C 语言程序设计的基础内容，此处不再赘述，下面结合 8051 单片机的特点，针对 C51 的一些新增特性介绍 C51 程序设计方法。

5.1 C51 基础

标识符是用来标识源程序中某个对象的名字的，这些对象可以是语句、数据类型、函数、变量、常量、数组等。

标识符由字符串、数字和下画线组成，第一个字符必须是字母或下画线，通常以下画线开头的标识符是编译系统专用的，因此在编写 C 语言源程序时一般不使用以下画线开头的标识符，而将下画线用作分段符。由于 C51 编译器在编译时只编译标识符的前 32 个字符，因此在编写源程序时，标识符的长度不能超过 32 个字符。在 C 语言源程序中，字母是区分大小写的。

关键字是编程语言保留的特殊标识符，也称保留字，它们具有固定名称和含义。在 C 语言的程序编写过程中，不允许标识符与关键字相同。ANSI C 一共规定了 32 个关键字，如表 5.1 所示。

表 5.1 ANSI C 规定的关键字

关 键 字	类 型	作 用
auto	存储种类说明	用于说明局部变量，默认值为 auto
break	程序语句	退出最内层循环体
case	程序语句	switch 语句中的选择项
char	数据类型说明	单字节整型数据或字符型数据
const	存储类型说明	在程序执行过程中不可更改的常量值
continue	程序语句	转向下一次循环
default	程序语句	switch 语句中的失败选项
do	程序语句	构成 do…while 循环结构
double	数据类型说明	双精度浮点数
else	程序语句	构成 if…else 选择结构
enum	数据类型说明	枚举
extern	存储种类说明	表示变量或函数的定义在其他程序文件中
float	数据类型说明	单精度浮点数
for	程序语句	构成 for 循环结构
goto	程序语句	构成 goto 循环结构
if	程序语句	构成 if…else 选择结构
int	数据类型说明	基本整型数据
long	数据类型说明	长整型数据
register	存储种类说明	使用 CPU 内部寄存器变量
return	程序语句	函数返回
short	数据类型说明	短整型数据
signed	数据类型说明	有符号数据
sizeof	运算符	计算表达式或数据类型的字节数
static	存储种类说明	静态变量
struct	数据类型说明	结构类型数据
switch	程序语句	构成 switch 选择结构
typedef	数据类型说明	重新定义数据类型
union	数据类型说明	联合类型数据
unsigned	数据类型说明	无符号数据
void	数据类型说明	无类型数据
volatile	数据类型说明	该变量在程序执行过程中可被隐含地改变
while	程序语句	构成 while 和 do…while 循环结构

　　C51 编译器的关键字除了有 ANSI C 标准规定的 32 个关键字，还根据 8051 单片机的特点扩展了相关的关键字。在 Keil μVision4 集成开发环境的文本编辑器中编写 C 语言程序，系统可以用不同颜色表示关键字，默认颜色为蓝色。C51 编译器扩展的关键字如表 5.2 所示。

表 5.2 C51 编译器扩展的关键字

关 键 字	类 型	作 用
bit	位标量声明	声明一个位标量或位类型的函数

续表

关　键　字	类　　型	作　　用
sbit	可寻址位声明	定义一个可位寻址变量地址
sfr	特殊功能寄存器声明	定义一个特殊功能寄存器（8 位）地址
sfr16	特殊功能寄存器声明	定义一个 16 位的特殊功能寄存器地址
data	存储器类型说明	直接寻址的 8051 单片机内部数据存储器
bdata	存储器类型说明	可位寻址的 8051 单片机内部数据存储器
idata	存储器类型说明	间接寻址的 8051 单片机内部数据存储器
pdata	存储器类型说明	"分页"寻址的 8051 单片机外部数据存储器
xdata	存储器类型说明	8051 单片机的外部数据存储器
code	存储器类型说明	8051 单片机程序存储器
interrupt	中断函数声明	定义一个中断函数
reetrant	再入函数声明	定义一个再入函数
using	寄存器组定义	定义 8051 单片机使用的工作寄存器组
small	变量的存储模式	所有未指明存储区域的变量都存储在 data 区域
large	变量的存储模式	所有未指明存储区域的变量都存储在 xdata 区域
compact	变量的存储模式	所有未指明存储区域的变量都存储在 pdata 区域
_at_	地址定义	定义变量的绝对地址
far	存储器类型说明	用于某些单片机扩展 RAM 的访问
alicn	函数外部声明	C 语言函数调用 PL/M-51，必须先用 alicn 声明
task	支持 RTX51	指定一个函数是一个实时任务
priority	支持 RTX51	指定任务的优先级

5.1.1　C51 数据类型

　　C 语言的数据结构是由数据类型决定的，数据类型可分为基本数据类型和复杂数据类型，而复杂数据类型是由基本数据类型构造而成的。

　　C 语言的基本数据类型：char、int、short、long、float、double 等。

　　1. C51 编译器支持的数据类型

　　对于 C51 编译器，short 型数据与 int 型数据相同，double 型数据与 float 型数据相同。C51 编译器支持的数据类型如表 5.3 所示。

表 5.3　C51 编译器支持的数据类型

数 据 类 型	长　　度	值　　域
unsigned char	1 字节	0～255
signed char	1 字节	−128～+127
unsigned int	2 字节	0～65535
signed int	2 字节	−32768～+32767
unsigned long	4 字节	0～4294967295
signed long	4 字节	−2147483648～+2147483647

数 据 类 型	长　　度	值　　域
float	4 字节	±1.175494E-38～±3.402823E+38
*	1～3 字节	对象的地址
bit	位	0 或 1
sfr	1 字节	0～255
sfr16	2 字节	0～65535
sbit	位	0 或 1

2．数据类型分析

（1）char（字符）型数据。

char 型数据有 unsigned char 型数据和 signed char 型数据之分，默认为 signed char 型数据，长度为 1 字节，用于存放 1 字节数据。signed char 型数据的字节的最高位表示该数据的符号，"0" 表示正数，"1" 表示负数，数据格式为补码形式，所能表示的数值范围为-128～+127；而 unsigned char 型数据是无符号字符型数据，所能表示的数值范围为 0～255。

（2）int（整）型数据。

int 型数据有 unsigned int 型数据和 signed int 型数据之分，默认为 signed int 型数据，长度为 2 字节，用于存放双字节数据。signed int 型数据是有符号整型数据；unsigned int 型数据是无符号整型数据。

（3）long（长整）型数据。

long 型数据有 unsigned long 型数据和 signed long 型数据之分，默认为 signed long 型数据，长度为 4 字节。signed long 型数据是有符号长整型数据，unsigned long 型数据是无符号长整型数据。

（4）float（浮点）型数据。

float 型数据是符合 IEEE-754 标准的单精度浮点型数据。float 型数据占用 4 字节（32 位二进制数），其存放格式如下。

字节（偏移）地址	+3	+2	+1	+0
浮点数内容	SEEEEEEE	EMMMMMMM	MMMMMMMM	MMMMMMMM

其中，S 为符号位，存放在最高字节的最高位。"1" 表示负，"0" 表示正。

E 是阶码，占用 8 位二进制数，E 值是以 2 为底的指数加上偏移量 127，这样处理的目的是避免出现负阶码，而指数是可正可负的。阶码 E 的正常取值范围为 1～254，而实际指数的取值范围为-126～+127

M 是尾数的小数部分，用 23 位二进制数表示。尾数的整数部分永远为 1，因此不予保存，但它是隐含存在的。小数点位于隐含的整数位 1 的后面，一个浮点数的数值表示为 $(-1)S \times 2^{E-127} \times (1.M)$。

（5）指针型数据。

指针型数据不同于以上 4 种基本类型数据，它本身是一个指针变量。但在这个变量中存放的不是普通的数据，而是指向另一个数据的地址。指针变量也要占据一定的内存单元，在 C51 编译器中，指针变量的长度一般为 1～3 字节。指针变量也具有类型，其表示方法是在指针符号（*）的前面冠以数据类型符号，如 char *point。指针变量的类型表示该指针指向地址中的数据的类型。

（6）bit（位标量）。

bit 是 C51 编译器的一种扩充数据类型，用来定义位标量。

（7）sfr（定义特殊功能寄存器）。

sfr 是 C51 编译器的一种扩充数据类型，利用它可以访问 8051 单片机内部的所有特殊功能寄存器。sfr 占用一个内存单元，取值范围为 0～255。

① sfr16（定义 16 位特殊功能寄存器）。sfr16 占用两个内存单元，取值范围为 0～65535。

② sbit（定义可寻址位）。sbit 也是 C51 编译器的一种扩充数据类型，利用它可以访问 8051 单片机内部 RAM 中的可寻址位地址和特殊功能寄存器的可寻址位地址。

3．选择变量的数据类型

选择变量的数据类型的基本原则如下。

① 若能预算出变量的变化范围，则可以根据变量长度来选择变量的类型，应尽量减少变量的长度。

② 如果程序中不需要使用负数，那么选择无符号数类型的变量。

③ 如果程序中不需要使用浮点数，那么要避免使用浮点数变量。

4．数据类型之间的转换

在 C 语言程序的表达式或变量的赋值运算中，有时会出现运算对象的数据类型不同的情况，C 语言程序允许运算对象在标准数据类型之间进行隐式转换，隐式转换按以下优先级别（由低到高）自动进行：bit→char→int→long→float→signed→unsigned。

一般来说，如果几种不同类型的数据同时参与运算，应先将低级别数据类型的数据转换成高级别数据类型的数据，再进行运算处理，且运算结果为高级别数据类型数据。

5.1.2　C51 的变量

在使用一个变量或常量之前，必须先对该变量或常量进行定义，指出它的数据类型和存储器类型，以便编译系统为它们分配相应的存储单元。

在 C51 中对变量的定义格式如下。

存储种类	数据类型	存储器类型	变量名表
auto	int	data	x
	char	code	y=0x22

在第 1 行中，变量 x 的存储种类、数据类型、存储器类型分别为 auto、int、data。在第 2 行中，变量 y 只定义了数据类型和存储器类型，未直接给出存储种类。在实际应用中，存储种类和存储器类型是可以选择的，默认的存储种类是 auto；若省略存储器类型，则按 C51 编译器编译模式 small、compact、large 所规定的默认存储器类型来确定存储器的存储区域。C 语言允许在定义变量的同时为变量赋初值，如在第 2 行中对变量赋值。

1. 变量的存储种类

变量的存储种类有 4 种，分别为 auto（自动）、extern（外部）、static（静态）、register（寄存器）。

2. 变量的存储器类型

C51 编译器完全支持 8051 单片机的硬件结构，也可以访问其硬件系统的各个部分，对于各个变量可以准确地赋予其存储器类型，使之能够在单片机内准确定位。C51 编译器支持的存储器类型如表 5.4 所示。

表 5.4 C51 编译器支持的存储器类型

存储器类型	说　　明
data	变量分配在低 128 字节，采用直接寻址方式，访问速度最快
bdata	变量分配在 20H~2FH，采用直接寻址方式，允许位或字节访问
idata	变量分配在低 128 字节或高 128 字节，采用间接寻址方式
pdata	变量分配在 XRAM，分页访问外部数据存储器（256 字节），使用 MOVX @Ri 指令访问
xdata	变量分配在 XRAM，访问全部外部数据存储器（64K 字节），使用 MOVX @DPTR 指令访问
code	变量分配在程序存储器（64K 字节），使用 MOVC　A，　@A+DPTR 指令访问

3. C51 编译器的编译模式与默认存储器类型

（1）small 编译模式。

在 small 编译模式下，变量被定义在 8051 单片机的内部数据存储器低 128 字节区，即默认存储器类型为 data，因此对该变量的访问速度最快。另外，所有的对象，包括堆栈，都必须嵌入内部数据存储器。

（2）compact 编译模式。

在 compact 编译模式下，变量被定义在外部数据存储区，即默认存储器类型为 pdata，外部数据段长度可达 256 字节。这时对变量的访问是通过寄存器间接寻址（MOVX @Ri）来实现的。在采用这种模式进行编译时，变量的高 8 位地址由 P2 口确定。因此，在采用这种模式的同时，必须适当改变启动程序 STARTUP.A51 中的参数：pdatastart 和 pdatalen，用 L51 进行连接时还必须采用控制指令 pdata 对 P2 口地址进行定位，这样才能确保 P2 口为所需要的高 8 位地址。

（3）large 编译模式。

在 large 编译模式下，变量被定义在外部数据存储区，即默认存储器类型为 xdata，使用数据指针 DPTR 进行访问。这种访问数据的方法效率不高，尤其对于 2 字节或多字节的变量，这种数据访问方法对程序的代码长度影响非常大。此外，在采用这种数据访问方法时，数据指针不能对称操作。

5.1.3　8051 单片机特殊功能寄存器变量的定义

传统的 8051 单片机有 21 个特殊功能寄存器，它们离散地分布在片内 RAM 的高 128 字节中。为了能直接访问这些特殊功能寄存器，C51 编译器扩充了关键字 sfr 和 bit，利用这些关键字可以在 C 语言源程序中直接对特殊功能寄存器进行地址定义。

1. 8 位地址特殊功能寄存器变量的定义

定义格式：

```
sfr  特殊功能寄存器名=特殊功能寄存器的地址常数；
```

例如：

```
sfr  P0 = 0x80 ；    //定义特殊功能寄存器 P0 口的地址为 80H
```

需要注意的是，特殊功能寄存器变量定义中的赋值与普通变量定义中的赋值，其意义是不一样的。在特殊功能寄存器变量的定义中必须赋值，用于定义特殊功能寄存器名称所对应的地址（分配存储地址）；而普通变量定义中的赋值是可选的，是对变量存储单元进行赋值。例如：

```
unsigned int  i = 0x22 ；
```

此语句定义 i 为整型变量，同时对 i 进行赋值，i 的内容为 22H。

C51 编译器包含了对 8051 单片机各特殊功能寄存器变量定义的头文件 reg51.h，在进行程序设计时利用包含指令将头文件 reg51.h 包含进来即可。但对于增强型 8051 单片机，新增特殊功能寄存器需要重新定义。例如：

```
sfr  AUXR=0x8E ；    //定义 STC8H8K64U 单片机特殊功能寄存器 AUXR 的地址为 8EH
```

2. 16 位特殊功能寄存器变量的定义

在新一代的增强型 8051 单片机中，经常将 2 个特殊功能寄存器组合成 1 个 16 位特殊功能寄存器使用。为了有效地访问这种 16 位的特殊功能寄存器，可采用 sfr16 关键字进行定义。

3. 特殊功能寄存器中位变量的定义

在 8051 单片机编程中，需要经常访问特殊功能寄存器中的某些位，为此，C51 编译器提供了 sbit 关键字，利用 sbit 关键字可以对特殊功能寄存器中的可位寻址变量进行地址定义，定义方法有如下 3 种。

（1）sbit 位变量名=位地址。这种方法将位的绝对地址赋给位变量，位的绝对地址必须位于 80H~FFH。例如：

```
sbit  OV = 0xD2 ；      //定义位变量 OV（溢出标志位），其位地址为 D2H
sbit  CY = 0xD7;        //定义位变量 CY（进位位），其位地址为 D7H
sbit  RSPIN= 0x80;      //定义位变量 RSPIN，其位地址为 80H
```

（2）sbit 位变量名=特殊功能寄存器名^位位置。这种方法适用于已定义的特殊功能寄存器中的位变量，位位置值为 0~7。例如：

```
sbit  OV= PSW^2 ；      //定义位变量 OV（溢出标志位），它是特殊功能寄存器的第 2 位
sbit  CY= PSW^7 ；      //定义位变量 CY（进位位），它是特殊功能寄存器的第 7 位
sbit  RSPIN = P0^0;     //定义位变量 RSPIN，它是 P0 口的第 0 位
```

（3）sbit 位变量名=字节地址^位位置。这种方法将特殊功能寄存器的地址作为基址，其字节地址是 80H~FFH，位位置值为 0~7。例如：

```
sbit  OV = 0xD0^2 ；
```

```
//定义位变量 OV（溢出标志位），直接指明了特殊功能寄存器的地址，它是 0xD0 地址单元的第 2 位
sbit  CY = 0xD0^7 ;
//定义位变量 CY（进位位），直接指明了特殊功能寄存器的地址，它是 0xD0 地址单元第 7 位
sbit  RSPIN = 0x80^0;
//定义位变量 RSPIN，直接指明了 P0 口的地址为 80H，它是 80H 的第 0 位
```

说明：可利用 STC-ISP 在线编程软件为 keil μVision4 集成开发环境添加 STC 系列单片机的头文件。例如，STC8H 系列单片机的头文件是 stc8h.h，在编写程序时，只需要使用包含指令（#include）将 stc8H.h 包含进来，STC8H 系列单片机的所有特殊功能寄存器名称及可寻址位名称就可以直接使用了。

5.1.4 8051 单片机位寻址区（20H～2FH）位变量的定义

当位对象位于 8051 单片机内部存储器的可寻址区 bdata 时，称其为可位寻址对象。C51 编译器在编译时会将可位寻址对象放入 8051 单片机内部可位寻址区。

1. 定义位寻址区变量

定义位寻址区变量示例如下。

```
unsigned int  bdata  my_y = 0x20 ;
//定义变量 my_y 的存储器类型为 bdata，在分配内存时，会自动将其分配到位寻址区，并对其赋
//值 20H
```

2. 定义位寻址区位变量

sbit 关键字可以定义可位寻址对象中的某一位。例如：

```
sbit  my_ybit0 = my_y^0 ;  //定义位变量 my_y 的第 0 位地址为变量 my_ybit0
sbit  my_ybit15 = my_y^15 ; //定义位变量 my_y 的第 15 位地址为变量 my_ybit15
```

操作符后面的位位置的取值范围取决于指定基址的数据类型，char 型数据的取值范围是 0～7；int 型数据的取值范围是 0～15；long 型数据的取值范围是 0～31。

5.1.5 函数的定位

1. 指定工作寄存器区

当需要指定函数使用的工作寄存器区时，在关键字 using 后跟一个 0～3 的数，该数对应的是工作寄存器组 0～3。例如：

```
unsigned char GetKey(void) using 2
{
      ……        //用户代码区
}
```

在上述代码中，using 后面的数字是 2，说明使用工作寄存器组 2，R0～R7 对应地址为 10H～17H。

2. 指定存储模式

用户可以使用 small、compact 及 large 说明存储模式。例如：

```
void  OutBCD(void)  small{}
```

在上述代码中，small 可以指定函数内部变量全部使用内部 RAM。关键的、经常性的、耗时的地方可以这样声明，以提高程序运行速度。

5.1.6　中断服务函数

1. 中断服务函数的定义

中断服务函数定义的一般形式：

```
函数类型 函数名（形式参数表）[interrupt n]  [using m]
```

其中，关键字 interrupt 后面的 n 是中断号，n 的取值范围为 0～31。编译器在 $8n+3$ 处产生中断向量，具体的中断号 n 和中断向量取决于单片机芯片型号。

关键字 using 用于选择工作寄存器组，m 为对应的寄存器组号，m 的取值范围为 0～3，对应 8051 单片机的 0～3 寄存器组。

2. 8051 单片机中断源的中断号与中断向量

8051 单片机中断源的中断号与中断向量如表 5.5 所示。

表 5.5　8051 单片机中断源的中断号与中断向量

中　断　源	中　断　号	中　断　向　量
外部中断 0	0	0003H
定时/计数器中断 0	1	000BH
外部中断 1	2	0013H
定时/计数器中断 1	3	001BH
串行通信端口中断	4	0023H

注：STC8H8K64U 单片机有很多中断源，各中断源的中断号及中断向量地址详见第 8 章。

3. 中断服务函数的编写规则

① 中断服务函数不能进行参数传递，若中断服务函数中包含参数声明将导致编译出错。

② 中断服务函数没有返回值，用其定义返回值将得到不正确的结果。因此，在定义中断服务函数时最好将其定义为 void 类型，以说明没有返回值。

③ 在任何情况下都不能直接调用中断服务函数，否则会产生编译错误。这是因为中断服务函数的返回是由 RETI 指令完成的，RETI 指令会影响 8051 单片机的硬件中断系统。

④ 如果中断服务函数中涉及浮点运算，那么必须保存浮点寄存器的状态；当没有其他程序执行浮点运算时，可以不保存浮点寄存器的状态。

⑤ 如果在中断服务函数中调用了其他函数，那么被调用函数所使用的寄存器组必须与中断服务函数使用的寄存器组相同。用户必须按要求使用相同的寄存器组，否则会产生错误的结果。如果在定义中断服务函数时没有使用 using 选项，那么由编译器选择一个寄存器组作为绝对寄存器组进行访问。

5.1.7 函数的递归调用与再入函数

C 语言允许在调用一个函数的过程中,直接或间接地调用该函数本身,这称为函数的递归调用。递归调用可以使程序更简洁,代码更紧凑,但会使程序运行速度变慢,并且会占用较大的堆栈空间。

C51 采用一个扩展关键字 reentrant 作为定义函数的选项,从而构造出再入函数,使其在函数体内可以直接或间接地调用自身函数,实现递归调用。当需要将一个函数定义为再入函数时,只需要在函数名称后面加上关键字 reentrant 即可,格式如下。

```
函数类型 函数名(形式参数表)[reentrant]
```

C51 对再入函数有如下规定。

① 再入函数不能传送 bit 类型的参数,也不能定义一个局部位标量。换言之,再入函数不能进行位操作也不能定义 8051 单片机的可位寻址区。

② 在编译时,在存储器模式的基础上在内部或外部存储器中为再入函数建立一个模拟堆栈区,称为再入栈。再入函数的局部变量及参数被放在再入栈中,从而使再入函数可以进行递归调用。而非再入函数的局部变量被放在再入栈之外的暂存区内,如果对非再入函数进行递归调用,那么上次调用时使用的局部变量数据将被覆盖。

③ 在参数的传递过程中,实际参数可以传递给间接调用的再入函数。无再入属性的间接调用函数虽然不能包含调用参数,但是可以通过定义全局变量进行参数传递。

5.1.8 在 C51 中嵌入汇编语言程序

在对硬件进行操作时,或者在一些对时钟要求很严格的场合,可以用汇编语言来编写部分程序,以使控制更直接,时序更准确。

(1) 在 C 程序文件中以如下方式嵌入汇编语言程序。

```
#pragma ASM
    … ; 嵌入的汇编语言代码
    … ;
#pragma END ASM
```

(2) 在 C51 编译器 "Project" 窗口中包含汇编代码的 C 文件上右击,选择 "Options for" 选项,单击右边的 "Generate Assembler SRC File" 选项并选择 "Assemble SRC File" 选项,使检查框由灰色(无效)变成黑色(有效)。

(3) 根据选择的编译模式,把相应的库文件(如在 Small 模式下,库文件目录是 KEIL\C51\LIB\C51S.LIB)加入工程中,该文件必须作为工程的最后文件。

(4) 编译,即可生成目标代码。

这样,在 "asm" 和 "end asm" 中的代码将被复制到输出的 SRC 文件中,然后由该文件编译并和其他的目标文件连接,产生最后的可执行文件。

5.2　C51 程序设计

5.2.1　C51 程序框架

C51 程序的基本组成部分包括预处理、全局变量定义与函数声明、主函数、子函数与中断服务函数。

1. 预处理

预处理是指编译器在对 C 语言源程序进行正常编译之前，先对一些特殊的预处理指令进行解释，产生一个新的源程序。预处理主要是为程序调试、程序移植提供便利。

在 C 语言源程序中，为了区分预处理指令和一般的 C 语言语句，所有预处理指令行都以符号 "#" 开头，并且结尾不用分号。预处理指令可以出现在程序的任何位置，但习惯上尽可能地写在 C 语言源程序的开头，其作用范围从其出现的位置到文件末尾。

C 语言提供的预处理指令主要包括文件包含、宏定义和条件编译。

（1）文件包含。

文件包含是指一个源程序文件可以包含另外一个源程序文件的全部内容。文件包含不仅可以包含头文件，如 # include < REG51.H >；还可以包含用户自己编写的源程序文件，如 #include < MY__PROC.C >。

在 C51 文件中必须包含有关 8051 单片机特殊功能寄存器地址及位地址定义的头文件，如 # include < REG51.H >。对于增强型 8051 单片机，可以采用传统 8051 单片机的头文件，然后用 sfr、sfr16、sbit 对新增特殊功能寄存器和可寻址位进行定义；也可以将用 sfr、sfr16、sbit 对新增特殊功能寄存器和可寻址位进行定义的指令添加到 REG51.H 头文件中，形成增强型 8051 单片机的头文件，在进行预处理时，将 REG51.H 换成增强型 8051 单片机的头文件即可。

特别提示： 在编写 STC8H8K64U 系列单片机应用程序时，使用包含语句 # include < stc8h.h>。

C51 编译器中有许多库函数，这些库函数往往是极常用、高水平、经过反复验证过的，所以应尽量直接调用，以减少程序编写的工作量并减小出错概率。为了直接使用库函数，一般应在程序的开始处用预处理指令（# include）将有关函数说明的头文件包含进来，这样就不用进行另外说明了。C51 常用库函数如表 5.6 所示。

表 5.6　C51 常用库函数

头文件名称	函 数 类 型	头文件名称	函 数 类 型
CTYPL .H	字符函数	ABSACC.H	绝对地址访问函数
STDIO.H	一般 I/O 函数	INTRINS.H	内部函数
STRING.H	字符串函数	STDARG.H	变量参数表
STDLIB.H	标准函数	SETJMP.H	全程跳转
MATH.H	数学函数		

① 文件包含预处理指令的一般格式为

```
#include <文件名>或#include "文件名"
```

这两种格式的区别是，前一种格式的文件名称是用尖括号括起来的，系统会在包含 C 语言库函数的头文件所在的目录（通常是 Keil 目录中的 include 子目录）中寻找文件；后一种格式的文件名称是用双引号括起来的，系统先在当前目录下寻找，若找不到，再到其他目录中寻找。

② 在使用文件包含时，应注意如下事项。

- 一个#include 指令只能指定一个被包含的文件。
- 如果文件 1 包含了文件 2，而文件 2 要用到文件 3 的内容，则需要在文件 1 中用两个#include 指令分别包含文件 2 和文件 3，并且对文件 3 的包含指令要写在对文件 2 的包含指令之前，即在 file1.c 中定义：

```
#include<file3.c>
#include<file2.c>
```

- 文件包含可以嵌套。一个被包含的文件可以包含另一个被包含文件。文件包含为多个源程序文件的组装提供了一种方法。在编写程序时，习惯上将公共的符号常量定义、数据类型定义和 extern 类型的全局变量说明构成一个源文件，并将".H"作为文件名的后缀。如果其他文件用到这些说明，只要包含该文件即可，无须重新说明，从而减少了工作量。这样编程使得各源程序文件中的数据结构、符号常量及全局变量形式统一，便于对程序进行修改和调试。

（2）宏定义。

宏定义分为带参数的宏定义和不带参数的宏定义。

① 不带参数的宏定义的一般格式：

```
#define 标识符 字符串
```

上述指令的作用是在预处理时，将 C 语言源程序中所有标识符替换成字符串。例如：

```
#define  PI  3.148            //PI 即 3.148
#define uchar  unsigned char  //在定义数据类型时,uchar 等效于 unsigned  char
```

当需要修改某元素时，直接修改宏定义即可，无须对程序中所有出现该元素的地方一一进行修改。所以，宏定义不仅提高了程序的可读性，便于调试，同时方便了程序的移植。

在使用不带参数的宏定义时，要注意以下几个问题。

- 宏定义名称一般用大写字母，以便与变量名称区别。用小写字母也不为错。
- 在预处理中，宏定义名称与字符串进行替换时，不进行语法检查，只进行简单的字符替换，只有在编译时才对已经展开宏定义名称的 C 语言源程序进行语法检查。
- 宏定义名称的有效范围是从定义位置到文件结束。如果需要终止宏定义的作用域，则可以用#undef 指令。例如：

```
#undef  PI  //该语句之后的 PI 不再代表 3.148，这样可以灵活控制宏定义的范围
```

- 在进行宏定义时可以引用已经定义的宏定义名称。例如：

```
#define  X  2.0
#define  PI  3.14
#define  ALL  PI*X
```

- 对程序中用双引号括起来的字符串内的字符，不进行宏定义替换操作。

② 带参数的宏定义。为了进一步扩大宏定义的应用范围，还可以进行带参数的宏定义。带参数的宏定义的一般格式：

```
#define 标识符（参数表） 字符串
```

上述指令的作用是在预处理时，将 C 语言源程序中所有标识符替换成字符串，并将字符串中的参数用实际使用的参数替换。例如：

```
#define  S(a, b) (a*b)/2
```

上述指令表示若程序中使用了 S(3, 4)，则在编译预处理时将其替换为(3*4)/2。

（3）条件编译。

条件编译指令允许对程序中的内容选择性地编译，即可以根据一定条件选择是否进行编译。条件编译指令主要有以下几种形式。

① 形式 1：

```
# ifdef 标识符
程序段 1
# else
程序段 2
# endif
```

上述指令的作用是如果标识符已经被#define 定义过了，那么编译程序段 1；否则，编译程序段 2。如果没有程序段 2，那么上述形式可以变换为：

```
# ifdef 标识符
程序段 1
# endif
```

② 形式 2：

```
# ifndef 标识符
程序段 1
# else
程序段 2
# endif
```

上述指令的作用是如果标识符没有被#define 定义过，那么编译程序段 1；否则，编译程序段 2。如果没有程序段 2，那么上述形式可以变换为：

```
# ifndef 标识符
程序段 1
# endif
```

③ 形式 3：

```
# if 表达式
程序段 1
#else
程序段 2
# endif
```

上述指令的作用是如果表达式的值为真，编译程序段 1；否则，编译程序段 2。如果没有程序段 2，那么上述形式可以变换为：

```
#if 表达式
程序段 1
#endif
```

以上 3 种形式的条件编译预处理结构都可以嵌套使用。当# else 后嵌套#if 时，可以使用预处理指令# elif，它相当于# else…# if。

在程序中使用条件编译主要是为了方便进行程序的调试和移植。

2. 全局变量的定义与函数声明

（1）全局变量的定义。

全局变量是指在程序开始处或各个功能函数外定义的变量。在程序开始处定义的变量在整个程序中有效，可供程序中所有函数共同使用。在各个功能函数外定义的全局变量只对定义处之后的各个函数有效，只有定义之后的各个功能函数可以使用该变量。

有些变量是整个程序都需要使用的，如 LED 数码管的字形码或位码，有关 LED 数码管的字形码或位码的定义就应放在程序开始处。

（2）函数声明。

一个 C 语言程序可包含多个具有不同功能的函数，但一个 C 语言程序中只能有一个且必须有一个名为 main()的主函数。主函数的位置可以在其他功能函数的前面、之间，也可以在最后。当功能函数位于主函数的后面时，在主函数调用时，必须先对各功能函数进行声明，声明一般放在程序的前面。例如：

```
#include <REG51.H>
void  delay(void);      //声明子函数
void  light1(void);     //声明子函数
void  light2(void);     //声明子函数
/*—————————主函数—————————*/
void main(void)
{
        while(1)
    {
        light1();
        delay();
        light2();
        delay();
    }
}
/*—————————各功能函数（略）—————————*/
```

在上述代码中，主函数调用了 light1()、delay()、light2()三个功能函数，而且这三个功能函数在主函数的后面，所以在声名主函数前必须先对这三个功能函数进行声明。

若功能函数位于主函数的前面，则不必对各功能函数进行声明。

5.2.2 C51 程序设计举例

C51 程序设计中常用的语句有 if、while、switch、for 等，下面结合 8051 单片机实例介绍与之相关的常用语句及数组的编程。

例 5.1 用 4 个按键控制 8 只 LED：按下 S1 键，P1 口 B3、B4 对应的 LED 亮；按下 S2 键，P1 口 B2、B5 对应的 LED 亮；按下 S3 键，P1 口 B1、B6 对应的 LED 亮；按下 S4 键，P1 口 B0、B7 对应的 LED 亮；不按键，P1 口 B2、B3、B4、B5 对应的 LED 亮。

解 设 P1 口控制 8 只 LED，低电平驱动；S1、S2、S3、S4 按键分别接 P3.0、P3.1、P3.2、P3.3 引脚，按键按下时输出低电平。

参考程序如下：

```
#include <REG51.H>
#define  uint  unsigned  int
sbit  S1 = P3^0;                    //定义输入引脚
sbit  S2 = P3^1;
sbit  S3 = P3^2;
sbit  S4 = P3^3;
/*————————延时子函数——————————*/
void  delay(uint k)                 //定义延时子函数
{
    uint  i, j;
    for(i=0; i<k; i++)
    {
        for(j=0; j<1210; j++)
        {;}
    }
}
/*————————主函数——————————*/
void main(void)                     //定义主函数
{
    delay(50);                      //调用延时子函数
    while(1)
    {
        if(!S1){P1=0xe7;}           //按 S1 键，P1 口 B3、B4 对应的 LED 亮
        else if(!S2){P1=0xdb;}      //按 S2 键，P1 口 B2、B5 对应的 LED 亮
        else if(!S3){P1=0xbd;}      //按 S3 键，P1 口 B1、B6 对应的 LED 亮
        else if(!S4){P1=0x7e;}      //按 S4 键，P1 口 B0、B7 对应的 LED 亮
        else {P1=0xc3;}             //不按键，P1 口 B2、B3、B4、B5 对应的 LED 亮
        delay(5);
    }
}
```

例 5.2 用 4 个按键控制 8 只 LED：按下 S1 键，P1 口 B3、B4 对应的 LED 亮；按下 S2 键，P1 口 B2、B5 对应的 LED 亮；按下 S3 键，P1 口 B1、B6 对应的 LED 亮；按下 S4 键，P1 口 B0、B7 对应的 LED 亮；当不按键或同时按下多个键时，P1 口 B2、B3、B4、B5 对应的 LED 亮。

解 本例实现的功能与例 5.1 基本一致，例 5.1 是采用分支语句 if 实现的，这里采用开关语句 switch 实现。设 P1 口控制 8 只 LED，低电平驱动；S1、S2、S3、S4 按键分别接 P3.0、P3.1、P3.2、P3.3 引脚，按键按下时输出低电平。

参考程序如下：

```
#include <REG51.H>
#define uchar unsigned char
/*————————主函数——————————*/
void main(void)
{
    uchar  temp;
    P3 |= 0x0f;                      //将 P3 口的低 4 位置为输入状态
    while(1)
    {
        temp=P3;                     //读 P3 口的输入状态
        switch(temp&0x0f)            //屏蔽高 4 位
        {
            case 0x0e:  P1 = 0xe7; break; //按 S1 键，P1 口 B3、B4 对应的 LED 亮
            case 0x0d:  P1 = 0xdb; break; //按 S2 键，P1 口 B2、B5 对应的 LED 亮
            case 0x0b:  P1 = 0xbd; break; //按 S3 键，P1 口 B1、B6 对应的 LED 亮
            case 0x07:  P1 = 0x7e; break; //按 S4 键，P1 口 B0、B7 对应的 LED 亮
            default :  P1 = 0xc3; break;
                    //不按键或同时按下多个按键时，P1 口 B2、B3、B4、B5 对应的 LED 亮
        }
    }
}
```

5.3　工程训练　LED 数码管的驱动与显示（C 语言版）

一、工程训练目标

（1）进一步掌握 LED 数码管显示的工作原理。

（2）进一步掌握单片机 I/O 口的输出操作（C 语言）。

（3）掌握 LED 数码管驱动程序的编制（C 语言）。

二、任务功能与参考程序

1. 任务功能

LED 数码管从高到低显示数字为"7、6、5、4、3、2.、1、0"。

2. 硬件设计

同工程训练 4.1，对应电路原理图如图 4.19 所示。

3. 参考程序（C 语言版）

（1）显示程序 LED_display.c。

建立一个显示缓冲区，一位数码管对应一个显示缓冲区，显示程序只需要按顺序从显

示缓冲区取数据即可,把数码管显示函数生成一个独立通用文件 LED_display.c,以便其他应用调用。Dis-buf[7]~Dis-buf[0]为数码管的显示缓冲区,Dis-buf[0]为高位,Dis-buf[7]为低位,调用前只需要将显示的数据传送到对应的缓冲区即可。显示函数的名称定义为 LED_display()。

在使用 LED 数码管之前,首先需要采用包含语句将 LED_display.c 包含主函数文件中;当需要显示时,先将需要显示的数据(若是字符,则将字符的字形码在字形数据数组 LED_SEG[]中的位置)传输给显示位对应的显示缓冲区中,再周期性地调用 LED 数码管显示函数 LED_display()即可。

```c
#define font_PORT  P6          //定义字形码输出端口
#define position_PORT  P7      //定义位控制码输出端口
uchar code LED_SEG[]={0xc0,0xf9,0xa4,0xb0,0x99,0x92,0x82,0xf8,0x80,0x90,
0x88,0x83,0xc6,0xa1,0x86,0x8e,0xff,0x40,0x79,0x24,0x30,0x19,0x12,0x02,0x78,
0x00,0x10,0xbf };
   //定义"0、1、2、3、4、5、6、7、8、9""A、B、C、D、E、F",以及"灭"的字形码
   //定义"0、1、2、3、4、5、6、7、8、9"(含小数点)的字符以及"-"的字形码
uchar code  Scan_bit[]={0xfe,0xfd,0xfb,0xf7,0xef,0xdf, 0xbf, 0x7f};
   //定义扫描位控制码
uchar data  Dis_buf[]={16,16,16,16,16,16,16,0};
   //定义显示缓冲区,最低位显示"0",其他为"灭"
/*————————延时函数——————————*/
void Delay1ms()     //@24.000MHz
{
    unsigned char i, j;

    _nop_();
    i = 32;
    j = 40;
    do
    {
        while (--j);
    } while (--i);
}
/*————————显示函数——————————*/
void LED_display(void)
{
    uchar i;
    for(i=0;i<8;i++)
    {
        position_PORT =0xff; font_PORT =LED_SEG[Dis_buf[i]];
        position_PORT = Scan_bit[7-i];
        Delay1ms ();
    }
}
```

(2)工程训练 5.1 程序文件(工程训练 51.c)。

```c
#include <stc8h.h>            //包含支持 STC8H 系列单片机的头文件
#include <intrins.h>
#include <gpio.c>             //I/O 口初始化文件
```

```
#define uchar unsigned char
#define uint  unsigned int
#include <LED_display.c>
/*—————————主函数（显示程序）—————————————*/
void main(void)
{
    gpio();
    Dis_buf[0]=7; Dis_buf[1]=6; Dis_buf[2]=5; Dis_buf[3]=4;
    Dis_buf[4]=3; Dis_buf[5]=2; Dis_buf[6]=1; Dis_buf[7]=0;
    while(1)                          //无限循环执行显示程序
    {
        LED_display();
    }
}
```

三、训练步骤

（1）分析"LED_diaplay.c"与"工程训练 51.c"程序文件。

（2）用 Keil μVision4 集成开发环境编辑、编译用户程序，生成机器代码文件。

① 将工程训练 3.2 中已编辑的 gpio.c 文件复制到本项目文件夹中。

② 用 Keil μVision4 集成开发环境新建工程训练 51 项目。

③ 输入与编辑"LED_diaplay.c"文件。

⑤ 输入与编辑"工程训练 51.c"文件。

⑥ 将"工程训练 51.c"文件添加到当前项目中。

⑦ 设置编译环境，勾选"编译时生成机器代码文件"复选框。

⑧ 编译程序文件，生成"工程训练 51.hex"文件。

（3）将 STC 大学计划实验箱（8.3/9.3）连接至计算机。

（4）利用 STC-ISP 在线编程软件将"工程训练 51.hex"文件下载到 STC 大学计划实验箱（8.3）中。

（5）观察 STC 大学计划实验箱（8.3/9.3）的 LED 数码管，应能看到从高到低依次为"7、6、5、4、3、2、1、0"。

（6）修改程序并调试，观察 STC 大学计划实验箱（8.3/9.3）的 LED 数码管，应能看到从高到低依次为"1、0、6、A、-、3.、E、F"。

四、训练拓展

在"工程训练 51.c"基础上修改程序，实现在 LED 数码管上显示自己学生证号的后 8 位，显示要求：从高到低闪烁逐位显示自己学生证号，每位闪烁 2 次（一亮一灭为 1 次）；8 位显示结束后，停 2s，然后 LED 数码管熄灭 2s；周而复始。

本章小结

STC8H8K64U 系列单片机的程序设计主要采用两种语言：汇编语言和高级语言。汇编语言生成的目标程序占用的存储空间小、运行速度快，具有效率高、实时控制性强的优点，适合编写短小、高效的实时控制程序。与汇编语言程序相比，用高级语言程序对系统硬件资源进行分配更简单。高级语言程序的阅读、修改及移植比较容易，适合编写规模较大，尤其是运算量较大的程序。

C51 是在 ANSI C 基础上，根据 8051 单片机的特点进行扩展得到的语言，主要增加了特殊功能寄存器与可位寻址的特殊功能寄存器可寻址位进行地址定义的功能（sfr、sfr16、sbit）、指定变量的存储类型及中断服务函数等功能。常用的 C51 语句有 if、for、while、switch 等。

习题

一、填空题

1．在 C51 中，用于定义特殊功能寄存器地址的关键字是_____。
2．在 C51 中，用于定义特殊功能寄存器可寻址位地址的关键字是_____。
3．在 C51 中，用于定义功能符号与引脚位置关系的关键字是_____。
4．在 C51 中，中断服务函数的关键字是_____。
5．在 C51 中，用于定义程序存储器存储类型的关键字是_____。
6．在 C51 中，用于定义位寻址区存储类型的关键字是_____。

二、选择题

1．定义变量 x，数据类型为 8 位无符号数，并将其分配到程序存储空间，赋值 100，正确的指令是（   ）。

    A．unsigned char code   x=100;　　　　B．unsigned char data   x= 100;

    C．unsigned char xdata   x =100;　　　　D．unsigned char code x; x= 100;

2．定义一个 16 位无符号数变量 y，并将其分配到位寻址区，正确的指令是（   ）。

    A．unsigned int y;　　　　　　　　　　B．unsigned int data y;

    C．unsigned int xdata y;　　　　　　　　D．unsigned int bdata y;

3．当执行"P1=P1&0xfe;"指令时，相当于对 P1.0 进行（   ）操作。

    A．置 1　　　　　B．置 0　　　　　C．取反　　　　　　D．不变

4．当执行"P2=P2|0x01;"指令时，相当于对 P2.0 进行（   ）操作。

    A．置 1　　　　　B．置 0　　　　　C．取反　　　　　　D．不变

5．当执行"P3=P3^0x01;"指令时，相当于对 P3.0 进行（   ）操作。

    A．置 1　　　　　B．置 0　　　　　C．取反　　　　　　D．不变

6．若程序预处理部分有"#include<stc8h.h>"指令，当要对 P0.1 进行置 1 操作时，可执行（   ）指令。

    A．P01=1;　　　　　　　　　　　　　　B．P0.1=1;

    C．P0^1=1;　　　　　　　　　　　　　　D．P01=!P01;

三、判断题

1. 在 C51 中，若有 "#include<stc8h.h>" 指令，则在编程中，可直接用 P10 表示 P1.0。
（   ）

2. 在分支程序中，各分支程序是相互独立的。（   ）

3. while(1)与 for(; ;)的功能是一样的。（   ）

4. 在 C51 变量定义中，默认的存储器类型是低 128 字节，采用直接寻址方式。（   ）

四、问答题

1. 在 C 语言程序中，哪个函数是必须存在的？C 语言程序的执行顺序是如何决定的？

2. 当主函数与子函数在同一个程序文件中时，在调用这些函数时应注意什么？当主函数与子函数分属不同程序文件时，在调用这些函数时有什么要求？

3. 函数的调用方式主要有 3 种，试举例说明。

4. 全局变量与局部变量的区别是什么？如何定义全局变量与局部变量？

5. 相比 ANSI C，C51 编译器多了哪些数据类型？举例说明定义单字节数据。

6. sfr、sbit 是 Keil C 编译器部分新增的关键词，请说明其含义。

7. C51 编译器支持哪些存储器类型？C51 编译器的编译模式与默认存储器类型的关系是怎样的？在实际应用中，最常用的编译模式是什么？

8. 数据类型隐式转换的优先顺序是什么？

9. 位逻辑运算符的优先顺序是什么？

10. 简述 while 与 do…while 的区别。

11. 解释 x/y、x%y 的含义。简述算术运算结果在送至 LED 数码管显示时，如何分解个位数、十位数、百位数等数字位。

五、程序设计题

1. 编写程序，实现在一个包含 20 个元素的数组中查找数据为 0 的次数，并将查找结果从 P1 口输出。

2. 编写程序，实现将一个包含 10 个元素的基本 RAM 数组数据传送到另一个包含 10 个元素的扩展 RAM 数组中。

3. 设单片机晶振为 24MHZ，试编写从 STC-ISP 在线编程软件中获取 40ms 延时函数的延时程序（用 C 语言实现）。

4. 用一个端口输入数据，用另一个端口输出数据并控制 8 只 LED。当输入数据小于 20 时，奇数位 LED 亮；当输入数据位于 20～30 时，8 只 LED 全亮；当输入数据大于 30 时，偶数位 LED 亮。

（1）画出硬件电路图。

（2）画出程序流程图。

（3）分别用汇编语言和 C 语言编写程序并进行调试。

第6章 存储器与应用编程

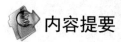 内容提要

　　存储器是单片机必不可少的重要组成部分，在物理上可分为程序存储器（程序 Flash）、基本 RAM、扩展 RAM；在使用上可分为程序存储器、EEPROM（数据 Flash）、基本 RAM 与扩展 RAM 这 4 个部分。

　　本章主要介绍程序存储器、片内基本 RAM、片内扩展 RAM 与 EEPROM。

　　STC8H8K64U 系列单片机存储器在物理上可分为程序存储器（程序 Flash）、基本 RAM、扩展 RAM 这 3 个相互独立的存储空间；在使用上可分为程序存储器、片内基本 RAM、片内扩展 RAM 与 EEPROM（数据 Flash，与程序 Flash 共用一个存储空间）4 个部分。本章主要介绍各存储器的存储特性与应用编程。

6.1　程序存储器

　　程序存储器的主要作用是存放用户程序，使单片机按用户程序指定的流程与规则运行，完成用户程序指定的任务。除此以外，程序存储器通常还用来存放一些常数或表格数据（如π值、数码显示的字形数据等），供用户程序在运行中使用，用户可以把这些常数当作程序通过 ISP 下载程序存放在程序存储器内。在程序运行过程中，程序存储器的内容只能读，而不能写。存在程序存储器中的常数或表格数据，只能通过"MOVC A,@A+DPTR"或"MOVC　A,@A+PC"指令进行访问。若采用 C 语言编程，则需要把存放在程序存储器中的数据存储类型定义为 code。下面以 8 只 LED 的显示控制为例，说明程序存储器的应用编程。

　　例 6.1　设 P1 口驱动 8 只 LED，低电平有效。从 P1 口顺序输出"E7H、DBH、BDH、7EH、3EH、18H、00H、FFH" 8 组数据，周而复始。

　　解　首先将这 8 组数据存放在程序存储器中，在汇编编程时，采用伪指令 DB 对这 8 组数据进行存储定义；在采用 C 语言编程时，通过指定程序存储器的存储类型的方法定义存储数据。

　　（1）汇编语言参考程序（CODE.ASM）如下。

```
$include(stc8h.inc)        ;包含 STC8H 系列单片机新增特殊功能寄存器的定义文件
     ORG  0000H
     LJMP MAIN
     ORG  0100H
```

```
MAIN:
      LCALL GPIO            ；调用 I/O 口初始化程序
      MOV  DPTR, #ADDR      ；DPTR 指向数据存放首地址
      MOV  R3, #08H         ；顺序输出显示数据次数，分 8 次传送
LOOP:
      CLR  A                ；累加器 A 清 0，DPTR 直接指向读取数据所在地址
      MOVC A, @A+DPTR       ；读取数据
      MOV  P1,  A           ；将数据送至 P1 口显示
      INC  DPTR             ；DPTR 指向下一个数据
      LCALL  DELAY500MS     ；调用延时子程序
      DJNZ  R3,LOOP ；判断一个循环是否结束，若没有结束，则读取并传送下一个数据
      SJMP  MAIN            ；若结束，则重新开始
DELAY500MS:                 ；@11.0592MHz，从 STC-ISP 在线编程软件中获得
    NOP
    NOP
    NOP
    PUSH 30H
       PUSH 31H
       PUSH 32H
       MOV 30H,#17
       MOV 31H,#208
       MOV 32H,#24
NEXT:
       DJNZ 32H,NEXT
       DJNZ 31H,NEXT
       DJNZ 30H,NEXT
       POP 32H
       POP 31H
       POP 30H
    RET
ADDR:
    DB  0E7H,0DBH,0BDH,7EH,3EH,18H,00H,0FFH    ；定义存储字节数据
$include(gpio.inc)          ；I/O 口的初始化文件
       END
```

（2）C51 参考程序（code.c）如下。

```c
#include < stc8h.h >             //包含支持 STC8H 系列单片机头文件
#include <intrins.h>
#include <gpio.h>                //包含 I/O 口初始化文件
#define uchar unsigned char
#define uint unsigned int
uchar code date[8] = {0xe7,0xdb,0xbd,0x7e,0x3e,0x18,0x00,0xff};
// 定义显示数据
/*————————1ms 延时子函数————————*/
void Delay1ms()         //@11.0592MHz，从 STC-ISP 在线编程软件中获得
{
    unsigned char i, j;
    _nop_();
    _nop_();
```

```
    _nop_();
    i = 11;
    j = 190;
    do
    {
        while (--j);
    } while (--i);
}
/*————————延时子函数——————————*/
void delay(uint t)        //定义延时子函数
{
    uint k;
    for(k=0; k<t; k++)
    {
        Delay1ms() ;
    }
}
/*————————主函数——————————*/
void main(void)
{
    uchar i;
    gpio();                  //I/O 口初始化
    while(1)                 //无限循环
  {
    for(i = 0; i<8; i++) //顺序输出 8 次
    {
      P1 = date[i];     //读取存放在程序存储器中的数据
      delay(500);       //设置显示间隔, 当晶振频率不同时, 时间可能不同, 自行调整
    }
  }
}
```

6.2　片内基本 RAM

STC8H8K64U 系列单片机的片内基本 RAM 包括低 128 字节（00H～7FH）、高 128 字节（80H～FFH）和特殊功能寄存器（80H～FFH）3 部分。

1. 低 128 字节

低 128 字节是 STC8H8K64U 系列单片机基本的数据存储区, 可以说它是离 STC8H8K64U 系列单片机 CPU 最近的数据存储区, 也是功能最丰富的数据存储区。整个 128 字节地址, 既可以直接寻址, 也可以采用寄存器间接寻址。其中, 00H～1FH 单元可以用作工作寄存器, 20H～2FH 单元具有位寻址能力。

例 6.2　采用不同的寻址方式, 将数据 00H 写入低 128 字节的 00H 单元。

解　寻址方式及程序如下。

（1）寄存器寻址（RS1 RS0=00）。

```
CLR  RS0              ；令工作寄存器处于 0 区，R0 就等效于 00H 单元
CLR  RS1
MOV  R0, #00H
```

（2）直接寻址。

```
MOV  00H, #00H  ；直接将数据 00H 送入 00H 单元
```

（3）寄存器间接寻址。

```
MOV  R0, #00H  ；R0 指向 00H 单元
MOV  @R0, #00H  ；将数据 00H 送至 R0 所指的存储单元中
```

在 C51 编程中，若采用直接寻址方式访问低 128 字节，则变量的数据类型定义为 data；若采用寄存器间接寻址方式访问低 128 字节，则变量的数据类型定义为 idata。

2. 高 128 字节和特殊功能寄存器

高 128 字节和特殊功能寄存器的地址是相同的，也就是说，二者的地址是冲突的。在实际应用中，采用不同的寻址方式来区分高 128 字节和特殊功能寄存器的地址，高 128 字节只能用寄存器间接寻址方式进行访问（读或写），而特殊功能寄存器只能用直接寻址方式进行访问。

例 6.3 将数据 20H 分别写入高 128 字节 80H 单元和特殊功能寄存器 80H 单元（P0）。

解 编程如下。

（1）对高 128 字节 80H 单元进行编程。

```
MOV  R0, #80H
MOV  @R0, #20H
```

（2）对特殊功能寄存器 80H 单元进行编程。

```
MOV  80H, #20H  或 MOV  P0, #20H
```

在 C51 编程中，若采用高 128 字节存储数据，则在定义变量时，要将变量的存储类型定义为 idata；若采用特殊功能寄存器存储数据，则直接通过寄存器名称进行存取操作即可。

6.3　扩展 RAM

STC8H8K64U 系列单片机的片内扩展 RAM 空间为 8192B，地址范围为 0000H～1FFFH。访问 STC8H8K64U 系列单片机片内扩展 RAM 的方法和访问传统 8051 单片机片外扩展 RAM 的方法相同（采用 MOVX 指令），但不影响 P0 口和 P2 口，以及 $\overline{RD}$、$\overline{WR}$、ALE 等端口的信号。STC8H8K64U 系列单片机保留了传统 8051 单片机片外数据存储器的扩展功能，但片内扩展 RAM 与片外扩展 RAM 不能同时使用，可通过 AUXR 中的 EXTRAM 控制位进行选择，默认选择的是片内扩展 RAM。在扩展片外 RAM 时，要占用 P0 口、P2 口，以及 ALE、$\overline{RD}$ 与 $\overline{WR}$ 引脚，在实际应用时，不建议扩展片外 RAM。

STC8H8K64U 系列单片机片内扩展 RAM 与片外扩展 RAM 的关系如图 6.1 所示。

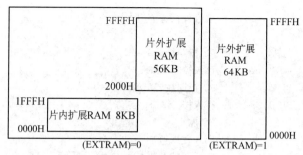

图 6.1　STC8H8K64U 系列单片机片内扩展 RAM 与片外扩展 RAM 的关系

1. 片内扩展 RAM 的允许访问与禁止访问

片内扩展 RAM 的允许访问与禁止访问是通过 AUXR 的 EXTRAM 控制位进行选择的，AUXR 的格式如下。

	地址	B7	B6	B5	B4	B3	B2	B1	B0	复位值
AUXR	8EH	T0x12	T1x12	UART_M0x6	T2R	T2_C/$\overline{T}$	T2x12	EXTRAM	S1ST2	0000 0000

EXTRAM：片内扩展 RAM 访问控制位。(EXTRAM)=0，允许访问，推荐使用；(EXTRAM)=1，禁止访问。当扩展了片外 RAM 或 I/O 口时，禁止访问片内扩展 RAM。

片内扩展 RAM 通过 MOVX 指令访问，即 MOVX A,@DPTR（或@Ri）和 MOVX @DPTR（或@Ri),A 指令。在 C 语言中，可使用 xdata 声明存储类型，例如：

```
unsigned char xdata i=0;
```

当访问地址超出片内扩展 RAM 地址时，自动指向片外扩展 RAM。

例 6.4　STC8H8K64U 系列单片机片内扩展 RAM 的测试，分别在片内扩展 RAM 的 0000H 和 0200H 起始处存入相同的数据，然后对两组数据一一进行校验，若相同，则说明片内扩展 RAM 完好无损，正确指示灯亮；只要有一组数据不同，则停止校验，错误指示灯亮。

解　STC8H8K64U 系列单片机共有 8192B 片内扩展 RAM，在此，仅对在 0000H 和 0200H 起始处前 256B 进行校验。

程序说明：P1.7 控制 LED 为正确指示灯，P1.6 控制 LED 为错误指示灯。

（1）汇编语言参考程序（XRAM.ASM）如下。

```
$include(stc8h.inc)      ;包含 STC8H 系列单片机新增特殊功能寄存器地址定义的头文件
ERROR_LED BIT P1.6       ;定义位字符名称
OK_LED    BIT P1.7
     ORG    0000H
     LJMP MAIN
     ORG    0100H
MAIN:
     LCALL GPIO
     MOV  R0, #00H        ;R0 指向校验 RAM 的低 8 位的起始地址
     MOV  R4, #00H        ;R4 指向校验 RAM1 的高 8 位地址
     MOV  R5, #02H        ;R5 指向校验 RAM2 的高 8 位地址
     MOV  R3, #00H        ;用 R3 循环计数器，循环计数 256 次
```

```
        CLR  A              ; 赋值寄存器清 0
   LOOP0:
        MOV  P2 ,R4         ; P2 指向校验 RAM1
        MOVX  @R0, A        ; 存入校验 RAM1
        MOV  P2 ,R5         ; P2 指向校验 RAM2
        MOVX  @R0, A        ; 存入校验 RAM2
        INC  R0             ; R0 加 1
        INC  A              ; 存入数据值加 1
        DJNZ R3, LOOP0      ; 判断存储数据是否结束，若没有，转 LOOP0
   LOOP1:
        MOV  P2 ,R4         ; 进入校验，P2 指向校验 RAM1
        MOVX A ,@R0         ; 取第 1 组数据
        MOV  20H, A         ; 暂存在 20H 单元
        MOV  P2 ,R5         ; P2 指向校验 RAM1
        MOVX A ,@R0         ; 取第 2 组数据
        INC  R0             ; R0 加 1
        CJNE A, 20H, ERROR  ; 比较第 1 组数据与第 2 组数据，若不相等，转错误处理
        DJNZ R3, LOOP1      ; 若相等，判断校验是否结束
        CLR  OK_LED         ; 全部校验正确，点亮正确指示灯
        SETB ERROR_LED
        SJMP FINISH         ; 转结束处理
   ERROR:
        CLR  ERROR_LED      ; 点亮错误指示灯
        SETB OK_LED
   FINISH:
        SJMP $              ; 原地踏步，表示结束
   $include(gpio.inc)       ;  I/O 口的初始化文件
        END
```

（2）C 语言参考程序。

参照工程训练 61.C 自行编程。

2. 增强型双数据指针的使用*

STC8H8K64U 系列单片机集成了 2 组 16 位的数据指针 DPTR：DPTR0 由 DPL 和 DPH 组成；DPTR1 由 DPL1 和 DPH1 组成。DPTR 用于存放 16 位地址，并对 16 位地址的程序存储器和扩展 RAM 进行访问。通过对数据指针控制寄存器 DPS 及数据指针触发寄存器 TA 进行相关操作，可实现 2 组数据指针的自动切换，以及数据指针自动递增或递减等操作。

（1）数据指针控制寄存器 DPS。

DPS 的各位定义如下。

地址	B7	B6	B5	B4	B3	B2	B1	B0	复位值
DPS	E3H	ID1	ID0	TSL	AU1	AU0	—	—	SEL	0000 0000

DPS.0（SEL）：目标 DPTR 的选择控制位。DPS.0（SEL）=0，选择 DPTR0 为目标 DPTR；DPS.0（SEL）=1，选择 DPTR1 为目标 DPTR。

DPS.5（TSL）：使能 DPTR1/DPTR0 自动切换（自动对 SEL 取反）功能位。DPS.5

（TSL）=0，关闭 DPTR1/DPTR0 自动切换（自动对 SEL 取反）功能；DPS.5（TSL）=1，使能 DPTR1/DPTR0 自动切换（自动对 SEL 取反）功能。

当 DPS.5（TSL）=1 时，每执行一条如下指令后，系统都会对 SEL 自动取反。

```
MOV DPTR, #data16
INC DPTR
MOVC A, @A+DPTR
MOVX A, @DPTR
MOVX @DPTR, A
```

DPS.7（ID1）：选择 DPTR1 自动增减的工作方式位。DPS.7（ID1）=0，DPTR1 自动递增；DPS.7（ID1）=1，DPTR1 自动递减。

DPS.6（ID0）：选择 DPTR0 自动增减的工作方式位。DPS.6（ID0）=0，DPTR0 自动递增；DPS.6（ID0）=1，DPTR0 自动递减。

DPS.4/DPS.3（AU1/AU0）：DPTR1/DPTR0 的自动增减功能使能控制位。DPS.4/DPS.3（AU1/AU0）=0，关闭 DPTR1/DPTR0 的自动增减功能；DPS.4/DPS.3（AU1/AU0）=1，使能 DPTR1/DPTR0 的自动增减功能。若 DPS.4/DPS.3（AU1/AU0）同时使能，则可直接对 DPS 进行写入操作；若要独立使能 DPS.4（AU1）或 DPS.3（AU0），就必须先利用 TA 触发后才可以对 DPS 进行写入操作。

（2）数据指针触发寄存器 TA。

TA 的各位定义如下。

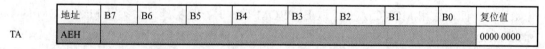

	地址	B7	B6	B5	B4	B3	B2	B1	B0	复位值
TA	AEH									0000 0000

TA 是只写寄存器，当需要独立使能 DPS.4（AU1），或 DPS.3（AU0）时，必须按照如下的步骤进行操作：

```
CLR EA              ；关闭中断
MOV TA, #0AAH       ；写入触发指令序列 1
MOV TA, #55H        ；写入触发指令序列 2
；可进行独立使能 AU1 或 AU0，但下次独立使能 AU1 或 AU0 时，又需要重新触发
MOV DPS, #xxH
SETB EA             ；开中断
```

例 6.5　将程序空间 1000H～1003H 中的 4B 数据反向复制到扩展 RAM 的 0100H～0103H 中。

解　根据题意分析可知，程序空间起始地址设置为 1000H，递增变化；扩展 RAM 的起始地址设置为 0103H，递减变化。参考汇编程序如下。

```
MOV DPS, #00100000B    ；使能 TSL，并选择 DPTR0 为目标 DPTR
MOV DPTR, #1000H       ；设置 DPTR0，并自动切换为 DPTR1
MOV DPTR, #0103H       ；设置 DPTR1，并自动切换为 DPTR0
；设置 DPTR0 为递增模式，DPTR1 为递减模式，同时使能 TSL 和 AU1/AU0，选择 DPTR0
MOV DPS, #10111000B
MOV R7, #4             ；设置数据复制个数
```

```
COPY_LOOP:
CLR A                    ;清 0 累加器 A
MOVC A, @A+DPTR          ;从 DPTR0 指向的程序空间读取数据,DPTR0 自动加 1,
                         ;DPTR 自动切换为 DPTR1
MOVX @DPTR, A            ;将读取的数据传送到 DPTR1 指向的扩展 RAM 中,DPTR1 自动减 1,
                         ;DPTR 自动切换为 DPTR0
DJNZ R7, COPY_LOOP       ;判断复制过程是否结束
SJMP $                   ;程序结束
```

6.4　EEPROM

STC 系列单片机的 Flash ROM 分为程序 Flash 和数据 Flash 两部分。程序 Flash 就是程序存储器,用来存放程序代码和固定常数;数据 Flash 通过 ISP/IAP 技术用作 EEPROM,用于保存一些应用时需要频繁修改且掉电后又能保持不变的参数。EEPROM 可分为若干扇区,每个扇区都包含 512B,擦写次数在 10 万次以上。

STC 系列单片机内部的 EEPROM 的访问方式有两种:IAP 方式和 MOVC 方式。IAP 方式可对 EEPROM 执行读、写、擦除操作;但 MOVC 方式只能对 EEPROM 进行读操作,而不能进行写、擦除操作。不管使用哪种方式访问 EEPROM,都需要先设置正确的目标地址。在采用 IAP 方式时,目标地址与 EEPROM 实际的规划地址是一致的,均从地址 0000H 开始访问。但在采用 MOVC 方式读取 EEPROM 数据时,目标地址必须是 Flash ROM 的实际物理地址,即 EEPROM 实际的物理地址是程序存储地址加 EEPROM 的规划地址。下面以 STC8H1K16 单片机为例,对 EEPROM 目标地址进行详细说明。

如图 6.2 所示,STC8H1K16 单片机的程序存储器为 16KB(0000H～3FFFH),EEPROM 为 12KB(0000H～2FFFH)。

当需要对 EEPROM 的 1234H 单元进行读、写、擦除时,若采用 IAP 方式,则设置的目标地址为 1234H;若采用 MOVC 方式读取 EEPROM 的 1234H 单元,则必须在 1234H 单元的基础上加上程序存储器单元 4000H,即目标地址为 5234H(程序存储器的实际物理地址)。

1. STC8H8K64U 系列单片机内部 EEPROM 的大小与地址

STC8H 单片机的 EEPROM 的空间分配有两种方法:一种是固定分配法,如 STC8H1K16 单片机的 EEPROM 地址空间固定为 12KB,程序存储器的地址空间为 12KB;另一种是自定义法,用户可根据自己的需要在整个 Flash 空间中规划出任意不超过 Flash ROM 大小的 EEPROM 空间。但需要注意的是,EEPROM 总是从后向前进行空间规划的。

STC8H8K64U 系列单片机属于自定义单片机,在下载程序时可选择需要的 EEPROM 大小,如图 6.3 所示,选择的是"1K"。EEPROM 的实际 Flash ROM 地址为 FC00H～FFFFH,在采用 IAP 方式访问时,EEPROM 的目标地址为 0000H～03FFH。

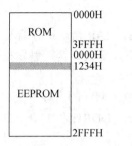

图 6.2　STC8H1K16 单片机的程序

存储器与 EEPROM

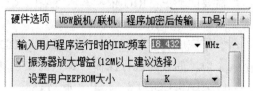

图 6.3　在 STC-ISP 在线编程软件中选择

EEPROM 的大小

2．与 ISP/IAP 功能有关的特殊功能寄存器

STC8H8K64U 系列单片机是通过一组特殊功能寄存器管理与应用 EEPROM 的，与 ISP/IAP 功能有关的特殊功能寄存器如表 6.1 所示。

表 6.1　与 ISP/IAP 功能有关的特殊功能寄存器

符　号	名　称	B7	B6	B5	B4	B3	B2	B1	B0	复位值
IAP_DATA	EEPROM 数据寄存器									11111111
IAP_ADDRH	IAP 高地址寄存器	高 8 位								00000000
IAP_ADDRL	IAP 低地址寄存器	低 8 位								00000000
IAP_CMD	IAP 指令寄存器	—	—	—	—	—	—	MS1	MS0	xxxxxx00
IAP_TRIG	IAP 指令触发寄存器	—	—	—	—	—	—	—	—	00000000
IAP_CONTR	IAP 控制寄存器	IAPEN	SWBS	SWRST	CMD_FAIL	—	—	—	—	0000xxxx
IAP_TPS	EEPROM 擦除等待时间控制寄存器		—	IAPTPS[5:0]						xx000000

（1）IAP_DATA：EEPROM 数据寄存器。

① EEPROM 读操作时，指令执行完成后读出的 EEPROM 数据保存在 IAP_DATA 中。

② EEPROM 写操作时，在执行写指令前，必须先将待写入的数据存放在 IAP_DATA 中，再发送写指令。

（2）IAP_ADDRH、IAP_ADDRL：IAP 地址寄存器。

IAP_ADDRH 用于存放操作地址的高 8 位，IAP_ADDRL 用于存放操作地址的低 8 位。

（3）IAP_CMD：IAP 指令寄存器。

IAP_CMD 用于设置 IAP 的操作指令，但必须在 IAP 指令触发寄存器实施触发后，方可生效。

IAP_CMD.1（MS1）/IAP_CMD.0（MS0）=0/0 时，为待机模式，无 ISP/IAP 操作。

IAP_CMD.1（MS1）/IAP_CMD.0（MS0）=0/1 时，读 EEPROM，即读取目标地址所在单元数据，并将该数据存放在 IAP_DATA 中。

IAP_CMD.1（MS1）/IAP_CMD.0（MS0）=1/0 时，编程 EEPROM，即将 IAP_DATA 中的数据写入目标地址所在单元。

IAP_CMD.1（MS1）/IAP_CMD.0（MS0）=1/1 时，EEPROM 扇区擦除，即目标地址所在扇区的内容全部变为 FFH。

（4）IAP_TRIG：IAP 指令触发寄存器。

设置完成 EEPROM 数据寄存器、IAP 地址寄存器、IAP 命令寄存器及 IAP 控制寄存器后，需要向 IAP_TRIG 依次写入 5AH、A5H（顺序不能交换）两个触发指令来触发相应的读、写、擦除操作。

操作完成后，IAP_ADDRH、IAP_ADDRL 和 IAP_CMD 的内容不变。如果接下来要对下一个地址的数据进行操作，那么需要手动更新 IAP_ADDRH 和 IAP_ADDRL 的值。

（5）IAP_CONTR：IAP 控制寄存器。

IAP_CONTR.7（IAPEN）：IAP 功能允许位。IAP_CONTR.7（IAPEN）=1，允许 IAP 操作改变 EEPROM；IAP_CONTR.7（IAPEN）=0，禁止 IAP 操作改变 EEPROM。

IAP_CONTR.6（SWBS）、IAP_CONTR.5（SWRST）：软件复位控制位。

IAP_CONTR.4（CMD_FAIL）：IAP 指令触发失败标志位。当地址非法时，会引起 IAP 命令触发失败，CMD_FAIL 标志为 1，需要由软件清 0。

（6）IAP_TPS：EEPROM 擦除等待时间控制寄存器。

IAP_TPS 需要根据系统时钟频率进行设置，若系统时钟频率为 12MHz，则需要将 IAP_TPS 设置为 12；若系统时钟频率为 24MHz，则需要将 IAP_TPS 设置为 24。其他系统时钟频率以此类推。当系统时钟频率位于两个档次之间时，IAP_TPS 的设置对应系统时钟频率高的档次，如当系统时钟频率为 18.324MHz 时，IAP_TPS 设置为 24。

3. IAP 编程与应用

（1）定义 IAP 指令及等待时间，相关代码如下。

```
ISP_IAP_BYTE_READ      EQU   1        ;字节读指令代码
ISP_IAP_BYTE_PROGRAM   EQU   2        ;字节编程指令代码
ISP_IAP_SECTOR_ERASE   EQU   3        ;扇区擦除指令代码
;根据系统时钟频率设置 IAP 操作的 CPU 等待时间（系统时钟频率为 18.324MHz）
WAIT_TIME              EQU   24
```

（2）字节读，相关代码如下。

```
MOV  IAP_ADDRH, #BYTE_ADDR_HIGH      ;送读单元的地址高字节
MOV  IAP_ADDRL, #BYTE_ADDR_LOW       ;送读单元的地址低字节
MOV  IAP_TPS, #WAIT_TIME             ;设置等待时间
MOV  IAP_CONTR, #80H                 ;允许 IAP 操作
MOV  IAP_CMD, #ISP_IAP_BYTE_READ     ;送字节读指令
MOV  IAP_TRIG, #5AH
MOV  IAP_TRIG, #0A5H
;先送 5AH，后送 A5H 到 IAP 触发器，用于触发 IAP 指令。CPU 等待 IAP 操作，IAP 操作完成后才会继续执行程序
NOP
MOV  A, IAP_DATA                     ;将读取的 EEPROM 数据送至累加器 A 中
```

（3）字节编程，相关代码如下。

```
MOV  IAP_DATA, #ONE_DATA             ;送字节编程数据到 IAP_DATA 中
MOV  IAP_ADDRH, #BYTE_ADDR_HIGH      ;送编程单元的地址高字节
MOV  IAP_ADDRL, #BYTE_ADDR_LOW       ;送编程单元的地址低字节
MOV  IAP_TPS, #WAIT_TIME             ;设置等待时间
```

```
MOV  IAP_CONTR, #80H                       ; 允许 IAP 操作
MOV  IAP_CMD, #ISP_IAP_BYTE_PROGRAM; 送字节编程指令
MOV  IAP_TRIG, #5AH
MOV  IAP_TRIG, #0A5H
; 先送 5AH, 后送 A5H 到 IAP 指令触发器, 用于触发 IAP 指令。CPU 等待 IAP 操作, IAP 操作
完成后才会继续执行程序
NOP
```

特别提示: 在进行字节编程前, 必须保证编程单元内容为空, 即 **FFH**; 否则须进行扇区擦除。

(4) 扇区擦除, 相关代码如下。

```
MOV  IAP_ADDRH, #SECTOR_FIRST_BYTE_ADDR_HIGH    ; 送编程单元的地址高字节
MOV  IAP_ADDRL, #SECTOR_FIRST_BYTE_ADDR_LOW     ; 送编程单元的地址低字节
MOV  IAP_TPS, #WAIT_TIME                   ; 设置等待时间
MOV  IAP_CONTR, #80H                       ; 允许 IAP 操作
MOV  IAP_CMD, #ISP_IAP_SECTOR_ERASE        ; 送字节编程指令
MOV  IAP_TRIG, #5AH
MOV  IAP_TRIG, #0A5H
; 先送 5AH, 后送 A5H 到 IAP 指令触发寄存器, 用于触发 IAP 指令。CPU 等待 IAP 操作完成后
才会继续执行程序
NOP
```

特别提示: 在进行扇区擦除时, 输入该扇区的任意地址皆可。

例 6.5 EEPROM 测试。当程序开始运行时, 点亮由 P1.7 控制的 LED。接着进行扇区擦除并检验, 若擦除成功则点亮由 P1.6 控制的 LED。接着从 EEPROM 0000H 开始写入数据, 写完后点亮由 P4.7 控制的 LED。接着进行数据校验, 若校验成功则点亮由 P4.6 控制的 LED, 表示测试成功; 否则, 由 P4.6 控制的 LED 闪烁, 表示测试失败。

解 本测试的目的是学习如何对 EEPROM 进行扇区删除、字节编程、字节读的 IAP 操作。设晶振频率为 18.432MHz。

(1) 汇编语言参考程序 (EEPROM.ASM)。

```
$include(stc8h.inc)   ;包含 STC8H 系列单片机新增特殊功能寄存器地址的定义文件
;定义 IAP 指令
CMD_IDLE       EQU   0         ;无效
CMD_READ       EQU   1         ;字节读
CMD_PROGRAM    EQU   2         ;字节编程, 但要先删除原有的内容
CMD_ERASE      EQU   3         ;扇区擦除
;定义 IAP 操作等待时间及测试常数
WAIT_TIME      EQU   24        ;系统工作时钟为 18.324MHz
IAP_ADDRESSEQU   02000         ;测试起始地址
      ORG 0000H
MAIN:
    LCALL GPIO                 ;I/O 口初始化
    CLR  P1.7                  ;演示程序开始工作, 点亮由 P1.7 控制的 LED
    LCALL  DELAY500MS          ;延时
    MOV  DPTR, #IAP_ADDRESS    ;设置擦除地址
    LCALL  IAP_ERASE           ;调用扇区擦除子程序
```

```
        MOV  DPTR, #IAP_ADDRESS ;设置检测擦除首地址
        MOV  R0, #0
        MOV  R1, #2
CHECK1:
        LCALL  IAP_READ          ;检测擦除是否成功
        CJNE  A, #0FFH, ERROR    ;擦除不成功，由 P4.6 控制的 LED 闪烁
        INC  DPTR
        DJNZ  R0, CHECK1
        DJNZ  R1, CHECK1
        CLR  P1.6                ;擦除成功，点亮由 P1.6 控制的 LED
        LCALL  DELAY500MS        ;延时
        MOV  DPTR, #IAP_ADDRESS ;设置编程首地址
        MOV  R0, #0
        MOV  R1, #2
        MOV  R2, #0
PROGRAM:
        MOV  A, R2
        LCALL  IAP_PROGRAM       ;调用编程子程序
        INC  DPTR
        INC  R2
        DJNZ  R0, PROGRAM
        DJNZ  R1, PROGRAM
        CLR  P4.7                ;编程成功，再点亮由 P4.7 控制的 LED
        LCALL  DELAY500MS        ;延时
        MOV  DPTR, #IAP_ADDRESS ;设置校验首地址
        MOV  R0, #0
        MOV  R1, #2
        MOV  R2, #0
CHECK2:
        LCALL  IAP_READ          ;调用编程子程序
        CJNE  A, 02H, ERROR      ;检验不成功，由 P4.6 控制的 LED 闪烁
        INC  DPTR
        INC  R2
        DJNZ  R0, CHECK2
        DJNZ  R1, CHECK2
    CLR  P4.6                    ;检验成功，点亮由 P4.6 控制的 LED
        SJMP  $                  ;程序结束
ERROR:
        CPL  P4.6
        LCALL  DELAY500MS        ;出错时，由 P4.6 控制的 LED 闪烁
        SJMP  ERROR              ;测试结束

    ;读一字节，调用前需要打开 IAP 功能，入口：DPTR=字节地址，返回：A=读出字节
IAP_READ:
    MOV  IAP_ADDRH, DPH          ;设置目标单元地址的高 8 位地址
    MOV  IAP_ADDRL, DPL          ;设置目标单元地址的低 8 位地址
    MOV  IAP_TPS, #WAIT_TIME     ;设置等待时间
    MOV  IAP_CONTR, #80H         ;允许 IAP 操作
    MOV  IAP_CMD, #CMD_READ      ;设置为 EEPROM 字节读模式指令
```

```
      MOV   IAP_TRIG, #5AH          ;先送 5AH 到 IAP 指令触发寄存器
      MOV   IAP_TRIG, #0A5H         ;再送 A5H，IAP 指令立即被触发
      NOP
      MOV   A, IAP_DATA             ;读出的数据在 IAP_DATA 寄存器中，将它送入累加器 A
      MOV   IAP_CONTR, #0           ;关闭 IAP 功能
      RET

      ;字节编程，调用前需要打开 IAP 功能，入口：DPTRR=字节地址，A=需要程序字节的数据
IAP_PROGRAM:
      MOV   IAP_ADDRH,DPH           ;设置目标单元地址的高 8 位地址
      MOV   IAP_ADDRL,DPL           ;设置目标单元地址的低 8 位地址
      MOV   IAP_TPS, #WAIT_TIME     ;设置等待时间
      MOV   IAP_CONTR, #80H         ;允许 IAP 操作
      MOV   IAP_CMD, #CMD_PROGRAM   ;设置为 EEPROM 字节编程模式指令
      MOV   IAP_DATA , A            ;编程数据送 IAP_DATA
      MOV   IAP_TRIG, #5AH          ;先送 5AH 到 IAP 指令触发寄存器
      MOV   IAP_TRIG, #0A5H         ;再送 A5H，IAP 指令立即被触发
      NOP
      MOV   IAP_CONTR, #0           ;关闭 IAP 功能
      RET

      ;擦除扇区，入口：DPTR=扇区起始地址
IAP_ERASE:
      MOV   IAP_ADDRH,DPH           ;设置目标单元地址的高 8 位地址
      MOV   IAP_ADDRL,DPL           ;设置目标单元地址的低 8 位地址
      MOV   IAP_TPS, #WAIT_TIME     ;设置等待时间
      MOV   IAP_CONTR, #80H         ;允许 IAP 操作
      MOV   IAP_CMD,#CMD_ERASE      ;设置为 EEPROM 扇区删除模式指令
      MOV   IAP_TRIG,#5AH           ;先送 5AH 到 IAP 指令触发寄存器
      MOV   IAP_TRIG,#0A5H          ;再送 A5H，IAP 指令立即被触发
      NOP
      MOV   IAP_CONTR,#0            ;关闭 IAP 功能，使 CPU 处于安全状态
      RET
      ;延时子程序
DELAY500MS:                         ;从 STC-ISP 在线编程软件中获取
      NOP
      NOP
      NOP
      PUSH 30H
      PUSH 31H
      PUSH 32H
      MOV 30H,#17
      MOV 31H,#208
      MOV 32H,#24
NEXT:
      DJNZ 32H,NEXT
      DJNZ 31H,NEXT
      DJNZ 30H,NEXT
      POP 32H
```

```
        POP 31H
        POP 30H
        RET
$INCLUDE (gpio.inc)
        END
```

（2）C 语言参考程序。

C 语言参考程序见工程训练 6.2。

6.5　工程训练

6.5.1　片内扩展 RAM 的测试

一、工程训练目标

（1）理解 STC8H8K64U 系列单片机的存储结构。

（2）掌握 STC8H8K64U 系列单片机扩展 RAM 的功能特性与使用。

二、任务功能与参考程序

1．任务功能

先在片内扩展 RAM 选择 256 个单元并依次向其中存入数据 0～255，然后将这些数据读出并依次与 0～255 一一进行校验，若都相同，则说明片内扩展 RAM 完好无损，正确指示灯亮；只要有一组数据不同，停止校验，错误指示灯亮。

2．硬件设计

采用 LED9 与 LED10 作为测试指示灯，LED9 由 P4.6 控制，LED9 由 P4.7 控制。测试正确时点亮由 P4.6 控制的 LED9；否则，点亮由 P4.7 控制的 LED8。

3．参考程序（C 语言版）

（1）程序说明。

STC8H8K64U 系列单片机共有 8192B 片内扩展 RAM，在此仅对 256B 进行校验。先在指定的起始处依次写入数据 0～255，再从指定的起始处依次读出这些数据并与 0～255 一一进行校验，若一致，则说明 STC8H8K64U 系列单片机片内扩展 RAM 没问题；否则，表示有错。

（2）参考程序：工程训练 61.c。

```
#include <stc8h.h>          //包含支持 STC8H 系列单片机的头文件
#include <intrins.h>
#include <gpio.h>
#define uchar unsigned char
#define uint  unsigned int
sbit ok_led=P4^6;           //LED9
sbit error_led=P4^7;        //LED10
uchar xdata ram256[256];    //定义片内 RAM, 256B
```

```
/*------------------主函数----------------------*/
void main(void)
{
    uint  i;
    gpio();
    for(i=0;i<256;i++)                //先把 RAM 数组用 0～255 填满
    {
        ram256[i]=i;
    }
    for(i=0;i<256;i++)                //通过串行通信端口把数据送到计算机显示
    {
        if(ram256[i]!=i) goto Error;
    }
    ok_led=0;
    error_led=1;
    while(1);                         //结束
Error:
    ok_led=1;
    error_led=0;
    while(1);
}
```

三、训练步骤

（1）分析"工程训练 61.c"程序文件。

（2）用 Keil μVision4 集成开发环境编辑、编译用户程序，生成机器代码文件。

① 将前已建立的 gpio.h 文件复制到当前项目文件夹中。

② 用 Keil μVision4 集成开发环境新建工程训练 61 项目。

③ 输入与编辑"工程训练 61.c"文件。

④ 将"工程训练 61.c"文件添加到当前项目中。

⑤ 设置编译环境，勾选"编译时生成机器代码文件"复选框。

⑥ 编译程序文件，生成"工程训练 61.hex"文件。

（3）将 STC 大学计划实验箱（8.3/9.3）连接至计算机。

（4）利用 STC-ISP 在线编程软件将"工程训练 61.hex"文件下载到 STC 大学计划实验箱（8.3/9.3）中。

（5）观察与调试程序。

四、训练拓展

修改"工程训练 61.c"程序，当检查无误时，某一字符（具体字符自行定义）在 LED 数码管上循环显示；当检查到扩展 RAM 出错时，LED 数码管上显示错误地址。

6.5.2　EEPROM 的测试

一、工程训练目标

（1）进一步理解 STC8H8K64U 系列单片机的存储结构。

（2）掌握 STC8H8K64U 系列单片机 EEPROM 的功能特性与使用。

二、任务功能与参考程序

1. 任务功能

EEPROM 的测试。

2. 硬件设计

采用 STC 大学计划实验箱（8.3）进行测试，LED17、LED16、LED15、LED14 分别用作工作指示灯、擦除成功指示灯、编程成功指示灯、校验成功指示灯（含测试失败指示）。LED17、LED16、LED15、LED14 分别由 P6.7、P6.6、P6.5、P6.4 控制，低电平驱动。

3. 参考程序（C 语言版）

（1）程序说明。

程序开始运行时，点亮 LED17。接着进行扇区擦除并检验，若擦除成功则点亮 LED16。接着从 EEPROM 0000H 开始写入数据，写完后点亮 LED15。接着进行数据校验，若校验成功则点亮 LED14，表示测试成功；否则，LED14 闪烁，表示测试失败。

对 EEPROM 的操作包括擦除、编程与读取，涉及的特殊功能寄存器较多，为了便于程序的阅读与管理，把对 EEPROM 擦除、编程与读取的操作函数放在一起，生成一个.c 文件，并命名为 EEPROM.c。在使用时，利用包含指令将 EEPROM.c 包含到主文件中，在主文件中即可直接调用 EEPROM 的相关操作函数。

（2）EEPROM 操作函数源程序文件（EEPROM.c）。

```
/*---------------------定义 IAP 操作模式字与测试地址---------------------*/
#define  CMD_IDLE     0        //无效模式
#define  CMD_READ     1        //读指令
#define  CMD_PROGRAM  2        //编程指令
#define  CMD_ERASE    3        //擦除指令
#define  WAIT_TIME    24       //设置 CPU 等待时间 (系统时钟频率为 18.324MHz)
#define  IAP_ADDRESS  0x0000   //IAP 操作起始地址


  /*---------------------写 EEPROM 字节子函数---------------------*/
void IapProgramByte(uint addr,  uchar dat)        //对字节地址所在扇区进行擦除
{
    IAP_CONTR = 0x80;              //允许 IAP 操作
    IAP_TPS = WAIT_TIME;           //设置等待时间
    IAP_CMD = CMD_PROGRAM;         //送编程指令 0x02
    IAP_ADDRL =addr;               //设置 IAP 编程操作地址
    IAP_ADDRH = addr>>8;
    IAP_DATA = dat;                //设置编程数据
    IAP_TRIG = 0x5a;               //先向 IAP_TRIG 送 0x5a,再送 0xa5,触发 IAP 命令
    IAP_TRIG = 0xa5;
    _nop_();                       //等待操作完成
    IAP_CONTR=0x00;                //关闭 IAP 功能
}
/*---------------------扇区擦除---------------------*/
void IapEraseSector(uint addr)
```

```
{
    IAP_CONTR = 0x80;              //允许 IAP 操作
    IAP_TPS = WAIT_TIME;           //设置等待时间
    IAP_CMD = CMD_ERASE;           //送扇区删除指令 0x03
    IAP_ADDRL = addr;              //设置 IAP 扇区删除操作地址
    IAP_ADDRL = addr>>8;
    IAP_TRIG = 0x5a;               //先向 IAP_TRIG 送 0x5a, 再送 0xa5, 触发 IAP 指令
    IAP_TRIG = 0xa5;
    _nop_();                       //等待操作完成
    IAP_CONTR=0x00;                //关闭 IAP 功能
}
 /*-----------------------读 EEPROM 字节子函数---------------------*/
uchar  IapReadByte(uint  addr)  //形参为高位地址和低位地址
{
    uchar  dat;
    IAP_CONTR = 0x80;              //允许 IAP 操作
    IAP_TPS = WAIT_TIME;           //设置等待时间
    IAP_CMD = CMD_READ;            //送读字节数据指令 0x01
    IAP_ADDRL = addr;              //设置 IAP 读操作地址
    IAP_ADDRH = addr>>8;
    IAP_TRIG = 0x5a;               //先向 IAP_TRIG 送 0x5a, 再送 0xa5, 触发 IAP 命令
    IAP_TRIG=0xa5;
    _nop_();                       //等待操作完成
    dat= IAP_DATA;                 //返回读出数据
    IAP_CONTR=0x00;                //关闭 IAP 功能
    return dat;
}
```

（3）参考程序：工程训练 62.c。

```
#include <stc8h.h>                 //包含支持 STC8H 系列单片机的头文件
#include <intrins.h>
#include <gpio.h>
#define uchar unsigned  char
#define uint  unsigned  int
#include<EEPROM.c>                 //EEPROM 操作函数文件
sbit LED17=P6^7;
sbit LED16=P6^6;
sbit LED15=P6^5;
sbit LED14=P6^4;
/*--------延时子函数, 从 STC-ISP 在线编程软件中获取--------------*/
void Delay500ms()                  //@24.000MHz
{
    unsigned char i, j, k;

    _nop_();
    _nop_();
    i = 61;
    j = 225;
    k = 62;
```

```
   do
   {
       do
       {
           while (--k);
       } while (--j);
   } while (--i);
}

/*--------------------主函数--------------------*/
void main()
{
   uint i;
   gpio();
   P40=0;                          //选通 LED
   LED17=0;                        //程序运行时，点亮由 P1.7 控制的 LED
   Delay500ms();
   IapEraseSector(IAP_ADDRESS);    //扇区擦除
   for(i=0;i<512; i++)
   {
       if(IapReadByte (IAP_ADDRESS+i)!=0xff)
       goto Error;                 // 转错误处理
   }
   LED16=0;                        //扇区擦除成功，点亮由 P1.6 控制的 LED
   Delay500ms();
   for(i=0;i<512;i++)
   {
       IapProgramByte (IAP_ADDRESS+i, (uchar)i);
   }
   LED15=0;                        //编程完成，点亮由 P1.5 控制的 LED
   Delay500ms();
   for(i=0;i<512;i++)
   {
       if(IapReadByte(IAP_ADDRESS+i)!=(uchar)i)
       goto  Error;                //转错误处理
   }
   LED14=0;                        //编程校验成功，点亮由 P1.4 控制的 LED
   while(1);
Error:                  //若扇区擦除不成功或编程校验不成功，则由 P1.4 控制的 LED 闪烁
   while(1)
   {
       LED14=~LED14;
       Delay500ms();
   }
}
```

三、训练步骤

（1）分析"EEPROM.c"与"工程训练 62.c"程序文件。

（2）用 Keil μVision4 集成开发环境编辑、编译用户程序，生成机器代码文件。

① 将前已建立的 gpio.h 文件复制到当前项目文件夹中。

② 用 Keil μVision4 集成开发环境新建工程训练 62 项目。

③ 输入与编辑"EEPROM.c"文件。

④ 输入与编辑"工程训练 62.c"文件。

⑤ 将"工程训练 62.c"文件添加到当前项目中。

⑥ 设置编译环境，勾选"编译时生成机器代码文件"复选框。

⑦ 编译程序文件，生成"工程训练 62.hex"文件。

（3）将 STC 大学计划实验箱（8.3/9.3）连接至计算机

（4）利用 STC-ISP 在线编程软件将"工程训练 62.hex"文件下载到 STC 大学计划实验箱（8.3/9.3）中。

（5）观察与调试程序。

四、训练拓展

将密码 1234 存入 EEPROM 的 0000H、0001H 单元中，定义一个数组，用来存储读取的密码，将读取的密码与 EEPROM 的 0000H、0001H 中的数据进行比较，若相等，则 LED7 亮；否则，LED8 闪烁。试修改程序，并上机调试。

本章小结

STC8H8K64U 系列单片机存储器在物理上可分为 3 个相互独立的存储器空间：程序存储器（程序 Flash）、片内基本 RAM、片内扩展 RAM；在使用上可分为 4 个部分：程序存储器（程序 Flash）、片内基本 RAM、片内扩展 RAM 与 EEPROM（数据 Flash，与程序 Flash 共用一个存储空间）。

程序存储器不仅可存储用来指挥单片机工作的程序代码，还可用于存放一些固定不变的常数或表格数据，如数码管的字形数据。在用汇编语言编程时，采用伪指令 DB 或 DW 对存储数据进行定义；在用 C 语言编程时，采用指定程序存储器存储类型的方法定义存储数据；在使用时，若是汇编语言，则采用查表指令获取数据；若是 C 语言，则采用数组引用的方法获取数据。

片内基本 RAM 分为低 128 字节、高 128 字节和特殊功能寄存器，其中高 128 字节和特殊功能寄存器的地址是重叠的，它们是靠寻址方式来区分的。高 128 字节只能采用寄存器间接寻址方式进行访问，而特殊功能寄存器只能采用直接寻址方式进行访问。低 128 字节既可以采用直接寻址方式，也可采用寄存器间接寻址方式进行访问，其中 00H～1FH 区间还可采用寄存器寻址方式进行访问，20H～2FH 区间的每一位都具有位寻址能力。

片内扩展 RAM 相当于将传统 8051 单片机的片外数据存储器移到了片内，因此，片内扩展 RAM 是采用 MOVX 指令进行访问的。

STC8H8K64U 系列单片机的 EEPROM 操作是在 EEPROM 区（与程序 Flash 是同一个存储空间）通过 IAP 技术实现的，内部 Flash 擦写次数可达 10 万次。可以对 EEPROM 进行字节读、字节写与扇区擦除操作。

习题

一、填空题

1．STC8H8K64U 系列单片机存储结构的主要特点是_____与数据存储器是分开编址的。

2．程序存储器用于存放_____、常数和_____数据等固定不变的信息。

3．STC8H8K64U 系列单片机 CPU 中的 PC 所指的地址空间是_____。

4．STC8H8K64U 系列单片机的用户程序是从_____单元开始执行的。

5．程序存储器的 0003H～00DDH 单元地址是 STC8H8K64U 系列单片机的_____地址。

6．STC8H8K64U 系列单片机内部存储器在物理上可分为三个相互独立的存储空间，即_____、_____和片内扩展的 RAM；在使用上可分为 4 个部分，即_____、_____、片内扩展 RAM 和_____。

7．STC8H8K64U 系列单片机片内基本 RAM 分为低 128 字节、_____和_____这 3 个部分。低 128 字节根据 RAM 作用的差异性又分为_____、_____和通用 RAM 区。

8．工作寄存器区的地址空间为_____，位寻址的地址空间为_____。

9．高 128 字节与特殊功能寄存器的地址空间相同，当采用_____寻址方式访问时，访问的是高 128 字节地址空间；当采用_____寻址方式访问时，访问的是特殊功能寄存器空间。

10．在特殊功能寄存器中，凡字节地址可以被_____整除的，就是可位寻址的。对应可寻址位都有一个位地址，该位地址等于字节地址加上_____。但在实际编程时，采用_____来表示该位地址，如 PSW 中的 CY、AC 等。

11．STC 系列单片机的 EEPROM 实际上不是真正的 EEPROM，而是采用_____模拟的。STC8H8K64U 系列单片机的用户程序区与 EEPROM 区是_____编址的；STC8H8K64U 系列单片机的 EEPROM 区是通过 STC-ISP 在线编程工具自动划分的，EEPROM 区总是从_____进行空间规划的。

12．STC8H8K64U 系列单片机扩展 RAM 分为内部扩展 RAM 和_____扩展 RAM，但二者不能同时使用，当 AUXR 中的 EXTRAM 为_____时，选择的是片外扩展 RAM；当单片机复位时，EXTRAM 为_____，选择的是_____。

13．STC8H8K64U 系列单片机的片内程序存储器的空间大小是_____，地址范围是_____。

14．STC8H8K64U 系列单片机的片内扩展 RAM 大小为_____，地址范围是_____。

二、选择题

1．当（RS1）（RS0）=01 时，CPU 选择的工作寄存器组是（　　）组。
A．0　　　　　　B．1　　　　　　C．2　　　　　　D．3

2．当 CPU 需要选择工作寄存器 2 组时，（RS1）（RS0）应设置为（　　）。
A．00　　　　　B．01　　　　　C．10　　　　　D．11

3．当（RS1）（RS0）=11 时，R0 对应的 RAM 地址为（　　）。

  A．00H   B．08H   C．10H   D．18H

4．当 IAP_CMD=01H 时，IAP 的功能是（　　）。

  A．无 IAP 操作   B．对 EEPROM 进行读操作

  C．对 EEPROM 进行编程操作 D．对 EEPROM 进行扇区擦除操作

三、判断题

1．STC8H8K64U 系列单片机保留了扩展片外程序存储器与片外数据存储器的功能。（　　）

2．凡是字节地址能被 8 整除的特殊功能寄存器都是可以位寻址的。（　　）

3．STC8H8K64U 系列单片机的 EEPROM 与用户程序区是统一编地址的，空闲的用户程序区可通过 IAP 技术用作 EEPROM。（　　）

4．高 128 字节与特殊功能寄存器区域的地址是冲突的，CPU 采用直接寻址方式访问的是高 128 字节，采用寄存器间接寻址方式访问的是特殊功能寄存器。（　　）

5．片内扩展 RAM 和片外扩展 RAM 是可以同时使用的。（　　）

6．STC8H8K64U 系列单片机 EEPROM 是真正的 EEPROM，可按字节擦除与按字节读写数据。（　　）

7．STC8H8K64U 系列单片机 EEPROM 是按扇区擦除数据的。（　　）

8．STC8H8K64U 系列单片机 EEPROM 操作的触发代码是先 A5H，后 5AH。（　　）

9．当变量的存储类型定义为 data 时，其访问速度是最快的。（　　）

四、问答题

1．高 128 字节地址和特殊功能寄存器的地址是冲突的，在应用中是如何区分的？

2．在实际应用中，特殊功能寄存器的可寻址位的位地址是如何描述的？

3．片内扩展 RAM 和片外扩展 RAM 是不能同时使用的，在实际应用中如何选择？

4．程序存储器的 0000H 单元地址有什么特殊含义？

5．程序存储器的 000023 单元地址有什么特殊含义？

6．简述 STC8H8K64U 系列单片机 EEPROM 读操作的工作流程。

7．简述 STC8H8K64U 系列单片机 EEPROM 扇区擦除操作的工作流程。

五、程序设计题

1．在程序存储器中，定义存储共阴极数码管的字形数据 3FH、06H、5BH、4FH、66H、6DH、7DH、07H、7FH、6FH，并编程将这些字形数据存储到 EEPROM 的 0000H～0009H 单元中。

2．编程将数据 100 存入 EEPROM 的 0200H 单元和片内扩展 RAM 的 0100H 单元中，读取 EEPROM 的 0200H 单元内容与片内扩展 RAM 0200H 单元内容并对这两个单元的内容进行比较，若相等，则点亮由 P4.7 控制的 LED；否则，由 P4.7 控制的 LED 闪烁。

3．编程实现读取 EEPROM 的 0001H 单元中的数据，若数据中 1 的个数是奇数，则点亮由 P4.7 控制的 LED；否则，点亮由 P4.6 控制的 LED。

第7章 定时/计数器

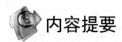 内容提要

定时/计数器是 STC8H8K64U 系列单片机的重要资源之一，可实现定时、计数及输出可编程时钟信号等功能，其核心电路是一个 16 位的加法计数器。STC8H8K64U 系列单片机有 5 个 16 位的定时/计数器，分别为 T0、T1、T2、T3 与 T4。

本章重点介绍 T0、T1 的结构、工作原理、控制及工作方式，以及 T0、T1 的应用举例。

在单片机的应用中，经常需要利用定时/计数器实现定时（或延时）控制，以及对外界事件进行计数。在单片机应用中，可供选择的定时方法有以下几种。

（1）软件定时。

让 CPU 循环执行一段程序，通过选择指令和安排循环次数实现软件定时。采用软件定时会完全占用 CPU，增加 CPU 开销，降低 CPU 的工作效率。因此软件定时的时间不宜太长，这种定时方法仅适用于 CPU 较空闲的程序。

（2）硬件定时。

硬件定时的特点是，定时功能全部由硬件电路（如采用 555 时基电路）完成，不占用 CPU 时间，但需要改变电路的参数调节定时时间，在使用上不够方便，同时增加了硬件成本。

（3）可编程定时器定时。

可编程定时器的定时值及定时范围很容易通过软件进行确定和修改。STC8H8K64U 系列单片机内部有 5 个 16 位的定时/计数器（T0、T1、T2、T3 和 T4），通过对系统时钟或外部输入信号进行计数与控制，可以方便地用于定时控制、事件记录、输出可编程时钟信号，或者用作分频器。

7.1 定时/计数器（T0/T1）的结构和工作原理

STC8H8K64U 系列单片机内部有 5 个 16 位的定时/计数器，即 T0、T1、T2、T3 和 T4，它们的电路结构大同小异。本章重点学习 T0 和 T1。

T0、T1 的结构框图如图 7.1 所示。TL0、TH0 分别是 T0 的低 8 位状态值、高 8 位状态值，TL1、TH1 分别是 T1 的低 8 位状态值、高 8 位状态值。TMOD 是 T0、T1 的工作方式寄存器，由它确定 T0、T1 的工作方式和功能。TCON 是 T0、T1 的控制寄存器，用于控制 T0、T1 的启动与停止，并记录 T0、T1 的计满溢出标志。AUXR 称为辅助寄存器，其 T0x12、T1x12 分别用于设定 T0、T1 内部计数脉冲的分频系数。P3.4、P3.5 分别为 T0、T1 的外部计数脉冲输入端。

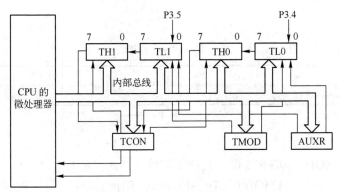

图 7.1 T0、T1 的结构框图

STC8H8K64U 系列单片机计数器电路框图如图 7.2 所示。T0、T1 的核心电路是一个加 1 计数器。加 1 计数器的脉冲来源有两个：一个是外部脉冲源，即 T0（P3.4）和 T1（P3.5）；另一个是系统的时钟信号。加 1 计数器对其中一个脉冲源进行输入计数，每输入一个脉冲，计数值加 1，当计数到计数器为全 1 时，再输入一个脉冲就使计数值回 0，同时使计数器计满溢出标志位 TF0 或 TF1 置 1，并向 CPU 发出中断请求。

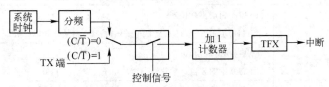

图 7.2 STC8H8K64U 系列单片机计数器电路框图

定时功能：当脉冲源为系统时钟（等间隔脉冲序列）时，由于计数脉冲为一时间基准，因此脉冲数乘以计数脉冲周期（系统周期或 12 倍系统周期）就是定时时间。换言之，当系统时钟确定时，利用计数器的计数值就可以确定定时时间。

计数功能：当脉冲源为单片机外部引脚的输入脉冲时，定时/计数器就是外部事件的计数器，比如，当 T0 的计数输入端 P3.4 有一个负跳变时，T0 计数器的状态值加 1。外部输入信号的速率是不受限制的，但必须保证给出的电平在变化前至少被采样一次。

可编程时钟输出功能。该功能在图 7.2 中未体现出来，是指 T0、T1 的计满溢出脉冲可以通过编程从单片机的 I/O 口输出，详见 7.7 节。

7.2 定时/计数器（T0/T1）的控制

STC8H8K64U 系列单片机内部定时/计数器（T0、T1）的工作方式和控制由 TMOD、TCON 和 AUXR 三个特殊功能寄存器进行管理。

TMOD：用于设置定时/计数器（T0、T1）的工作方式与功能。

TCON：用于控制定时/计数器（T0、T1）的启动与停止，并记录定时/计数器（T0、T1）的溢出标志。

AUXR：用于设置定时计数脉冲的分频系数。

1. TMOD

TMOD 为 T0、T1 的工作方式寄存器，其格式如下。

	地址	B7	B6	B5	B4	B3	B2	B1	B0	复位值
TMOD	89H	T1_GATE	T1_C/$\overline{T}$	T1_M1	T1_M0	T0_GATE	T0_C/$\overline{T}$	T0_M1	T0_M0	0000 0000

$\longleftarrow$ T1 $\longrightarrow$ $\longleftarrow$ T0 $\longrightarrow$

（1）T0 工作方式控制字段。

TMOD.3～TMOD.0 为 T0 工作方式控制字段，具体含义如下。

TMOD.1（T0_M1）、TMOD.0（T0_M0）：T0 工作方式选择位。T0 的工作方式及功能说明如表 7.1 所示。

表 7.1　T0 的工作方式及功能说明

T0_M1	T0_M0	工 作 方 式	功 能 说 明
0	0	工作方式 0	16 位自动重载模式（推荐）： 当[TH0,TL0]中的 16 位计数值溢出时，系统会自动将内部 16 位重载寄存器[RL_TH0、RL_TL0]中的重载值装入[TH0,TL0]中
0	1	工作方式 1	16 位不自动重载模式： 当[TH0,TL0]中的 16 位计数值溢出时，T0 将从 0 开始计数
1	0	工作方式 2	8 位自动重载模式： 当 TL0 中的 8 位计数值溢出时，系统会自动将 TH0 中的重载值装入 TL0 中
1	1	工作方式 3	16 位自动重载模式： 与工作方式 0 相同，该模式不可屏蔽中断，中断优先级最高（高于其他所有中断的优先级），并且不可关闭，可用作操作系统的系统节拍定时器，或者系统监控定时器。唯一可停止的方法是关闭 TCON 中的 TR0 位，停止为 T0 供应时钟

TMOD.2（T0_C/$\overline{T}$）：T0 定时与计数功能选择位。TMOD.2（T0_C/$\overline{T}$）=0 时，设置为定时工作模式；TMOD.1（T0_C/$\overline{T}$）=1 时，设置为计数工作模式，计数输入引脚为 P3.4。

TMOD.3（T0_GATE）：T0 门控位。TMOD.3（T0_GATE）=0 时，软件控制位 TR0 置 1 即可启动 T0；TMOD.3（T0_GATE）=1 时，软件控制位 TR0 置 1，同时 INT0（P3.2）引脚输入为高电平方可启动 T0，即允许外部中断 INT0（P3.2）输入引脚信号参与控制 T0 的启动与停止。

（2）T1 的工作方式控制字段。

TMOD.7～TMOD.4 为 T1 工作方式控制字段，具体含义如下。

TMOD.5（T1_M1）、TMOD.4（T1_M0）：T1 工作方式选择位。T1 的工作方式及功能说明如表 7.2 所示。

表 7.2　T1 的工作方式及功能说明

T1_M1	T1_M0	工 作 方 式	功 能 说 明
0	0	工作方式 0	16 位自动重载模式（推荐）： 当[TH1,TL1]中的 16 位计数值溢出时，系统会自动将内部 16 位重载寄存器[RL_TH1、RL_TL1]中的重载值装入[TH1,TL1]中

T1_M1	T1_M0	工 作 方 式	功 能 说 明
0	1	工作方式 1	16 位不自动重载模式： 当[TH1,TL1]中的 16 位计数值溢出时，T1 将从 0 开始计数
1	0	工作方式 2	8 位自动重载模式： 当 TL1 中的 8 位计数值溢出时，系统会自动将 TH1 中的重载值装入 TL1 中
1	1	工作方式 3	停止计数

TMOD.6（T1_C/$\overline{\text{T}}$）：T1 定时与计数功能选择位。TMOD.6（T1_C/$\overline{\text{T}}$）=0 时，设置为定时工作模式；TMOD.6（T1_C/$\overline{\text{T}}$）=1 时，设置为计数工作模式，计数输入引脚为 P3.5。

TMOD.7（T1_GATE）：T1 门控位。TMOD.7（T1_GATE）=0 时，软件控制位 TR1 置 1 即可启动 T1；TMOD.7（T1_GATE）=1 时，软件控制位 TR1 置 1，同时 INT1（P3.3）引脚输入为高电平方可启动 T1，即允许外部中断 INT1（P3.3）输入引脚信号参与控制 T1 的启动与停止。

TMOD 不能进行位寻址，只能用字节指令设置 T0 或 T1 的工作方式，高 4 位定义 T1，低 4 位定义 T0。例如，当需要设置 T1 工作于工作方式 1 时，T1 的启停与外部中断 INT1（P3.3）输入引脚信号无关，此时 TMOD.5(T1_M1)=0，TMOD.4(T1_M0)=1，T1_C/$\overline{\text{T}}$ = 0，T1_GATE=0，因此，高 4 位应为 0001；T0 未用，低 4 位可随意置数，一般将其设为 0000。相应指令形式为"MOV　TMOD，#10H"或"TMOD=0x10;"。

2. TCON

TCON 的作用是控制定时/计数器的启动与停止，记录定时/计数器的溢出标志，以及控制外部中断。TCON 的格式如下。

	地址	B7	B6	B5	B4	B3	B2	B1	B0	复位值
TCON	88H	TF1	TR1	TF0	TR0	IE1	IT1	IE0	IT0	0000 0000

TF1：T1 溢出标志位。当 T1 计满产生溢出时，由硬件自动置位 TF1，在中断允许时，向 CPU 发出中断请求，中断响应后，由硬件自动将 TF1 清 0。也可通过查询 TF1 标志来判断计满溢出时刻，查询结束后，用软件将 TF1 清 0。

TR1：T1 运行控制位。由软件置 1 或清 0，从而实现启动或关闭 T1。当 TMOD.7（T1_GATE）=0 时，TR1 置 1 即可启动 T1；当 TMOD.7（T1_GATE）=1 时，TR1 置 1 且 INT1（P3.3）输入引脚信号为高电平方可启动 T1。

TF0：T0 溢出标志位。当 T0 计满产生溢出时，由硬件自动置位 TF0，在中断允许时，向 CPU 发出中断请求，中断响应后，由硬件自动将 TF0 清 0。也可通过查询 TF0 标志来判断计满溢出时刻，查询结束后，用软件将 TF0 清 0。

TR0：T0 运行控制位。由软件置 1 或清 0，从而启动或关闭 T0。当 TMOD.3（T0_GATE）= 0 时，TR0 置 1 即可启动 T0；当 TMOD.3（T0_GATE）=1 时，TR0 置 1 且 INT0（P3.2）输入引脚信号为高电平方可启动 T0。

TCON 中的低 4 位用于控制外部中断，与定时器/计数器无关，相关内容在第 8 章详细介绍。

TCON 的字节地址为 88H，可以进行位寻址，清除溢出标志、启动或停止定时/计数器都可以用位操作指令实现。

3．AUXR

AUXR 的 T0x12、T1x12 用于设定 T0、T1 定时计数脉冲的分频系数。AUXR 的格式如下。

	地址	B7	B6	B5	B4	B3	B2	B1	B0	复位值
AUXR	8EH	T0x12	T1x12	UART_M0x6	T2R	T2_$C/\overline{T}$	T2x12	EXTRAM	S1ST2	00000000

AUXR.7（T0x12）：用于设置 T0 定时计数脉冲的分频系数。当 AUXR.7（T0x12）=0 时，定时计数脉冲与传统 8051 单片机的定时计数脉冲完全一样，定时计数脉冲周期为系统时钟周期的 12 倍，即 12 分频；当 AUXR.7（T0x12）=1 时，定时计数脉冲为系统时钟脉冲，定时计数脉冲周期等于系统时钟周期，即无分频。

AUXR.6（T1x12）：用于设置 T1 定时计数脉冲的分频系数。当 AUXR.6（T1x12）=0 时，定时计数脉冲与传统 8051 单片机的定时计数脉冲完全一样，定时计数脉冲周期为系统时钟周期的 12 倍，即 12 分频；当 AUXR.6（T1x12）=1，定时计数脉冲为系统时钟脉冲，定时计数脉冲周期等于系统时钟周期，即无分频。

7.3 定时/计数器（T0/T1）的工作方式

定时/计数器有 4 种工作方式，分别为工作方式 0、工作方式 1、工作方式 2 和工作方式 3。其中，T0 可以工作在这 4 种工作方式中的任何一种，而 T1 只能工作在工作方式 0、工作方式 1 和工作方式 2。除工作方式 3 以外，在其他 3 种工作方式下，T0 和 T1 的工作原理是相同的。下面以 T0 为例，介绍定时/计数器的 4 种工作方式，着重学习方式。

1．工作方式 0

定时/计数器在工作方式 0 下工作的电路框图如图 7.3 所示。T0 有两个隐含的寄存器 RL_TH0、RL_TL0，用于保存 16 位计数器的重载初始值，当 TH0、TL0 构成的 16 位计数器计满溢出时，RL_TH0、RL_TL0 的值自动载入 TH0、TL0。RL_TH0 与 TH0 共用一个地址，RL_TL0 与 TL0 共用一个地址。当（TR0）=0 时，在对 TH0、TL0 写入数据时，也会同时将数据写入 RL_TH0、RL_TL0 中；当（TR0）=1 时，在对 TH0、TL0 写入数据时，数据只写入 RL_TH0、RL_TL0 中，而不会写入 TH0、TL0 中，这样不会影响 T0 的正常计数。

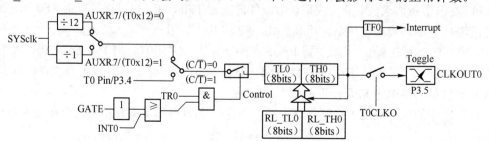

图 7.3 定时/计数器在工作方式 0 下工作的电路框图

当 $(C/\overline{T})=0$ 时，多路开关连接系统时钟的分频输出，T0 对定时计数脉冲计数，即 T0 处于定时工作状态。T0x12 决定了如何对系统时钟进行分频，当 T0x12=0 时，使用 12 分频（与传统 8051 单片机兼容）；当 T0x12=1 时，直接使用系统时钟（不分频）。

当 $(C/\overline{T})=1$ 时，多路开关连接外部输入脉冲引脚 P3.4，T0 对 P3.4 引脚输入脉冲计数，即 T0 处于计数工作状态。

TMOD.3（T0_GATE）的作用：一般情况下，应使 TMOD.3（T0_GATE）为 0，这样，T0 的运行控制仅由 TR0 的状态确定（TR0 为 1 时启动，TR0 为 0 时停止）。只有在启动计数要由外部输入引脚 INT0（P3.2）控制时，才使 TMOD.3（T0_GATE）为 1。由图 7.3 可知，当 TMOD.3（T0_GATE）=1，TR0 为 1 且 INT0 引脚输入高电平时，T0 才能启动计数。利用 TMOD.3（T0_GATE）的这一功能，可以很方便地测量脉冲宽度。

当 T0 工作在定时状态下时，定时时间的计算公式为

$$\text{定时时间}=(2^{16}-\text{T0 的定时初始值})\times\text{系统时钟周期}\times12^{(1-\text{T0x12})}$$

> **特别提示**：传统 8051 单片机 T0 在工作方式 0 下为 13 位定时/计数器，没有 RL_TH0、RL_TL0 这两个隐含的寄存器，新增的 RL_TH0、RL_TL0 也没有分配新的地址。T1 中增加的 RL_TH1、RL_TL1 用于保存 16 位定时/计数器的重载初始值，当 TH1、TL1 构成的 16 位计数器计满溢出时，RL_TH1、RL_TL1 的值自动载入 TH1、TL1 中。RL_TH1 与 TH1 共用一个地址，RL_TL1 与 TL1 共用一个地址。

例 7.1 用工作方式 0 下的 T1 实现定时，并在 P1.6 引脚输出周期为 10ms 的方波。

解 根据题意，采用工作方式 0 下的 T1 进行定时，因此，TMOD=00H。

因为方波周期为 10ms，所以 T1 的定时时间应为 5ms，每 5ms 就对 P1.6 取反，这样就可实现在 P1.6 引脚输出周期为 10ms 的方波。系统采用频率为 12MHz 的晶振，其分频系数为 12，即定时脉钟周期为 1μs，则 T1 的初始值为

$$2^{16}-\text{计数值}= 65536 - 5000 = 60536 =\text{EC78H}$$

即 TH1=ECH，TL1=78H。

汇编语言参考源程序如下。

```
$include(stc8h.inc)              ; 包含 STC8H 系列单片机新增特殊功能寄存器地址的定义文件
ORG    0000H
    LCALL  GPIO                  ; 调用 I/O 口初始化程序
    MOV    TMOD, #00H            ; 设置 T1 处于工作方式 0 定时模式
    MOV    TH1, #0ECH            ; 置 T1 5ms 定时的初始值
    MOV    TL1, #78H
    SETB   TR1                   ; 启动 T1
Check_TF1:
    JBC    TF1, Timer1_Overflow  ; 查询计数溢出
    SJMP   Check_TF1             ; 未到 5ms, 返回继续查询计数溢出
Timer1_Overflow:
    CPL  P1.6                    ; 对 P1.6 取反输出
    SJMP  Check_TF1              ; 不间断循环
$include(gpio.inc)               ; 包含 I/O 口的初始化文件
    END
```

C 语言参考源程序如下。

```
#include <stc8h.h>              //包含支持 STC8H 系列单片机的头文件
```

```
#include <intrins.h>
#include <gpio.h>              //包含 I/O 口初始化文件
#define uchar unsigned char
#define uint  unsigned int
    void main(void)
{
    gpio();                    //I/O 口初始化
    TMOD=0x00;                 //T1 初始化
    TH1=0xec;
    TL1=0x78;
    TR1=1;                     //启动 T1
    while(1)
    {
        if(TF1==1)             //判断 5ms 定时时间是否到达
        {
            TF1=0;
            P16=!P16;          //5ms 定时时间到达，取反输出
        }
    }
}
```

2. 工作方式 1

T0 在工作方式 1 下工作的电路框图如图 7.4 所示。工作在工作方式 1 下的定时/计数器是不可重载初始值的 16 位定时/计数器。

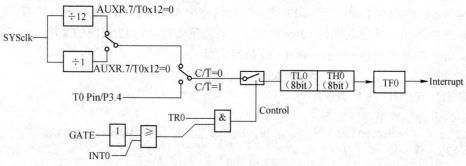

图 7.4　T0 在工作方式 1 下工作的电路框图

3. 工作方式 2

T0 在工作方式 2 下工作的电路框图如图 7.5 所示。工作在工作方式 2 下的 T0 是具有自动重载功能的 8 位定时/计数器。

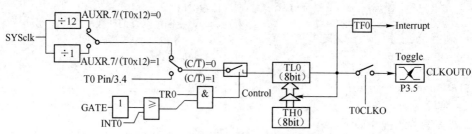

图 7.5　T0 在工作方式 2 下工作的电路框图

174

4. 工作方式 3

工作在工作方式 3 下的定时/计数器是自动重载初始值的 16 位定时/计数器。工作方式 3 与工作方式 0 相同，不可屏蔽中断，中断优先级最高，并且不可关闭，可用作操作系统的系统节拍定时器或系统监控定时器。唯一可停止工作在工作方式 3 下的 T0 的方法是关闭 TCON 中的 TR0，停止为 T0 供应时钟。

7.4 定时/计数器（T0/T1）的应用举例

STC8H8K64U 系列单片机的定时/计数器是可编程的，在利用定时/计数器进行定时或计数之前，先要通过软件对它进行初始化。

定时/计数器初始化程序应完成如下工作。

（1）对 TMOD 赋值，选择 T0、T1 的工作状态（定时或计数）与工作方式。

（2）对 AUXR 赋值，确定定时脉冲的分频系数，默认值为 12 分频，与传统 8051 单片机兼容。

（3）根据定时时间计算初值，并将其写入 TH0、TL0，或者 TH1、TL1。

（4）当定时/计数器工作在中断方式时，对 IE 赋值，开放中断，必要时，还需要对 IP 进行操作，以确定 T0、T1 中断源的优先等级。

（5）置位 TR0 或 TR1，启动 T0 或 T1 开始定时或计数。

特别提示：STC-ISP 在线编程软件具有定时计算功能，可用于定时/计数器定时的初始化设置。如图 7.6 所示，根据系统要求，设置好"系统频率"、"选择定时器"、"定时器模式"、"定时器时钟"及"定时长度"，系统就会自动生成定时器对应的初始化程序（默认是 C 语言程序，若需要汇编语言程序，则可单击"生成 ASM 代码"按钮，单击"复制代码"按钮并将其粘贴到应用程序中即可。

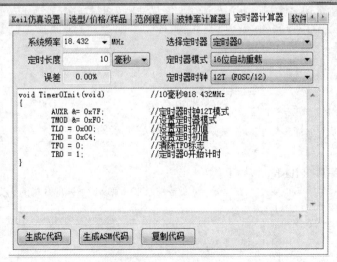

图 7.6 STC-ISP 在线编程软件中的定时/计数器生成工具

7.4.1 定时应用

例 7.2 要求用单片机定时/计数器 T1 实现 LED 闪烁点亮，闪烁间隔时间为 1s。

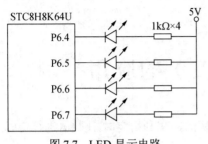

图 7.7　LED 显示电路

解 LED 采用低电平驱动，其显示电路如图 7.7 所示。

系统采用频率为 12MHz 的晶振，分频系数为 12，即定时时钟周期为 1μs；用工作方式 0 下的 T1 定时，但最大定时时间只有 65.536ms，因此，这里需要采用定时累计的方法实现 1s 定时。拟采用 T1 定时 50ms，累计 20 次实现 1s 定时。用 R3 作为 50ms 计数单元，初始值为 20，50ms 定时对应的初始值为 3CB0H。

汇编语言参考程序（FLASH.ASM）如下。

```
$include(stc8h.inc)      ;包含 STC8H 系列单片机新增特殊功能寄存器地址的定义文件
        ORG 0000H
        LCALL GPIO              ;I/O 口初始化
        CLR   P4.0             ;选通 STC 大学计划实验箱（8.3）LED
        MOV   A,#0FEH
        MOV   R3,#20            ;置 50ms 计数循环初始值
        MOV   TMOD,#00H         ;将 T1 的工作方式设置为工作方式 0
        MOV   TH1,#3CH          ;置 50ms T1 初始值
        MOV   TL1,#0B0H
        SETB  TR1               ;启动 T1
Check_TF1:
        JBC   TF1,Timer1_Overflow   ;查询计数溢出
        SJMP  Check_TF1             ;未到 50ms 继续计数
Timer1_Overflow:
        DJNZ  R3,Check_TF1          ;未到 1s 继续循环
        MOV   R3, #20
        CPL   P6.4
        CPL   P6.5
        CPL   P6.6
        CPL   P6.7
        SJMP  Check_TF1
$include(gpio.inc)                  ;I/O 口初始化文件
        END
```

C 语言参考程序（flash.c）如下。

```
#include <stc8h.h>          //包含支持 STC8H 系列单片机的头文件
#include <intrins.h>
#include <gpio.h>           //I/O 口初始化文件
#define uchar unsigned char
#define uint unsigned int
uchar i = 0;                //定义 50ms 定时的累计变量
```

```
void main(void)
{
    gpio( );                //I/O 口初始化
    P40=0;                  //选通 STC 大学计划实验箱（8.3）LED
    TMOD=0x00;
    TH1=0x3c;
    TL1=0xb0;
    TR1=1;
    while(1)
    {
        if(TF1==1)
        {
            TF1=0;
            i++;
            if(i==20)
            {
                i=0;
                P64=~P64;           //LED 的驱动取反输出
                P65=~P65;
                P66=~P66;
                P67=~P67;
            }
        }
    }
}
```

7.4.2　计数应用

例 7.3　连续输入 5 个单次脉冲使单片机控制的 LED 状态翻转一次，要求用定时/计数器的计数功能实现。

解　采用 T1 的计数功能实现，LED 的计数控制如图 7.8 所示。T1 采用工作方式 0 的计数方式，初始值为 FFFBH，当输入 5 个单次脉冲时，即将 T1 计满溢出标志位 TF1 置 1，通过查询 TF1 的状态，进而对 P5.0 控制的 LED 进行控制。

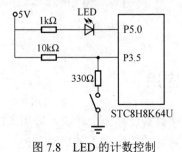

图 7.8　LED 的计数控制

（1）汇编语言参考源程序（COUNTER.ASM）

```
$include(stc8h.inc)     ;包含 STC8H 系列单片机新增特殊功能寄存器地址的定义文件
    ORG 0000H
    LCALL GPIO           ;I/O 口初始化
```

```
        MOV  TMOD,  #40H            ;设定 T1 采用工作方式 0,以实现计数功能
    MOV  TH1,  #0FFH
    MOV  TL1,  #0FBH               ;设置 T1 初始值(256-5)
    SETB  TR1                      ;启动计数功能
Check_TF1:
    JBC  TF1,  Timer1_Overflow     ;查询是否计数溢出
    LJMP  Check_TF1
Timer1_Overflow:
    CPL  P5.0                      ;当累计 5 个脉冲时,LED 状态翻转
    LJMP  Check_TF1
    $include(gpio.inc)             ;I/O 口初始化文件
    END
```

(2)C 语言参考源程序。

```
#include<stc8h.h>
#include<intrins.h>
#include<gpio.h>
#define uchar unsigned char
#define uint unsigned int
sbit  led = P5^0;
void  Timer1_initial(void)
{
        TMOD = 0x40;           //设定 T1 采用工作方式 2,以实现计数功能
        TH1 = 0xffb;           //5 个脉冲以后溢出
        TL1 = 0xfb;
        TR1 = 1;               //开始计数
}
void main(void)
{
        gpio( );
        Timer1_initial();
        while(1)
        {
//不断查询是否溢出,若没有溢出,则等待溢出;若有溢出,则清空溢出标志,LED 状态取反
            while(TF1==0);
            TF1 = 0;
            led = !led;
        }
}
```

7.4.3 T0、T1 的综合应用

例 7.4 利用单片机定时/计数器设计一个秒表,采用 LED 数码管显示,计满 100s 后重新计数,依次循环。利用一只开关控制秒表的启动和停止。利用复位键,返回初始工作状态。

解 采用 LED 数码管显示,在汇编语言程序中,驱动程序名为 LED_display.inc(见 4.3),显示子程序的入口地址为 LED_display;在 C 语言程序中,驱动程序名为 LED_display.c(见工程训练 5.1),显示子函数名称为 LED_display()。P3.2 接秒表的启动和停止按键。采用工

作在工作方式 0 的 T0 作为定时器，晶振频率为 12MHz，分频系数为 12，即定时时钟周期为 1μs。

实现算法：在例 7.2 秒定时的基础上，增加一个计数器，用于统计秒的次数，即秒表。

（1）汇编语言参考源程序（SECOND.ASM）。

```
$include(stc8h.inc)        ;包含 STC8H 系列单片机新增特殊功能寄存器地址的定义文件
    ORG 0000H
    LCALL GPIO
    MOV  TMOD,#00H         ;设定 T0 采用工作方式 0，以实现定时功能
    MOV  TH0,#3CH          ;赋 50ms 定时初始值
    MOV  TL0,#0B0H
    MOV  R3,#14H           ;赋 50ms 计数循环初始值（1s/50ms）
    MOV  A, #00H           ;设置秒计数器，并初始化
    MOV  30H, #16          ;为显示缓冲器赋初始值，前 6 位灭，后 2 位显示 0
    MOV  31H, #16
    MOV  32H, #16
    MOV  33H, #16
    MOV  34H, #16
    MOV  35H, #16
    MOV  36H, #0
    MOV  37H, #0
Check_Start_Button:
    LCALL  LED_display     ;调用显示函数
    JNB P3.2, Start
    CLR TR0
    SJMP  Check_Start_Button
Start:
    SETB TR0
Check_T0:
    JBC TF0, Timer0_Overflow
    SJMP  Check_Start_Button
Timer0_Overflow:
    DJNZ R3, Check_Start_Button
    MOV R3, #20
    ADD A, #01H           ;秒表加 1
    DA A                  ;十进制调整
    MOV B, A       ;暂存秒值并进行数据处理，拆成十位数与个位数并将它们送至显示缓冲区
    ANL A, #0FH
    MOV 37H, A
    MOV A, B
    SWAP A
    ANL A, #0FH
    MOV 36H, A
    MOV A, B              ;恢复 A 值
    SJMP  Check_Start_Button
$INCLUDE (LED_display.inc) ;LED 数码管驱动文件
$include(gpio.inc)         ;I/O 口初始化文件
    END
```

（2）C51 参考源程序。

C51 参考源程序见工程训练 7.1。

例 7.5 利用单片机定时/计数器设计一个简易频率计，采用 LED 数码管显示。利用一个开关控制频率计的启动和停止。

解 采用工作在工作方式 0 的 T0 作为定时器，采用工作在工作方式 0 的 T1 对 P3.5 引脚输入脉冲进行计数，P3.2 接频率计的启动和停止开关。单片机的晶振频率为 12MHz，分频系数为 12，即定时时钟周期为 1μs。

当 T0 定时 1s 时读取 T1 的计数值，该值即 P3.5 引脚输入脉冲的频率值。

LED 数码管显示方式同例 7.4。

（1）汇编语言参考源程序（F- COUNTER.ASM）。

```
$include(stc8h.inc)          ;包含 STC8H 系列单片机新增特殊功能寄存器地址的定义文件
    ORG 0000H
    LCALL GPIO
;设定 T0 采用工作方式 0，以实现定时功能，T1 采用工作方式 0，以实现计数功能
    MOV TMOD,#40H
    MOV TH0,#3CH              ;赋 50ms 定时初始值
    MOV TL0,#0B0H
    MOV R3,#14H               ;赋 50ms 计数循环初始值（1s/50ms）
    MOV TH1, #0               ;清 0 T1
    MOV TL1, #0
    MOV 30H, #16              ;为显示缓冲器赋初始值，前 6 位灭，后 2 位显示 0
    MOV 31H, #16
    MOV 32H, #16
    MOV 33H, #16
    MOV 34H, #16
    MOV 35H, #16
    MOV 36H, #16
    MOV 37H, #0
Check_Start_Button:
    LCALL  LED_display        ;调用显示函数
    JNB  P3.2,  Start         ;开关状态为 1，频率计停止工作
    CLR  TR0
    CLR  TR1
    SJMP  Check_Start_Button
Start:
    SETB  TR0                 ;开关状态为 0，频率计工作
    SETB  TR1
Check_T0:
    JBC  TF0,  Timer0_Overflow
    SJMP  Check_Start_Button
Timer0_Overflow:
    DJNZ  R3, Check_Start_Button
    MOV  R3, #20              ;达到 1s，读 T1 计数值并送 P1、P2 口显示
    MOV  A, TL1
    ANL  A, #0FH
    MOV  37H, A
    MOV  A, TL1
```

```
    SWAP  A
    ANL  A, #0FH
    MOV  36H, A
    MOV  A, TH1
    ANL  A, #0FH
    MOV  35H, A
    MOV  A, TH1
    SWAP  A
    ANL  A, #0FH
    MOV  34H, A
    CLR  TR1                        ;清 0 T1
    MOV  TH1, #0
    MOV  TL1,#0
    SETB  TR1
    SJMP  Check_Start_Button
$INCLUDE (LED_display.inc)         ;包含 LED 数码管驱动程序
$include(gpio.inc)
    END
```

（2）C51 参考源程序。

C51 参考源程序见工程训练 7.3。

7.5　定时/计数器 T2

7.5.1　T2 的电路结构

STC8H8K64U 系列单片机 T2 的电路结构如图 7.9 所示。T2 的电路结构与 T0、T1 的电路结构基本一致，但 T2 的工作方式固定为 16 位自动重载初始值模式。T2 既可以用作定时/计数器，也可以用作串行通信端口的波特率发生器和可编程时钟输出源。

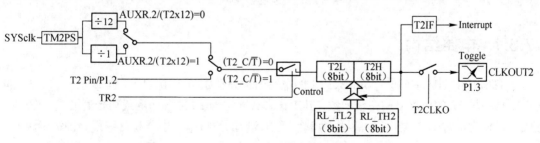

图 7.9　STC8H8K64U 系列单片机 T2 的电路结构

7.5.2　T2 的控制寄存器

STC8H8K64U 系列单片机内部 T2 的状态寄存器为 T2H、T2L，T2 由特殊功能寄存器 AUXR、INTCLKO、IE2 进行控制与管理。与 T2 有关的特殊功能寄存器如表 7.3 所示。

STC8H8K64U 系列单片机内部的 T2 只有一种工作方式，即工作方式 0。

表 7.3　与 T2 有关的特殊功能寄存器

符　号	名　　称	B7	B6	B5	B4	B3	B2	B1	B0	复位值
T2H	T2 状态寄存器	T2 的高 8 位								0000 0000
T2L	T2 状态寄存器	T2 的低 8 位								
AUXR	辅助寄存器	T0x12	T1x12	UART_M0x6	T2R	T2_C/$\overline{\text{T}}$	T2x12	EXTRAM	S1ST2	0000 0000
INTCLKO	可编程时钟控制寄存器	—	EX4	EX3	EX2	—	T2CLKO	T1CLKO	T0CLKO	x000 x000
IE2	中断允许寄存器 2	EUSB	ET4	ET3	ES4	ES3	ET2	ESPI	ES2	0000 0000
AUXINTIF	中断标志辅助寄存器	—	INT4IF	INT3IF	INT2IF	—	T4IF	T3IF	T2IF	x000 x000
TM2PS	T2 预分频寄存器									0000 0000

　　AUXR.4（T2R）：T2 运行控制位。AUXR.4（T2R）=0，T2 停止计数；AUXR.4（T2R）=1，T2 计数。

　　AUXR.3（T2_C/$\overline{\text{T}}$）：定时、计数选择控制位。AUXR.3（T2_C/$\overline{\text{T}}$）=0，T2 为定时状态，计数脉冲为系统时钟或系统时钟的 12 分频信号；AUXR.3（T2_C/$\overline{\text{T}}$）=1，T2 为定时状态，计数脉冲为 P1.2 引脚输入的脉冲信号。

　　AUXR.2（T2x12）：定时脉冲的选择控制位。AUXR.2（T2x12）=0，定时脉冲为 T2 定时时钟的 12 分频信号；AUXR.2（T2x12）=1，定时脉冲为 T2 定时时钟。

　　INTCLKO.2（T2CLKO）是 T2 可编程时钟输出控制位，详见 7.7 节；IE2.2（ET2）是 T2 的中断允许控制位，AUXINTIF.0（T2IF）是 T2 的中断请求标志位（计数计满溢出标志位），详见第 8 章。

　　TM2PS：T2 预分频寄存器，T2 定时时钟=系统时钟/（TM2PS+1）。

7.6　定时/计数器 T3、T4

7.6.1　电路结构

　　STC8H8K64U 系列单片机 T3、T4 的电路结构分别如图 7.10、图 7.11 所示。T3、T4 的电路结构与 T2 的电路结构完全一致，其工作方式固定为 16 位自动重载初始值模式。T3、T4 既可以作为定时/计数器，也可以作为串行通信端口的波特率发生器和可编程时钟输出源。

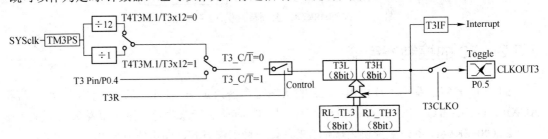

图 7.10　STC8H8K64U 系列单片机 T3 的电路结构

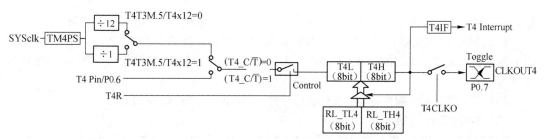

图 7.11 STC8H8K64U 系列单片机 T4 的电路结构

7.6.2 控制寄存器

STC8H8K64U 系列单片机内部 T3 的状态寄存器是 T3H、T3L，T4 的状态寄存器是 T4H、T4L，T3、T4 由特殊功能寄存器 T4T3M、IE2 进行控制与管理。与 T3、T4 有关的特殊功能寄存器如表 7.4 所示。

表 7.4 与 T3、T4 有关的特殊功能寄存器

符号	名称	B7	B6	B5	B4	B3	B2	B1	B0	复位值
T3H	T3 状态寄存器	T3 的高 8 位								00000000
T3L	T3 状态寄存器	T3 的低 8 位								00000000
T4H	T4 状态寄存器	T4 的高 8 位								00000000
T4L	T4 状态寄存器	T4 的低 8 位								00000000
T4T3M	T3、T4 控制寄存器	T4R	T4- C/$\overline{\text{T}}$	T4x12	T4CLKO	T3R	T3- C/$\overline{\text{T}}$	T3x12	T3CLKO	00000000
IE2	中断允许寄存器 2	EUSB	ET4	ET3	ES4	ES3	ET2	ESPI	ES2	000000000
AUXINTIF	中断标志辅助寄存器	—	INT4IF	INT3IF	INT2IF	—	T4IF	T3IF	T2IF	x000x000
TM3PS	T3 预分频寄存器									00000000
TM4PS	T4 预分频寄存器									00000000

（1）T3 的运行控制。

T4T3M.3（T3R）：T3 的运行控制位。T4T3M.3（T3R）=0，T3 停止计数；T4T3M.3（T3R）=1，T3 计数。

T4T3M.2（T3_C/$\overline{\text{T}}$）：定时、计数选择控制位。T4T3M.2（T3_C/$\overline{\text{T}}$）=0，T3 为定时状态，计数脉冲为系统时钟或系统时钟的 12 分频信号；T4T3M.2（T3_C/$\overline{\text{T}}$）=1，T3 为计数状态，计数脉冲为 P0.4 输入引脚的脉冲信号。

T4T3M.1（T3x12）：定时脉冲的选择控制位。T4T3M.1（T3x12）=0，定时脉冲为 T3

定时时钟的 12 分频信号；T4T3M.1（T3x12）=1，定时脉冲为 T3 定时时钟信号。

T4T3M.0（T3CLKO）是 T3 可编程时钟输出控制位，详见 7.7 节；IE2.5（ET3）是 T3 的中断允许控制位，AUXINTIF.1（T3IF）是 T3 的中断请求标志位（计数计满溢出标志位），详见第 8 章。

TM3PS：T3 预分频寄存器，T3 定时时钟=系统时钟/（TM3PS+1）。

（2）T4 的运行控制。

T4T3M.7（T4R）：T4 的运行控制位。T4T3M.7（T4R）=0，T4 停止计数；T4T3M.7（T4R）=1，T3 计数。

T4T3M.6（T4_C/$\overline{\text{T}}$）：定时、计数选择控制位。T4T3M.6（T3_C/$\overline{\text{T}}$）=0，T4 为定时状态，计数脉冲为系统时钟或系统时钟的 12 分频信号；T4T3M.6（T4_C/$\overline{\text{T}}$）=1，T4 为计数状态，计数脉冲为 P0.6 输入引脚的脉冲信号。

T4T3M.5（T4x12）：定时脉冲的选择控制位。T4T3M.5（T4x12）=0，定时脉冲为 T4 定时时钟的 12 分频信号；T4T3M.5（T4x12）=1，定时脉冲为 T4 定时时钟信号。

T4T3M.4（T4CLKO）是 T4 可编程时钟输出控制位，详见 7.7 节；IE2.6（ET4）是 T4 的中断允许控制位，AUXINTIF.2（T4IF）是 T4 的中断请求标志位（计数计满溢出标志位），详见第 8 章。

TM4PS：T4 预分频寄存器，T4 定时时钟=系统时钟/（TM4PS+1）。

7.7 可编程时钟输出

STC8H8K64U 系列单片机除主时钟可编程输出时钟信号外，其 T0、T1、T2、T3、T4 也可编程输出时钟信号。

7.7.1 T0~T4 的可编程时钟输出

很多实际应用系统需要为外围元器件提供时钟，如果单片机能提供可编程时钟输出功能，则可以降低系统成本，缩小 PCB 的面积；当不需要时钟输出时，可关闭时钟输出，这样不但可以降低系统的功耗，还可以减轻时钟对外的电磁辐射。STC8H8K64U 系列单片机增加了 CLKOUT0（P3.5）、CLKOUT1（P3.4）、CLKOUT2（P1.3）、CLKOUT3（P0.5）和 CLKOUT4（P0.7）这 5 个可编程时钟输出引脚。CLKOUT0（P3.5）的输出时钟频率由 T0 控制，CLKOUT1（P3.4）的输出时钟频率由 T1 控制，相应的 T0、T1 需要工作在工作方式 0、工作方式 2 或工作方式 3（自动重载数据模式）。CLKOUT2（P1.3）的输出时钟频率由 T2 控制、CLKOUT3（P0.5）的输出时钟频率由 T3 控制、CLKOUT4（P0.7）的输出时钟频率由 T4 控制。

1. 可编程时钟输出的控制

5 个定时/计数器的可编程时钟输出都是由特殊功能寄存器 INT_CLKO 和 T4T3M 进行控制的。INT_CLKO、T4T3M 的相关控制位定义如表 7.5 所示。

表 7.5 INT_CLKO、T4T3M 的相关控制位定义

符 号	名 称	B7	B6	B5	B4	B3	B2	B1	B0	复位值
INTCLKO	可编程时钟控制寄存器	—	EX4	EX3	EX2	—	T2CLKO	T1CLKO	T0CLKO	x000x000
T4T3M	T3、T4 控制寄存器	T4R	T4-C/$\overline{T}$	T4x12	T4CLKO	T3R	T3-C/$\overline{T}$	T3x12	T3CLKO	00000000

INTCLKO.0（T0CLKO）：T0 可编程时钟输出控制位。INTCLKO.0（T0CLKO）=0，T0 可编程时钟禁止输出；INTCLKO.0（T0CLKO）=1，T0 可编程时钟从 P3.5 引脚输出，当 T0 计数计满溢出时，P3.5 引脚的电平自动发生翻转。

INTCLKO.1（T1CLKO）：T1 可编程时钟输出控制位。INTCLKO.1（T1CLKO）=0，T1 可编程时钟禁止输出；INTCLKO.1（T1CLKO）=1，T1 可编程时钟从 P3.4 引脚输出，当 T1 计数计满溢出时，P3.4 引脚的电平自动发生翻转。

INTCLKO.2（T2CLKO）：T2 可编程时钟输出控制位。INTCLKO.2（T2CLKO）=0，T2 可编程时钟禁止输出；INTCLKO.2（T2CLKO）=1，T2 可编程时钟从 P1.3 引脚输出，当 T2 计数计满溢出时，P1.3 引脚的电平自动发生翻转。

T4T3M.0（T3CLKO）：T3 可编程时钟输出控制位。T4T3M.0（T3CLKO）=0，T3 可编程时钟禁止输出；T4T3M.0（T3CLKO）=1，T3 可编程时钟从 P0.5 引脚输出，当 T3 计数计满溢出时，P0.5 引脚的电平自动发生翻转。

T4T3M.4（T4CLKO）：T4 可编程时钟输出控制位。T4T3M.4（T4CLKO）=0，T4 可编程时钟禁止输出；T4T3M.4（T4CLKO）=1，T4 可编程时钟从 P0.7 引脚输出，当 T4 计数计满溢出时，P0.7 引脚的电平自动发生翻转。

2. 可编程时钟输出频率的计算

可编程时钟输出频率为定时/计数器溢出率的 2 分频信号。

下面以 T0 为例，分析定时/计数器可编程时钟输出频率的计算方法。

P3.5 输出时钟频率（CLKOUT0）=（1/2）T0 溢出率

T0 的溢出率就是 T0 定时时间的倒数，调整可编程时钟输出频率实际上就是设置定时/计数器的定时时间。因此，进一步可推断出 T0 定时时间就是可编程时钟输出周期的 1/2。T0 定时时间可利用 STC-ISP 在线编程软件中定时器计算工具进行计算与设置。

7.7.2 可编程时钟的应用举例

例 7.6 编程实现在 P1.3、P3.4、P3.5 引脚上分别输出 1kHz、100Hz、10Hz 的时钟信号。

解 设系统时钟频率为 12 MHz，计算出 P1.3、P3.4、P3.5 引脚可编程时钟的输出周期分别为 1ms、10ms、100ms，即 T2、T1、T0 的定时时间分别为 0.5ms、5ms、50ms，利用 STC-ISP 在线编程软件中定时器计算工具求出 T2、T1、T0 各自的定时初始化程序。

（1）汇编语言参考源程序（CLOCK-OUT.ASM）。

```
$include(stc8h.inc)        ;包含 STC8H 系列单片机新增特殊功能寄存器的定义文件
    ORG 0000H
```

```
        LCALL GPIO                      ;I/O 口初始化
            LCALL TIMER5INIT            ; T2 500μs 定时的初始化程序
            LCALL TIMER1INIT            ; T1 5ms 定时的初始化程序
            LCALL TIMER0INIT            ; T0 50ms 定时的初始化程序
            ORL  INTCLKO,#07H           ;允许 CLKOUT0、CLKOUT1、CLKOUT2 时钟输出
            SJMP  $
        TIMER5INIT:                     ;500μs@12.000MHz
            ANL  AUXR,#0FBH             ;定时/计数器时钟 12T 模式
            MOV  T2L,#00CH              ;设置定时初始值
            MOV  T2H,#0FEH              ;设置定时初始值
            ORL  AUXR,#10H              ;T2 开始计时
            RET
        TIMER1INIT:                     ;5ms@12.000MHz
            ORL  AUXR,#40H              ;定时/计数器时钟 1T 模式
            ANL  TMOD,#0FH              ;设置定时/计数器模式
            MOV  TL1,#0A0H              ;设置定时初始值
            MOV  TH1,#015H              ;设置定时初始值
            CLR  TF1                    ;清除 TF1 标志
            SETB  TR1                   ;T1 开始计时
            RET
        TIMER0INIT:                     ;50ms @12.000MHz
            ANL AUXR,#7FH               ;定时/计数器时钟 12T 模式
            ANL TMOD,#0F0H              ;设置定时/计数器模式
            MOV TL0,#0B0H               ;设置定时初始值
            MOV TH0,#03CH               ;设置定时初始值
            CLR TF0                     ;清除 TF0 标志
            SETB TR0                    ;T0 开始计时
            RET
        $include(gpio.inc)              ;I/O 口初始化文件
        END
```

（2）C 语言参考源程序（clock-out.c）。

```
#include <stc8.h>              //包含支持 STC8H 系列单片机的头文件
#include <intrins.h>
#include <gpio.h>              //I/O 口初始化文件
#define uchar unsigned char
#define uint  unsigned int
void Timer0Init(void)         //50ms@12.000MHz
{
    AUXR &= 0x7F;             //定时/计数器时钟 12T 模式
    TMOD &= 0xF0;             //设置定时/计数器模式
    TL0 = 0xB0;               //设置定时初始值
    TH0 = 0x3C;               //设置定时初始值
    TF0 = 0;                  //清除 TF0 标志
    TR0 = 1;                  //T0 开始计时
}
void Timer1Init(void)         //5ms @12.000MHz
{
    AUXR |= 0x40;             //定时/计数器时钟 1T 模式
    TMOD &= 0x0F;             //设置定时/计数器模式
    TL1 = 0xA0;               //设置定时初始值
```

```
    TH1 = 0x15;                  //设置定时初始值
    TF1 = 0;                     //清除 TF1 标志
    TR1 = 1;                     //T1 开始计时
}
void Timer5Init(void)           //500μs@12.000MHz
{
    AUXR |= 0x04;               //定时/计数器时钟 1T 模式
    T2L = 0x90;                 //设置定时初始值
    T2H = 0xE8;                 //设置定时初始值
    AUXR |= 0x10;               //T2 开始计时
}
void main(void)
{
    gpio( );                    //I/O 口初始化
    Timer0Init();                   //T0 初始化
    Timer1Init();               //T1 初始化
    Timer5Init();               //T2 初始化
    INTCLKO =(INTCLKO|0x07);    //允许 T0、T1、T2 输出时钟信号
    while(1);                   //无限循环
}
```

7.8　工程训练

7.8.1　定时/计数器的定时应用

一、工程训练目标

（1）理解 STC8H8K64U 系列单片机定时/计数器的电路结构与工作原理。

（2）掌握 STC8H8K64U 系列单片机定时/计数器的定时应用。

二、任务功能与参考程序

1. 任务功能与硬件设计

用 T0 设计一个秒表。设置一个控制开关，当开关合上时，T0 停止计时；当开关断开时，T0 启动计时，计到 100 时自动归 0，采用 LED 数码管显示秒表的计时值。

2. 硬件设计

采用 SW17 作为控制开关，8 位 LED 数码管显示秒表的计时值。

3. 参考程序（C 语言版）

（1）程序说明。

将工程训练 5.1 中的 LED_display.c 文件复制到本工程文件夹中，用包含语句将 LED_display.c 包含到程序文件中，然后在主函数中将秒表的计时数据送到显示位对应的显示缓冲区中，再直接调用显示函数 "LED_display();"。

将 gpio.c 复制到本工程文件夹中。

（2）参考程序：工程训练 71.c。

```
#include <stc8h.h>                       //包含支持 STC8H 系列单片机的头文件
#include <intrins.h>                      //I/O 口初始化文件
#include <gpio.c>
#define uchar unsigned char
#define uint  unsigned int
#include <LED_display.c>
uchar cnt=0;
uchar second=0;                            //50ms 计数变量
sbit SW17=P3^2;                            //秒计数变量
/*-------------T0 50ms 初始化函数--------------------------*/
//50ms @12.000MHz, 从 STC-ISP 在线编程软件定时器计算工具中获得
void Timer0Init(void)
{
    AUXR &= 0x7F;          //定时/计数器时钟 12T 模式
    TMOD &= 0xF0;          //设置定时/计数器模式
    TL0 = 0xB0;            //设置定时初始值
    TH0 = 0x3C;            //设置定时初始值
    TF0 = 0;               //清除 TF0 标志
    TR0 = 1;               //T0 开始计时
}
void start(void)
{
    if(SW17==1)            //开关断开，计时
    {
        TR0 = 1;
    }
    else
        TR0 = 0;           //开关合上，停止计时
}
void main(void)
{
    gpio();
    Timer0Init();          //定时/计数器初始化
    while(1)
    {
        LED_display();     //LED 数码管显示
        start();           //启停控制
        if(TF0==1)         //50ms 到达，将 TF0 清 0，50ms 计数变量加 1
        {
            TF0=0;
            cnt++;
            if(cnt==20)    //1s 到达，将 50ms 计数变量清 0，秒计数变量加 1
            {
                cnt=0;
                second++;
                if(second==100) second=0;    // 100s 到达，秒计数变量清 0
                Dis_buf[7]=second%10;        //秒计数变量值送至显示缓冲区
                Dis_buf[6]=second/10%10;
```

```
                }
            }
        }
    }
```

三、训练步骤

（1）分析"工程训练 71.c"程序文件。

（2）将"gpio.c"与"LED_display.c"复制到当前项目文件夹中。

（3）用 Keil μVision4 集成开发环境编辑、编译用户程序，生成机器代码文件。

① 用 Keil μVision4 集成开发环境新建工程训练 71 项目。

② 输入与编辑"工程训练 71.c"文件。

③ 将"工程训练 71.c"文件添加到当前项目中。

④ 设置编译环境，勾选"编译时生成机器代码文件"复选框。

⑤ 编译程序文件，生成"工程训练 71.hex"文件。

（4）将 STC 大学计划实验箱（8.3/9.3）连接至计算机。

（5）利用 STC-ISP 在线编程软件将"工程训练 71.hex"文件下载到 STC 大学计划实验箱（8.3/9.3）中。

（6）观察与调试程序。

① 观察秒表的秒值是否准确。

② 按住 SW17 按键，观察秒表是否停止走动。

③ 松开 SW17 按键，观察秒表是否在原计时值基础上继续计时。

④ 观察秒表的计时上限值是多少。

四、训练拓展

（1）修改工程训练 71.c，扩展计时范围到 1000s，增加高位灭零功能，并调试。

（2）用 T1 设计一个秒表。设置一个控制开关，当开关断开时，T1 停止计时；当开关合上时，秒表归零，并从 0 开始计时，计到 100 时自动归 0，增加高位灭零功能。试编写程序，并上机调试。

7.8.2　定时/计数器的计数应用

一、工程训练目标

（1）进一步理解 STC8H8K64U 系列单片机定时/计数器的电路结构与工作原理。

（2）掌握 STC8H8K64U 系列单片机定时/计数器的计数应用。

二、任务功能与参考程序

1. 任务功能

使用 T1 设计一个脉冲计数器，用于测试与统计 T1 计数输入的脉冲数。

2. 硬件设计

采用 8 位 LED 数码管显示定时/计数器的计数值，采用 SW22 作为计数脉冲输入源，也可直接通过 STC8H8K64U 系列单片机 34 引脚插针外接脉冲信号源。

3. 参考程序（C 语言版）

（1）程序说明。

将工程训练 5.1 中的 LED_display.c 文件复制到本工程文件夹中，用包含语句将 LED_display.c 包含到程序文件中，然后在主函数中将定时/计数器的计数数据送到显示位对应的显示缓冲区中，再直接调用显示函数"LED_display();"。

将 gpio.c 复制到本工程文件夹中。

（2）参考程序：工程训练 72.c。

```c
#include <stc8h.h>              //包含支持 STC8H 系列单片机的头文件
#include <intrins.h>            //I/O 口初始化文件
#include <gpio.c>
#define uchar unsigned char
#define uint  unsigned int
#include <LED_display.c>
uint counter=0;                 //脉冲计数变量
/*---------定时/计数器的初始化-----------------*/
void Timer1_init(void)
{
    TMOD=0x40;                  //设定 T1 工作在工作方式 0，以实现计数功能
    TH1=0x00;
    TL1=0x00;
    TR1=1;
}


/*-----------主函数（显示程序）-------------*/
void main(void)
{
    uint temp1,temp2;
    gpio();
    Timer1_init ();             //调用定时/计数器初始化子函数
    for(;;)                     //用于实现无限循环
    {
        Dis_buf[7]= counter%10;
        Dis_buf[6]= counter/10%10;
        Dis_buf[5]= counter/100%10;
        Dis_buf[4]= counter/1000%10;
        Dis_buf[3]= counter/10000%10;
        LED_display();          //调用显示子函数
        temp1=TL1;
        temp2=TH1;              //读取计数值
        counter=(temp2<<8)+temp1;   //高、低 8 位计数值合并在 counter 变量中
    }
}
```

三、训练步骤

（1）分析"工程训练 72.c"程序文件。

（2）将"gpio.c"与"LED_display.c"复制到当前项目文件夹中。

（3）用 Keil μVision4 集成开发环境编辑、编译用户程序，生成机器代码文件。

① 用 Keil μVision4 集成开发环境新建工程训练 72 项目。

② 输入与编辑"工程训练 72.c"文件。

③ 将"工程训练 72.c"文件添加到当前项目中。

④ 设置编译环境，勾选"编译时生成机器代码文件"复选框。

⑤ 编译程序文件，生成"工程训练 72.hex"文件。

（4）利用 STC-ISP 在线编程软件将"工程训练 72.hex"文件下载到 STC 大学计划实验箱（8.3/9.3）中。

（5）观察与调试程序。

① 通过 SW22 按键手动输入脉冲，观察 8 位 LED 数码管的显示。

② 打开信号发生器，选择输出方波信号，调整输出频率。

③ 将信号发生器输出直接从 T1 计数输入端 P3.5（STC8H8K64U 系列单片机 34 引脚插针）输入，观察定时/计数器的计数情况。

四、训练拓展

利用 T2 设计一个计数器，计数范围是 0～99999999，LED 数码管具备高位灭零功能。试编写程序，并上机调试。

7.8.3　定时/计数器的综合应用

一、工程训练目标

（1）进一步理解 STC8H8K64U 系列单片机定时/计数器的电路结构与工作原理。

（2）掌握用 STC8H8K64U 系列单片机定时/计数器实现频率计的设计方法。

二、任务功能与参考程序

1. 任务功能

利用 STC8H8K64U 系列单片机的 T0 与 T1 设计一个频率计。

2. 硬件设计

采用 8 位 LED 数码管显示频率计的频率值，采用 SW22 作为计数脉冲输入源，也可直接通过 STC8H8K64U 系列单片机 34 引脚插针外接脉冲信号源。

3. 参考程序（C 语言版）

（1）程序说明。

将工程训练 5.1 中的 LED_display.c 文件复制到本工程文件夹中，用包含语句将 LED_display.c 包含到程序文件中，然后在主函数中将频率计的计数数据送到显示位对应的显示缓冲区中，再直接调用显示函数"LED_display();"。

将 gpio.c 复制到本工程文件夹中。

（2）参考程序：工程训练 73.c。

```c
#include <stc8.h>              //包含支持 STC8H 系列单片机的头文件
#include <intrins.h>           //I/O 口初始化文件
#define uchar unsigned char
#define uint  unsigned int
#include <LED_display.h>
uint counter=0;               //脉冲计数变量，也是频率变量
uchar cnt=0;                  //50ms 计数变量
void T0_T1_ini(void)          //T0、T1 的初始化
{
    TMOD=0x40;                //T0 以工作方式 0 进行定时、T1 以工作方式 0 进行计数
    TH0=(65536-50000)/256;
    TL0=(65536-50000)%256;
    TH1=0x00;
    TL1=0x00;
    TR0=1;
    TR1=1;
}
/*---------  主函数----------------*/
void main(void)
{
    uint temp1,temp2;
    T0_T1_ini();
    while(1)
    {
        Dis_buf[0]= counter%10;  //频率值送显示缓冲区
        Dis_buf[1]= counter/10%10;
        Dis_buf[2]= counter/100%10;
        Dis_buf[3]= counter/1000%10;
        Dis_buf[4]= counter/10000%10;
        LED_display();          //8 位 LED 数码管显示
        if(TF0==1)
        {
            TF0=0;
            cnt++;
            if(cnt==20)         //1s 到达，将 50ms 计数变量清 0，读 T1 值
            {
                cnt=0;
                temp1=TL1;
                temp2=TH1;      //读取计数值
                TR1=0;          //定时/计数器停止计数后，才能对定时/计数器赋值
                TL1=0;
                TH1=0;
                TR1=1;
                counter=(temp2<<8)+temp1;//高、低 8 位计数值合并在 counter 变量中
            }
        }
    }
}
```

三、训练步骤

（1）分析"工程训练 73.c"程序文件。

（2）将"gpio.c"与"LED_display.c"复制到当前项目文件夹中。

（3）用 Keil μVision4 集成开发环境编辑、编译用户程序，生成机器代码文件。

① 用 Keil μVision4 集成开发环境新建工程训练 73 项目。

② 输入与编辑"工程训练 73.c"文件。

③ 将"工程训练 73.c"文件添加到当前项目中。

④ 设置编译环境，勾选"编译时生成机器代码文件"复选框。

⑤ 编译程序文件，生成"工程训练 73.hex"文件。

（4）利用 STC-ISP 在线编程软件将"工程训练 73.hex"文件下载到 STC 大学计划实验箱（8.3/9.3）中。

（5）观察与调试程序。

① 通过 SW22 按键手动输入脉冲，观察 8 位 LED 数码管的显示。

② 打开信号发生器，选择输出方波信号。

③ 将信号发生器输出直接从 T1 计数输入端 P3.5（STC8H8K64U 系列单片机 34 引脚插针）输入，分别设置信号发生器的输出频率为 1Hz、10Hz、100Hz、1000Hz 与 10000Hz，观察并记录频率计的测量情况。

四、训练拓展

利用 SW17、SW18 作为频率计量程的选择开关，缩小与扩大测量范围，具体量程自行定义。试编写程序，并上机调试。

7.8.4 可编程时钟输出

一、工程训练目标

（1）进一步理解 STC8H8K64U 系列单片机定时/计数器的电路结构与工作原理。

（2）掌握 STC8H8K64U 系列单片机定时/计数可编程时钟输出的应用。

二、任务功能与参考程序

1. 任务功能

利用 STC8H8K64U 系列单片机的 T0 输出一个 10Hz 的脉冲信号。

2. 硬件设计

用 LED9 显示 T0 输出的可编程时钟，LED9 的控制输出端是 P4.6，T0 的可编程时钟输出端是 P3.5，直接用软件将 P3.5 的输出送 P4.6 输出。

3. 参考程序（C 语言版）

（1）程序说明。

T0 可编程时钟输出频率是 T0 溢出率的 1/2。T0 以工作方式 0 实现定时，当 T0 定时时间为 0.05s 时，T0 输出的可编程时钟频率为 10Hz。T0 的初始化程序用 STC-ISP 在线编程软件获得。

将 gpio.c 复制到本工程文件夹中。

（2）参考程序：工程训练 74.c。

```
#include <stc8h.h>                    //包含支持 STC8H 系列单片机的头文件
#include <intrins.h>
#include <gpio.h>
#define uchar unsigned char
#define uint  unsigned int
/*---------T0 的初始化-----------------*/
void Timer0Init(void)                 //50ms @12.000MHz
{
    AUXR &= 0x7F;                      //定时/计数器时钟 12T 模式
    TMOD &= 0xF0;                      //设置定时/计数器模式
    TL0 = 0xB0;                        //设置定时初始值
    TH0 = 0x3C;                        //设置定时初始值
    TF0 = 0;                           //清除 TF0 标志
    TR0 = 1;                           //T0 开始计时
}

/*----------主函数------------*/
void main(void)
{
    gpio();
    Timer0Init();                      //调用 T0 初始化子函数
    INTCLKO=INTCLKO|0x01;              //允许 T0 输出时钟信号
    while(1)P46=P35;
}
```

三、训练步骤

（1）分析"工程训练 74.c"程序文件。

（2）将"gpio.c"与"LED_display.c"复制到当前项目文件夹中。

（3）用 Keil μVision4 集成开发环境编辑、编译用户程序，生成机器代码文件。

① 用 Keil μVision4 集成开发环境新建工程训练 74 项目。

② 输入与编辑"工程训练 74.c"文件。

③ 将"工程训练 74.c"文件添加到当前项目中。

④ 设置编译环境，勾选"编译时生成机器代码文件"复选框。

⑤ 编译程序文件，生成"工程训练 74.hex"文件。

（4）将 STC 大学计划实验箱（8.3/9.3）连接计算机。

（5）利用 STC-ISP 在线编程软件将"工程训练 74.hex"文件下载到 STC 大学计划实验箱（8.3/9.3）中。

（6）观察与调试程序。

定性观察 LED9 的显示频率，或者用示波器测试 P3.5 引脚（STC8H8K64U 系列单片机 34 引脚）的输出频率。

（7）修改程序，使 T0 可编程时钟输出频率为 1Hz，并上机调试。

四、训练拓展

综合工程训练 7.3 与工程训练 7.4 的内容，利用自己设计的频率计测量自己设计信号源的输出。

（1）初始可编程时钟输出的信号源频率为 1000Hz。

（2）利用 SW17、SW18 作为控制按键，可编程时钟输出的信号源频率分别为 10Hz、100Hz、1000Hz 与 10KHz。

> **特别提示：** 利用 T0、T1 设计频率计，利用 T2 输出可编程时钟。

本章小结

STC8H8K64U 系列单片机内有 5 个通用的可编程定时/计数器 T0、T1、T2、T3 和 T4，T0、T1、T2、T3 和 T4 的核心电路都是 16 位加法计数器，分别对应特殊功能寄存器中的两个 16 位寄存器对 TH0/TL0 和 TH1/TL1。每个定时/计数器都可以通过 TMOD 中的 C/T 位设定为定时模式或计数模式。定时模式与计数模式的区别在于计数脉冲的来源不同，定时器的计数脉冲为单片机内部的系统时钟信号或其 12 分频信号，而计数器的计数脉冲来自单片机外部计数输入引脚的输入脉冲。无论用作定时器，还是用作计数器，T0、T1 有 4 种工作方式，由 TMOD 中的 M1 和 M0 设定，具体如下。

(M1)/(M0)=0/0：工作方式 0，可重载初始值的 16 位定时/计数器；

(M1)/(M0)=0/1：工作方式 1，16 位定时/计数器；

(M1)/(M0)=1/0：工作方式 2，可重载初始值的 8 位定时/计数器；

(M1)/(M0)=1/1：工作方式 3，T0 为可重载初始值的 16 位定时/计数器，而且此时 T0 中断为不可屏蔽中断，T1 停止工作。

从功能方面来看，工作方式 0 包含了工作方式 1、工作方式 2 所能实现的功能，而工作方式 3 不常使用。因此，在实际编程中，几乎只用到工作方式 0，建议重点学习工作方式 0。

T2、T3、T4 都只有一种工作方式，为可重载初始值的 16 位定时/计数器。

STC8H8K64U 系列单片机增加了 CLKOUT0（P3.5）、CLKOUT1（P3.4）、CLKOUT2（P1.3）、CLKOUT3（P0.5）和 CLKOUT4（P0.7）这 5 个可编程时钟输出引脚。CLKOUT0（P3.5）的输出时钟频率由 T0 控制，CLKOUT1（P3.4）的输出时钟频率由 T1 控制，相应的 T0、T1 需要工作在工作方式 0、工作方式 2 或工作方式 3（自动重载数据模式）。CLKOUT2（P1.3）的输出时钟频率由 T2 控制、CLKOUT3（P0.5）的输出时钟频率由 T3 控制、CLKOUT4（P0.7）的输出时钟频率由 T4 控制。T1、T2、T3、T4 除可用作定时器、计数器外，还可用作串行通信端口的波特率发生器。

广义上讲，STC8H8K64U 系列单片机还有看门狗定时器及停机唤醒专用定时器，以及 CCP 模块，它们的应用将在相应的章节进行介绍。

习题

一、填空题

1. STC8H8K64U 系列单片机有_____个 16 位的定时/计数器。
2. T0 的外部计数脉冲输入引脚是_____，可编程时钟输出引脚是_____。
3. T1 的外部计数脉冲输入引脚是_____，可编程时钟输出引脚是_____。
4. T2 的外部计数脉冲输入引脚是_____，可编程时钟输出引脚是_____。
5. STC8H8K64U 系列单片机定时/计数器的核心电路是_____，当 T0 工作于定时状态时，计数电路的计数脉冲是_____；当 T0 工作于计数状态时，计数电路的计数脉冲是_____。
6. T0 计满溢出标志位是_____，运行控制位是_____。
7. T1 计满溢出标志位是_____，运行控制位是_____。
8. T0 有_____种工作方式，T1 有_____种工作方式，工作方式选择位是_____。无论是 T0，还是 T1，当处于工作方式 0 时，它们都是_____位_____初始值的定时/计数器。

二、选择题

1. 当(TMOD)= 25H 时，T0 工作于方式（   ）（   ）状态。
    A. 2，定时 B. 1，定时 C. 1，计数 D. 0，定时
2. 当(TMOD)= 01H 时，T1 工作于（   ）方式（   ）状态。
    A. 0，定时 B. 1，定时 C. 0，计数 D. 1，计数
3. 当(TMOD)= 00H、T0x12 为 1 时，T0 的计数脉冲是（   ）。
    A. 系统时钟   B. 系统时钟的 12 分频信号
    C. P3.4 引脚输入信号   D. P3.5 引脚输入信号
4. 当(TMOD)=04H 且 T1x12 为 0 时，T1 的计数脉冲是（   ）。
    A. 系统时钟   B. 系统时钟的 12 分频信号
    C. P3.4 引脚输入信号   D. P3.5 引脚输入信号
5. 当(TMOD)=80H 时，（   ），T1 启动。
    A. (TR1)=1
    B. (TR0)=1
    C. TR1 为 1 且 INT0 引脚（P3.2）输入为高电平
    D. TR1 为 1 且 INT1 引脚（P3.3）输入为高电平
6. 在(TH0)=01H，(TL0)=22H，(TR0)=1 的状态下，执行"TH0=0x3c;TL0= 0xb0;"语句后，TH0、TL0、RL_TH0、RL_TL0 的值分别为（   ）。
    A. 3CH，B0H，3CH，B0H   B. 01H，22H，3CH，B0H
    C. 3CH，B0H，不变，不变   D. 01H，22H，不变，不变

7．在(TH0)=01H，(TL0)=22H，(TR0)=0 的状态下，执行"TH0=0x3c;TL0=0xb0;"语句后，TH0、TL0、RL_TH0、RL_TL0 的值分别为（　　）。

    A．3CH，B0H，3CH，B0H   B．01H，22H，3CH，B0H

    C．3CH，B0H，不变，不变   D．01H，22H，不变，不变

8．INT_CLKO 可设置 T0、T1、T2 的可编程脉冲的输出。当(INT_CLKO)=05H 时,（　　）。

    A．T0、T1 允许可编程脉冲输出，T2 禁止

    B．T0、T2 允许可编程脉冲输出，T1 禁止

    C．T1、T2 允许可编程脉冲输出，T0 禁止

    D．T1 允许可编程脉冲输出，T0、T2 禁止

三、判断题

1．STC8H8K64U 系列单片机定时/计数器的核心电路是计数器电路。（　　）

2．当 STC8H8K64U 系列单片机定时/计数器处于定时状态时，其计数脉冲是系统时钟。（　　）

3．STC8H8K64U 系列单片机 T0 的中断请求标志位是 TF0。（　　）

4．STC8H8K64U 系列单片机定时/计数器的计满溢出标志位与中断请求标志位是不同的标志位。（　　）

5．STC8H8K64U 系列单片机 T0 的启停仅受 TR0 控制。（　　）

6．STC8H8K64U 系列单片机 T1 的启停不仅受 TR0 控制，还与其 GATE 控制位有关。（　　）

四、问答题

1．简述 STC8H8K64U 系列单片机定时/计数器的定时模式与计数模式的相同点和不同点。

2．STC8H8K64U 系列单片机定时/计数器的启停控制原理是什么？

3．STC8H8K64U 系列单片机 T0 工作在工作方式 0 时，定时时间的计算公式是什么？

4．当(TMOD)=00H，T0x12 为 1，T0 定时 10ms 时，T0 的初始值应为多少？

5．当(TR0)=1，或(TR0)=0 时，对 TH0、TL0 的赋值有什么不同？

6．T2 与 T0、T1 有什么不同？

7．T0、T1、T2 都可以编程输出时钟，简述如何设置并从何引脚输出时钟信号。

8．T0、T1、T2 可编程输出时钟是如何计算的？如果不使用可编程时钟，建议关闭可编程时钟输出，原因是什么？

9．简述 T0 工作在工作方式 3 时的工作特性与应用。

五、程序设计题

1．利用 T0 的定时功能设计一个 LED 闪烁灯，高电平时间为 600ms，低电平时间为400ms，试编写程序并上机调试。

2．利用 T1 的定时功能设计一个 LED 流水灯，时间间隔为 500ms，试编写程序并上机调试。

3．利用 T0 测量脉冲宽度，脉宽时间采用 LED 数码管显示。试画出硬件电路图，编写程序并上机调试。

4．利用 T2 的可编程时钟输出功能，输出频率为 1000Hz 的时钟信号。试编写程序并上机调试。

5．利用 T1 设计一个倒计时秒表，采用 LED 数码管显示。

（1）倒计时时间可设置为 60s 和 90s；

（2）具备启停控制功能；

（3）倒计时归 0，声光提示。

6．利用 T0、T1 设计一个频率计，采用 LED 数码管显示频率值，T2 输出可编程时钟信号，利用频率计测量 T2 输出的可编程时钟信号。设置两个开关 K1、K2，当 K1、K2 都断开时，T2 输出 20Hz 信号；当 K1 断开、K2 合上时，T2 输出 200Hz 信号；当 K1 合上、K2 断开时，T2 输出 2000Hz 信号；当 K1、K2 都合上时，T2 输出 15kHz 信号。试画出硬件电路图，编写程序并上机调试。

第8章 中断系统

 内容提要

中断是 CPU 为 I/O 服务的一种工作方式。除此之外，还有查询服务方式和 DMA 通道服务方式。在单片机系统中，主要采用查询服务方式与中断服务方式。相比查询服务方式，中断服务方式可极大地提高 CPU 的工作效率。

本章主要内容包括中断系统概述、STC8H8K64U 系列单片机中断系统的简介、STC8H8K64U 系列单片机外部中断源的扩展。STC8H8K64U 系列单片机中断系统有 22 个中断源，应重点掌握外部中断、定时/计数器中断及串行通信端口中断等中断源的管理与应用编程。

中断概念是在 20 世纪中期提出的，中断技术是计算机中的一种很重要的技术，它既和硬件有关，也和软件有关。正是因为有了中断技术，计算机的工作才变得更加灵活，效率更高。现代计算机操作系统实现的管理调度的基础就是丰富的中断功能和完善的中断系统。一个 CPU 面向多个任务会出现资源竞争，而中断技术实质上是一种资源共享技术。中断技术的出现大大推动了计算机的发展和应用。中断功能的强弱已成为衡量一台计算机功能完善与否的重要指标。

中断系统是为使 CPU 具有对外界紧急事件的实时处理能力而设置的。

8.1 中断系统概述

8.1.1 中断系统的几个概念

1. 中断

中断是指在执行程序的过程中，允许外部或内部事件通过硬件打断程序的执行，使 CPU 进入外部或内部事件的中断服务程序，执行完中断服务程序后，CPU 继续执行被打断的程序。图 8.1 为中断响应过程示意图。一个完整的中断过程包括 4 个步骤：中断请求、中断响应、中断服务与中断返回。

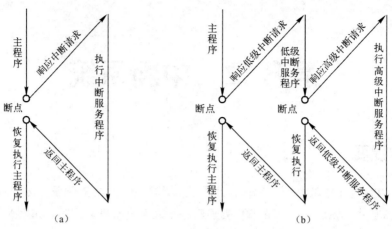

图 8.1　中断响应过程示意图

完整的中断过程与如下场景类似，一位经理在处理文件时电话铃响了（中断请求），他不得不在文件上做一个标记（断点地址，即返回地址），暂停工作，接电话（响应中断），并处理"电话请求"（中断服务），然后静下心来（恢复中断前状态），接着处理文件（中断返回）。

2．中断源

引起 CPU 执行中断的根源或原因称为中断源。中断源向 CPU 提出的处理请求称为中断请求或中断申请。

3．中断优先权

如果有几个中断源同时申请中断，那么就存在 CPU 优先响应哪个中断源提出的中断请求的问题。因此，CPU 要对各中断源确定一个优先顺序，该优先顺序称为中断优先权。CPU 优先响应中断优先级高的中断请求。为了便于灵活设置中断优先权，还可设置中断的优先等级。

4．中断嵌套

中断优先级高的中断请求可以中断 CPU 正在处理的优先级较低的中断服务程序，待执行完中断优先级高的中断服务程序，再继续执行被打断的优先级较低的中断服务程序，这称为中断嵌套，如图 8.1（b）所示。

8.1.2　中断的技术优势

（1）可解决快速 CPU 和慢速 I/O 设备之间的矛盾，使快速 CPU 和 I/O 设备并行工作。

由于计算机应用系统的许多 I/O 设备运行速度较慢，可以通过中断的方法来协调快速 CPU 与慢速 I/O 设备之间的工作。

（2）可及时处理控制系统中的许多随机参数和信息。

中断技术能实现实时控制。实时控制要求计算机能及时完成被控对象随机提出的分析和计算任务。在自动控制系统中，要求各控制参量可随机地向计算机发出请求，CPU 必须快速做出响应。

（3）可使机器具备处理故障的能力，提高了机器自身的可靠性。

由于外界的干扰、硬件或软件的设计中存在问题等因素，在程序的实际运行中会出现硬件故障、运算错误、程序运行故障等问题，而有了中断技术，计算机就能及时发现故障并自动处理故障。

（4）实现人机联系。

例如，通过键盘向计算机发出中断请求，可以实时干预计算机的工作。

8.1.3　中断系统需要解决的问题

中断技术的实现依赖于一个完善的中断系统，中断系统主要需要解决如下问题。

① 当有中断请求时，需要有一个寄存器能把中断源的中断请求记录下来；

② 能够灵活地对中断请求信号进行屏蔽与允许；

③ 当有中断请求时，CPU 能及时响应中断，停下正在执行的程序，自动转去执行中断服务程序，执行完中断服务程序后能返回断点处继续执行之前的程序；

④ 当有多个中断源同时提出中断请求时，CPU 应能优先响应中断优先级高的中断请求，实现中断优先级的控制；

⑤ 当 CPU 正在执行中断优先级低的中断源的中断服务程序时，有中断优先级高的中断源也提出中断请求，要求 CPU 能暂停执行中断优先级低的中断源的中断服务程序，转而去执行中断优先级高的中断源的中断服务程序，实现中断嵌套，并能正确地逐级返回原断点处。

8.2　STC8H8K64U 系列单片机中断系统

一个完整的中断过程包括中断请求、中断响应、中断服务与中断返回 4 个步骤，下面按照中断系统的工作过程介绍 STC8H8K64U 系列单片机的中断系统。

8.2.1　中断请求

如图 8.2 所示，STC8H8K64U 系列单片机的中断系统有 22 个中断源，除外部中断 2、外部中断 3、定时/计数器 T2 中断、定时/计数器 T3 中断、定时/计数器 T4 中断固定是最低优先级中断外，其他的中断都具有 4 个中断优先级，可实现四级中断服务嵌套。由 IE、IE2、INTCLKO 等特殊功能寄存器控制 CPU 是否响应中断请求；由中断优先级寄存器 IP、IPH、IP2 和 IP2H 安排各中断源的中断优先级；当同一中断优先级内有 2 个以上中断源同时提出中断请求时，由内部的查询逻辑确定其响应次序。STC8H8K64U 系列单片机的中断源如表 8.1 所示。

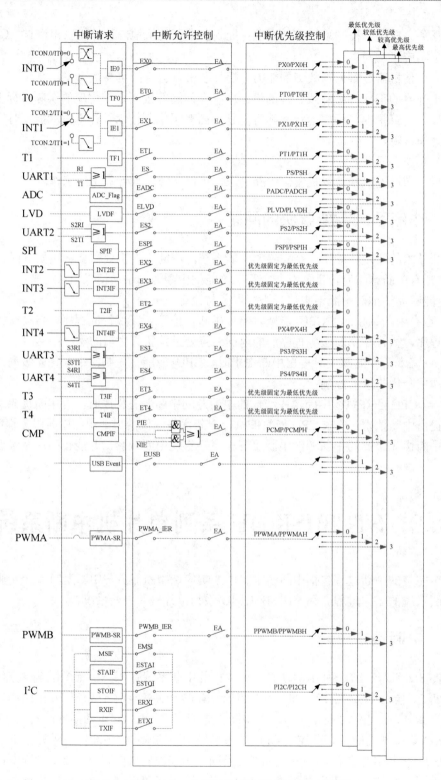

图 8.2　STC8H8K64U 系列单片机的中断系统结构图

表 8.1　STC8H8K64U 系列单片机的中断源

中　断　源	中　断　向　量	中　断　号	中断请求标志位	中断允许位	中断优先级设置位	中断优先级
INT0（P3.2）	0003H	0	IE0	EX0	PX0H、PX0	0/1/2/3
T0	000BH	1	TF0	ET0	PT0H、PT0	0/1/2/3
INT1（P3.3）	0013H	2	IE1	EX1	PX1H、PX1	0/1/2/3
T1	001BH	3	TF1	ET1	PT1H、PT1	0/1/2/3
UART1	0023H	4	TI+RI	ES	PSH、PS	0/1/2/3
ADC	002BH	5	ADC_FLAG	EADC	PADCH、PADC	0/1/2/3
LVD	0033H	6	LVDF	ELVD	PLVDH、PLVD	0/1/2/3
UART2	0043H	8	S2TI+S2RI	ES2	PS2H、PS2	0/1/2/3
SPI	004BH	9	SPIF	ESPI	PSPIH、PSPI	0/1/2/3
$\overline{INT2}$（P3.6）	0053H	10	INT2F	EX2	—	0
$\overline{INT3}$（P3.7）	005BH	11	INT3F	EX3	—	0
T2	0063H	12	T2IF	ET2	—	0
$\overline{INT4}$（P3.0）	0083H	16	INT4IF	EX4	PX4H、PX4	0/1/2/3
UART3	008BH	17	S3TI+S3RI	ES3	PS3h、PS3	0/1/2/3
UART4	0093H	18	S4TI+S4RI	ES4	PS4h、PS4	0/1/2/3
T3	009BH	19	T3IF	ET3	—	0
T4	00A3H	20	T4IF	ET4	—	0
CMP	00ABH	21	CMPIF	PIE‖NIE	PCMPH、PCMP	0/1/2/3
I²C	00C3H	24	MSIF	EMSI	PI2CH、PI2C	0/1/2/3
			STAIF	ESTAI		
			RXIF	ERXI		
			TXIF	ETXI		
			STOIF	ESTOI		
USB	00CBII	25	USB Event	EUSB	PUSBH,PUSB	0/1/2/3
PWMA	00D3H	26	PWMA_SR	PWMA_IER	PPWMAH,PPWMA	0/1/2/3
PWMB	00DDH	27	PWMB_SR	PWMB_IER	PPWMBH,PPWMB	0/1/2/3

　　备注：USB Event 指 USB 输入、USB 输出以及 USB 电源中断标志位，包括 EP5INIF、EP4INIF、EP3INIF、EP2INIF、EP1INIF、EP0INIF、EP5OUTIF、EP4OUTIF、EP3OUTIF、EP2OUTIF、EP2OUTIF、EP1OUTIF、SOFIF、RSTIF、RSUIF、SUSIF。

　　STC8H8K64U 系列单片机有 22 个中断源，为降低学习难度，提高学习效率，下面仅介绍常用中断源，包括外部中断、定时/计数器中断、串行通信端口中断，以及片内电源低压检测中断，其他接口电路中断将在相应的接口技术章节学习。

　　1. 中断源

　　（1）外部中断。

　　外部中断包括外部中断 0、外部中断 1、外部中断 2、外部中断 3 和外部中断 4。

　　① 外部中断 0（INT0）：中断请求信号由 P3.2 引脚输入。通过 IT0 设置中断请求的触发方式。当 IT0 为"1"时，外部中断 0 由下降沿触发；当 IT0 为"0"时，无论是上升沿还是下降沿，都会引发外部中断 0。一旦输入信号有效，则置位 IE0，向 CPU 申请中断。

② 外部中断 1（INT1）：中断请求信号由 P3.3 引脚输入。通过 IT1 设置中断请求的触发方式。当 IT1 为"1"时，外部中断 0 由下降沿触发；当 IT1 为"0"时，无论是上升沿还是下降沿，都会引发外部中断 1。一旦输入信号有效，则置位 IE1，向 CPU 申请中断。

③ 外部中断 2（$\overline{INT2}$）：中断请求信号由 P3.6 引脚输入，由下降沿触发，一旦输入信号有效，则向 CPU 申请中断。

④ 外部中断 3（$\overline{INT3}$）：中断请求信号由 P3.7 引脚输入，由下降沿触发，一旦输入信号有效，则向 CPU 申请中断。

⑤ 外部中断 4（$\overline{INT4}$）：中断请求信号由 P3.0 引脚输入，由下降沿触发，一旦输入信号有效，则向 CPU 申请中断。

（2）定时/计数器中断。

① 定时/计数器 T0 中断：当定时/计数器 T0 计数产生溢出时，定时/计数器 T0 中断请求标志位 TF0 置位，向 CPU 申请中断。

② 定时/计数器 T1 中断：当定时/计数器 T1 计数产生溢出时，定时/计数器 T1 中断请求标志位 TF1 置位，向 CPU 申请中断。

③ 定时/计数器 T2 中断：当定时/计数器 T2 计数产生溢出时，即向 CPU 申请中断。

④ 定时/计数器 T3 中断：当定时/计数器 T3 计数产生溢出时，即向 CPU 申请中断。

⑤ 定时/计数器 T4 中断：当定时/计数器 T4 计数产生溢出时，即向 CPU 申请中断。

（3）串行通信端口中断。

① 串行通信端口 1（UART1）中断：当串行通信端口 1 接收完或发送完一串行帧时置位 RI 或 TI，向 CPU 申请中断。

② 串行通信端口 2（UART2）中断：当串行通信端口 2 接收完一串行帧时置位 S2CON.0（S2RI）或发送完一串行帧时置位 S2CON.1（S2TI），向 CPU 申请中断。

③ 串行通信端口 3（UART3）中断：当串行通信端口 3 接收完一串行帧时置位 S3CON.0（S3RI）或发送完一串行帧时置位 S3CON.1（S3TI），向 CPU 申请中断。

④ 串行通信端口 4（UART4）中断：当串行通信端口 4 接收完一串行帧时置位 S4CON.0（S4RI）或发送完一串行帧时置位 S4CON.1（S4TI），向 CPU 申请中断。

（4）片内电源低压检测中断。

当检测到电源电压为低压时，置位 PCON.5（LVDF）。在上电复位时，由于电源电压上升需要经过一定时间，因此低压检测电路会检测到低电压，此时置位 PCON.5（LVDF），向 CPU 申请中断。单片机上电复位后，PCON.5（LVDF）=1，若需要应用 PCON.5（LVDF），则需要先将 PCON.5（LVDF）清 0，若干个系统时钟后，再检测 PCON.5（LVDF）。

2. 中断请求标志位

STC8H8K64U 系列单片机外部中断 0、外部中断 1、定时/计数器 T0 中断、定时/计数器 T1 中断、串行通信端口 1 中断、片内电源低压检测中断等中断源的中断请求标志位分别寄存在 TCON、SCON、PCON 中，如表 8.2 所示。此外，外部中断 2（$\overline{INT2}$）、外部中断 3（$\overline{INT3}$）和外部中断 4（$\overline{INT4}$）的中断请求标志位，以及 T2、T3、T4 的中断请求标志位位于 AUXINTIF 中。

表 8.2　STC8H8K64U 系列单片机常用中断源的中断请求标志位

符　号	名　　称	B7	B6	B5	B4	B3	B2	B1	B0	复位值
TCON	定时/计数器控制寄存器	TF1	TR1	TF0	TR0	IE1	IT1	IE0	IT0	00000000
AUXINTIF	辅助中断请求标志寄存器	—	INT4IF	INT3IF	INT2IF	—	T4IF	T3IF	T2IF	x000x000
SCON	串行通信端口 1 控制寄存器	SM0/FE	SM1	SM2	REN	TB8	RB8	TI	RI	00000000
S2CON	串行通信端口 2 控制寄存器	S2SM0	—	S2SM2	S2REN	S2TB8	S2RB8	S2TI	S2RI	0x000000
S3CON	串行通信端口 3 控制寄存器	S3SM0	S3ST3	S3SM2	S3REN	S3TB8	S3RB8	S3TI	S3RI	00000000
S4CON	串行通信端口 4 控制寄存器	S4SM0	S4ST4	S4SM2	S4REN	S4TB8	S4RB8	S4TI	S4RI	00000000
PCON	电源控制寄存器	SMOD	SMOD0	LVDF	POF	GF1	GF0	PD	IDL	00000000

1）外部中断的中断请求标志位

（1）外部中断 0。

IE0：外部中断 0 的中断请求标志位。当 INT0（P3.2）引脚的输入信号满足中断触发要求（由 IT0 控制）时，置位 IE0，外部中断 0 向 CPU 申请中断。中断响应后中断请求标志位会自动清 0。

IT0：外部中断 0 的中断触发方式控制位。

当 IT0＝ 1 时，外部中断 0 为下降沿触发方式。在这种方式下，若 CPU 检测到 INT0（P3.2）引脚出现下降沿信号，则认为有中断申请，置位 IE0。

当 IT0＝ 0 时，外部中断 0 为上升沿、下降沿触发方式。在这种方式下，无论 CPU 检测到 INT0（P3.2）引脚出现下降沿信号还是上升沿信号，都认为有中断申请，置位 IE0。

（2）外部中断 1。

IE1：外部中断 1 的中断请求标志位。当 INT1（P3.3）引脚的输入信号满足中断触发要求（由 IT1 控制）时，置位 IE1，外部中断 1 向 CPU 申请中断。中断响应后中断请求标志位会自动清 0。

IT1：外部中断 1 中断触发方式控制位。

当 IT1＝ 1 时，外部中断 1 为下降沿触发方式。在这种方式下，若 CPU 检测到 INT1（P3.3）引脚出现下降沿信号，则认为有中断申请，置位 IE1。

当 IT1＝ 0 时，外部中断 1 为上升沿、下降沿触发方式。在这种方式下，无论 CPU 检测到 INT1（P3.3）引脚出现下降沿信号还是上升沿信号，都认为有中断申请，置位 IE1。

（3）外部中断 2、外部中断 3 与外部中断 4。

AUXINTIF.4（INT2IF）：外部中断 2 的中断请求标志位。若 CPU 检测到 INT2（P3.6）引脚出现下降沿信号，则认为有中断申请，置 1 INT2IF。中断响应后中断请求标志位会自动清 0。

AUXINTIF.5（INT3IF）：外部中断 3 的中断请求标志位。若 CPU 检测到 INT3（P3.7）引脚出现下降沿信号，则认为有中断申请，置 1 INT3IF。中断响应后中断请求标志位会自动清 0。

AUXINTIF.6（INT4IF）：外部中断 4 的中断请求标志位。若 CPU 检测到 INT4（P3.0）引脚出现下降沿信号，则认为有中断申请，置 1 INT4IF。中断响应后中断请求标志位会自动清 0。

2）定时/计数器中断的中断请求标志位

TF0：T0 的中断请求标志位。T0 启动计数后，从初始值开始进行加 1 计数，计满溢出后由硬件置位 TF0，同时向 CPU 发出中断请求。此标志位一直保持到 CPU 响应中断后才由硬件自动清 0。

TF1：T1 的中断请求标志位。T1 启动计数后，从初始值开始进行加 1 计数，计满溢出后由硬件置位 TF1，同时向 CPU 发出中断请求。此标志位一直保持到 CPU 响应中断后才由硬件自动清 0。

AUXINTIF.0（T2IF）：T2 的中断请求标志位。T2 启动计数后，从初始值开始进行加 1 计数，计满溢出后由硬件置位 T2IF，同时向 CPU 发出中断请求。此标志位一直保持到 CPU 响应中断后才由硬件自动清 0。

AUXINTIF.1（T3IF）：T3 的中断请求标志位。T3 启动计数后，从初始值开始进行加 1 计数，计满溢出后由硬件置位 T3IF，同时向 CPU 发出中断请求。此标志位一直保持到 CPU 响应中断后才由硬件自动清 0。

AUXINTIF.2（T4IF）：T4 的中断请求标志位。T4 启动计数后，从初始值开始进行加 1 计数，计满溢出后由硬件置位 T4IF，同时向 CPU 发出中断请求。此标志位一直保持到 CPU 响应中断后才由硬件自动清 0。

3）串行通信端口的中断请求标志位

（1）串行通信端口 1 的中断请求标志位。

TI：串行通信端口 1 发送中断请求标志位。CPU 将数据写入发送缓冲器 SBUF 的同时启动发送过程，每发送完一个串行帧，硬件都置位 TI。但 CPU 响应中断时并不清 0 TI，必须由软件清 0；

RI：串行通信端口 1 接收中断请求标志位。在串行通信端口允许接收时，每接收完一个串行帧，硬件都置位 RI。同样，CPU 在响应中断时不会清 0 RI，必须由软件清 0。

（2）串行通信端口 2 的中断请求标志位。

S2CON.1（S2TI）：串行通信端口 2 发送中断请求标志位。CPU 将数据写入发送缓冲器 S2BUF 的同时启动发送过程，每发送完一个串行帧，硬件都置位 S2TI。但 CPU 响应中断时并不清 0 S2TI，必须由软件清 0。

S2CON.0（S2RI）：串行通信端口 2 接收中断请求标志位。在串行通信端口 2 允许接收时，每接收完一个串行帧，硬件都置位 S2RI。同样，CPU 在响应中断时不会清 0 S2CON.0（S2RI），必须由软件清 0。

（3）串行通信端口 3 的中断请求标志位。

S3CON.1（S3TI）：串行通信端口 3 发送中断请求标志位。CPU 将数据写入发送缓冲器 S3BUF 的同时启动发送过程，每发送完一个串行帧，硬件都置位 S3TI。但 CPU 响应中断时并不清 0 S3TI，必须由软件清 0。

S3CON.0（S3RI）：串行通信端口 3 接收中断请求标志位。在串行通信端口 3 允许接收时，每接收完一个串行帧，硬件都置位 S3RI。同样，CPU 在响应中断时不会清 0 S3RI，必须由软件清 0。

（4）串行通信端口 4 的中断请求标志位。

S4CON.1（S4TI）：串行通信端口 4 发送中断请求标志位。CPU 将数据写入发送缓冲器

S4BUF 的同时启动发送过程，每发送完一个串行帧，硬件都置位 S4TI。但 CPU 响应中断时并不清 0 S4TI，必须由软件清 0。

S4CON.0（S4RI）：串行通信端口 4 接收中断请求标志位。在串行通信端口 4 允许接收时，每接收完一个串行帧，硬件都置位 S4RI。同样，CPU 在响应中断时不会清 0 S4RI，必须由软件清 0。

4）片内电源低压检测中断请求标志位

PCON.5（LVDF）：片内电源低压检测中断请求标志位。当检测到低压时，置位 PCON.5（LVDF），但 CPU 响应中断时并不清 0 PCON.5（LVDF），必须由软件清 0。

3．中断允许控制位

计算机中断系统有两种不同类型的中断：一种为非屏蔽中断；另一种为可屏蔽中断。对于非屏蔽中断，用户不能用软件加以禁止，一旦有中断申请，CPU 必须予以响应，如 T0 工作在工作方式 3 时就属于非屏蔽中断。对于可屏蔽中断，用户则可以用软件来控制是否允许某中断源的中断请求。允许中断称为中断开放，不允许中断称为中断屏蔽。STC8H8K64U 系列单片机的 22 个中断源除 T0 工作在工作方式 3 时为非屏蔽中断，其他中断源都属于可屏蔽中断。STC8H8K64U 系列单片机常用中断源的中断允许控制位如表 8.3 所示。

表 8.3　STC8H8K64U 系列单片机常用中断源的中断允许控制位

符　号	名　　称	B7	B6	B5	B4	B3	B2	B1	B0	复位值
IE	中断允许寄存器	EA	ELVD	EADC	ES	ET1	EX1	ET0	EX0	00000000
IE2	中断允许寄存器 2	EUSB	ET4	ET3	ES4	ES3	ET2	ESPI	ES2	00000000
INTCLKO	可编程时钟控制寄存器	—	EX4	EX3	EX2	—	T2CLKO	T1CLKO	T0CLKO	x000x000

（1）EA：总中断允许控制位。

EA= 1，开放 CPU 中断，各中断源的允许和禁止还需要通过相应的中断允许控制位单独控制。

EA= 0，禁止所有中断。

（2）EX0： 外部中断 0（INT0）中断允许控制位。

EX0 = 1，允许外部中断 0 中断。

EX0 = 0，禁止外部中断 0 中断。

（3）ET0：T0 中断允许控制位。

ET0 = 1，允许 T0 中断。

ET0 = 0，禁止 T0 中断。

（4）EX1：外部中断 1（INT1）中断允许控制位。

EX1 = 1，允许外部中断 1 中断。

EX1 = 0，禁止外部中断 1 中断。

（5）ET1：T1 中断允许控制位。

ET1 = 1，允许 T1 中断；

ET1 = 0，禁止 T1 中断。

（6）ES：串行通信端口 1 中断允许控制位。

ES=1，允许串行通信端口 1 中断。

ES=0，禁止串行通信端口 1 中断。

（7）ELVD：片内电源低压检测中断（LVD）中断允许控制位。

ELVD=1，允许 LVD 中断。

ELVD=0，禁止 LVD 中断。

（8）INTCLKO.4（EX2）：外部中断 2（$\overline{\text{INT2}}$）中断允许控制位。

INTCLKO.4（EX2）=1，允许外部中断 2 中断。

INTCLKO.4（EX2）=0，禁止外部中断 2 中断。

（9）INTCLKO.5（EX3）：外部中断 3（$\overline{\text{INT3}}$）中断允许控制位。

INTCLKO.5（EX3）=1，允许外部中断 3 中断。

INTCLKO.5（EX3）=0，禁止外部中断 3 中断。

（10）INTCLKO.6（EX4）：外部中断 4（$\overline{\text{INT4}}$）中断允许控制位。

INTCLKO.6（EX4）=1，允许外部中断 4 中断。

INTCLKO.6（EX4）=0，禁止外部中断 4 中断。

（11）IE2.2（ET2）：定时/计数器 T2 中断允许控制位。

IE2.2（ET2）=1，允许 T2 中断。

IE2.2（ET2）=0，禁止 T2 中断。

（12）IE2.5（ET3）：定时/计数器 T3 中断允许控制位。

IE2.5（ET3）=1，允许 T3 中断。

IE2.5（ET3）=0，禁止 T3 中断。

（13）IE2.6（ET4）：定时/计数器 T4 中断允许控制位。

IE2.6（ET4）=1，允许 T4 中断。

IE2.6（ET4）=0，禁止 T4 中断。

（14）IE2.0（ES2）：串行通信端口 2 中断允许控制位。

IE2.0（ES2）=1，允许串行通信端口 2 中断。

IE2.0（ES2）=0，禁止串行通信端口 2 中断。

（15）IE2.3（ES3）：串行通信端口 3 中断允许控制位。

IE2.3（ES3）=1，允许串行通信端口 3 中断。

IE2.3（ES3）=0，禁止串行通信端口 3 中断。

（16）IE2.4（ES4）：串行通信端口 4 中断允许控制位。

IE2.4（ES4）=1，允许串行通信端口 4 中断。

IE2.4（ES4）=0，禁止串行通信端口 4 中断。

当 STC8H8K64U 系列单片机系统复位后，所有中断源的中断允许控制位及总中断（CPU 中断）控制位（EA）均清 0，即禁止所有中断。

一个中断要处于允许状态，必须满足两个条件：总中断允许控制位 EA 为 1；该中断的中断允许控制位为 1。

4. 中断优先控制

STC8H8K64U 系列单片机常用断中除外部中断 2（$\overline{INT2}$）、外部中断 3（$\overline{INT3}$）、T2 中断、T3 中断、T4 中断的中断优先级固定为低优先级外，其他中断都具有 4 个中断优先级，可实现四级中断服务嵌套。各中断源的中断优先级控制位分布在 IPH/IP、IPH2/IP2、IPH3/IP3 这 3 组寄存器中，如表 8.4 所示。下面重点介绍常见的 5 个中断源的中断优先级设置。

表 8.4　STC8H8K64U 系列单片机的中断优先级控制寄存器

符号	名　称	B7	B6	B5	B4	B3	B2	B1	B0	复位值
IPH	高中断优先级寄存器	PPCAH	PLVDH	PADCH	PSH	PT1H	PX1H	PT0H	PX0H	00000000
IP	中断优先级寄存器	PPCA	PLVD	PADC	PS	PT1	PX1	PT0	PX0	00000000
IP2H	高中断优先级寄存器 2	PUSBH	PI2CH	PCMPH	PX4H	PPWMBH	PPWMAH	PSPIH	PS2H	00000000
IP2	中断优先级寄存器 2	PUSB	PI2C	PCMP	PX4	PPWMB	PPWMA	PSPI	PS2	00000000
IP3H	高中断优先级寄存器 3	—	—	—	—	—	—	PS4H	PS3H	xxxxxx00
IP3	中断优先级寄存器 3	—	—	—	—	—	—	PS4	PS3	xxxxxx00

（1）IPH.0（PX0H）、PX0：外部中断 0 中断优先级控制位。

IPH.0（PX0H）/PX0= 0/0，外部中断 0 为 0 级（最低优先级）。

IPH.0（PX0H）/PX0= 0/1，外部中断 0 为 1 级。

IPH.0（PX0H）/PX0= 1/0，外部中断 0 为 2 级。

IPH.0（PX0H）/PX0= 1/1，外部中断 0 为 3 级（最高优先级）。

（2）IPH.1（PT0H）、PT0：T0 中断的中断优先级控制位。

IPH.1（PT0H）/PT0= 0/0，T0 中断为 0 级（最低优先级）。

IPH.1（PT0H）/PT0= 0/1，T0 中断为 1 级。

IPH.1（PT0H）/PT0= 1/0，T0 中断为 2 级。

IPH.1（PT0H）/PT0= 1/1，T0 中断为 3 级（最高优先级）。

（3）IPH.2（PX1H）、PX1：外部中断 1 中断优先级控制位。

IPH.2（PX1H）/PX1= 0/0，外部中断 1 为 0 级（最低优先级）。

IPH.2（PX1H）/PX1= 0/1，外部中断 1 为 1 级。

IPH.2（PX1H）/PX1= 1/0，外部中断 1 为 2 级。

IPH.2（PX1H）/PX1= 1/1，外部中断 1 为 3 级（最高优先级）。

（4）IPH.3（PT1H）、PT1：T1 中断优先级控制位。

IPH.3（PT1H）/PT1= 0/0，T1 中断为 0 级（最低优先级）。

IPH.3（PT1H）/PT1= 0/1，T1 中断为 1 级。

IPH.3（PT1H）/PT1= 1/0，T1 中断为 2 级。

IPH.3（PT1H）/PT1= 1/1，T1 中断为 3 级（最高优先级）。

（5）IPH.3（PSH）、PS：串行通信端口 1 中断的中断优先级控制位。

IPH.3（PSH）/PS= 0/0，串行通信端口 1 中断为 0 级（最低优先级）。

IPH.3（PSH）/PS= 0/1，串行通信端口 1 中断为 1 级。

IPH.3（PSH）/PS= 1/0，串行通信端口 1 中断为 2 级。

IPH.3（PSH）/PS= 1/1，串行通信端口 1 中断为 3 级（最高优先级）。

当系统复位后，所有中断优先级控制位全部清 0，所有中断源均设定为低中断优先级。

如果有多个同一中断优先级的中断源同时向 CPU 申请中断，则 CPU 通过内部硬件查询逻辑，按自然中断优先顺序确定先响应哪个中断请求。自然中断优先权由内部硬件电路形成，排列如下。

中断源	同级自然中断优先级顺序
外部中断 0	最高
T0 中断	
外部中断 1	
T1 中断	
串行通信端口中断	
A/D 转换中断	
LVD 中断	
串行通信端口 2 中断	
SPI 中断	
外部中断 2	
外部中断 3	
T2 中断	
外部中断 4	
串行通信端口 3 中断	
串行通信端口 4 中断	
T3 中断	
T4 中断	
比较器中断	
I^2C 中断	
USB 中断	
PWMA 中断	
PWMB 中断	最低

8.2.2 中断响应、中断服务与中断返回

1. 中断响应

中断响应是指 CPU 对中断源中断请求的响应，其过程包括保护断点和将程序转向中断服务程序的入口地址（也称中断向量）。CPU 并非任何时刻都响应中断请求，而是在中断响应条件满足之后才会响应中断请求。

（1）中断响应时间。

当中断源在中断允许的条件下向 CPU 发出中断请求后，CPU 一定会响应中断，但若存在下列任何一种情况，中断响应都会受到阻断，将不同程度地增加 CPU 响应中断的时间。

① CPU 正在执行同级或高级中断优先级的中断服务程序。

② CPU 正在执行 RETI 中断返回指令或访问与中断有关的寄存器的指令，如访问 IE 和 IP 的指令。

③ 当前指令未执行完。

只要存在上述任何一种情况，中断查询结果都会被取消，CPU 不响应中断请求而在下一指令周期继续查询，当条件满足时，CPU 在下一指令周期响应中断。

在每个指令周期的最后时刻，CPU 对各中断源进行采样，并设置相应的中断标志位，CPU 在下一个指令周期的最后时刻按中断优先级高低顺序查询各中断标志位，如果查询到某个中断标志位为 1，则在下一个指令周期按中断优先级的高低顺序进行处理。

（2）中断响应过程。

中断响应过程包括保护断点和将程序转向中断服务程序的入口地址。

CPU 在响应中断时，先将相应的中断优先级状态触发器置 1，然后由硬件自动产生一个长调用指令 LCALL，此指令首先把断点地址压入堆栈进行保护，再将中断服务程序的入口地址送入程序计数器 PC，使程序转向相应的中断服务程序。

STC8H8K64U 系列单片机各中断源中断响应的入口地址由硬件事先设定。STC8H8K64U 系列单片机各中断源中断响应的入口地址与中断号如表 8.5 所示。

表 8.5 STC8H8K64U 系列单片机各中断源中断响应的入口地址与中断号

中 断 源	入口地址（中断向量）	中 断 号
外部中断 0	0003H	0
T0 中断	000BH	1
外部中断 1	0013H	2
T1 中断	001BH	3
串行通信端口 1 中断	0023H	4
A/D 转换中断	002BH	5
LVD 中断	0033H	6
串行通信端口 2 中断	0043H	8
外部中断 2	0053H	10
外部中断 3	005BH	11
T2 中断	0063H	12
预留中断	006BH、0073H、007BH	13、14、15
外部中断 4	0083H	16
串行通信端口 3 中断	008BH	17
串行通信端口 4 中断	0093H	18
T3 中断	009BH	19
T4 中断	00A3H	20
比较器中断	00ABH	21
I²C 中断	00C3H	24
USB 中断	00CBH	25
PWMA 中断	00D3H	26
PWMB 中断	00DDH	27

在实际应用中，通常在中断源中断响应的入口地址处存放一条无条件转移指令，使程序跳转到用户安排的中断服务程序的起始地址。例如：

```
ORG  001BH                        ;T1 中断响应的入口
LJMP T1_ISR                       ;转向 T1 中断服务程序
```

中断号用于在 C 语言程序中编写中断函数，在中断函数中中断号与各中断源是一一对应的，不能混淆。例如：

```
void    INT0_Routine(void)  interrupt   0;  //外部中断 0
void    TM0_Rountine(void)  interrupt   1;  //T0 中断
void    INT1_Routine(void)  interrupt   2;  //外部中断 1
void    TM1_Rountine(void)  interrupt   3;  //T1 中断
void    UART1_Routine(void) interrupt   4;  //串行通信端口 1 中断
```

其中，中断函数名可任意设置，只要符合 C 语言字符名称的规则即可，关键是中断号，它决定了具体使用的中断源。

（3）中断请求标志位的撤除。

CPU 响应中断请求后进入中断服务程序，在中断返回前，应撤除该中断请求，否则会重复引起中断进而导致错误。STC8H8K64U 系列单片机各中断源中断请求撤除的方法不尽相同，具体如下。

① 定时/计数器中断请求的撤除。所有定时/计数器中断，CPU 在响应中断后由硬件自动清除其中断标志位 TF0 或 TF1，无须采取其他措施。

② 串行通信端口中断请求的撤除。对于串行通信端口 1 中断，CPU 在响应中断后，硬件不会自动清除中断请求标志位 TI 或 RI，必须在中断服务程序中判别出是 TI 还是 RI 引起的中断后，再用软件将其清除。串行通信端口 2、3、4 中断标志的撤除同串行通信端口 1。

③ 外部中断请求的撤除。外部中断 0 和外部中断 1 的触发方式可由 ITx（x=0，1）设置，但无论是将 ITx（x=0，1）设置为 0 还是设置为 1，都属于边沿触发，CPU 在响应中断后由硬件自动清除其中断请求标志位 IE0 或 IE1，无须采取其他措施。

外部中断 2、外部中断 3、外部中断 4 的中断请求标志位虽然同样属于边沿触发，CPU 在响应中断后由硬件自动清除其中断标志位，无须采取其他措施。

④ 片内电源低压检测中断。片内电源低电压检测中断的中断请求标志位在中断响应后不会自动清 0，需要用软件将其清除。

2. 中断服务与中断返回

中断服务与中断返回是通过执行中断服务程序实现的。中断服务程序从中断响应的入口地址处开始执行，到返回指令 RETI 为止，一般包括 4 部分内容：保护现场、中断服务、恢复现场、中断返回。

保护现场：通常主程序和中断服务程序都会用到累加器 A、状态寄存器 PSW 及其他寄存器，当 CPU 进入中断服务程序用到上述寄存器时，会破坏原来存储在寄存器中的内容，一旦中断返回，将导致主程序混乱，因此，在进入中断服务程序后，一般要先保护现场，即用入栈操作指令将需要保护的寄存器的内容压入堆栈。

中断服务：中断服务程序的核心部分，是中断源中断请求之所在。

恢复现场：在执行完中断服务程序之后，中断返回之前，用出栈操作指令将保护现场中压入堆栈的内容弹回相应的寄存器，注意弹出顺序必须与压入顺序相反。

中断返回：执行完中断服务程序后，计算机返回原来断开的位置（断点），继续执行原来的程序，中断返回由中断返回指令 RETI 实现。RETI 指令的功能是把断点地址从堆栈中弹出，送回程序计数器 PC，此外，还会通知中断系统已完成中断处理，并同时清除中断优先级状态触发器。注意不能用 RET 指令代替 RETI 指令。

在编写中断服务程序时的注意事项如下。

（1）各中断源的中断响应入口地址只相隔 8 字节，中断服务程序往往大于 8 字节，因此，在中断响应入口地址单元通常存放一条无条件转移指令，通过该指令转向执行存放在其他位置的中断服务程序。

（2）若要在执行当前中断服务程序时禁止其他高中断优先级的中断，需要先用软件关闭中断或用软件禁止相应高中断优先级的中断，在中断返回前再开放中断。

（3）在保护现场和恢复现场时，为了使现场数据不遭到破坏或造成混乱，一般规定此时 CPU 不再响应新的中断请求。因此，在编写中断服务程序时，要注意在保护现场前关闭中断，在保护现场后若允许高中断优先级的中断，再打开中断。同样，在恢复现场前也应先关闭中断，在恢复现场之后再打开中断。

8.2.3　中断应用举例

中断编程包括如下 2 部分。

（1）中断初始化：主要是中断的允许，必要时进行中断优先级的设置。

（2）中断函数：用于完成中断请求的任务。

1. 定时中断的应用

例 8.1　LED 闪烁点亮，闪烁间隔时间为 1s。要求用单片机定时/计数器 T1 并采用中断方式实现。

解　在例 7.2 的基础上将 TF1 的查询方式改为中断方式。

汇编语言参考源程序（FLASH-ISR.ASM）如下。

```
$include(stc8h.inc)          ;包含 STC8H 系列单片机新增特殊功能寄存器的定义文件
        ORG    0000H
        LJMP MAIN
        ORG 001BH
        LJMP T1_ISR
MAIN:
        LCALL GPIO            ;I/O 口初始化
        MOV R3,#20            ;置 50ms 计数循环初始值
        MOV  TMOD,#00H        ;设定 T1 工作在工作方式 0，以实现定时功能
        MOV TH1,#3CH          ;置 50ms 定时初始值
        MOV TL1,#0B0H
        SETB ET1             ;开放 T1 中断
        SETB EA
```

```
        SETB  TR1                 ;启动 T1
        SJMP  $                   ;原地踏步，模拟主程序
T1_ISR:
        DJNZ  R3,T1_QUIT          ;未到 1s 继续循环
        MOV   R3, #20
        CPL   P1.6
        CPL   P1.7
        CPL   P4.6
        CPL   P4.7
T1_QUIT:
        RETI
$include(gpio.inc)
        END
```

C 语言参考源程序（flash-isr.c）如下。

```
#include <stc8h.h>              //包含支持 STC8H 系列单片机的头文件
#include <intrins.h>
#include <gpio.h>               //I/O 口初始化文件
#define  uchar  unsigned  char
#define  uint  unsigned  int
uchar  i = 0;                   //50ms 计数变量
void main(void)
{
    gpio();
    TMOD=0x00;
    TH1=0x3c;
    TL1=0xb0;
    ET1=1;
    EA=1;
    TR1=1;
    while(1);
}
void T1_isr() interrupt 3
{
    i++;
    if(i==20)
    {
        i=0;
        P16=~P16;                //LED 的驱动取反输出
        P17=~P17;
        P46=~P46;
        P47=~P47;
    }
}
```

例 8.2 利用单片机定时/计数器设计一个简易频率计，采用 LED 数码管显示，利用一个开关控制频率计的启停。

解 参考例 7.5，T0 的定时功能采用中断方式实现。

（1）汇编语言参考源程序（F-COUNTER-ISR.ASM）。

```
$include(stc8h.inc)              ;包含 STC8H 系列单片机新增特殊功能寄存器的定义文件
    ORG   0000H
    LJMP MAIN
    ORG  000BH
    LJMP T0_ISR
MAIN:
    LCALL GPIO
    MOV  TMOD,#40H               ;T0 以工作方式 0 进行定时，T1 以工作方式 0 进行计数
    MOV  TH0,#3CH                ;置 T0 50ms 定时初始值
    MOV  TL0,#0B0H
    MOV  R3,#14H                 ;置 50ms 计数循环初始值（1s/50ms）
    MOV  TH1, #0                 ;将 T1 清 0
    MOV  TL1,#0
    SETB ET0
    SETB EA
    MOV  30H, #16                ;显示缓冲器赋初始值，前 7 位灭，后 1 位显示 0
    MOV  31H, #16
    MOV  32H, #16
    MOV  33H, #16
    MOV  34H, #16
    MOV  35H, #16
    MOV  36H, #16
    MOV  37H, #0
Check_Start_Button:
    LCALL  LED_display           ;调用显示函数
    JNB  P3.2,  Start            ;开关状态为 1，频率计停止工作
    CLR  TR0
    CLR  TR1
    SJMP  Check_Start_Button
Start:
    SETB  TR0                    ;开关状态为 0，频率计工作
    SETB  TR1
    SJMP  Check_Start_Button
T0_ISR:
    DJNZ R3, T0_QUIT
    MOV R3, #20                  ;1s 到达，读 T1 计数值并送 P1、P2 口显示
    MOV A, TL1
    ANL A, #0FH
    MOV 37H, A
    MOV A, TL1
    SWAP A
    ANL A, #0FH
    MOV 36H, A
    MOV A, TH1
    ANL A, #0FH
    MOV 35H, A
    MOV A, TH1
```

```
   SWAP  A
   ANL  A, #0FH
   MOV  34H, A
   CLR  TR1                         ;将 T1 清 0
   MOV  TH1, #0
   MOV  TL1,#0
   SETB TR1
T0_QUIT:
   RETI
$INCLUDE(LED_display.inc)         ;包含 LED 数码管驱动程序
$INCLUDE(gpio.inc)
   END
```

（2）C 语言参考源程序（f-counter-isr.c）。

```c
#include <stc8h.h>                   //包含支持 STC8H 系列单片机的头文件
#include <intrins.h>
#include <gpio.c>
#define uchar unsigned char
#define uint  unsigned int
#include <LED_display.c>
uint counter=0;                      //定义计数（频率）变量
uchar cnt=0;                         //50ms 计数变量
sbit key=P3^2;                       //定义按键
/*---------------------------T0 初始化子函数--------------------------------*/
void Timer_init(void)
{
    TMOD = 0x40;                     //T0 以工作方式 0 进行定时,T1 以工作方式 0 进行计数
    TH0 = (65536-50000)/256;         //设置 T0 50ms 定时初值
    TL0 = (65536-50000)%256;
    TH1 = 0;                         //将 T1 清 0
    TL1 = 0;
    ET0=1;
    EA=1;
}
/*---------------------------启动子函数--------------------------------*/
void Start(void)
{
    if(key==0)                       //判断开关的状态
    {
      TR0=1;                         //频率计工作
      TR1=1;

    }
    else
    {
      TR0=0;                         //频率计停止工作
      TR1=0;
    }
}
```

```
/*-------------------------主函数-------------------------*/
void main(void)
{
    gpio();
    Timer_init();                    //T0 初始化
    while(1)
    {
        LED_display();
        Start();                     // 启动定时
    }
}
void T0_isr() interrupt 1
{
    cnt++;
    if(cnt==20)                      //i 为 20 时，计时 1s
    {
        cnt = 0;
        counter=(TH1<<8)+TL1;
        Dis_buf[7] =counter%10;
        Dis_buf[6] =counter/10%10;
        Dis_buf[5] =counter/100%10;
        Dis_buf[4] =counter/1000%10;
        Dis_buf[3] =counter/10000%10;
        TR1=0;                       //满足对 TH1、TL1 清 0 的条件
        TL1=0;
        TH1=0;
        TR1=1;
    }
}
```

2. 外部中断的应用

例 8.3　利用外部中断 0、外部中断 1 控制 LED，外部中断 0 改变由 P4.6 控制的 LED，外部中断 1 改变由 P4.7 控制的 LED。

解　根据题意，外部中断 0、外部中断 1 采用下降沿触发方式。

（1）汇编语言参考程序（INT01.ASM）。

```
$include(stc8h.inc)          ;STC8H 系列单片机新增特殊功能寄存器的定义文件
    ORG 0000H
    LJMP MAIN
    ORG 0003H
    LJMP INT0_ISR
    ORG 0013H
    LJMP INT1_ISR
MAIN:
    LCALL GPIO                ;I/O 口初始化
    SETB IT0
    SETB IT1
```

217

```
    SETB EX0
    SETB EX1
    SETB EA
    SJMP $
INT0_ISR:
    CPL P4.6
    RETI
INT1_ISR:
    CPL P4.7
    RETI
$include(gpio.inc)              ;I/O 口初始化文件
    END
```

（2）C 语言参考源程序（int01.c）。

```
#include <stc8h.h>             //包含支持 STC8H 系列单片机的头文件
#include <intrins.h>
#include <gpio.c>              //I/O 口初始化文件
#define uchar unsigned char
#define uint  unsigned int
void ex01_init()               //外部中断 0、外部中断 1 的中断初始化
{
    IT0=1;
    IT1=1;
    EX0=1;
    EX1=1;
    EA=1;
}
void main()
{
    gpio();                    //调用 I/O 口初始化函数
    ex01_init();               //调用外部中断 0、外部中断 1 的初始化函数
    while(1);                  //模拟一个主程序，等待中断
}
void int0_isr() interrupt 0   //外部中断 0 中断函数
{
    P46=~P47;
}
void int1_isr() interrupt 2   //外部中断 1 中断函数
{
    P47=~P47;
}
```

8.3 STC8H8K64U 系列单片机外部中断源的扩展

STC8H8K64U 系列单片机有 5 个外部中断源，在实际应用中，若外部中断源数超过 5 个，则需要扩充外部中断源。

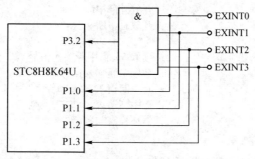

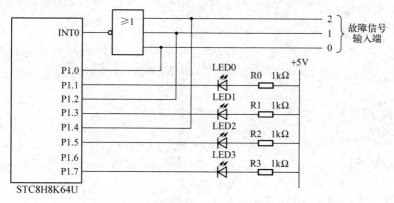

1. 利用外部中断加查询的方法扩展外部中断源

每个外部中断输入引脚（如 P3.2 引脚和 P3.3 引脚）都可以通过逻辑与（或逻辑或非）门电路的关系连接多个外部中断源，同时将并行输入端口线作为多个中断源的识别线。通过逻辑与关系将一个外部中断源扩展成多个外部中断源的电路原理图如图 8.3 所示。

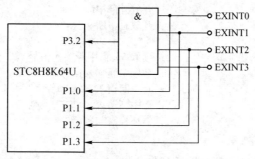

图 8.3　通过逻辑与关系将一个外部中断源扩展成多个外部中断源的电路原理图

由图 8.3 可知，4 个外部扩展中断源经逻辑与门相与后与 P3.2 引脚相连，当 4 个外部扩展中断源 EXINT0～EXINT3 中有一个或几个出现低电平时输出为 0，P3.2 脚为低电平，从而发出中断请求。CPU 在执行中断服务程序时，先依次查询 P1 口的中断源输入状态，然后转到相应的中断服务程序，4 个外部扩展中断源的中断优先权顺序由软件查询顺序决定，即最先查询的外部中断源的中断优先权最高，最后查询的外部中断源的中断优先权最低。

例 8.4　机器故障检测与指示系统如图 8.4 所示，当无故障时，LED3 亮；当有故障时，LED3 灭，0 号故障源出现故障时，LED0 亮；1 号故障源出现故障时，LED1 亮，2 号故障源出现故障时，LED2 亮。

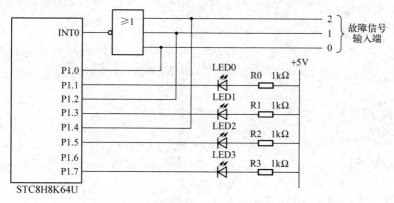

图 8.4　机器故障检测与指示系统

解　由图 8.4 可知，3 个故障信号分别为 0、1、2，故障信号为高电平时有效，当故障信号中至少有 1 个为高电平时，经逻辑或非门后输出低电平，产生下降沿信号，向 CPU 发出中断请求。

汇编语言参考程序（EX0.ASM）如下。

```
$include(stc8h.inc)          ;包含 STC8H 系列单片机新增特殊功能寄存器的定义文件
    ORG      0000H
    LJMP     MAIN
    ORG      00003H
```

```
        LJMP    INT0_ISR
        ORG         0100H
MAIN:
        LCALL GPIO                      ; 调用 I/O 口初始化程序
        MOV  SP,#60H                    ; 设定堆栈区域
        SETB  IT0                       ; 设定外部中断 0 为下降沿触发方式
        SETB  EX0                       ; 开放外部中断 0
        SETB  EA                        ; 开放总中断
LOOP:
        MOV  A, P1                      ; 读取 P1 口中断输入信号
        ANL  A,#15H                     ; 截取中断输入信号
        JNZ    Trouble                  ; 有中断请求, 转 Trouble, LED3 熄灭
        CLR  P1.7                       ; 无中断请求, LED3 点亮
        SJMP LOOP                       ; 循环检查与判断
Trouble:
        SETB  P1.7                      ; LED3 灭
        SJMP LOOP                       ; 循环检查与判断
INT0_ISR:
        JNB  P1.0,No_Trouble_0          ; 查询 0 号故障源, 无故障转 No_Trouble_0, LED0 熄灭
        CLR  P1.1                       ; 0 号故障源有故障, LED0 点亮
        SJMP  Check_Trouble_1           ; 继续查询 1 号故障源
No_Trouble_0:
        SETB  P1.1
Check_Trouble_1:
        JNB  P1.2,No_Trouble_1          ; 查询 1 号故障源, 无故障转 No_Trouble_1, LED1 熄灭
        CLR  P1.3                       ; 1 号故障源有故障, LED1 点亮
        SJMP  Check_Trouble_2           ; 继续查询 2 号故障源
No_Trouble_1:
        SETB  P1.3
Check_Trouble_2:
        JNB  P1.4,No_Trouble_2          ; 查询 2 号故障源, 无故障转 No_Trouble_2, LED2 熄灭
        CLR  P1.5                       ; 2 号故障源有故障, LED2 点亮
        SJMP  Exit_INT0_ISR             ; 转中断返回
No_Trouble_2:
        SETB  P1.5
Exit_INT0_ISR:
        RETI                            ; 查询结束, 中断返回
$include(gpio.inc)                      ; I/O 口的初始化文件
        END
```

C 语言参考源程序（ex0.c）如下。

```c
#include <stc8h.h>               //包含支持 STC8H 系列单片机的头文件
#include <intrins.h>
#include <gpio.h>                //包含 I/O 口初始化文件
#define uchar unsigned char
#define uint  unsigned int
/*--------------外部中断 0 中断函数--------------*/
void  x0_isr(void) interrupt 0
{
    P11=~P10;                    //故障指示灯状态与故障信号状态相反
    P13=~P12;
```

```
        P15=~P14;
    }
    /*-------------主函数--------------*/
    void main(void)
    {
        uchar x;
        gpio();
        IT0=1;                      //外部中断 0 为下降沿触发方式
        EX0=1;                      //允许外部中断 0
        EA =1;                      //允许总中断
        while(1)
        {
            x=P1;
            if(!(x&0x15))           //若没有故障，则 LED3 点亮
                P17=0;
            else
                P17=1;              //若有故障，则 LED3 熄灭
        }
    }
```

2. 利用定时中断扩展外部中断

当定时/计数器不用时，可用来扩展外部中断。将定时/计数器设置为计数状态，初始值设置为全 1，这时的定时/计数器中断即由计数脉冲输入引脚引发的外部中断。

8.4　工程训练

8.4.1　定时中断的应用编程

一、工程训练目标

（1）理解中断的工作过程。

（2）掌握 STC8H8K64U 系列单片机定时中断的应用编程。

二、任务功能与参考程序

1. 任务功能与硬件设计

（1）秒表同工程训练 7.8.1。

（2）频率计同工程训练 7.8.3。

2. 参考程序（C 语言版）

（1）工程训练 81_1.c：在"工程训练 71.c"程序基础上，将定时/计数器计满溢出标志位的判断方式由查询方式改为中断方式。

（2）工程训练 81_2.c：在"工程训练 73.c"程序基础上，将定时/计数器计满溢出标志位的判断方式由查询方式改为中断方式。

三、训练步骤

1. 用 Keil μVision4 集成开发环境编辑、编译与调试"秒表"用户程序

（1）将"gpio.c"与"LED_display.c"文件复制到当前项目文件夹中。

（2）用 Keil μVision4 集成开发环境新建工程训练 81 项目。

（3）打开工程训练 7.1 项目中"工程训练 71.c"文件，修改工程训练 71.c 程序，将定时/计数器计满溢出标志位的判断方式由查询方式改为中断方式，并另存到工程训练 8.1 文件夹中，命名为工程训练 81_1.c。

（4）将"工程训练 81_1.c"文件添加到当前项目中。

（5）设置编译环境，勾选"编译时生成机器代码文件"复选框。

（6）编译程序文件，生成"工程训练 81.hex"文件。

（7）利用 STC-ISP 在线编程软件将"工程训练 81.hex"文件下载到 STC 大学计划实验箱（8.3/9.3）中。

（8）按工程训练 7.8.1 的要求观察与调试"秒表"程序。

2. 用 Keil μVision4 集成开发环境编辑、编译与调试"频率计"用户程序

（1）打开工程训练 7.3 项目中"工程训练 73.c"文件，修改工程训练 73.c 程序，将定时/计数器计满溢出标志位的判断方式由查询方式改为中断方式，并另存到工程训练 8.1 文件夹中，命名为工程训练 81_2.c。

（2）将"工程训练 81_1.c"文件移出当前项目

（3）将"工程训练 81_2.c"文件添加到当前项目中。

（4）编译程序文件，生成"工程训练 81.hex"文件。

（5）利用 STC-ISP 在线编程软件将"工程训练 81.hex"文件下载到 STC 大学计划实验箱（8.3/9.3）中。

（6）按工程训练 7.8.3 的要求观察与调试"频率计"程序。

8.4.2 外部中断的应用编程

一、工程训练目标

（1）掌握外部中断触发方式的选择与设置。
（2）掌握外部中断的应用编程。

二、任务功能与参考程序

1. 任务功能

利用两个按键，通过中断的方式向单片机传递指令，一个用于延长流水灯间隔时间，一个用于减小流水灯间隔时间。

2. 硬件设计

按键 SW17、SW18 的输入对应单片机外部中断 0 和外部中断 1 的中断输入引脚，采用

外部中断 0 和外部中断 1 来接收按键信号，设 SW17 用于延长流水灯间隔时间，SW18 用于减小流水灯间隔时间。

3. 参考程序（C 语言版）

（1）程序说明。

采用 500ms 的软件延时作为流水灯间隔时间的基准，通过控制调用 500ms 软件延时程序的次数实现不同流水灯时间间隔，定义一个全局变量来控制调用 500ms 软件延时程序的次数。再利用外部中断 0、外部中断 1 来调整这个全局变量。这样就可以用 2 个外部按键来调整流水灯的时间间隔。

（2）参考程序：工程训练 82.c。

```c
#include <stc8h.h>              //包含支持 STC8H 系列单片机的头文件
#include <intrins.h>
#include <gpio.c>
#define uchar unsigned char
#define uint  unsigned int
#define LED_OUT  P6
uchar y=0xfe;
uchar k=2;
void Delay500ms()              //@12.000MHz
{
    unsigned char i, j, k;

    _nop_();
    i = 31;
    j = 113;
    k = 29;
    do
    {
        do
        {
            while (--k);
        } while (--j);
    } while (--i);
}

void Delayx500ms(uchar x)
{
    uchar i;
    for(i=0;i<x;i++)
    {
        Delay500ms();
    }
}
void main(void)
{
    gpio();
    IT0=IT1=1;      EX0=EX1=1;
```

```
    EA=1;
    P40=0;                          //选通由 P6 控制的 LED
    while(1)
    {
        LED_OUT=y;
        y=_crol_(y,1);
        Delayx500ms(k);
    }
}
void EX0_INT(void) interrupt 0
{
    k++;
    if(k>20)k=20;
}
void EX1_INT(void) interrupt 2
{
    k--;
    if(k==0)k=1;
}
```

三、训练步骤

（1）分析"工程训练 82.c"程序文件。

（2）将"gpio.c"文件复制到当前项目文件夹中。

（3）用 Keil μVision4 集成开发环境编辑、编译用户程序，生成机器代码文件。

① 用 Keil μVision4 集成开发环境新建工程训练 82 项目。

② 输入与编辑"工程训练 82.c"文件。

③ 将"工程训练 82.c"文件添加到当前项目中。

④ 设置编译环境，勾选"编译时生成机器代码文件"复选框。

⑤ 编译程序文件，生成"工程训练 82.hex"文件。

（4）将 STC 大学计划实验箱（8.3/9.3）连接至计算机。

（5）利用 STC-ISP 在线编程软件将"工程训练 82.hex"文件下载到 STC 大学计划实验箱（8.3/9.3）中。

（6）观察与调试程序。

① 按动 SW17，观察流水灯的时间间隔。

② 按动 SW18，观察流水灯的时间间隔。

四、训练拓展

修改"工程训练 82.c"程序，将基准延时用 T0 实现。

本章小结

中断概念是在 20 世纪中期提出的，中断技术是计算机中的一种很重要的技术，它既和硬件有关，也和软件有关。正是因为有了中断技术，计算机的工作才变得更加灵活、效率更高。现代计算机操作系统实现的管理调度的基础就是丰富的中断功能和完善的中断系统。一个 CPU 要面向多个任务，这样就会出现资源竞争，而中断技术实质上是一种资源共享技术。中断技术的出现大大推动了计算机的发展和应用。中断功能的强弱已成为衡量一台计算机功能完善与否的重要指标。

一个完整的中断过程一般包括中断请求、中断响应、中断服务和中断返回 4 个步骤。

STC8H8K64U 系列单片机的中断系统有 22 个中断源，4 个中断优先级，可实现四级中断服务嵌套。由 IE、IE2、INT_CLKO 等特殊功能寄存器控制 CPU 是否响应中断请求；由中断优先级控制寄存器 IP、IPH、IP2、IP2H、IP3 和 IP3H 安排各中断源的中断优先级；当同一中断优先级内的中断同时提出中断请求时，由内部的查询逻辑确定其响应次序。

中断编程包括 2 部分：中断初始化；中断函数。

习题

一、填空题

1．CPU 面向 I/O 设备的服务方式包括_____、_____与 DMA 通道 3 种方式。

2．中断过程包括中断请求、_____、_____与中断返回 4 个步骤。

3．在中断服务方式中，CPU 与 I/O 设备是_____工作的。

4．根据中断请求能否被 CPU 响应，中断可分为非屏蔽中断和_____两种类型。STC8H8K64U 系列单片机的所有中断都属于_____，除_____以外。

5．若要求定时/计数器 T0 中断，除对 ET0 置 1 外，还需要对_____置 1。

6．STC8H8K64U 系列单片机中断源的中断优先级分为_____个，当处于同一中断优先级时，前 5 个中断的自然中断优先顺序由高到低是_____、T0 中断、_____、_____、串行通信端口 1 中断。

7．外部中断 0 的中断请求信号输入引脚是_____，外部中断 1 的中断请求信号输入引脚是_____。外部中断 0、外部中断 1 的触发方式有_____和_____两种类型。当 IT0=1 时，外部中断 0 的触发方式是_____。

8．外部中断 2 的中断请求信号输入引脚是_____，外部中断 3 的中断请求信号输入引脚是_____，外部中断 4 的中断请求信号输入引脚是_____。外部中断 2、外部中断 3、外部中断 4 的中断触发方式都只有 1 种，属于_____触发方式。

9．外部中断 0、外部中断 1、外部中断 2、外部中断 3、外部中断 4 的中断请求标志位在中断响应后，相应的中断请求标志位_____自动清 0。

10．串行通信端口 1 中断包括_____和_____两个中断请求标志位，串行通信端口 1 中断的中断请求标志位在中断响应后，_____自动清 0。

11．中断函数定义的关键字是_____。

12．外部中断 0 的中断响应入口地址、中断号分别是_____和_____。

13．外部中断 1 的中断响应入口地址、中断号分别是_____和_____。

14. T0 中断的中断响应入口地址、中断号分别是_____和_____。

15. T1 中断的中断响应入口地址、中断号分别是_____和_____。

16. 串行通信端口 1 中断的中断响应入口地址、中断号分别是_____和_____。

二、选择题

1. 执行 "EA=1;EX0=1;EX1=1;ES=1;" 语句后，叙述正确的是（　　）。
   A. 外部中断 0、外部中断 1、串行通信端口 1 允许中断
   B. 外部中断 0、T0、串行通信端口 1 允许中断
   C. 外部中断 0、T1、串行通信端口 1 允许中断
   D. T0、T1、串行通信端口 1 允许中断

2. 执行 "PS=1;PT1=1;" 语句后，按照中断优先级由高到低排序，叙述正确的是（　　）。
   A. 外部中断 0→T0 中断→外部中断 1→T1 中断→串行通信端口 1 中断
   B. 外部中断 0→T0 中断→T1 中断→外部中断 1→串行通信端口 1 中断
   C. T1 中断→串行通信端口 1 中断→外部中断 0→T0 中断→外部中断 1
   D. T1 中断→串行通信端口 1→T0 中断→中断外部中断 0→外部中断 1

3. 执行 "PS=1;PT1=1;" 语句后，叙述正确的是（　　）。
   A. 外部中断 1 能中断正在处理的外部中断 0
   B. 外部中断 0 能中断正在处理的外部中断 1
   C. 外部中断 1 能中断正在处理的串行通信端口 1 中断
   D. 串行通信端口 1 中断能中断正在处理的外部中断 1

4. 现要求允许 T0 中断，并将其设置为高中断优先级，下列编程正确的是（　　）。
   A. ET0=1;EA=1;PT0=1;　　　　　　　B. ET0=1;IT0=1;PT0=1;
   C. ET0=1;EA=1;IT0=1;　　　　　　　D. IT0=1;EA=1;PT0=1;

5. 当 IT0=1 时，外部中断 0 的触发方式是（　　）。
   A. 高电平触发　　　　　　　　　　　B. 低电平触发
   C. 下降沿触发　　　　　　　　　　　D. 上升沿、下降沿皆触发

6. 当 IT1=1 时，外部中断 1 的触发方式是（　　）。
   A. 高电平触发　　　　　　　　　　　B. 低电平触发
   C. 下降沿触发　　　　　　　　　　　D. 上升沿、下降沿皆触发

三、判断题

1. 在 STC8H8K64U 系列单片机中，只要中断源有中断请求，CPU 一定会响应该中断请求。（　　）

2. 当某中断请求允许位为 1 且总中断允许控制位为 1 时，该中断源发出中断请求，CPU 一定会响应该中断请求。（　　）

3. 当某中断源在中断允许的情况下发出中断请求，CPU 会立刻响应该中断请求。（　　）

4. CPU 响应中断的首要事情是保护断点地址，然后自动转到该中断源对应的中断响应入口地址处执行程序。（　　）

5. 外部中断 0 的中断号是 1。（　　）

6．T1 中断的中断号是 3。（　　　）

7．在同一中断优先级的中断中，外部中断 0 能中断正在处理的串行通信端口 1 中断。
（　　　）

8．高中断优先级中断能中断正在处理的低中断优先级中断。（　　　）

9．中断函数中能传递参数。（　　　）

10．中断函数能返回任何类型的数据。（　　　）

11．中断函数定义的关键字是 using。（　　　）

12．在主函数中，能主动调用中断函数。（　　　）

四、问答题

1．影响 CPU 响应中断时间的因素有哪些？

2．相比查询服务，中断服务有哪些优势？

3．一个中断系统应具备哪些功能？

4．什么是断点地址？

5．要开放一个中断，应如何编程？

6．STC8H8K64U 系列单片机有哪几种中断源？各中断标志位是如何产生的？当中断响应后，中断标志位是如何清除的？当 CPU 响应各中断时，其中断向量地址及中断号各是多少？

7．外部中断 0 和外部中断 1 有哪两种触发方式？这两种触发方式所产生的中断过程有何不同？怎样设定？

8．STC8H8K64U 系列单片机的中断系统中有几种中断优先级？如何设定？当中断优先级相同时，其自然中断优先权顺序是怎样的？

9．简述 STC8H8K64U 系列单片机中断响应的过程。

10．CPU 响应中断有哪些条件？在什么情况下中断响应会受阻？

11．STC8H8K64U 系列单片机中断响应时间是否固定不变？为什么？

12．简述 STC8H8K64U 系列单片机扩展外部中断源的方法。

13．简述 STC8H8K64U 系列单片机中断嵌套的规则。

五、程序设计题

1．设计一个流水灯，流水灯初始时间间隔为 500ms。用外部中断 0 延长间隔时间，上限值为 2s；用外部中断 1 缩短间隔时间，下限值为 100ms，调整步长为 100ms。画出硬件电路图，编写程序并上机调试。

2．利用外部中断 2、外部中断 3 设计加、减计数器，计数值采用 LED 数码管显示。每产生一次外部中断 2，计数值加 1；每产生一次外部中断 3，计数值减 1。画出硬件电路图，编写程序并上机调试。

第9章 串行通信端口

内容提要

计算机的数据通信有并行通信和串行通信两种。串行通信具有占用 I/O 线少的优势，适用于长距离数据通信。STC8H8K64U 系列单片机有 4 个可编程全双工串行通信端口。

STC8H8K64U 系列单片机 4 个可编程全双工串行通信端口的工作原理与控制是一致的。本章重点学习 STC8H8K64U 系列单片机串行通信端口 1。

9.1 串行通信基础

通信是人们传递信息的方式。计算机通信是将计算机技术和通信技术相结合，完成计算机与 I/O 设备或计算机与计算机之间的信息交换。这种信息交换可分为两种方式：并行通信与串行通信。

并行通信是将数据字节的各位用多条数据线同时进行传送，如图 9.1（a）所示。并行通信的特点是控制简单、传送速率快。并行通信的传输线较多，在进行长距离传送时成本较高，仅适用于短距离传送。

串行通信是将数据字节分成一位一位的形式在一条传输线上逐个传送，如图 9.1（b）所示。串行通信的特点是传送速度慢。串行通信传输线少，在进行长距离传送时成本较低，适用于长距离传送。

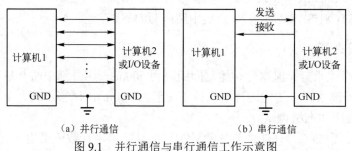

图 9.1 并行通信与串行通信工作示意图

1. 串行通信的分类

按照串行通信数据的时钟控制方式，串行通信可分为异步通信和同步通信两类。

（1）异步通信（Asynchronous Communication）。

在异步通信中，数据通常是以字符（或字节）为单位组成字符帧传送的。字符帧由发送端一帧一帧地发送，接收端通过传输线一帧一帧地接收。发送端和接收端可以通过各自的时钟来控制数据的发送和接收，这两个时钟彼此独立，互不同步，但要求传送速率一致。因为在异步通信中，两个字符之间的传输间隔时间是任意的，所以每个字符的前后都要用一些数位来作为分隔位。

发送端和接收端依靠字符帧格式来协调数据的发送和接收，在传输线空闲时，发送端为高电平（逻辑 1），当接收端检测到传输线上发送过来的低电平逻辑 0（字符帧中的起始位）时就知道发送端已开始发送；当接收端接收到字符帧中的停止位（实际上是按一个字符帧约定的位数来确定的）时就知道一帧字符信息已发送完毕。

在异步通信中，字符帧格式和波特率是两个重要指标，可由用户根据实际情况选定。

① 字符帧（Character Frame）。字符帧也称数据帧，由起始位、数据位（纯数据或数据加校验位）和停止位 3 部分组成，如图 9.2 所示。

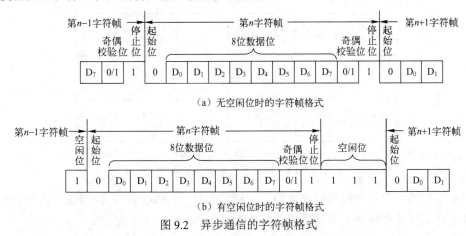

图 9.2　异步通信的字符帧格式

- 起始位：位于字符帧开头，只占一位，始终为低电平（逻辑 0），用于表示发送端开始向接收端发送一帧信息。
- 数据位：紧跟在起始位之后，用户可根据情况取 5 位、6 位、7 位或 8 位，低位在前高位在后（先发送数据的最低位）。若所传数据为 ASCII 字符，则取 7 位。
- 奇偶校验位：位于数据位之后，只占一位，通常用于对串行通信数据进行奇偶校验，可以由用户定义为其他控制含义，也可以没有。
- 停止位：位于字符帧末尾，为高电平（逻辑 1），通常可取 1 位、1.5 位或 2 位，用于表示一帧字符信息已向接收端发送完毕，也为发送下一帧字符做准备。

在串行通信中，发送端一帧一帧地发送信息，接收端一帧一帧地接收信息，两相邻字符帧之间可以无空闲位，也可以有若干空闲位，这由用户根据需要决定。有个空闲位时的字符帧格式如图 9.2（b）所示。

② 波特率（Baud Rate）。异步通信的另一个重要指标为波特率。波特率为每秒钟传送二进制数码的位数，也称比特数，单位为 bit/s，即位/秒。波特率用于表征数据传输的速率，波特率越高，数据传输速率越快。波特率和字符的实际传输速率不同，字符的实际传输速率是每秒内所传字符帧的帧数，也就是说，字符的实际传送速率和字符帧格式有关。例如，波特率为 1200bit/s 的通信系统，若采用如图 9.2（a）所示的字符帧格式（每个字符帧包含 11 位数据），则字符的实际传输速率为 1200/11=109.09 帧/s；若改用如图 9.2（b）所示的字

符帧格式（每个字符帧包含 14 位数据，其中含 3 位空闲位），则字符的实际传输速率为
1200/14=85.71 帧/s。

异步通信的优点是不需要传送同步时钟，字符帧长度不受限制，设备简单；缺点是由
于字符帧中包含起始位和停止位，降低了有效数据的传输速率。

（2）同步通信（Synchronous Communication）。

同步通信是一种连续串行传送数据的通信方式，一次通信传输一组数据（包含若干个字
符数据）。在进行同步通信时要建立发送方时钟对接收方时钟的直接控制，使双方达到完全
同步。在发送数据前，先发送同步字符，再连续地发送数据。同步字符有单同步字符和双同
步字符之分，同步通信的字符帧是由同步字符、数据字符和校验字符 CRC 3 部分组成的，如
图 9.3 所示。在同步通信中，同步字符可以采用统一的标准格式，也可以由用户自行约定。

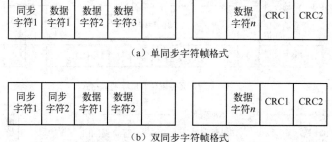

（a）单同步字符帧格式

（b）双同步字符帧格式

图 9.3　同步通信的字符帧格式

同步通信的优点是数据传输速率较高（通常可达 56000bit/s）；缺点是要求发送时钟和
接收时钟必须保持严格同步，硬件电路较为复杂。

2．串行通信的传输方向

在串行通信中，数据是在两个站之间进行传送的，按照数据传送方向及时间关系，串
行通信可分为单工（Simplex）、半双工（Half Duplex）和全双工（Full Duplex）3 种制式，
如图 9.4 所示。

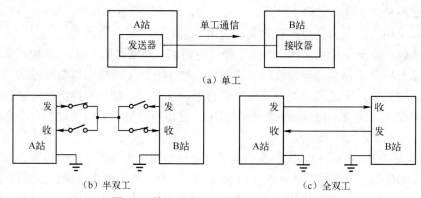

（a）单工

（b）半双工　　　　　　　　　　（c）全双工

图 9.4　单工、半双工和全双工 3 种制式

单工制式：传输线的一端接发送器，另一端接接收器，数据只能按照一个固定的方向
传送，如图 9.4（a）所示。

半双工制式：系统的每个通信设备都由一个发送器和一个接收器组成，如图 9.4（b）

所示。在这种制式下，数据既能从 A 站传送到 B 站，也能从 B 站传送到 A 站，但是不能同时在两个方向上传送，即只能一端发送，一端接收。半双工制式的收发开关一般是由软件控制的电子开关。

全双工制式：通信系统的每端都有发送器和接收器，且可以同时发送和接收，即数据可以在两个方向上同时传送，如图 9.4（c）所示。

9.2 串行通信端口 1

STC8H8K64U 系列单片机内部有 4 个可编程全双工串行通信端口，它们具有串行通信端口的全部功能。每个串行通信端口都由两个数据缓冲器、一个移位寄存器、一个串行控制器和一个波特率发生器组成。每个串行通信端口的数据缓冲器由相互独立的接收缓冲器、发送缓冲器构成，可以同时发送数据和接收数据。发送缓冲器只能写入而不能读取数据，接收缓冲器只能读取而不能写入数据，因而这两个缓冲器可以共用一个地址码。

串行通信端口 1 的两个数据缓冲器的共用地址码是 99H，串行通信端口 1 的两个数据缓冲器统称为 SBUF。当对 SBUF 进行读操作（MOV A,SBUF 或 x=SBUF;）时，操作对象是串行通信端口 1 的接收缓冲器；当对 SBUF 进行写操作（MOV SBUF,A 或 SBUF=x;）时，操作对象是串行通信端口 1 的发送缓冲器。

STC8H8K64U 系列单片机串行通信端口 1 的默认发送引脚、接收引脚分别是 TxD/P3.1、RxD/P3.0，通过设置 P_SW1 中的 S1_S1、S1_S0 控制位，串行通信端口 1 的 TxD、RxD 硬件引脚可切换为 P1.7、P1.6 或 P3.7、P3.6，具体见课件中的附录 E。

9.2.1 控制寄存器

与单片机串行通信端口 1 有关的特殊功能寄存器有串行通信端口 1 控制寄存器、与波特率设置相关的定时/计数器 T1、T2 的寄存器、与中断控制相关的寄存器，如表 9.1 所示。STC-ISP 在线编程软件中有专门用于将定时/计数器作为波特率发生器的计算工具，为降低学习难度，提高学习效率，对将定时/计数器作为波特率发生器的相关寄存器不进行介绍。

表 9.1 与单片机串行通信端口 1 有关的特殊功能寄存器

符 号	名 称	B7	B6	B5	B4	B3	B2	B1	B0	复位值
SCON	串行通信端口 1 控制寄存器	SM0/FE	SM1	SM2	REN	TB8	RB8	TI	RI	00000000
SBUF	串行通信端口 1 数据缓冲器	包含串行通信端口 1 发送缓冲器与接收缓冲器								xxxxxxxx
PCON	电源控制寄存器	SMOD	SMOD0	LVDF	POF	GF1	GF0	PD	IDL	00110000
AUXR	辅助寄存器	T0x12	T1x12	UART_M0x6	T2R	T2_C/T̄	T2x12	EXTRAM	S1ST2	00000001
IE	中断允许寄存器	EA	ELVD	EADC	ES	ET1	EX1	ET0	EX0	00000000
IP	中断优先寄存器	PPCA	PLVD	PADC	PS	PT1	PX1	PT0	PX0	00000000
IPH	中断优先寄存器	PPCAH	PLVDH	PADCH	PSH	PT1H	PX1H	PT0H	PX0H	00000000

续表

符 号	名 称	B7	B6	B5	B4	B3	B2	B1	B0	复位值
SADDR	串行通信端口 1 从机地址寄存器	—								00000000
SADEN	串行通信端口 1 从机地址屏蔽寄存器	—								00000000

1. 串行通信端口 1 工作方式的选择与控制

串行通信端口 1 工作方式的选择与控制主要通过 SCON（串行通信端口 1 控制寄存器）实现，具体内容如下。

SM0/FE、SM1：

PCON 寄存器中的 PCON.6（SMOD0）为 1 时，SM0/FE 用于帧错误检测，当检测到一个无效停止位时，通过接收器设置该位，该位必须由软件清 0。

PCON 寄存器中的 PCON.6（SMOD0）为 0 时，SM0/FE 和 SM1 一起指定串行通信的工作方式，如表 9.2 所示（其中，f_{SYS} 为系统时钟频率）。

表 9.2 串行方式选择位

SM0	SM1	工作方式	功 能	波 特 率
0	0	工作方式 0	8 位同步移位寄存器	$f_{SYS}/12$ 或 $f_{SYS}/2$
0	1	工作方式 1	10 位串行通信端口	可变，取决于 T1 或 T2 的溢出率
1	0	工作方式 2	11 位串行通信端口	$f_{SYS}/64$ 或 $f_{SYS}/32$
1	1	工作方式 3	11 位串行通信端口	可变，取决于 T1 或 T2 的溢出率

SM2：多机通信控制位，用于工作方式 2 和工作方式 3 中。当工作方式 2 和工作方式 3 处于接收状态时，若 SM2=1，且接收到的第 9 位数据 RB8 为 0，则不激活串行接收中断（不置位 RI）；若 SM2=1 且 RB8=1 时，则置位 RI。当工作方式 2 和工作方式 3 处于接收方式时，若 SM2=0，不论 RB8 为 0 还是为 1，RI 都以正常方式被置位。

REN：允许串行接收控制位，由软件置位或清 0。REN=1 时，允许串行接收；REN=0 时，禁止串行接收。

TB8：在工作方式 2 和工作方式 3 中，串行发送数据的第 9 位，由软件置位或复位，可作为奇偶校验位。在多机通信中，TB8 可作为区别地址帧或数据帧的标志位，一般约定地址帧时 TB8 为 1，数据帧时 TB8 为 0。

RB8：在工作方式 2 和工作方式 3 中，是串行接收到的第 9 位数据，作为奇偶校验位，或者地址帧、数据帧的标志位。

TI：发送中断标志位。在工作方式 0 中，发送完 8 位数据后，由硬件置位；在其他工作方式中，在发送停止位之初由硬件置位。TI 是发送完一帧数据的标志位，既可以用查询的方法也可以用中断的方法来响应该标志位，然后在相应的查询服务程序或中断服务程序中，由软件清 0 TI。

RI：接收中断标志位。在工作方式 0 中，接收完 8 位数据后，由硬件置位；在其他工作方式中，在接收停止位的中间由硬件置位。RI 是接收完一帧数据的标志位，既可以用查询的方法也可以用中断的方法来响应该标志位，然后在相应的查询服务程序或中断服务程序中，由软件清 0 RI。

2．串行通信端口 1 波特率的选择与控制

当串行通信端口 1 工作在工作方式 1 或工作方式 3 时，串行通信端口 1 采用定时/计数器作为波特率发生器，可使用 STC-ISP 在线编程软件中的"波特率计算器"来生成波特率发生器的设置程序。

PCON.7（SMOD）：波特率倍增系数选择位。在工作方式 1、工作方式 2 和工作方式 3 状态下，串行通信的波特率与 SMOD 有关。在此，忽略工作方式 1 与工作方式 3。PCON.7（SMOD)=0，串行通信端口 1 工作在工作方式 2 下的波特率为系统时钟/64(f_{SYS}/64)；PCON.7（SMOD）=1，串行通信端口 1 工作在工作方式 2 下的波特率为系统时钟/32(f_{SYS}/32)。

AUXR.5（UART_M0x6）：串行通信端口 1 工作在工作方式 0 下的波特率设置位。AUXR.5（UART_M0x6）=0，串行通信端口工作在工作方式 0 下的波特率为系统时钟/12(f_{SYS}/12)；（UART_M0x6）=1，串行通信端口工作在工作方式 0 下的波特率为系统时钟/2 分频(f_{SYS}/2)。

3．串行通信端口 1 发送的启动

SBUF 是串行通信端口 1 数据缓冲器，包括发送缓冲器与接收缓冲器。

当需要发送某个数据时，将该数据写入（传送给）发送缓冲器，即启动串行通信端口 1 的发送。

当串行接收完一个数据时，接收到的数据存储在接收缓冲器中，直接读取即可。

4．串行通信端口 1 的中断管理

ES：串行通信端口 1 中断允许控制位，ES=0，禁止串行通信端口 1 中断；ES=1，允许串行通信端口 1 中断。

IPH.4（PSH）、PS：串行通信端口 1 中断优先级设置位。

IPH.4（PSH）/PS=0/0，串行通信端口 1 的中断优先级为 0 级（最低）。

IPH.4（PSH）/PS=0/1，串行通信端口 1 的中断优先级为 1 级。

IPH.4（PSH）/PS=1/0，串行通信端口 1 的中断优先级为 2 级。

IPH.4（PSH）/PS=1/1，串行通信端口 1 的中断优先级为 3 级（最高）。

串行通信端口 1 的中断号为 4。

5．串行通信端口 1 从机地址的管理

STC8H8K64U 系列单片机专门为串行通信端口 1 的多机通信应用设置了一个从机地址寄存器和一个从机地址屏蔽寄存器。

SADDR：串行通信端口 1 从机地址寄存器。多机通信中的从机用于存放该从机预先定义好的地址。

SADEN：串行通信端口 1 从机地址屏蔽寄存器。SADEN 与 SADDR 一一对应，当 SADEN 为 0 时，SADDR 对应的地址位屏蔽；当 SADEN 为 1 时，SADDR 对应的地址位保留。在多机通信中，主机发出的从机地址与从机地址保留位相同时视为匹配。

9.2.2 工作方式

STC8H8K64U 系列单片机串行通信有 4 种工作方式，当 PCON.6（SMOD0）=0 时，SCON 中的 SM0/FE、SM1 一起指定串行通信的工作方式。

1. 工作方式 0（SM0/SM1=0/0）

在工作方式 0 下，串行通信端口 1 用作同步移位寄存器，其波特率为 $f_{SYS}/12$（UART_M0x6 为 0 时）或 $f_{SYS}/2$（UART_M0x6 为 1 时）。串行数据从 RxD（P3.0）引脚输入或输出，同步移位脉冲由 TxD（P3.1）送出。这种方式常用于扩展 I/O 口。

1）发送

当 TI=0 时，将一个数据写入串行通信端口的发送缓冲器时，串行通信端口将 8 位数据以 $f_{SYS}/12$ 或 $f_{SYS}/2$ 的波特率从 RxD 引脚输出（低位在前），发送完毕置位 TI，并向 CPU 请求中断。在再次发送数据之前，必须由软件清 0 TI。工作方式 0 的数据发送时序如图 9.5 所示。

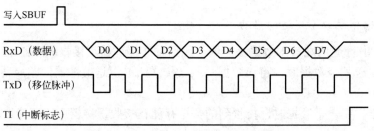

图 9.5　工作方式 0 的数据发送时序

当串行通信端口 1 在工作方式 0 下发送数据时，可以外接串行输入、并行输出的移位寄存器，如 74LS164、CD4094、74HC595 等，用来扩展并行输出口。工作方式 0 扩展并行输出口的逻辑电路如图 9.6 所示。

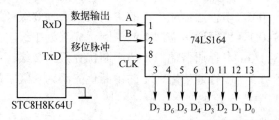

图 9.6　工作方式 0 扩展并行输出口的逻辑电路

2）接收

当 RI=0 时，置位 REN，串行通信端口 1 开始从 RxD 引脚以 $f_{SYS}/12$ 或 $f_{SYS}/2$ 的波特率接收输入数据（低位在前），当接收完 8 位数据后，置位 RI，并向 CPU 请求中断。在再次接收数据之前，必须由软件清 0 RI 标志。工作方式 0 的数据接收时序如图 9.7 所示。

当串行通信端口 1 在工作方式 0 下接收数据时，可以外接并行输入、串行输出的移位寄存器，如 74LS165，用来扩展并行输入口。工作方式 0 扩展并行输入口的逻辑电路如图 9.8 所示。

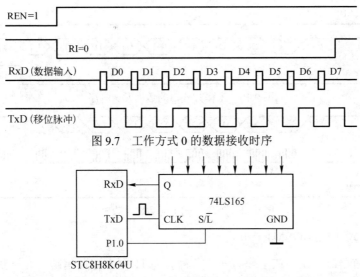

图 9.7　工作方式 0 的数据接收时序

图 9.8　工作方式 0 扩展并行输入口的逻辑电路

值得注意的是，每当发送或接收完 8 位数据后，硬件会自动置位 TI 或 RI，CPU 响应 TI 或 RI 中断后，TI 或 RI 必须由用户用软件清 0。在工作方式 0 下，SM2 必须为 0。

2．工作方式 1（SM0/SM1=0/1）

当串行通信端口 1 工作在工作方式 1 下时，为波特率可调的 10 位通用异步串行通信端口，一帧信息包括 1 位起始位（0），8 位数据位和 1 位停止位（1）。10 位通用异步通信的字符帧格式如图 9.9 所示。

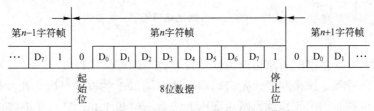

图 9.9　10 位通用异步通信的字符帧格式

1）发送

当 TI=0 时，数据写入发送缓冲器后，就启动了串行通信端口 1 的发送过程。在发送移位时钟的同步下，TxD 引脚先送出起始位，然后送出 8 位数据位，最后送出停止位。一帧 10 位数据发送完后，TI 置 1。工作方式 1 的数据发送时序如图 9.10 所示。工作方式 1 下的数据传输波特率取决于 T1 或 T2 的溢出率。

2）接收

当 RI=0 时，置位 REN，启动串行通信端口 1 的接收过程。当检测到 RxD 引脚输入电平发生负跳变时，接收缓冲器以所选波特率的 16 倍速率采样 RxD 引脚电平，以 16 个脉冲中的 7、8、9 三个脉冲为采样点，取两个或两个以上相同值为采样电平，若检测电平为低电平，则说明起始位有效，并以同样的检测方法接收这一帧信息的其余位。接收过程中，8 位数据写入接收缓冲器，当接收到停止位时，置位 RI，并向 CPU 请求中断。工作方式 1 的数据接收时序如图 9.11 所示。

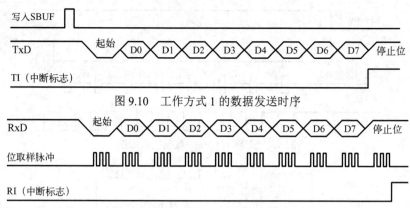

图 9.10　工作方式 1 的数据发送时序

图 9.11　工作方式 1 的数据接收时序

3. 工作方式 2（SM0/SM1=1/0）

当串行通信端口 1 工作在工作方式 2 下时，为 11 位串行通信端口。一帧数据包括 1 位起始位（0），8 位数据位，1 位可编程位（TB8）和 1 位停止位（1）。11 位串行通信端口的字符帧格式如图 9.12 所示。

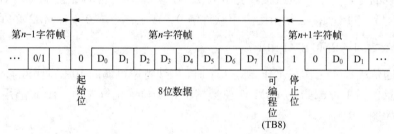

图 9.12　11 位串行通信端口的字符帧格式

1）发送

在发送数据前，先根据通信协议由软件设置好可编程位（TB8）。当 TI=0 时，用指令将要发送的数据写入发送缓冲器，则启动串行通信端口 1 的发送过程。在发送移位时钟的同步下，TxD 引脚先送出起始位，然后送出 8 位数据位和 TB8，最后送出停止位。一帧 11 位数据发送完毕后，置位 TI，并向 CPU 发出中断请求。在发送下一帧信息之前，TI 必须由中断服务程序或查询程序清 0。

工作方式 2 的数据发送时序如图 9.13 所示。

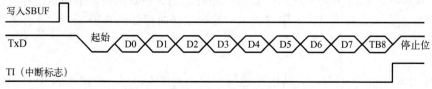

图 9.13　工作方式 2 的数据发送时序

2）接收

当 RI=0 时，置位 REN，启动串行通信端口 1 的接收过程。当检测到 RxD 引脚输入电平发生负跳变时，接收缓冲器以所选波特率的 16 倍速率采样 RxD 引脚电平，以 16 个脉冲中的 7、8、9 三个脉冲为采样点，取两个或两个以上相同值为采样电平，若检测电平为低电平，则说明起始位有效，并以同样的检测方法接收这一帧信息的其余位。在接收过程中，8 位数据写入接收缓冲器，第 9 位数据写入 RB8，接收到停止位时，若 SM2=0 或 SM2=1 且 RB8=1，则置位 RI，向 CPU 请求中断；否则不置位 RI，接收数据丢失。工作方式 2 的数据接收时序如图 9.14 所示。

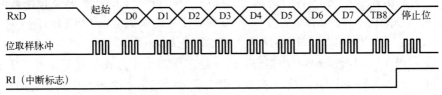

图 9.14　工作方式 2 的数据接收时序

4. 工作方式 3（SM0/SM1=1/1）

当串行通信端口 1 工作在工作方式 3 下时，为 11 位串行通信端口。工作方式 2 与工作方式 3 的区别在于波特率的设置方法不同，工作方式 2 的波特率为 $f_{SYS}/64$（SMOD 为 0）或 $f_{SYS}/32$（SMOD 为 1）；工作方式 3 数据传输的波特率同工作方式 1 一样，也取决于 T1 或 T2 的溢出率。

工作方式 3 除发送速率、接收速率与工作方式 2 不同外，其他过程和工作方式 2 完全一致。在工作方式 2 和工作方式 3 的接收过程中，只有当 SM2=0 或 SM2=1 且 RB8=1 时，才会置位 RI，并向 CPU 申请中断，请求接收数据；否则，不会置位 RI，接收数据丢失，因而工作方式 2 和工作方式 3 常用于多机通信。

9.2.3　波特率

在串行通信中，收发双方对传送数据的速率（波特率）要有一定的约定才能进行正常的通信。单片机的串行通信有 4 种工作方式。其中工作方式 0 和工作方式 2 的波特率是固定的；工作方式 1 和工作方式 3 的波特率可变。串行通信端口 1 的波特率由 T1 的溢出率决定，串行通信端口 2 的波特率由 T2 的溢出率决定。

（1）工作方式 0 和工作方式 2。

在工作方式 0 中，波特率为 $f_{SYS}/12$（UART_M0x6 为 0 时）或 $f_{SYS}/2$（UART_M0x6 为 1 时）。

在工作方式 2 中，波特率取决于 PCON 中的 SMOD 值，当 PCON.7（SMOD）=0 时，波特率为 $f_{SYS}/64$；当 PCON.7（SMOD）=1 时，波特率为 $f_{SYS}/32$，即

$$波特率 = \frac{2^{SMOD}}{64} \cdot f_{SYS}$$

（2）工作方式 1 和工作方式 3（利用 STC-ISP 在线编程软件波特率计算器自动生成）。

工作方式 1 和工作方式 3 的波特率由 T1 或 T2 的溢出率决定，默认状态下选择的是 T2 定时器。

① 当 AUXR.0（S1ST2）=0 时，T1 为波特率发生器。

波特率由 T1 的溢出率（T1 定时时间的倒数）和 SMOD 共同决定，即

工作方式 1 和工作方式 3 的波特率= $\dfrac{2^{SMOD}}{32}$ ×T1溢出率（定时器 1 为模式 2 时）。

工作方式 1 和工作方式 3 的波特率= $\dfrac{T1溢出率}{4}$ （定时器 1 为模式 0 时）。

式中，T1 的溢出率为 T1 定时时间的倒数，取决于单片机 T1 的计数速率和预置值。计数速率与 TMOD 中 T1 的 C/$\overline{T}$ 有关，当 C/$\overline{T}$ =0 时，计数速率为 f_{SYS}/12（T1x12=0 时）或 f_{SYS}（T1x12=1 时）；当 C/$\overline{T}$ =1 时，计数速率为外部输入时钟频率。

实际上，当 T1 用作波特率发生器时，通常是工作在工作方式 0 或工作方式 2 下的，即自动重载的 16 位或 8 位定时/计数器，为了避免溢出而产生不必要的中断，此时应禁止 T1 中断。

② 当 AUXR.0（S1ST2）=1 时，T2 为波特率发生器。

波特率为 T2 溢出率（T2 定时时间的倒数）的 1/4。

例 9.1 设单片机采用频率为 11.059MHz 的晶振，串行通信端口工作在工作方式 1，波特率为 9600bit/s。利用 STC-ISP 在线编程软件中的波特率计算器，生成波特率发生器的汇编语言代码。

解 首先打开 STC-ISP 在线编程软件，选择右边工具栏中的波特率计算器，然后根据题目选择工作参数：单片机系统频率 11.059MHz，串行通信端口工作在工作方式 1，波特率为 9600bit/s，T1 为波特率发生器，T1 工作在工作方式 0（16 位自动重载）进行定时。程序框中默认生成的是 C 语言代码，如图 9.15 所示。

若需要生成汇编语言代码，则单击"生成 ASM 代码"按钮，程序框中即该波特率发生器的汇编语言代码，如图 9.16 所示。

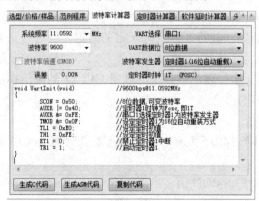

图 9.15 波特率计算器（生成 C 语言代码）

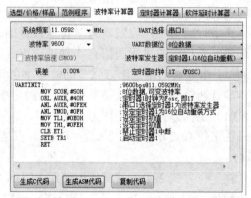

图 9.16 波特率计算器（生成汇编语言代码）

9.2.4 应用举例

1. 工作方式 0 的编程和应用

串行通信端口的工作方式 0 是同步移位寄存器工作方式。利用工作方式 0 可以扩展并行 I/O 口。每扩展一个移位寄存器均可扩展一个 8 位并行输出口，该输出口可以用来连接一个 LED 显示器进行静态显示或用作键盘中的 8 根行列线。

例9.2 使用2个74HC595芯片扩展16位并行输出口,外接16位LED,如图9.17所示。利用该电路的串入并出及锁存输出功能,把LED从右向左依次点亮,并不断循环(16位LED)。

解 74HC595和74LS164功能相仿,二者都是8位串行输入并行输出移位寄存器。74LS164的驱动电流(25mA)比74HC595驱动电流(35mA)小。74HC595的主要优点是具有数据存储寄存器,在移位的过程中,输出端的数据可以保持不变。这在串行速率慢的场合很有用处,可以使LED没有闪烁感。而且74HC595具有级联功能,通过级联能扩展更多的输出口。

Q0~Q7是并行数据输出口,即存储寄存器的数据输出口;Q7'是串行输出口,用于连接级联芯片的串行数据输入端DS;ST_CP是存储寄存器的时钟脉冲输入端(低电平锁存);SH_CP是移位寄存器的时钟脉冲输入端(上升沿移位);$\overline{OE}$是三态输出使能端;$\overline{MR}$是芯片复位端(低电平有效,低电平时移位寄存器复位);DS是串行数据输入端。

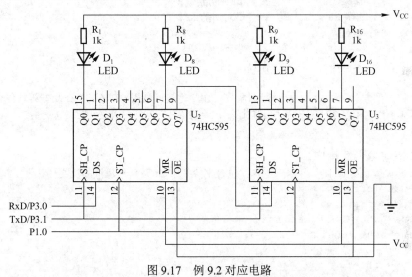

图9.17 例9.2对应电路

(1)设16位LED数据存放在R2和R3中,汇编语言参考源程序如下。

```
$include(stc8h.inc)        ;包含STC8H系列单片机新增特殊功能寄存器的定义文件
    ORG  0000H
    LCALL GPIO
    MOV  SCON, #00H        ;设置串行通信端口1设置为同步移位寄存器方式
    CLR  ES               ;禁止串行通信端口1中断
    CLR  P1.0
    SETB C
    MOV  R2, #0FFH        ;设置流水灯初始数据
    MOV  R3, #0FEH        ;设置最右边的LED亮
    MOV  R4, #16
LOOP:
    MOV  A, R3
    MOV  SBUF, A          ;启动串行发送
    JNB  TI, $            ;等待发送结束信号
    CLR  TI              ;清除TI,为下一次发送做准备
    MOV  A,R2
```

```
    MOV  SBUF, A            ; 启动串行发送
    JNB  TI, $              ; 等待发送结束信号
    CLR  TI                 ; 清除 TI，为下一次发送做准备
    SETB P1.0               ; 移位寄存器数据送存储锁存器
    NOP
    CLR  P1.0
    MOV  A,R3               ; 16 位 LED 数据左移 1 位
    RLC  A
    MOV  R3,A
    MOV  A,R2
    RLC  A
    MOV  R2,A
    LCALL  DELAY            ; 插入轮显间隔
    DJNZ R4, LOOP1
    SETB C
    MOV  R2, #0FFH          ; 设置 LED 初始数据
    MOV  R3, #0FEH          ; 设置最右边的 LED 亮
    MOV  R4, #16
LOOP1:
    SJMP LOOP               ; 循环
DELAY:
    ...                     ; 延时程序，由学生自己利用 STC-ISP 在线编程软件获得
$include(gpio.inc)          ;初始化文件
GND
```

（2）C 语言参考源程序。

```c
#include <stc8h.h>               //包含支持 STC8H 系列单片机的头文件
#include<intrins.h>
#include<gpio.c>
#define uchar unsigned char
#define uint  unsigned int
uchar x;
uint y=0xfffe;
void main(void)
{
    uchar i ;
    gpio();
    SCON=0x00;
    while(1)
    {
        for(i=0;i<16 ;i++)
        {
            x=y&0x00ff ;
            SBUF=x ;
            while(TI==0) ;
            TI=0 ;
            x=y>>8 ;
            SBUF=x ;
            while(TI==0) ;
            TI=0 ;
            P10=1 ;                 //移位寄存器数据送存储锁存器
            Delay50us ;
```

```
//50µs 的延时函数，建议从 STC_ISP 在线编程软件中获得，并放在主函数的前面
            P10=0 ;
            Delay500ms ;
//500ms 的延时函数，建议从 STC_ISP 在线编程软件中获得，并放在主函数的前面
            y=_irol_(y,1) ;
        }
    }
}
```

2. 双机通信

双机通信用于单片机和单片机之间交换信息。双机异步通信程序通常采用两种编程方式：查询方式和中断方式。在很多应用中，双机通信的接收方都采用中断方式来接收数据，以提高 CPU 的工作效率；发送方采用查询方式发送数据。

双机通信的两个单片机的硬件可直接连接，如图 9.18 所示，甲机的 TxD 接乙机的 RxD，甲机的 RxD 接乙机的 TxD，甲机的 GND 接乙机的 GND。由于单片机的通信采用 TTL 电平传输信息，其传输距离一般不超过 5m，因此实际应用中通常采用 RS-232C 标准电平进行点对点的通信连接，如图 9.19 所示，MA232 是电平转换芯片。RS-232C 标准电平是计算机串行通信标准，详细内容见下文。

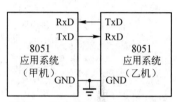

图 9.18　双机异步通信接口电路

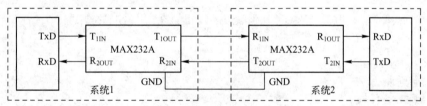

图 9.19　点对点通信接口电路

例 9.3　编程，使甲、乙双方单片机能够进行通信。要求：甲机从 P3.2 引脚、P3.3 引脚输入开关信号，并发送给乙机，乙机根据接收到的信号做出不同的动作：当 P3.2 引脚、P3.3 引脚输入 00 时，点亮 P1.7 引脚控制的 LED；当 P3.2 引脚、P3.3 引脚输入 01 时，点亮 P1.6 引脚控制的 LED；当 P3.2 引脚、P3.3 引脚输入 10 时，点亮 P4.7 控制的 LED；当 P3.2 引脚、P3.3 引脚输入 11 时，点亮 P4.6 控制的 LED。

解　设串行通信端口工作在工作方式 1，选用 T1 作为波特率发生器，晶振频率为 11.0592MHz，数据传输波特率为 9600bit/s。串行发送采用查询方式，串行接收采用中断方式。

（1）汇编语言参考程序（UART.ASM）。

```
$include(stc8h.inc)    ;包含 STC8H 系列单片机新增特殊功能寄存器的定义文件
    ORG 0000H
    LJMP MAIN
    ORG 0023H
    LJMP S_ISR
MAIN:
    LCALL GPIO
    LCALL UARTINIT    ;调用串行通信端口 1 初始化程序
    SETB ES           ;开放串行通信端口 1 中断
    SETB EA
```

```
        ORL P3,#00001100B         ; 将 P3.3 引脚、P3.2 引脚设置为输入状态
LOOP:
    MOV A, P3
    ANL A, #00001100B         ; 读 P3.3 引脚、P3.2 引脚的输入状态值
    MOV SBUF, A               ; 串行发送
    JNB TI, $
    CLR TI
    LCALL DELAY100MS          ; 设置发送间隔
    SJMP  LOOP
S_ISR:                        ; 串行接收中断服务程序
    PUSH  ACC                 ; 将累加器值压入堆栈
    JNB RI, S_QUIT            ; 判断是否串行接收中断请求
    CLR RI
    MOV A, SBUF               ; 读串行接收数据
    ANL A,    #00001100B
; 若串行接收 P3.3 引脚、P3.2 引脚的状态为 00，则点亮 P1.7 引脚控制的 LED
    CJNE A, #00H, NEXT1
    CLR P1.7
    SETB P1.6
    SETB P4.7
    SETB P4.6
    SJMP S_QUIT
NEXT1:
; 若串行接收 P3.3 引脚、P3.2 引脚的状态为 01，则点亮 P1.6 引脚控制的 LED
    CJNE A, #04H, NEXT2
    SETB P1.7
    CLR P1.6
    SETB P4.7
    SETB P4.6
    SJMP S_QUIT
NEXT2:
; 若串行接收 P3.3 引脚、P3.2 引脚的状态为 10，则点亮 P4.7 引脚控制的 LED
    CJNE A, #08H, NEXT3
    SETB P1.7
    SETB P1.6
    CLR P4.7
    SETB P4.6
    SJMP S_QUIT
NEXT3:
; 若串行接收 P3.3 引脚、P3.2 引脚的状态为 11，则点亮 P4.6 引脚控制的 LED
    SETB P1.7
    SETB P1.6
    SETB P4.7
    CLR P4.6
S_QUIT:
    POP ACC                   ; 恢复累加器的状态
    RETI
UARTINIT:                     ; 9600bit/s@11.0592MHz，从 STC-ISP 在线编程软件中获得
    MOV SCON,#50H             ; 串行通信端口 1 的工作为工作方式 1，允许串行接收
    ORL AUXR,#40H             ; T1 时钟频率为 f_SYS
```

```
    ANL AUXR,#0FEH        ;串行通信端口 1 选择 T1 为波特率发生器
    ANL TMOD,#0FH         ;设定 T1 为 16 位自动重载方式
    MOV TL1,#0E0H         ;设定定时初始值
    MOV TH1,#0FEH         ;设定定时初始值
    CLR ET1               ;禁止 T1 中断
    SETB TR1              ;启动 T1
    RET
DELAY100MS:               ;@11.0592MHz，从 STC-ISP 在线编程软件中获得
    NOP
    NOP
    NOP
    PUSH 30H
    PUSH 31H
    PUSH 32H
    MOV 30H,#4
    MOV 31H,#93
    MOV 32H,#152
NEXT:
    DJNZ 32H,NEXT
    DJNZ 31H,NEXT
    DJNZ 30H,NEXT
    POP 32H
    POP 31H
    POP 30H
    RET
$include(gpio.inc)        ;    I/O 口初始化文件
END
```

（2）C 语言参考程序（uart.c）。

```c
#include <stc8h.h>              //包含支持 STC8H 系列单片机的头文件
#include <intrins.h>
#include <gpio.c>
#define uchar unsigned char
#define uint  unsigned int
uchar temp;
uchar temp1;
void Delay100ms()              //@11.0592MHz
{
    unsigned char i, j, k;

    _nop_();
    _nop_();
    i = 5;
    j = 52;
    k = 195;
    do
    {
        do
        {
            while (--k);
        } while (--j);
```

```
        } while (--i);
    }
    void UartInit(void)              //9600bit/s@11.0592MHz
    {
        SCON = 0x50;                 //串行通信端口 1 的工作方式为工作方式 1，允许串行接收
        AUXR |= 0x40;                //T1 时钟频率为 fSYS
        AUXR &= 0xFE;                //串行通信端口 1 选择 T1 为波特率发生器
        TMOD &= 0x0F;                //设定 T1 为 16 位自动重载方式
        TL1 = 0xE0;                  //设定定时初始值
        TH1 = 0xFE;                  //设定定时初始值
        ET1 = 0;                     //禁止 T1 中断
        TR1 = 1;                     //启动 T1
    }
    void main()
    {
        gpio();                      //I/O 口初始化
        UartInit();                  //调用串行通信端口 1 初始化函数
        ES=1;
        EA=1;
        while(1)
        {
            temp=P3;
            temp=temp&0x0c;          //读 P3.3 引脚、P3.2 引脚的输入状态值
            SBUF=temp;               //串行发送
            while(TI==0);            //检测串行发送是否结束
            TI=0;
            Delay100ms();            //设置串行发送间隔
        }
    }
    void uart_isr() interrupt 4 //串行接收中断函数
    {
        if(RI==1)                    //若 RI=1，则执行以下语句
        {
            RI=0;
            temp1=SBUF;              //读串行接收的 P3.3 引脚、P3.2 引脚状态
            switch(temp1&0x0c)       //根据 P3.3 引脚、P3.2 引脚状态，点亮相应的 LED
            {
                case 0x00:P17=0;P16=1;P47=1;P46=1;break;
                case 0x04:P17=1;P16=0;P47=1;P46=1;break;
                case 0x08:P17=1;P16=1;P47=0;P46=1;break;
                default:P17=1;P16=1;P47=1;P46=0;break;
            }
        }
    }
```

3. 多机通信

STC8H8K64U 系列单片机串行通信端口的工作方式 2 和工作方式 3 有一个专门的应用领域，即多机通信。多机通信通常采用主从式多机通信方式，在这种通信方式中，有一台主机和多台从机。主机发送的信息可以传送到各个从机或指定的从机，各从机发送的信息

只能被主机接收，从机与从机之间不能进行通信。图 9.20 是多机通信的连接示意图。

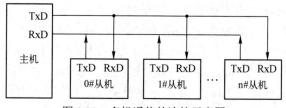

图 9.20　多机通信的连接示意图

STC8H8K64U 系列单片机专门开发了从机地址识别功能，只有本机从机地址与主机发送过来的从机地址匹配时，才会置位串行接收中断请求标志位 RI，产生串行通信端口 1 中断；否则硬件自动丢弃串行通信端口数据，而不产生中断。当众多处于空闲模式的从机连接在一起时，只有地址相匹配的从机才会从空闲模式唤醒，从而可以大大降低从机 MCU 的功耗，即使从机处于正常工作状态也可避免不停地进入串行通信端口中断而降低系统执行效率。

设置串行通信端口 1 自动地址识别功能的方法如下。

将从机的串行通信端口工作模式设置为工作方式 2 或工作方式 3（通常都选择波特率可变的工作方式 3，因为工作方式 2 的波特率是固定的，不便于调节），并置位从机 SCON 的 SM2，将本机的从机地址存入串行通信端口 1 从机地址寄存器 SADDR 中，在串行通信端口 1 从机屏蔽地址寄存器 SADEN 中设置好屏蔽位，即从机地址寄存器 SADDR 哪些数字位参与自动匹配，需要参与的数据位对应的 SADEN 屏蔽位置 1，需要屏蔽的数据位对应的 SADEN 屏蔽位置 0。当第 9 位数据（存放在 RB8 中）定义为地址/数据的标志位且为 1 时，表示前面的 8 位数据（存放在 SBUF 中）为地址信息，从机 MCU 会自动过滤掉非地址数据（第 9 位为 0 的数据），而将 SBUF 中的地址数据（第 9 位为 1 的数据）自动与 SADDR 和 SADEN 所设置的本机地址进行比较，若地址相匹配，则会将 RI 置 1，并产生中断；否则不予处理本次接收的串行通信端口数据。

在编程前，首先要为各从机定义地址编号，系统中允许接有 256 台从机，地址编码为 00H～FFH。当主机需要发送一个数据块给某个从机时，它必须先送出一地址字节，以辨认从机。多机通信的过程简述如下。

（1）主机发送一帧地址信息，与所需的从机联络。主机应置 TB8 为 1，表示发送的是地址帧。例如：

```
MOV  SCON, #0D8H    ；将串行通信端口的工作方式设置为工作方式 3，TB8=1，允许接收
```

（2）所有从机的 SM2=1，处于准备接收一帧地址信息的状态。例如：

```
MOV  SCON, #0F0H    ；将串行通信端口的工作方式设置为工作方式 3，SM2=1，允许接收
```

（3）根据各从机定义好的从机地址及屏蔽要求，设置各从机的 SADDR 和 SADEN。例如，本机的从机地址为 00001101，屏蔽高 4 位，设置方法如下：

```
MOV  SADDR, #0DH    ；从机地址存入 SADDR 中
MOV  SADEN, #0FH    ；屏蔽高 4 位
```

（4）各从机接收地址信息。只有当本机的从机地址与主机发送过来的从机地址相匹配时，才会置位 RI，产生串行通信端口 1 中断。在串行接收中断服务程序中，首先判断主机发送过来的地址信息与本机的地址是否相符。对于地址相符的从机，清 0 SM2，以接收主

机随后发送过来的所有信息。对于地址不相符的从机，保持 SM2 为 1 的状态，对主机随后发送过来的信息不予理睬，直到接收新一帧地址信息。

（5）主机发送控制指令或数据信息给被寻址的从机。其中主机置 TB8 为 0，表示发送的是数据信息或控制指令。对于没选中的从机，因为 SM2 为 1，而串行接收到的第 9 位数据 RB8 为 0，所以不会置位 RI，对主机发送的信息不接收；对于选中的从机，因为 SM2 为 0，所以串行接收后会置位 RI，引发串行接收中断，执行串行接收中断服务程序，接收主机发过来的控制指令或数据信息。

例 9.4　设系统晶振频率为 11.0592MHz，以 9600bit/s 的波特率进行通信。主机向指定从机（如 10# 从机）发送以指定位置为起始地址（如扩展 RAM 0000H）的若干个（如 10 个）数据信号，发送空格（20H）作为结束；从机接收主机发来的地址帧信息，并与本机的地址信息相比较，若不符合，则保持 SM2=1 不变；若相符，则使 SM2 清 0，准备接收后续的数据信息，直至接收到空格数据信息，并置位 SM2。

解　主机与从机的程序流程图如图 9.21 所示。

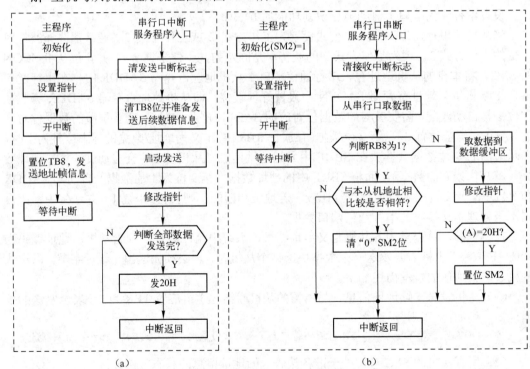

图 9.21　主机与从机的程序流程图

（1）主机程序。

汇编语言参考源程序（M_SEND.ASM）。

```
$include(stc8h.inc)              ;包含 STC8H 系列单片机新增特殊功能寄存器的定义文件
ADDRT      EQU    0000H
SLAVE      EQU    10             ;从机地址号
NUMBER_1   EQU    10
       ORG    0000H
       LJMP   Main_Send          ;主程序入口地址
```

```
        ORG    0023H
        LJMP   Serial_ISR           ;串行通信端口中断入口地址
        ORG    0100H
Main_Send :
        LCALL GPIO
        MOV SP, #60H
        LCALL    UARTINIT           ;调用串行通信端口 1 初始化程序
        MOV DPTR, #ADDRT            ;设置数据地址指针
        MOV R0, #NUMBER_1           ;设置发送数据字节数
        MOV R2, #SLAVE              ;从机地址号→R2
        SETB ES                     ;开放串行通信端口 1 中断
        SETB EA
        SETB TB8                    ;置位 TB8,作为地址帧信息特征
        MOV A, R2                   ;发送地址帧信息
        MOV SBUF, A
        SJMP $                      ;等待中断
UARTINIT:                           ;9600bit/s@11.0592MHz,从 STC-ISP 在线编程软件中获得
    MOV SCON,#0D0H                  ;工作方式 3,允许串行接收
    ORL AUXR,#40H                   ;T1 时钟频率为 fSYS
    ANL AUXR,#0FEH                  ;串行通信端口 1 选择 T1 为波特率发生器
    ANL TMOD,#0FH                   ;设定 T1 为 16 位自动重载方式
    MOV TL1,#0E0H                   ;设定定时初始值
    MOV TH1,#0FEH                   ;设定定时初始值
    CLR ET1                         ;禁止 T1 中断
    SETB TR1                        ;启动 T1
    RET
;串行通信端口中断服务程序:
Serial_ISR:
        JNB TI, Exit_Serial_ISR
        CLR    TI                   ;清 0 发送中断标志位
        CLR    TB8                  ;清 0 TB8,为发送数据帧信息做准备
        MOVX A, @DPTR               ;发送一数据字节
        MOV SBUF, A
        INC    DPTR                 ;修改指针
        DJNZ R0, Exit_Serial_ISR    ;判数据字节是否发送完
        CLR    ES
        JNB TI, $                   ;检测最后一个数据发送结束标志位
        CLR TI
        MOV SBUF, #20H              ;数据发送完毕后,发结束代码 20H
Exit_Serial_ISR:
        RETI
$include(gpio.inc)                  ;I/O 口初始化文件
        END
```

C 语言参考源程序（m_send.c）。

```
#include <stc8h.h>                  //包含支持 STC8H 系列单片机的头文件
#include <intrins.h>
#include <gpio.c>
#define uchar unsigned char
#define uint  unsigned int
```

```
uchar xdata ADDRT[10];                  //设置保存数据的扩展 RAM 单元
uchar SLAVE=10;                         //设置从机地址号的变量
uchar num=10, *mypdata;                 //设置要传送数据的字节数
/*-----------------------波特率子函数-----------------------*/
void UartInit(void)                     //9600bit/s@11.0592MHz
{
    SCON = 0xD0;                        //工作方式 3，允许串行接收
    AUXR |= 0x40;                       //T1 时钟频率为 f_SYS
    AUXR &= 0xFE;                       //串行通信端口 1 选择 T1 为波特率发生器
    TMOD &= 0x0F;                       //设定 T1 为 16 位自动重载方式
    TL1 = 0xE0;                         //设定定时初始值
    TH1 = 0xFE;                         //设定定时初始值
    ET1 = 0;                            //禁止 T1 中断
    TR1 = 1;                            //启动 T1
}

/*-----------------------发送中断服务子函数-----------------------*/
void Serial_ISR(void) interrupt 4
{
    if(TI==1)
    {
        TI = 0;
        TB8 = 0;
        SBUF = *mypdata;                //发送数据
        mypdata++;                      //修改指针
        num--;
        if(num==0)
        {
            ES = 0;
            while(TI==0)                ;
            TI = 0;
            SBUF = 0x20;
        }
    }
}
/*-----------------------主函数-----------------------*/
void main (void)
{
    gpio();
    UartInit();
    mypdata = ADDRT;
    ES = 1;
    EA = 1;
    TB8 = 1;
    SBUF = SLAVE;                       //发送从机地址
    while(1);                           //等待中断
}
```

（2）从机程序。

汇编语言参考程序（S_RECIVE.ASM）。

```
$include(stc8h.inc)              ;包含 STC8H 系列单片机新增特殊功能寄存器的定义文件
ADDRR    EQU    0000H
SLAVE    EQU    10              ;从机地址号，根据各从机的地址号进行设置
         ORG    0000H
         LJMP   Main_Receive    ;从机主程序入口地址
         ORG    0023H
         LJMP   Serial_ISR      ;串行通信端口中断入口地址
         ORG    0100H
Main_Receive:
         MOV   SADDR, #SLAVE     ;从机地址存入 SADDR 中
         MOV   SADEN, #0FH       ;屏蔽高 4 位
         MOV   SP, #60H
         LCALL  UARTINIT
         MOV   DPTR, #ADDRR      ;设置数据地址指针
         SETB  ES                ;开放串行通信端口 1 中断
         SETB  EA
         SJMP  $                 ;等待中断
UARTINIT:                        ;9600bit/s@11.0592MHz
     MOV  SCON, #0F0H            ;工作方式 3，允许多机通信及串行接收
     ORL  AUXR, #40H             ;T1 时钟频率为 f_SYS
     ANL  AUXR, #0FEH            ;串行通信端口 1 选择 T1 为波特率发生器
     ANL  TMOD, #0FH             ;设定 T1 为 16 位自动重载方式
     MOV  TL1, #0E0H             ;设定定时初始值
     MOV  TH1, #0FEH             ;设定定时初始值
     CLR  ET1                    ;禁止 T1 中断
     SETB TR1                    ;启动 T1
     RET

;    从机接收中断服务程序
Serial_ISR:
     CLR  RI                     ;清 0 接收中断标志位
     MOV  A, SBUF                ;获取接收信息
     MOV  C, RB8                 ;取 RB8（信息特征位）→C
     JNC    UAR_Receive_Data     ;RB8=0 为数据帧信息，转 UAR_Receive_Data
     CLR  SM2                    ;清 0 SM2，为后面接收数据帧信息做准备
     LJMP  Exit_Serial_ISR       ;转中断退出（返回）
UAR_Receive_Data:
     MOVX @DPTR,A                ;接收的数据→数据缓冲区
     INC  DPTR                   ;修改地址指针
     CJNE A, #20H, Exit_Serial_ISR
     ;判断接收数据是否为结束代码 20H，若不是则继续全部接收完，置位 SM2
     SETB SM2
Exit_Serial_ISR:
     RETI                        ;中断返回
     END
```

C 语言参考源程序（s_recive.c）。

```c
#include <stc8h.h>        //包含支持 STC8H 系列单片机的头文件
#include <intrins.h>
#include <gpio.c>
#define uchar unsigned char
#define uint  unsigned int
uchar xdata  ADDRR[10];
uchar  SLAVE = 10, rdata, *mypdata;
/*---------------------串行通信端口波特率子函数---------------------*/
void UartInit(void)     //9600bit/s@11.0592MHz，从 STC-ISP 在线编程软件中获得
{
    SCON = 0xF0;        //工作方式 3，允许多机通信及串行接收
    AUXR |= 0x40;       //T1 时钟频率为 f_SYS
    AUXR &= 0xFE;       //串行通信端口 1 选择 T1 为波特率发生器
    TMOD &= 0x0F;       //设定 T1 为 16 位自动重载方式
    TL1 = 0xE0;         //设定定时初始值
    TH1 = 0xFE;         //设定定时初始值
    ET1 = 0;            //禁止 T1 中断
    TR1 = 1;            //启动 T1
}

/*----------------------接收中断服务子函数----------------------*/
void Serial_ISR(void) interrupt 4
{
    RI=0;
    rdata=SBUF;         //将接收缓冲区的数据保存到 rdata 变量中
    if(RB8)             //RB8 为 1 说明接收到的信息是地址
    {
        SM2 = 0;
    }
    else                //接收到的信息是数据
    {
        *mypdata=rdata;
        mypdata++;
        if(rdata==0x20) //所有数据接收完毕，令 SM2 为 1，为下一次接收地址信息做准备
        SM2 = 1;
    }
}
/*----------------------主函数----------------------*/
void main (void)
{
    gpio();             //I/O 口初始化
    UartInit();         //调用串行通信端口 1 的初始化函数
    mypdata =&UADDRR;   //获取存放数据数组的首地址
    SADDR=SLAVE;        //设置从机地址
    SADEN=0x0f;         //设置屏蔽位
    ES = 1;             //开放串行通信端口 1 中断
    EA = 1;
    while(1);           //等待中断
}
```

9.3　STC8H8K64U 系列单片机与计算机的通信

9.3.1　接口设计

在单片机应用系统中，单片机与上位机的数据通信主要采用异步串行通信方式。在设计通信接口时，必须根据实际需要选择标准接口，并考虑传输介质、电平转换等问题。采用标准接口能够方便地把单片机和外部设备、测量仪器等有机地连接起来，从而构成一个测控系统。例如，当需要单片机和计算机通信时，通常采用 RS-232 接口进行电平转换。

1．RS-232C 串行通信端口

RS-232C 是使用最早、应用最多的一种异步串行通信总线标准，它是美国电子工业协会（EIA）于 1962 年公布，并于 1969 年最后修订的。其中 RS 表示 Recommended Standard，232 是该标准的标识号，C 表示最后一次修订。

RS-232C 标准主要用来定义计算机系统的一些数据终端设备（DTE）和数据电路终接设备（DCE）之间的电气性能。8051 单片机与计算机的通信通常采用 RS-232C 串行通信端口。

RS-232C 串行通信端口总线适用于设备之间通信距离不大于 15m、传输速率最大为 20KB/s 的应用场合。

（1）RS-232C 信息格式。

RS-232C 信息采用串行格式，如图 9.22 所示。RS-232C 标准规定：信息的开始为起始位，信息的结束为停止位；信息本身可以是 5 位数据、6 位数据、7 位数据或 8 位数据加一位奇偶校验位。如果发送的两条信息之间无信息，则写 "1"，表示空。

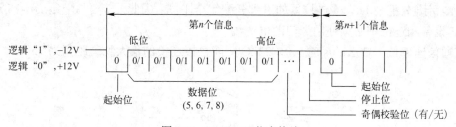

图 9.22　RS-232C 信息格式

（2）RS-232C 电平转换器。

RS-232C 标准规定了自身的电气标准，由于它是在 TTL 电路之前研制的，因此它的电平不是+5V 和地，而是采用负逻辑，即逻辑 0：+5V～+15V，逻辑 1：-15V～-5V。

因此，RS-232C 不能和 TTL 电路直接相连，使用时必须进行电平转换，否则 TTL 电路会烧坏，在实际应用时必须注意。

目前，常用的电平转换电路是 MAX232 或 STC232。MAX232 的逻辑结构图如图 9.23 所示。

（3）RS-232C 标准总线规定。

RS-232C 标准总线为 25 根，使用具有 25 个引脚的连接器。RS-232C 标准总线各引脚的功能如表 9.3 所示。

表 9.3　RS-232C 标准总线各引脚的功能

引　脚	功　　能	引　脚	功　　能
1	保护地（PG）	14	辅助通道发送数据
2	发送数据（TxD）	15	发送时钟（TxC）
3	接收数据（RxD）	16	辅助通道接收数据
4	请求发送（RTS）	17	接收时钟（RxC）
5	清除发送（CTS）	18	未定义
6	数据通信设备准备就绪（DSR）	19	辅助通道请求发送
7	信号地（SG）	20	数据终端设备就绪（DTR）
8	接收线路信号检测（DCD）	21	信号质量检测
9	接收线路建立检测	22	音响指示
10	线路建立检测	23	数据传输速率选择
11	未定义	24	发送时钟
12	辅助通道接收线信号检测	25	未定义
13	辅助通道清除发送		

（4）连接器的物理特性。

由于 RS-232C 标准并未定义连接器的物理特性，因此出现了 DB-25、DB-15 和 DB-9 等类型的连接器，其引脚的定义也各不相同。下面介绍两种连接器。

① DB-25 连接器。DB-25 连接器的引脚图如图 9.24（a）所示，各引脚功能与表 9.3 中相同引脚的功能一致。

② DB-9 连接器。DB-9 连接器只提供异步通信的 9 种信号，如图 9.24（b）所示。DB-9 连接器的引脚分配与 DB-25 连接器的引脚分配完全不同。因此，若要与配接 DB-25 连接器的 DCE 设备相连，则必须使用专门的电缆线。

在通信速率低于 20Kbit/s 时，RS-232C 所能直接连接的最大物理距离为 15m。

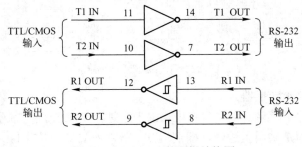

图 9.23　MAX232 的逻辑结构图

2. RS-232C 串行通信端口与 8051 单片机的通信接口设计

计算机系统内都装有异步通信适配器，利用它可以实现异步串行通信。该适配器的核心元件是可编程的 Intel 8250 芯片，它使计算机有能力与其他具有标准 RS-232C 串行通信端口的计算机或设备进行通信。每个 STC8H8K64U 系列单片机本身都具有一个全双工的串行通信端口，因此只要配以电平转换的驱动电路、隔离电路就可组成一个简单可行的通信接口。计算机和单片机之间的通信也分为双机通信和多机通信。

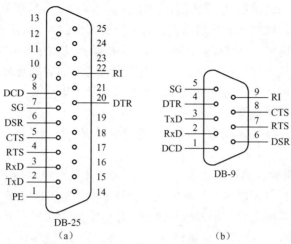

图 9.24　DB-9、DB-25 连接器引脚图

计算机和单片机进行串行通信的最简单硬件连接是零调制三线经济型连接电路（见图 9.25），这是进行全双工通信所必需的最少线路，计算机的 9 针串行通信端口只连接其中的 3 个引脚：引脚 5 GND，引脚 2 RxD，引脚 3 TxD。该电路也是 STC8H8K64U 系列单片机程序下载电路之一。

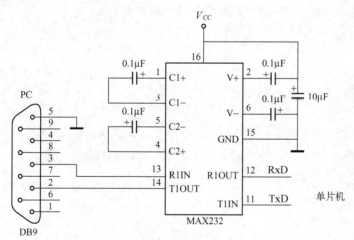

图 9.25　计算机和单片机串行通信的零调制三线经济型连接电路

9.3.2　程序设计

通信程序设计分为计算机（上位机）程序设计与单片机（下位机）程序设计。

为了实现单片机与计算机的串行通信端口通信，计算机端需要开发相应的串行通信端口通信程序，这些程序通常是用各种高级语言编写的，比如 VC、VB 等。在实际开发调试单片机端的串行通信端口通信程序时，我们也可以使用 STC 系列单片机下载程序中内嵌的串行通信端口调试程序或其他串行通信端口调试软件（如串行通信端口调试精灵软件）来模拟计算机端的串行通信端口通信程序。这也是在实际工程开发中，特别是团队开发时常用的办法。

对于串行通信端口调试程序，不需要任何编程便可实现 RS-232C 的串行通信端口通信，能有效提高工作效率，使串行通信端口调试方便、透明地进行。串行通信端口调试程序可以在线设置各种通信速率、奇偶校验、通信口无须重新启动程序；可发送十六进制（HEX）格式和文本（ASCII 码）格式的数据；可以设置定时发送的数据及时间间隔；可以自动显示接收到的数据，支持以十六进制格式或文本格式显示。串行通信端口调试程序是工程技术人员监视、调试串行通信端口程序的必备工具。

单片机程序设计人员根据不同项目的功能要求，设置串行通信端口并利用串行通信端口与计算机进行数据通信。

例 9.5 将计算机键盘的输入数据发送给单片机，单片机收到计算机发来的数据后，回送同一数据给计算机，并在屏幕上显示出来。计算机端采用 STC-ISP 在线编程软件中内嵌的串行通信端口调试程序进行数据发送与接收并显示数据，试编写单片机通信程序。

解 通信双方约定，波特率为 9600bit/s；信息格式为 8 位数据位，1 位停止位，无奇偶校验位。设系统晶振频率为 11.0592MHz。

（1）汇编语言参考源程序（PC_MCU.ASM）。

```
$include(stc8h.inc)              ;包含 STC8H 系列单片机新增特殊功能寄存器的定义文件
    ORG     0000H
    LJMP    MAIN                 ;转初始化程序
    ORG     0023H
    LJMP    Sirial_ISR           ;转串行通信端口中断程序
    ORG     0050H
MAIN:
    LCALL GPIO
    LCALL   UARTINIT             ;设定串行通信端口工作方式为工作方式 1，并允许接收
    SETB  ES
    SETB  EA                     ;开放串行通信端口中断
    SJMP  $                      ;模拟主程序
UARTINIT:                        ;9600bit/s@11.0592MHz
    MOV SCON,#50H                ;工作方式 1，允许串行接收
    ORL AUXR,#40H                ;T1 时钟频率为 f_SYS
    ANL AUXR,#0FEH               ;串行通信端口 1 选择 T1 为波特率发生器
    ANL TMOD,#0FH                ;设定 T1 为 16 位自动重载方式
    MOV TL1,#0E0H                ;设定定时初始值
    MOV TH1,#0FEH                ;设定定时初始值
    CLR ET1                      ;禁止 T1 中断
    SETB TR1                     ;启动 T1
    RET                          ;串行通信端口中断服务子程序
Sirial_ISR :
    CLR EA                       ;关中断
    CLR RI                       ;清 0 串行通信端口中断标志位
    PUSH  DPL                    ;保护现场
    PUSH  DPH
    PUSH  ACC
```

```
    MOV  A,SBUF               ;接收计算机发送的数据
    MOV  SBUF,A               ;将数据回送给计算机
Check_TI:
    JNB  TI,Check_TI          ;等待发送结束
    CLR  TI
    POP  ACC                  ;发送完,恢复现场
    POP  DPH
    POP  DPL
    SETB EA                   ;开中断
    RETI                      ;返回
$include(gpio.inc)            ;I/O 口初始化文件
    END
```

（2）C 语言参考源程序（pc_mcu.c）。

```c
#include <stc8h.h>                 //包含支持 STC8H 系列单片机的头文件
#include <intrins.h>
#include <gpio.c>
#define uchar unsigned char
#define uint  unsigned int
uchar  temp;
/*-----------------串行通信端口波特率函数-----------------*/
void UartInit(void)               //9600bit/s@11.0592MHz
{
    SCON = 0x50;                  //工作方式 1,允许串行接收
    AUXR |= 0x40;                 //T1 时钟频率为 f_SYS
    AUXR &= 0xFE;                 //串行通信端口 1 选择 T1 为波特率发生器
    TMOD &= 0x0F;                 //设定 T1 为 16 位自动重载方式
    TL1 = 0xE0;                   //设定定时初始值
    TH1 = 0xFE;                   //设定定时初始值
    ET1 = 0;                      //禁止 T1 中断
    TR1 = 1;                      //启动 T1
}

/*-----------------中断服务子函数-----------------*/

void Serial_ISR(void) interrupt 4
{
    RI =0;                        //清 0 串行接收标志位
    temp = SBUF;                  //接收数据
    SBUF = temp;                  //发送接收到的数据
    while(TI==0);                 //等待发送结束
    TI = 0;                       //清 0 TI
}

/*-----------------主函数-----------------*/
void main(void)
{
    gpio();                       //I/O 口初始化
    UartInit();                   //调用串行通信端口初始化函数
    ES=1;                         //开放串行通信端口 1 中断
    EA=1;
```

```
    while(1);
}
```

9.4 串行通信端口 2*

STC8H8K64U 系列单片机串行通信端口 2 的默认发送引脚、接收引脚分别是 TxD2/P1.1、RxD2/P1.0，通过设置 P_SW2 中的 S2_S 控制位，串行通信端口 2 的 TxD2、RxD2 硬件引脚可切换为 P4.7、P4.6。

与单片机串行通信端口 2 有关的特殊功能寄存器有串行通信端口 2 控制寄存器 S2CON、串行通信端口 2 数据缓冲器 S2BUF、与波特率设置有关的 T2 的相关寄存器，以及与中断控制相关的寄存器如表 9.4 所示。串行通信端口 2 波特率的设置程序可通过 STC-ISP 在线编程软件波特率计算器获得，为了方便学习，与波特率设置相关的特殊功能寄存器不再介绍。

表 9.4 与单片机串行通信端口 2 有关的特殊功能寄存器

	地址	B7	B6	B5	B4	B3	B2	B1	B0	复位值
S2CON	9AH	S2SM0		S2SM2	S2REN	S2TB8	S2RB8	S2TI	S2RI	0x00 0000
S2BUF	9BH	串行通信端口 2 数据缓冲器								xxxxxxxx
IE2	AFH	EUSB	ET4	ET3	ES4	ES3	ET2	ESPI	ES2	0000 0000
IP2	B5H	PUSB	PI2C	-PCMP	PX4	PPWM2	PPWM1	PSPI	PS2	0000 0000
IP2H	B6H	PUSBH	PI2CH	PCMPH	PX4H	PPWM2H	PPWM1H	PSPIH	PS2H	00000000

1. 串行通信端口 2 工作方式的选择与控制

串行通信端口 2 工作方式的选择与控制由串行通信端口 2 控制寄存器 S2CON 来实现，具体内容如下。

S2CON.7（S2SM0）：用于指定串行通信端口 2 的工作方式。如表 9.5 所示，串行通信端口 2 的波特率为 T2 溢出率的 1/4。

表 9.5 串行通信端口 2 的工作方式

S2CON.7（S2SM0）	工 作 方 式	功　　能	波 特 率
0	工作方式 0	8 位串行通信端口	T2 溢出率的 1/4
1	工作方式 1	9 位串行通信端口	

S2CON.5（S2SM2）：串行通信端口 2 多机通信控制位，用于工作方式 1。在工作方式 1 处于接收状态时，若 S2CON.5（S2SM2）=1 且接收到的第 9 位数据 S2RB8 为 0，则不激活 S2RI；若 S2CON.5（S2SM2）=1 且 S2CON.2（S2RB8）=1，则置位 S2RI。在工作方式 1 处于接收状态时，若 S2CON.5（S2SM2）=0，不论 S2CON.2（S2RB8）为 0 还是为 1，S2RI 都以正常方式被激活。

S2CON.4（S2REN）：允许串行通信端口 2 接收控制位，由软件置位或清 0。S2CON.4

（S2REN）=1 时，允许接收；S2CON.4（S2REN）=0 时，禁止接收。

S2CON.3（S2TB8）：串行通信端口 2 发送数据的第 9 位。在工作方式 1 中，由软件置位或复位，可作为奇偶校验位。在多机通信中，S2TB8 可作为区别地址帧和数据帧的标识位，一般约定地址帧时 S2CON.3（S2TB8）为 1，数据帧时 S2CON.3（S2TB8）为 0。

S2CON.2（S2RB8）：在工作方式 1 中，串行通信端口 2 接收到的第 9 位数据，可作为奇偶校验位、地址帧或数据帧的标识位。

S2CON.1（S2TI）：串行通信端口 2 发送中断标志位。在发送停止位之初由硬件置位。S2CON.1（S2TI）是发送完一帧数据的标志位，既可以用查询方式来响应，也可以用中断方式来响应，然后在相应的查询服务程序或中断服务程序中，由软件清 0。

S2CON.0（S2RI）：串行通信端口 2 接收中断标志位。在接收停止位的中间由硬件置位。S2CON.0（S2RI）是接收完一帧数据的标志位，既可以用查询方式来响应，也可以用中断方式来响应，然后在相应的查询服务程序或中断服务程序中，由软件清 0。

2．串行通信端口 2 发送的启动

S2BUF 是串行通信端口 2 的数据缓冲器，包括发送缓冲器与接收缓冲器。

当需要发送某个数据时，将该数据写入（传送给）S2BUF，即启动了串行通信端口 2 的发送过程。

当串行接收完一个数据时，接收到的数据存储在 S2BUF 中，直接读取即可。

3．串行通信端口 2 的中断管理

IE2.0（ES2）：串行通信端口 2 中断允许控制位。IE2.0（ES2）=0，禁止串行通信端口 2 中断；IE2.0（ES2）=1，允许串行通信端口 2 中断。

IP2H.0（PS2H）、IP2.0（PS2）：串行通信端口 2 中断优先级控制位。

IP2H.0（PS2H）/IP2.0（PS2）=0/0，串行通信端口 2 的中断优先级为 0 级（最低）。

IP2H.0（PS2H）/IP2.0（PS2）=0/1，串行通信端口 1 的中断优先级为 1 级。

IP2H.0（PS2H）/IP2.0（PS2）=1/0，串行通信端口 1 的中断优先级为 2 级。

IP2H.0（PS2H）/IP2.0（PS2）=1/1，串行通信端口 1 的中断优先级为 3 级（最高）。

串行通信端口 2 的中断号为 8。

9.5　串行通信端口 3*

STC8H8K64U 系列单片机串行通信端口 3 的默认发送引脚、接收引脚分别是 TxD3/P0.1、RxD3/P0.0，通过设置 P_SW2 中的 S3_S 控制位，串行通信端口 3 的 TxD3、RxD3 硬件引脚可切换为 P5.1、P5.0。

与单片机串行通信端口 3 有关的特殊功能寄存器有串行通信端口 3 控制寄存器 S3CON、串行通信端口 3 数据缓冲器 S3BUF，以及与中断控制相关的寄存器，如表 9.6 所示。串行通信端口 3 波特率的设置程序可通过 STC-ISP 在线编程软件波特率计算器获得，为了方便学习，与波特率设置相关的特殊功能寄存器不再介绍。

表 9.6 与单片机串行通信端口 3 有关的特殊功能寄存器

	地址	B7	B6	B5	B4	B3	B2	B1	B0	复位值
S3CON	ACH	S3SM0	S3ST3	S3SM2	S3REN	S3TB8	S3RB8	S3TI	S3RI	0000 0000
S3BUF	ADH	串行通信端口 3 数据缓冲器								XXXXXXXX
IE2	AFH	EUSB	ET4	ET3	ES4	ES3	ET2	ESPI	ES2	0000 0000

1. 串行通信端口 3 工作方式的选择与控制

串行通信端口 3 工作方式的选择与控制由串行通信端口 3 控制寄存器 S3CON 来实现，具体内容如下。

S3CON.7（S3SM0）：用于指定串行通信端口 3 的工作方式，如表 9.7 所示。串行通信端口 3 的波特率为 T2 或 T3 溢出率的 1/4。

表 9.7 串行通信端口 3 的工作方式

S3SM0	工 作 方 式	功　能	波 特 率
0	工作方式 0	8 位串行通信端口	T2 或 T3 溢出率的 1/4
1	工作方式 1	9 位串行通信端口	

S3CON.6（S3ST3）：串行通信端口 3 波特率发生器选择控制位。S3CON.6（S3ST3）=0，选择 T2 为波特率发生器，其波特率为 T2 溢出率的 1/4；S3CON.6（S3ST3）=1，选择 T3 为波特率发生器，其波特率为 T3 溢出率的 1/4。

S3CON.5（S3SM2）：串行通信端口 3 多机通信控制位，用于工作方式 1。在工作方式 1 处于接收状态时，若 S3CON.5（S3SM2）=1 且接收到的第 9 位数据 S3CON.2（S3RB8）为 0，则不激活 S3CON.0（S3RI）；若 S3CON.5（S3SM2）=1 且 S3CON.2（S3RB8）=1，则置位 S3CON.0（S3RI）。在工作方式 1 处于接收状态时，若 S3CON.5（S3SM2）=0，不论 S3CON.2（S3RB8）为 0 还是为 1，S3CON.0（S3RI）都以正常方式被激活。

S3CON.4（S3REN）：串行通信端口 3 允许接收控制位，由软件置位或清 0。S3CON.4（S3REN）=1 时，允许接收；S3CON.4（S3REN）=0 时，禁止接收。

S3CON.3（S3TB8）：串行通信端口 3 发送数据的第 9 位。在工作方式 1 中，由软件置位或复位，可作为奇偶校验位。在多机通信中，S3TB8 可作为区别地址帧和数据帧的标识位，一般约定地址帧时 S3CON.3（S3TB8）为 1，数据帧时 S3CON.3（S3TB8）为 0。

S3CON.2（S3RB8）：在工作方式 1 中，串行通信端口 3 接收到的第 9 位数据，可作为奇偶校验位、地址帧或数据帧的标识位。

S3CON.1（S3TI）：串行通信端口 3 发送中断标志位。在发送停止位之初由硬件置位。S3CON.1（S3TI）是发送完一帧数据的标志位，既可以用查询方式来响应，也可以用中断方式来响应，然后在相应的查询服务程序或中断服务程序中，由软件清 0。

S3CON.0（S3RI）：串行通信端口 3 接收中断标志位。在接收停止位的中间由硬件置位。S3CON.0（S3RI）是接收完一帧数据的标志位，既可以用查询方式来响应，也可以用中断方式来响应，然后在相应的查询服务程序或中断服务程序中，由软件清 0。

2. 串行通信端口 3 发送的启动

S3BUF 是串行通信端口 3 的数据缓冲器，包括发送缓冲器与接收缓冲器。

当需要发送某个数据时，将该数据写入（传送给）S3BUF，即启动了串行通信端口 3 的发送过程。

当串行接收完一个数据时，接收到的数据存储在 S3BUF 中，直接读取即可。

3．串行通信端口 3 的中断管理

IE2.3（ES3）：串行通信端口 3 中断允许控制位。IE2.3（ES3）=0，禁止串行通信端口 3 中断；IE2.3（ES3）=1，允许串行通信端口 3 中断。

串行通信端口 3 的中断优先级由 IP3H.0（PS3H）、IP3.0（PS3）控制，分为为 4 级。

串行通信端口 3 的中断号为 17。

9.6　串行通信端口 4*

STC8H8K64U 系列单片机串行通信端口 4 的默认发送引脚、接收引脚分别是 TxD4/P0.3、RxD4/P0.2，通过设置 P_SW2 中的 S4_S 控制位，串行通信端口 4 的 TxD4、RxD4 硬件引脚可切换为 P5.3、P5.2。

与单片机串行通信端口 4 有关的特殊功能寄存器有串行通信端口 4 控制寄存器 S4CON、串行通信端口 4 数据缓冲器 S4BUF，以及与中断控制相关的寄存器，如表 9.8 所示。串行通信端口 4 波特率的设置程序可通过 STC-ISP 在线编程软件波特率计算器获得，为了方便学习与波特率设置相关的特殊功能寄存器不再介绍。

表 9.8　与单片机串行通信端口 4 有关的特殊功能寄存器

	地址	B7	B6	B5	B4	B3	B2	B1	B0	复位值
S4CON	84H	S4SM0	S4ST4	S4SM2	S4REN	S4TB8	S4RB8	S4TI	S4RI	0000 0000
S4BUF	85H	串行通信端口 3 数据缓冲器								XXXXXXXX
IE2	AFH	EUSB	ET4	ET3	ES4	ES3	ET2	ESPI	ES2	0000 0000

1．串行通信端口 4 工作方式的选择与控制

串行通信端口 4 工作方式的选择与控制由串行通信端口 4 控制寄存器 S4CON 来实现，具体内容如下。

S4CON.7（S4SM0）：用于指定串行通信端口 4 的工作方式，如表 9.9 所示。串行通信端口 4 的波特率为 T2 或 T4 溢出率的 1/4。

表 9.9　串行通信端口 4 的工作方式

S4SM0	工 作 方 式	功　　能	波 特 率
0	工作方式 0	8 位串行通信端口	T2 或 T4 溢出率的 1/4
1	工作方式 1	9 位串行通信端口	

S4CON.6（S4ST4）：串行通信端口 4 波特率发生器选择控制位。S4CON.6（S4ST4）=0，选择 T2 为波特率发生器，其波特率为 T2 溢出率的 1/4；S4CON.6（S4ST4）=1，选择 T4 为波特率发生器，其波特率为 T4 溢出率的 1/4。

S4CON.5（S4SM2）：串行通信端口 3 多机通信控制位，用于工作方式 1。在工作方式 1 处于接收状态时，若 S4CON.5（S4SM2）=1 且接收到的第 9 位数据 S4CON.2（S4RB8）为 0，则不激活 S4CON.0（S4RI）；若 S4CON.5（S4SM2）=1 且 S4CON.2（S4RB8）=1，则置位 S4CON.0（S4RI）。在工作方式 1 处于接收状态时，若 S4CON.5（S4SM2）=0，不论 S4CON.2（S4RB8）为 0 还是为 1，S4CON.0（S4RI）都以正常方式被激活。

S4CON.4（S4REN）：串行通信端口 4 允许接收控制位，由软件置位或清 0。S4CON.4（S4REN）=1 时，允许接收；S4CON.4（S4REN）=0 时，禁止接收。

S4CON.3（S4TB8）：串行通信端口 4 发送数据的第 9 位。在工作方式 1 中，由软件置位或复位，可作为奇偶校验位。在多机通信中，S4TB8 可作为区别地址帧和数据帧的标识位，一般约定地址帧时 S4CON.3（S4TB8）为 1，数据帧时 S4CON.3（S4TB8）为 0。

S4CON.2（S4RB8）：在工作方式 1 中，串行通信端口 4 接收到的第 9 位数据，可作为奇偶校验位、地址帧或数据帧的标识位。

S4CON.1（S4TI）：串行通信端口 4 发送中断标志位。在发送停止位之初由硬件置位。S4CON.1（S4TI）是发送完一帧数据的标志位，既可以用查询方式来响应，也可以用中断方式来响应，然后在相应的查询服务程序或中断服务程序中，由软件清 0。

S4CON.0（S4RI）：串行通信端口 4 接收中断标志位。在接收停止位的中间由硬件置位。S4CON.0（S4RI）是接收完一帧数据的标志位，既可以用查询方式来响应，也可以用中断方式来响应，然后在相应的查询服务程序或中断服务程序中，由软件清 0。

2. 串行通信端口 4 发送的启动

S4BUF 是串行通信端口 4 的数据缓冲器，包括发送缓冲器与接收缓冲器。

当需要发送某个数据时，将该数据写入（传送给）S4BUF，即启动了串行通信端口 4 的发送过程。

当串行接收完一个数据时，接收到的数据存储在 S4BUF 中，直接读取即可。

3. 串行通信端口 4 的中断管理

IE2.4（ES4）：串行通信端口 4 中断允许控制位。IE2.4（ES4）=0，禁止串行通信端口 4 中断；IE2.4（ES4）=1，允许串行通信端口 4 中断。

串行通信端口 4 的中断优先级由 IP3H.1（PS4H）、IP3.1（PS4）控制，分为 4 级。

串行通信端口 4 的中断号为 18。

9.7 工程训练

9.7.1 单片机间的双机通信

一、工程训练目标

（1）理解异步通信的工作原理及 STC8H8K64U 系列单片机串行通信端口的工作特性。

（2）掌握 STC8H8K64U 系列单片机串行通信端口双机通信的应用编程。

二、任务功能与参考程序

1. 任务功能

甲机、乙机的功能一致。利用 1 个按键控制，每按一次按键，串行通信端口向对方发送一个数据；当对方发送数据时，串行接收并存放在指定的存储器中，LED 数码管显示本机累计发送数据的次数、当前接收数据及累计接收数据的次数，当发送次数超过 50 时，停止发送。LED 数码管显示格式如下。

7	6	5	4	3	2	1	0
累计发送数据的次数		—	当前接收数据		—	累计接收数据的次数	

2. 硬件设计

甲、乙双方都采用串行通信端口 1 进行串行通信，甲机的串行发送端 P3.1（STC8H8K64U 系列单片机 28 引脚）接乙机的串行接收端 P3.0（STC8H8K64U 系列单片机 27 引脚）；乙机的串行发送端 P3.1（STC8H8K64U 系列单片机 28 引脚）接甲机的串行接收端 P3.0（STC8H8K64U 系列单片机 27 引脚）。甲机的电源地（STC8H8K64U 系列单片机 21 引脚）与乙机的电源地（STC8H8K64U 系列单片机 21 引脚）相接。采用 SW18 为串行通信端口发送的控制键。

3. 参考程序（C 语言版）

（1）程序说明。

定义一个串行发送数据数组 C_SEND[50]，分配在扩展 RAM 区；同时定义一个串行接收数据数组 C_REV[50]，用于存放从对方接收到的数据。

SW18 用于控制串行通信端口 1 的数据发送，通过中断方式控制。i 作为串行通信端口 1 发送的控制变量；j 作为串行通信端口 1 串行接收的控制变量。

（2）参考程序：工程训练 91.c。

```
#include <stc8h.h>              //包含支持 STC8H 系列单片机的头文件
#include <intrins.h>
#include <gpio.c>
#define uchar unsigned char
#define uint  unsigned int
#include<LED_display.c>
uchar xdata C_SEND[50];
uchar xdata C_REV;
uchar i=0;
uchar j=0;
uchar send_counter=0;
uchar rev_counter=0;
void UartInit(void)            //57600bit/s@12.000MHz
{
    SCON = 0x50;               //8 位数据，可变波特率
    AUXR &= 0xBF;              //T1 时钟频率为 fosc/12，即 12T
    AUXR &= 0xFE;              //串行通信端口 1 选择 T1 为波特率发生器
    TMOD &= 0x0F;              //设定 T1 为 16 位自动重载方式
    TL1 = 0xFC;                //设定定时初始值
    TH1 = 0xFF;                //设定定时初始值
```

261

```
    ET1 = 0;                      //禁止 T1 中断
    TR1 = 1;                      //启动 T1
}
void main()
{
    gpio();
UartInit();
    REN=1;
    IT1=1;EX1=1;
    ES=1;
    EA=1;
    while(1)
    {
        Dis_buf[0]=send_counter/10%10;
        Dis_buf[1]=send_counter%10;
        Dis_buf[2]=27;
        Dis_buf[3]=C_REV/10%10;
        Dis_buf[4]=C_REV%10;
        Dis_buf[5]=27;
        Dis_buf[6]=rev_counter/10%10;
        Dis_buf[7]=rev_counter%10;
        LED_display();
    }
}
void uart_isr() interrupt 4
{
    RI=0;
    if(j<50)
    {
        C_REV=SBUF;
        j++;
        rev_counter=j;
    }
}
void EX1_isr() interrupt 2
{
    if(i<50)
    {
        ES=0;
        SBUF=C_SEND[i];
        while(TI==0);
        TI=0;
        ES=1;
        i++;
        Send_counter=i;
    }
}
```

三、训练步骤

（1）分析"工程训练 91.c"程序文件。

（2）用 Keil μVision4 集成开发环境编辑、编译用户程序，生成机器代码文件。

① 将前已建立的"LED_display.c"和"gpio.c"两个文件复制到当前项目文件夹中。

② 用 Keil μVision4 集成开发环境新建工程训练 91 项目。

③ 输入与编辑"工程训练 91.c"文件。

④ 将"工程训练 91.c"文件添加到当前项目中。

⑤ 设置编译环境，勾选"编译时生成机器代码文件"复选框。

⑥ 编译程序文件，生成"工程训练 91.hex"文件。

（3）将 STC 大学计划实验箱（8.3/9.3）（甲机）连接至计算机。

（4）利用 STC-ISP 在线编程软件将"工程训练 91.hex"文件下载到 STC 大学计划实验箱（8.3/9.3）（甲机）中。

（5）将 STC 大学计划实验箱（8.3/9.3）（乙机）连接计算机。

（6）利用 STC-ISP 在线编程软件将"工程训练 91.hex"文件下载到 STC 大学计划实验箱（8.3/9.3）（乙机）中。

（7）用杜邦线将甲机的 P3.1 与乙机 P3.0 相接，将乙机的 P3.1 与甲机 P3.0 相接，将甲机的电源地与乙机的电源地相接。

（8）观察与调试程序。

① 按动甲机的 SW18，观察甲机的 LED 数码管显示与乙机的 LED 数码管显示。

② 按动乙机的 SW18，观察乙机的 LED 数码管显示与甲机的 LED 数码管显示。

③ 修改与调试程序，设置发送数据并将串口 1 的发送，接收引脚切换到 P4.4 与 P4.3。

四、训练拓展

如图 9.26 所示，当 J7、J8 跳线短接时，串行通信端口 2 发送端接到串行通信端口 3 的接收端，同时串行通信端口 3 的发送端接到串行通信端口 2 的接收端，可相互之间进行串行通信。

利用 SW17、SW18 控制两个串行通信端口的数据发送，当按动 SW17 时，串行通信端口 2 串行发送，串行通信端口 3 串行接收；当按动 SW18 时，串行通信端口 3 串行发送，串行通信端口 2 串行接收。LED 数码管显示发送串行通信端口的标识号、当前发送数据及累计发送数据的次数，LED 数码管显示格式如下。

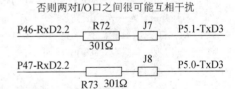

图 9.26 双串行通信端口通信电路

7	6	5	4	3	2	1	0
C	发送串行通信端口的标识号	—	当前数据		—		累计接收数据的次数

试编写程序，并上机调试。

> **特别提示**：串行通信端口 2 和串行通信端口 3 的发送端与接收端的引脚不是默认的引脚，需要通过设置 P_SW2 进行切换。

9.7.2 单片机与计算机间的串行通信

一、工程训练目标

（1）理解异步通信的工作原理及 STC8H8K64U 系列单片机串行通信端口的工作特性。

（2）掌握 STC8H8K64U 系列单片机串行通信端口与计算机通信的应用编程。

二、任务功能与参考程序

1. 任务功能

计算机通过串行通信端口调试程序发送单个十进制数码（0~9）字符，并串行接收单片机发送过来的数据。

单片机串行接收计算串行发送的数据，接收后按"Receiving Data:串行接收数据"发送给计算机，同时将串行接收数据送 LED 数码管显示。

2. 硬件设计

STC 大学计划实验箱（8.3）的程序下载电路就是 STC8H8K64U 系列单片机与计算机的串行通信电路。

3. 参考程序（C 语言版）

（1）程序说明

计算机端利用 STC 系列单片机 STC-ISP 在线编程软件内嵌有的串行通信端口助手来串行发送数据，以及串行接收数据。STC8H8K64U 系列单片机的系统时钟频率为 18.432MHz，波特率为 19200bit/s。

（2）参考程序：工程训练 92.c。

```
#include <stc8h.h>                    //包含支持 STC8H 系列单片机的头文件
#include <intrins.h>
#include <gpio.c>
#define uchar unsigned char
#define uint  unsigned int
#include <LED_display.c>
uchar code as[]="Receiving Data:";
uchar a=0x30;
/*——————串行通信端口初始化函数——————*/
void UartInit(void)                   //19200bit/s@18.432MHz
{
    SCON = 0x50;                      //8 位数据，可变波特率
    AUXR |= 0x40;                     //T1 时钟频率为 fosc，即 1T
    AUXR &= 0xFE;                     //串行通信端口 1 选择 T1 为波特率发生器
    TMOD &= 0x0F;                     //设定 T1 为 16 位自动重载方式
    TL1 = 0x10;                       //设定定时初始值
    TH1 = 0xFF;                       //设定定时初始值
    ET1 = 0;                          //禁止 T1 中断
    TR1 = 1;                          //启动 T1
}
/*——————主函数——————*/
void main(void)
{
    uchar i;
    gpio();
    UartInit();
```

```
        ES=1;
        EA=1;
        while(1)
        {
            Dis_buf[7]=a-0x30;
            LED_display();
            if(RI)                          //检测串行接收标志
            {
        EA=0;
                RI=0;i=0;                   //清 0 RI，并依次发送预置字符串与接收数据
                while(as[i]!='\0'){SBUF=as[i];while(!TI);TI=0;i++;}
                SBUF=a;while(!TI);TI=0;
                EA=1;                       //开中断，以接收下一次计算机发送数据
            }
        }
}
/*———————————串行通信端口中断服务函数———————————*/
void serial_serve(void) interrupt 4
{
    a=SBUF;                              //读串行接收数据
}
```

三、训练步骤

（1）分析"工程训练 92.c"程序文件。

（2）用 Keil μVision4 集成开发环境编辑、编译用户程序，生成机器代码文件。

① 将前已建立的"LED_display.c"和"gpio.c"两个文件复制到当前项目文件夹中。

② 用 Keil μVision4 集成开发环境新建工程训练 92 项目。

③ 输入与编辑"工程训练 92.c"文件。

④ 将"工程训练 92.c"文件添加到当前项目中。

⑤ 设置编译环境，勾选"编译时生成机器代码文件"复选框。

⑥ 编译程序文件，生成"工程训练 92.hex"文件。

（3）将 STC 大学计划实验箱（8.3/9.3）（甲机）连接至计算机。

（4）利用 STC-ISP 在线编程软件将"工程训练 92.hex"文件下载到 STC 大学计划实验箱（8.3/9.3）中。

（5）打开 STC-ISP 在线编程软件中的串行助手，设置串行通信端口参数与单片机串行通信端口通信参数一致（如波特率、数据位）；将发送区与接收区的数据格式设置为文本。

（6）打开串行通信端口。

（7）观察与调试程序。

① 在发送区输入数字"1"，单击"发送数据"按钮，观察 STC 大学计划实验箱（8.3/9.3）LED 数码管的显示情况，以及串行通信端口助手接收区的信息。

② 同理，依次输入不同的数字，单击"发送数据"按钮，观察 STC 大学计划实验箱（8.3/9.3）LED 数码管的显示情况，以及串行通信端口助手接收区的信息。

（8）在串行通信端口助手的发送缓冲区输入英文字符字符，如字符"A"，观察串行通信端口调试助手的接收缓冲区内容和 STC 大学计划实验箱（8.3）LED 数码管显示的内容，并做好记录。

（9）比较步骤（7）与步骤（8）观察到的内容有何不同，分析原因，并提出解决方法。

四、训练拓展

通过串行通信端口助手发送大写英文字母，单片机串行接收后根据不同的英文字母向计算机发送不同的信息，并在 STC 大学计划实验箱（8.3/9.3）LED 数码管显示串行接收到的英文字母，具体要求如表 9.10 所示。

表 9.10　计算机与单片机间串行通信控制功能表

计算机串行助手发送的字符	单片机向计算机发送的信息
A	"你的姓名"
B	"你的性别"
C	"你的就读学校名称"
D	"你的就读专业名称"
E	"你的学生证号"
其他字符	非法指令

本章小结

集散控制和多微机系统及现代测控系统中信息的交换经常采用串行通信。串行通信有异步通信和同步通信两种方式。异步通信是按字符传输数据的，每传送一个字符，就用起始位来进行收发双方的同步；同步通信是按数据块传输数据的，在进行数据传送时是通过发送同步脉冲来进行同步的，发送和接收双方要保持完全的同步，因此要求接收设备和发送设备必须使用同一时钟。同步通信的优点是可以提高传输速率。但同步通信硬件电路比较复杂。

串行通信按照同一时刻数据流的方向可分为单工、半双工和全双工 3 种传输模式。

STC8H8K64U 系列单片机有 4 个可编程串行通信端口：串行通信端口 1、串行通信端口 2、串行通信端口 3 和串行通信端口 4。

串行通信端口 1 有 4 种工作方式：工作方式 0、工作方式 1、工作方式 2 和工作方式 3。工作方式 0 和工作方式 2 的波特率是固定的；而工作方式 1 和工作方式 3 的波特率是可变的，由 T1 或 T2 的溢出率决定。工作方式 0 主要用于扩展 I/O 口，工作方式 1 可实现 8 位串行通信端口，工作方式 2 和工作方式 3 可实现 9 位串行通信端口。

串行通信端口 2、串行通信端口 3、串行通信端口 4 有 2 种工作方式：工作方式 0 和工作方式 1。串行通信端口 2 的波特率为 T2 溢出率的 1/4，串行通信端口 3 的波特率为 T2 或 T3 溢出率的 1/4，串行通信端口 4 的波特率为 T2 或 T4 溢出率的 1/4。

串行通信端口 1、串行通信端口 2、串行通信端口 3、串行通信端口 4 的发送引脚、接收引脚都可以通过软件进行设置，将它们的发送端与接收端切换到其他端口。

利用单片机的串行通信端口通信功能，可以实现单片机与单片机之间的双机通信或多机通信，也可以实现单片机与计算机之间的双机通信或多机通信。

RS-232C 串行通信端口是一种应用广泛的标准串行通信端口，信号线根数少，有多种可供选择的数据传输速率，但信号传输距离仅为几十米。计算机与单片机的通信采用 RS-232 串行通信端口，但该端口已不是计算机的标配，现在计算机更多地采用 USB 串行通信端口模拟 RS-232 串行通信端口进行串行通信。

在工控系统（尤其是多点现场工控系统）设计实践中，单片机与计算机组合构成分布式控制系统是一个重要的发展方向。

习题

一、填空题

1．计算机的数据通信分为_____与串行通信两种类型。

2．串行通信按数据传送方向分为_____、半双工与_____3 种传输方式。

3．串行通信按同步时钟类型分为_____与同步串行通信两种方式。

4．异步通信是以字符帧为发送单位的，每个字符帧包括_____、数据位与_____3 个部分。

5．在异步通信中，起始位是_____，停止位是_____。

6．STC8H8K64U 系列单片机有_____个_____的串行通信端口。

7．STC8H8K64U 系列单片机串行通信端口包含 2 个_____、1 个移位寄存器、1 个串行通信端口控制寄存器与 1 个_____。

8．STC8H8K64U 系列单片机串行通信端口 1 的数据缓冲器是_____，实际上一个地址对应 2 个数据寄存器，在对数据缓冲器进行写操作时，对应的是_____数据寄存器；在对数据缓冲器进行读操作时，对应的是_____数据寄存器。

9．STC8H8K64U 系列单片机串行通信端口 1 有 4 种工作方式，工作方式 0 是_____，工作方式 1 是_____，工作方式 2 是_____，工作方式 3 是_____。

10．STC8H8K64U 系列单片机串行通信端口 1 的多机通信控制位是_____。

11．STC8H8K64U 系列单片机串行通信端口 1 工作方式 0 的波特率是_____，工作方式 1、工作方式 3 的波特率是_____，工作方式 2 的波特率是_____。

12．STC8H8K64U 系列单片机串行通信端口 1 的中断请求标志位有 2 个，发送中断请求标志位是_____，接收中断请求标志位是_____。

13．SADDR 是_____，在多机通信中的从机中，用于存放该从机预先定义好的地址。

14．SADEN 是_____，在多机通信中的从机中，用于设置从机地址的匹配位。

二、选择题

1．当 SM0=0、SM1=1 时，STC8H8K64U 系列单片机串行通信端口 1 工作在（　　）。
　　A．工作方式 0　　　B．工作方式 1　　　C．工作方式 2　　　D．工作方式 3

2．若要使 STC8H8K64U 系列单片机串行通信端口 1 工作在工作方式 2，则 SM0、SM1的值应设置为（　　）。

    A．0、0　　　　　　B．0、1　　　　　　C．1、0　　　　　　D．1、1

3．STC8H8K64U 系列单片机串行通信端口 1 在串行接收时，在（　　）情况下串行接收结束后，不会置位 RI。

    A．SM2=1、RB8=1　　　　　　　　　B．SM2=0、RB8=1

    C．SM2=1、RB8=0　　　　　　　　　D．SM2=0、RB8=0

4．STC8H8K64U 系列单片机串行通信端口 1 工作在工作方式 2、工作方式 3 时，若要使串行发送的第 9 位数据为 1，则在串行发送前，应使（　　）置 1。

    A．RB8　　　　　　B．TB8　　　　　　C．TI　　　　　　D．RI

5．STC8H8K64U 系列单片机串行通信端口 1 工作在工作方式 2、工作方式 3 时，若要使串行发送的数据为奇偶校验位，应使 TB8（　　）。

    A．置 1　　　　　　B．置 0　　　　　　C．=P　　　　　　D．=$\overline{P}$

6．STC8H8K64U 系列单片机串行通信端口 1 工作在工作方式 1 时，每个字符帧的位数是（　　）位。

    A．8　　　　　　B．9　　　　　　C．10　　　　　　D．11

三、判断题

1．在同步通信中，发送、接收双方的同步时钟必须完全同步。（　　）

2．在异步通信中，发送、接收双方可以拥有各自的同步时钟，但发送、接收双方的通信速率要求一致。（　　）

3．STC8H8K64U 系列单片机串行通信端口 1 工作在工作方式 0、工作方式 2 时，S1ST2的值不影响波特率的大小。（　　）

4．STC8H8K64U 系列单片机串行通信端口 1 工作在工作方式 0 时，PCON 的 SMOD控制位的值会影响波特率的大小。（　　）

5．STC8H8K64U 系列单片机串行通信端口 1 工作在工作方式 1 时，PCON 的 SMOD控制位的值会影响波特率的大小。（　　）

6．STC8H8K64U 系列单片机串行通信端口 1 工作在工作方式 1、工作方式 3 且 S1ST2=1时，选择 T1 为波特率发生器。（　　）

7．STC8H8K64U 系列单片机串行通信端口 1 工作在工作方式 1、工作方式 3 且 SM2=1时，串行接收到的第 9 位数据为 1，RI 不会置 1。（　　）

8．STC8H8K64U 系列单片机串行通信端口 1 串行接收的允许控制位是 REN。（　　）

9．STC8H8K64U 系列单片机的串行通信端口 2 也有 4 种工作方式。（　　）

10．STC8H8K64U 系列单片机串行通信端口 1 有 4 种工作方式，而串行通信端口 2 只有 2 种工作方式。（　　）

11．STC8H8K64U 系列单片机串行通信端口 1 的串行发送引脚与串行接收引脚是固定不变的。（　　）

12．通过编程，可以实现 STC8H8K64U 系列单片机串行通信端口 1 的串行发送引脚的输出信号实时反映串行接收引脚的输入信号。（　　）

四、问答题

1．计算机数据通信有哪 2 种工作方式？各有什么特点？

2．异步通信中字符帧的数据格式是怎样的？

3．什么叫波特率？如何利用 STC-ISP 在线编程软件获得 STC8H8K64U 系列单片机串行通信端口波特率的应用程序？

4．STC8H8K64U 系列单片机串行通信端口 1 有哪 4 种工作方式？如何设置？各有什么功能？

5．简述 STC8H8K64U 系列单片机串行通信端口 1 工作方式 2、工作方式 3 的相同点与不同点。

6．STC8H8K64U 系列单片机的串行通信端口 2 有哪 2 种工作方式？如何设置？各有什么功能？

7．简述 STC8H8K64U 系列单片机串行通信端口 1 多机通信的实现方法。

五、程序设计题

1．甲机按 1s 定时从 P1 口读取输入数据，并通过串行通信端口 2 按奇校验方式发送到乙机；乙机通过串行通信端口 1 串行接收甲机发送过来的数据，并进行奇校验，若无误，则 LED 数码管显示串行接收到的数据；若有误，则重新接收；若连续 3 次有误，则向甲机发送错误信号，甲机、乙机同时进行声光报警。

画出硬件电路图，编写程序并上机调试。

2．通过计算机向 STC8H8K64U 系列单片机发送控制指令，具体要求如表 9.12 所示。

表 9.12　通过计算机向 STC8H8K64U 系列单片机发送控制指令的具体要求

计算机发送字符	STC8H8K64U 系列单片机功能要求
0	P1 控制的 LED 循环左移
1	P1 控制的 LED 循环右移
2	P1 控制的 LED 按 500ms 时间间隔闪烁
3	P1 控制的 LED 按 500ms 时间间隔高 4 位与低 4 位交叉闪烁
其他字符	P1 控制的 LED 全亮

画出硬件电路图，编写程序并上机调试。

第10章 人机对话接口的应用设计

内容提要

键盘、显示装置是单片机应用系统基本的外围接口电路。键盘用来向单片机(或 CPU)传递指令与数据，显示装置用于显示单片机处理后的数据或单片机应用系统的工作状态。

本章重点介绍 LCD 模块，包括 LCD1602 和 LCD12864。

10.1 单片机应用系统的设计和开发

由于不同的单片机应用系统的应用目的不同，因此在设计时要考虑其应用特点。例如，有些系统可能对用户的操作体验有较高的要求，有些系统可能对测量精度有较高的要求，有些系统可能对实时控制能力有较高的要求，有些系统可能对数据处理能力有特别的要求。如果要设计一个符合生产要求的单片机应用系统，就必须充分了解这个系统的应用目的和特殊性。虽然各种单片机应用系统的特点不同，但一般的单片机应用系统的设计和开发过程具有一定的共性。本节从单片机应用系统的设计原则、开发流程和工程报告的编制来论述一般通用的单片机应用系统的设计和开发。

10.1.1 单片机应用系统的设计原则

1. 系统功能应满足生产要求

以系统功能需求为出发点，根据实际生产要求设计各个功能模块，如显示、键盘、数据采集、检测、通信、控制、驱动、供电等模块。

2. 系统运行应安全可靠

在元器件选择和使用上，应选用可靠性高的元器件，防止元器件损坏，影响系统的可靠运行；在硬件电路设计上，应选用典型应用电路，排除电路的不稳定因素；在系统工艺设计上，应采取必要的抗干扰措施，如去耦、光耦隔离和屏蔽等防止环境干扰的硬件抗干扰措施，以及传输速率、节电方式和掉电保护等软件抗干扰措施。

3. 系统应具有较高的性价比

简化外围硬件电路，在系统性能允许的范围内尽可能用软件程序取代硬件电路，以降低系统的制造成本，取得最高的性价比。

4．系统应易于操作和维护

操作方便表现在操作简单、直观形象和便于操作。在进行系统设计时，在系统性能不变的情况下，应尽可能简化人机交互接口，可以配置操作菜单，但常用参数及设置应明显，以实现良好的用户体验。

5．系统功能应灵活，便于扩展

如果要实现灵活的功能扩展，就要充分考虑和利用现有的各种资源，使得系统结构、数据接口等能够灵活扩展，为将来可能的应用拓展提供空间。

6．系统应具有自诊断功能

应采用必要的冗余设计或增加自诊断功能。成熟、批量化生产的电子产品在这方面表现突出，如空调、洗衣机、电磁炉等产品，当这些产品出现故障时，通常会显示相应的代码，提示用户或专业人员哪一个模块出现了故障，帮助用户或专业人员快速锁定故障点。

7．系统应能与上位机通信

上位机具有强大的数据处理能力及友好的控制界面，系统的许多操作可通过上位机的软件界面的相应按钮来完成，从而实现远程控制等。单片机系统与上位机之间通常通过串行通信端口传输数据来实现相关的操作。

在单片机应用系统的设计原则中，适用、可靠、经济最为重要。对一个单片机应用系统的设计要求应根据具体任务和实际情况进行具体分析后提出。

10.1.2　单片机应用系统的开发流程

1．系统需求调查分析

做好详细的系统需求调查是对研制的新系统进行准确定位的关键。在建造一个新的单片机应用系统时，首先要调查市场或用户的需求，了解用户对新系统的期望和要求，通过对各种需求信息进行综合分析，得出市场或用户是否需要新系统的结论；其次，应对国内外同类系统的状况进行调查。调查的主要内容包括如下。

（1）原有系统的结构、功能及存在的问题。

（2）国内外同类系统的最新发展情况及与新系统有关的各种技术资料。

（3）同行业中哪些用户已经采用了新系统，新系统的结构、功能、使用情况及产生的经济效益。

根据需求调查结果整理出需求报告，作为系统可行性分析的主要依据。显然，需求报告的准确性将影响可行性分析的结果。

2．系统可行性分析

系统可行性分析用于明确整个设计项目在现有的技术条件和个人能力上是否可行。首先要保证设计项目可以利用现有的技术来实现，通过查找资料和寻找类似设计项目找到与需要完成的设计项目相关的设计方案，从而分析该项目是否可行以及如何实现；如果设计的是一个全新的项目，则需要了解该项目的功能需求、体积和功耗等，同时需要非常熟悉当前的技术条件和元器件性能，以确保选用合适的元器件能够完成所有的功能。其次需要了解整个项目开发所需要的知识是否都具备，如果不具备，则需要估计在现有的知识背景和时间限制下能否掌握并完成整个设计，必要的时候，可以选用成熟的开发板来加快设计速度。

系统可行性分析将对新系统开发研制的必要性及可实现性给出明确的结论，根据这一结论决定系统的开发研制工作是否继续进行。系统可行性分析通常从以下几个方面进行论证。

（1）市场或用户需求。

（2）经济效益和社会效益。

（3）技术支持与开发环境。

（4）现在的竞争力与未来的生命力。

3．系统总体方案设计

系统总体方案设计是系统实现的基础。系统总体方案设计的主要依据是市场或用户的需求、应用环境状况、关键技术支持、同类系统经验借鉴及开发人员设计经验等，主要内容包括系统结构设计、系统功能设计和系统实现方法。单片机的选型和元器件的选择，要做到性能特点适合所要完成的任务，避免过多的功能闲置；性价比要高，以提高整个系统的性价比；结构原理要熟悉，以缩短开发周期；货源要稳定，有利于批量的增加和系统的维护。对于硬件与软件的功能划分，在 CPU 时间不紧张的情况下，应尽量采用软件实现；如果系统回路多、实时性要求高，那么就要考虑用硬件实现。

4．系统硬件电路设计、印制电路板设计和硬件焊接调试

（1）系统硬件电路设计。

系统硬件电路设计主要包括单片机电路设计、扩展电路设计、输入输出通道应用功能模块设计和人机交互控制面板设计。单片机电路设计主要是进行单片机的选型，如 STC 系列单片机，一个合适的单片机能最大限度地降低其外围连接电路，从而简化整个系统的硬件。扩展电路设计主要是 I/O 电路的设计，根据实际情况确定是否需要扩展程序存储器 ROM、数据存储器 RAM 等电路的设计。输入输出通道应用功能模块设计主要是采集、测量、控制、通信等功能涉及的传感器电路、放大电路、A/D 转换电路、D/A 转换电路、开关量接口电路、驱动及执行机构电路等的设计。人机交互控制面板设计主要是用户操作接触到的按键、开关、显示屏、报警和遥控等电路的设计。

（2）印制电路板（PCB）设计。

印制电路板设计采用专门的绘图软件来完成，如 Altium Designer 等，电路原理图（SCH）转化成印制电路板必须做到正确、可靠、合理和经济。印制电路板要结合产品外壳的内部尺寸确定其形状、外形尺寸、基材和厚度等。印制电路板是单面板、双面板还是多层板要根据电路的复杂程度确定。印制电路板元器件布局通常与信号的流向保持一致，做到以每个功能电路的核心元器件为中心，围绕该元器件布局，元器件应均匀、整齐、紧凑地排列在印制电路板上，尽量减少各元器件间的引线和缩短各元器件之间的连线。印制电路板导线的最小宽度主要由导线与绝缘基板间的黏附强度和流过它们的电流值决定，在密度允许的条件下尽量用宽线，尤其注意加宽电源线和地线，导线越短，间距越大，绝缘电阻越大。

在印制电路板布线过程中，尽量采用手动与自动相结合，同时操作人员需要具有一定的印制电路板设计经验，对电源线、地线等要进行周全的考虑，避免引入不必要的干扰。

（3）硬件焊接调试。

硬件焊接之前需要准备所有元器件，将所有元器件准确无误地焊接完成后进入硬件焊接调试阶段。硬件焊接调试分为静态调试和动态调试。静态调试是检查印制电路板、连接线路和元器件部分有无物理性故障，主要检查手段有目测、用万用表测试和通电检查等。

目测是检查印制电路板的印制线是否有断线、毛刺，线与线和线与焊盘之间是否粘连、焊盘是否脱落、过孔是否未金属化等现象；还可以检查元器件是否焊接准确、焊点是否有毛刺、焊点是否有虚焊、焊锡是否使线与线或线与焊盘之间短路等。通过目测可以查出某些明确的元器件缺陷、设计缺陷，并及时进行处理。必要时还可以使用放大镜进行辅助观察。

在目测过程中，有些可疑的边线或接点需要用万用表进行检测，以进一步排除可能存在的问题，然后检查所有电源的电源线和地线之间是否有短路现象。

经过以上的检查没有明显问题后就可以尝试通电检查。接通电源后，首先检查电源各组电压是否正常，然后检查各个芯片插座的电源端的电压是否在正常范围内、某些固定引脚的电平是否准确。切断电源，将芯片逐一准确地安装到相应的插座中，当再次接通电源时，不要急于用仪器观测波形和数据，而是要及时仔细地观察各芯片或元器件是否有过热、变色、冒烟、异味、打火等现象，如果有异常应立即切断电源，查找原因并解决问题。

接通电源后若没有明显的异常情况，则可以进行动态调试。动态调试是一种在系统工作状态下，发现和排除硬件中存在的元器件内部故障、元器件间连接的逻辑错误等问题的一种硬件检查方法。硬件的动态调试必须在开发系统的支持下进行，故又称为联机仿真调试，具体方法是利用开发系统友好的交互界面，对单片机外围扩展电路进行访问、控制，使单片机外围扩展电路在运行中暴露问题，从而发现故障并予以排除。

5. 系统软件程序的设计与调试

单片机应用系统的软件程序通常包括数据采集和处理程序、控制算法实现程序、人机对话程序和数据处理与管理程序。

在进行具体的程序设计之前需要对程序进行总体设计。程序的总体设计是指从整个系统方面考虑程序结构、数据格式和程序功能的实现方法和手段。程序的总体设计包括拟定总体设计方案，确定算法和绘制程序流程图等。对于一些简单的工程项目，或对于经验丰富的设计人员来说，往往并不需要很详细的程序流程图，而对于初学者来说，绘制程序流程图是非常有必要的。

常用的程序设计方法有模块化程序设计和自顶向下逐步求精程序设计。

模块化程序设计的思想是先将一个完整、较长的程序分解成若干个功能相对独立且较小的程序模块，然后对各个程序模块分别进行设计、编程和调试，最后把各个调试好的程序模块装配起来进行联调，从而得到一个有实用价值的程序。

自顶向下逐步求精程序设计要求从系统级的主干程序开始，从属的程序和子程序先用符号来代替，集中力量解决全局问题；然后层层细化、逐步求精，编制从属程序和子程序；最终完成一个复杂程序的设计。

软件程序调试是通过对目标程序的编译、链接、执行来发现软件程序中存在的语法错误与逻辑错误，并加以纠正的过程。软件程序调试的原则是先独立后联机，先分块后组合，先单步后连续。

6. 系统软/硬件联合调试

系统软/硬件联合调试是指将软件和硬件联合起来进行调试，从中发现硬件故障或软/硬件设计错误。软/硬件联合调试可以对设计系统的正确与可靠进行检验，从中发现组装问题或设计错误。这里的设计错误是指设计过程中出现的小错误或局部错误，绝不允许出现重大错误。

系统软/硬件联合调试主要用于检验软、硬件是否能按设计的要求工作；系统运行时是否有潜在的在设计时难以预料的错误；系统的精度、运行速度等动态性能指标是否满足设计要求等。

7. 系统方案局部修改、再调试

对于系统调试中发现的问题或错误，以及出现的不可靠因素，要提出有效的解决方法，然后对原方案做局部修改，再进行调试。

8. 生成正式系统或产品

作为正式系统或产品，不仅要求该系统或产品能正确、可靠地运行，还应提供关于该系统或产品的全部文档。这些文档包括系统设计方案、硬件电路原理图、软件程序清单、软/硬件功能说明、软/硬件装配说明书、系统操作手册等。在开发产品时，还要考虑产品的外观设计、包装、运输、促销、售后服务等问题。

10.1.3　单片机应用系统工程报告的编制

在一般情况下，单片机应用系统需要编制一份工程报告，报告内容主要包括封面、目录、摘要、正文、参考文献、附录等，对于具体的字体、字号、图表、公式等书写格式要求，总体来说必须做到美观、大方和规范。

1. 报告内容

（1）封面。

封面应包括设计系统名称、设计人与设计单位名称、完成时间等。名称应准确、鲜明、简洁，能概括整个设计系统中最重要的内容，应避免使用不常用的缩略词、首字母缩写字、字符、代号和公式等。

（2）目录。

目录按章、节、条序号和标题编写，一般为二级或三级，包含摘要（中文、英文）、正文各章节标题、结论、参考文献、附录等，以及相对应的页码。

（3）摘要。

摘要应包括目的、方法、结果和结论等，也就是对设计报告内容、方法和创新点的总结，一般字数为 300 字左右，应避免将摘要写成目录格式的内容介绍。此外，还需有 3~5 个关键词，按词条的外延层次排列（外延大的排在前面），有时可能需要相对应的英文版的摘要和关键词。

（4）正文。

正文是整个工程报告的核心，主要包括系统整体设计方案、硬件电路框图及原理图设计、软件程序流程图及程序设计、系统软/硬件综合调试、关键数据测量及结论等。正文分章节撰写，每章应另起一页。章节标题要突出重点、简明扼要、层次清晰，字数一般在 15 字以内，不得使用标点符号。总的来说，正文要结构合理，层次分明，推理严密，重点突出，图表、公式、源程序规范，内容集中简练，文笔通顺流畅。

（5）参考文献。

凡有直接引用他人成果（文字、数据、事实及转述他人的观点）之处均应加标注说明，列于参考文献中，按文中出现的顺序列出直接引用的主要参考文献。引用参考文献标注方式应全文统一，标注的格式为[序号]，放在引文或转述观点的最后一个句号之前，所引文献序号以上角标形式置于方括号中。参考文献的格式如下。

① 学术期刊文献：

［序号］作者. 文献题名[J]. 刊名，出版年份，卷号（期号）：起始页码-终止页码。

② 学术著作：

［序号］作者. 书名[M]. 版次（首次可不注）. 翻译者. 出版地：出版社，出版年：起始页码-终止页码。

③ 有 ISBN 号的论文集：

［序号］作者. 题名[A]. 主编. 论文集名[C]. 出版地：出版社，出版年：起始页码-终止页码

④ 学位论文：

［序号］作者. 题名[D]. 保存地：保存单位，年份

⑤ 电子文献：

［序号］作者. 电子文献题名[文献类型（DB 数据库）/载体类型（OL 联机网络）]. 文献网址或出处，发表或更新日期/引用日期（任选）

（6）附录。

对于与设计系统相关但不适合写在正文中的元器件清单、仪器仪表清单、电路图图纸、设计的源程序、系统（作品）操作使用说明等有特色的内容，可作为附录排写，序号采用"附录 A""附录 B"等。

2. 书写格式要求

（1）字体和字号。

一级标题是各章标题，字体为小二号黑体，居中排列；二级标题是各节一级标题，字体为小三号宋体，居左顶格排列；三级标题是各节二级标题，字体为四号黑体，居左顶格排列；四级标题是各节三级标题，字体为小四号粗楷体，居左顶格排列；四级标题下的分级标题字体为五号宋体，标题中的英文字体均采用 Times New Roman 字体，字号同标题字号；正文字体一般为五号宋体。不同场合下的字体和字号不尽相同，上述格式仅供参考。

（2）名词术语。

科技名词术语及设备、元器件的名称，应采用国家标准或行业标准中规定的术语或名称。标准中未规定的术语或名称要采用行业通用术语或名称。全文名词和术语必须统一。一些特殊名词或新名词应在适当位置加以说明或注解。在采用英语缩写词时，除本行业广泛应用的通用缩写词外，文中第一次出现的缩写词应该用括号注明英文全称。

（3）物理量。

物理量的名称和符号应统一。物理量的计量单位及符号除用人名命名的单位第一个字母用大写字母之外，其他字母一律用小写字母。物理量符号、物理常量、变量符号用斜体，计量单位等符号均用正体。

（4）公式。

公式原则上应居中书写。公式序号按章编排，如第一章第一个公式的序号为"（1-1）"，附录 B 中的第一个公式为"（B-1）"等。正文中一般用"见式（1-1）"或"由公式（1-1）"形式引用公式。公式中用斜线表示"除"的关系，若有多个字母，则应加括号，以免含糊不清，如 $a/(b\cos x)$。

（5）插图。

插图包括曲线图、结构图、示意图、框图、流程图、记录图、布置图、地图、照片等。每个图均应有图题（由图号和图名组成）。图号按章编排，如第一章第一张图的图号为"图 1-1"等。图题置于图下，图注或其他说明，应置于图题之上。图名在图号之后空一格排写。插图与其图题为一个整体，不得拆开排于两页，该页空白不够排写该插图整体时，可将其后文字部分提前排写，将图移至次页最前面。插图应符合国家标准及专业标准，对无规定符号的图形应采用其行业的常用画法。插图应与文字紧密配合，且保证文图相符，技术内容正确。

（6）表。

表不加左边线、右边线，表头设计应简单明了，尽量不用斜线。每个表均应有表号与表题，表号与表题之间应空一格，置于表上。表号一般按章编排，如第一章第一个表的序号为"表 1-1"等。表题中不允许使用标点符号，表题后不加标点，整个表如用同一单位，应将单位符号移至表头右上角，并加圆括号。如果某个表需要跨页接排，在随后的各页应重复表的编排。编号后跟表题（可省略）和"（续表）"字样。表中数据应正确无误，书写清楚，数字空缺的格内加一字线，不允许用空格同上之类的写法。

10.2　键盘接口与应用编程

键盘可分为编码键盘和非编码键盘。编码键盘是指键盘上闭合键的识别由专用的硬件编码器实现，并产生键编码号或键值的键盘，如计算机键盘；非编码键盘是指靠软件编程来识别的键盘。在单片机应用系统中，常用的键盘是非编码键盘。非编码键盘又分为独立键盘和矩阵键盘。

1. 按键工作原理

（1）按键外形及符号。

常用的单片机应用系统中的机械式按键实物图如图 10.1 所示。单片机应用系统中常用的按键都是机械弹性按键，当用力按下按键时，按键闭合，两个引脚导通；当松开手后，按键自动恢复常态，两个引脚断开。按键符号如图 10.2 所示。

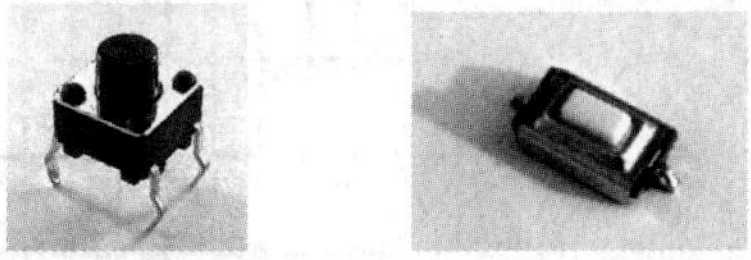

图 10.1　常用的单片机应用系统中的机械式按键实物图　　　　图 10.2　按键符号

（2）按键触点的机械抖动及处理。

机械式按键在按下或松开时，由于机械弹性作用的影响，通常伴随有一定时间的触点机械抖动，之后其触点才能稳定下来。按键触点的机械抖动如图 10.3 所示。

按键在按下或松开瞬间有明显的抖动现象，抖动时间的长短与按键的机械特性有关，一般为 5～10ms。按键被按下且未松开的时间一般称为按键稳定闭合期，这个时间由用户操作按键的动作决定，一般为几十毫秒至几百毫秒，甚至更长时间。因此，单片机应用系统在检测按键是否按下时都要进行去抖动处理，去抖动处理通常有硬件电路去抖动和软件延时去抖动两种方法。用于去抖动的硬件电路主要有 R-S 触发器去抖动电路、RC 积分去抖动电路和专用去抖动芯片电路等。软件延时去抖动的方法也可以很好地解决按键抖动问题，并且不需要添加额外的硬件电路，节省了硬件成本，因此其在实际单片机应用系统中得到了广泛应用。

2. 独立键盘的原理及应用

在单片机应用系统中，如果不需要输入数字 0～9，只需要几个功能键，则可以采用独立键盘。

（1）独立键盘的结构与原理。

独立键盘是直接用单片机 I/O 口构成的单个按键电路，其特点是每个按键单独占用一个 I/O 口，每个按键的工作不会影响其他 I/O 口的状态。独立键盘的电路原理图如图 10.4 所示。当按键处于常态时，由于单片机硬件复位后按键输入端默认是高电平，所以按键输入采用低电平有效，即按下按键时出现低电平。

（2）查询式独立按键的原理及应用。

查询式独立按键是单片机应用系统中常用的按键结构。先逐位查询每个 I/O 口的输入状态，如果某个 I/O 口输入低电平，则进一步确认该 I/O 口所对应的按键是否已按下，如果确实是低电平则输出该按键的键值（或直接转向该按键对应的功能处理程序），主函数则可以根据按键的键值做对应的处理。

软件处理的流程如下。

- 循环检测是否有按键按下且出现低电平。
- 调用延时子程序进行软件去抖动处理。
- 再次检测是否有按键按下且出现低电平。

- 输出该按键的键值。
- 等待按键松开。

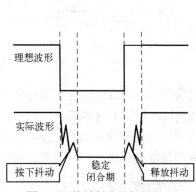

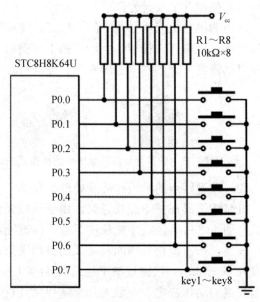

图 10.3 按键触点的机械抖动   图 10.4 独立键盘的电路原理图

例 10.1 根据图 10.4，当 key1～key8 按键按下时，对应改变 P6.0-P6.7 控制的 LED 状态。LED 由低电平驱动。

解 设计一个独立键盘扫描函数，返回按键键值，设 key1～key8 按键对应的键值为 1～8，没按键按下返回的键值为 0。

C 语言源程序如下。

```c
#include <stc8h.h>                //包含支持 STC8H 系列单片机的头文件
#include<intrins.h>
#include <gpio.c>
#define uchar unsigned char
#define uint unsigned int
//定义按键接口
sbit key1 = P0^0; sbit key2= P0^1; sbit key3 = P0^2; sbit key4 = P0^3;
sbit key5 = P0^4; sbit key6 = P0^5; sbit key7 = P0^6; sbit key8 = P0^7;
//定义 LED 接口
sbit LED1 = P6^0;    sbit LED2 = P6^1; sbit LED3 = P6^2;    sbit LED4 = P6^3;
sbit LED5 = P6^4;    sbit LED6 = P6^5; sbit LED7 = P6^6;    sbit LED8 = P6^7;
void Delay10ms()                    //@12.000MHz
{
    unsigned char i, j;
    _nop_();
    _nop_();
    i = 156;
    j = 213;
    do
```

```
    {
        while (--j);
    } while (--i);
}
uchar M_scan()                        //独立键盘扫描函数
{
    char x=0;
    if(key1==0|key2==0|key3==0|key4==0|key5==0|key6==0| key7==0| key8==0)
    {
        Delay10ms();                  //去抖动
        if(key1==0|key2==0|key3==0|key4==0|key5==0|key6==0|key7==0|key8==0)
        {
            if(key1==0)  x=1;
            else if(key2==0) x=2;
            else if(key3==0) x=3;
            else if(key4==0) x=4;
            else if(key5==0) x=5;
            else if(key6==0) x=6;
            else if(key7==0) x=7;
            else  x=8;
            while(key1==0|key2==0|key3==0|key4==0|key5==0|key6==0|key7==0|
key8==0);                              //按键释放
        }
    }
    return(x);
}
void main ( )                         //主程序
{
    uchar y;
    while(1)
    {
        y= M_scan();
        if(y!=0)
        {
            if(y==1) LED1=!LED1;
            else if(y==2)LED2=!LED2;
            else if(y==3)LED3=!LED3;
            else if(y==4)LED4=!LED4;
            else if(y==5)LED5=!LED5;
            else if(y==6)LED6=!LED6;
            else if(y==7)LED7=!LED7;
            else LED8=!LED8;
        }
    }
}
```

上述程序中等待按键释放语句"while(key1==0| key2==0| key3==0| key4==0| key5==0|

key6==0| key7==0| key8==0);"用于严格检测按键是否释放,只有按键释放了,才能完成当次按键操作。这样处理的好处是,每按一次按键都只进行一次操作,可以避免出现按键连按的情况。但有些按键需要连续操作功能的时候,如实现按下按键不松开一直连续加 1 或减 1,则可以把语句"while(key1==0| key2==0| key3==0| key4==0| key5==0| key6==0| key7==0| key8==0);"换为一句延时语句,为使用户有更好的操作体验,延时时间需要根据实际按键效果调整,在进行程序设计时可以根据需要选择。

(3)中断式独立按键的原理及应用。

中断式独立按键是单片机外部中断的典型应用。例如,利用单片机的 2 个外部中断源 INT0(P3.2)和 INT1(P3.3)组成 2 个中断式独立按键,如图 10.5 所示,很明显一个按键占用一个外部中断源,浪费单片机的资源。

改进后的中断式独立按键电路原理图如图 10.6 所示,4 个二极管构成一个 4 输入与门,4 个独立按键任意一个按下时,P3.2 为低电平,生成一个外部中断 0 的中断请求信号,然后在外部中断 0 的中断处理程序中进一步检测按键输入信号,确定具体的按键,输出对应的按键值。

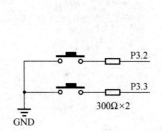

图 10.5 中断式独立按键电路原理图

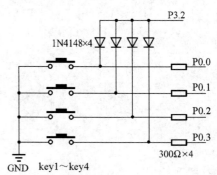

图 10.6 改进后的中断式独立按键电路原理图

例 10.2 如图 10.6 所示,设 key1~key4 分别控制 P6.0~P6.3 控制的 LED。

解 当 key1~key4 有按键按下时,引发外部中断 0,然后顺序判断 4 个按键的输入信号,输出相应按键的键值,key1~key4 对应的键值为 1~4,没有按键按下时键值为 0,按键的键值存放在一个全局变量中。

C 语言源程序如下。

```
#include <stc8h.h>                  //包含支持 STC8H 系列单片机的头文件
#include<intrins.h>
#include <gpio.c>
#define uchar unsigned char
#define uint unsigned int
//定义按键接口
sbit key1 = P0^0; sbit key2= P0^1;sbit key3 = P0^2; sbit key4 = P0^3;
//定义 LED 接口
sbit LED1 = P6^0;sbit LED2 = P6^1; sbit LED3 = P6^2;    sbit LED4 = P6^3;
uchar x=0;
void Delay10ms()                    //@12.000MHz
{
    unsigned char i, j;
```

```
        _nop_();
        _nop_();
        i = 156;
        j = 213;
        do
        {
            while (--j);
        } while (--i);
    }

    void main ( )                          //主程序
    {
        gpio();
        IT0=1;
        EX0=1;
        EA=1;
        while(1)
        {
            if(x!=0)
            {
                if(x==1) LED1=!LED1;
                else if(x==2)LED2=!LED2;
                else if(x==3)LED3=!LED3;
                else LED4=!LED4;
                x=0;
            }
        }
    }
    void ex0_int0() interrupt 0
    {

        Delay10ms();                    //去抖动
        if(key1==0|key2==0|key3==0|key4==0)
        {
            if(key1==0) x=1;
              else if(key2==0) x=2;
                else if(key3==0) x=3;
                    else  x=4;
          while(key1==0| key2==0| key3==0| key4==0); //按键释放
        }
    }
```

3. 矩阵键盘的原理及应用

在单片机应用系统中，如果需要输入数字 0～9，那么采用独立键盘就会占用过多的单片机 I/O 口资源，在这种情况下通常选用矩阵键盘。

（1）矩阵键盘的结构与原理。

矩阵键盘由行线和列线组成，按键位于行线和列线的交叉点上，其电路原理图如图 10.7 所示，只需要 8 个 I/O 口就可以构成 4×4 共 16 个按键，比独立键盘的按键多出一倍。由于 4×4

键盘与单片机 P0 口相连，因此需要接上拉电阻可使用 STC8H8K64U 单片机内置上抗电阻。

在矩阵键盘中，行线和列线分别连接按键开关的两端，列线通过上拉电阻（若单片机端口内部有上拉电阻则不需要外接上拉电阻）接正电源，并将行线所接的单片机的 I/O 口作为输出端，列线所接的 I/O 口则作为输入端。当按键没有按下时，所有的输入端都是高电平，代表无按键按下，行线输出的是低电平，且拉低能力较强，一旦有按键按下，输入端电平就会被拉低，所以通过读取输入端电平的状态就可得知是否有按键按下。若要判断具体是哪一个按键被按下，则需要将行线信号、列线信号配合起来进行适当处理。

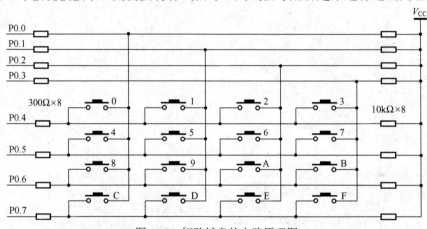

图 10.7　矩阵键盘的电路原理图

（2）矩阵键盘的识别与编码。

① 判断键盘中有无按键按下。

行全扫描：将全部行线置低电平，然后检测列线的状态。只要列线不全是高电平，也即只要有一列为低电平，则表示键盘中有按键被按下。

② 调用延时去抖动。

③ 判断闭合按键所在的位置。在确认有按键按下后，即可进入确定闭合按键所在位置的过程。常见的判断方法有扫描法和反转法。

a. 扫描法

依次将行线置为低电平，在确定为低电平的某根行线的位置后，逐行检测各列线的电平状态。若某列线为低电平，则该列线与被置为低电平的行线交叉处的按键就是闭合的按键，根据闭合按键的行值和列值得到按键的键值。相关计算公式为

$$键值=行号×4+列号$$

b. 反转法

通过行全扫描，读取列码；通过列全扫描，读取行码；将行码、列码组合在一起，得到闭合按键的键值。

预先将各按键对应行全扫描、列全扫描的组合码按照按键序号（0~15）存放在一个数组中，然后现场读取反转法的组合码与预存的数组数据进行比较，相同时数组序号即按键的键值。

例 10.3　矩阵键盘的电路原理图如图 10.7 所示，该键盘工作于反转法，键值送 LED 数码管显示。

解　显示函数采用工程训练 5.1 中的 LED_display()；矩阵键盘函数定义为 keyscan()，0~

15 按键对应的键值为 0~15，无按键时扫描函数返回值为 16。

　　C 语言源程序如下。

```
#include <stc8h.h>              //包含支持 STC8 系列单片机的头文件
#include <intrins.h>
#include <gpio.c>
#define uchar unsigned char
#define uint  unsigned int
#include <LED_display.c>
#define KEY P1
uchar key_volume;                      //定义键值存放变量
uchar code key[]={0xee,0xed,0xeb,0xe7,0xde,0xdd,0xdb,0xd7,0xbe,0xbd,0xbb,
0xb7,0x7e,0x7d,0x7b,0x77};
void Delay10ms()                  //@12.000MHz
{
    unsigned char i, j;

    i = 20;
    j = 113;
    do
    {
        while (--j);
    } while (--i);
}

/*---------------键盘扫描子程序----------------------*/
uchar  keyscan()
{
    uchar i=0,row,column;          //定义行、列变量
     KEY=0x0f;                     //先对 KEY 置数，行全扫描
    if(KEY!=0x0f)
    {
        Delay10ms();
        if(KEY!=0x0f)
        {
            column=KEY;
            KEY=0xf0;
            Delay10ms();
            row=KEY;
            key_volume=row+column;
            while(i<16)
            {
                if(key_volume==key[i]){key_volume=i;goto l1;}
                i++;
            }
            l1:;
        }
    }
    else
    KEY=0xff;
    return (16);
}
```

```
/*--------------主程序--------------------------*/
main()
{
    gpio();
KEY = 0xff;
    while(1)
    {
        keyscan();
    Dis_buf[0]=key_volume;
    LED_display();
    }
}
```

不管是反转法、扫描法，还是其他方法，都是把闭合按键所在位置找出来，并加以编码，从而使每一个按键对应一个键值，进而实现对相关功能的控制。

（3）矩阵键盘的应用。

矩阵键盘的应用主要由键盘的工作方式来决定，键盘的工作方式应根据实际应用系统中程序结构和功能实现的复杂程度等因素来选取。键盘的工作方式主要有查询扫描、定时扫描和中断扫描三种。

① 查询扫描。在查询扫描工作方式下，键盘扫描子程序和其他子程序被并列排在一起，单片机循环分时运行各个子程序，当按键按下且单片机查询到该按键的键值时立即响应键盘输入操作，根据键值执行相应的功能操作。

② 定时扫描。在定时扫描工作方式下，单片机内部定时器定时扫描键盘是否有操作，一旦检测到有按键按下立即响应，根据键值执行相应的功能操作。

③ 中断扫描。中断扫描工作方式能够提高单片机工作效率，在没有按键按下的情况下，单片机并不扫描矩阵键盘扫描程序，一旦有按键按下，通过硬件产生外部中断，单片机将立即扫描矩阵键盘扫描程序并根据键值执行相应的功能操作。

中断扫描需要修改矩阵键盘电路，将键盘按键产生的中断请求信号送至某个外部中断输入引脚，如图 10.8 所示，当有按键按下时会引发外部中断 1。

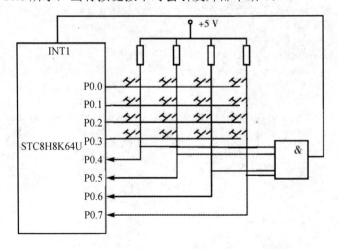

图 10.8　中断方式矩阵键盘电路原理图

10.3　LCD 接口与应用编程

10.3.1　LCD 模块概述

LCD（液晶显示）模块是一种将 LCD 元器件、连接件、集成电路、印制电路板、背光源、结构件装配在一起的组件。根据显示方式和内容的不同，LCD 模块可以分为数显笔段型 LCD 模块、点阵字符型 LCD 模块和点阵图形型 LCD 模块 3 种。

（1）数显笔段型 LCD 模块是一种段型 LCD 元器件，主要用于显示数字和一些标识符号（通常由 7 个字段在形状上组成数字"8"的结构），广泛应用于计算器、电子手表、数字万用表等产品中。

（2）点阵字符型 LCD 模块是由点阵字符 LCD 元器件和专用的行列驱动器、控制器，以及必要的连接件、结构件装配而成的，能够显示 ASCII 码字符（如数字、大小写字母、各种符号等），但不能显示图形，每一个字符单元显示区域由一个 5×7 的点阵组成，典型产品有 LCD1602 和 LCD2004 等。

（3）点阵图形型 LCD 模块的点阵像素在行和列上是连续排列的，不仅可以显示字符，还可以显示连续、完整的图形，甚至集成了字库，可以直接显示汉字，典型产品有 LCD12864和 LCD19264 等。

从 LCD 模块的命名数字可以看出，LCD 模块通常是按照显示字符的行数或 LCD 点阵的行列数来命名的，如 1602 是指 LCD 模块每行可以显示 16 个字符，一共可以显示 2 行；12864 是指 LCD 点阵区域有 128 列、64 行，可以控制任意一个点显示或不显示。

常用的 LCD 模块均自带背光，不开背光的时候需要自然采光才可以看清楚，开启背光则是通过背光源采光，在黑暗的环境下也可以正常使用。

内置控制器的 LCD 模块可以与单片机 I/O 口直接相连，硬件电路简单，使用方便，显示信息量大，不需要占用 CPU 扫描时间，在实际产品中得到广泛应用。

本节主要介绍 LCD1602 和 LCD12864 两种典型的 LCD 模块，详细分析并行数据操作方式和串行数据操作方式。目前常用的 LCD1602 和 LCD12864 都可以工作于并行或串行数据操作方式，但实际应用中的 LCD1602 常工作于并行数据操作方式，LCD12864 则在两种操作方式中都得到了广泛应用。

10.3.2　点阵字符型液晶显示模块 LCD1602

LCD1602 是由 32 个 5×7 点阵块组成的字符块集，每个字符块是一个字符位，每一位显示一个字符，字符位之间有一个点的间隔，起到字符间距和行距的作用，其内部集成了日立公司的控制器 HD44780U 或与 LCD1602 兼容的 HD44780U 的替代品。

1. LCD1602 特性概述

① 采用+5V 供电，对比度可调整，背光灯可控制。

② 内含振荡电路，系统内含重置电路。

③ 提供各种控制指令，如复位显示器、字符闪烁、光标闪烁、显示移位多种功能。

④ 显示用数据 RAM 共 80 字节。

⑤ 字符产生器 ROM 共有 160 个 5×7 点阵字形。

⑥ 字符产生器 RAM 可由用户自行定义 8 个 5×7 点阵字形。

2. LCD1602 引脚说明及应用电路

LCD1602 的实物图如图 10.9 所示。LCD1602 硬件接口采用标准的 16 引脚单列直插封装 SIP16。LCD1602 的引脚及应用电路图如图 10.10 所示。

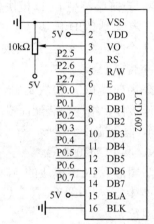

图 10.9　LCD1602 的实物图　　　　图 10.10　LCD1602 的引脚及应用电路图

① 第 1 引脚 VSS：电源负极。

② 第 2 引脚 VDD：电源正极。

③ 第 3 引脚 VO：LCD 对比度调节端，一般接 10kΩ 的电位器调整对比度，或者接一合适的固定电阻固定对比度。

④ 第 4 引脚 RS：数据/指令选择端，RS= 0，读/写指令；RS= 1，读/写数据。RS 可接单片机 I/O 口。

⑤ 第 5 引脚 R/W：读/写选择端，R/W= 0，写入操作；R/W=1，读取操作。R/W 可接单片机 I/O 口。

⑥ 第 6 引脚 E：使能信号控制端，高电平有效。E 可接单片机 I/O 口。

⑦ 第 7~14 引脚 DB0~DB7：数据 I/O 口。一般接单片机 P0 口，也可以接 P1、P2、P3 口，由于 LCD1602 内部自带上拉电阻，所以在设计实际硬件电路时可以不加上拉电阻。

⑧ 第 15 引脚 BLA：背光灯电源正极。

⑨ 第 16 引脚 BLK：背光灯电源负极。

3. LCD1602 的操作方式

LCD1602 用 CPU 来控制 LCD 元器件，其内部可以看作两组寄存器：一组为指令寄存器，另一组为数据寄存器，由 RS 引脚进行控制。所有对指令寄存器或数据寄存器的存取均需要检查 LCD 内部的忙碌标志位（Busy Flag）。LCD1602 有如下 4 种操作方式。

（1）写指令。

写指令的过程：①RS=0；②R/W=0；③将指令代码送 LCD1602 的数据总线上；④E=1，并适当延时；⑤E=0。

用于向 LCD1602 传送控制指令，具体控制指令具体见下一小节。

（2）写数据。

写数据的过程：①RS=1；②R/W=0；③将显示字符的编码值（ASCII 码）送 LCD1602 的数据总线上；④E=1，并适当延时；⑤E=0。

在写数据到 CGRAM 或 DDRAM 中时，需要先设置 CGRAM 或 DDRAM 的地址，再写数据。

（3）读指令（实际为读 LCD 的忙碌标志位）。

读指令的过程：①RS=0；②R/W=1；③E=1，并适当延时；④读 LCD1602 数据总线的数据；⑤E=0。

LCD 的忙碌标志位在数据字节的最高位。忙碌标志读取指令格式如表 10.1 所示。

表 10.1　忙碌标志读取指令格式

位号	DB7	DB6	DB5	DB4	DB3	DB2	DB1	DB0
位名称	BF	A6	A5	A4	A3	A2	A1	A0

LCD 的忙碌标志位 BF 用于指示 LCD 当前的工作情况。当 BF = 1 时，表示正在做内部数据处理，不接受外界送来的指令或数据；当 BF = 0 时，表示已准备接受指令或数据。

当程序读取一次数据的内容时，位 7 表示忙碌，另外 7 位的地址表示 CGRAM 或 DDRAM 中的地址，指向哪一个地址取决于最后写入的地址设置指令。

BF 用来告知 LCD 内部正在工作，不允许接受任何控制指令。可以在 RS = 0 时，读取 BF 来判断 LCD 内部是否正在工作。当 BF 为 0 时，才可以写入指令或数据。

（4）读数据。

读数据的过程：①RS=1；②R/W=1；③E=1，并适当延时；④读 LCD1602 数据总线的数据；⑤E=0。

当从 CGRAM 或 DDRAM 中读取数据时，先设置 CGRAM 或 DDRAM 的地址，再读取数据。

4. LCD1602 的控制指令

① 复位显示器指令，指令码为 0x01，将 LCD 的 DDRAM 数据全部填入空白码 20H，执行此指令，将清除 LCD 的内容，同时光标将移到左上角。

② 光标归位设置指令，指令码为 0x02，地址计数器被清 0，DDRAM 数据不变，光标移到左上角。

③ 字符进入模式设置指令，其格式如表 10.2 所示。

表 10.2　字符进入模式设置指令格式

位号	DB7	DB6	DB5	DB4	DB3	DB2	DB1	DB0
位名称	0	0	0	0	0	1	I/D	S

I/D：地址计数器递增或递减控制位。I/D=1，递增，每读写一次显示 RAM 中的字符码，地址计数器加 1，同时光标所显示的位置右移 1 位；同理，I/D=0，递减，每读写一次显示 RAM 中的字符码，地址计数器减 1，同时光标所显示的位置左移 1 位。

S：显示屏移动或不移动控制位。当 S=1 时，向 DDRAM 中写入一个字符，若 I/D=1 则显示屏向左移动一格，若 I/D=0 则显示屏向右移动一格，而光标位置不变；当 S=0 时，显示屏不移动。

④ 显示屏开关指令，其格式如表 10.3 所示。

表 10.3　显示屏开关指令格式

位号	DB7	DB6	DB5	DB4	DB3	DB2	DB1	DB0
位名称	0	0	0	0	1	D	C	B

D：显示屏打开或关闭控制位。D=1，显示屏打开；D=0，显示屏关闭。

C：光标出现控制位。C=1，光标出现在地址计数器所指的位置；C=0，光标不出现。

B：光标闪烁控制位。B=1，光标出现后会闪烁；B=0，光标不闪烁。

⑤ 显示光标移位指令，其格式如表 10.4 所示。

表 10.4　显示光标移位指令格式

位号	DB7	DB6	DB5	DB4	DB3	DB2	DB1	DB0
位名称	0	0	0	1	S/C	R/L	*	*

注："*"表示"0"或"1"都可以，后面类似表同此说明。

显示光标移位操作控制如表 10.5 所示。

表 10.5　显示光标移位操作控制

S/C	R/L	操作
0	0	光标向左移，即 10H
0	1	光标向右移，即 14H
1	0	字符和光标向左移，即 18H
1	1	字符和光标向右移，即 1CH

⑥ 功能置位指令，其格式如表 10.6 所示。

表 10.6　功能置位指令格式

位号	DB7	DB6	DB5	DB4	DB3	DB2	DB1	DB0
位名称	0	0	1	DL	N	F	*	*

DL：数据长度选择位。DL=1，传输 8 位数据；DL=0，传输 4 位数据，使用 D7～D4 各位，分 2 次送入一个完整的字符数据。

N：显示屏为单行或双行选择位。N=1，双行显示；N=0，单行显示。

F：大小字符显示选择位。F=1，为 5×10 点阵，字会大些；F=0，为 5×7 点阵。

LCD1602 常被设置为 8 位数据接口，16×2 双行显示，5×7 点阵，则初始化数据为 00111000B，即 38H。

⑦ CGRAM 地址设置指令，其格式如表 10.7 所示。将 CGRAM 设置为 6 位的地址值，便可对 CGRAM 进行读/写数据操作。

表 10.7　CGRAM 地址设置指令格式

位号	DB7	DB6	DB5	DB4	DB3	DB2	DB1	DB0
位名称	0	1	A5	A4	A3	A2	A1	A0

⑧ DDRAM 地址设置指令，其格式如表 10.8 所示。将 DDRAM 设置为 7 位的地址值，便可对 DDRAM 进行读/写数据操作。

表 10.8　DDRAM 地址设置指令格式

位号	DB7	DB6	DB5	DB4	DB3	DB2	DB1	DB0
位名称	1	A6	A5	A4	A3	A2	A1	A0

5. LCD1602 的 RAM 地址映射

因为 LCD 模块的操作需要一定的时间，所以在执行每条指令之前，一定要确认 LCD 模块的忙碌标志位为低电平，否则此指令无效。当需要显示字符时，需要先指定要显示字符的地址，也就是告诉 LCD 模块显示字符的位置，再指定具体的显示字符内容。LCD1602 内部显示地址如图 10.11 所示。

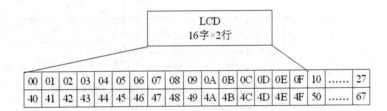

图 10.11　LCD1602 内部显示地址

因为在向 LCD1602 写入显示地址时，要求最高位 D7 恒为高电平，所以实际写入显示地址的指令代码为：

```
0x80+DDRAM 地址
```

6. 显示字符的编码数据

显示字符的编码数据实际上就是字符对应的 ASCII 码值。

当我们需要用 LCD1602 显示某个字符时，就是将这个字符对应的 ASCII 码写入这个位置对应的显示 RAM 中。例如，若要在第一行第 3 个位置显示一个字符"3"，则将 3 的 ASCII 码写入 02H 地址的显示 RAM 中即可。

7. LCD1602 的读/写时序图

LCD1602 的读/写时序是有严格要求的，在实际应用中，由单片机控制 LCD1602 的读/写时序，并对其进行相应的显示操作。LCD1602 的写操作时序图如图 10.12 所示。

由 LCD1602 的写操作时序图可知 LCD1602 的写操作流程如下。

① 通过 RS 确定是写数据还是写指令。写指令包括使 LCD1602 的光标显示/不显示、光标闪烁/不闪烁、需要/不需要移屏、指定显示位置等。写数据是指定显示内容。

② 将读/写控制端设置为低电平，则为写模式。

③ 将数据或指令送到数据线上。

④ 给 E 一个高脉冲将数据送入液晶控制器，完成写操作。

LCD1602 的读操作时序图如图 10.13 所示。

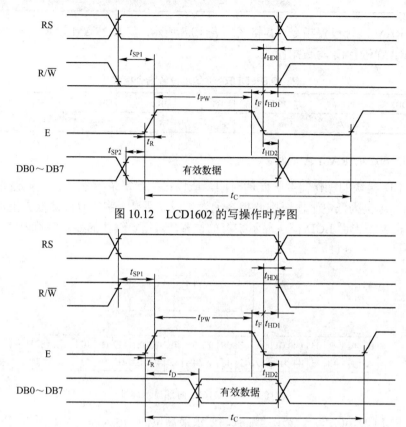

图 10.12　LCD1602 的写操作时序图

图 10.13　LCD1602 的读操作时序图

由 LCD1602 的读操作时序图可知 LCD1602 的读操作流程如下。

① 通过 RS 确定是读取忙碌标志及地址计数器内容还是读取数据寄存器内容。

② 读/写控制端设置为高电平，则为读模式。

③ 将忙碌标志位或数据送到数据线上。

④ 给 E 一个高脉冲将数据送入单片机，完成读操作。

8. LCD1602 的软件程序设计应用

例 10.4　LCD1602 的引脚及应用电路图如图 10.10 所示，在指定位置显示数据，该数据可由两个外部中断按键实现加 1 或减 1，并通过运算得到个位、十位、百位；在指定位置显示 ASCII 码字符；在指定位置显示数字。

解　LCD1602 的应用思路，就是指定显示位置，指定显示内容，注意显示内容是字符、数字和变量的区别。

C 语言源程序如下。

```
#include <stc8h.h>              //包含支持 STC8H 系列单片机的头文件
#include<intrins.h>
```

```
#include<gpio.c>
#define uchar unsigned char
#define uint unsigned int
unsigned int i=315;                //定义变量i初始值315
sbit RS=P2^5;                      //定义LCD1602的RS
sbit RW=P2^6;                      //定义LCD1602的R/W
sbit E=P2^7;                       //定义LCD1602的E
#define  Lcd_Data  P0              //定义LCD1602数据端口
unsigned char code Lcddata[ ] = {"0123456789:"};
void Delay10us()                   //@12.000MHz
{
    unsigned char i;

    i = 38;
    while (--i);
}
void Read_Busy(void)               //读忙碌信号判断
{
    unsigned char ch;
cheak:Lcd_Data=0xff;
    RS=0;
    RW=1;
    E=1;
    Delay10us();
    ch=Lcd_Data;
    E=0;
    ch=ch|0x7f;
    if(ch!=0x7f)
    goto cheak;
}
void Write_Comm(unsigned char lcdcomm) //写指令函数
{
    Read_Busy();
    RS=0
    RW=0;
    Lcd_Data=lcdcomm;
    E=1;
    Delay10us();
    E=0;
}
void Write_Char(unsigned int num)  //写变量（数字）函数
{
    Read_Busy();
    RS=1;
    RW=0;
    Lcd_Data = Lcddata[ num ];
    E=1;
    Delay10us();
```

```
        E=0;
    }
    void Write_Data(unsigned char lcddata)   //写数据函数
    {
        Read_Busy();
        RS=1;
        RW=0;
        Lcd_Data = lcddata;
        E=1;
        Delay10us();
        E=0;
    }
    void Init_LCD(void)                       //初始化 LCD1602
    {
        Write_Comm(0x01);                     //清除显示
        Write_Comm(0x38);                     //8 位数据 2 行 5×7
        Write_Comm(0x06);                     //文字不动，光标右移
        Write_Comm(0x0c);                     //显示开/关，光标开，闪烁开
    }
    void main(void)                           //主函数
    {
        gpio();
        IT0=1;                                //外部中断 INT0 边沿触发
        EX0=1;                                //外部中断 INT0 允许
        IT1=1;                                //外部中断 INT1 边沿触发
        EX1=1;                                //外部中断 INT1 允许
        EA=1;                                 //打开总中断
        Init_LCD( );                          //初始化 LCD1602
        Write_Comm(0xC2);                     //指定显示位置
        Write_Data( 'S' );                    //指定显示数据
        Write_Data( 'T' );
        Write_Data( 'C' );
        Write_Comm(0xC5);                     //指定显示位置
        Write_Data( '8' );                    //指定显示数据
        Write_Data( 'H' );
        Write_Data( '8' );
        Write_Data( 'K' );
        Write_Data( '6' );
        Write_Char(4);
        Write_Data( 'U' );
        while(1)
        {
            Write_Comm(0x80);                 //指定显示位置
            Write_Char(i/100%10);             //显示 i 百位
            Write_Char(i/10%10);              //显示 i 十位
            Write_Char(i%10);                 //显示 i 个位
        }
    }
    void INT0() interrupt 0                   //外部中断 0 处理按键程序
```

```
    {
        EA=0;                           //禁止总中断
        i--;                            //变量 i 减 1
        if(i<0){i=999;}                 //判断如果 i 小于 0 就回到 999
        EA=1;                           //打开总中断
    }
void INT1() interrupt 2                 //外部中断 1 处理按键程序
    {
        EA=0;                           //禁止总中断
        i++;                            //变量 i 加 1
        if(i>999){i=0;}                 //判断如果 i 大于 999 就回到 0
        EA=1;                           //打开总中断
    }
```

　　题目小结：指定显示位置使用 Write_Comm( )语句，具体数据如表 13.12 所示；显示运算后得到的数字使用 Write_Char( )语句；显示 ASCII 码字符使用 Write_Data(' ')语句；显示数字使用 Write_Char( )语句或 Write_Data(' ')语句。

10.3.3　点阵图形型 LCD 模块 LCD12864

　　点阵图形型 LCD 模块一般简称为图形 LCD 或点阵 LCD，分为包含中文字库的点阵图形型 LCD 模块与不包含中文字库的点阵图形型 LCD 模块；其数据接口可分为并行接口（8位或 4 位）和串行通信端口。本节以包含中文字库的点阵图形型 LCD 模块 LCD12864 为例，介绍点阵图形型 LCD 的应用。虽然不同厂家生产的 LCD12864 不一定完全一样，但具体应用大同小异，以厂家配套的技术文档为依据。

1. LCD12864 特性概述

　　内部包含 GB/T 2312—1980 的 LCD12864 的控制器芯片型号是 ST7920，具有 128×64点阵，能够显示 4 行，每行 8 个汉字，每个汉字是 16×16 点阵的。为了便于简单显示汉字，LCD12864 具有 2MB 的中文字形 CGROM，其中含有 8192 个 16×16 点阵中文字库；为了便于显示汉字拼音、英文和其他常用字符，LCD12864 具有 16KB 的 16×8 点阵的 ASCII 字符库；为了便于构造用户图形，LCD12864 提供了一个 64×256 点阵的 GDRAM 绘图区域；为了便于用户自定义字形，LCD12864 提供了 4 组 16×16 点阵的造字空间。所以 LCD12864能够实现汉字、ASCII 码、点阵图形、自定义字形的同屏显示。

　　LCD12864 的工作电压为 5V 或 3.3V，具有睡眠、正常及低功耗工作模式，可满足系统各种工作电压及电池供电的便携仪器低功耗的要求。LCD12864 具有 LED 背光灯显示功能，外观尺寸为 93mm×70mm，具有硬件接口电路简单、操作指令丰富和软件编程应用简便等优点，可构成全中文人机交互图形操作界面，在实际应用中得到广泛使用。

2. LCD12864 引脚说明及应用电路

　　LCD12864 的实物图如图 10.14 所示。LCD12864 硬件接口采用标准的 20 引脚单列直插封装 SIP20。LCD12864 的引脚及并行数据应用电路图如图 10.15 所示。

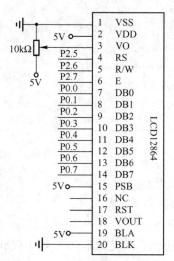

图 10.14　LCD12864 的实物图　　图 10.15　LCD12864 的引脚及并行数据应用电路图

LCD12864 的引脚定义及硬件电路接口应用说明如下。

① 第 1 引脚 VSS：电源负极。

② 第 2 引脚 VDD：电源正极。

③ 第 3 引脚 VO：空引脚或对比度调节电压输入端，悬空或接 10kΩ 的电位器调整对比度，或接合适的固定电阻固定对比度。

④ 第 4 引脚 RS（CS）：数据/指令选择端，RS=0，读/写指令；RS=1，读/写数据。LCD12864 工作于串行数据传输模式时为 CS，为模块的片选端，高电平有效。该引脚可接单片机 I/O 口，或者在传输串行数据时 CS 直接接高电平。

⑤ 第 5 引脚 R/W（SID）：读/写选择端，R/W=0，写入操作；R/W=1，读取操作。LCD12864 工作于串行数据传输模式时为 SID，为串行传输的数据端。该引脚可接单片机 I/O 口。

⑥ 第 6 引脚 E（SCLK）：使能信号控制端，高电平有效。LCD12864 工作于串行数据传输模式时为 SCLK，为串行传输的时钟输入端。该引脚可接单片机 I/O 口。

⑦ 第 7～14 引脚 DB0～DB7：三态数据 I/O 口。一般接单片机 P0 口，也可以接 P1、P2、P3 口，由于 LCD12864 内部自带上拉电阻，因此在进行实际硬件电路的设计时可以不加上拉电阻。LCD12864 工作于串行数据传输模式时，第 7～14 引脚留空即可。

⑧ 第 15 引脚 PSB：PSB=1，并行数据模式；PSB=0，串行数据模式。

⑨ 第 16 引脚：空引脚。

⑩ 第 17 引脚 RST：复位端，低电平有效。LCD12864 内部接有上电复位电路，在不需要经常复位的一般电路设计中，直接悬空即可。

⑪ 第 18 引脚 VOUT：空引脚或驱动电源电压输出端。

⑫ 第 19 引脚 BLA：背光灯电源正极。

⑬ 第 20 引脚 BLK：背光灯电源负极。

3. LCD12864 的操作方式

与 LCD1602 一样，LCD12864 也有写指令、写数据、读指令、读数据 4 种操作方式。LCD12864 的操作方式与 LCD1602 的操作方式一致。每次写操作都必须读取忙碌标志位，以判断 LCD12864 内部是否有空。忙碌标志读取指令格式如表 10.9 所示，通过读取忙碌标志（BF）可以判断 LCD12864 内部动作是否完成，同时读出地址计数器（AC）的值。

表 10.9　忙碌标志读取指令格式

位号	DB7	DB6	DB5	DB4	DB3	DB2	DB1	DB0
位名称	BF	AC6	AC5	AC4	AC3	AC2	AC1	AC0

4. LCD12864 的编程控制指令

LCD12864 控制芯片提供两套编程控制指令。基本编程指令表（RE 为 0 时）如表 10.10 所示。扩展编程指令表（RE 为 1 时）如表 10.11 所示。

表 10.10　基本编程指令表（RE 为 0 时）

指令名称	引脚控制		指令码								功能说明
	RS	R/W	D7	D6	D5	D4	D3	D2	D1	D0	
清除显示	0	0	0	0	0	0	0	0	0	1	将 DDRAM 填满 20H，并将 DDRAM 的地址计数器 AC 设定为 00H
地址归位	0	0	0	0	0	0	0	0	1	X	将 DDRAM 的地址计数器 AC 设定为 00H，并将光标移到开头原点位置；这个指令不改变 DDRAM 的内容
显示状态开/关	0	0	0	0	0	0	1	D	C	B	D=1，整体显示 ON；C=1，光标 ON；B=1，光标位置反白允许
进入模式设定	0	0	0	0	0	0	0	1	I/D	S	数据在读取与写入时，设定光标的移动方向及指定显示的移位
光标或显示移位控制	0	0	0	0	0	1	S/C	R/L	X	X	设定光标的移动与显示的移位控制位；这个指令不改变 DDRAM 的内容
功能设置	0	0	0	0	1	DL	X	RE	X	X	DL=0/1，4/8 位数据；RE=1，扩充指令操作；RE=0，基本指令操作
设置 CGRAM 地址	0	0	0	1	AC5	AC4	AC3	AC2	AC1	AC0	设定 CGRAM 地址
设置 DDRAM 地址	0	0	1	0	AC5	AC4	AC3	AC2	AC1	AC0	设定 DDRAM 地址（显示位置）

表 10.11　扩展编程指令表（RE 为 1 时）

指令名称	引脚控制		指令码								功能说明
	RS	R/W	D7	D6	D5	D4	D3	D2	D1	D0	
待命模式	0	0	0	0	0	0	0	0	0	1	进入待命模式，执行其他任何指令都将终止待命模式
卷动地址或 IRAM 地址选择	0	0	0	0	0	0	0	0	1	SR	SR=1，允许输入垂直卷动地址；SR=0，允许输入 IRAM 地址
反白选择	0	0	0	0	0	0	0	1	R1	R0	选择 4 行中的任一行进行反白显示，可循环设置反白显示或正常显示

续表

指 令 名 称	引脚控制		指 令 码								功 能 说 明
	RS	R/W	D7	D6	D5	D4	D3	D2	D1	D0	
睡眠模式	0	0	0	0	0	0	1	SL	X	X		SL = 0，进入睡眠模式； SL = 1，脱离睡眠模式
扩充功能设定	0	0	0	0	1	CL	X	RE	G	0	CL = 0/1，4/8 位数据； RE = 1，扩充指令操作； RE = 0，基本指令操作； G = 1，绘图显示开； G = 0，绘图显示关
设定 IRAM 地址 或卷动地址	0	0	0	1	AC5	AC4	AC3	AC2	AC1	AC0	SR=1，AC5～AC0 为垂直卷动地址； SR=0，AC3～AC0 为 ICON IRAM 地址
设定绘图 RAM 地址	0	0	1	AC6	AC5	AC4	AC3	AC2	AC1	AC0	设定 CGRAM 地址到地址计数器 AC

5. LCD12864 字符显示

（1）LCD12864 字符显示位置与显示 RAM 地址的关系。

带中文字库的 LCD12864 每屏可显示 4 行 8 列共 32 个 16×16 点阵的汉字，每个显示 RAM 可显示 1 个中文字符或 2 个 16×8 点阵的 ASCII 码字符，即每屏最多可同时实现 32 个中文字符或 64 个 ASCII 码字符的显示。

字符显示是通过将字符显示编码写入 DDRAM 实现的。LCD12864 每屏有 32 个汉字显示位，对应有 32 个显示 RAM 地址，每个存储地址可存储 16 位数据。LCD12864 字符显示位置与显示 RAM 地址的关系如表 10.12 所示。

表 10.12　LCD12864 字符显示位置与显示 RAM 地址的关系

80H	81H	82H	83H	84H	85H	86H	87H
90H	91H	92H	93H	94H	95H	96H	97H
88H	89H	8AH	8BH	8CH	8DH	8EH	8FH
98H	99H	9AH	9BH	9CH	9DH	9EH	9FH
H	L	H	L	H	L	H	L	H	L	H	L	H	L	H	L

在实际应用 LCD12864 时需要特别注意，每个显示地址包括两个单元，当字符编码为 2 字节时，应先写入高位字节，再写入低位字节，中文字符编码的第一字节只能出现在高位字节（H）位置，否则会出现乱码。在显示中文字符时，应先设定显示字符的位置，即先设定显示地址，再写入中文字符编码。显示 ASCII 码字符的过程与显示中文字符的过程相同，不过在显示连续字符时，只需要设定一次显示地址，由模块自动对地址加 1 并指向下一个字符位置；否则，显示的字符中将会有一个空 ASCII 字符位置。

（2）LCD12864 字符的显示编码。

根据写入编码的不同，可分别在 LCD12864 屏上显示 CGROM（中文字库）、HCGROM（ASCII 码字库）及 CGRAM（自定义字形）的内容。

① 显示半宽字形（ASCII 码字符）：将 8 位字元数据写入 DDRAM，字符编码范围为 02H～7FH。

② 显示 CGRAM 字形：将 16 位字元数据写入 DDRAM，字符编码范围为 0000～0006H（实际上只有 0000H、0002H、0004H、0006H）。

③ 显示中文字形：将 16 位字元数据写入 DDRAM，字符编码范围为 A1A0H～F7FFH。

（3）LCD12864 字符显示的操作步骤。

① 根据显示位置，设置显示 RAM 的地址；

② 根据显示内容，写入显示字符的编码值。

特别提示：每次写入指令代码或显示编码数据都需要读取 LCD12864 的指令状态数据，判断 LCD12864 是否忙。只有 LCD12864 处于不忙碌状态时，才可以写入指令代码或显示编码数据。

6. LCD12864 图形显示

（1）LCD12864 图形显示位置与显示 RAM 地址的关系。

图 10.16 为 LCD12864 图形显示位置与显示 RAM 地址的关系。在图 10.16 中，用行（垂直坐标）、列（水平坐标）来标注图形显示位置与显示 RAM 地址的关系，分为上屏（水平坐标为 00H～07H）和下屏（水平坐标为 08H～0FH）。一个存储地址包含 16 个二进制位，数据为"1"时点亮对应的显示位；数据为"0"时对应的显示位灭。按行（垂直坐标）、列（水平坐标）顺序访问，垂直坐标的更换必须通过指令实现，水平坐标的起始地址需要通过指令设置，当写入两个 8 位显示图形数据后，水平坐标地址计数器 AC 会自动加 1。LCD12864 图形显示的具体过程为：先连续写入垂直坐标地址（AC6～AC0）与水平坐标地址（AC3～AC0），再写入两个 8 位图形显示数据到绘图 RAM，此时水平坐标地址计数器 AC 会自动加 1。

特别提示：在利用字模工具获取图形的字模数据时，必须按横向模式读取图形的字模数据。

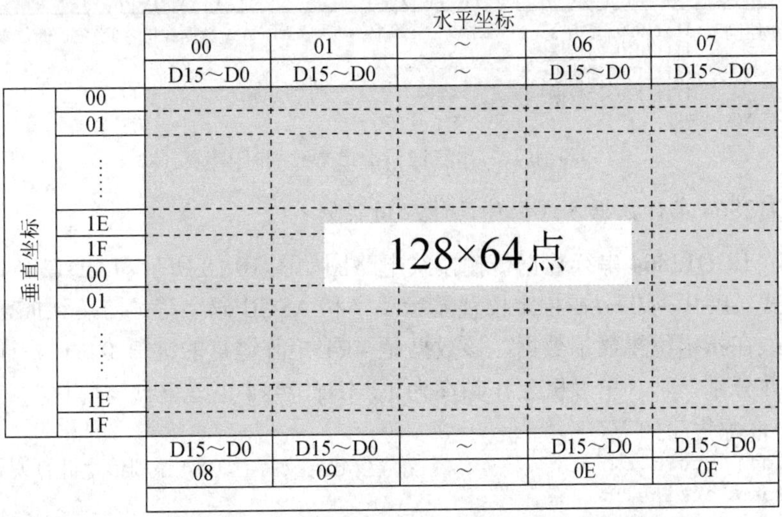

图 10.16　LCD12864 图形显示位置与显示 RAM 地址的关系

（2）LCD12864 图形显示的操作步骤。

① 在写入绘图 RAM 之前，先进行扩充指令操作。

② 将垂直坐标写入绘图 RAM 地址。

③ 将水平坐标写入绘图 RAM 地址。

④ 返回基本指令操作。

⑤ 将图形数据的 DB15～DB8 写入绘图 RAM。

⑥ 将图形数据的 DB7～DB0 写入绘图 RAM。

7. LCD12864 接口时序图

① 当 LCD12864 的 15 引脚 PSB 接高电平时，LCD12864 工作于并行数据传输模式，单片机与 LCD12864 通过第 4 引脚 RS、第 5 引脚 RW、第 6 引脚 E、第 7～14 引脚 DB0～DB7 完成数据传输。当 LCD12864 工作于并行工作方式时，单片机写数据到 LCD12864 和单片机从 LCD12864 读取数据时序图与 LCD1602 并行数据工作方式类似。

② 当 LCD12864 的 15 引脚 PSB 接低电平时，LCD12864 工作于串行数据传输模式，单片机通过与 LCD12864 第 4 引脚 CS、第 5 引脚 SID、第 6 引脚 SCLK 完成数据传输。一个完整的串行传输流程是，首先传输起始字节（又称同步字符串）（5 个连续的 1）。在传输起始字节时，传输计数将被重置且串行传输将被同步，跟随起始字节的 2 个位字符串分别指定传输方向位 RW 及寄存器选择位 RS，最后第 8 位则为 0。在接收到同步位及 RW 和 RS 资料的起始字节后，每一个 8 位的指令将被分成 2 字节接收：高 4 位（D7～D4）的指令资料将被放在第一字节的 LSB 部分，低 4 位（D3～D0）的指令资料将被放在第二字节的 LSB 部分，至于相关的另 4 位则都为 0。串行通信端口方式的时序图如图 10.17 所示。

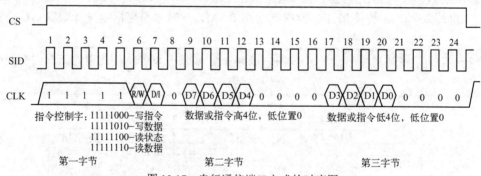

图 10.17　串行通信端口方式的时序图

8. LCD12864 串行数据方式程序设计应用实例

例 10.5 LCD12864 串行数据传输模式电路图如图 10.18 所示，LCD12864 工作于串行数据传输模式（PSB 为 0）。在指定位置显示汉字和 ASCII 码字符；切换到扩充指令操作进行绘图操作；在指定位置显示数据，该数据是 4×4 矩阵键盘的键值 0～15，通过运算得到个位、十位并分别显示。单片机工作频率为 12MHz，4×4 矩阵键盘与单片机 P0 口相连。

解 C 语言源程序如下。

```
#include <stc8h.h>              //包含支持 STC8H 系列单片机的头文件
#include<intrins.h>
#include<gpio.c>
```

```
#define uchar unsigned char
#define uint unsigned int
#define KeyBus P0                  //矩阵键盘接口
sbit  PSB  = P2^4;                 //PSB=0，串行数据，若 PSB 连接 P2.4，则令 P2.4=0
sbit  CS   = P2^5;                 //CS=1，打开显示，若 CS 连接 P2.5，则令 P2.5=1
sbit  SID  = P2^6;                 //数据引脚定义
sbit  SCLK = P2^7;                 //时钟引脚定义
delayms(unsigned int t)            //延时
{
    unsigned int i,j;
    for(i=0;i<t;i++)
    for(j=0;j<120;j++);
}
unsigned char lcm_r_byte(void)              //接收一字节
{
    unsigned char i,temp1,temp2;
    temp1 = 0;
    temp2 = 0;
    for(i=0;i<8;i++)
    {
        temp1=temp1<<1;
        SCLK = 0;
        SCLK = 1;
        SCLK = 0;
        if(SID) temp1++;
    }
    for(i=0;i<8;i++)
    {
        temp2=temp2<<1;
        SCLK = 0;
        SCLK = 1;
        SCLK = 0;
        if(SID) temp2++;
    }
    return ((0xf0&temp1)+(0x0f&temp2));
}
void lcm_w_byte(unsigned char bbyte)        //发送一字节
{
    unsigned char i;
    for(i=0;i<8;i++)
    {
        SID=bbyte&0x80;                     //取出最高位
        SCLK=1;
        SCLK=0;
        bbyte<<=1;                          //左移
    }
}
void CheckBusy( void )                      //检查忙状态
{
    do   lcm_w_byte(0xfc);                  //11111，RW(1)，RS(0)，0
    while(0x80&lcm_r_byte());               //BF=1，忙
```

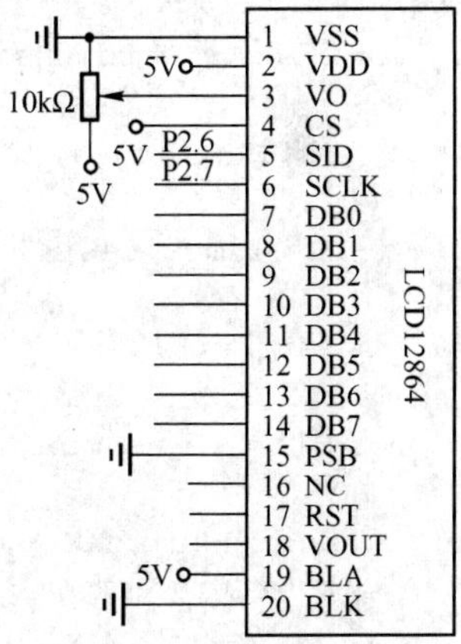

图 10.18　LCD12864 串行数据传输
模式电路图

```
}
void lcm_w_test(bit start, unsigned char ddata)     //写指令或数据
{
    unsigned char start_data,Hdata,Ldata;
    if(start==0)        start_data=0xf8;  //0 写指令
    else       start_data=0xfa;           //1 写数据
    Hdata=ddata&0xf0;                     //取高 4 位
    Ldata=(ddata<<4)&0xf0;                //取低 4 位
    lcm_w_byte(start_data);               //发送起始信号
    lcm_w_byte(Hdata);                    //发送高 4 位
    lcm_w_byte(Ldata);                    //发送低 4 位
    CheckBusy( );                         //检查忙碌标志位
}
void lcm_w_char(unsigned char num) //向 LCD12864 发送一个数字
{
    lcm_w_test(1,num+0x30);
}
//向 LCD12864 发送一个字符串，长度不超过 64 字符
void lcm_w_word(unsigned char *str)
{
    while(*str != '\0')
    {
        lcm_w_test(1,*str++);
    }
    *str = 0;
}
void lat_disp (unsigned char data1,unsigned char data2)
{
    unsigned char i,j,k,x,y;
    x=0x80;y=0x80;                        //上半屏显示
    for(k=0;k<2;k++)
    {
        for(j=0;j<16;j++)
        {
            for(i=0;i<8;i++)
            {
                lcm_w_test(0,0x36);           //扩充指令操作
                lcm_w_test(0,y+j*2);          //垂直坐标写入绘图 RAM 地址
                lcm_w_test(0,x+i);            //水平坐标写入绘图 RAM 地址
                lcm_w_test(0,0x30);           //基本指令操作
                lcm_w_test(1,data1);          //图形数据的 DB15~DB8 写入绘图 RAM
                lcm_w_test(1,data1);          //图形数据的 DB7~DB0 写入绘图 RAM
            }
            for(i=0;i<8;i++)
            {
                lcm_w_test(0,0x36);           //扩充指令操作
                lcm_w_test(0,y+j*2+1);        //垂直坐标写入绘图 RAM 地址
                lcm_w_test(0,x+i);            //水平坐标写入绘图 RAM 地址
                lcm_w_test(0,0x30);           //基本指令操作
                lcm_w_test(1,data2);          //图形数据的 DB15~DB8 写入绘图 RAM
                lcm_w_test(1,data2);          //图形数据的 DB7~DB0 写入绘图 RAM
```

```
            }
        }
        x=0x88;                                 //下半屏显示
    }
}
void lcm_init(void)                             //初始化 LCD12864
{
    delayms(100);                               //延时
    lcm_w_test(0,0x30);                         //8 位数据，基本指令集
    lcm_w_test(0,0x0c);                         //显示打开，光标关，反白关
    lcm_w_test(0,0x01);                         //清屏，将 DDRAM 的地址计数器清 0
    delayms(100);                               //延时
}
void lcm_clr(void)                              //清屏函数
{
    lcm_w_test(0,0x01);
    delayms(40);
}
unsigned char keyscan(void)
{
    unsigned char temH, temL, key;
    KeyBus = 0x0f;                              //高 4 位输出 0
    if(KeyBus!=0x0f)
    {
        temL = KeyBus;                          //读入，低 4 位含有按键信息
        KeyBus = 0xf0;                          //低 4 位输出 0
        _nop_();_nop_();_nop_();_nop_();        //延时
        temH = KeyBus;                          //读入，高 4 位含有按键信息
        switch(temL)
        {
            case 0x0e: key = 1; break;
            case 0x0d: key = 2; break;
            case 0x0b: key = 3; break;
            case 0x07: key = 4; break;
            default: return 0;                  //没有按键输出 0
        }
        switch(temH)
        {
            case 0xe0: return key;break;
            case 0xd0: return key + 4;break;
            case 0xb0: return key + 8;break;
            case 0x70: return key + 12;break;
            default: return 0;          //没有按键输出 0
        }
    }
}

main( )
{
    unsigned char i=0,j=0;
gpio();
```

```
        PSB = 0;                        //PSB=0，表示工作于串行数据传输模式
        CS = 1;                         //CS=1，打开显示
        lcm_init( );                    //初始化液晶显示器
        lcm_clr( );                     //清屏
        lcm_w_test(0,0x80);lcm_w_word("┌─────────┐");    //先指定显示位置
        lcm_w_test(0,0x90);lcm_w_word("│ STC8H8K64U │");    //再显示内容
        lcm_w_test(0,0x88);lcm_w_word("│ LCD12864 应用 │");
        lcm_w_test(0,0x98);lcm_w_word("└─────────┘");
        delayms(20000);                 //延时，观察显示内容
        lcm_clr( );                     //清屏
        lat_disp (0xaa,0x55);           //10101010 和 01010101 交错显示
        delayms(5000);                  //延时，观察显示内容
        lcm_clr( );                     //清屏
        lcm_w_test(0,0x90);             //指定显示位置
        lcm_w_word("4X4 矩阵键盘应用");    //显示
        lcm_w_test(0,0x88);             //指定显示位置
        lcm_w_word("================");//显示
        while(1)
        {
            i=keyscan();                //按键值赋予变量 i
            if(i!=0)                    //有按键按下刷新显示按键值
            {
                j=i-1;                  //对应按键 0~15
                lcm_w_test(0,0x9C);     //先指定显示位置
                lcm_w_char(j/10);       //计算十位并显示
                lcm_w_char(j%10);       //计算个位并显示
            }
        }
    }
```

10.4 工程训练

10.4.1 单片机与矩阵键盘的接口与应用

一、工程训练目标

（1）理解矩阵键盘的结构。

（2）掌握矩阵键盘的识别方法，包括扫描法与翻转法。

（3）掌握 STC8H8K64U 系列单片机与矩阵键盘的接口与应用编程。

二、任务功能与参考程序

1．任务功能

设计一个 4×4 矩阵键盘，16 个按键对应十六进制数码 0～9、A～F，当按动按键时，对应的数码在 LED 数码管最右边位置显示。

2.硬件设计

直接用 STC 大学计划实验箱（8.3）制作矩阵键盘电路，4×4 矩阵键盘的 4 根行线分别与 P0.4、P0.5、P0.6、P0.7 相连，4 根列线分别与 P0.0、P0.1、P0.2、P0.3 相连，如图 10.19 所示。

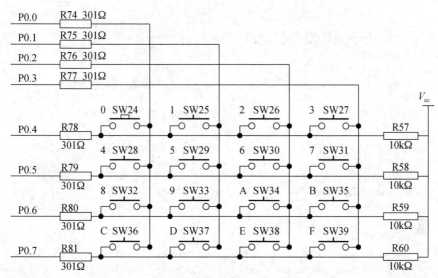

图 10.19　矩阵键盘电路图

3.参考程序（C 语言版）

（1）程序说明

采用扫描法识别矩阵键盘，设计一个独立的矩阵键盘函数（函数名为 keyscan()），使用一个全局变量 key_volume 存储按键的键值，0～F 按键的键值依次为 0、1、2、3、4、5、6、7、8、9、10、11、12、13、14、15，无按键动作时，key_volume 的键值为 16。在使用矩阵键盘函数时，先要判断是否有按键动作，当有按键动作时再根据键值做出相应的动作。

（2）参考程序：工程训练 101.c。

```
#include <stc8h.h>              //包含支持 STC8H 系列单片机的头文件
#include <intrins.h>
#include <gpio.c>
#define uchar unsigned char
#define uint  unsigned int
#include <LED_display.c>
#define KEY P0
uchar key_volume;              //定义键值存放变量
void Delay10ms()               //@24.000MHz
{
    unsigned char i, j, k;
    _nop_();
    _nop_();
    i = 1;
    j = 234;
    k = 113;
    do
```

```
    {
        do
        {
            while (--k);
        } while (--j);
    } while (--i);
}

/*----------------键盘扫描子程序----------------------*/
uchar  keyscan()
{
    KEY=0x0f;                         //先对 KEY 置数,行全扫描
    _nop_();
    if(KEY!=0x0f)                     //判断是否有键按下
    {
      Delay10ms();                    //延时,软件去抖动
      if(KEY!=0x0f)                   //确认按键按下
      {
        KEY=0xef;                     //0 行扫描
        _nop_();
        switch(KEY&0x0f)
        {
            case 0x0e: key_volume=0;break;
            case 0x0d: key_volume=1;break;
            case 0x0b: key_volume=2;break;
            case 0x07: key_volume=3;break;
            default:break;
        }
        KEY=0xdf;                     //1 行扫描
        _nop_();
        switch(KEY&0x0f)
        {
            case 0x0e: key_volume=4;break;
            case 0x0d: key_volume=5;break;
            case 0x0b: key_volume=6;break;
            case 0x07: key_volume=7;break;
            default:break;
        }
        KEY=0xbf;                     //1 行扫描
        _nop_();
        switch(KEY&0x0f)
        {
            case 0x0e: key_volume=8;break;
            case 0x0d: key_volume=9;break;
            case 0x0b: key_volume=10;break;
            case 0x07: key_volume=11;break;
            default:break;
        }
        KEY=0x7f;                     //2 行扫描
        _nop_();
        switch(KEY&0x0f)
        {
            case 0x0e: key_volume=12;break;
```

```
                    case 0x0d: key_volume=13;break;
                    case 0x0b: key_volume=14;break;
                    case 0x07: key_volume=15;break;
                    default:break;
            }
        }
        else
        {
            key_volume=16;
        }
    }
    else
    {
        key_volume=16;
    }
    KEY=0xff;
    return (16);
}

/*--------------主程序--------------------------*/
main()
{
    gpio();
    key_volume=16;
    Dis_buf[7]=16;
    KEY = 0xff;
    while(1)
    {
        keyscan();
        if(key_volume!=16)
        {
            Dis_buf[7]=key_volume;
        }
        LED_display();
    }
}
```

三、训练步骤

（1）分析"工程训练 101.c"程序文件。

（2）用 Keil μVision4 集成开发环境新建工程训练 101 项目。

（3）将"LED_display.c"和"gpio.c"复制到当前项目文件夹中。

（4）输入、编辑与编译用户程序工程训练 101.c，生成机器代码文件（工程训练 101.hex）。

（5）将 STC 大学计划实验箱（8.3）连接至计算机。

（6）利用 STC-ISP 在线编程软件将"工程训练 101.hex"文件下载到 STC 大学计划实验箱（8.3）中。

（7）开机时，LED 数码管无显示。

（8）调试矩阵键盘。

① 依次按动 0～F 按键，观察 LED 数码管显示的内容是否符合要求。

② 同时按住两个或两个以上按键，观察 LED 数码管的显示情况。

注：若使用的实验箱是 STC 大学计划实验箱（9.3），请参照电子课件中附录 4（h）中附录图 4.10 修改程序，再实施调试。

四、训练拓展

（1）修改程序，新输入的键值在 LED 数码管的最低位显示，原先 LED 数码管上的值依次往左移动 1 位，最高位自然丢失，并要求能实现高位自动灭零（高位无效的零不显示）。

（2）修改程序，矩阵键盘的识别改为用反转法实现。

10.4.2　单片机与 LCD12864（含中文字库）的接口与应用

一、工程训练目标

（1）理解 LCD12864（含中文字库）显示屏引脚的含义。

（2）掌握字符、中文，以及图形的显示方法。

（3）掌握 STC8H8K64U 系列单片机与 LCD12864（含中文字库）的接口与应用编程。

二、任务功能与参考程序

1．任务功能

在 LCD 屏上显示"江苏国芯科技，STC8H8K64U，www.stcmcu.com"等信息，随后交替显示"　　　"和"　　　"两个图片（图片也可以用绘图软件自行设计）。

2．硬件设计

STC8H8K64U 系列单片机与 LCD12864（含中文字库）的接口电路如图 10.20 所示。

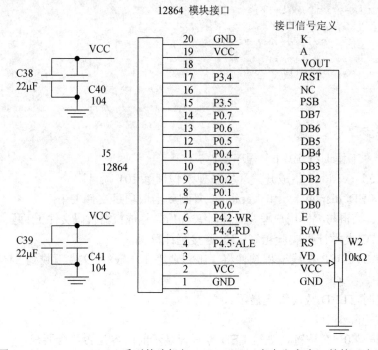

图 10.20　STC8H8K64U 系列单片机与 LCD12864（含中文字库）的接口电路

3．参考程序（C 语言版）

（1）程序说明

为了便于更多的应用调用 LCD12864（含中文字库）显示函数，设计一个独立的 LCD12864（含中文字库）显示文件 LCD12864_HZ.h，该文件中包含如下函数。

```
void lcd_str(uchar X,uchar Y,uchar *s) //指定位置显示汉字与字符
void lcd_draw(unsigned char code *pic) //图片显示函数
void init()                            //LCD 初始化
```

（2）LCD12864 显示程序包（文件名为 LCD12864_HZ.c）参考程序。

```c
#define pdata P0
sbit rs=P4^5;                      //写指令/数据
sbit rst=P3^4;                     //写指令/数据
sbit rw=P4^4;                      //读状态/写
sbit e=P4^2;                       //使能端
sbit psb=P3^5;                     //串/并输入
/*-----------系统时钟为 11.0592MHz 时 100μs 的延时函数--------*/
void Delay100us()                  //@11.0592MHz
{
    unsigned char i, j;

    _nop_();
    _nop_();
    i = 2;
    j = 15;
    do
    {
        while (--j);
    } while (--i);
}
/*-----------系统时钟为 11.0592MHz 时 100μs 的延时函数--------*/
void delay(uint i)
{
    uint j;
    for(j=0;j<i;j++)Delay100us();
}
/*----------LCD 忙碌信号检测-------*/
void check_busy()
{
    rs=0;
    rw=1;
    e=1;
    pdata=0xff;
    while((pdata&0x80)==0x80);
    e=0;
}
/*-----------写指令------*/
void write_com(uchar com)
```

```
{
    check_busy();
    rs=0;
    rw=0;
    e=1;
    pdata=com;
    delay(5);
    e=0;
    delay(5);
}
/*----------写数据-----*/
void write_data(uchar _data)
{
    check_busy();
    rs=1;
    rw=0;
    e=1;
    pdata=_data;
    delay(5);
    e=0;
    delay(5);
}
/*----------LCD 初始化------*/
void init()
{
    rw=0;
    psb=1;                        //选择为并行输入
    delay(50);
    write_com(0x30);              //基本指令操作
    delay(5);
    write_com(0x0c);              //显示开，关光标
    delay(5);
    write_com(0x06);              //写入一个字符，地址加 1
    delay(5);
    write_com(0x01);
    delay(5);
}
/*----------图片显示函数 128×64------*/
void lcd_draw(unsigned char code *pic)
{
    unsigned i,j,k;
    write_com(0x34);              //扩充指令集
    for(i=0;i<2;i++)              //上半屏和下半屏
    {
        for(j=0;j<32;j++)         //上下半屏各 32 行
        {
            write_com(0x80+j);    //写行地址（垂直坐标）
            if(i==0)
```

```
            {
                write_com(0x80);          //写列地址（横坐标），上半屏列地址为0x80
            }
            else
            {
                write_com(0x88);          //写列地址（横坐标），下半屏列地址为0x88
            }
            for(k=0;k<16;k++)//写入列数据
            {
                write_data(*pic++);
            }
        }
    }
    write_com(0x36);//显示图形
    write_com(0x30);//基本指令集
}
/*-----------指定位置显示汉字与字符------*/
void lcd_str(uchar X,uchar Y,uchar *s)
{
    uchar pos;
    if(X==0)        {X=0x80;}
    else if(X==1)    {X=0x90;}
    else if(X==2)    {X=0x88;}
    else if(X==3)    {X=0x98;}
    pos=X+Y                                ;
    write_com(pos);
    while(*s>0)
    {
        write_data(*s++);
        delay(50);
    }
}
```

（3）主函数文件参考程序：工程训练102.c。

```
#include <stc8h.h>
#include <intrins.h>
#include <gpio.c>
#define uchar unsigned char
#define uint  unsigned int
#include <LCD12864_HZ.c>
/*------------图片的字模数组，可利用字模提取软件获得------------*/
unsigned char code image1[]={0x00,0x00,0x00,0x00,0x00,0x00,0x00,0x00,
0x00,0x00,0x00, x00,0x00,0x00,0x00,0x00,0x00,0x00,0x00,0x00,0x00,0x00,0x00,
0x00,0x00,0x00,0x00,0x00,0x00,0x00,0x00,0x00,
    0x00,0x00,0x00,0x00,0x00,0x00,0x00,0x00,0x00,0x00,0x00,0x00,0x00,0x00,0x00,0x00,
0x00,0x00,0x00,0x00,0x00,0x00,0x00,0x00,0x00,0x00,0x00,0x00,0x00,0x00,0x00,0x00,
0x00,0x00,0x00,0x00,0x00,0x00,0x00,0x00,0x00,0x00,0x00,0x00,0x00,0x00,0x00,0x00,
0x00,0x00,0x00,0x00,0x00,0x00,0x00,0x00,0x00,0x00,0x00,0x00,0x00,0x00,0x00,0x00,
0x00,0x00,0x00,0x00,0x00,0x00,0x00,0x00,0x00,0x00,0x00,0x00,0x00,0x00,0x00,0x00,
```

```
0x00,0x00,0x00,0x17,0xFA,0x00,0x00,0x00,0x00,0x00,0x00,0x17,0xFA,0x00,0x00,0x00,
0x00,0x00,0x00,0xFF,0xFF,0xC0,0x00,0x00,0x00,0x00,0x00,0xFF,0xFF,0xC0,0x00,0x00,
0x00,0x00,0x07,0xFF,0xFF,0xF0,0x00,0x00,0x00,0x00,0x07,0xFF,0xFF,0xF0,0x00,0x00,
0x00,0x00,0x0D,0xFF,0xFF,0xF8,0x00,0x00,0x00,0x00,0x0D,0xFF,0xFF,0xF8,0x00,0x00,
0x00,0x00,0x39,0xFF,0xFF,0xFE,0x00,0x00,0x00,0x00,0x39,0xFF,0xFF,0xFE,0x00,0x00,
0x00,0x00,0x63,0xFF,0xFF,0xF3,0x00,0x00,0x00,0x00,0x63,0xFF,0xFF,0xF3,0x00,0x00,
0x00,0x00,0xC1,0xFF,0xFF,0xF9,0x80,0x00,0x00,0x00,0xC1,0xFF,0xFF,0xF9,0x80,0x00,
0x00,0x01,0x81,0xFF,0xFD,0xF0,0xC0,0x00,0x00,0x01,0x81,0xFF,0xFD,0xF0,0xC0,0x00,
0x00,0x03,0x01,0xFF,0xFC,0xF0,0x60,0x00,0x00,0x03,0x01,0xFF,0xFC,0xF0,0x60,0x00,
0x00,0x03,0x00,0xE7,0xFC,0xF0,0x30,0x00,0x00,0x03,0x00,0xE7,0xFC,0xF0,0x30,0x00,
0x00,0x06,0x00,0xE7,0xF8,0x60,0x30,0x00,0x00,0x06,0x00,0xE7,0xF8,0x60,0x30,0x00,
0x00,0x06,0x00,0xCF,0xF8,0x40,0x18,0x00,0x00,0x06,0x00,0xCF,0xF8,0x40,0x18,0x00,
0x00,0x0C,0x00,0x8F,0xF0,0x80,0x0C,0x00,0x00,0x0C,0x00,0x8F,0xF0,0x80,0x0C,0x00,
0x00,0x0C,0x00,0x8F,0xF0,0x00,0x0C,0x00,0x00,0x0C,0x00,0x8F,0xF0,0x00,0x0C,0x00,
0x00,0x18,0x00,0x1F,0xC0,0x00,0x06,0x00,0x00,0x18,0x00,0x1F,0xC0,0x00,0x06,0x00,
0x00,0x18,0x01,0x9E,0x80,0x38,0x06,0x00,0x00,0x18,0x01,0x9E,0x80,0x38,0x06,0x00,
0x00,0x10,0x07,0xE0,0x00,0xFC,0x03,0x00,0x00,0x10,0x07,0xE0,0x00,0xFC,0x03,0x00,
0x00,0x10,0x06,0x20,0x00,0xCE,0x03,0x00,0x00,0x10,0x06,0x20,0x00,0xCE,0x03,0x00,
0x00,0x30,0x0C,0x30,0x01,0x82,0x01,0x00,0x00,0x30,0x0C,0x30,0x01,0x82,0x01,0x00,
0x00,0x30,0x08,0x10,0x01,0x01,0x01,0x80,0x00,0x30,0x08,0x10,0x01,0x01,0x01,0x80,
0x00,0x20,0x10,0x08,0x02,0x01,0x01,0x80,0x00,0x20,0x10,0x08,0x02,0x01,0x01,0x80,
0x00,0x20,0x00,0x00,0x00,0x00,0x00,0x80,0x00,0x20,0x00,0x00,0x00,0x00,0x00,0x80,
0x00,0x60,0x00,0x00,0x00,0x00,0x00,0xC0,0x00,0x60,0x00,0x00,0x00,0x00,0x00,0xC0,
0x03,0x60,0x00,0x00,0x00,0x00,0x00,0xC0,0x03,0x60,0x00,0x00,0x00,0x00,0x00,0xC0,
0x03,0xE8,0x00,0x00,0x00,0x00,0x00,0xC0,0x03,0xE8,0x00,0x00,0x00,0x00,0x00,0xC0,
0x02,0xFE,0xA8,0x00,0x00,0x05,0x50,0xC0,0x02,0xFE,0xA8,0x00,0x00,0x05,0x50,0xC0,
0x07,0xD3,0xBF,0x00,0x00,0x7F,0xF0,0x60,0x07,0xD3,0xBF,0x00,0x00,0x7F,0xF0,0x60,
0x07,0xF5,0x83,0xC0,0x00,0xF0,0x00,0x40,0x07,0xF5,0x83,0xC0,0x00,0xF0,0x00,0x40,
0x07,0xE2,0xC0,0xF0,0x03,0x80,0x00,0x60,0x07,0xE2,0xC0,0xF0,0x03,0x80,0x00,0x60,
0x05,0xD5,0x80,0x38,0x07,0x00,0x00,0x60,0x05,0xD5,0x80,0x38,0x07,0x00,0x00,0x60,
0x0F,0xAB,0x80,0x0C,0x0C,0x00,0x00,0x60,0x0F,0xAB,0x80,0x0C,0x0C,0x00,0x00,0x60,
0x0B,0xD3,0x80,0x00,0x00,0x00,0x50,0x60,0x0B,0xD3,0x80,0x00,0x00,0x00,0x50,0x60,
0x1F,0x95,0x80,0x00,0x00,0x05,0x10,0x60,0x1F,0x95,0x80,0x00,0x00,0x05,0x10,0x60,
0x07,0xEB,0x28,0x00,0x00,0x08,0x04,0x60,0x07,0xEB,0x28,0x00,0x00,0x08,0x04,0x60,
0x01,0xFB,0x04,0x00,0x00,0x40,0x02,0x60,0x01,0xFB,0x04,0x00,0x00,0x40,0x02,0x60,
0x00,0x8F,0x00,0x80,0x02,0x80,0x01,0x60,0x00,0x8F,0x00,0x80,0x02,0x80,0x01,0x60,
0x01,0x83,0x00,0x60,0x18,0x00,0x00,0x60,0x01,0x83,0x00,0x60,0x18,0x00,0x00,0x60,
0x01,0xA2,0x00,0x0A,0xA0,0x00,0x09,0x20,0x01,0xA2,0x00,0x0A,0xA0,0x00,0x09,0x20,
0x01,0xA2,0x00,0x00,0x00,0x00,0x11,0x60,0x01,0xA2,0x00,0x00,0x00,0x00,0x11,0x60,
0x01,0x82,0x00,0x00,0x00,0x00,0x51,0x60,0x01,0x82,0x00,0x00,0x00,0x00,0x51,0x60,
0x01,0xAE,0xC0,0x00,0x00,0x03,0xB1,0x60,0x01,0xAE,0xC0,0x00,0x00,0x03,0xB1,0x60,
0x01,0x84,0xB0,0x00,0x00,0x1A,0x00,0x60,0x01,0x84,0xB0,0x00,0x00,0x1A,0x00,0x60,
0x01,0xAD,0x0A,0xC0,0x00,0x00,0x01,0x60,0x01,0xAD,0x0A,0xC0,0x00,0x00,0x01,0x60,
0x00,0xFF,0x00,0x00,0x00,0x00,0x02,0x40,0x00,0xFF,0x00,0x00,0x00,0x00,0x02,0x40,
0x00,0xC3,0x80,0x00,0x00,0x00,0x02,0xC0,0x00,0xC3,0x80,0x00,0x00,0x00,0x02,0xC0,
0x01,0x80,0xC0,0x00,0x00,0x00,0x04,0xC0,0x01,0x80,0xC0,0x00,0x00,0x00,0x04,0xC0,
0x03,0x00,0xC0,0x00,0x00,0x00,0x09,0x80,0x03,0x00,0xC0,0x00,0x00,0x00,0x09,0x80,
0x02,0x00,0x60,0x00,0x00,0x00,0x11,0x80,0x02,0x00,0x60,0x00,0x00,0x00,0x11,0x80,
0x02,0x00,0x60,0x00,0x00,0x00,0xA7,0x00,0x02,0x00,0x60,0x00,0x00,0x00,0xA7,0x00,
0x02,0x00,0x30,0x00,0x00,0x05,0x0E,0x00,0x02,0x00,0x30,0x00,0x00,0x05,0x0E,0x00,
```

```
0x02,0x00,0x66,0xBF,0xF5,0x50,0x78,0x00,0x02,0x00,0x66,0xBF,0xF5,0x50,0x78,0x00,
0x03,0x00,0x78,0x00,0x00,0x03,0xF0,0x00,0x03,0x00,0x78,0x00,0x00,0x03,0xF0,0x00,
0x01,0x00,0xDF,0xF5,0x57,0xFF,0x00,0x00,0x01,0x00,0xDF,0xF5,0x57,0xFF,0x00,0x00,
0x01,0xC1,0x82,0xFF,0xFF,0xD0,0x00,0x00,0x01,0xC1,0x82,0xFF,0xFF,0xD0,0x00,0x00,
0x00,0x7F,0x00,0x00,0x00,0x00,0x00,0x00,0x00,0x7F,0x00,0x00,0x00,0x00,0x00,0x00,
0x00,0x08,0x00,0x00,0x00,0x00,0x00,0x00,0x00,0x08,0x00,0x00,0x00,0x00,0x00,0x00,
0x00,0x00,0x00,0x00,0x00,0x00,0x00,0x00,0x00,0x00,0x00,0x00,0x00,0x00,0x00,0x00
};
unsigned char code image2[]={
0x00,0x00,0x00,0x00,0x00,0x00,0x00,0x00,0x00,0x00,0x00,0x00,0x00,0x00,0x00,0x00,
0x00,0x00,0x00,0x00,0x00,0x00,0x00,0x00,0x00,0x00,0x00,0x00,0x00,0x00,0x00,0x00,
0x00,0x00,0x00,0x00,0x00,0x00,0x00,0x00,0x00,0x00,0x00,0x00,0x00,0x00,0x00,0x00,
0x00,0x00,0x00,0x00,0x00,0x00,0x00,0x00,0x00,0x00,0x00,0x00,0x00,0x00,0x00,0x00,
0x00,0x00,0x00,0x00,0x00,0x00,0x00,0x00,0x00,0x00,0x00,0x00,0x00,0x00,0x00,0x00,
0x00,0x00,0x00,0x00,0x1C,0x00,0x00,0x00,0x00,0x00,0x00,0x00,0x00,0x00,0x00,0x00,
0x00,0x00,0x00,0x00,0x13,0x00,0x00,0x00,0x00,0x00,0x00,0x00,0x00,0x00,0x00,0x00,
0x00,0x00,0x00,0x00,0x21,0x00,0x00,0x00,0x00,0x00,0x00,0x00,0x00,0x00,0x00,0x00,
0x00,0x00,0x00,0x00,0x21,0x80,0x00,0x00,0x00,0x00,0x00,0x00,0x00,0x00,0x00,0x00,
0x00,0x00,0x00,0x00,0x20,0xB0,0x00,0x00,0x00,0x00,0x00,0x00,0x00,0x00,0x00,0x00,
0x00,0x00,0x00,0x00,0x60,0x0F,0x00,0x00,0x00,0x00,0x00,0x00,0x00,0x00,0x00,0x00,
0x00,0x00,0x00,0x00,0x80,0x01,0xC0,0x00,0x00,0x00,0x00,0x0E,0x00,0x00,0x00,0x00,
0x00,0x00,0x00,0x00,0x80,0x00,0x70,0x00,0x00,0x00,0x00,0x3F,0x00,0x00,0x00,0x00,
0x00,0x00,0x00,0x03,0x00,0x00,0x0E,0x00,0x00,0x00,0x00,0x7F,0x00,0x00,0x00,0x00,
0x00,0x00,0x00,0x02,0x00,0x00,0x01,0x80,0x00,0x00,0x05,0xFF,0x80,0x00,0x00,0x00,
0x00,0x00,0x00,0x04,0x00,0x00,0x00,0x60,0x00,0x00,0xFF,0xFF,0x00,0x00,0x00,0x00,
0x00,0x00,0x00,0x08,0x00,0x00,0x00,0x31,0x00,0x0F,0xFF,0xFF,0x80,0x00,0x00,0x00,
0x00,0x00,0x00,0x18,0x00,0x00,0x00,0x0F,0xE0,0xBF,0xFF,0xFF,0xC0,0x00,0x00,0x00,
0x00,0x00,0x00,0x10,0x10,0x00,0x00,0x00,0x1D,0xFF,0xFF,0xFF,0xE0,0x00,0x00,0x00,
0x00,0x00,0x00,0x30,0x78,0x00,0x00,0x00,0x0F,0xFF,0xFF,0xFF,0xE0,0x00,0x00,0x00,
0x00,0x00,0x00,0x20,0x78,0x00,0x00,0x00,0x1F,0xFF,0xFF,0xFF,0xF0,0x00,0x00,0x00,
0x00,0x00,0x00,0x40,0x30,0x00,0x00,0x00,0x3F,0xFF,0xFF,0xFF,0xF0,0x00,0x00,0x00,
0x00,0x00,0x00,0x40,0x01,0xE0,0x00,0x00,0x3F,0xFF,0xFF,0xFF,0xF8,0x00,0x00,0x00,
0x00,0x00,0x00,0xC0,0x04,0x18,0x00,0x00,0x7F,0xFF,0xFF,0xFF,0xF8,0x00,0x00,0x00,
0x00,0x00,0x00,0x80,0x04,0x07,0xC0,0x00,0x7F,0xFF,0xFF,0xF7,0xFC,0x00,0x00,0x00,
0x00,0x00,0x01,0x00,0x04,0x60,0x40,0x00,0x7F,0xFF,0xFF,0xC7,0xFC,0x00,0x00,0x00,
0x00,0x00,0x01,0x00,0x04,0xE1,0x33,0x00,0x7F,0xFF,0xFF,0xC3,0xFC,0x00,0x00,0x00,
0x00,0x00,0x01,0x00,0x02,0x03,0x17,0x80,0xFF,0xFF,0xF4,0xC7,0xFE,0x00,0x00,0x00,
0x00,0x00,0x02,0x00,0x01,0x44,0x17,0x80,0x7F,0xFF,0xD0,0xFF,0xFE,0x00,0x00,0x00,
0x00,0x00,0x02,0x00,0x00,0x30,0x23,0x00,0xFF,0xFC,0x00,0x7F,0xFF,0x00,0x00,0x00,
0x00,0x00,0x02,0x00,0x00,0x0F,0x40,0x01,0xFD,0xF8,0x0C,0x3F,0xFF,0x00,0x00,0x00,
0x00,0x00,0x06,0x00,0x00,0x00,0x80,0x01,0xF8,0x73,0x8C,0x7F,0xFF,0x80,0x00,0x00,
0x00,0x00,0x04,0x00,0x00,0x00,0x00,0x01,0xF8,0xE1,0x80,0x7F,0xFF,0x80,0x00,0x00,
0x00,0x00,0x04,0x00,0x00,0x00,0x00,0x01,0xFC,0xF1,0x83,0xFF,0xFF,0x80,0x00,0x00,
0x00,0x00,0x0C,0x00,0x00,0x00,0x00,0x03,0xFF,0xF0,0x3F,0xFF,0xFF,0xC0,0x00,0x00,
0x00,0x00,0x0C,0x00,0x00,0x00,0x00,0x01,0xFF,0xF8,0xFF,0xFF,0xFF,0xC0,0x00,0x00,
0x00,0x00,0x08,0x00,0x00,0x00,0x00,0x06,0xFF,0xFF,0xFF,0xFF,0xFF,0xC0,0x00,0x00,
0x00,0x00,0x0C,0x00,0x00,0x00,0x00,0x04,0xFF,0xFF,0xFF,0xFF,0xFF,0xC0,0x00,0x00,
0x00,0x00,0x08,0x00,0x00,0x00,0x00,0x0C,0xFF,0xFF,0xFF,0xFF,0xFF,0xC0,0x00,0x00,
0x00,0x00,0x0C,0x00,0x00,0x00,0x00,0x08,0x7F,0xFF,0xFF,0xFF,0xFF,0xE0,0x00,0x00,
0x00,0x00,0x0C,0x00,0x00,0x00,0x00,0x08,0x7F,0xFF,0xFF,0xFF,0xFF,0xE0,0x00,0x00,
```

311

```
0x00,0x00,0x0C,0x00,0x00,0x00,0x00,0x10,0x7F,0xFF,0xFF,0xFF,0xFF,0xE0,0x00,0x00,
0x00,0x00,0x08,0x00,0x00,0x00,0x00,0x30,0x3F,0xFF,0xFF,0xFF,0xFF,0xE0,0x00,0x00,
0x00,0x00,0x0D,0xE0,0x00,0x00,0x00,0x20,0x3F,0xFF,0xFF,0xFF,0xFF,0xE0,0x00,0x00,
0x00,0x00,0x07,0xB8,0x00,0x00,0x00,0x40,0x3F,0xFF,0xFF,0xFF,0xFF,0xE0,0x00,0x00,
0x00,0x00,0x02,0x0E,0x00,0x00,0x00,0x40,0x1F,0xFF,0xFF,0xFF,0xFF,0xE0,0x00,0x00,
0x00,0x00,0x00,0x01,0xC0,0x00,0x00,0x80,0x0F,0xFF,0xFF,0xFF,0xFF,0xE0,0x00,0x00,
0x00,0x00,0x00,0x00,0x38,0x00,0x01,0x00,0x07,0xFF,0xFF,0xFF,0xFF,0xE0,0x00,0x00,
0x00,0x00,0x00,0x00,0x0F,0x00,0x03,0x00,0x07,0xFF,0xFF,0xFF,0xFF,0xC0,0x00,0x00,
0x00,0x00,0x00,0x00,0x00,0xC0,0x06,0x00,0x07,0xFF,0xFF,0xFF,0xF3,0xC0,0x00,0x00,
0x00,0x00,0x00,0x00,0x00,0x7E,0x0C,0x00,0x01,0xFF,0xFF,0xFF,0xE2,0x00,0x00,0x00,
0x00,0x00,0x00,0x00,0x00,0x02,0x08,0x00,0x01,0xFF,0xFF,0xFF,0x00,0x00,0x00,0x00,
0x00,0x00,0x00,0x00,0x00,0x03,0x30,0x00,0x01,0xFF,0xFF,0xF8,0x00,0x00,0x00,0x00,
0x00,0x00,0x00,0x00,0x00,0x01,0xC0,0x00,0x00,0xFF,0xFF,0x80,0x00,0x00,0x00,0x00,
0x00,0x00,0x00,0x00,0x00,0x00,0x00,0x00,0x00,0x7F,0xFE,0x00,0x00,0x00,0x00,0x00,
0x00,0x00,0x00,0x00,0x00,0x00,0x00,0x00,0x00,0x3F,0xB0,0x00,0x00,0x00,0x00,0x00,
0x00,0x00,0x00,0x00,0x00,0x00,0x00,0x00,0x00,0x1F,0x80,0x00,0x00,0x00,0x00,0x00,
0x00,0x00,0x00,0x00,0x00,0x00,0x00,0x00,0x00,0x0F,0x80,0x00,0x00,0x00,0x00,0x00,
0x00,0x00,0x00,0x00,0x00,0x00,0x00,0x00,0x00,0x07,0x00,0x00,0x00,0x00,0x00,0x00,
0x00,0x00,0x00,0x00,0x00,0x00,0x00,0x00,0x00,0x00,0x00,0x00,0x00,0x00,0x00,0x00,
0x00,0x00,0x00,0x00,0x00,0x00,0x00,0x00,0x00,0x00,0x00,0x00,0x00,0x00,0x00,0x00,
0x00,0x00,0x00,0x00,0x00,0x00,0x00,0x00,0x00,0x00,0x00,0x00,0x00,0x00,0x00,0x00,
0x00,0x00,0x00,0x00,0x00,0x00,0x00,0x00,0x00,0x00,0x00,0x00,0x00,0x00,0x00,0x00,
0x00,0x00,0x00,0x00,0x00,0x00,0x00,0x00,0x00,0x00,0x00,0x00,0x00,0x00,0x00,0x00
};
/*------------系统时钟为 11.0592MHz 时 1ms 的延时函数------------*/
void Delay1ms()                         //@11.0592MHz
{
    unsigned char i, j;
    _nop_();
    _nop_();
    _nop_();
    i = 11;
    j = 190;
    do
    {
        while (--j);
    } while (--i);
}
/*------------系统时钟为 11.0592MHz 时 t×1ms 的延时函数------------*/
void Delayxms(uint t)                   //@11.0592MHz
{
    uint i;
    for(i=0;i<t;i++)Delay1ms();
}
/*------------主函数------------*/
void main()
{
    gpio();
    init();
    lcd_str(0,0,"江苏国芯科技");
```

```
    Delayxms(500);
    lcd_str(1,0,"江苏省南通市崇川区紫琅路28号");
    Delayxms(500);
    lcd_str(2,0," STC8H8K64U");
    Delayxms(500);
    lcd_str(3,0,"www.stcmcu.com 0513-55012928 ");
    Delayxms(1000);
    write_com(0x01);
    Delayxms(5);
    while(1)
    {
        lcd_draw(image2); Delayxms(1000);
        lcd_draw(image1); Delayxms(1000);
    }
}
```

三、训练步骤

（1）分析"LCD12864_HZ.c"和"工程训练102.c"程序文件。

（2）用 Keil μVision4 集成开发环境新建工程训练 102 项目。

（3）将"gpio.c"文件复制到当前项目文件夹中。

（4）输入与编辑"LCD12864_HZ.c"文件。

（5）输入、编辑用户程序工程训练 102.c。

（6）将工程训练 102.c 文件添加到项目中，编译与生成工程训练 10.2 的机器代码文件（工程训练 102.hex）。

（7）将 STC 大学计划实验箱（8.3）连接至计算机。

（8）外置 LCD12864（含中文字库）显示屏正确插入 LCD12864 接口插座。

（9）利用 STC-ISP 在线编程软件将"工程训练 102.hex"文件下载到 STC 大学计划实验箱（8.3）中。

（10）LCD12864 显示屏显示指定的中文和字符。

（11）随后，LCD12864 显示屏交替显示两个指定的图形。

注：若使用的实验箱是 STC 大学计划实验箱（9.3），请参照电子课件中附录 4（b）中附录图 4.22 修改程序接口引脚，再实施调试。

四、训练拓展

将工程训练 8.1 中 LED 数码管显示改为 LCD12864 显示，修改程序并上机调试。

本章小结

本章从单片机应用系统的设计原则、开发流程和工程报告的编制方面论述了一般通用的单片机应用系统的设计和开发过程。

单片机键盘电路主要有独立键盘电路和矩阵键盘电路。如果只需要几个功能键，一般采用独立键盘电路；如果需要输入数字 0~9，通常采用矩阵键盘电路。本章重点介绍了查询扫描、定时扫描和中断扫描 3 种工作方式的详细应用。

根据显示方式和内容的不同，LCD 模块可以分为数显笔段型 LCD 模块、点阵字符型 LCD 模块和点阵图形型 LCD 模块。本章重点介绍了 LCD1602 和 LCD12864 的硬件接口、指令表，以及应用编程。

习题

一、填空题

1. 按键的机械抖动时间一般为_____。消除机械抖动的方法有硬件去抖动和软件去抖动，硬件去抖动主要有_____触发器和_____两种；软件去抖动是通过调用的_____延时程序来实现的。

2. 键盘按按键的结构原理可分为_____和_____两种；按接口原理可分为_____和_____两种；按按键的连接结构可分为_____和_____两种。

3. 独立键盘中的各个按键是_____，与微处理器的接口关系是每个按键占用一个_____。

4. 当单片机有 8 位 I/O 口用于扩展键盘时，若采用独立键盘结构，可扩展_____个按键；当采用矩阵键盘结构时，最多可扩展_____个按键。

5. 为保证每次按键动作只完成一次的功能，必须对按键进行_____处理。

6. 单片机应用系统的设计原则包括_____、_____、操作维护方便与_____四个方面。

7. 在 LCD1602 中，16 代表_____，02 代表_____。

8. 在 LCD12864 中，128 代表_____，64 代表_____。

9. 在 LCD1602 的引脚中，RS 引脚的功能是_____，R/W 引脚的功能是_____，E 引脚的功能是_____。

10. 在 LCD1602 的引脚中，VO 引脚的功能是_____。

11. 在 LCD1602 的引脚中，LEDA 引脚的功能是_____，LEDK 引脚的功能是_____。

12. 在 LCD12864（包含中文字库）的引脚中，PSB 引脚的功能是_____。

13. 在 LCD1602 中，第 1 行第 2 位对应的 DDRAM 地址是_____，若要显示某个字符，则把该字符的_____写入该位置的 DDRAM 地址中。

二、选择题

1. 按键的机械抖动时间一般为（　　）。
    A. 1~5ms   B. 5~10ms   C. 10~15ms   D. 15~20ms

2. 软件去抖动是通过调用去抖动延时程序来避开按键的抖动时间的，去抖动延时程序的延时时间一般为（　　）。
    A. 5ms   B. 10ms   C. 15ms   D. 20ms

3．人为按键的操作时间一般为（　　　）。

    A．100ms   B．500ms   C．750ms   D．1000ms

4．若 P1.0 引脚连接一个独立按键，按键未按下时是高电平，按键识别处理正确的语句是（　　　）。

    A．while(P10==0) B．if(P10==0)   C．while(P10!=0)   D．while(P10==1)

5．若 P1.1 引脚连接一个独立按键，按键未按下时是高电平，按键识别处理正确的语句是（　　　）。

    A．if(P11==0)   B．if(P11==1)   C．while(P11==0) D．while(P11==1)

6．在画程序流程图时，代表疑问性操作的框图是（　　　）。

    A．▭   B．⬭   C．◇   D．○

7．在工程设计报告的参考文献中，代表期刊文章的标识是（　　　）。

    A．M   B．J   C．S   D．R

8．在工程设计报告的参考文献中，D 代表的是（　　　）。

    A．专著   B．论文集   C．学位论文   D．报告

9．在 LCD 控制中，若 RS=1，R/W=0，E 为使能，此时 LCD 的操作是（　　　）。

    A．读数据   B．写指令   C．写数据   D．读忙碌标志位

10．在 LCD 控制中，若 RS=1，R/W=1，E 为使能，此时 LCD 的操作是（　　　）。

    A．读数据   B．写指令   C．写数据   D．读忙碌标志位

11．在 LCD 控制中，若 RS=0，R/W=0，E 为使能，此时 LCD 的操作是（　　　）。

    A．读数据   B．写指令   C．写数据   D．读忙碌标志位

12．在 LCD 控制中，若 RS=0，R/W=1，E 为使能，此时 LCD 的操作是（　　　）。

    A．读数据   B．写指令   C．写数据   D．读忙碌标志位

13．在 LCD1602 指令中，01H 指令的功能是（　　　）。

    A．光标返回   B．清除显示

    C．设置字符输入模式   D．显示开/关控制

14．在 LCD1602 指令中，88H 指令的功能是（　　　）。

    A．设置字符发生器的地址   B．设置 DDRAM 地址

    C．光标或字符移位   D．设置基本操作

15．若要在 LCD1602 的第 2 行第 0 位显示字符"D"，则应把（　　　）数据写入 LCD1602 对应的 DDRAM 中。

    A．0DH   B．44H   C．64H   D．D0H

16．在 LCD12864（含中文字库）的指令中，RE 的作用是（　　　）。

    A．显示开/关选择位   B．游标开/关选择位

    C．4/8 位数据选择位   D．扩充指令/基本指令选择位

17．在 LCD12864（含中文字库）的基本指令中，81H 指令代表的功能是（　　　）。

    A．设置 CGRAM 地址   B．设置 DDRAM 地址

    C．地址归位   D．显示状态的开/关

三、判断题

1. 机械开关与机械按键的工作特性是一致的，仅是称呼不同而已。（　　）

2. 计算机键盘属于非编码键盘。（　　）

3. 单片机用于扩展键盘的 I/O 口线为 10 根，可扩展的最大按键数为 24 个。（　　）

4. 在按键释放处理中，必须进行去抖动处理。（　　）

5. 参考文献的文献题名后面的英文表识 M 代表的是专著。（　　）

6. LCD 是主动显示的，而 LED 是被动显示的。（　　）

7. LCD1602 可以显示 32 个 ASCII 码字符。（　　）

8. LCD12864（包含中文字库）可以显示 32 个中文字符。（　　）

9. LCD12864（包含中文字库）可以显示 64 个 ASCII 码字符。（　　）

10. 一个 16×16 点阵字符的字模数据需要占用 32 字节地址空间。（　　）

11. 一个 32×32 点阵字符的字模数据需要占用 128 字节地址空间。（　　）

12. LCD12864（不包含中文字库）写入数据是按屏按页按列进行的。（　　）

四、问答题

1. 简述编码键盘与非编码键盘的工作特性。一般单片机应用系统采用的是编码键盘还是非编码键盘？

2. 画出 RS 触发器的硬件去抖动电路，并分析其工作原理。

3. 编程实现独立按键的键识别与键确认。

4. 在矩阵键盘处理中，全扫描指的是什么？

5. 简述矩阵键盘中巡回扫描识别键盘的工作过程。

6. 简述矩阵键盘中反转法识别键盘的工作过程。

7. 在有按键释放处理的程序中，当按键时间较长时，会出现动态 LED 数码管显示变暗或闪烁的情况，试分析原因并提出解决方法。

8. 在 LED 数码管的显示中，如何让选择位闪烁显示？

9. 很多单片机应用系统为了防止用户误操作，设计了键盘锁定功能，应该如何实现键盘锁定功能？

10. 简述单片机应用系统的开发流程。

11. 在 LCD 模块的操作中，如何写入数据？

12. 在 LCD 模块的操作中，如何写入指令？

13. 在 LCD 模块的操作中，如何读取忙碌标志位？

14. 向 LCD 模块写入数据或指令应注意什么？

15. 在 LCD1602 中，若要在第 2 行第 5 位显示字符"W"，应如何操作？

16. 若要在 LCD12864（不包含中文字库）中显示中文字符，简述操作步骤。

17. 若要在 LCD12864（包含中文字库）中显示 ASCII 码字符，简述操作步骤。

18. 若要在 LCD12864（包含中文字库）中显示中文字符，简述操作步骤。

19. 若要在 LCD12864（包含中文字库）中绘图，简述操作步骤。

20. 在 LCD12864（包含中文字库）中，如何实现基本指令与扩充指令的切换？

21．在字模提取软件的参数设置中，横向取模方式与纵向取模方式有何不同？

22．在字模提取软件的参数设置中，倒序设置的含义是什么？

五、程序设计题

1．设计一个电子时钟，采用 24 小时制计时，采用 LED 数码管显示，具备闹铃功能。

（1）采用独立键盘实现校对时间与设置闹铃时间功能。

（2）采用矩阵键盘实现校对时间与设置闹铃时间功能。

2．设计两个按键，1 个用于数字加，1 个用于数字减，采用 LCD1602 显示数字，初始值为 100。画出硬件电路图，编写程序并上机运行。

3．设计一个图片显示器，采用 LCD12864（不包含中文字库）显示。采用 1 个按键进行图片切换，共 4 幅图片，图片内容自定义。画出硬件电路图，编写程序并上机运行。

4．设计一个图片显示器，采用 LCD12864（包含中文字库）显示。采用按键手动切换与定时自动切换。手动切换采用 2 个按键，1 个按键用于往上翻，1 个按键用于往下翻。定时自动切换时间为 2s，显示屏中同时显示图片与自动切换时间（倒计时形式）。画出硬件电路图，编写程序并上机运行。

5．将本题中第 1 小题的电子时钟的显示改为用 LCD1602 显示。

6．将本题中第 1 小题的电子时钟的显示改为用 LCD12864（包含中文字库）显示。

第 11 章　A/D 转换模块

 内容提要

　　A/D 转换模块是 STC8H8K64U 系列单片机的高功能模块,用于对模拟信号进行数字转换。STC8H8K64U 系列单片机 A/D 转换模块是 16 通道 12 位的, 速率可达 800kHz。

　　本章介绍 STC8H8K64U 系列单片机 A/D 转换模块, 学生应掌握 A/D 转换模块模拟信号输入通道的选择、输出信号格式的选择、启动控制与转换结束信号的获取, 以及 A/D 转换的应用编程。

11.1　A/D 转换模块的结构

　　STC8H8K64U 系列单片机集成有 16 通道 12 位高速电压输入型模拟数字转换器, 即 A/D 转换模块采用逐次比较方式进行 A/D 转换, 转换速率可达 800kHz (80 万次/s), 可将连续变化的模拟电压转化成相应的数字信号, 可应用于温度检测、电池电压检测、距离检测、按键扫描、频谱检测等。

　　1. A/D 转换模块的结构

　　STC8H8K64U 系列单片机 A/D 转换模块输入通道共有 16 个通道:ADC0(P1.0)、ADC1 (P1.1)、ADC2 (P5.4)、ADC3 (P1.3)、ADC4 (P1.4)、ADC5 (P1.5)、ADC6 (P1.6)、ADC7 (P1.7)、ADC8 (P0.0)、ADC9 (P0.1)、ADC10 (P0.2)、ADC11 (P0.3)、ADC12 (P0.4)、ADC13 (P0.5)、ADC14 (P0.6)、ADC15 (用于测试内部 1.19V 基准电压), 各输入通道应工作在高阻状态。STC8H8K64U 系列单片机 A/D 转换模块的结构如图 11.1 所示。

　　STC8H8K64U 系列单片机的 A/D 转换模块由多路选择开关、比较器、逐次比较寄存器、12 位数字模拟转换器 (D/A 转换模块)、A/D 转换结果寄存器 (ADC_RES 和 ADC_RESL), 以及 A/D 转换模块控制寄存器 (ADC_CONTR) 和 A/D 转换模块配置寄存器 (ADCCFG) 构成。

　　STC8H8K64U 系列单片机的 A/D 转换模块是逐次比较型模拟数字转换器,根据逐次比较逻辑,从最高位 (MSB) 开始,逐次对每一输入电压模拟量与内置 D/A 转化器输出进行比较, 经过多次比较, 使转换所得的数字量逐次逼近输入模拟量对应值, 直至 A/D 转换结束,并将最终的 A/D 转换结果保存在 ADC_RES 和 ADC_RESL 中,同时, 置位 ADC_CONTR 中的 A/D 转换结束标志位 ADC_FLAG, 以供程序查询或发出中断请求。

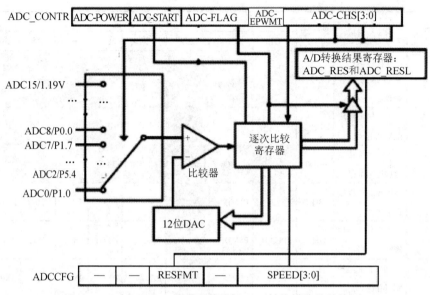

图 11.1 STC8H8K64U 系列单片机 A/D 转换模块的结构

2. A/D 转换模块的参考电压源

STC8H8K64U 系列单片机 A/D 转换模块的电源与单片机电源是同一个（VCC/AVCC、GND/AGND），但前者有独立的参考电压源输入端（ADC_VRef+、AGND）。

若测量精度要求不是很高，则可以直接使用单片机的工作电源，此时 ADC_VRef+直接与单片机电源端 VCC 相接；若需要获得高测量精度，则 A/D 转换模块就需要精准的参考电压。

11.2　A/D 转换模块的控制

STC8H8K64U 系列单片机的 A/D 转换模块主要由 ADC_CONTR、ADCCFG、ADC_RES、ADC_RESL 和 A/D 转换模块时序控制寄存器 ADCTIM，以及与 A/D 转换中断有关的控制寄存器进行控制与管理，如表 11.1 所示。

表 11.1　STC8H8K64U 系列单片机 A/D 转换模块的特殊功能寄存器

符　号	名　称	地　址	位位置与符号								复位值
			B7	B6	B5	B4	B3	B2	B1	B0	
ADC_CONTR	A/D 转换模块控制寄存器	BCH	ADC_POWER	ADC_START	ADC_FLAG	ADC_EPWMT	ADC_CHS[3:0]				0000 0000
ADC_RES	A/D 转换模块转换结果高位寄存器	BDH									0000 0000

续表

符 号	名 称	地址	B7	B6	B5	B4	B3	B2	B1	B0	复位值
			位位置与符号								
ADC_RESL	A/D 转换模块转换结果低位寄存器	BEH									0000 0000
ADCCFG	A/D 转换模块配置寄存器	DEH	—	—	RESFMT	—	SPEED[3:0]				xx0x 0000
ADCTIM	A/D 转换模块时序控制寄存器	FEA8H	CSSET UP	CSHOLD[1:0]		SMPDUTY[4:0]					00101010
IE	中断允许控制寄存器	A8H	EA	ELVD	EADC	ES	ET1	EX1	ET0	EX0	0000 0000
IPH	中断优先级控制寄存器（高位）	B7H	PPCAH	PLVDH	PADCH	PSH	PT1H	PX1H	PT0H	PX0H	0000 0000
IP	中断优先级控制寄存器（低位）	B8H	PPCA	PLVD	PADC	PS	PT1	PX1	PT0	PX0	0000 0000

1. A/D 转换模块模拟信号输入通道、转换速率的选择与启动

（1）A/D 转换模块模拟信号输入通道的选择。

ADC_CONTR.3-ADC_CONTR.0（ADC_CHS[3:0]）：A/D 转换模块模拟信号输入通道的选择控制位，如表 11.2 所示。

表 11.2　A/D 转换模块模拟信号输入通道

ADC_CHS[3:0]	A/D 转换模块模拟信号输入通道	ADC_CHS[3:0]	A/D 转换模块模拟信号输入通道
0000	P1.0	1000	P0.0
0001	P1.1	1001	P0.1
0010	P5.4	1010	P0.2
0011	P1.3	1011	P0.3
0100	P1.4	1100	P0.4
0101	P1.5	1101	P0.5
0110	P1.6	1110	P0.6
0111	P1.7	1111	内部 1.19V 基准电压

注：被选择为 A/D 转换模块模拟信号输入通道的 I/O 口必须通过设置 PnM1/PnM0 将工作模式设置为高阻状态。另外，如果 MCU 进入掉电模式/时钟停振模式后，仍需要使能 A/D 转换模块模拟信号输入通道，则需要设置 PxIE 寄存器关闭数字信号输入通道，以防止外部模拟输入信号忽高忽低而产生额外的功耗。

（2）A/D 转换模块工作时钟频率的选择。

ADCCFG.3-ADCCFG.0（SPEED[3:0]）：A/D 转换模块工作时钟频率的选择控制位。A/D 转换模块工作时钟频率与 ADCCFG.3-ADCCFG.0（SPEED[3:0]）的关系如式（11.1）所示。A/D 转换模块工作时钟频率与 ADCCFG.3-ADCCFG.0（SPEED[3:0]）的关系如表 11.3 所示。

$$f_{ADC}=SYSclk/2/(SPEED[3:0]+1) \tag{11.1}$$

表 11.3　A/D 转换模块工作时钟频率与 ADCCFG.3-ADCCFG.0（SPEED[3:0]）的关系

ADCCFG.3-ADCCFG.0（SPEED[3:0]）	A/D 转换模块工作时钟频率	ADCCFG.3-ADCCFG.0（SPEED[3:0]）	A/D 转换模块工作时钟频率
0000	SYSclk/2/1	1000	SYSclk/2/9
0001	SYSclk/2/2	1001	SYSclk/2/10
0010	SYSclk/2/3	1010	SYSclk/2/11
0011	SYSclk/2/4	1011	SYSclk/2/12
0100	SYSclk/2/5	1100	SYSclk/2/13
0101	SYSclk/2/6	1101	SYSclk/2/14
0110	SYSclk/2/7	1110	SYSclk/2/15
0111	SYSclk/2/8	1111	SYSclk/2/16

（3）A/D 转换模块的电源与启动。

ADC_POWER.7（ADC_POWER）：A/D 转换模块电源控制位。ADC_POWER.7（ADC_POWER）=0，关闭 A/D 转换模块电源；ADC_POWER.7（ADC_POWER）=1，打开 A/D 转换模块电源。

特别提示：启动 A/D 转换前一定要确认 A/D 转换模块电源已打开，A/D 转换结束后关闭 A/D 转换模块电源可降低功耗。初次打开内部 A/D 转换模块电源时，需要适当延时，等内部相关电路稳定后再启动 A/D 转换。进入空闲模式和掉电模式前将 A/D 转换模块电源关闭，以降低功耗。

ADC_POWER.7（ADC_START）：A/D 转换启动控制位。ADC_POWER.7（ADC_START）=1，启动 A/D 转换，转换完成后硬件自动将此位清 0；ADC_POWER.7（ADC_START）=0，无影响，A/D 转换模块已启动 A/D 转换后，即使写"0"也不会停止。

2．A/D 转换模块转换结果格式的选择

A/D 转换模块转换结束后，转换结果存储在 ADC_RES 和 ADC_RESL 中，但有两种存储格式，是由 ADCCFG 中的 RESFMT 来控制的。

ADCCFG.5（RESFMT）：A/D 转换结果存储格式选择控制位。

（1）当 ADCCFG.5（RESFMT）=0 时，转换结果左对齐，如图 11.2 所示。

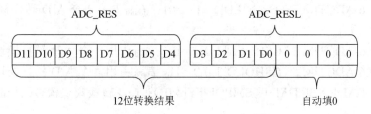

图 11.2　STC8H8K64U 系列单片机 A/D 转换模块转换结果左对齐的存储格式

（2）当 ADCCFG.5（RESFMT）=1 时，转换结果右对齐，如图 11.3 所示。

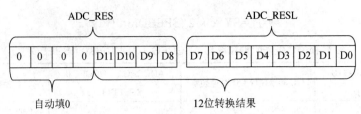

图 11.3　STC8H8K64U 系列单片机 A/D 转换模块转换结果右对齐的存储格式

3．A/D 转换模块转换结束信号与中断控制

（1）A/D 转换结束标志。

ADC_CONTR.5（ADC_FLAG）：A/D 转换结束标志位。当 A/D 转换模块完成一次转换后，硬件会自动将 ADC_CONTR.5（ADC_FLAG）置 1，并向 CPU 提出中断请求。此标志位必须由用户用软件清 0。

（2）A/D 转换中断允许

EADC：A/D 转换中断允许控制位。EADC=0，禁止 A/D 转换中断；EADC=1，允许 A/D 转换中断。

（3）A/D 转换中断优先级。

IPH.5（PADCH）、PADC：A/D 转换中断优先级控制位。

IPH.5（PADCH）/PADC=0/0，A/D 转换中断优先级为 0 级（最低级）。

IPH.5（PADCH）/PADC=0/1，A/D 转换中断优先级为 1 级。

IPH.5（PADCH）/PADC=1/0，A/D 转换中断优先级为 2 级。

IPH.5（PADCH）/PADC=1/1，A/D 转换中断优先级为 3 级（最高级）。

（4）A/D 转换的中断向量地址与中断号。

A/D 转换的中断向量地址为 002BH，中断号为 5。

4．A/D 转换模块转换的时序控制（一般情况下按默认状态使用）。

（1）ADCTIM.7（CSSETUP）：A/D 转换模块通道选择时间（T_{setup}）的控制位。

ADCTIM.7（CSSETUP）=0，T_{setup} 占用 1 个 A/D 转换模块工作时钟数（默认值）.

ADCTIM.7（CSSETUP）=1，T_{setup} 占用 2 个 A/D 转换模块工作时钟数。

（2）ADCTIM.6-ADCTIM.5（CSHOLD[1:0]）：A/D 转换模块通道保持时间（T_{hold}）的控制位。

ADCTIM.6-ADCTIM.5（CSHOLD[1:0]）=00，T_{hold} 占用 1 个 A/D 转换模块工作时钟数。

ADCTIM.6-ADCTIM.5（CSHOLD[1:0]）=01，T_{hold} 占用 2 个 A/D 转换模块工作时钟数（默认值）。

ADCTIM.6-ADCTIM.5（CSHOLD[1:0]）=10，T_{hold} 占用 3 个 A/D 转换模块工作时钟数。

ADCTIM.6-ADCTIM.5（CSHOLD[1:0]）=11，T_{hold} 占用 4 个 A/D 转换模块工作时钟数。

（3）ADCTIM.4-ADCTIM.0（SMPDUTY[4:0]）：A/D 转换模块模拟采样时间（T_{duty}）的控制位。

A/D 转换模块模拟采样时间（T_{duty}）与 ADCTIM.4-ADCTIM.0（SMPDUTY[4:0]）的关系为

$$T_{duty}=（SMPDUTY[4:0]+1）个 A/D 转换模块工作时钟数 \qquad (11.2)$$

SMPDUTY[4:0]的默认状态为 01010B，并且在实际应用时，SMPDUTY[4:0]的值不能低于 01010B。

（4）A/D 转换时间（$T_{convert}$）。

A/D 转换时间（$T_{convert}$）固定为 12 个 A/D 转换模块工作时钟数。

（5）完整的 A/D 转换模块转换时间。

一个完整的 A/D 转换模块转换时间包括 A/D 转换模块通道选择时间（T_{setup}）、A/D 转换模块通道保持时间（T_{hold}）、A/D 转换模块模拟采样时间（T_{duty}）与 A/D 转换时间（$T_{convert}$）。一个完整的 A/D 转换模块转换时序如图 11.4 所示。

5. A/D 转换模块转换的 PWM 同步功能

ADC_CONTR.4（ADC_EPWMT）：A/D 转换模块转换的 PWM 同步控制位。ADC_CONTR.4（ADC_EPWMT）=1 时，使能 PWM 同步触发 A/D 转换模块功能；ADC_CONTR.4（ADC_EPWMT）=0 时，禁止 PWM 同步触发 A/D 转换模块功能。

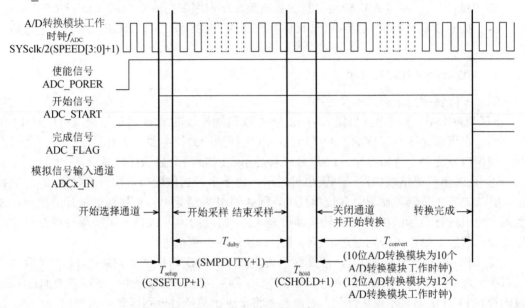

图 11.4　一个完整的 A/D 转换模块转换时序图

11.3　A/D 转换模块的应用

1. STC8H8K64U 系列单片机 A/D 转换模块应用的编程要点

（1）打开 A/D 转换模块工作电源：置位 ADC_CONTR.7（ADC_POWER）。

（2）延时 1ms 左右，等 A/D 转换模块内部模拟电源稳定。

（3）选择 A/D 转换模块输入通道：设置 ADC_CONTR.3-ADC_CONTR.0（ADC_CHS[3:0]），选中的 A/D 转换模块输入通道需要利用 PnM1 和 PnM0 设置为高阻工作模式。

（4）根据数据处理的需要，设置 ADCCFG.5（RESFMT），选择转换结果存储格式。

（5）若采用中断方式，则需要进行中断设置。

① 中断允许，置位 EADC 和 EA。

② 中断优先级：通过 IPH.5（PADCH）和 IP.5（PADC）进行设置。

（6）置位 ADC_CONTR.6（ADC_START），启动 A/D 转换模块。

（7）A/D 转换结束的判断与读取转换结果。

① 查询方式。查询 A/D 转换结束标志 ADC_CONTR.5（ADC_FLAG），判断 A/D 转换是否完成，若完成，则清 0 ADC_CONTR.5（ADC_FLAG），读取 A/D 转换结果（结果保存在 ADC_RES 和 ADC_RESL 中），并进行数据处理。

特别提示：如果是多通道模拟量进行转换，则更换 A/D 转换通道后要适当延时，使输入电压稳定，延时量与输入电压源的内阻有关，一般取 20～200μs；如果输入电压信号源的内阻在 10kΩ 以下，可不加延时；如果是单通道模拟量输入，则不需要更换 A/D 转换通道，也就不需要加延时。

② 中断方式。编写 A/D 转换中断服务函数，在程序中先清 0 ADC_CONTR.5（ADC_FLAG），接着读取 A/D 转换结果（结果保存在 ADC_RES 和 ADC_RESL 中），并进行数据处理。

2. A/D 数据的处理及应用

（1）A/D 转换结果的显示及应用。

STC8H8K64U 系列单片机集成的 12 位 A/D 转换模块的 A/D 转换结果既可以是 12 位精度的，也可以是 8 位精度的。A/D 转换模块采样到的数据主要有 3 种显示方式：通过串行通信端口发送到上位机显示、LED 数码管显示、LCD 液晶显示模块显示。

① 通过串行通信端口发送到上位机显示。由于串行通信端口每次只能发送 8 位的数据，所以如果 A/D 转换结果是 8 位精度的，则 A/D 转换结果可以直接通过串行通信端口发送到上位机进行显示；如果 A/D 转换结果是 12 位精度的，则 A/D 转换结果分成高位和低位 2 个独立的数据，可分别通过串行通信端口发送到上位机进行显示。

② LED 数码管显示和 LCD 液晶显示模块显示。A/D 转换结果如果是 12 位精度的，则对应十进制数是 0～4095；如果是 8 位精度的，则对应十进制数是 0～255。若要通过 LED 数码管和 LCD 液晶显示模块显示，则需要先将十进制数通过分别运算得到个位、十位、百位、千位的数据，再逐位进行显示。

已知 A/D 转换结果保存于整型变量 adc_value 中，通过运算分别得到个位、十位、百位、千位对应的数据 g、s、b、q 如下。

千位显示数据 q=adc_value/1000%10。

百位显示数据 b=adc_value%100%10。

十位显示数据 s=adc_value/10%10。

个位显示数据 g=adc_value%10。

（2）A/D 转换结果用于处理电压、电流、温度等物理量。

输入的模拟电压经过 A/D 转换后得到的只是一个对应大小的数字信号，当需要用 A/D 转换结果来表示具有实际意义物理量的时候，数据还需要经过一定的处理。这部分数据的处理方法主要有查表法和运算法。查表法主要是指建立一个数组，再查找得到相应数据的方法；运算法则是经过 CPU 运算得到相应数据的方法。

例 11.1　通过 A/D 转换模块测量温度并用 LED 数码管显示，假设 A/D 转换模块输入端电压变化范围为 0～5.0V，要求 LED 数码管显示范围为 0～100。

解　A/D 转换模块输入端电压为 0～5.0V，8 位精度 A/D 转换结果就是 0～255，若要转换成 0～100 进行显示，则需要线性转换，实际乘以一个系数就可以了，该系数是 100/256 (2^8)=0.3906……，但为了避免使用浮点数，可以先乘以一个定点数 100，再除以 256（2^8）。

同理，若 A/D 转换模块输入端电压为 0～5.0V，则 12 位精度 A/D 转换结果就是 0～4095，若要转换成 0～100 进行显示，则需要线性转换，可以先乘以 100，再除以 4096（2^{12}）。

例 11.2　STC8H8K64U 系列单片机工作电压为 5V，设计一个数字电压表，对输入端电压（0～5.0V）进行测量，用 LED 数码管进行显示。

解　①A/D 转换模块输入端电压为 0～5.0V，测量精度是 8 位，A/D 转换结果是 0～255，因为需要相应的 LED 数码管显示测量电压值，所以应根据不同的显示精度对数据进行不同的线性转换。

如果乘以系数 5/256，则显示为 0～5V。

如果乘以系数 50/256，再加入小数点（左移 1 位），则显示为 0.0～5.0V。

如果乘以系数 500/256，再加入小数点（左移 2 位），则显示为 0.00～5.00V。

以此类推，可提高显示精度。

② 若测量精度是 12 位，则 A/D 转换结果是 0～4095，根据不同的显示精度，需要对数据进行不同的线性转换。

如果乘以系数 5/4096，则显示为 0～5V。

如果乘以系数 50/4096，再加入小数点（左移 1 位），则显示为 0.0～5.0V。

如果乘以系数 500/4096，再加入小数点（左移 2 位），则显示为 0.00～5.00V。

以此类推，可提高显示精度。

③ 若测量的是 0～30.0V 的直流电压，测量精度是 12 位，则需要首先在 STC8H8K64U 系列单片机 A/D 转换模块输入端加入相应的分压电阻调理电路，使输入的 0～30.0V 变成 0～5.0V 输入 A/D 转换模块输入端，再对数据进行线性转换，在上述 0～5.0V 测量数据处理的基础上，将基数 5 换成 30 即可。

11.4　工程训练

11.4.1　测量内部 1.19V 基准电压

一、工程训练目标

（1）理解 STC8H8K64U 系列单片机 A/D 转换模块的电路结构。

（2）掌握 STC8H8K64U 系列单片机 A/D 转换模块的工作特性与应用编程。

（3）应用 STC8H8K64U 系列单片机 A/D 转换模块测量内部 1.19V 基准电压。

二、任务功能与参考程序

1. 任务功能

利用 A/D 转换模块的第 15 通道测量内部 1.19V 基准电压。

2. 硬件设计

STC8H8K64U 系列单片机 A/D 转换模块的第 15 通道是固定接内部 1.19V 基准电压的，直接用 A/D 转换模块的第 15 通道进行测量即可，STC8H8K64U 系列单片机 A/D 转换模块的参考电压 V_{REF} 用 CD431 芯片获得。2.5V 基准电路如图 11.5 所示，该电路基准电压为 2.5V，测量值用 LED 数码管显示。

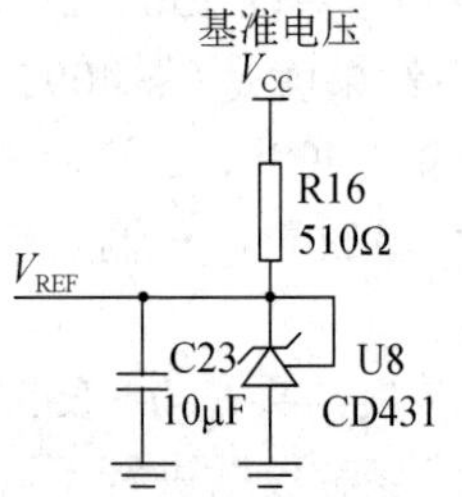

图 11.5　2.5V 基准电路

3. 参考程序（C 语言版）

（1）程序说明。

用 A/D 转换模块的第 15 通道进行模拟量测量，采用右对齐数据格式，将数字测量结果对标 A/D 转换模块的参考电压 V_{REF}（2.5V）转换为测量模拟电压，测量的模拟电压在 LED 数码管中显示。

（2）参考程序：工程训练 111.c。

```c
#include<stc8h.h>
#include<intrins.h>
#include<gpio.c>
#define uchar unsigned char
#define uint  unsigned int
#include<LED_display.c>
uchar cnt1ms=0;
uint    Get_ADC12bitResult(uchar channel); //channel = 0~7
void Timer0Init(void)              //1ms@18.432MHz
{
    AUXR |= 0x80;                  //定时/计数器时钟 1T 模式
    TMOD &= 0xF0;                  //设置定时/计数器模式
    TL0 = 0x00;                    //设置定时初始值
    TH0 = 0xB8;                    //设置定时初始值
    TF0 = 0;                       //清 0 TF0
    TR0 = 1;                       //T0 开始计时
}
/*---------------------主函数-----------------------------*/
void main(void)
{
    unsigned long    j;
    gpio();
    ADCCFG=ADCCFG|0x20;
    ADC_CONTR = 0x80;              //打开 A/D 转换模块电源
    Timer0Init();
    ET0 = 1;                       //T0 中断允许
    TR0 = 1;                       //启动 T0
    EA = 1;                        //打开总中断
    while(1)
    {
        Dis_buf[5] = j/100%10+17;   //显示电压值
```

```
            Dis_buf[6] = j                 / 10%10
            Dis_buf[7] = j % 10;
            LED_display();
            if(cnt1ms >= 100)              //10ms 测量一次
            {
                cnt1ms = 0;
                j = Get_ADC12bitResult(15);
//15 通道，查询方式做一次 A/D 转换，返回值就是 A/D 转换结果，若等于 4096 为错误
                j=(j*250)/4096;            //测量数字量转换为模拟电压值

            }
        }
}
uint    Get_ADC12bitResult(uchar channel)  //channel = 0~15
{
    ADC_RES = 0;
    ADC_RESL = 0;
    ADC_CONTR = (ADC_CONTR & 0xe0) | 0x40 | channel;   //启动 A/D 转换
    _nop_();      _nop_();      _nop_();      _nop_();
    while((ADC_CONTR & 0x20) == 0)          ;   //等待 A/D 转换结果
    ADC_CONTR &= ~0x20;                          //清 0 A/D 转换结束标志位
    return    (((uint)ADC_RES << 8) | ADC_RESL );
}
/*--------------------- T0 中断函数---------------------------*/
void timer0 (void) interrupt 1
{
    cnt1ms++;
}
```

三、训练步骤

（1）分析"工程训练 111.c"程序文件。

（2）将"LED_display.c"和"gpio.c"复制到当前项目文件夹中。

（3）用 Keil μVision4 集成开发环境编辑、编译用户程序，生成机器代码文件。

① 用 Keil μVision4 集成开发环境新建工程训练 111 项目。

② 输入与编辑"工程训练 111.c"文件。

③ 将"工程训练 111.c"文件添加到当前项目中。

④ 设置编译环境，勾选"编译时生成机器代码文件"复选框。

⑤ 编译程序文件，生成"工程训练 111.hex"文件。

（4）将 STC 大学计划实验箱（8.3/9.3）连接至计算机。

（5）利用 STC-ISP 在线编程软件将"工程训练 111.hex"文件下载到 STC 大学计划实验箱（8.3/9.3）中。

（6）观察 LED 数码管，应能观察到 LED 数码管最右边 3 位为 1.19。

11.4.2 ADC 键盘

一、工程训练目标

（1）进一步掌握 STC8H8K64U 系列单片机 A/D 转换模块的工作特性与应用编程。

（2）应用 STC8H8K64U 系列单片机 A/D 转换模块构建 ADC 键盘。

二、任务功能与参考程序

1. 任务功能

无论是独立键盘，还是矩阵键盘，在构建键盘时都需要占用较多的 I/O 口。现用一个 I/O 口构建一个 16 个按键的键盘。

2. 硬件设计

用一个 I/O 口构建 16 个按键的键盘，可以采用 A/D 转换模块的输入通道来实现。首先构建电阻分压网络，利用各个按键来接通不同位置的分压电平，然后通过测量输入 A/D 转换模块 A/D 转换通道的电压值来区分不同的按键，实现 16 个按键键盘。ADC 键盘电路如图 11.6 所示。各按键的键码送 LED 数码管显示。

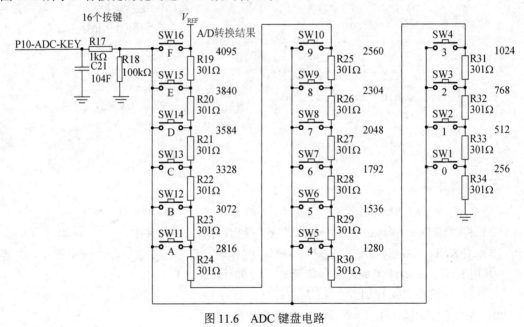

图 11.6　ADC 键盘电路

3. 参考程序（C 语言版）

（1）程序说明。

由 ADC 键盘电路可知，ADC 键盘的测量通道端口是 P1.0（ADC0），编程时选择第 0 通道进行模拟量测量，采用右对齐数据格式。

理论上，各个按键对应的 A/D 转换结果为$(4096 / 16) \times k = 256 \times k$，$k = 1 \sim 16$。但当 $k=16$ 时，对应的 A/D 转换结果是 4095。实际会有偏差，为此设计一个偏差 ADC_OFFSET（64），

则 A/D 转换结果在(64×k−ADC_OFFSET)与(64×k+ADC_OFFSET)之间为按键有效，间隔一定的时间采样一次 A/D 转换结果，如 10ms。键值为 0 说明没有按键按下，16 个按键对应的键值为 1～16，LED 数码管的高 2 位显示键值，低 4 位显示 A/D 转换结果。

（2）参考程序：工程训练 112.c。

```c
#include<stc8h.h>
#include<intrins.h>
#include<gpio.c>
#define uchar unsigned char
#define uint  unsigned int
#include<LED_display.c>
uchar cnt1ms=0;
uint ad_volume=0;
#define    ADC_OFFSET   64
uchar KeyCode=0;
void    CalculateAdcKey(uint adc);
uint    Get_ADC12bitResult(uchar channel); //channel = 0~7
void Timer0Init(void)              //1ms@24.000MHz
{
    AUXR |= 0x80;                  //定时/计数器时钟1T模式
    TMOD &= 0xF0;                  //设置定时/计数器模式
    TL0 = 0x40;                    //设置定时初始值
    TH0 = 0xA2;                    //设置定时初始值
    TF0 = 0;                       //清0 TF0
    TR0 = 1;                       //T0开始计时
}


/**********************************************/
void main(void)
{
    uint    j;
    gpio();
    ADCCFG=ADCCFG|0x20;
    ADC_CONTR = 0x80;              //打开A/D转换模块电源
    P1M1=P1M1|0x01;
    Timer0Init();
    ET0 = 1;                       //T0中断允许
    TR0 = 1;                       //启动T0
    EA = 1;                        //打开总中断
    while(1)
    {
        Dis_buf[4] = ad_volume/ 1000%10;           //显示A/D转换结果
        Dis_buf[5] = ad_volume/100%10;             //显示A/D转换结果
        Dis_buf[6] = ad_volume/ 10%10;             //显示A/D转换结果
        Dis_buf[7] = ad_volume % 10;               //显示A/D转换结果
        Dis_buf[0] = KeyCode/ 10;                  //显示键值
        Dis_buf[1] = KeyCode % 10;                 //显示键值
        LED_display();
```

```
        if(cnt1ms >= 10)                              //10ms 读一次 A/D 转换结果
      {
          cnt1ms = 0;
          j = Get_ADC12bitResult(0);
//0 通道，查询方式做一次 ADC，返回值就是结果
          if(((256-ADC_OFFSET)<j)&&(j < 4096))
          {
              LED_display();                          //去抖动
              LED_display();
              j = Get_ADC12bitResult(0);
              if(((256-ADC_OFFSET)<j)&&(j < 4096))
              {
                  ad_volume=j;
                  CalculateAdcKey(j);                 //计算键值
                  Dis_buf[4] = ad_volume/ 1000%10; //显示 A/D 转换结果
                  Dis_buf[5] = ad_volume/100%10;   //显示 A/D 转换结果
                  Dis_buf[6] = ad_volume/ 10%10;   //显示 A/D 转换结果
                  Dis_buf[7] = ad_volume % 10;     //显示 A/D 转换结果
                  Dis_buf[0] = KeyCode/ 10;        //显示键值
                  Dis_buf[1] = KeyCode % 10;       //显示键值
                  LED_display();
L1:               j = Get_ADC12bitResult(0);
                  while(((256-ADC_OFFSET)<j)&&(j < 4096))   //按键释放
                  {
                      LED_display();
                      goto L1;
                  }
              }
          }
      }
    }
}
/*-----------------测量 A/D 转换结果-----------------*/
uint   Get_ADC12bitResult(uchar channel)  //channel = 0~15
{
   ADC_RES = 0;
   ADC_RESL = 0;
   ADC_CONTR = (ADC_CONTR & 0xe0) | 0x40 | channel;   //启动 A/D 转换
   _nop_();    _nop_();    _nop_();    _nop_();
   while((ADC_CONTR & 0x20) == 0) ;    //等待 A/D 转换结果
   ADC_CONTR &= ~0x20;                           //清 0 A/D 转换结束标志位
   return   (((uint)ADC_RES << 8) | ADC_RESL );
}
/*---------------- ADC 键盘计算键值------------------------*/
void   CalculateAdcKey(uint adc)
{
   uchar   i;
   uint    j=256;
```

```
    for(i=1; i<=16; i++)
    {
//判断是否在偏差范围内，是就退出，表示找到对应的按键
        if((adc >= (j - ADC_OFFSET)) && (adc <= (j + ADC_OFFSET)))    break;
        j += 256;
    }
    if(i < 17)    KeyCode = i;          //保存键值

}

/*---------------- T0 1ms 中断函数----------------------------*/
void timer0 (void) interrupt 1
{
    cnt1ms++;
}
```

三、训练步骤

（1）分析"工程训练 112.c"程序文件。

（2）将"LED_display.c"和"gpio.c"复制到当前项目文件夹中。

（3）用 Keil μVision4 集成开发环境编辑、编译用户程序，生成机器代码文件。

① 用 Keil μVision4 集成开发环境新建工程训练 112 项目。

② 输入与编辑"工程训练 112.c"文件。

③ 将"工程训练 112.c"文件添加到当前项目中。

④ 设置编译环境，勾选"编译时生成机器代码文件"复选框。

⑤ 编译程序文件，生成"工程训练 112.hex"文件。

（4）将 STC 大学计划实验箱（8.3/9.3）连接至计算机。

（5）利用 STC-ISP 在线编程软件将"工程训练 112.hex"文件下载到 STC 大学计划实验箱（8.3/9.3）中。

（6）观察 LED 数码管初始值，左 2 位为键值，右 4 位为按键对应的 A/D 转换结果。

（7）依次按动 ADC 键盘的每一个按键，记录对应的键值与 A/D 转换结果，并判断是否符合要求。

四、训练拓展

已知 NTC 测温电路如图 11.7 所示，SDNT2012X103F3950FTF 热敏电阻的计算公式为

$$R_t = R_{T_0} \times EXP[B_n \times (1/T - 1/T_0]$$

式中，R_t、R_{T_0} 分别为温度 T、T_0 时的电阻值，B_n 为 3950。

热敏电阻转换后的电压从 ADC3 模拟通道输入，经单片机 A/D 转换模块测量，再根据热敏电阻的关系转换为温度（精确到 1 位小数点），在 LED 数码管显示。试画出完整的硬件电路，编写程序并上机运行。

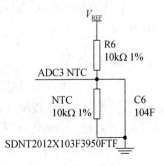

图 11.7　NTC 测温电路

本章小结

STC8H8K64U 系列单片机集成有 16 通道 12 位高速电压输入型模拟数字转换器，A/D 转换模块采用逐次比较方式进行 A/D 转换，转换速率可达 800kHz（80 万次/s）。STC8H8K64U 系列单片机 A/D 转换模块的第 15 通道固定接内部 1.19V 基准电压，通道 0～通道 15 与 P1.0、P1.1、P5.4、P1.3、P1.4、P1.5、P1.6、P1.7、P0.0、P0.1、P0.2、P0.3、P0.4、P0.5、P0.6 等端口复用，选中的 A/D 转换模块输入通道应设置为高阻状态。

STC8H8K64U 系列单片机的 A/D 转换模块主要由 ADC_CONTR、ADCCFG、ADC_RES、ADC_RESL 和 A/D 转换模块时序控制寄存器 ADCTIM，以及与 A/D 转换中断有关的控制寄存器进行控制与管理。其中，ADCTIM 的状态一般采用默认设置，可不做处理。

A/D 转换的中断向量地址为 002BH，中断号为 5。

习题

一、填空题

1. A/D 转换电路按转换原理一般分为_____、_____与_____3 种类型。

2. 在 A/D 转换电路中，转换位数越大，说明 A/D 转换电路的转换精度越_____。

3. 在 12 位 A/D 转换模块中，V_{REF} 为 5V。当模拟输入电压为 3V 时，转换后对应的数字量为_____。

4. 在 8 位 A/D 转换模块中，V_{REF} 为 5V。转换后获得的数字量为 7FH，对应的模拟输入电压是_____。

5. STC8H8K64U 系列单片机内部集成了_____通道_____位的 A/D 转换模块，转换速率可达_____kHz。

6. STC8H8K64U 系列单片机 A/D 转换模块转换中 A/D 的参考电压 V_{REF} 是_____。

7. STC8H8K64U 系列单片机 A/D 转换模块 A/D 转换的中断向量地址是_____，中断号是_____。

二、选择题

1. STC8H8K64U 系列单片机 A/D 转换模块中 A/D 转换电路的类型是（　　）。
   A. 并行比较型　　　　B. 逐次逼近型　　　　C. 双积分型

2. STC8H8K64U 系列单片机 A/D 转换模块的 16 路模拟输入通道主要在（　　）口。
   A. P0、P1　　　　B. P1、P2　　　　C. P2、P3　　　　D. P0、P3

3. 当 ADC_CONTR=83H 时，STC8H8K64U 系列单片机的 A/D 转换模块选择了（　　）为当前模拟信号输入通道。
   A. P0.1　　　　　B. P1.2　　　　　C. P1.3　　　　　D. P0.4

4. 当 ADCCFG=A3H 时，STC8H8K64U 系列单片机的 A/D 转换模块的工作时钟频率为（　　　）。

  A．SYSclk/2/2   B．SYSclk/2/3   C．SYSclk/2/4   D．SYSclk/2/5

5. STC8H8K64U 系列单片机工作电源为 5V，当 RESFMT=1，ADC_RES =25H、ADC_RESL=33H 时，测得的模拟输入信号约为（　　　）V。

  A．1.62   B．2.74   C．0.98   D．0.72

三、判断题

1. STC8H8K64U 系列单片机 A/D 转换模块有 16 个模拟信号输入通道，意味着可同时测量 16 路模拟输入信号。（　　　）

2. STC8H8K64U 系列单片机 A/D 转换模块的转换位数是 12 位，但也可用于 8 位测量。（　　　）

3. STC8H8K64U 系列单片机 A/D 转换模块 A/D 转换中断标志位在中断响应后会自动清 0。（　　　）

4. STC8H8K64U 系列单片机 A/D 转换模块的 A/D 转换中断有 2 个中断优先级。（　　　）

5. STC8H8K64U 系列单片机 A/D 转换模块的 A/D 转换电路类型是双积分型。（　　　）

6. 当 STC8H8K64U 系列单片机的 I/O 口用作 A/D 转换模块的模拟信号输入通道时，必须设置为高阻状态。（　　　）

四、问答题

1. STC8H8K64U 系列单片机 A/D 转换模块的转换位数是多少？最大转换速率可达到多少？

2. STC8H8K64U 系列单片机 A/D 转换模块转换后数字量的数据格式是怎样设置的？

3. 简述 STC8H8K64U 系列单片机 A/D 转换模块的应用编程步骤。

4. 当 STC8H8K64U 系列单片机的 I/O 口用作 A/D 转换模块的模拟信号输入通道时，应注意什么？

5. STC8H8K64U 系列单片机 A/D 转换模块模拟信号输入通道有多少路？如何选择？

五、程序设计题

1. 利用 STC8H8K64U 系列单片机 A/D 转换模块设计一个定时巡回检测 8 路模拟输入信号，每 10s 钟巡回检测一次，采用 LED 数码管显示测量数据，测量数据精确到小数点后 2 位。画出硬件电路图，绘制程序流程图，编写程序并上机调试。

2. 利用 STC8H8K64U 系列单片机设计一个温度控制系统。测温元件为热敏电阻，采用 LED 数码管显示温度数据，测量值精确到 1 位小数。当温度低于 30℃时，发出长"嘀"报警声和光报警；当温度高于 60℃时，发出短"嘀"报警声和光报警。画出硬件电路图，绘制程序流程图，编写程序并上机调试。

第 12 章　比较器

内容提要

比较器是 STC8H8K64U 系列单片机的高级功能模块，用于对模拟输入信号进行比较判断。

本章介绍 STC8H8K64U 系列单片机比较器，学生应掌握比较器同相端与反相端输入信号源的选择、比较输出信号的控制及应用编程。

12.1　比较器的内部结构与控制

1. STC8H8K64U 系列单片机比较器的内部结构

STC8H8K64U 系列单片机比较器的内部结构如图 12.1 所示，该电路由集成运放比较电路、滤波（或称去抖动）电路、中断标志形成电路（含中断允许控制）、比较器结果输出电路等组成。

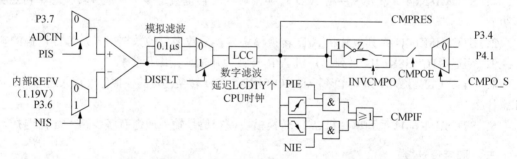

图 12.1　STC8H8K64U 系列单片机比较器的内部结构

（1）集成运放比较电路。

集成运放比较电路的同相输入端和反相输入端的输入信号可通过比较器控制寄存器 1（CMPCR1）进行选择，即选择接内部信号或外接输入信号。集成运放比较电路的输出通过滤波电路形成稳定的输出信号。

（2）滤波电路。

滤波电路包括模拟滤波电路与数字滤波电路。模拟滤波电路是一个 0.1μs 的滤波电路，可进行使能与禁止；数字滤波的作用是，当比较电路输出发生跳变时，不立即认为是跳变，而是经过一定延时后，再确认是否为跳变。

（3）中断标志形成电路。

中断标志形成电路可实现中断标志类型的选择、中断标志的形成及中断的允许。

（4）比较器结果输出电路。

比较器结果有两种输出方式：一是寄存在寄存器位 CMPCR1.0（CMPRES）中；二是通过外部引脚（P3.4 或 P4.1）输出。

2. STC8H8K64U 系列单片机比较器的控制寄存器

STC8H8K64U 系列单片机比较器由比较器控制寄存器 1（CMPCR1）、比较器控制寄存器 2（CMPCR2）、中断优先级控制寄存器（IP2H、IP2），以及外部设备端口切换寄存器 2 进行控制管理，如表 12.1 所示。

表 12.1　STC8H8K64U 系列单片机比较器的控制寄存器

符　号	名　称	地址	位置与符号								复位值
			B7	B6	B5	B4	B3	B2	B1	B0	
CMPCR1	比较器控制寄存器 1	E6H	CMPEN	CMPIF	PIE	NIE	PIS	NIS	CMPOE	CMPRES	0000 0000
CMPCR2	比较器控制寄存器 2	E7H	INVCMPO	DISPLT	LCDTY[5:0]						0000 1001
IP2H	中断优先级控制寄存器 2（高位）	B6H	PUSBH	PI2CH	PCMPH	PX4H	PPWMFDH	PPWMH	PSPIH	PS2H	0000 0000
IP2	中断优先级控制寄存器 2（低位）	B5H	PUSB	PI2C	PCMP	PX4	PPWMFD	PPWM	PSPI	PS2	0000 0000
P_SW2	外部设备端口切换寄存器 2	BAH	EAXFR	—	I2C_S[1:0]		CMPO_S	S4_S	S3_S	S2_S	0x000xx0

（1）比较器的使能控制。

CMPCR1.7（CMPEN）：比较器的使能控制位。CMPCR1.7（CMPEN）=1，使能比较器；CMPCR1.7（CMPEN）=0，禁用比较器，比较器的电源关闭。

（2）比较器输入源的选择。

CMPCR1.3（PIS）：比较器正极输入源选择控制位。CMPCR1.3（PIS）=1，将 ADC_CONTR 中 ADC_CHS[3:0]选择的模拟输入端作为比较器的正极输入源；CMPCR1.3（PIS）=0，选择外部端口 P3.7 作为比较器的正极输入源。

CMPCR1.2（NIS）：比较器负极输入源选择控制位。CMPCR1.2（NIS）=1，选择外部端口 P3.6 作为比较器的负极输入源；CMPCR1.2（NIS）= 0，选择内部 BandGap 经 OP 后的 1.19V 电压作为比较器的负极输入源。

（3）比较器的中断控制。

CMPCR1.6（CMPIF）：比较器中断标志控制位。当比较器有中断请求时，会置位 CMPIF，并向 CPU 发出中断请求。此标志位必须由用户用软件清 0。比较器中断的中断向量地址是 00ABH，中断号是 21。

CMPCR1.5（PIE）：比较器上升沿中断使能控制位。CMPCR1.5（PIE）=1，当比较器由低变高时，置位 CMPIF，并向 CPU 申请中断；CMPCR1.5（PIE）= 0，禁用比较器上升沿中断。

CMPCR1.4（NIE）：比较器下降沿中断使能控制位。CMPCR1.4（NIE）= 1，比较器由高变低时，置位 CMPIF，并向 CPU 申请中断；CMPCR1.4（NIE）= 0，禁用比较器下降沿中断。

IP2H.5（PCMPH）、IP2.5（PCMP）：比较器中断优先级的控制位。

IP2H.5（PCMPH）/IP2.5（PCMP）=0/0，比较器的中断优先级为 0 级（最低级）。

IP2H.5（PCMPH）/IP2.5（PCMP）=0/1，比较器的中断优先级为 1 级。

IP2H.5（PCMPH）/IP2.5（PCMP）=1/0，比较器的中断优先级为 2 级。

IP2H.5（PCMPH）/IP2.5（PCMP）=1/1，比较器的中断优先级为 0 级（最高级）。

（4）比较器结果的输出及控制。

CMPCR1.1（CMPOE）：比较器结果输出允许控制位。CMPCR1.1（CMPOE）=1，允许比较器结果输出到 P3.4 或 P4.1（由 P_SW2 中的 CMPO_S 进行选择）；CMPCR1.1（CMPOE）=0，禁止比较器结果输出。

CMPCR1.0（CMPRES）：比较器结果（Comparator Result）存储位，此位为只读位。CMPCR1.0（CMPRES）=1，表示 CMP+的电平高于 CMP-的电平；CMPCR1.0（CMPRES）=0，表示 CMP+的电平低于 CMP-的电平。

特别提示：CMPRES 是一个只读（Read-Only）位，软件对它进行写入没有任何意义，并且软件读到的结果是经"过滤"控制后的结果，而非集成运放比较电路的直接输出结果。

CMPCR2.7（INVCMPO）：比较器结果输出取反控制位（Inverse Comparator Output），CMPCR2.7（INVCMPO）= 1，比较器结果反向输出。若 CMPCR1.0（CMPRES）为 0，则 P3.4/P4.1 输出高电平，反之输出低电平；CMPCR2.7（INVCMPO）=0，比较器结果正向输出，若 CMPCR1.0（CMPRES）为 0，则 P3.4/P4.1 输出低电平，反之输出高电平。

P_SW2.3（CMPO_S）：比较器结果输出引脚选择控制位。P_SW2.3（CMPO_S）=0，比较器结果从 P3.4 引脚输出；P_SW2.3（CMPO_S）=1，比较器结果从 P4.1 引脚输出。

（5）滤波功能控制。

CMPCR2.6（DISFLT）：模拟滤波功能控制位。CMPCR2.6（DISFLT）=1，关掉 0.1μs 模拟滤波，可略微提高比较器的比较速度；CMPCR2.6（DISFLT）= 0，使能 0.1μs 模拟滤波。

CMPCR2.5-CMPCR2.0（LCDTY[5:0]）：数字滤波功能控制位。

① 当比较器由低变高时，必须侦测到后来的高电平持续至少 LCDTY[5:0]个系统时钟，此芯片线路才认定比较器的输出是由低电平转成了高电平；如果在 LCDTY[5:0]个系统时钟内，集成运放比较电路的输出又恢复为低电平，则此芯片线路认为什么都没发生，即认为比较器的输出一直维持在低电平。

② 当比较器由高变低时，必须侦测到后来的低电平持续至少 LCDTY[5:0]个系统时钟，此芯片线路才认定比较器的输出是由高电平转成了低电平；如果在 LCDTY[5:0]个系统时钟内，集成运放比较电路的输出又恢复为高电平，则此芯片线路认为什么都没发生，即认为比较器的输出一直维持在高电平。

12.2　比较器的应用

1.　比较器中断方式程序举例

例 12.1　当有上升沿中断请求时，点亮 LED15，当有下降沿中断请求时，点亮 LED16。SW17 用于选择中断请求方式，开关断开时输出高电平，比较器处于上升沿中断请求工作方式，直接同相输出；开关合上时输出低电平，比较器处于下降沿中断请求工作方式，直接反相输出；LED17 显示比较器输出结果，灯亮表示输出为 1，灯灭表示输出为 0。要求用中断方式编程。

解　直接使用 STC 大学计划实验箱（8.3）作为本例电路。首先，在使用 LED15、LED16、LED17 之前，必须将 P4.0 清 0，使能 P6 端口控制的 LED；此外，比较器的输出结果从 P3.4 或 P4.1 引脚输出，该引脚没有接 LED，这里用 LED17 作为比较器输出结果的指示灯，故需要将 P3.4 或 P4.1 引脚输出信号转移到 P6.7 输出。参考程序（comparer_isr.c）如下。

```c
#include <stc8h.h>                  //包含支持 STC8H 系列单片机的头文件
#include <intrins.h>
#include <gpio.c>
#define uchar unsigned char
#define uint  unsigned int
#define CMPEN 0x80                   //CMPCR1.7：比较器使能控制位
#define CMPIF 0x40                   //CMPCR1.6：比较器中断标志控制位
#define PIE 0x20                     //CMPCR1.5：比较器上升沿中断使能控制位
#define NIE 0x10                     //CMPCR1.4：比较器下降沿中断使能控制位
#define PIS 0x08                     //CMPCR1.3：比较器正极输入源选择控制位
#define NIS 0x04                     //CMPCR1.2：比较器负极输入源选择控制位
#define CMPOE 0x02                   //CMPCR1.1：比较器结果输出允许控制位
#define CMPRES 0x01                  //CMPCR1.0：比较器结果存储位
#define INVCMPO 0x80                 //CMPCR2.7：比较器结果输出取反控制位
#define DISFLT 0x40                  //CMPCR2.6：模拟滤波功能控制位
#define LCDTY 0x3F                   //CMPCR2.[5:0]：数字滤波功能控制位
sbit LED15 = P6^5;                   //上升沿中断请求指示灯
sbit LED16 = P6^6;                   //下降沿中断请求指示灯
sbit LED17 = P6^7;                   //比较器直接输出指示灯
sbit SW17 = P3^2;                    //中断请求方式控制开关
void cmp_isr() interrupt 21 using 1 //比较器中断向量入口
{
    CMPCR1 &= ~CMPIF;                //清除完成标志
    if(SW17==1)
    {
        LED15=0;                     //点亮上升沿中断请求指示灯
    }
    else
    {
```

```
        LED16=0;                    //点亮下升沿中断请求指示灯
    }
}
void main()
{
    gpio();
    CMPCR1 = 0;                     //初始化比较器控制寄存器 1
    CMPCR2 = 0;                     //初始化比较器控制寄存器 2
    CMPCR1 &= ~PIS;                 //选择外部管脚 P3.7（CMP+）为比较器的正极输入源
    CMPCR1 &= ~NIS;                 //选择内部 1.19V 基准电压为比较器的负极输入源
    CMPCR1 |= CMPOE;                //允许比较器结果输出
    CMPCR2 &= ~DISFLT;              //使能比较器输出端的 0.1μS 滤波电路
    CMPCR2 &= ~LCDTY;               //比较器结果不去抖动，直接输出
    CMPCR1 |= PIE;                  //使能比较器的上升沿中断
    CMPCR1 |= CMPEN;                //使能比较器
    EA = 1;
    P40=0;
    while (1)
    {
        if(SW17==1)
        {
            CMPCR2 &= ~INVCMPO;     //比较器结果正常输出到 P3.4
            CMPCR1 |= PIE;          //使能比较器的上升沿中断
            CMPCR1&=~ NIE;          //关闭比较器的下降沿中断


        }
        else
        {
            CMPCR2 |= INVCMPO;      //比较器结果取反后输出到 P3.4
            CMPCR1 |= NIE;          //使能比较器的下降沿中断
            CMPCR1&=~ PIE;          //关闭比较器的上升沿中断
        }
        LED17=~P34;                 //LED17 显示比较器输出结果

    }
}
```

12.3　工程训练　应用比较器和 A/D 转换模块测量单片机内部 1.19V 基准电压

一、工程训练目标

（1）理解 STC8H8K64U 系列单片机比较器的电路结构。

（2）掌握 STC8H8K64U 系列单片机比较器的工作特性与应用编程。

（3）进一步掌握 STC8H8K64U 系列单片机 A/D 转换模块的工作特性与应用编程。

二、任务功能与参考程序

1. 任务功能

利用 STC8H8K64U 系列单片机比较器和 A/D 转换模块测量 STC8H8K64U 系列单片机内部 1.19V 基准电压。

2. 硬件设计

STC8H8K64U 系列单片机比较器反相器的输入端选择为内部 1.19V 基准电压输入，同相输入端为 P3.7，P3.7 接一比较器输出电路，如图 12.2 所示。同时将 P3.7 连接至 A/D 转换模块的 ADC12 通道（P0.4 引脚），用 A/D 转换模块测量图 12.2 中 W1 分压电阻的分压输出（P3.7 的模拟输入电压），测得的电压送 LED 数码管显示。

具体连接：用杜邦线将 STC8H8K64U 系列单片机的 P3.7（STC8H8K64U 系列单片机 36 引脚）与 STC8H8K64U 系列单片机 P0.4（STC8H8K64U 系列单片机 63 引脚，J5 的 11 引脚）相连。

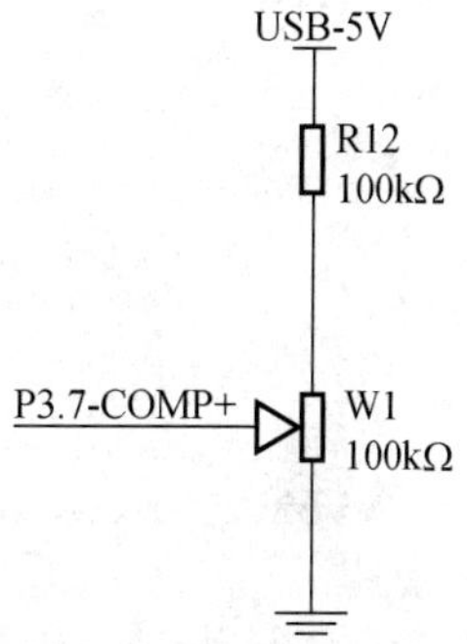

3. 参考程序（C 语言版）

（1）程序说明。

图 12.2　W1 的分压电路图

STC8H8K64U 系列单片机比较器反相器的输入端选择为内部 1.19V 基准电压输入，同相输入端为 P3.7（W1 的分压输出），用 LED9 显示比较器的输出结果，通过调节 W1 输出电压对比较器同相端与反相端的 1.19V 基准电压进行比较，确定 1.19V 基准电压对应 W1 输出的位置，同时用 A/D 转换模块测量 W1 的输出电压，并用 LED 数码管进行显示。

（2）参考程序：工程训练 121.c。

```c
#include <stc8h.h>              //包含支持 STC8 系列单片机的头文件
#include <intrins.h>
#include <gpio.c>
#define uchar unsigned char
#define uint  unsigned int
unsigned long  adc_data;
#include <LED_display.h>
#define CMPEN 0x80              //CMPCR1.7：比较器使能控制位
#define CMPIF 0x40              //CMPCR1.6：比较器中断标志控制位
#define PIE 0x20                //CMPCR1.5：比较器上升沿中断使能控制位
#define NIE 0x10                //CMPCR1.4：比较器下降沿中断使能控制位
#define PIS 0x08                //CMPCR1.3：比较器正极输入源选择控制位
#define NIS 0x04                //CMPCR1.2：比较器负极输入源选择控制位
#define CMPOE 0x02              //CMPCR1.1：比较器结果输出控制允许位
#define CMPRES 0x01             //CMPCR1.0：比较器结果存储位
#define INVCMPO 0x80            //CMPCR2.7：比较器结果输出取反控制位
#define DISFLT 0x40             //CMPCR2.6：模拟滤波功能控制位
#define LCDTY 0x3F              //CMPCR2.[5:0]：数字滤波功能控制位
```

```
sbit LED9=P4^6;                    //比较器输出 LED 显示控制引脚
uchar cnt1ms=0;
uint    Get_ADC12bitResult(uchar channel); //channel = 0~7
void Delay100ms()                  //@12.000MHz
{
    unsigned char i, j, k;

    _nop_();
    i = 7;
    j = 23;
    k = 105;
    do
    {
        do
        {
            while (--k);
        } while (--j);
    } while (--i);
}
 void Timer0Init(void)             //1ms@18.432MHz
{
    AUXR |= 0x80;                  //定时/计数器时钟 1T 模式
    TMOD &= 0xF0;                  //设置定时/计数器模式
    TL0 = 0x00;                    //设置定时初始值
    TH0 = 0xB8;                    //设置定时初始值
    TF0 = 0;                       //清 0 TF0
//  TR0 = 1;                       //T0 开始计时
}

void main()
{
    gpio();
    Timer0Init();
    CMPCR1 = 0;                    //初始化比较器控制寄存器 1
    CMPCR2 = 0;                    //初始化比较器控制寄存器 2
    CMPCR1 &= ~PIS;                //选择外部管脚 P3.7（CMP+）为比较器的正极输入源
    CMPCR1 &= ~NIS;                //选择内部 1.19V 为比较器的负极输入源
    CMPCR1 |= CMPOE;               //允许比较器结果输出
    CMPCR2 &= ~DISFLT;             //不禁用（使能）比较器输出端的 0.1μS 滤波电路
    CMPCR2 &= ~LCDTY;              //比较器结果不去抖动，直接输出
    CMPCR1 |= CMPEN;               //使能比较器工作
    P0M1|=0x10;                    //将模拟电压输入通道设置为高阻模式
    ADCCFG|=0x20;                  //设置 A/D 转换数据格式
    ADC_CONTR = 0x80;              //打开 A/D 转换模块电源
    Delay100ms();                  //适当延时，机器预热
    ET0 = 1;                       //允许 T0 中断
    TR0 = 1;                       //启动 T0
    EA = 1;                        //打开总中断
```

```
    while (1)
    {
        Dis_buf[5]=adc_data/100%10+17;
        Dis_buf[6]= adc_data/10%10;
        Dis_buf[7]= adc_data%10;
         LED_display();
        LED9=~P34;
        if(cnt1ms >= 10)                //10ms 测量一次
        {
            cnt1ms = 0;
            adc_data = Get_ADC12bitResult(12);
//12 通道，查询方式做一次 ADC，返回值就是 A/D 转换结果
            adc_data=(adc_data*250)/4096;
//转换为对应的模拟电压，保留 2 位小数

        }
    }
}
uint    Get_ADC12bitResult(uchar channel)   //channel = 0~15
{
   ADC_RES = 0;
   ADC_RESL = 0;
   ADC_CONTR = (ADC_CONTR & 0xe0) | 0x40 | channel;   //启动 ADC
   _nop_();       _nop_();      _nop_();     _nop_();
   while((ADC_CONTR & 0x20) == 0) ;          //等待 A/D 转换结束
   ADC_CONTR &= ~0x20;                       //清 0 A/D 转换结束标志位
   return    (((uint)ADC_RES << 8) | ADC_RESL );
}
/*----------------- T0  1ms 中断函数--------------------*/
void timer0 (void) interrupt 1
{
   cnt1ms++;
}
```

三、训练步骤

（1）分析"工程训练 121.c"程序文件。

（2）将"gpio.c"与"LED_display.c"复制到当前项目文件夹中。

（3）用 Keil μVision4 集成开发环境编辑、编译用户程序，生成机器代码文件。

① 用 Keil μVision4 集成开发环境新建工程训练 121 项目。

② 输入与编辑"工程训练 121.c"文件。

③ 将"工程训练 121.c"文件添加到当前项目中。

④ 设置编译环境，勾选"编译时生成机器代码文件"复选框。

⑤ 编译程序文件，生成"工程训练 121.hex"文件。

（4）将 STC 大学计划实验箱（8.3/9.3）连接至计算机。

（5）利用 STC-ISP 在线编程软件将"工程训练 121.hex"文件下载到 STC 大学计划实验箱（8.3/9.3）中。

（6）观察 LED 数码管，应有数值显示，观察 LED9 的点亮情况，若是亮的，说明 W1 输出电压高于 1.19V；若是暗的，说明 W1 输出电压低于 1.19V。

（7）调整 W1 的输出电压，确定 1.19V 电压的位置，同时测量内部 1.19V 电压。

① 若 LED9 是亮的，说明 W1 输出电压高于 1.19V，调节 W1，使 W1 输出电压减小，直至 LED9 熄灭；再反方向调节 W1，使得 LED9 再次点亮。LED9 亮灭临界点的电压即 1.19V 电压，观察 LED 数码管显示的电压是否为 1.19V。

② 若 LED9 是灭的，说明 W1 输出电压低于 1.19V，调节 W1，使 W1 输出电压增加，直至 LED 亮；再反方向调节 W1，使 LED9 再次熄灭。LED9 亮灭临界点的电压即 1.19V 电压，观察 LED 数码管显示的电压是否为 1.19V。

本章小结

STC8H8K64U 系列单片机内置 1 个集成运放比较电路，该电路的同相输入端和反相输入端的输入源可设置为内部输入或外接输入；比较器中设置了滤波电路，集成运放比较器电路的输出不直接作为比较输出信号和中断请求信号，而是采用延时的方法去抖动，延时时间可调；比较器的结果可直接同相输出或反相输出，也可采用查询或中断方式检测比较器的结果状态，比较器中断有上升沿中断和下降沿中断 2 种形式。

STC8H8K64U 系列单片机比较器可取代外部通用比较器功能电路（如温度、湿度、压力等控制领域中的比较器电路），并且比一般比较器控制电路具有更可靠及更强的控制功能。除此之外，STC8H8K64U 系列单片机比较器还可模拟实现 A/D 转换功能。

习题

一、填空题

1. STC8H8K64U 系列单片机比较器由集成运放比较电路、_____、中断标志形成电路（含中断允许控制）、比较器结果输出电路等组成。

2. STC8H8K64U 系列单片机比较器负极内部 REFV 电压是存_____V。

3. STC8H8K64U 系列单片机比较器结果的输出引脚是_____或_____。

4. STC8H8K64U 系列单片机比较器反相输入端有内部 REFV 电压和_____两种信号源，由 CMPCR1 中的 NIS 位进行控制。当 NIS 为 1 时选择的反相输入信号是_____，当 NIS 为 0 时选择的反相输入信号是_____。

5. STC8H8K64U 系列单片机比较器同相输入端有 P3.7 和_____两种信号源，由 CMPCR1 中的 PIS 位进行控制。当 PIS 为 1 时选择的同相输入信号是_____，当 PIS 为

0 时选择的同相输入信号是_____。

6. CMPCR2 中的_____是比较器结果输出取反控制位，为_____时取反输出，为_____时正常输出。

7. CMPCR2 中的_____是模拟滤波功能控制位。

8. CMPCR2 中的_____是数字滤波功能控制位。

二、选择题

1. 当 CMPCR1 中的 PIS 为 1 时，比较器同相输入端的选择信号源是（ ）。
   A．选择的模拟输入通道信号　　　　B．P3.7
   C．P3.6　　　　　　　　　　　　D．内部 REFV

2. 当 CMPCR1 中的 NIS 为 1 时，比较器反相输入端的选择信号源是（ ）。
   A．选择的模拟输入通道信号　　　　B．P3.7
   C．P3.6　　　　　　　　　　　　D．内部 REFV

3. 当 CMPCR1 中的 PIE 为 1 时，比较器的有效中断请求信号是（ ）。
   A．上升沿　　　B．高电平　　　C．下降沿　　　D．低电平

4. 当 CMPCR1 中的 NIE 为 1 时，比较器的有效中断请求信号是（ ）。
   A．上升沿　　　B．高电平　　　C．下降沿　　　D．低电平

5. 当 CMPCR1 中的 LCDTY[5:0]为 26 时，比较器结果确认时间为（ ）个系统时钟。
   A．9　　　　B．26　　　　C．13　　　　D．17

三、判断题

1. 当 CMPCR1 中的 CMPOE 为 1 时，允许比较器结果输出到 P3.4。（ ）

2. CMPCR1 中的 CMPRES 是比较器结果存储位，它是一个只读位。（ ）

3. CMPCR1 中的 CMPRES 是比较器结果存储位，它是经过去抖动后的输出结果。（ ）

4. 只有当 CMPCR1 中的 CMPEN 为 1 时，比较器才能正常工作。（ ）

5. CMPCR2 中的 INVCMPO 是比较器结果输出取反控制位。（ ）

四、问答题

1. 比较器中断的中断号是什么？其中断优先级是如何控制的？

2. 比较器中断标志控制位是哪个？在什么情况下，该标志位会置 1？

3. 比较器结果输出引脚是哪个？

4. CMPCR2 中 LCDTY[5:0]的含义是什么？

5. 比较器结果的输出取反是如何实现的？

五、程序设计题

1. 应用比较器，编程读取内部 REFV 电压，并送 LED 数码管显示。
备注：采用与工程训练 12.1 不同的方式。

2. 编程实现 P3.7 与 P3.6 输入信号大小的比较，当 P3.7 输入大于 P3.6 输入时，点亮 P6.7 控制的 LED；反之，点亮 P6.6 控制的 LED。LED 由低电平驱动。

第 13 章　SPI 接口

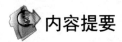

内容提要

SPI 接口是一种全双工、高速、同步的通信总线，具有主机和从机两种工作模式，可以与具有 SPI 兼容接口的元器件进行同步通信。

本章介绍 STC8H8K64U 系列单片机的 SPI 接口。

13.1　结构

1. SPI 接口简介

STC8H8K64U 系列单片机集成了高速同步串行通信接口，即 SPI 接口。SPI 接口是一种全双工、高速、同步的通信接口，有两种工作模式：主机模式和从机模式。SPI 接口工作在主机模式时支持高达 3Mbit/s 的速率（工作频率为 12MHz），可以与具有 SPI 兼容接口的元器件（如存储器、A/D 转换器、D/A 转换器、LED 驱动器或 LCD 驱动器等）进行同步通信。SPI 接口还可以和其他微处理器通信，但工作于从机模式时速率无法太快，频率在 $f_{\text{SYS}}/4$ 以内较好。此外，SPI 接口还具有传输完成标志位和写冲突标志位保护功能。

2. SPI 接口的结构

STC8H8K64U 系列单片机 SPI 接口功能方框图如图 13.1 所示。

SPI 接口的核心结构是 8 位移位寄存器和数据缓冲器，可以同时发送和接收数据。在 SPI 数据的传输过程中，发送和接收的数据都存储在数据缓冲器中。

任何 SPI 控制寄存器的改变都将复位 SPI 接口，并清除相关寄存器。

3. SPI 接口的信号

SPI 接口由 MOSI（P1.3）、MISO（P1.4）、SCLK（P1.5）和 $\overline{\text{SS}}$（P1.2）4 根信号线构成，可通过设置 P_SW1 中的 SPI_S1、SPI_S0 将 MOSI、MISO、SCLK 和 $\overline{\text{SS}}$ 功能脚切换到 P2.3、P2.4、P2.5、P2.2，或 P4.0、P4.1、P4.3、P5.4，或 P3.4、P3.3、P3.2、P3.5。

MOSI（Master Out Slave In，主出从入）：主元器件的输出和从元器件的输入，用于主元器件到从元器件的串行数据传输。根据 SPI 规范，多个从机共享一根 MOSI 信号线。在时钟边界的前半周期，主机将数据放在 MOSI 信号线上，从机在时钟边界的前半周期获取该数据。

MISO（Master In Slave Out，主入从出）：从元器件的输出和主元器件的输入，用于实现从元器件到主元器件的数据传输。SPI 规范中，一个主机可连接多个从机，因此，主机的 MISO 信号线会连接到多个从机上，或者说，多个从机共享一根 MISO 信号线。当主机与一个从机通信时，其他从机应将其 MISO 引脚驱动置为高阻状态。

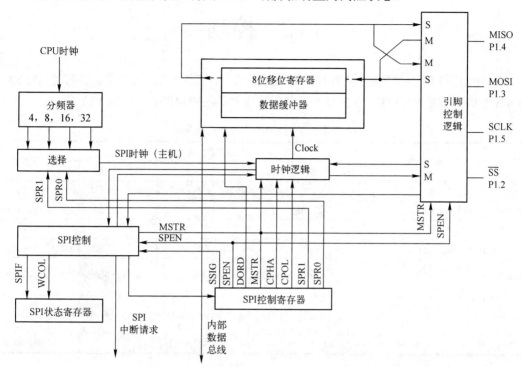

图 13.1　STC8H8K64U 系列单片机 SPI 接口功能方框图

SCLK（SPI Clock，串行时钟信号）：主元器件串行时钟信号的输出和从元器件串行时钟信号的输入引脚，用于同步主元器件和从元器件之间在 MOSI 信号线和 MISO 信号线上的串行数据传输。当主元器件启动一次数据传输时，自动产生 8 个串行时钟信号给从机。在串行时钟信号的每个跳变处（上升沿或下降沿）移出一位数据。所以，一次数据传输可以传输一字节的数据。

信号线 SCLK、MOSI 和 MISO 通常用于将两个或多个 SPI 元器件连接在一起。数据通过 MOSI 由主机传送到从机，通过 MISO 信号线由从机传送到主机。串行时钟信号在主机模式时为输出，在从机模式时为输入。如果 SPI 接口被禁止，则这些引脚都可作为 I/O 口使用。

$\overline{SS}$（Slave Select，从机选择）信号是一个输入信号，主元器件用它来选择（使能）处于从机模式的 SPI 模块。在主机模式和从机模式下，$\overline{SS}$ 引脚的使用方法不同。在主机模式下，SPI 接口只能有一个主机，不存在主机选择问题，在该模式下 $\overline{SS}$ 引脚不是必需的。在主机模式下通常将主机的 $\overline{SS}$ 引脚通过 $10k\Omega$ 的电阻上拉为高电平。每一个从机的 $\overline{SS}$ 引脚必须接主机的 I/O 口，由主机控制其电平的高低，以便主机选择从机。在从机模式下，不论发送数据还是接收数据，$\overline{SS}$ 信号必须有效。因此，在一次数据传输开始之前必须将 $\overline{SS}$ 引脚拉为低电平。

13.2 控制

与 SPI 接口有关的特殊功能寄存器有 SPI 控制寄存器 SPCTL、SPI 状态寄存器 SPSTAT 和 SPI 数据寄存器 SPDAT，以及与 SPI 中断管理有关的控制位等，如表 13.1 所示。

表 13.1 SPI 接口的特殊功能寄存器

符 号	名 称	位位置与符号								复位值
		B7	B6	B5	B4	B3	B2	B1	B0	
SPCTL	SPI 控制寄存器	SSIG	SPEN	DORD	MSTR	CPOL	CPHA	SPR[1：0]		00000100
SPSTAT	SPI 状态寄存器	SPIF	WCOL	—	—	—	—	—	—	00xxxxxx
SPDAT	SPI 的数据寄存器									00000000
IE2	中断允许寄存器 2	—	ET4	ET3	ES4	ES3	ET2	ESPI	ES2	x0000000
IP2H	中断优先级控制寄存器 2（高位）	—	PI2CH	PCMPH	PX4H	PPWMFDH	PPWHM	PSPIH	PS2H	x0000000
IP2	中断优先级控制寄存器 2（低位）	—	PI2C	PCMP	PX4	PPWMFD	PPWM	PSPI	PS2	x0000000
P_SW1	外部端口切换寄存器 1	S1_S[1:0]		—	—	SPI_S[1:0]		0	—	00xx000x

1. SPI 的使能控制与配置

SPCTL.6（SPEN）：SPI 使能控制位。SPCTL.6（SPEN）=1，SPI 使能；SPCTL.6（SPEN）=0，SPI 被禁止。

SPCTL.7（SSIG）：$\overline{SS}$ 引脚忽略控制位。SPCTL.7（SSIG）=1，由 MSTR 确定元器件是主机还是从机，$\overline{SS}$ 引脚被忽略，并可配置为 I/O 口；SPCTL.7（SSIG）=0，由 $\overline{SS}$ 引脚的输入信号确定元器件是主机还是从机。

SPCTL.5（DORD）：SPI 数据发送与接收顺序的控制位。SPCTL.5（DORD）=1，SPI 数据的传送顺序为由低到高；SPCTL.5（DORD）=0，SPI 数据的传送顺序为由高到低。

SPCTL.4（MSTR）：SPI 主机/从机模式位。SPCTL.4（MSTR）=1，为主机模式；SPCTL.4（MSTR）=0，为从机模式。

2. SPI 时钟的极性与相位

SPCTL.3（CPOL）：SPI 时钟信号极性选择位。SPCTL.3（CPOL）=1，SPI 空闲时 SCLK 为高电平，SCLK 的前跳变沿为下降沿，后跳变沿为上升沿；SPCTL.3（CPOL）=0，SPI 空闲时 SCLK 为低电平，SCLK 的前跳变沿为上降沿，后跳变沿为下升沿。

SPCTL.2（CPHA）：SPI 时钟信号相位选择位。SPCTL.2（CPHA）=1，SPI 数据由前跳变沿驱动到口线，后跳变沿采样；SPCTL.2（CPHA）=0，当 $\overline{SS}$ 引脚为低电平（且 SSIG 为 0）时数据被驱动到口线，并在 SCLK 的后跳变沿被改变，在 SCLK 的前跳变沿采样数据（SSIG 为 1 时）。

3．SPI 时钟频率的选择

SPCTL.1-SPCTL.0（SPR[1:0]）：SPI 时钟频率选择控制位，如表 13.2 所示。

表 13.2　SPI 时钟频率选择表

SPR[1：0]	SPI 时钟频率
00	系统时钟（SYSclk）/4
01	系统时钟（SYSclk）/8
10	系统时钟（SYSclk）/16
11	系统时钟（SYSclk）/32

4．SPI 的写冲突标志

SPSTAT.6（WCOL）：SPI 写冲突标志位。当 1 个数据在传输的同时向 SPDAT 写入数据时，SPSTAT.6（WCOL）被置位，以指示数据冲突。在这种情况下，当前发送的数据继续发送，而新写入的数据将丢失。SPSTAT.6（WCOL）通过软件向其写 1 而清 0。

5．SPI 的中断控制

（1）SPI 中断标志。

SPSTAT.7（SPIF）：SPI 传输完成标志位。当一次传输完成时，SPSTAT.7（SPIF）置位。此时，如果 SPI 中断允许，则向 CPU 申请中断。

当 SPI 处于主机模式且 SPCTL.7（SSIG）=0 时，如果 $\overline{SS}$ 引脚为输入模式且为低电平，则 SPSTAT.7（SPIF）也将置位，表示"模式改变"（由主机模式变为从机模式）。

SPIF 需要通过软件向其写 1 而清 0。

（2）SPI 中断允许。

IE2.1（ESPI）：SPI 中断允许位。IE2.1（ESPI）=1，允许 SPI 中断；IE2.1（ESPI）=0，禁止 SPI 中断。

SPI 中断的中断向量地址是 004BH，中断号是 9。

（3）SPI 中断优先级。

IP2H.1（PSPIH）、IP2.1（PSPI）：SPI 中断优先级控制位。

IP2H.1（PSPIH）/IP2.1（PSPI）=0/0，SPI 中断优先级为 0 级（最低级）。

IP2H.1（PSPIH）/IP2.1（PSPI）=0/1，SPI 中断优先级为 1 级。

IP2H.1（PSPIH）/IP2.1（PSPI）=1/0，SPI 中断优先级为 2 级。

IP2H.1（PSPIH）/IP2.1（PSPI）=1/1，SPI 中断优先级为 3 级（最高级）。

13.3　配置与通信方式

1．SPI 接口的配置

SPI 接口的工作状态主要与 SPEN、 SSIG、MSTR 等控制位有关，如表 13.3 所示。

表 13.3　SPI 接口的配置

控制位			通信端口				SPI 的工作模式
SPEN	SSIG	MSTR	$\overline{SS}$	MISO	MOSI	SCLK	
0	x	x	x	x	x	x	关闭 SPI 功能，SPI 信号引脚均为普通 I/O 口
1	0	0	0	输出	输入	输入	从机模式，并且被选中
1	0	0	1	高阻	输入	输入	从机模式，但未选中
1	0	1→0	0	输出	输入	输入	不忽略 $\overline{SS}$ 引脚且 MSTR 为 1 的主机模式。当 $\overline{SS}$ 引脚被拉为低电平时，MSTR 将被硬件自动清 0，工作模式将被动设置为从机模式
1	0	1	1	输入	高阻	高阻	主机模式，空闲状态
					输出	输出	主机模式，激活状态
1	1	0	x	输出	输入	输入	从机模式
		1		输入	输出	输出	主机模式

SPI 接口的配置注意事项如下。

（1）从机模式。

① 当 CHPA=0 时，SSIG 必须为 0（不能忽略 $\overline{SS}$ 引脚）。在每次串行字节开始发送前，$\overline{SS}$ 引脚必须拉低，并且在串行字节发送完后需要重新设置为高电平。$\overline{SS}$ 引脚为低电平时不能对 SPDAT 执行写操作，否则会导致一个写冲突错误。

需要注意的是，CHPA=0 且 SSIG=1 的操作未定义。

② 当 CHPA=1 时，SSIG 可以置 1（可以忽略 $\overline{SS}$ 引脚）。如果 SSIG=0，则 $\overline{SS}$ 引脚可以在连续传输之间保持低电平。这种方式适用于单主单从系统。

（2）主机模式。

在 SPI 串行数据通信过程中，传输总是由主机启动。如果 SPI 使能并选择为主机时，主机对 SPDAT 的写操作将启动 SPI 时钟发生器和数据的传输。在数据写入 SPDAT 之后的半个到一个 SPI 位时间，数据将出现在 MOSI 引脚。写入主机 SPDAT 的数据从 MOSI 引脚发送到从机的 MOSI 引脚，同时从机 SPDAT 的数据从 MISO 引脚发送到主机的 MISO 引脚。

传输完一字节后，SPI 时钟发生器停止运行，置位 SPIF，如果 SPI 中断允许则会产生一个 SPI 中断。主机和从机 CPU 的 2 个移位寄存器可以看作一个 16 位的循环移位寄存器。数据在从主机移出传到从机的同时，从机的数据也以相反的方向移入主机。这意味着在一个移位周期内，主机和从机的数据相互交换。

（3）通过 $\overline{SS}$ 引脚改变模式。

如果 SPEN=1、SSIG=0 且 MSTR=1，并将 $\overline{SS}$ 引脚设置为仅为输入模式或准双向口模式，SPI 为主机模式，则另外一个主机可将该 $\overline{SS}$ 引脚输入拉低，从而将该元器件选为 SPI 从机并向其发送数据。为避免争夺总线，SPI 系统将该从机的 MSTR 清 0，MOSI 引脚和 SCLK 引脚强制变为输入模式，而 MISO 引脚则变为输出模式，同时 SPSTAT 的 SPIF 置 1。

用户软件必须一直对 MSTR 进行检测，如果该位被一个从机选择动作而被动清 0，而用户想继续将该 SPI 作为主机，则必须重新设置 MSTR 为 1，否则该 SPI 将一直处于从机模式。

（4）写冲突。

SPI 在发送数据时为单缓冲，在接收数据时为双缓冲。这样在前一次发送尚未完成之前，不能将新的数据写入移位寄存器。在数据的发送过程中对 SPDAT 进行写操作时，WCOL 将被置 1，以指示发生写冲突错误。在这种情况下，当前发送的数据继续发送，而新写入的数据将丢失。

2．SPI 总线数据传输格式（通信时序）

SPI 时钟信号相位选择位 SPCTL.2（CPHA）用于设置采样和改变数据的时钟边沿，SPI 时钟信号极性选择位 SPCTL.3（CPOL）用于设置时钟极性，SPI 数据发送与接收顺序的控制位 SPCTL.5（DORD）用于设置数据传送高低位的顺序。通过对 SPI 相关参数进行设置，可以适应各种外部设备 SPI 通信的要求。

（1）SPCTL.2（CPHA）=0 时的从机 SPI 总线数据传输格式。

SPCTL.2（CPHA）=0 时的从机 SPI 总线数据传输格式如图 13.2 所示，数据在时钟信号的第一个边沿被采样，在第二个边沿被改变。主机将数据写入 SPDAT 后，SPDAT 的首位即可呈现在 MOSI 引脚上，从机的 $\overline{SS}$ 引脚被拉低时，从机 SPDAT 的首位即可呈现在 MISO 引脚上。数据发送完毕不再发送其他数据时，时钟恢复空闲状态，MOSI、MISO 两根信号线上均保持最后一位数据的状态，从机的 $\overline{SS}$ 引脚电平被拉高时，从机的 MISO 引脚呈现高阻状态。

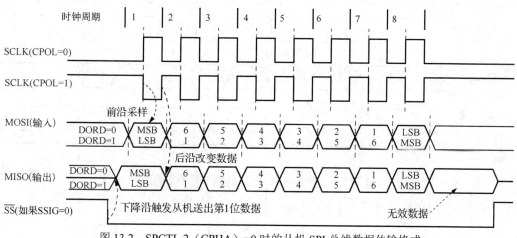

图 13.2　SPCTL.2（CPHA）=0 时的从机 SPI 总线数据传输格式

（2）SPCTL.2（CPHA）=1 时的从机 SPI 总线数据传输格式。

SPCTL.2（CPHA）=1 时的从机 SPI 总线数据传输格式如图 13.3 所示，数据在时钟信号的第一个边沿被改变，在第二个边沿被采样。

（3）SPCTL.2（CPHA）=0 时的主机 SPI 总线数据传输格式。

SPCTL.2（CPHA）=0 时的主机 SPI 总线数据传输格式如图 13.4 所示，数据在时钟信号的第一个边沿被采样，在第二个边沿被改变。在通信时，主机将一字节发送完毕，不再发送其他数据时，时钟恢复空闲状态，MOSI、MISO 两根信号线上均保持最后一位数据的状态。

（4）SPCTL.2（CPHA）=1 时的主机 SPI 总线数据传输格式。

SPCTL.2（CPHA）=1 时的主机 SPI 总线数据传输格式如图 13.5 所示，数据在时钟信号的第一个边沿被改变，在第二个边沿被采样。

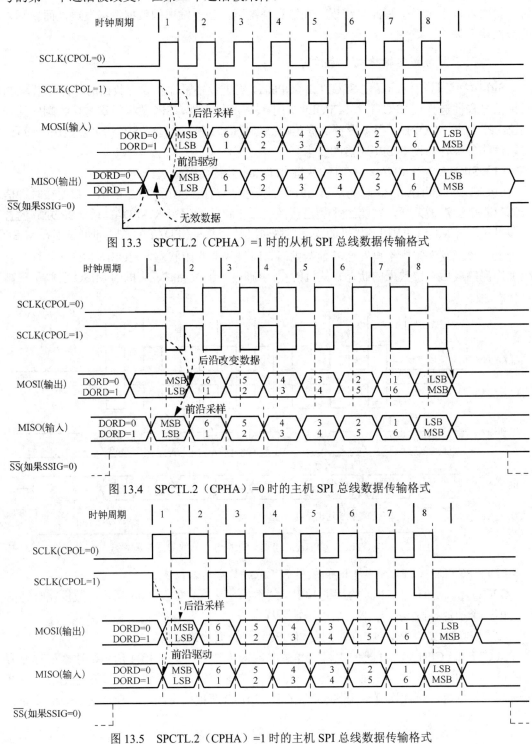

图 13.3 SPCTL.2（CPHA）=1 时的从机 SPI 总线数据传输格式

图 13.4 SPCTL.2（CPHA）=0 时的主机 SPI 总线数据传输格式

图 13.5 SPCTL.2（CPHA）=1 时的主机 SPI 总线数据传输格式

3. SPI 接口的数据通信方式

STC8H8K64U 系列单片机 SPI 接口的数据通信有 3 种方式：单主机－单从机方式，一般简称为单主单从方式；双元器件方式，两个元器件可互为主机和从机，一般简称为互为主从方式；单主机－多从机方式，一般简称为单主多从方式。

（1）单主单从方式。

单主单从方式数据通信的连接如图 13.6 所示。主机将 SPCTL 的 SPCTL.7（SSIG）及 SPCTL.4（MSTR）置 1，选择主机模式，此时主机可使用任何一个 I/O 口（包括 $\overline{SS}$ 引脚）来控制从机的 $\overline{SS}$ 引脚；从机将 SPCTL 的 SPCTL.7（SSIG）及 SPCTL.4（MSTR）置 0，选择从机模式，当从机 $\overline{SS}$ 引脚被拉为低电平时，从机被选中。

当主机向 SPDAT 中写入一字节时，立即启动一个连续的 8 位数据移位通信过程：主机的 SCLK 引脚向从机的 SCLK 引脚发出一串脉冲，在这串脉冲的控制下，刚写入主机 SPDAT 的数据从主机 MOSI 引脚移出，送到从机的 MOSI 引脚；同时之前写入从机 SPDAT 的数据从从机的 MISO 引脚移出，送到主机的 MISO 引脚。因此，主机既可主动向从机发送数据，也可主动读取从机中的数据；从机既可接收主机所发送的数据，也可在接收主机所发数据的同时向主机发送数据，但这个过程不可以由从机主动发起。

（2）互为主从方式。

互为主从方式数据通信的连接如图 13.7 所示，两个单片机可以相互为主机或从机。初始化后，两个单片机都将各自设置成由 $\overline{SS}$ 引脚（P1.2）的输入信号确定的主机模式，即将各自的 SPCTL 中的 SPCTL.4（MSTR）、SPCTL.6（SPEN）置 1，SPCTL.7（SSIG）清 0，$\overline{SS}$（P1.2）引脚配置为准双向（复位模式）并输出高电平。

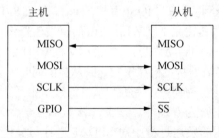
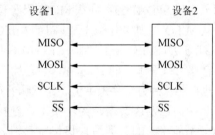

图 13.6　单主单从方式数据通信的连接　　　图 13.7　互为主从方式数据通信的连接

当一方要向另一方主动发送数据时，先检测 $\overline{SS}$ 引脚的电平状态，如果 $\overline{SS}$ 引脚是高电平，就将自己的 SPCTL.7（SSIG）置 1，设置成忽略 $\overline{SS}$ 引脚的主机模式，并将 $\overline{SS}$ 引脚的电平拉低，强制将对方设置为从机模式。这就是单主单从数据通信方式。通信完毕，当前主机再次将 $\overline{SS}$ 引脚置高电平，将自己的 SPCTL.7（SSIG）清 0，回到初始状态。

在将 SPI 配置为主机模式[SPCTL.4（MSTR）=1，SPCTL.6（SPEN）=1]，并且将 SPCTL.7（SSIG）=0 配置为由 $\overline{SS}$ 引脚（P1.2）的输入信号确定主机或从机的情况下，$\overline{SS}$ 引脚可配置为输入模式或准双向口模式，只要 $\overline{SS}$ 引脚被拉低，即可实现模式的转变，即 SPI 由主机变为从机，并将 SPSTAT 中的 SPSTAT.7（SPIF）置 1。

需要注意的是，互为主从方式时，双方的 SPI 通信速率必须相同。如果使用外部晶振，双方的晶体频率也要相同。

（3）单主多从方式。

单主多从方式数据通信的连接如图 13.8 所示。主机将 SPCTL 的 SPCTL.7（SSIG）及 SPCTL.4（MSTR）置 1，选择主机模式，此时主机使用不同的 I/O 口来控制不同从机的 $\overline{SS}$ 引脚；从机将 SPCTL 的 SPCTL.7（SSIG）及 SPCTL.4（MSTR）置 0，选择从机模式。

当主机要与某一个从机通信时，只要将对应从机的 $\overline{SS}$ 引脚电平拉低，该从机就被选中。其他从机的 $\overline{SS}$ 引脚保持高电平，这时主机与该从机的通信已成为单主单从方式的通信。通信完毕，主机再将该从机的 $\overline{SS}$ 引脚置高电平。

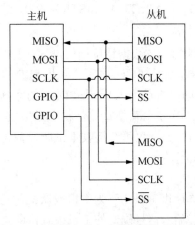

图 13.8　单主多从方式数据通信的连接

4. SPI 接口的数据通信过程

在 SPI 的 3 种通信方式中，$\overline{SS}$ 引脚的使用在主机模式和从机模式下是不同的。对于主机模式，当发送 1 字节数据时，只需要将数据写到 SPDAT 寄存器中，即可启动发送过程，此时 $\overline{SS}$ 引脚不是必须的，可作为普通的 I/O 口使用。但在从机模式下，$\overline{SS}$ 引脚必须在被主机驱动为低电平的情况下，才可进行数据传输，$\overline{SS}$ 引脚变为高电平时，表示通信结束。

在 SPI 串行数据通信过程中，传输总是由主机启动。如果 SPI 使能 SPCTL.6（SPEN），那么主机对 SPDAT 的写操作将启动 SPI 时钟发生器和数据的传输。在数据写入 SPDAT 之后的半个到 1 个 SPI 位时间，数据将出现在 MOSI 引脚。

写入主机 SPDAT 的数据从 MOSI 引脚移出发送到从机的 MOSI 引脚，同时，从机 SPDAT 的数据从 MISO 引脚移出发送到主机的 MISO 引脚。传输完 1 字节后，SPI 时钟发生器停止运行，SPSTAT.7（SPIF）置位并向 CPU 申请中断（SPI 中断允许时）。主机和从机 CPU 的两个移位寄存器可以看作一个 16 位循环移位寄存器。当数据从主机移出发送到从机的同时，从机的数据也以相反的方向移入主机。这意味着在一个移位周期中，主机和从机的数据相互交换。

SPI 接口在发送数据时为单缓冲，在接收数据时为双缓冲。在前一次数据发送尚未完成之前，不能将新的数据写入移位寄存器。在数据的发送过程中对 SPDAT 进行写操作时，SPSTAT 中的 SPSTAT.6（WCOL）将置 1，以表示数据冲突。在这种情况下，当前发送的数据继续发送，而新写入的数据将丢失。在接收数据时，接收到的数据传送到一个并行读数据缓冲区，从而释放移位寄存器以进行下一个数据的接收，但必须在下一次数据完全移入之前，将接收的数据从 SPDAT 中读出，否则，前一次接收的数据将被覆盖。

13.4　应用编程

SPI 接口工作在主机模式时可以与具有 SPI 兼容接口的元器件进行同步通信，如与存储器、A/D 转换器、D/A 转换器、LED 或 LCD 驱动器等进行通信，可以很好地扩展外围元器件实现相应的功能。

SPI 串行通信初始化思路如下。

（1）设置 SPCTL。设置 SPI 接口的主机/从机工作模式等。

（2）设置 SPSTAT。写入 0C0H，清 0 标志位 SPSTAT.7（SPIF）和 SPSTAT.（WCOL）。

特别提示：SPSTAT.7（SPIF）和 SPSTAT.6（WCOL）需要通过写 1 清 0。

（3）若使用 SPI 中断，则置 1 IE2.1（ESPI）和 EA。必要时，还可设置 SPI 中断的中断优先级。

【例 13.1】　利用 STC8H8K64U 系列单片机的 SPI 接口功能从串行 Flash 存储器 PM25LV040 中读取数据并向其中写入数据，实现类似数码分段开关功能，断电数据不丢失。具体过程为，第一次通电，打开 LED14（P6.4）；第二次通电，打开 LED15（P6.5）；第三次通电，打开 LED16（P6.6）；第四次通电，打开 LED17（P6.7）；第五次通电，回到第一次状态，依次循环。PM25LV040 接口电路如课件中附图 D.16 所示。

解　PM25LV040 是一个 512KB×8（4Mbit）的非挥发性（Non-Volatile）存储芯片，具有 SPI 接口，采用宽范围单电源供电，与按照字节擦除的 EEPROM 芯片不同，Flash 芯片是按照块擦除的。因为 STC8H8K64U 系列单片机的 SPI 接口采用的是外部设备的第 3 组，所以首先需要对 SPI 接口的输出引脚进行切换。

C 语言源程序如下。

```
#include "stc8h.h"              //包含支持 STC8H 系列单片机的头文件
#include <intrins.h>
#include <gpio.h>
#define uchar unsigned char
#define uint  unsigned int
sbit LED14 = P6^4;
sbit LED15 = P6^5;
sbit LED16 = P6^6;
sbit LED17 = P6^7;
sbit SS   = P2^2;               //SPI 的 SS 引脚，连接到 Flash 的 CE
#define    SPI_S0       0x04
#define    SPI_S1       0x08
#define    SPIF         0x80    //SPSTAT.7
#define    WCOL     0x40        //SPSTAT.6
#define    SSIG         0x80    //SPCTL.7
#define     SPEN    0x40        //SPCTL.6
#define    MSTR        0x10     //SPCTL.4
#define    TEST_ADDR    0       //Flash 测试地址
#define    BUFFER_SIZE   1      //缓冲区大小
uchar xdata g_Buffer[BUFFER_SIZE]; //Flash 读写缓冲区
bit g_fFlashOK;                 //Flash 状态
//函数声明
void InitSpi();                 //SPI 初始化
uchar SpiShift(uchar dat);      //使用 SPI 方式与 Flash 进行数据交换
bit FlashCheckID();             //检测 Flash 是否准备就绪
bit IsFlashBusy();              //检测 Flash 的忙碌状态
void FlashWriteEnable();        //使能 Flash 写指令
void FlashErase();              //擦除整片 Flash
```

```c
                                    //从 Flash 中读取数据
void FlashRead(unsigned long addr, unsigned long size, uchar *buffer);
                                    //写数据到 Flash 中
void FlashWrite(unsigned long addr, unsigned long size, uchar *buffer);

void main( )//主程序
{
    int i=0;
gpio();
P40=0;                              //使能 LED
P53=1;                              //使能 PM25LV040
    g_fFlashOK = 0;                 //初始化 Flash 状态
    InitSpi( );                     //初始化 SPI
    FlashCheckID();                 //检测 Flash 状态
    FlashRead(TEST_ADDR, BUFFER_SIZE,g_Buffer);        //读取测试地址的数据
    if(g_Buffer[0]>3)  {g_Buffer[0]=0;}                //0~3 共 4 种状态
    g_Buffer[0]=g_Buffer[0]+1;      //当前状态加 1
    FlashErase( );                  //擦除 Flash
                                    //将缓冲区的数据写到 Flash 中
    FlashWrite(TEST_ADDR, BUFFER_SIZE, g_Buffer);
    while (1)
    {
                                    //状态 1 开 LED14
        if(g_Buffer[0]==1) {LED14=0;LED15=1;LED16=1;LED17=1;}
                                    //状态 2 开 LED15
        if(g_Buffer[0]==2) {LED14=1;LED15=0;LED16=1;LED17=1;}
                                    //状态 3 开 LED16
        if(g_Buffer[0]==3) {LED14=1;LED15=1;LED16=0;LED17=1;}
                                    //状态 4 开 LED17
        if(g_Buffer[0]==4) {LED14=1;LED15=1;LED16=1;LED17=0;}
    }
}

void InitSpi( )                     //SPI 初始化
{
    ACC = P_SW1;                    //切换到第二组 SPI 引脚
    ACC &= ~(SPI_S0 | SPI_S1);      //SPI_S0=1,SPI_S1=0
    ACC |= SPI_S0;     // (P2.2/SS_2, P2.3/MOSI_2, P2.4/MISO_2, P2.5/SCLK_2)
    P_SW1 = ACC;
    SPSTAT = SPIF | WCOL;           //清除 SPI 状态
    SS = 1;
    SPCTL = SSIG | SPEN | MSTR;     //设置 SPI 为主机模式
}

uchar SpiShift(uchar dat)           //使用 SPI 方式与 Flash 进行数据交换
{          //入口参数 dat 是准备写入的数据，出口参数是从 Flash 中读出的数据
    SPDAT = dat;                    //触发 SPI 发送
    while (!(SPSTAT & SPIF));        //等待 SPI 数据传输完成
```

```
    SPSTAT = SPIF | WCOL;              //清除 SPI 状态
    return SPDAT;
}

bit FlashCheckID( )                   //检测 Flash 是否准备就绪
{           //返回 0 表示没有检测到正确的 Flash, 返回 1 表示 Flash 准备就绪
    unsigned char dat1, dat2;
    SS = 0;
    SpiShift(0xAB);                    //发送读取 ID 指令
    SpiShift(0x00);                    //空读 3 字节
    SpiShift(0x00);
    SpiShift(0x00);
    dat1 = SpiShift(0x00);             //读取制造商 ID1
    SpiShift(0x00);                    //读取设备 ID
    dat2 = SpiShift(0x00);             //读取制造商 ID2
    SS = 1;
    g_fFlashOK = ((dat1 == 0x9d) && (dat2 == 0x7f));
                                       //检测是否为 PM25LVxx 系列的 Flash
    return g_fFlashOK;
}

bit IsFlashBusy( )                     //检测 Flash 的忙碌状态
{           //0 表示 Flash 处于空闲状态, 1 表示 Flash 处于忙碌状态
    unsigned char dat;
    SS = 0;
    SpiShift(0x05);                    //发送读取状态指令
    dat = SpiShift(0);                 //读取状态
    SS = 1;
    return (dat & 0x01);               //状态值的 Bit0 即忙碌标志
}

void FlashWriteEnable( )               //使能 Flash 写指令
{
    while (IsFlashBusy());             //Flash 忙碌检测
    SS = 0;
    SpiShift(0x06);                    //发送写使能指令
    SS = 1;
}

void FlashErase( )                     //擦除整片 Flash
{
    if (g_fFlashOK)
    {
        FlashWriteEnable();            //使能 Flash 写指令
        SS = 0;
        SpiShift(0xC7);                //发送片擦除指令
        SS = 1;
    }
```

```
}

void FlashRead(unsigned long addr, unsigned long size, uchar *buffer)
                                    //从 Flash 中读取数据
{       //addr 为地址参数, size 为数据块大小, buffer 为缓冲从 Flash 中读取的数据
    if (g_fFlashOK)
    {
        while (IsFlashBusy());          //Flash 忙检测
        SS = 0;
        SpiShift(0x0B);                 //使用快速读取指令
        SpiShift(((unsigned char *)&addr)[1]); //设置起始地址
        SpiShift(((unsigned char *)&addr)[2]);
        SpiShift(((unsigned char *)&addr)[3]);
        SpiShift(0);                    //需要空读一字节
        while (size)
        {
            *buffer = SpiShift(0);   //自动连续读取并保存
            addr++;
            buffer++;
            size--;
        }
        SS = 1;
    }
}

void FlashWrite(unsigned long addr, unsigned long size, uchar *buffer)
                                    //写数据到 Flash 中
{       //addr 为地址参数, size 为数据块大小, buffer 为缓冲需要写入 Flash 的数据
    if (g_fFlashOK)
    while (size)
    {
        FlashWriteEnable();             //使能 Flash 写指令
        SS = 0;
        SpiShift(0x02);                 //发送页编程指令
        SpiShift(((unsigned char *)&addr)[1]); //设置起始地址
        SpiShift(((unsigned char *)&addr)[2]);
        SpiShift(((unsigned char *)&addr)[3]);
        while (size)
        {
            SpiShift(*buffer);          //连续页内写
            addr++;
            buffer++;
            size--;
            if ((addr & 0xff) == 0) break;
        }
        SS = 1;
    }
}
```

13.5　工程训练

13.5.1　通过 SPI 串行总线访问 PM25LV040

一、工程训练目标

（1）理解 STC8H8K64U 系列单片机 SPI 接口的电路结构与工作特性。

（2）掌握 PM25LV040 的应用编程。

（3）进一步掌握计算机串行通信端口的应用编程。

二、任务功能与参考程序

1．任务功能

STC8H8K64U 系列单片机接收计算机串行通信端口发送的指令，STC8H8K64U 系列单片机通过 SPI 串行总线访问 Flash 芯片 PM25LV040，访问功能包括检测 PM25LV040 是否就绪、擦除扇区、写入数据与读取数据等，同时，将访问结果通过串行通信端口送计算机显示。

2．硬件设计

（1）STC8H8K64U 系列单片机是通过串行通信端口 1 与计算机相连接的，通信电路就是 STC 大学计划实验箱（8.3）在线编程的通信电路，详见课件中附图 D.4。

（2）STC8H8K64U 系列单片机是通过 SPI 串行总线与 PM25LV040 相连接的，如课件中附图 D.16 所示。

3．软件编程

（1）程序说明。

本任务编程分为两部分：一是上位机编程（计算机端）；二是下位机编程（STC8H8K64U 系列单片机端）。

上位机编程采用通用的串行通信端口通信程序来实现，如 STC-ISP 在线编程软件中自带的串行通信端口助手，或者 SSCOM。

本任务主要学习 STC8H8K64U 系列单片机端应用编程：一是与计算机的通信编程；二是与 PM25LV040 的通信编程。

本任务 STC8H8K64U 系列单片机的操作根据计算机发布的指令来执行，首先要约定操作指令与操作功能的关系，如下所示。

```
E 0x001234     //扇区擦除指令"E 或 e"，紧跟的是指定的十六进制地址
W 0x001234 1234567890 //写入指令"W 或 w"，紧跟的是指定的十六进制地址，后面为写入内容。
R 0x001234 10 //读出指令"R 或 r"，紧跟的是指定的十六进制地址，后面为要读出的字节数。
C              //如果检测不到 PM25LV040/W25X40CL，发送"C 或 c"强制允许操作
```

（2）STC8H8K64U 系列单片机端参考程序：工程训练 131.c。

```
#include   "stc8h.h"
#include   "intrins.h"
```

```
#include    "gpio.c"
#define uchar unsigned char
#define uint unsigned int
#define ulong unsigned long
#define   MAIN_Fosc   22118400L              //定义主时钟（精确计算115200波特率）
#define SPIF    0x80                          //SPI 传输完成标志位。写入1清0
#define WCOL    0x40                          //SPI 写冲突标志位。写入1清0
#define  Baudrate1   115200L
#define   EE_BUF_LENGTH  50                   //
/*--------- 本地变量定义--------------*/
uchar xdata   tmp[EE_BUF_LENGTH];
uchar  sst_byte;
ulong Flash_addr;
/*---------- FLASH 相关引脚定义--------------*/
sbit    P_PM25LV040_CE  = P2^2;             //PIN1
sbit    P_PM25LV040_SO  = P2^4;             //PIN2
sbit    P_PM25LV040_SI  = P2^3;             //PIN5
sbit    P_PM25LV040_SCK = P2^5;             //PIN6
uchar  B_FlashOK;                            //Flash 状态标志位
uchar  PM25LV040_ID, PM25LV040_ID1, PM25LV040_ID2;
#define    UART1_BUF_LENGTH    (EE_BUF_LENGTH+9)   //串行通信端口缓冲长度
uchar  RX1_TimeOut;
uchar  TX1_Cnt;                              //发送计数
uchar  RX1_Cnt;                              //接收计数
bit B_TX1_Busy;                              //发送忙碌标志位
uchar  xdata   RX1_Buffer[UART1_BUF_LENGTH];    //接收缓冲
void    delay_ms(uchar ms);
void    RX1_Check(void);
void    UART1_config(uchar brt);
//串行通信端口1初始化，brt为2使用T2作为波特率发生器，其他值使用T1作为波特率发生器
void     PrintString1(uchar *puts);
void    UART1_TxByte(uchar dat);
void    SPI_init(void);
void    FlashCheckID(void);
uchar   CheckFlashBusy(void);
void    FlashWriteEnable(void);
void    FlashChipErase(void);
void    FlashSectorErase(ulong addr);
void    SPI_Read_Nbytes( ulong addr, uchar *buffer, uint size);
uchar   SPI_Read_Compare(ulong addr, uchar *buffer, uint size);
void    SPI_Write_Nbytes(ulong addr, uchar *buffer,  uchar size);
/*------------ 主函数------------------*/
void main(void)
{
    gpio();                                  //I/O 口初始化
    delay_ms(10);
    UART1_config(1);
    EA = 1;                                  //允许总中断，开放串行通信端口1中断
    PrintString1("指令设置:\r\n");
    PrintString1("E 0x001234             --> 扇区擦除 十六进制地址\r\n");
```

```
        PrintString1("W 0x001234 1234567890 --> 写入操作 十六进制地址 写入内容
\r\n");
        PrintString1("R 0x001234 10          --> 读出操作 十六进制地址 读出字节数
\r\n");
        PrintString1("C     --> 如果检测不到PM25LV040/W25X40CL/W25Q80BV, 发送 C 强
制允许操作.\r\n\r\n");
        SPI_init();                         //SPI 通信初始化
        FlashCheckID();                     //检测 Flash 芯片
        FlashCheckID();
        if(!B_FlashOK)  PrintString1("未检测到PM25LV040/W25X40CL/ W25Q80BV!\r\n");
        else
        {
            if(B_FlashOK == 1)
            {
                PrintString1("检测到 PM25LV040!\r\n");
            }
            else if(B_FlashOK == 2)
            {
                PrintString1("检测到 W25X40CL!\r\n");
            }
            else if(B_FlashOK == 3)
            {
                PrintString1("检测到 W25Q80BV!\r\n");
            }
            PrintString1("制造商 ID1 = 0x");
            UART1_TxByte(Hex2Ascii(PM25LV040_ID1 >> 4));
            UART1_TxByte(Hex2Ascii(PM25LV040_ID1));
            PrintString1("\r\n     ID2 = 0x");
            UART1_TxByte(Hex2Ascii(PM25LV040_ID2 >> 4));
            UART1_TxByte(Hex2Ascii(PM25LV040_ID2));
            PrintString1("\r\n   设备 ID = 0x");
            UART1_TxByte(Hex2Ascii(PM25LV040_ID >> 4));
            UART1_TxByte(Hex2Ascii(PM25LV040_ID));
            PrintString1("\r\n");
        }
        while (1)
        {
            delay_ms(1);
            if(RX1_TimeOut > 0)
            {
                if(--RX1_TimeOut == 0)           //超时，串行通信端口接收结束
                {
                    if(RX1_Cnt > 0)
                    {
                        RX1_Check();              //串行通信端口 1 处理数据
                    }
                    RX1_Cnt = 0;
                }
            }
        }
```

```
}
/*---------延时函数，自动适应主时钟----------*/
void delay_ms(uchar ms)
{
    uint i;
    do{
        i = MAIN_Fosc                    //13000
        while(--i);                      //每周期14T
    }while(--ms);
}
/*-----十六进制转 ASCII 码-------*/
uchar  Hex2Ascii(uchar dat)
{
    dat &= 0x0f;
    if(dat < 10)    return (dat+'0');
    return (dat-10+'A');
}
/*-----------ASCII 码转 BIN ----------------------*/
uchar  CheckData(uchar dat)
{
    if((dat >= '0') && (dat <= '9'))        return (dat-'0');
    if((dat >= 'A') && (dat <= 'F'))        return (dat-'A'+10);
    return 0xff;
}
/*----------------获取写入地址---------------------*/
ulong GetAddress(void)
{
    ulong address;
    uchar i,j;

    address = 0;
    if((RX1_Buffer[2] == '0') && (RX1_Buffer[3] == 'X'))
    {
        for(i=4; i<10; i++)
        {
            j = CheckData(RX1_Buffer[i]);
            if(j >= 0x10)   return 0x80000000;   //错误
            address = (address << 4) + j;
        }
        return (address);
    }
    return 0x80000000;                    //错误
}
/*------------- 获取要读出数据的字节数----------------*/
uchar GetDataLength(void)
{
    uchar i;
    uchar length;
```

```
        length = 0;
        for(i=11; i<RX1_Cnt; i++)
        {
            if(CheckData(RX1_Buffer[i]) >= 10)  break;
            length = length * 10 + CheckData(RX1_Buffer[i]);
        }
        return (length);
    }
/*---------- 串行通信端口 1 处理函数------------------*/
    void RX1_Check(void)
    {
        uchar  i,j;
        if((RX1_Cnt == 1) && (RX1_Buffer[0] == 'C'))    //发送 C 强制允许操作
        {
            B_FlashOK = 1;
            PrintString1("强制允许操作 FLASH!\r\n");
        }
        if(!B_FlashOK)
        {
            PrintString1("PM25LV040/W25X40CL/W25Q80BV 不存在,不能操作 FLASH!\r\n");
            return;
        }
        F0 = 0;
        if((RX1_Cnt >= 10) && (RX1_Buffer[1] == ' '))  //最短指令为 10 字节
        {
            for(i=0; i<10; i++)
            {
                if((RX1_Buffer[i]  >=  'a')  &&  (RX1_Buffer[i]  <=  'z'))
RX1_Buffer[i] = RX1_Buffer[i] - 'a' + 'A'; //小写转大写
            }
            Flash_addr = GetAddress();
            if(Flash_addr < 0x80000000)
            {
                if(RX1_Buffer[0] == 'E')      //擦除
                {
                    FlashSectorErase(Flash_addr);
                    PrintString1("已擦除一个扇区数据!\r\n");
                    F0 = 1;
                }
                else  if((RX1_Buffer[0]  ==  'W')  &&  (RX1_Cnt  >=  12)  &&
(RX1_Buffer[10] == ' '))
                                                //写入 N 字节
                {
                    j = RX1_Cnt - 11;
                    for(i=0; i<j; i++)  tmp[i] = 0xff;    //检测要写入的空间是否为空
                    i = SPI_Read_Compare(Flash_addr,tmp,j);
                    if(i > 0)
                    {
```

```
                    PrintString1("要写入的地址为非空,不能写入,请先擦除!\r\n");
                }
                else
                {
//写入 N 字节
                    SPI_Write_Nbytes(Flash_addr,&RX1_Buffer[11],j);
                    i  =   SPI_Read_Compare(Flash_addr,&RX1_Buffer[11],j);
                                        //比较写入的数据
                    if(i == 0)
                    {
                        PrintString1("已写入");
                        if(j >= 100)  {UART1_TxByte(j/100+'0');   j = j % 100;}
                        if(j >= 10)   {UART1_TxByte(j/10+'0');   j = j % 10;}
                        UART1_TxByte(j%10+'0');
                        PrintString1("字节数据!\r\n");
                    }
                    else        PrintString1("写入错误!\r\n");
                }
            F0 = 1;
            }
            else  if((RX1_Buffer[0]  ==  'R') &&  (RX1_Cnt  >=  12)  &&
(RX1_Buffer[10] == ' '))
    //读出 N 字节
            {
                j = GetDataLength();
                if((j > 0) && (j < EE_BUF_LENGTH))
                {
                    SPI_Read_Nbytes(Flash_addr,tmp,j);
                    PrintString1("读出");
                    if(j>=100)  UART1_TxByte(j/100+'0');
                    UART1_TxByte(j%100/10+'0');
                    UART1_TxByte(j%10+'0');
                    PrintString1("字节数据如下: \r\n");
                    for(i=0; i<j; i++)  UART1_TxByte(tmp[i]);
                    UART1_TxByte(0x0d);
                    UART1_TxByte(0x0a);
                    F0 = 1;
                }
            }
        }
    }
    if(!F0) PrintString1("指令错误!\r\n");
}
/*----- 串行通信端口 1 发送一字节------------*/
void UART1_TxByte(uchar dat)
{
    SBUF = dat;
    B_TX1_Busy = 1;
```

```
        while(B_TX1_Busy);
}
/*----------串行通信端口 1 发送字符串函数-------*/
void PrintString1(uchar *puts)              //发送一个字符串
{
    for (; *puts != 0;  puts++) UART1_TxByte(*puts);    //遇到停止符 0 结束
}
/*----------设置 T2 作为波特率发生器--------*/
void SetTimer2Baudraye(uint dat)            //使用 T2 作为波特率发生器
{
    AUXR &= ~(1<<4);                        //T2 停止运行
    AUXR &= ~(1<<3);                        //T2 设置为定时状态
    AUXR |=  (1<<2);                        //T2 计数脉冲不分频
    T2H = dat                               //设置 T2 初始值
    T2L = dat % 256;
    IE2 &= ~(1<<2);                         //禁止 T2 中断
    AUXR |=  (1<<4);                        //启动 T2
}
//串行通信端口 1 初始化，brt 为 2 使用 T2 作为波特率发生器，其他值使用 T1 作为波特率发生器
void UART1_config(uchar brt)
{
    if(brt == 2)
    {
        AUXR |= 0x01;                       //使用 T2 作为波特率发生器
        SetTimer2Baudraye(65536UL - (MAIN_Fosc/ 4)/ Baudrate1);
    }
    else
    {
        TR1 = 0;
        AUXR &= ~0x01;                      //使用 T1 作为波特率发生器
        AUXR |=  (1<<6);                    //T1 计数脉冲不分频
        TMOD &= ~(1<<6);                    //T1 设置为定时状态
        TMOD &= ~0x30;
        TH1 = (uchar)((65536UL - (MAIN_Fosc/ 4)/ Baudrate1)/ 256);
        TL1 = (uchar)((65536UL - (MAIN_Fosc/ 4) Baudrate1) % 256);
        ET1 = 0;                            //禁止中断
        INTCLKO &= ~0x02;                   //不输出时钟
        TR1 = 1;
    }
    SCON = (SCON & 0x3f) | 0x40;
    ES = 1;                                 //允许中断
    REN = 1;                                //允许接收
    P_SW1 &= 0x3f;
    P_SW1 |= 0x00;          //串行通信端口 1 的串行接收、串行发送引脚切换：P3.0、P3.1
    B_TX1_Busy = 0;
    TX1_Cnt = 0;
    RX1_Cnt = 0;
}
```

```
/*-------- 串行通信端口 1 中断函数--------------*/
void UART1_int (void) interrupt 4
{
    if(RI)
    {
        RI = 0;
        if(RX1_Cnt >= UART1_BUF_LENGTH) RX1_Cnt = 0;
        RX1_Buffer[RX1_Cnt] = SBUF;
        RX1_Cnt++;
        RX1_TimeOut = 5;
    }
    if(TI)
    {
        TI = 0;
        B_TX1_Busy = 0;
    }
}
/*-------- Flash 相关操作--------------------------*/
#define SFC_WREN        0x06            //串行 Flash 指令集
#define SFC_WRDI        0x04
#define SFC_RDSR        0x05
#define SFC_WRSR        0x01
#define SFC_READ        0x03
#define SFC_FASTREAD    0x0B
#define SFC_RDID        0xAB
#define SFC_PAGEPROG    0x02
#define SFC_RDCR        0xA1
#define SFC_WRCR        0xF1
#define SFC_SECTORER1   0xD7            //PM25LV040 扇区擦除指令
#define SFC_SECTORER2   0x20            //W25Xxx 扇区擦除指令
#define SFC_BLOCKER     0xD8
#define SFC_CHIPER      0xC7


#define SPI_CE_High()   P_PM25LV040_CE  = 1//设置 CE 为高电平
#define SPI_CE_Low()    P_PM25LV040_CE  = 0//设置 CE 为低电平
#define SPI_Hold()      P_SPI_Hold      = 0 //设置 Hold 为低电平
#define SPI_UnHold()    P_SPI_Hold      = 1 //设置 Hold 为高电平
#define SPI_WP()        P_SPI_WP        = 0 //设置 WP 为低电平
#define SPI_UnWP()      P_SPI_WP        = 1 //设置 WP 为高电平
/*------------SPI 初始化--------------*/
void SPI_init(void)
{
    SPCTL |= (1 << 7);     //忽略SS引脚功能，使用 MSTR 确定元器件是主机还是从机
    SPCTL |= (1 << 6);     //使能 SPI
    SPCTL &= ~(1 << 5);    //先发送/接收数据的高位（ MSB）
    SPCTL |= (1 << 4);     //设置主机模式
//SCLK 空闲时为低电平，SCLK 的前时钟沿为上升沿，后时钟沿为下降沿
    SPCTL &= ~(1 << 3);
```

```
// SS 引脚为低电平驱动第一位数据并在 SCLK 的后时钟沿改变数据
    SPCTL &= ~(1 << 2);
//SPI 时钟频率选择, 0 对应 4T, 1 对应 8T, 2 对应 16T, 3 对应 32T
    SPCTL = (SPCTL & ~3) | 0;
P_SW1 = (P_SW1 & ~(3<<2)) | (1<<2);    //I/O 口切换 1: P2.2 P2.3 P2.4 P2.5
P_PM25LV040_SCK = 0;               //切换时钟为低速状态
    P_PM25LV040_SI = 1;
    SPSTAT = SPIF + WCOL;          //清 0 SPIF 和 WCOL
}
/*-------SPI 写一字节数据-----------*/
void SPI_WriteByte(uchar out)
{
    SPDAT = out;
    while((SPSTAT & SPIF) == 0)    ;
    SPSTAT = SPIF + WCOL;          //清 0 SPIF 和 WCOL
}
/*-------SPI 读一字节数据-----------*/
uchar SPI_ReadByte(void)
{
    SPDAT = 0xff;
    while((SPSTAT & SPIF) == 0)    ;
    SPSTAT = SPIF + WCOL;          //清 0 SPIF 和 WCOL
    return (SPDAT);
}
/*-----检测 Flash 是否准备就绪, 0 表示没有检测到正确的 Flash; 1 表示 Flash 准备就绪
-------*/
void FlashCheckID(void)
{
    SPI_CE_Low();
    SPI_WriteByte(SFC_RDID);       //发送读取 ID 指令
    SPI_WriteByte(0x00);           //空读 3 字节
    SPI_WriteByte(0x00);
    SPI_WriteByte(0x00);
    PM25LV040_ID1 = SPI_ReadByte();//读取制造商 ID1
    PM25LV040_ID  = SPI_ReadByte();//读取设备 ID
    PM25LV040_ID2 = SPI_ReadByte();//读取制造商 ID2
    SPI_CE_High();
//检测是否为 PM25LVxx 系列的 Flash
    if((PM25LV040_ID1 == 0x9d) && (PM25LV040_ID2 == 0x7f)) B_FlashOK = 1;
//检测是否为 PW25X4x 系列的 Flash
    else if(PM25LV040_ID == 0x12)  B_FlashOK = 2;
//检测是否为 PW25X8x 系列的 Flash
    else if(PM25LV040_ID == 0x13)  B_FlashOK = 3;
    else   B_FlashOK = 0;          //无 PW25 设备
}
/*--------检测 Flash 的忙状态, 0 表示 Flash 处于空闲状态; 1 表示 Flash 处于忙状态
-----------*/
uchar CheckFlashBusy(void)
```

```
{
    uchar  dat;
    SPI_CE_Low();
    SPI_WriteByte(SFC_RDSR);                //发送读取状态指令
    dat = SPI_ReadByte();                   //读取状态
    SPI_CE_High();
    return (dat);                           //状态值的 Bit0 即忙碌标志
}
/*------使能 Flash 写指令------------*/
void FlashWriteEnable(void)
{
    while(CheckFlashBusy() > 0);            //Flash 忙碌检测
    SPI_CE_Low();
    SPI_WriteByte(SFC_WREN);                //发送写使能指令
    SPI_CE_High();
}
/*-------擦除扇区，一个扇区 4KB--------------*/
void FlashSectorErase(ulong addr)
{
    if(B_FlashOK)
    {
        FlashWriteEnable();                 //使能 Flash 写指令
        SPI_CE_Low();
        if(B_FlashOK == 1)
        {
            SPI_WriteByte(SFC_SECTORER1);//发送扇区擦除指令
        }
        else
        {
            SPI_WriteByte(SFC_SECTORER2);//发送扇区擦除指令
        }
        SPI_WriteByte(((uchar *)&addr)[1]); //设置起始地址
        SPI_WriteByte(((uchar *)&addr)[2]);
        SPI_WriteByte(((uchar *)&addr)[3]);
        SPI_CE_High();
    }
}

/**-----从 Flash 中读取数据，addr 表示地址参数；buffer 表示缓冲从 Flash 中读取的数
据；size 表示数据块大小----*/
void SPI_Read_Nbytes(ulong addr, uchar *buffer, uint size)
{
    if(size == 0)   return;
    if(!B_FlashOK)  return;
    while(CheckFlashBusy() > 0);            //Flash 忙碌检测
    SPI_CE_Low();                           //允许选择
    SPI_WriteByte(SFC_READ);                //读指令
    SPI_WriteByte(((uchar *)&addr)[1]); //设置起始地址
```

```
    SPI_WriteByte(((uchar *)&addr)[2]);
    SPI_WriteByte(((uchar *)&addr)[3]);
    do{
        *buffer = SPI_ReadByte();            //接收并存储一字节数据
        buffer++;
    }while(--size);                          //直至读取结束
    SPI_CE_High();                           //关闭 SPI
}
/*----读出 n 字节，跟指定的数据进行比较，错误返回 1，正确返回 0-----------*/
uchar SPI_Read_Compare(ulong addr, uchar *buffer, uint size)
{
    uchar j;
    if(size == 0)   return 2;
    if(!B_FlashOK)  return 2;
    while(CheckFlashBusy() > 0);             //Flash 忙碌检测
    j = 0;
    SPI_CE_Low();                            //允许选择
    SPI_WriteByte(SFC_READ);                 //读指令
    SPI_WriteByte(((uchar *)&addr)[1]);      //设置起始地址
    SPI_WriteByte(((uchar *)&addr)[2]);
    SPI_WriteByte(((uchar *)&addr)[3]);
    do
    {
        if(*buffer != SPI_ReadByte())        //接收并存储一字节数据
        {
            j = 1;
            break;
        }
        buffer++;
    }while(--size);                          //直至读取结束
    SPI_CE_High();                           //关闭 SPI
    return j;
}
/*--------写数据到 Flash 中，addr 表示地址参数；buffer 表示缓冲需要写入 Flash 的数
据；size 表示数据块大小---------*/
void SPI_Write_Nbytes(ulong addr, uchar *buffer, uchar size)
{
    if(size == 0)   return;
    if(!B_FlashOK)  return;
    while(CheckFlashBusy() > 0);             //Flash 忙碌检测
    FlashWriteEnable();                      //使能 Flash 写指令
    SPI_CE_Low();                            //打开 SPI
    SPI_WriteByte(SFC_PAGEPROG);             //发送页编程指令
    SPI_WriteByte(((uchar *)&addr)[1]);      //设置起始地址
    SPI_WriteByte(((uchar *)&addr)[2]);
    SPI_WriteByte(((uchar *)&addr)[3]);
    do{
        SPI_WriteByte(*buffer++);            //连续页内写
```

```
        addr++;
        if ((addr & 0xff) == 0) break;
    }while(--size);
    SPI_CE_High();                        //关闭SPI
}
```

三、训练步骤

（1）分析"工程训练 131.c"程序文件。

（2）将"gpio.c"文件复制到当前项目文件夹中。

（3）用 Keil μVision4 集成开发环境编辑、编译用户程序（工程训练 131.c），生成机器代码（工程训练 131.hex）。

（4）将 STC 大学计划实验箱（8.3）连接至计算机。

（5）利用 STC-ISP 在线编程软件将"工程训练 131.hex"文件下载到 STC 大学计划实验箱（8.3）中（下载的系统频率为 22.1184MHz）。

（6）系统调试。

下面以选择 STC-ISP 在线编程软件自带的"串行通信端口助手"为例进行说明。

① 单击界面中的"串行通信端口助手"菜单，将呈现串行通信端口助手工作界面，如图 13.9 所示。接着在"串口助手"工作界面进行参数设置：根据 USB 转串行通信端口选择所使用的串行通信端口号，如 COM8；波特率选择 115200；无校验位（数据位为 8 位）；停止位选择 1 位；选择文本模式。然后单击"打开串行通信端口"按钮，这时，计算机与 STC8H8K64U 系列单片机建立了通信，可进行测试。

特别提示： 为了能让串行通信端口助手在每次下载程序结束后自动打开串行通信端口，勾选"编程完成后自动打开串行通信端口"复选框。

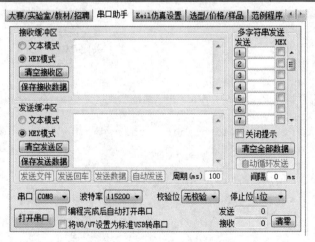

图 13.9 "串口助手"工作界面

② 按动 STC 大学计划试验箱（8.3）SW19 按键，让实验箱重新上电，实验箱首先向计算机发送操作指令与操作功能间关系的信息，并检测实验箱串行 Flash，将检测结果发送计算机显示，进入等待接收指令状态。启动工作信息如图 13.10 所示。

图 13.10　启动工作信息

③ 在"发送缓冲区"窗口输入擦除指令"e 0x001234"，单击"发送数据"按钮，观察"接收缓冲区"窗口接收到的数据，如图 13.11 所示。

④ 在"发送缓冲区"窗口输入擦除指令"w 0x001234 1234567890"，单击"发送数据"按钮，观察"接收缓冲区"窗口接收到的数据，如图 13.12 所示。

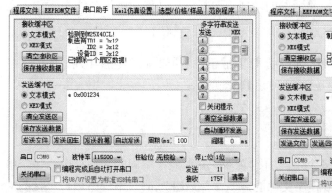

图 13.11　擦除扇区　　　　　　　　图 13.12　写入数据

⑤ 在"发送缓冲区"窗口输入擦除指令"r 0x001234 10"单击"发送数据"按钮，观察"接收缓冲区"窗口接收到的数据，如图 13.13 所示。

⑥ 在"发送缓冲区"窗口输入擦除指令"t 0x001234 10"，单击"发送数据"按钮，观察"接收缓冲区"窗口接收到的数据，如图 13.14 所示。

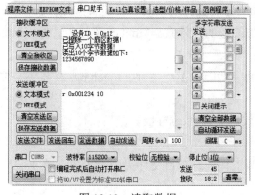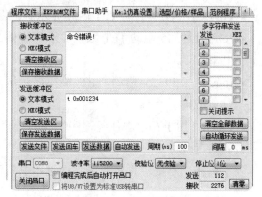

图 13.13　读取数据　　　　　　　　图 13.14　错误指令

⑦ 改变测试地址、写入的数据，再进行测试。

13.5.2　ILI9325 驱动 TFT 触摸显示屏的测试

一、工程训练目标

（1）了解 ILI9325 驱动 TFT 触摸显示屏的工作特性。

（2）体验 ILI9325 驱动 TFT 触摸显示屏的工作特性。

（3）进一步掌握 STC8H8K64U 系列单片机 SPI 接口的应用编程。

二、任务功能与参考程序

1．任务功能

（1）自行查找资料，了解 ILI9325 驱动 TFT 触摸显示屏的工作特性。

（2）测试 ILI9325 驱动 TFT 触摸显示屏的功能，包括显示功能和触摸功能。

2．硬件设计

STC8H8K64U 系列单片机与 ILI9325 驱动 TFT 触摸显示屏的硬件连接电路，如课件中附图 D.23 所示，其中触摸功能模块是由 SPI 接口驱动的。

3．软件编程

（1）程序说明。

本任务程序根据功能不同分成多个不同的组文件，并存放在不同的文件夹中。每个组文件包括.c 程序文件及其头文件（.c 程序文件的声明文件后缀为.h）。本程序项目包括的文件夹和对应的程序文件说明如下。

- Project：用于存放本任务程序的项目文件（ceshi.uvproj），以及其他相关文件。
- USER：包含主程序文件（main.c），以及测试文件（test.c）及其头文件（test.h）。
- sys：包括系统的定义文件（sys.c）及其头文件（sys.c）。
- LCD：ILI9325 驱动 TFT 触摸显示屏字符显示的驱动文件（lcd.c）及其头文件（lcd.h）。
- GUI：ILI9325 驱动 TFT 触摸显示屏绘图的驱动文件（gui.c）及其头文件（gui.h）。
- font：ILI9325 驱动 TFT 触摸显示屏字体与图形的点阵数据（font.c）及其头文件（font.h 和 pic.h）。
- touch：ILI9325 驱动 TFT 触摸显示屏触摸功能的驱动文件（touch.c）及其头文件（touch.h）。
- touch：用于存放本任务程序生成的机器代码文件（ceshi.hex）。

（2）参考程序。

限于篇幅，不提供程序清单，详见本书资源工程训练项目文件夹中"工程训练 13.2"。

三、训练步骤

（1）利用 STC-ISP 在线编程软件将"工程训练 13.2"项目文件夹中"ceshi.hex"文件下载到 STC 大学计划实验箱（8.3）中。

（2）ILI9325 驱动 TFT 显示屏显示功能的测试。

当程序下载完成后，系统进入 TFT 触摸显示屏显示的测试流程，共 9 个测试，周而复始，具体测试流程如下。

测试 1：测试主界面。

测试 2：读 ID 和颜色值测试。

测试 3：简单刷屏填充测试。

测试 4：GUI 矩形绘图测试。

测试 5：GUI 画圆测试。

测试 6：GUI 三角形填充测试。

测试 7：英文字体示例测试。

测试 8：中文字体示例测试。

测试 9：图片显示示例测试。

（3）ILI9325 驱动 TFT 触摸显示屏触摸功能的测试。

按动 SW17（INT0）按键，等待 ILI9325 驱动 TFT 触摸显示屏显示功能测试周期完成，进入 TFT 显示屏触摸功能的测试流程，共 2 个测试。

测试 1：触摸校对，四角按顺序确认。

测试 2：触摸输入，从触摸屏输入信息。

四、训练总结

记录各测试流程显示的内容，并进行测试性能的判别。根据测试体验及自行查询资料的情况，撰写一篇类似 ILI9325 驱动 TFT 触摸显示屏技术手册的报告。

五、训练拓展

分析本任务的程序结构与各模块程序的功能函数，撰写一篇关于 ILI9325 驱动 TFT 触摸显示屏应用的程序编写要点的报告。

本章小结

STC8H8K64U 系列单片机集成了串行外部设备接口，即 SPI（Serial Peripheral Interface）接口。SPI 接口既可以和其他微处理器通信，也可以与具有 SPI 兼容接口的元器件（如存储器、A/D 转换器、D/A 转换器、LED 驱动器或 LCD 驱动器等）进行同步通信。SPI 接口有两种工作模式：主机模式和从机模式。在主机模式，支持高达 3Mbit/s 的速率；在从机模式下，速率无法太快，频率在 $f_{SYS}/4$ 以内较好。此外，SPI 接口还具有传输完成标志位和写冲突标志位保护功能。

STC8H8K64U 系列单片机 SPI 接口共有 3 种通信方式：单主单从方式、互为主从方式、单主多从方式，主要用于 2 个或多个单片机之间数据的传输。

习题

一、填空题

1. SPI 接口是一种_____的高速同步通信接口。STC8H8K64U 系列单片机集成的 SPI 接口提供了两种工作模式：主机模式和_____。

2. 与 STC8H8K64U 系列单片机的 SPI 接口有关的特殊功能寄存器有 SPSTAT、SPCTL 和 SPDAT，SPSTAT 是_____寄存器，SPCTL 是_____寄存器，SPDAT 是_____寄存器。

3. SPI 的通信方式通常有 3 种：单主单从方式、互为主从方式和_____。

4. SPI 中断的中断向量地址是_____，中断号是_____。

二、选择题

1. SPI 接口的使能控制位是（   ）。
   A. $\overline{SS}$ 　　　　　　　B. SSIG 　　　　　　　C. SPEN 　　　　　　　D. MSTR

2. SPI 接口主机模式的设置是置位（   ）。
   A. $\overline{SS}$ 　　　　　　　B. SSIG 　　　　　　　C. SPEN 　　　　　　　D. MSTR

3. SPI 数据传输的缓冲情况是（   ）。
   A. 发送时为单缓冲、接收时为双缓冲　　　B. 发送时为双缓冲、接收时为单缓冲
   C. 发送、接收时都为单缓冲　　　　　　　D. 发送、接收时都为双缓冲

三、判断题

1. SPI 接口工作在主机模式、从机模式时都支持高达 3Mbit/s 的速率。（   ）

2. 任何 SPI 控制寄存器的改变都将复位 SPI 接口，并清除相关寄存器。（   ）

3. SPI 接口由 MOSI、MISO、SCLK 和 $\overline{SS}$ 4 根信号线构成，在任何模式下，都必须用到这 4 根信号线。（   ）

4. SCLK 是 SPI 时钟信号线，SPI 时钟信号由主元器件提供。（   ）

5. $\overline{SS}$ 信号是从机选择信号，主元器件用它来选择处于从机模式的 SPI 模块。（   ）

6. SPI 中断的中断优先级是固定的最低中断优先级。（   ）

四、问答题

1. STC8H8K64U 系列单片机的 SPI 接口有哪几种工作方式？简述各种工作方式的异同点。

2. 简述 STC8H8K64U 系列单片机 SPI 接口的数据通信过程。

五、设计题

设计一个 1 主机 4 从机的 SPI 接口系统。主机从 4 路模拟信号输入通道输入数据，实现定时巡回检测，并将 4 路检测数据分别送至 4 个从机，从 P2 口输出，用 LED 显示检测数据。要求画出电路原理图，并编写程序。

第 14 章 I²C 通信接口

内容提要

I²C 总线是一种由 PHILIPS 公司开发的两线式串行总线，具备多主机系统所需的总线仲裁和高低速元器件同步功能，用于连接 CPU 及其外围设备。

本章重点介绍 STC8H8K64U 系列单片机的 I²C 通信接口。

14.1 I²C 总线

I²C（Inter-Integrated Circuit）总线是一种由 PHILIPS 公司开发的两线式串行总线，用于连接 CPU 及其外围设备。I²C 总线诞生于 20 世纪 80 年代，最初是为音频设备和视频设备开发的，如今主要用于服务器管理，包括单个组件状态的通信。例如，管理员可对各个组件进行查询，以管理系统的配置或掌握组件（如电源和系统风扇）的功能状态，可随时监控内存、硬盘、网络、系统温度等多个参数，增加了系统的安全性，方便了管理。

1. I²C 总线的基本特性

I²C 总线具备多主机系统所需的总线仲裁和高低速元器件同步功能。I²C 总线具有如下基本特性。

（1）I²C 总线只有两根双向信号线。

一根是数据线 SDA，另一根是时钟线 SCL。所有连接到 I²C 总线上元器件的数据线都接到 SDA 上，各元器件的时钟线均接到 SCL 上。I²C 总线的基本结构示意图如图 14.1 所示。

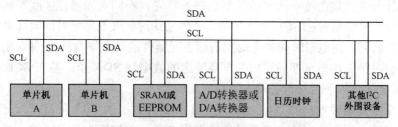

图 14.1 I²C 总线的基本结构示意图

（2）I²C 总线是一种多主机总线。

I²C 总线上可以有一个或多个主机，其运行由主机控制。这里的主机是指启动数据的传送（发送起始信号）、发出时钟信号、传送结束时发出终止信号的元器件。通常，主机由各种单片机或其他微处理器充当。被主机寻访的元器件称为从机，它既可以是各种单片机或其他微处理器，也可以是其他元器件（如存储器、LED/LCD 驱动器、A/D 转换器、D/A 转换器、日历时钟等）。

（3）I²C 总线的 SDA 和 SCL 是双向的，均通过上拉电阻接正电源。

如图 14.2 所示，当总线空闲时，SDA 和 SCL 均为高电平。连到 I²C 总线上的元器件（相当于节点）的输出级必须是漏极或集电极开路的，任一元器件输出的低电平都将使 I²C 总线的信号变低，即各元器件的 SDA 及 SCL 都是"线与"关系。SCL 上的时钟信号对 SDA 上各元器件间数据的传输起同步作用。SDA 上数据的起始、终止及数据的有效性均要根据 SCL 上的时钟信号来判断。

在标准模式下，I²C 总线上数据的传输速率为 100kbit/s，高速模式下，I²C 总线上数据的传输速率可达 400kbit/s。连接的元器件越多，电容量越大，I²C 总线上允许的元器件数以总线上电容量不超过 400pF 为限。

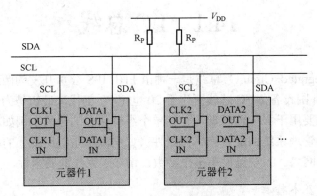

图 14.2 I²C 总线接口电路结构

（4）I²C 总线具有总线仲裁功能。

每个连接到 I²C 总线上的元器件都有唯一的地址。主机与其他元器件间的数据传送可以由主机发送数据到其他元器件，这时主机为发送器，而 I²C 总线上接收数据的元器件则为接收器。

在多主机系统中，可能同时有几个主机企图启动总线传送数据。为了避免混乱，I²C 总线要通过总线仲裁决定由哪一个主机控制总线。首先，不同主元器件（欲发送数据的元器件）分别发出的时钟信号在 SCL 上"线与"产生系统时钟（低电平时间为周期最长的主元器件的低电平时间，高电平时间则是周期最短主元器件的高电平时间）。仲裁的方法：各主元器件在各自时钟的高电平期间送出各自要发送的数据到 SDA 上，并在 SCL 的高电平期间检测 SDA 上的数据是否与自己发出的数据相同。

由于某个主元器件发出的"1"会被其他主元器件发出的"0"屏蔽，因此检测返回的电平就与发出的电平不符，该主元器件就应退出竞争，并切换为从元器件。仲裁是在起始信号后的第一位开始，并逐位进行。由于 SDA 上的数据在 SCL 为高电平期间总是与掌握控制权的主元器件发出的数据相同，因此在整个仲裁过程中，SDA 上的数据完全和最终取得总线控制权的主机发出的数据相同。在 8051 单片机应用系统的串行总线扩展中，经常遇到的是以 8051 单片机为主，其他接口元器件为从机的单主机情况。

2. I²C 总线的数据传送

1）数据位的有效性规定

在 I²C 总线上，每一位数据位的传送都与时钟脉冲相对应，逻辑"0"和逻辑"1"的信号电平取决于相应电源的电压 V_{CC}（这是因为 I²C 总线可适用于不同的半导体制造工艺，CMOS、NMOS 等各种类型的电路都可以进入 I²C 总线）。

I²C 总线在进行数据传送时，时钟信号为高电平期间，SDA 上的数据必须保持稳定，只有在 SCL 上的信号为低电平期间，SDA 上的数据才允许变化，如图 14.3 所示。

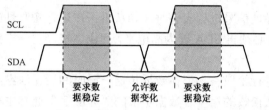

图 14.3　数据位的有效性规定

2）起始信号和终止信号

根据 I²C 总线协议的规定，SCL 为高电平期间，SDA 由高电平向低电平的变化表示起始信号；SCL 为高电平期间，SDA 由低电平向高电平的变化表示终止信号。起始信号和终止信号如图 14.4 所示。

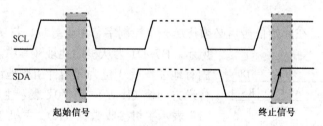

图 14.4　起始信号和终止信号

起始信号和终止信号都是由主机发出的，起始信号产生后，总线就处于被占用的状态；终止信号产生后，总线就处于空闲状态。

连接到 I²C 总线上的元器件，若具有 I²C 总线的硬件接口，则很容易检测到起始信号和终止信号。对于不具备 I²C 总线硬件接口的单片机，为了检测起始信号和终止信号，必须保证在每个时钟周期内都对 SDA 采样两次。

接收元器件收到一个完整的数据字节后，有可能需要完成一些其他工作，如处理内部中断服务等，而无法立刻接收下一字节，这时接收元器件可以将 SCL 拉成低电平，从而使主机处于等待状态。当接收元器件准备好接收下一字节时，再释放 SCL 使之为高电平，从而使数据传送可以继续进行。

3）数据传送格式

（1）字节传送与应答。当利用 I²C 总线进行数据传送时，传送的字节数是没有限制的，但是每一字节都必须是 8 位长度的。数据在传送时，先传送最高位（MSB），每一个被传送的字节后面都必须跟随一位应答位（一帧共有 9 位），如图 14.5 所示。

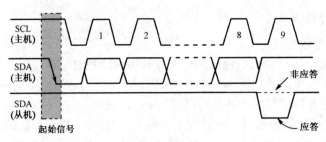

图 14.5　应答时序

当从机不对主机寻址信号进行应答时（如从机正在进行实时性的处理工作而无法接收 I²C 总线上的数据），它必须将 SDA 置为高电平，而由主机产生一个终止信号以结束总线的数据传送。

如果从机对主机进行了应答，但在数据传送一段时间后无法继续接收更多的数据，那么从机可以通过对无法接收的第一个数据字节的"非应答"通知主机，此时主机应发出终止信号以结束数据的继续传送。

当主机接收数据时，它收到最后一个数据字节后，必须向从机发出一个结束传送的信号。这个信号是通过对从机的"非应答"来实现的。然后，从机释放 SDA，以允许主机产生终止信号。

（2）数据帧格式。I²C 总线上传送的数据信号是广义的，既包括地址信号，也包括真正的数据信号。

I²C 总线规定，在起始信号后必须传送一个控制字节用于寻址，该字节格式如图 14.6 所示。D7~D1 为从机的地址（其中前 4 位为元器件的固有地址，后 3 位为元器件引脚地址），D0 是数据的传送方向位（R/W），用"0"表示主机发送数据（W），"1"表示主机接收数据（R）。主机在发送地址时，I²C 总线上的每个从机都将这 7 位地址码与自己的地址进行比较，如果相同，则认为自己正被主机寻址，根据

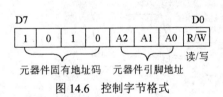

图 14.6　控制字节格式

R/W 将自己确定为发送器或接收器。

每次数据传送总是由主机产生的终止信号结束。但是，若主机希望继续占用总线进行新的数据传送，则可以不产生终止信号，而马上再次发出起始信号对另一从机进行寻址。

（3）I²C 总线数据传输的组合方式。

① 主机向无子地址从机发送数据，具体如下。

S	从机地址	0		A		数据		A		P

注：有阴影部分表示数据由从机向从机传送，无阴影部分则表示数据由从机向主机传送。

A 表示应答，$\overline{A}$ 表示非应答（高电平）。S 表示起始信号，P 表示终止信号。

② 主机从无子地址从机读取数据，具体如下。

S	从机地址	I		A		数据		$\overline{A}$		P

③ 主机向有子地址从机发送多个数据，具体如下。

S	从机地址	0		A	子地址	A	数据	A	...	数据	A	P

④　主机从有子地址从机读取多个数据。

数据在传送过程中，当需要改变传送方向时，起始信号和从机地址都被重复产生一次，但两次读/写方向位正好反向。

| S | 从机地址 | 0 | A | 子地址 | A | S | 从机地址 | I | A | 数据 | A | ⋯ | 数据 | Ā | P |

由以上内容可知，无论哪种组合方式，起始信号、终止信号和地址均由主机发送，数据字节的传送方向则由寻址字节中方向位规定，每字节的传送都必须有应答位（A 或 Ā）相随。

3. I²C 总线的时序特性

为了保证数据传送的可靠，I²C 总线的数据传送有严格的时序要求。I²C 总线典型信号时序如图 14.7 所示。

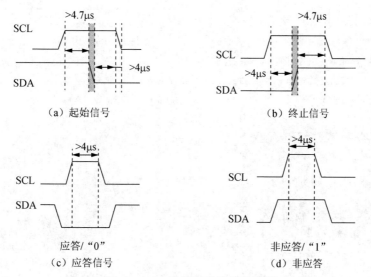

（a）起始信号　　　　　　　　（b）终止信号

应答/"0"　　　　　　　　　非应答/"1"
（c）应答信号　　　　　　　　（d）非应答

图 14.7　I²C 总线典型信号时序图

对十一个新的起始信号，要求起始前总线的空闲时间 T_{BUF} 大于 4.7μs；而对于一个重复的起始信号，要求建立时间 $T_{SU:STA}$ 大于 4.0μs。因此，图 14.7 中的起始信号适用于数据模拟传送中任何情况下的起始操作。起始信号至第一个时钟脉冲的时间间隔应大于 4.0μs。

对于终止信号，要保证有大于 4.0μs 的信号建立时间 $T_{SU:STA}$。当终止信号结束时，要释放 I²C 总线，使 SDA、SCL 维持在高电平上，4.7μs 后才可以进行第一次起始操作。在单主机系统中，为防止非正常传送，终止信号结束后 SCL 可以设置为低电平。

发送应答位、非应答位的信号定时与发送数据 "0" 和 "1" 的信号定时要完全相同。只要满足在时钟高电平大于 4.0μs 期间，SDA 上有确定的电平状态即可。

4. 模拟 I²C 函数程序文件：I²C.c

I²C.c 如下。

```
sbit SCL=P1^0;
sbit SDA=P1^1;
bit ack;
void Delay1us();                        //延时 1μs
```

```
void Delay5us();                        //延时 5μs
void I2C_start();                       //起始函数
void I2C_stop();                        //终止函数
void I2C_ack();                         //应答
void I2C_nack();                        //非应答
void I2C_send(uchar dat);               //发送一字节
uchar I2C_receive();                    //接收一字节
                                        //发送 n 字节
uchar I2C_nsend(uchar SLA,uchar SUBA,uchar *pdat,uchar n);
                                        //接收 n 字节
uchar I2C_nreceive(uchar SLA,uchar SUBA,uchar *pdat,uchar n);
/*---------------1μs 延时-------------*/
void Delay1us()                         //@11.0592MHz
{
    _nop_();
    _nop_();
    _nop_();
}
/*---------------5μs 延时-------------*/
void Delay5us()                         //@11.0592MHz
{
    unsigned char i;
    _nop_();
    i = 11;
    while (--i);
}
/*---------------启动总线-------------*/
void I²C_start()
 {
    SDA=1;
    Delay1us();
    SCL=1;
    Delay5us();
    SDA=0;
    Delay5us();
    SCL=0;
    Delay5us();
 }
/*---------------结束总线-------------*/
 void I²C_stop()
 {
    SDA=0;
    Delay1us();
     SCL=1;
    Delay5us();
    SDA=1;
    Delay5us();
    SCL=0;
```

```
      Delay5us();
   }
/*---------------发送应答信号------------*/
   void I²C_ack()
   {
      SDA=0;
      Delay5us();
      SCL=1;
      Delay5us();
      SCL=0;
      Delay5us();
   }
/*---------------发送非应答信号------------*/
   void I²C_nack()
   {
      SDA=1;
      Delay5us();
      SCL=1;
      Delay5us();
      SCL=0;
      Delay5us();
   }
/*---------------发送字节数据------------*/
   void I²C_send(uchar dat)
   {
      uchar i;
      bit check;
      SCL=0;
      for(i=0;i<8;i++)
      {
         check=(bit)(dat&0x80);
         if(check)
            SDA=1;
         else
            SDA=0;
         dat=dat<<1;
         SCL=1;
         Delay5us();
         SCL=0;
         Delay5us();
      }
      SDA=1;
      Delay5us();
      SCL=1;
      Delay5us();
      if(SDA==1)              //有应答，应答标志 ack 为 1,；无应答，应答标志 ack 为 0
         ack = 0;
      else
```

```
        ack = 1;
    SCL=0;
    Delay5us();
}
/*--------------接收字节数据------------*/
uchar I²C_receive()
{
     uchar rec_dat;
    uchar i;
    SDA=1;
    Delay1us();
    for(i=0;i<8;i++)
    {
        SCL=0;
        Delay5us();
        SCL=1;
        rec_dat=rec_dat<<1;
        if(SDA==1)
            rec_dat=rec_dat+1;
        Delay5us();
    }
    SCL=0;
    Delay5us();
    return(rec_dat);
}
/*--------------向有子地址元器件发送 n 字节数据------------*/
uchar I²C_nsend(uchar SLA,uchar SUBA,uchar *pdat,uchar n)
{
    uchar s;
    I²C_start();
    I²C_send(SLA);
    if(ack==0)    return 0;
    I²C_send(SUBA);
    if(ack==0)    return 0;
    for(s=0;s<n;s++)
    {
        I²C_send(*pdat);
        if(ack==0)    return 0;
        pdat++;
    }
    I2C_stop();
    return(1);
}
/*--------------从有子地址元器件读取 n 字节数据------------*/
uchar I²C_nreceive(uchar SLA,uchar SUBA,uchar *pdat,uchar n)
{
```

```
uchar s;
I²C_start();
I²C_send(SLA);
if(ack==0)    return 0;
I²C_send(SUBA);
if(ack==0)    return 0;
I²C_start();
I²C_send(SLA+1);
if(ack==0)    return 0;
for(s=0;s<n-1;s++)
{
    *pdat=I²C_receive();
    I²C_ack();
    pdat++;
}
*pdat=I²C_receive();
I²C_nack();
I²C_stop();
return 1;
}
```

14.2　STC8H8K64U 系列单片机 I²C 通信接口的介绍

STC8H8K64U 系列单片机集成有一个 I²C 总线控制器，提供主机和从机两种工作模式。SCL 和 SDA 通信引脚可通过设置 P-SW2 切换到不同的 I/O 口，默认 I/O 口是 P1.5 和 P1.4。

相比标准 I²C 协议，STC8H8K64U 系列单片机 I²C 总线控制器忽略了两种机制：发送起始信号（START）后不进行仲裁；时钟信号（SCL）停留在低电平时不进行超时检测。

14.2.1　I²C 通信接口的控制

I²C 通信接口的特殊功能寄存器如表 14.1 所示。

表 14.1　I²C 通信接口的特殊功能寄存器

符　号	名　称	位位置与符号								复位值
		B7	B6	B5	B4	B3	B2	B1	B0	00000000
I2CCFG	I²C 配置寄存器	ENI2C	MSSL	MSSPEED[5：0]						—
I2CMSCR	I²C 主机控制寄存器	EMSI	—	—	—	MSCMD[3：0]				0xxx0000

续表

符号	名称	位位置与符号								复位值
		B7	B6	B5	B4	B3	B2	B1	B0	00000000
I2CMSST	I²C 主机状态寄存器	MMSBUSY	MMSIF	Z-	Z-	—	M-	MSACKI	MSACKO	00xxxx00
I2CSLCR	I²C 从机控制寄存器	—	ESTAI	ERXI	ETXI	ESSTOI	—	—	SLRST	x0000xx0
I2CSLST	I²C 从机状态寄存器	SLBUSY	STAIF	RXIF	TXIF	STOIF	TXING	SLACKI	SLACKO	00000000
I2CSLADR	I²C 从机地址寄存器	I2CSLADR[7:1]							MA	00000000
I2CTXD	I²C 数据发送寄存器									00000000
I2CRXD	I²C 数据接收寄存器									00000000
I2CMSAUX	I²C 主机辅助控制寄存器	—	—	—	—	—	—	—	WDTA	xxxxxxx0
IP2H	中断优先级控制寄存器 2（高位）	PUSBH	PI2CH	PCMPH	PX4H	PPWMFDH	PPWHM	PSPIH	PS2H	00000000
IP2	中断优先级控制寄存器 2（低位）	PUSB	PI2C	PCMP	PX4	PPWMFD	PPWM	PSPI	PS2	00000000

1. I²C 通信接口的主机模式

（1）I²C 通信接口的配置。

I²C 通信接口的配置包括 I²C 通信接口的使能、I²C 通信接口工作模式的选择，以及 I²C 通信接口工作速度的设置。

I2CCFG.7（ENI2C）：I²C 功能使能控制位。I2CCFG.7（ENI2C）=0，禁止 I²C 功能；I2CCFG.7（ENI2C）=1，允许 I²C 功能。

I2CCFG.6（MSSL）：I²C 工作模式选择位。I2CCFG.6（MSSL）=0，选择从机模式；I2CCFG.6（MSSL）=1，选择主机模式。

I2CCFG.5-I2CCFG.0（MSSPEED[5：0]）：I²C 总线时钟频率选择控制位。

$$I^2C\ 总线时钟频率 = \frac{f_{SYS}}{2(MSSPEED[5:0] \times 2 + 4)} \quad (14-1)$$

只有当 I²C 通信接口工作在主机模式时，MSSPEED[5:0]才有效，主要用于适配主机模式工作信号的 T_{SSTA}、T_{HSTA}、T_{SSTO}、T_{HSTO}、T_{HCKL}，如图 14.8 所示。MSSPEED[5:0]的选择需要根据单片机系统时钟和 I²C 通信接口的工作速度来确定。

例 14.1 若单片机的系统频率为 24MHz，当 I²C 通信接口需要 400KHz 总线时钟频率时，如何设置 MSSPEED[5:0]？

解 根据式（14-1）得

MSSPEED[5:0]=(24MHz/400KHz/2-4)/2=13

第 14 章 I²C 通信接口

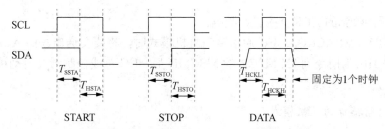

图 14.8 I²C 通信接口主机模式下的信号图

（2）I²C 通信接口主机模式的控制。

I2CMSCR.3-I2CMSCR.0（MSCMD[3:0]）：I²C 通信接口主机模式控制指令的选择控制位。主机模式控制指令功能表如表 14.2 所示。

表 14.2　主机模式控制指令功能表

指令数据 （MSCMD[3:0]）	指 令 功 能	指令数据 （MSCMD[3:0]）	指 令 功 能	指令数据 （MSCMD[3:0]）	指 令 功 能
0000	待机，无动作	0101	发送 ACK 指令，将 MSACKO（I2CMSST.0）中的数据发送到 SDA 端口	1000	保留
0001	发送 START（起始）信号	0100	接收数据指令，接收数据保存到 I2CRXD 中	1001	起始指令+发送数据+接收 ACK 指令
0010	发送数据指令	0101	发送 ACK 指令，将 MSACKO（I2CMSST.0）中的数据发送到 SDA 端口	1010	发送数据指令+接收 ACK 指令
0011	接收 ACK 指令，保存到 MSACKI 中	0110	发送终止信号	1011	接收数据指令+ACK（0）指令
0100	接收数据指令	0111	保留	1100	接收数据指令+NAK（1）指令

I2CMSCR.7（EMSI）：I²C 通信接口主机模式中断使能控制位。I2CMSCR.7（EMSI）=0，禁止主机模式中断；I2CMSCR.7（EMSI）=1，允许主机模式中断。

I2CMSAUX.0（WDTA）：主机模式时 I²C 数据自动发送允许控制位。I2CMSAUX.0（WDTA）=0，禁止自动发送；I2CMSAUX.0（WDTA）=1，允许自动发送。当自动发送功能被允许时，单片机执行完对 I2CTXD 的写操作后，I²C 总线控制器自动触发"1010"指令，即自动发送数据并接收 ACK 信号。

（3）I²C 通信接口主机模式的状态信息。

I2CMSST.7（MSBUSY）：主机模式时 I²C 总线控制器的状态位（只读位）。I2CMSST.7（MSBUSY）=0，表示 I²C 通信接口处于空闲状态；I2CMSST.7（MSBUSY）=1，表示 I²C 通信接口处于忙碌状态。

I2CMSST.6（MSIF）：I²C 通信接口主机模式的中断请求标志位。当 I²C 通信接口处于主机模式时，执行完寄存器 I2CMSCR 中 MSCMD 指令后产生中断信号，硬件自动将此位置 1，并向 CPU 申请中断。中断响应后，I2CMSST.6（MSIF）必须由软件清 0。

I2CMSST.1（MSACKI）：I²C 通信接口主机模式时，发送"0011"指令到 I2CMSCR 的

383

MSCMD 后所接收到的 ACK（应答）数据。

I2CMSST.1（MSACKO）：I²C 通信接口主机模式时，将要发送出去的 ACK（应答）信号。当发送"0101"指令到 I2CMSCR 的 MSCMD 后，I²C 总线控制器会自动读取此位数据为 ACK 信号发送到 SDA。

2．I²C 通信接口的从机模式

当 I2CCFG.6（MSSL）为 0 时，I²C 通信接口处于从机模式。

（1）I²C 通信接口从机模式的控制。

I2CSLCR.6（ESTAI）：I²C 通信接口从机模式时接收到 START 信号的中断允许控制位。I2CSLCR.6（ESTAI）=0，禁止从机模式下接收到 START 信号时发生中断；I2CSLCR.6（ESTAI）=1，允许从机模式下接收到 START 信号时发生中断。

I2CSLCR.5（ERXI）：I²C 通信接口从机模式时接收到 1 字节数据后的中断允许控制位。I2CSLCR.5（ERXI）=0，禁止从机模式时接收到 1 字节数据后发生中断；I2CSLCR.5（ERXI）=1，允许从机模式时接收到 1 字节数据后发生中断。

I2CSLCR.4（ETXI）：I²C 通信接口从机模式时发送 1 字节数据后的中断允许控制位。I2CSLCR.4（ETXI）=0，禁止从机模式时发送 1 字节数据后发生中断；I2CSLCR.4（ETXI）=1，允许从机模式时发送 1 字节数据后发生中断。

I2CSLCR.3（ESTOI）：I²C 通信接口从机模式时接收到 STOP 信号的中断允许控制位。I2CSLCR.3（ESTOI）=0，禁止从机模式下接收到 STOP 信号时发生中断；I2CSLCR.3（ESTOI）=1，允许从机模式下接收到 STOP 信号时发生中断。

I2CSLCR.0（SLRST）：I²C 通信接口从机模式时的复位控制位。I2CSLCR.0（SLRST）=0，正常工作；I2CSLCR.0（SLRST）=1，复位。

（2）I²C 通信接口从机模式时的状态信息。

I2CSLST.7（SLBUSY）：I²C 通信接口从机模式的工作状态标志位。I2CSLST.7（SLBUSY）=0，表示 I²C 通信接口处于空闲状态；I2CSLST.7（SLBUSY）=1，表示 I²C 通信接口处于忙碌状态。

I2CSLST.6（STAIF）：I²C 通信接口从机模式时，接收到 START 信号中断请求标志位。当 I²C 通信接口接收到 START 信号后，硬件会自动将此位置 1，并向 CPU 发出中断请求。中断响应后，I2CSLST.6（STAIF）必须由软件清 0。

I2CSLST.5（RXIF）：I²C 通信接口从机模式时，接收到 1 字节数据后的中断请求标志位。当 I²C 通信接口接收到 1 字节数据后，硬件会自动将此位置 1，并向 CPU 发出中断请求。中断响应后，I2CSLST.5（RXIF）必须由软件清 0。

I2CSLST.4（TXIF）：I²C 通信接口从机模式时，发送 1 字节数据后的中断请求标志位。当 I²C 通信接口发送 1 字节数据后，硬件会自动将此位置 1，并向 CPU 发出中断请求。中断响应后，I2CSLST.4（TXIF）必须由软件清 0。

I2CSLST.3（STOIF）：I²C 通信接口从机模式时，接收到 STOP 信号后的中断请求标志位。当 I²C 通信接口接收到 STOP 信号后，硬件会自动将此位置 1，并向 CPU 发出中断请求。中断响应后，I2CSLST.3（STOIF）必须由软件清 0。

I2CSLST.1（SLACKI）：I²C 通信接口从机模式时，接收到的 ACK（应答）数据。

I2CSLST.1（SLACKO）：I²C 通信接口从机模式时，准备要发送出去的 ACK（应答）数据。

（3）I²C 接口从机模式时的从机地址信息。

I2CSLADR.0（MA）：从机设备地址匹配控制位。I2CSLADR.0（MA）=0，表示 I²C 通信接口会将主机发送的从机设备地址与本机从机地址 SLADR[7:1]进行匹配；I2CSLADR.0（MA）=1，表示 I²C 通信接口忽略本机从机地址 SLADR[7:1]而匹配所有设备地址。

I2CSLADR.7-I2CSLADR.1（SLADR[7:1]）：I²C 通信接口从机模式时，对应的从机地址。当 I²C 通信接口处于从机模式且 I2CSLADR.0（MA）=0 时，在接收到 START 信号后，会继续检测接下来主机发送出的设备地址数据及读/写信号。只有当主机发送出的设备地址与本机 I2CSLADR[7:1]中所设置的从机设备地址相同时，I²C 总线控制器才会向 CPU 发出中断请求；否则，I²C 通信接口继续监控，等待下一个起始信号，对下一个设备地址继续进行比较。

3．I²C 通信接口的数据寄存器

I2CTXD 是 I²C 数据发送寄存器，用于存放发送的 I²C 数据。

I2CRXD 是 I²C 数据接收寄存器，用于存放接收到的 I²C 数据。

4．I²C 通信接口的中断控制

（1）I²C 通信接口的中断允许控制。

前已介绍，I²C 通信接口的中断允许控制位包括主机模式的中断允许控制位 I2CMSCR.7（EMSI）和从机模式的中断允许控制位［I2CSLCR.6（ESTAI）、I2CSLCR.5（ERXI）、I2CSLCR.4（ETXI）、I2CSLCR.3（ESTOI）］。

在中断允许的情况下，当对应的中断源发出中断请求时，都会引发 I²C 中断。

（2）I²C 通信接口的中断优先级控制。

IP2H.6（PI2CH）/IP2.6（PI2C）：I²C 中断优先级控制位。

IP2H.6（PI2CH）/IP2.6（PI2C）=0/0 表示 I²C 中断优先级为 0 级（最低级）。

IP2H.6（PI2CH）/IP2.6（PI2C）=0/1 表示 I²C 中断优先级为 1 级。

IP2H.6（PI2CH）/IP2.6（PI2C）=1/0 表示 I²C 中断优先级为 2 级。

IP2H.6（PI2CH）/IP2.6（PI2C）=1/1 表示 I²C 中断优先级为 3 级（最高级）。

（3）I²C 中断的中断响应地址与中断号。

I²C 中断的中断响应地址是 00C3H，中断号是 24。

14.2.2　主机模式的应用编程

例 14.2　向 AT24C256 芯片 0000H、0001H 单元写入数据 56H、65H，并从芯片的 0000H、0001H 单元读出数据送 LED 数码管显示。

解　利用 STC 大学计划实验箱（8.3），采用 C 语言（中断方式）编程。

参考程序（AT24C256.C）如下。

```
#include "stc8h.h"                    //包含支持 STC8H 系列单片机的头文件
```

```c
#include <intrins.h>
#include <gpio.c>
#define uchar unsigned char
#define uint  unsigned int
#include <LED_display.c>
bit busy;
void I2C_Isr() interrupt 24 using 1
{
    _push_(P_SW2);
    P_SW2 |= 0x80;                  //选择扩展特殊功能寄存器
    if (I2CMSST & 0x40)
    {
        I2CMSST &= ~0x40;           //清 0 中断标志位
        busy = 0;
    }
    _pop_(P_SW2);
}

void Start()
{
    busy = 1;
    I2CMSCR = 0x81;                 //发送 START 指令
    while (busy);
}

void SendData(uchar dat)
{
    I2CTXD = dat;                   //写数据到数据缓冲区
    busy = 1;
    I2CMSCR = 0x82;                 //发送 SEND 指令
    while (busy);
}

void RecvACK()
{
    busy = 1;
    I2CMSCR = 0x83;                 //发送读 ACK 指令
    while (busy);
}

char RecvData()
{
    busy = 1;
    I2CMSCR = 0x84;                 //发送 RECV 指令
    while (busy);
    return I2CRXD;
}
```

```
void SendACK()
{
    I2CMSST = 0x00;                    //设置 ACK 信号
    busy = 1;
    I2CMSCR = 0x85;                    //发送 ACK 指令
    while (busy);
}
void SendNAK()
{
    I2CMSST = 0x01;                    //设置 NAK 信号
    busy = 1;
    I2CMSCR = 0x85;                    //发送 ACK 指令
    while (busy);
}
void Stop()
{
    busy = 1;
    I2CMSCR = 0x86;                    //发送 STOP 指令
    while (busy);
}
void Delay()
{
    int i;
    for (i=0; i<3000; i++)
    {
        _nop_();
        _nop_();
        _nop_();
        _nop_();
    }
}

void main()
{
    uchar x,y;
gpio();
P_SW2 = 0x80;
    I2CCFG = 0xe0;                     //使能 I²C 主机模式
    I2CMSST = 0x00;
    EA = 1;
    Start();                           //发送起始指令
    SendData(0xa0);                    //发送设备地址+写指令
    RecvACK();
    SendData(0x00);                    //发送存储地址高字节
    RecvACK();
    SendData(0x00);                    //发送存储地址低字节
    RecvACK();
    SendData(0x56);                    //写测试数据 1
```

```
    RecvACK();
    SendData(0x65);                 //写测试数据 2
    RecvACK();
    Stop();                         //发送停止指令
    Delay();                        //等待设备写数据
    Start();                        //发送起始指令
    SendData(0xa0);                 //发送设备地址+写指令
    RecvACK();
    SendData(0x00);                 //发送存储地址高字节
    RecvACK();
    SendData(0x00);                 //发送存储地址低字节
    RecvACK();
    Start();                        //发送起始指令
    SendData(0xa1);                 //发送设备地址+读指令
    RecvACK();
    x = RecvData();                 //读取数据 1
    SendACK();
    y= RecvData();                  //读取数据 2
    SendNAK();
    Stop();                         //发送停止指令
    P_SW2 = 0x00;
    Dis_buf[0]=x&0x0f;
Dis_buf[1]=x>>4;
Dis_buf[3]=y&0x0f;
Dis_buf[4]=y>>4;
    while (1)LED_display();
}
```

14.2.3　从机模式的应用编程

参考程序如下。
```
#include "stc8h.h"                  //包含支持 STC8H 系列单片机的头文件
#include <intrins.h>
#include <gpio.c>
#define uchar unsigned char
#define uint  unsigned int
sbit    SDA   =   P1^4;
sbit    SCL   =   P1^5;
bit isda;                           //设备地址标志
bit isma;                           //存储地址标志
unsigned char addr;
unsigned char pdata buffer[256];

void I2C_Isr() interrupt 24 using 1
{
    _push_(P_SW2);                  //保存 P_SW2
    P_SW2 |= 0x80;
```

```
    if (I2CSLST & 0x40)
    {
        I2CSLST &= ~0x40;            //处理 START 事件
    }
    else if (I2CSLST & 0x20)
    {
        I2CSLST &= ~0x20;            //处理 RECV 事件
        if (isda)
        {
            isda = 0;                //处理 RECV 事件 (RECV DEVICE ADDR)
        }
        else if (isma)
        {
            isma = 0;                //处理 RECV 事件 (RECV MEMORY ADDR)
            addr = I2CRXD;
            I2CTXD = buffer[addr];
        }
        else
        {
            buffer[addr++] = I2CRXD; //处理 RECV 事件 (RECV DATA)
        }
    }
    else if (I2CSLST & 0x10)
    {
        I2CSLST &= ~0x10;            //处理 SEND 事件
        if (I2CSLST & 0x02)
        {
            I2CTXD = 0xff;
        }
        else
        {
            I2CTXD = buffer[++addr];
        }
    }
    else if (I2CSLST & 0x08)
    {
        I2CSLST &= ~0x08;            //处理 STOP 事件
        isda = 1;
        isma = 1;
    }

    _pop_(P_SW2);
}

void main()
{
    gpio();
P_SW2 = 0x80;
    I2CCFG = 0x81;                   //使能 I²C 从机模式
    I2CSLADR = 0x5a;                 //设置从机设备地址为 5A
```

```
    I2CSLST = 0x00;
    I2CSLCR = 0x78;                      //使能从机模式中断
    EA = 1;

    isda = 1;                            //用户变量初始化
    isma = 1;
    addr = 0;
    I2CTXD = buffer[addr];

    while (1);
}
```

14.3 工程训练 I^2C 通信接口的应用

一、工程训练目标

（1）理解 STC8H8K64U 系列单片机 I^2C 通信接口的电路结构与工作特性。

（2）掌握 PCF8563 的工作特性。

（3）掌握 STC8H8K64U 系列单片机与 PCF8563 的接口电路与应用编程。

二、PCF8563 日历时钟的工作特性

PCF8563 是一款由 PHILIPS 公司生产的、带有 256 字节的低功耗 CMOS 实时时钟/日历芯片，它提供一个可编程时钟输出，一个中断输出和掉电检测器，所有的地址和数据通过 I^2C 通信接口串行传递。I^2C 总线最大传输速率为 400kbit/s，每次读写数据后，内嵌的字地址寄存器都会自动增加。

1. PCF8563 的接口特性

（1）采用 I^2C 通信接口。

（2）从机地址：A3H 对应读；A2H 对应写。

2. PCF8563 的引脚特性

PCF8563 的引脚图如图 14.9 所示，PCF8563 引脚功能描述如表 14.3 所示。

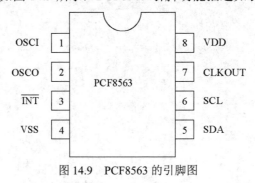

图 14.9 PCF8563 的引脚图

表 14.3 PCF8563 引脚功能描述

引 脚 号	符 号	功 能 描 述
1	OSCI	振荡器输入
2	OSCO	振荡器输出
3	$\overline{INT}$	中断输出（开漏：低电平有效）
4	VSS	电源地
5	SDA	串行数据 I/O
6	SCL	串行时钟输入
7	CLKOUT	时钟输出（开漏）
8	VDD	电源正极

3. PCF8563 的工作寄存器

PCF8563 的控制与操作都是通过访问其内部工作寄存器来实现的，如表 14.4 所示。

表 14.4 PCF8563 的工作寄存器一览表

地址	寄存器名称	Bit7	Bit6	Bit5	Bit4	Bit3	Bit2	Bit1	Bit0
00H	控制/状态寄存器 1	TEST	0	STOP	0	TESTC	0	0	0
01H	控制/状态寄存器 2	0	0	0	TI/TP	AF	TF	AIE	TIE
0DH	CLKOUT 频率寄存器	FE	—	—	—	—	—	FD1	FD0
0EH	定时器控制寄存器	TE	—	—	—	—	—	TD1	TD0
0FH	定时器倒计数数值寄存器	定时器倒计数数值							
02H	秒寄存器	VL	00～59BCD 码格式数						
03H	分钟寄存器	—	00～59BCD 码格式数						
04H	小时寄存器	—	—	00～23 BCD 码格式数					
05H	日期寄存器	—	—	01～31BCD 码格式数					
06H	星期寄存器	—	—	—	—	—	0～6		
07H	月/世纪寄存器	C	—	—	01～12BCD 码格式数				
08H	年寄存器	00～99BCD 码格式数							
09H	分钟报警寄存器	AE	00～59BCD 码格式数						
0AH	小时报警	AE	—	00～23 BCD 码格式数					
0BH	日报警	AE	—	—	01～31 BCD 码格式数				
0CH	星期报警寄存器	AE	—	—	—	—	0～6		

注：

（1）VL 为供电状态位，0 表示供电正常；1 表示供电不足。

（2）C 为世纪数位，0 表示世纪数为 20XX；1 表示世纪数为 19XX。

（3）AE 为报警允许位，0 表示报警有效；1 表示报警无效。

三、任务功能与参考程序

1. 任务功能

用 STC8H8K64U 系列单片机 I²C 通信接口与 PCF8563 设计一个计算机时钟。

2. 硬件设计

PCF8563 与 STC8H8K64U 系列单片机 I²C 通信的接口电路如图 14.10 所示。计算机时钟的时信号、分信号、秒信号均采用 LED 数码管显示。

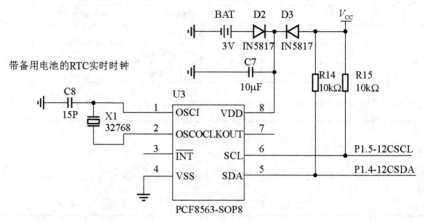

图 14.10　PCF8563 与 STC8H8K64U 系列单片机 I²C 通信的接口电路

3. 参考程序（C 语言版）

（1）程序说明。

STC8H8K64U 系列单片机 I²C 通信的工作函数创建为一个独立的文件，命名为 I2C.h。设置计算机时钟的初始值为 12 时 00 分 00 秒。

（2）I2C.c 参考程序。

```
sbit    SDA        = P1^4;
sbit    SCL        = P1^5;
void Wait()
{
    while (!(I2CMSST & 0x40));
    I2CMSST &= ~0x40;
}
void Start()
{
    I2CMSCR = 0x01;                //发送 START 指令
    Wait();
}
void SendData(char dat)
{
    I2CTXD = dat;                  //写数据到数据缓冲区
    I2CMSCR = 0x02;                //发送 SEND 指令
    Wait();
}
void RecvACK()
{
    I2CMSCR = 0x03;                //发送读 ACK 指令
    Wait();
```

```
}
char RecvData()
{
    I2CMSCR = 0x04;                    //发送 RECV 指令
    Wait();
    return I2CRXD;
}
void SendACK()
{
    I2CMSST = 0x00;                    //设置 ACK 信号
    I2CMSCR = 0x05;                    //发送 ACK 指令
    Wait();
}
void SendNAK()
{
    I2CMSST = 0x01;                    //设置 NAK 信号
    I2CMSCR = 0x05;                    //发送 ACK 指令
    Wait();
}
void Stop()
{
    I2CMSCR = 0x06;                    //发送 STOP 指令
    Wait();
}
void I2C_nsend(uchar SLA,uchar SUBA,uchar *pdat,uchar n)
{
uchar s;
Start();                               //发送起始指令
    SendData(SLA);                     //发送设备地址+写指令
    RecvACK();
    SendData(SUBA);                    //发送子地址
    RecvACK();
for(s=0;s<n;s++)
{
    SendData(*pdat);                   //发送数据
    RecvACK();
pdat++;
}
    Stop();
}
void I2C_nreceive(uchar SLA,uchar SUBA,uchar *pdat,uchar n)
{
uchar s;
Start();                               //发送起始指令
    SendData(SLA);                     //发送设备地址+写指令
    RecvACK();
    SendData(SUBA);                    //发送存储地址
    RecvACK();
```

```
    Start();                            //发送起始指令
    SendData(SLA+1);                    //发送设备地址+读指令
    RecvACK();
for(s=0;s<n-1;s++)
{
        *pdat = RecvData();             //读取数据
        SendACK();
pdat++;
    }
    *pdat = RecvData();                 //读取最后一个数据
    SendNAK();
    Stop();
}
```

（3）主函数参考程序：：工程训练 141.c。

```
#include <stc8h.h>                      //包含支持 STC8H 系列单片机的头文件
#include <intrins.h>
#include <gpio.c>
#define uchar unsigned char
#define uint  unsigned int
#include<I2C.c>
#include<LED_display.c>
uchar time_data[ ]={0x00,0x30,0x12};//12:30:00
void main()
{
    gpio();
    P_SW2 = 0x80;
    I2CCFG = 0xe0;                      //使能 I²C 主机模式
    I2CMSST = 0x00;
    I2C_nsend(0xa2,0x02,time_data,3);   //设置时、分、秒初始值
    while (1)
    {
        I2C_nreceive(0xa2,0x02,time_data,3); //读时、分、秒
Dis_buf[7]=time_data[0]&0x0f;       //BCD 码转十进制，取秒的低位
    Dis_buf[6]=(time_data[0]&0x7f)>>4;
//BCD 码转十进制，高位右移 4 位，取秒的高位
    Dis_buf[5]=time_data[1]&0x0f; //取分的低位
    Dis_buf[4]=time_data[1]>>4;     //取分的高位
    Dis_buf[3]=time_data[2]&0x0f; //取小时的低位
    Dis_buf[2]=time_data[2]>>4;     //取小时的高位
LED_display();

    }
}
```

四、训练步骤

（1）分析"工程训练 141.c"程序文件。

（2）将"gpio.c"和"LED_display.c"两个文件复制到当前项目文件夹中。

（3）用 Keil μVision4 集成开发环境编辑、编译用户程序（工程训练 141.c），生成机器代码文件（工程训练 141.hex）。

（4）将 STC 大学计划实验箱（8.3）连接至计算机。

（5）利用 STC-ISP 在线编程软件将"工程训练 141.hex"文件下载到 STC 大学计划实验箱（8.3）中。

（6）观察 LED 数码管的显示情况，是否正常计时。

五、训练拓展

（1）设置 2 个按键：key1 为功能键，用于切换时钟的调整位；key2 为数字增加键，用于在调整位对应的范围内循环。

（2）改为用 LCD12864 显示，增加年、月、日计时。

本章小结

I²C 总线是一种由 Philips 公司开发的两线式串行总线，用于连接 CPU 及其外围设备。I²C 总线的两根信号线是 SDA 和 SCL，SDA 是数据线，SCL 是信号线。I²C 总线上有起始信号、终止信号、数据信号和应答信号等信号。传送数据时先由主机发出起始信号、从机地址与数据传送方向，然后传送数据与应答，数据传送完毕后，由主机发出终止信号。一般 MCU 不具备 I²C 通信接口，但可以用软件模拟 I²C 通信接口。

STC8H8K64U 系列单片机集成了 I²C 通信接口，既可用作主机，也可用作从机。I²C 通信接口的特殊功能寄存器包括 I²C 配置寄存器（I2CCFG）、I²C 主机控制寄存器（I2CMSCR）、I²C 主机状态寄存器（I2CMSST）、I²C 从机控制寄存器（I2CSLCR）、I²C 从机状态寄存器（I2CSLST）、I²C 从机地址寄存器（I2CSLADR）、I²C 数据发送寄存器（I2CTXD）、I²C 数据接收寄存器（I2CRXD）与 I²C 主机辅助控制寄存器（I2CSAUX）等。

习题

一、填空题

1. I²C 总线有 2 根双向信号线，一根是_____，另一根是_____。

2. I²C 总线是一种_____总线，总线上可以有一个或多个主机，总线运行由_____控制。

3. I²C 总线的 SDA 和 SCK 是双向的，连接时均通过_____接正电源。

4. 根据 I²C 协议，SCL 为高电平期间，SDA 由高电平向低电平的变化表示_____信号；SCL 为高电平期间，SDA 由低电平向高电平的变化表示_____信号。

5. 当 I²C 总线进行数据传输时，时钟信号为高电平期间，SDA 的数据必须保持_____。

6. I²C 协议规定，在起始信号后必须传送一个控制字节，高 7 位为_____的地址，最低位表示数据的传送方向，用_____表示主机发送数据，_____表示主机接收数据。无论是主机，还是从机，接收完一字节数据后，都需要向对方发送一个_____信号，_____表示应答。

7. STC8H8K64U 系列单片机 I²C 工作模式选择位是_____。

8. STC8H8K64U 系列单片机 I²C 功能使能控制位是_____。

9. PCF8563 03H 单元存储的数据是_____，数据格式是_____。

10. PCF8563 02H 单元存储的数据是秒数据，其中最高位为 1 时表示_____。

11. PCF8563 09H 单元存储的数据是_____，其中最高位用于_____。

二、选择题

1. STC8H8K64U 系列单片机 I²C 配置寄存器是（　　）。
   A. I2CCFG　　　B. I2CMSCR　　　C. I2CSLCR　　　D. I2CSLADR

2. STC8H8K64U 系列单片机 I²C 从机地址寄存器是（　　）。
   A. I2CCFG　　　B. I2CMSCR　　　C. I2CSLCR　　　D. I2CSLADR

3. STC8H8K64U 系列单片机 I²C 主机控制寄存器是（　　）。
   A. I2CCFG　　　B. I2CMSCR　　　C. I2CSLCR　　　D. I2CSLADR

4. STC8H8K64U 系列单片机 I²C 中断的中断号是（　　）。
   A. 22　　　　　B. 23　　　　　C. 24　　　　　D. 25

5. PCF8563 02H 单元是秒信号单元，当读取 02H 单元内容为 95H 时，说明秒信号值为（　　）。
   A. 21 秒　　　　B. 15 秒　　　　C. 95 秒　　　　D. 149 秒

6. PCF8563 09H 单元是分报警信号存储单元，当写入 95H 时，代表的含义是（　　）。
   A. 允许报警，分报警时间是 15 分钟　　　B. 禁止分报警
   C. 允许报警，分报警时间是 21 分钟　　　D. 允许报警，分报警时间是 14 分钟

7. PCF8563 07H 单元是月/世纪存储单元，08H 单元是年存储单元，当读取 07H、08H 单元内容分别为 86H、15H 时，代表的含义是（　　）。
   A. 2015 年 6 月　　B. 1915 年 6 月　　C. 2021 年 6 月　　D. 1921 年 6 月

三、判断题

1. I²C 总线适用于多主机系统。（　　）

2. STC8H8K64U 系列单片机 I²C 通信接口既可用作主机，也可用作从机。（　　）

3. 用于选择 STC8H8K64U 系列单片机 I²C 工作模式的寄存器是 I2CSLCR。（　　）

4. 每个 I²C 总线上的元器件都有一个唯一的地址。（　　）

四、问答题

1. 简述 I²C 总线主机向无子地址从机发送数据的工作流程。

2. 简述 I²C 总线主机从无子地址从机读取数据的工作流程。

3. 简述 I²C 总线主机向有子地址从机发送数据的工作流程。

4．简述 I²C 总线主机从有子地址从机读取数据的工作流程。

5．简述 I²C 总线起始信号、终止信号、有效传输数据信号的时序要求。

6．STC8H8K64U 系列单片机 I²C 主机模式发送数据的工作流程。

7．STC8H8K64U 系列单片机 I²C 主机模式读取数据的工作流程。

8．STC8H8K64U 系列单片机 I²C 从机模式的工作流程。

五、设计题

1．利用 STC8H8K64U 系列单片机 I²C 通信接口和 PCF8563，编程实现整点报时功能。

2．利用 STC8H8K64U 系列单片机 I²C 通信接口和 PCF8563，编程实现秒信号输出。

3．利用 STC8H8K64U 系列单片机 I²C 通信接口和 PCF8563，编写倒计时秒表程序，回零时声光报警。倒计时时间用 LED 数码管显示。

第15章 高级 PWM 定时器

内容提要

高级 PWM 定时器是 STC8H8K64U 系列单片机的高级功能模块。STC8H8K64U 系列单片机内部集成了两组高级 PWM 定时器，即 PWMA 和 PWMB。两组 PWM 的周期可不同，并可分别单独设置。PWMA 可配置成 4 对互补/对称/死区控制的 PWM，PWMB 可配置成 4 路 PWM 输出或捕捉外部信号。

两组高级 PWM 定时器唯一的区别是，PWMA 可输出带死区的互补对称 PWM，而 PWMB 只能输出单端的 PWM。本章以 PWMA 为例进行介绍。

STC8H8K64U 系列单片机内部集成了两组高级 PWM 定时器，即 PWMA 和 PWMB。两组高级 PWM 定时器的周期可不同，并可分别单独设置。PWMA 可配置成 4 对互补/对称/死区控制的 PWM，PWMB 可配置成 4 路 PWM 输出或捕捉外部信号。两组高级 PWM 定时器内部计数器时钟频率的分频系数为 1～65535 之间的任意数值。PWMA 有 4 个通道（PWM1P/PWM1N、PWM2P/PWM2N、PWM3P/PWM3N、PWM4P/PWM4N），每个通道都可独立实现单独 PWM 输出、可设置带死区的互补对称 PWM 输出、捕获和比较功能。PWMB 有 4 个通道（PWM5、PWM6、PWM7、PWM8），每个通道都可独立实现 PWM 输出、捕获和比较功能。两组高级 PWM 定时器唯一的区别是，PWMA 可输出带死区的互补对称 PWM，而 PWMB 只能输出单端的 PWM。下面以 PWMA 为例进行介绍。

（1）当使用 PWMA 输出 PWM 波形时，既可使能 PWMxP（PWM1P/PWM2P/PWM3P/PWM4P）和 PWMxN（PWM1N/PWM2N/PWM3N/PWM4N）互补对称输出；也可单独使能 PWMxP（PWM1P/PWM2P/PWM3P/PWM4P）或 PWMxN（PWM1N/PWM2N/PWM3N/PWM4N）输出。若单独使能 PWMxP 输出，则不能再单独使能 PWMxN 输出；反之，若单独使能 PWMxN 输出，则不能再单独使能 PWMxP 的输出。

（2）当需要使用 PWMA 进行捕获或测量脉宽时，输入信号只能从每路的正端输入，即只有 PWMxP（PWM1P/PWM2P/PWM3P/PWM4P）具有捕获功能和测量脉宽功能。另外，PWMA 在对外部信号进行捕获时，可选择上升沿捕获或下降沿捕获，但不能同时选择上升沿捕获和下降沿捕获。如果需要同时捕获上升沿和下降沿，则可将输入信号同时接入两路 PWM，使能其中一路上升沿捕获，另外一路下降沿捕获。

15.1　PWMA 概述

1. STC8H8K64U 系列单片机 PWMA 的捕获、输出引脚

STC8H8K64U 系列单片机 PWMA 默认的捕获、输出引脚如下：

PWM1P：P1.0。

PWM1N：P1.1。

PWM2P：P5.4。

PWM2N：P1.3。

PWM3P：P1.4。

PWM3N：P1.5。

PWM4P：P1.6。

PWM4N：P1.7。

可通过设置 PWMA_PS 将 PWM1P、PWM1N、PWM2P、PWM2N、PWM3P、PWM3N、PWM4P、PWM4N 等功能引脚切换到其他端口。

2. STC8H8K64U 系列单片机 PWMA 的功能

STC8H8K64U 系列单片机 PWMA 由一个 16 位的自动装载计数器组成。PWMA 由一个可编程的预分频器驱动。PWMA 主要功能如下。

（1）基本的定时。

（2）测量输入信号的脉冲宽度（输入捕获）。

（3）产生输出波形（输出比较，PWM 模式和单脉冲模式）。

（4）PWM 互补输出与死区控制。

（5）刹车控制。

（6）与外部信号（外部时钟信号、复位信号、触发和使能信号）或 PWMB 同步控制。

3. STC8H8K64U 系列单片机 PWMA 的主要特性

PWMA 的主要特性如下。

（1）16 位自动重载计数器。计数方向可选择向上、向下或双向（向上/向下）。

（2）重复计数器。允许在指定数目的计数器周期之后更新定时器寄存器相关参数。

（3）16 位可编程（可以实时修改）预分频器。计数器时钟频率的分频系数可设置为 1～65535 之间的任意数值。

（4）4 个独立通道，有以下 6 种工作模式。

① 输入捕获模式。

② 输出比较模式。

③ PWM 输出（边缘或中间对齐）模式。

④ 六步 PWM 输出模式。

⑤ 单脉冲输出模式。

⑥ 支持 4 个死区时间可编程的通道上互补输出模式。

（5）同步控制。用于使用外部信号控制定时器，以及定时器之间互连。

（6）刹车输入信号（PWMFLT）控制。可以将定时器输出信号置于复位状态或某一种确定状态。

（7）外部触发输入引脚（PWMETI：P3.2）。用于输入外部触发信号。

（8）PWMA 中断的中断源，有以下 6 种。

① 更新：计数器向上溢出/向下溢出，计数器初始化（通过软件或内部/外部触发）。

② 触发事件（计数器启动、停止、初始化，或者由内部/外部触发计数）。

③ 输入捕获，测量脉宽。

④ 外部中断。

⑤ 输出比较。

⑥ 刹车信号输入。

15.2　PWMA 的特殊功能寄存器

与 STC8H8K64U 系列单片机 PWMA 有关的特殊功能寄存器比较多，如表 15.1 所示。

表 15.1　与 STC8H8K64U 系列单片机 PWMA 有关的特殊功能寄存器

符　号	名　称	地址	位位置与符号								复位值
			B7	B6	B5	B4	B3	B2	B1	B0	
PWMA_ENO	输出使能寄存器	FEB1H	ENO4N	ENO4P	ENO3N	ENO3P	ENO2N	ENO2P	ENO1N	ENO1P	00000000
PWMA_IOAUX	输出附加使能寄存器	FEB3H	AUX4N	AUX4P	AUX3N	AUX3P	AUX2N	AUX2P	AUX1N	AUX1P	00000000
PWMA_CR1	控制寄存器 1	FEC0H	ARPEA	CMSA[1:0]		DIRA	OPMA	URSA	UDISA	CENA	00000000
PWMA_CR2	控制寄存器 2	FEC1H	TI1S	MMSA[2:0]			—	COMSA	—	CCPCA	0000x0x0
PWMA_SMCR	从机模式控制寄存器	FEC2H	MSMA	TSA[2:0]			—	SMSA[2:0]			0000x000
PWMA_ETR	外部触发寄存器	FEC3H	ETPA	ECEA	ETPSA[1:0]		ETFA[3:0]				00000000
PWMA_IER	中断使能寄存器	FEC4H	BIEA	TIEA	COMIEA	CC4IE	CC3IE	CC2IE	CC1IE	UIEA	00000000
PWMA_SR1	状态寄存器 1	FEC5H	BIFA	TIFA	COMIFA	CC4IF	CC3IF	CC2IF	CC1IF	UIFA	00000000
PWMA_SR2	状态寄存器 2	FEC6H	—	—	—	CC4OF	CC3OF	CC2OF	CC1OF	—	xxx0000x
PWMA_EGR	事件发生寄存器	FEC7H	BGA	TGA	COMGA	CC4G	CC3G	CC2G	CC1G	UGA	00000000
PWMA_CCMR1	捕获/比较模式寄存器 1（输出模式）	FEC8H		OC1CE	OC1M[2:0]			OC1P1	OC1FE	CC1S[1:0]		00000000
	捕获/比较模式寄存器 1（输入模式）			IC1F[3:0]				IC1PSC[1:0]		CC1S[1:0]		00000000

续表

符号	名称	地址	B7	B6	B5	B4	B3	B2	B1	B0	复位值
PWMA_CCMR2	捕获/比较模式寄存器 2（输出模式）	FEC9H	OC2CE	OC2M[2:0]			OC2PE	OC2FE	CC2S[1:0]		00000000
	捕获/比较模式寄存器 2（输入模式）		IC2F[3:0]				IC2PSC[1:0]		CC2S[1:0]		00000000
PWMA_CCMR3	捕获/比较模式寄存器 3（输出模式）	FECAH	OC3CE	OC3M[2:0]			OC2PE	OC3FE	CC3S[1:0]		00000000
	捕获/比较模式寄存器 3（输入模式）		IC3F[3:0]				IC3PSC[1:0]		CC3S[1:0]		00000000
PWMA_CCMR4	捕获/比较模式寄存器 4（输出模式）	FECBH	OC4CE	OC4M[2:0]			OC4PE	OC4FE	CC4S[1:0]		00000000
	捕获/比较模式寄存器 4（输入模式）		IC4F[3:0]				IC4PSC[1:0]		CC4S[1:0]		00000000
PWMA_CCER1	捕获/比较模式使能寄存器 1	FECCH	CC2NP	CC2NE	CC2P	CC2E	CC1NP	CC1NE	CC1P	CC1E	00000000
PWMA_CCER2	捕获/比较模式使能寄存器 2	FECDH	CC4NP	CC4NE	CC4P	CC4E	CC3NP	CC3NE	CC3P	CC3E	00000000
PWMA_CNTRH	计数器高 8 位	FECEH	CNTA[15:8]								00000000
PWMA_CNTRL	计数器低 8 位	FECFH	CNTA[7:0]								00000000
PWMA_PSCRH	预分频器高 8 位	FED0H	PSCA[15:8]								00000000
PWMA_PSCRL	预分频器低 8 位	FED1H	PSCA[7:0]								00000000
PWMA_ARRH	自动重载寄存器高 8 位	FED2H	ARRA[15:8]								00000000
PWMA_ARRL	自动重载寄存器低 8 位	FED3H	ARRA[7:0]								00000000
PWMA_RCR	重复计数器寄存器	FED4H	REPA[7:0]								00000000
PWMA_CCR1H	捕获/比较寄存器 1 高 8 位	FED5H	CCR1[15:8]								00000000
PWMA_CCR1L	捕获/比较寄存器 1 低 8 位	FED6H	CCR1[7:0]								00000000
PWMA_CCR2H	捕获/比较寄存器 2 高 8 位	FED7H	CCR2[15:8]								00000000
PWMA_CCR2L	捕获/比较寄存器 2 低 8 位	FED8H	CCR2[7:0]								00000000
PWMA_CCR3H	捕获/比较寄存器 3 高 8 位	FED9H	CCR3[15:8]								00000000
PWMA_CCR2L	捕获/比较寄存器 3 低 8 位	FEDAH	CCR3[7:0]								00000000

续表

符 号	名 称	地 址	位位置与符号								复位值
			B7	B6	B5	B4	B3	B2	B1	B0	
PWMA_CCR4H	捕获/比较寄存器 4 高 8 位	FEDBH	CCR4[15:8]								00000000
PWMA_CCR4L	捕获/比较寄存器 4 低 8 位	FEDCH	CCR4[7:0]								00000000
PWMA_BKR	刹车寄存器	FEDDH	MOEA	AOEA	BKPA	BKEA	OSSRA	OSSIA	LOCKA[1:0]		00000000
PWMA_DTR	死区寄存器	FEDEH	DTGA[7:0]								00000000
PWMA_OISR	输出空闲状态寄存器	FEDFH	OIS4N	OIS4	OIS3N	OIS3	OIS2N	OIS2	OIS1N	OIS1	00000000

1. 输出使能寄存器：PWMA_ENO

PWMA_ENO.7（ENO4N）：PWM4N 输出控制位。PWMA_ENO.7（ENO4N）=0，禁止 PWM4N 输出；PWMA_ENO.7（ENO4N）=1，使能 PWM4N 输出。

PWMA_ENO.6（ENO4P）：PWM4P 输出控制位。PWMA_ENO.6（ENO4P）=0，禁止 PWM4P 输出；PWMA_ENO.6（ENO4P）=1，使能 PWM4P 输出。

PWMA_ENO.5（ENO3N）：PWM3N 输出控制位。PWMA_ENO.5（ENO3N）=0，禁止 PWM3N 输出；PWMA_ENO.5（ENO3N）=1，使能 PWM3N 输出。

PWMA_ENO.4（ENO3P）：PWM3P 输出控制位。PWMA_ENO.4（ENO3P）=0，禁止 PWM3P 输出；PWMA_ENO.4（ENO3P）=1，使能 PWM3P 输出。

PWMA_ENO.3（ENO2N）：PWM2N 输出控制位。PWMA_ENO.3（ENO2N）=0，禁止 PWM2N 输出；PWMA_ENO.3（ENO2N）=1，使能 PWM2N 输出。

PWMA_ENO.2（ENO2P）：PWM2P 输出控制位。PWMA_ENO.2（ENO2P）=0，禁止 PWM2P 输出；PWMA_ENO.2（ENO2P）=1，使能 PWM2P 输出。

PWMA_ENO.1（ENO1N）：PWMAN 输出控制位。PWMA_ENO.1（ENO1N）=0，禁止 PWMAN 输出；PWMA_ENO.1（ENO1N）=1，使能 PWMAN 输出。

PWMA_ENO.0（ENO1P）：PWMAP 输出控制位。PWMA_ENO.0（ENO1P）=0，禁止 PWMAP 输出；PWMA_ENO.0（ENO1P）=1，使能 PWMAP 输出。

2. 输出附加使能寄存器：PWMA_IOAUX

PWMA_IOAUX.7（AUX4N）：PWM4N 输出附加控制位。PWMA_IOAUX.7（AUX4N）=0，PWM4N 的输出直接由 ENO4N 控制；PWMA_IOAUX.7（AUX4N）=1，PWM4N 的输出由 ENO4N 和 PWMA_BKR （刹车寄存器）共同控制。

PWMA_IOAUX.6（AUX4P）：PWM4P 输出附加控制位。PWMA_IOAUX.6（AUX4P）=0，PWM4P 的输出直接由 ENO4P 控制；PWMA_IOAUX.6（AUX4P）=1，PWM4P 的输出由 ENO4P 和 PWMA_BKR 共同控制。

PWMA_IOAUX.5（AUX3N）：PWM3N 输出附加控制位。PWMA_IOAUX.5（AUX3N）=0，PWM3N 的输出直接由 ENO3N 控制；PWMA_IOAUX.5（AUX3N）=1，PWM3N 的输出由 ENO3N 和 PWMA_BKR 共同控制。

PWMA_IOAUX.4（AUX3P）：PWM3P 输出附加控制位。PWMA_IOAUX.4（AUX3P）=0，PWM3P 的输出直接由 ENO3P 控制；PWMA_IOAUX.4（AUX3P）=1，PWM3P 的输出由 ENO3P 和 PWMA_BKR 共同控制。

PWMA_IOAUX.3（AUX2N）：PWM2N 输出附加控制位。PWMA_IOAUX.3（AUX2N）=0，PWM2N 的输出直接由 ENO2N 控制；PWMA_IOAUX.3（AUX2N）=1，PWM2N 的输出由 ENO2N 和 PWMA_BKR 共同控制。

PWMA_IOAUX.2（AUX2P）：PWM2P 输出附加控制位。PWMA_IOAUX.2（AUX2P）=0，PWM2P 的输出直接由 ENO2P 控制；PWMA_IOAUX.2（AUX2P）=1，PWM2P 的输出由 ENO2P 和 PWMA_BKR 共同控制。

PWMA_IOAUX.1（AUX1N）：PWMAN 输出附加控制位。PWMA_IOAUX.1（AUX1N）=0，PWMAN 的输出直接由 ENO1N 控制；PWMA_IOAUX.1（AUX1N）=1，PWMAN 的输出由 ENO1N 和 PWMA_BKR 共同控制。

PWMA_IOAUX.0（AUX1P）：PWMAP 输出附加控制位，PWMA_IOAUX.0（AUX1P）=0，PWMAP 的输出直接由 ENO1P 控制；PWMA_IOAUX.0（AUX1P）=1，PWMAP 的输出由 ENO1P 和 PWMA_BKR 共同控制。

3.　控制寄存器 1：PWMA_CR1

PWMA_CR1.7（ARPEA）：自动预载允许位。PWMA_CR1.7（ARPEA）=0，PWMA_ARR 没有缓冲，它可以被直接写入；PWMA_CR1.7（ARPEA）=1，PWMA_ARR 由预载缓冲器缓冲。

PWMA_CR1.6-PWMA_CR1.5（CMSA[1:0]）：计数对齐模式选择控制位。计数对齐模式关系表如表 15.2 所示。

表 15.2　计数对齐模式关系表

PWMA_CR1.6-PWMA_CR1.5（CMSA[1:0]）	对齐模式	功能说明
00	边沿对齐模式	计数器依据方向位 PWMA_CR1.4（DIRA）向上或向下计数
01	中央对齐模式 1	计数器交替地向上和向下计数，配置为输出通道的输出比较中断标志位只在计数器向下计数时被置 1
10	中央对齐模式 2	计数器交替地向上和向下计数，配置为输出通道的输出比较中断标志位只在计数器向上计数时被置 1
11	中央对齐模式 3	计数器交替地向上和向下计数，配置为输出通道的输出比较中断标志位计数器向上和向下计数时均被置 1

注：

（1）在计数器开启时，PWMA_CR1.6（CENA）=1，不允许从边沿对齐模式转换到中央对齐模式。

（2）在中央对齐模式下，编码器模式（PWMA_SMCR.2-PWMA_SMCR.0（SMSA[2:0]）=001,010,011）必须被禁止。

PWMA_CR1.4（DIRA）：计数器的计数方向选择控制位。PWMA_CR1.4（DIRA）=0，计数器向上计数；PWMA_CR1.4（DIRA）=1，计数器向下计数。

特别提示：当计数器配置为中央对齐模式或编码器模式时，DISA 位为只读位。

PWMA_CR1.3（OPMA）：单脉冲模式控制位。PWMA_CR1.3（OPMA）=0，在发生

更新事件时，计数器不停止运行；PWMA_CR1.3（OPMA）=1，在发生下一次更新事件时，清 0 PWMA_CR1.0（CENA），计数器停止运行。

PWMA_CR1.2（URSA）：更新请求源控制位。

PWMA_CR1.2（URSA）=0，如果 PWMA_CR1.1（UDISA）允许产生更新事件，则以下任一事件都会产生一个更新中断。

- 寄存器被更新（计数器上溢/下溢）。
- 软件设置 PWMA_EGR.0（UGA）。
- 时钟/触发控制器产生的更新。

PWMA_CR1.2（URSA）=1，如果 PWMA_CR1.1（UDISA）允许产生更新事件，则只有当寄存器被更新（计数器上溢/下溢）事件发生时才产生更新中断，并将 PWMA_SR1.0（UIFA）置 1。

PWMA_CR1.1（UDISA）：禁止更新控制位。

PWMA_CR1.1（UDISA）=0，一旦下列事件发生，产生更新（UEV）事件。

- 计数器溢出/下溢。
- 产生软件更新事件。
- 时钟/触发模式控制器产生的硬件复位被缓存寄存器装入它们的预载值。

PWMA_CR1.1（UDISA）=1，不产生更新事件，PWMA_ARR、PWMA_PSC、PWMA_RCR 的影子寄存器的值保持不变。如果设置了 PWMA_EGR.0（UGA）或时钟/触发模式控制器发出了一个硬件复位，则计数器和预分频器都被重新初始化。

PWMA_CR1.0（CENA）：计数器允许控制位。PWMA_CR1.0（CENA）=0，禁止计数器；PWMA_CR1.0（CENA）=1，使能计数器。

特别提示：只有在软件设置了 PWMA_CR1.0（CENA）后，外部时钟模式、门控模式和编码器模式才能正常进行。然而触发模式可以自动地通过硬件设置 PWMA_CR1.0（CENA）。

4. 控制寄存器 2：PWMA_CR2

PWMA_CR2.7（TI1S）：TI1（外部时钟输入信号）选择控制位。PWMA_CR2.7（TI1S）=0，PWMAP 输入引脚连到 TI1；PWMA_CR2.7（TI1S）=1，PWM1P、PWM2P 和 PWM3P 引脚经异或后连到 TI1。

PWMA_CR2.6-PWMA_CR2.4（MMSA[2:0]）：主机模式选择控制位。PWMA 主机模式的选择关系如表 15.3 所示。

表 15.3　PWMA 主机模式的选择关系

PWMA_CR2.6-PWMA_CR2.4（MMSA[2:0]）	主机模式名称	功 能 说 明
000	复位	PWMA_EGR.0（UGA）作为触发输出（TRGO）。如果触发输入（时钟/触发模式控制器配置为复位模式）产生复位，则 TRGO 上的信号相对实际的复位会有一个延迟

续表

PWMA_CR2.6-PWMA_CR2.4（MMSA[2:0]）	主机模式名称	功 能 说 明
001	使能	计数器使能信号作为触发输出（TRGO），用于启动 A/D 转换模块，以便控制在一段时间内使能 A/D 转换模块。计数器使能信号是通过 CEN 控制位和门控模式下触发输入信号的逻辑或产生的。除非选择了主机/从机模式，否则当计数器使能信号受控于触发输入时，TRGO 上会有一定延迟
010	更新	更新事件被选为触发输出（TRGO）
011	比较脉冲	一旦发生一次捕获或一次比较成功，当 CC1IF 被置 1 时，触发输出就送出一个正脉冲（TRGO）
100	比较 1	OC1REF（输出通道 1 输出的参考波形）信号作为触发输出（TRGO）
101	比较 2	OC2REF（输出通道 2 输出的参考波形）信号作为触发输出（TRGO）
110	比较 3	OC3REF（输出通道 3 输出的参考波形）信号作为触发输出（TRGO）
111	比较 4	OC4REF（输出通道 4 输出的参考波形）信号作为触发输出（TRGO）

注：只有 PWMA 的 TRGO 可用于触发启动 A/D 转换模块。

PWMA_CR2.2（COMSA）：捕获/比较控制位的更新控制位。PWMA_CR2.2（COMSA）=0，当 PWMA_CR2.0（CCPCA）=1 时，只有在 COMG 置 1 的时候这些控制位才被更新；PWMA_CR2.2（COMSA）=1，当 PWMA_CR2.0（CCPCA）=1 时，只有在 COMG 置 1 或 TRGI 出现上升沿的时候这些控制位才被更新。

PWMA_CR2.0（CCPCA）：捕获/比较预载控制位。PWMA_CR2.0（CCPCA）=0，CCIE、CCINE、CCiP、CCiNP 和 OCIM 不是预载的；PWMA_CR2.0（CCPCA）=1，CCIE、CCINE、CCiP、CCiNP 和 OCIM 是预载的。在设置该位后，这些位只在设置了 COMG 后被更新。

特别提示：CCPCA 只对具有互补输出功能的通道起作用。

5. 从机模式控制寄存器：PWMA_SMCR

PWMA_SMCR.7（MSMA）：主机/从机模式控制位。PWMA_SMCR.7（MSMA）=0，无作用；PWMA_SMCR.7（MSMA）=1，触发输入（TRGI）上的事件被延迟，以允许 PWMA 与其从 PWM 实现完美同步（通过 TRGO）。

PWMA_SMCR.6-PWMA_SMCR.4（TSA[2:0]）：触发源选择控制位。触发源的选择如表 15.4 所示。

表 15.4 触发源的选择

PWMA_SMCR.6-PWMA_SMCR.4（TSA[2:0]）	触 发 源
000、001、011	—
010	内部触发输入信号 2（ITR2）
100	TI1 的边沿检测器（TI1F_ED）
101	滤波后的定时器输入 1（TI1FP1）
110	滤波后的定时器输入 2（TI2FP2）
111	外部触发输入（ETRF）

注：这些位只能在 SMSA[2:0]=000 时被改变，以避免在改变时产生错误的边沿检测。

PWMA_SMCR.2-PWMA_SMCR.0（SMS1[2:0]）：时钟/触发/从机模式选择控制位。时钟/触发/从机模式的选择如表 15.5 所示。

表 15.5　时钟/触发/从机模式的选择

PWMA_SMCR.2-PWMA_SMCR.0（SMSA[2:0]）	工作模式	功 能 说 明
000	内时钟模式	如果 PWMA_CR1.0（CENA）=1，则预分频器直接由内部时钟驱动
001	编码器模式 1	根据 TI1FP1 的电平，计数器在 TI2FP2 的边沿向上/向下计数
010	编码器模式 2	根据 TI2FP2 的电平，计数器在 TI1FP1 的边沿向上/向下计数
011	编码器模式 3	根据另一个输入的电平，计数器在 TI1FP1 和 TI2FP2 的边沿向上/向下计数
100	复位模式	在选中触发输入（TRGI）的上升沿时重新初始化计数器，并且产生一个更新寄存器的信号
101	门控模式	当触发输入（TRGI）为高时，计数器的时钟开启。一旦触发输入变为低，则计数器停止运行（但不复位）。计数器的启动和停止都是受控的
110	触发模式	计数器在触发输入 TRGI 的上升沿启动（但不复位），只有计数器的启动是受控的
111	外部时钟模式 1	选中触发输入（TRGI）的上升沿驱动计数器

6．外部触发寄存器：PWMA_ETR

PWMA_ETR.7（ETPA）：外部触发 ETR 的极性选择位。PWMA_ETR.7（ETPA）=0，高电平或上升沿有效；PWMA_ETR.7（ETPA）=1，低电平或下降沿有效。

PWMA_ETR.6（ECEA）：外部时钟使能控制位。PWMA_ETR.6（ECEA）=0，禁止外部时钟模式 2；PWMA_ETR.6（ECEA）=1，使能外部时钟模式 2，计数器的时钟为 ETRF 的有效沿。

> **特别提示：**
> ① ECEA 置 1 的效果与把 TRGI 连接到 ETRF 外部时钟模式 1 的效果相同（在 PWMA_SMCR 中，SMSA[2:0]=111，TSA[2:0]=111）。
> ② 外部时钟模式 2 可与触发标准模式、触发复位模式、触发门控模式同时使用。但是，此时 TRGI 决不能与 ETRF 相连（在 PWMA_SMCR 中，TSA[2:0]不能为 111）。
> ③ 当外部时钟模式 1 与外部时钟模式 2 同时使能时，外部时钟输入为 ETRF。

PWMA_ETR.5-PWMA_ETR.4（ETPSA[1:0]）：外部触发预分频器选择位。外部触发信号 EPRP 的频率最大不能超过 $f_{MASTER}/4$，可用预分频器来降低 ETRP 的频率。当 EPRP 的频率很高时，它非常有用。

PWMA_ETR.5-PWMA_ETR.4（ETPSA[1:0]）为 00，预分频器关闭。

PWMA_ETR.5-PWMA_ETR.4（ETPSA[1:0]）为 01，EPRP 的频率为 $f_{MASTER}/2$。

PWMA_ETR.5-PWMA_ETR.4（ETPSA[1:0]）为 02，EPRP 的频率为 $f_{MASTER}/4$。

PWMA_ETR.5-PWMA_ETR.4（ETPSA[1:0]）为 03，EPRP 的频率为 $f_{MASTER}/8$。

PWMA_ETR.3-PWMA_ETR.0（ETFA[3:0]）：外部触发滤波器选择控制位。该位定义了 ETRP 的采样频率及数字滤波器长度，如表 15.6 所示。

表 15.6 外部触发滤波器采样频率及数字滤波器长度的选择

PWMA_ETR.3-PWMA_ETR.0 （ETFA[3:0]）	时 钟 数	PWMA_ETR.3-PWMA_ETR.0 （ETFA[3:0]）	时 钟 数
0000	1	1000	48
0001	2	1001	64
0010	4	1010	80
0011	8	1011	96
0100	12	1100	128
0101	16	1101	160
0110	24	1110	192
0111	32	1111	256

7. 中断使能寄存器：PWMA_IER

PWMA_IER.7（BIEA）：刹车中断允许控制位。PWMA_IER.7（BIEA）=0，禁止刹车中断；PWMA_IER.7（BIEA）=1，允许刹车中断。

PWMA_IER.6（TIEA）：触发中断允许控制位。PWMA_IER.6（TIEA）=0，禁止触发中断；PWMA_IER.6（TIEA）=1，允许触发中断。

PWMA_IER.5（COMIEA）：COM 中断允许控制位。PWMA_IER.5（COMIEA）=0，禁止 COM 中断；PWMA_IER.5（COMIEA）=1，允许 COM 中断。

PWMA_IER.4（CC4IE）：捕获/比较 4 中断允许控制位。PWMA_IER.4（CC4IE）=0，禁止捕获/比较 4 中断；PWMA_IER.4（CC4IE）=1，允许捕获/比较 4 中断。

PWMA_IER.3（CC3IE）：捕获/比较 3 中断允许控制位。PWMA_IER.3（CC3IE）=0，禁止捕获/比较 3 中断；PWMA_IER.3（CC3IE）=1，允许捕获/比较 3 中断。

PWMA_IER.2（CC2IE）：捕获/比较 2 中断允许控制位。PWMA_IER.2（CC2IE）=0，禁止捕获/比较 2 中断；PWMA_IER.2（CC2IE）=1，允许捕获/比较 2 中断。

PWMA_IER.1（CC1IE）：捕获/比较 1 中断允许控制位。PWMA_IER.1（CC1IE）=0，禁止捕获/比较 1 中断；PWMA_IER.1（CC1IE）=1，允许捕获/比较 1 中断。

PWMA_IER.0（UIEA）：更新中断允许控制位。PWMA_IER.0（UIEA）=0，禁止更新中断；PWMA_IER.0（UIEA）=1，允许更新中断。

8. 状态寄存器 1：PWMA_SR1

PWMA_SR1.7（BIFA）：刹车中断标志位。一旦刹车输入有效，则由硬件对该位置 1。如果刹车输入无效，则该位可由软件清 0。

PWMA_SR1.6（TIFA）：触发器中断标志位。当发生触发事件时，由硬件对该位置 1，由软件对该位清 0。

PWMA_SR1.5（COMIFA）：COM1 中断标志位。一旦发生 COM 1 事件，则该位由硬件置 1，由软件清 0。

PWMA_SR1.4（CC4IF）：捕获/比较 4 中断标志位。如果通道 CC4 配置为输出模式，则当计数器值与比较器值匹配时，该位由硬件置 1（中心对称模式除外），由软件清 0；如果通道 CC4 配置为输入模式，则当捕获事件发生时，该位由硬件置 1，由软件清 0，或者通过读 PWMA_CCR4L 清 0。

PWMA_SR1.3（CC3IF）：捕获/比较 3 中断标志位。如果通道 CC3 配置为输出模式，则当计数器值与比较器值匹配时，该位由硬件置 1（中心对称模式除外），由软件清 0；如果通道 CC3 配置为输入模式，则当捕获事件发生时，该位由硬件置 1，由软件清 0，或者通过读 PWMA_CCR3L 清 0。

PWMA_SR1.2（CC2IF）：捕获/比较 2 中断标志位。如果通道 CC2 配置为输出模式，则当计数器值与比较器值匹配时，该位由硬件置 1（中心对称模式除外），由软件清 0；如果通道 CC2 配置为输入模式，则当捕获事件发生时，该位由硬件置 1，由软件清 0，或者通过读 PWMA_CCR2L 清 0。

PWMA_SR1.1（CC1IF）：捕获/比较 1 中断标志位。如果通道 CC1 配置为输出模式，则当计数器值与比较器值匹配时，该位由硬件置 1（中心对称模式除外），由软件清 0；如果通道 CC1 配置为输入模式，则当捕获事件发生时该位由硬件置 1，由软件清 0，或者通过读 PWMA_CCR1L 清 0。

特别提示：在中心对称模式下，当计数器值为 0 时，向上计数；当计数器值为 ARR 时，向下计数（从 0 向上计数到 ARR-1，再由 ARR 向下计数到 1）。因此，对于所有的 SMSA[2:0] 值，这两个值都不置标记。但是，如果 CCR1>ARR，则当计数器值为 ARR 时，CC1IF 置 1。

PWMA_SR1.0（UIFA）：更新中断标志位。当发生更新事件时，该位由硬件置 1，由软件清 0。例如，若 PWMA_CR1 中的 UDISA=0，则当计数器上溢或下溢时，该位由硬件置 1，由软件清 0；若 PWMA_CR1 中的 UDISA 和 URSA 都为 0，则当设置 PWMA_EGR 中的 UGA 软件对计数器重新初始化时，该位由硬件置 1，由软件清 0；若 PWMA_CR1 中 UDISA 和 URSA 和 0，则当计数器被触发事件重新初始化时，该位由硬件置 1，由软件清 0。

9. 状态寄存器 2：PWMA_SR2

PWMA_SR2.4（CC4OF）：捕获/比较 4 重复捕获标志位。仅当相应的通道被配置为输入捕获模式时，该标记才可由硬件置 1，写 0 清 0。

PWMA_SR2.3（CC3OF）：捕获/比较 3 重复捕获标志位。仅当相应的通道被配置为输入捕获模式时，该标记才可由硬件置 1，写 0 清 0。

PWMA_SR2.2（CC2OF）：捕获/比较 2 重复捕获标志位。仅当相应的通道被配置为输入捕获模式时，该标记才可由硬件置 1，写 0 清 0。

PWMA_SR2.1（CC1OF）：捕获/比较 1 重复捕获标志位。仅当相应的通道被配置为输入捕获模式时，该标记才可由硬件置 1，写 0 清 0。

10. 事件发生寄存器：PWMA_EGR

PWMA_EGR.7（BGA）：刹车事件发生位。该位由软件置 1，用于产生一个刹车事件，由硬件自动清 0。PWMA_EGR.7（BGA）=0，无动作；PWMA_EGR.7（BGA）=1，产生一个刹车事件，此时 MOE=0、BIF=1，若开启对应的中断，即 PWMA_IER.7（BIEA=1），则产生相应的中断。

PWMA_EGR.6（TGA）：触发事件发生位。该位由软件置 1，用于产生一个触发事件，由硬件自动清 0。PWMA_EGR.6（TGA）=0，无动作；PWMA_EGR.6（TGA）=1，当 PWMA_SR1.6（TIFA）=1 时，若开启对应的中断，即 PWMA_IER.6（TIEA=1），则产生相应的中断。

PWMA_EGR.5（COMGA）：捕获/比较事件更新控制位。该位由软件置 1，由硬件自动清 0。PWMA_EGR.5（COMGA）=0，无动作；PWMA_EGR.5（COMGA）=1，当 PWMA_CR2.0（CCPCA）=1 时，允许更新 CCIEA、CCINE、CCiP、CCiNP、OCIM。

备注：该位只对拥有互补输出的通道有效。

PWMA_EGR.4（CC4G）：捕获/比较 4 事件发生位。该位由软件置 1，用于产生一个捕获/比较事件，由硬件自动清 0。PWMA_EGR.4（CC4G）=0，无动作；PWMA_EGR.4（CC4G）=1，在通道 CC4 上产生一个捕获/比较事件。

通道 CC4 配置为输出：设置 PWMA_SR1.4（CC4IF）=1，若开启对应的中断，则产生相应的中断。

通道 CC4 配置为输入：当前的计数器值被捕获至 PWMA_CCR4，设置 PWMA_SR1.4（CC4IF）=1，若开启对应的中断，则产生相应的中断。若 PWMA_SR1.4（CC4IF）已经为 1，则设置 PWMA_SR2.4（CC4OF）=1。

PWM3_EGR.1（CC3G）：捕获/比较 3 事件发生位。该位由软件置 1，用于产生一个捕获/比较事件，由硬件自动清 0。PWMA_EGR.3（CC3G）=0，无动作；PWMA_EGR.3（CC3G）=1，在通道 CC3 上产生一个捕获/比较事件。

通道 CC3 配置为输出：设置 PWMA_SR1.3（CC3IF）=1，若开启对应的中断，则产生相应的中断。

通道 CC3 配置为输入：当前的计数器值被捕获至 PWMA_CCR3，设置 PWMA_SR1.3（CC3IF）=1，若开启对应的中断，则产生相应的中断。若 PWMA_SR1.3（CC3IF）已经为 1，则设置 PWMA_SR2.3（CC3OF）=1。

PWMA_EGR.2（CC2G）：捕获/比较 2 事件发生位。该位由软件置 1，用于产生一个捕获/比较事件，由硬件自动清 0。PWMA_EGR.2（CC2G）=0，无动作；PWMA_EGR.2（CC2G）=1，在通道 CC2 上产生一个捕获/比较事件。

通道 CC2 配置为输出：设置 PWMA_SR1.2（CC2IF）=1，若开启对应的中断，则产生相应的中断。

通道 CC2 配置为输入：当前的计数器值被捕获至 PWMA_CCR2，设置 PWMA_SR1.2（CC2IF）=1，若开启对应的中断，则产生相应的中断。若 PWMA_SR1.2（CC2IF）已经为 1，则设置 PWMA_SR2.2（CC2OF）=1。

PWMA_EGR.1（CC1G）：捕获/比较 1 事件发生位。该位由软件置 1，用于产生一个捕获/比较事件，由硬件自动清 0。PWMA_EGR.1（CC1G）=0，无动作；PWMA_EGR.1（CC1G）=1，在通道 CC1 上产生一个捕获/比较事件。

通道 CC1 配置为输出：设置 PWMA_SR1.1（CC1IF）=1，若开启对应的中断，则产生相应的中断。

通道 CC1 配置为输入：当前的计数器值被捕获至 PWMA_CCR1，设置 PWMA_SR1.1（CC1IF）=1，若开启对应的中断，则产生相应的中断。若 PWMA_SR1.1（CC1IF）已经为 1，则设置 PWMA_SR2.1（CC1OF）=1。

PWMA_EGR.0（UGA）：更新事件发生位。该位由软件置 1，由硬件自动清 0。PWMA_EGR.0（UGA）=0，无动作；PWMA_EGR.0（UGA）=1，重新初始化计数器，并产生一个更新事件，此时预分频器的计数器也被清 0（但是预分频系数不变）。若处于中心对称模式或 PWMA_CR1.4（DIRA）=0（向上计数），则计数器被清 0；若 PWMA_CR1.4（DIRA）=1（向下计数），则计数器取 PWMn_ARR 的值。

11. 捕获/比较模式寄存器 1：PWMA_CCMR1

通道可设置为输入模式或输出模式。通道的方向由相应的 PWMA_CCMR1.1- PWMA_CCMR1.1.0（CC1S [1:0]）定义。该寄存器其他位的作用在输入模式和输出模式下不同。OC1 描述了通道在输出模式下的功能，IC1 描述了通道在输入模式下的功能。因此必须注意，同一位在输出模式和输入模式下的功能是不同的。

PWMA_CCMR1.1-PWMA_CCMR1.0（CC1S[1:0]）：捕获/比较 1 选择控制位。这两位定义了通道的方向（输入或输出），以及输入引脚的选择。通道 1 的方向与输入引脚的选择如表 15.7 所示。

表 15.7　通道 1 的方向与输入引脚的选择

PWMA_CCMR1.1-PWMA_CCMR1.0（CC1S[1:0]）	方　　　向	输　入　引　脚
00	输出	—
01	输入	IC1 映射在 TI1FP1 上
10	输入	IC1 映射在 TI2FP1 上
11	输入	IC1 映射在 TRC 上。此模式仅工作在内部触发器输入被选中时（由 PWMA_SMCR 的 TS 选择）

注：PWMA_CCMR1.1-PWMA_CCMR1.0（CC1S[1:0]）仅在通道关闭时（PWMA_CCER1.0 （CC1E）=0）才是可写的。

（1）PWM 通道 1 为输出模式时。

PWMA_CCMR1.7（OC1CE）：输出/比较 1 清 0 使能控制位。该位用于使能 PWMETI 引脚上的外部事件来清 0 通道 1 的输出信号（OC1REF）。PWMA_CCMR1.7（OC1CE）=0，OC1REF 不受 ETRF 输入的影响；PWMA_CCMR1.7（OC1CE）=1，一旦检测到 ETRF 输入高电平，则 OC1REF=0。

PWMA_CCMR1.6-PWMA_CCMR1.4（OC1M[2:0]）：输出/比较 1 工作模式选择位。这 3 位定义了输出参考信号 OC1REF 的动作，而 OC1REF 决定了 OC1 的值。OC1REF 为高电平时有效，而 OC1 的有效电平取决于 PWMA_CCER1.1（CC1P）。输出/比较 1 工作模式的选择如表 15.8 所示。

表 15.8　输出/比较 1 工作模式的选择

PWMA_CCMR1.6-PWMA_CCMR1.4（OC1M[2:0]）	工　作　模　式	功　能　说　明
000	冻结	PWMA_CCR1 与 PWMA_CNT 间的比较对 OC1REF 不起作用
001	匹配时设置通道 1 的输出为有效电平	当 PWMA_CCR1=PWMA_CNT 时，OC1REF 输出高电平
010	匹配时设置通道 1 的输出为无效电平	当 PWMA_CCR1=PWMA_CNT 时，OC1REF 输出低电平
011	翻转	当 PWMA_CCR1=PWMA_CNT 时，翻转 OC1REF
100	强制为无效电平	强制 OC1REF 为低电平
101	强制为有效电平	强制 OC1REF 为高电平

续表

PWMA_CCMR1.6-PWMA_CCMR1.4（OC1M[2:0]）	工 作 模 式	功 能 说 明
110	PWM 模式 1	在向上计数时，若 PWMA_CNT<PWMA_CCR1，则 OC1REF 输出高电平；否则，OCnREF 输出低电平。在向下计数时，若 PWMA_CNT>PWMA_CCR1，则 OC1REF 输出低电平，否则，OC1REF 输出高电平
111	PWM 模式 2	在向上计数时，若 PWMA_CNT<PWMA_CCR1，则 OC1REF 输出低电平；否则，OC1REF 输出高电平。在向下计数时，若 PWMA_CNT>PWMA_CCR1，则 OC1REF 输出高电平；否则，OC1REF 输出低电平

特别提示：

① 一旦 LOCK 级别设为 3（PWMA_BKR 中的 LOCK），并且 PWMA_CCMR1.1-PWMA_CCMR1.0（CC1S[1:0]）=00（该通道配置成输出），输出/比较 1 工作模式选择位就不能被修改。

② 在 PWM 模式 1 或 PWM 模式 2 下，只有当比较结果发生改变，或者在输出比较模式中从冻结模式切换到 PWM 模式时，OC1REF 电平才改变。

③ 在有互补输出功能的通道上，这些位是预载的。如果 PWMA_CR2.0（CCPCA）=1，则 PWMA_CCMR1.6-PWMA_CCMR1.4（OC1M[2:0]）只有在 COM 事件发生时，才从预载位取新值。

PWMA_CCMR1.3（OC1PE）：输出/比较 1 预载使能控制位。PWMA_CCMR1.3（OC1PE）=0，禁止 PWMA_CCR1 的预载功能，可随时向 PWMA_CCR1 中写入数值，并且新写入的数值立即起作用；PWMA_CCMR1.3（OC1PE）=1，开启 PWMA_CCR1 的预载功能，读写操作仅对预载寄存器有效，PWMA_CCR1 的预载值在更新事件到来时被加载至当前寄存器中。

特别提示：

① 一旦 LOCK 级别设为 3（PWMA_BKR 中的 LOCK），并且 PWMA_CCMR1.1-PWMA_CCMR1.0（CC1S[1:0]）=00（该通道配置成输出），输出/比较 1 预载使能控制位就不能被修改。

② 为了操作正确，在 PWM 模式下必须使能预载功能。但在单脉冲模式下（PWMA_CR1.3（OPMA）=1），该功能不是必需的。

PWMA_CCMR1.2（OC1FE）：输出/比较 1 快速使能控制位。该位用于加快 CC1 输出对触发输入事件的响应。PWMA_CCMR1.2（OC1FE）=0，即使触发器是打开的，CC1 也会根据计数器与 CCR1 的值，CC1 正常操作。当触发器的输入有一个有效沿时，激活 CC1 输出的最小延时为 5 个时钟周期。PWMA_CCMR1.2（OC1FE）=1，输入触发器有效沿的作用就像发生了一次比较匹配。因此，OC 被设置为比较电平而与比较结果无关。采样触发器的有效沿和 CC1 输出间的延时被缩短为 3 个时钟周期。OC1FE 只在通道被配置成 PWM 模式 1 或 PWM 模式 2 时起作用。

（2）通道 1 为输入模式时。

PWMA_CCMR1.7-PWMA_CCMR1.4（IC1F[3:0]）：输入/捕获 1 滤波器选择位。该位定

义了 TI1 的采样频率及数字滤波器长度。TI1 采样频率及数字滤波器长度的选择如表 15.9 所示。

表 15.9   TI1 采样频率及数字滤波器长度的选择

PWMA_CCMR1.7-PWMA_CCMR1.4（IC1F[3:0]）	时 钟 数	PWMA_CCMR1.7-PWMA_CCMR1.4（IC1F[3:0]）	时 钟 数
0000	1	1000	48
0001	2	1001	64
0010	4	1010	80
0011	8	1011	96
0100	12	1100	128
0101	16	1101	160
0110	24	1110	192
0111	32	1111	256

注：即使对于带互补输出功能的通道，输入/捕获 1 滤波器选择位也是非预载的，并且不会考虑 PWMA_CR2.0（CCPCA）的值。

PWMA_CCMR1.3-PWMA_CCMR1.2（IC1PSC[1:0]）：输入/捕获 1 预分频器使能控制位。这两位定义了 CC1 输入（IC1）的预分频系数。IC1PSC[1:0]=00，无预分频器，捕获/输入口上检测到的每一个边沿都触发一次捕获；IC1PSC[1:0]=01，每 2 个事件触发一次捕获；IC1PSC[1:0]=10，每 4 个事件触发一次捕获；IC1PSC[1:0]=11，每 8 个事件触发一次捕获。

12．捕获/比较模式寄存器 2：PWMA_CCMR2

PWMA_CCMR2.1-PWMA_CCMR2.0（CC2S[1:0]）：捕获/比较 2 选择控制位。这两位定义了通道的方向（输入或输出），以及输入引脚的选择。通道 2 的方向与输入引脚的选择如表 15.10 所示。

表 15.10   通道 2 的方向与输入引脚的选择

PWMA_CCMR2.1-PWMA_CCMR2.0（CC2S[1:0]）	方　向	输 入 引 脚
00	输出	—
01	输入	IC2 映射在 TI2FP2 上
10	输入	IC2 映射在 TI1FP2 上
11	输入	IC2 映射在 TRC 上。

（1）通道 2 为输出模式时。

PWMA_CCMR2.7（OC2CE）：输出/比较 2 清 0 使能控制位。该位用于使能 PWMETI 引脚上的外部事件来清 0 通道 2 的输出信号（OC2REF）。PWMA_CCMR2.7（OC2CE）=0，OC2REF 不受 ETRF 输入的影响；PWMA_CCMR2.7（OC2CE）=1，一旦检测到 ETRF 输入高电平，则 OC2REF=0。

PWMA_CCMR2.6-PWMA_CCMR2.4（OC2M[2:0]）：输出/比较 2 工作模式选择位。这 3 位定义了输出参考信号 OC2REF 的动作，而 OC2REF 决定了 OC2 的值。OC2REF 为高电平时有效，而 OC2 的有效电平取决于 PWMA_CCER.5（CC2P）。输出/比较 2 工作模式的选择如表 15.11 所示。

表 15.11　输出/比较 2 工作模式的选择

PWMA_CCMR2.6-PWMA_CCMR2.4（OC2M[2:0]）	工作模式	功能说明
000	冻结	PWMA_CCR2 与 PWMA_CNT 间的比较对 OC2REF 不起作用
001	匹配时设置通道 2 的输出为有效电平	当 PWMA_CCR2=PWMA_CNT 时，OC2REF 输出高电平
010	匹配时设置通道 2 的输出为无效电平	当 PWMA_CCR2=PWMA_CNT 时，OC2REF 输出低电平
011	翻转	当 PWMA_CCR2=PWMA_CNT 时，翻转 OC2REF
100	强制为无效电平	强制 OC2REF 为低电平
101	强制为有效电平	强制 OC2REF 为高电平
110	PWM 模式 1	在向上计数时，若 PWMA_CNT<PWMA_CCR2，则 OC2REF 输出高电平；否则，OC2REF 输出低电平。在向下计数时，若 PWMA_CNT>PWMA_CCR2，则 OC2REF 输出低电平；否则，OC2REF 输出高电平
111	PWM 模式 2	在向上计数时，若 PWMA_CNT<PWMA_CCR2，则 OC2REF 输出低电平；否则，OC2REF 输出高电平；在向下计数时，若 PWMA_CNT>PWMA_CCR2，则 OC2REF 输出高电平；否则，OC2REF 输出低电平

特别提示：

① 一旦 LOCK 级别设为 3（PWMA_BKR 中的 LOCK），并且 PWMA_CCMR2.1-PWMA_CCMR2.0（CC2S[1:0]）=00（该通道配置成输出），输出/比较 2 工作模式选择位就不能被修改。

② 在 PWM 模式 1 或 PWM 模式 2 下，只有当比较结果发生改变，或者在输出比较模式中从冻结模式切换到 PWM 模式时，OC2REF 电平才改变。

③ 在有互补输出功能的通道上，这些位是预载的。如果 PWMA_CR2.0（CCPCA）=1，则 PWMA_CCMR2.6-PWMA_CCMR2.4（OC2M[2:0]）只有在 COM 事件发生时，才从预载位取新值。

PWMA_CCMR2.3（OC2PE）：输出/比较 2 预载使能控制位。PWMA_CCMR2.3（OC2PE）=0，禁止 PWMA_CCR2 的预载功能，可随时向 PWMA_CCR2 中写入数值，并且新写入的数值立即起作用；PWMA_CCMR2.3（OC2PE）=1，开启 PWMA_CCR2 的预载功能，读写操作仅对预载寄存器有效，PWMA_CCR2 的预载值在更新事件到来时被加载至当前寄存器中。

特别提示：

① 一旦 LOCK 级别设为 3（PWMA_BKR 中的 LOCK），并且 PWMA_CCMR2.1-PWMA_CCMR2.0（CC2S[1:0]）=00（该通道配置成输出），输出/比较 2 预载使能控制位就不能被修改。

② 为了操作正确，在 PWM 模式下必须使能预载功能。但在单脉冲模式下（PWMA_CR1.3（OPMA）=1），该功能不是必需的。

PWMA_CCMR2.2（OC2FE）：输出/比较 2 快速使能控制位。该位用于加快 CC2 输出对触发输入事件的响应。PWMA_CCMR2.2（OC2FE）=0，即使触发器是打开的，CC2 也会根据计数器与 CCR2 的值，CC2 正常操作。当触发器的输入有一个有效沿时，激活 CC2 输出的最小延时为 5 个时钟周期。PWMA_CCMR2.2（OC2FE）=1，输入触发器有效沿的作用就像发生了一次比较匹配。因此，OC 被设置为比较电平而与比较结果无关。采样触发器的有效沿和 CC2 输出间的延时被缩短为 3 个时钟周期。OC2FE 只在通道被配置成 PWM 模式 1 或 PWM 模式 2 时起作用。

（2）通道 2 为输入模式时。

PWMA_CCMR2.7-PWMA_CCMR2.4（IC2F[3:0]）：输入/捕获 2 滤波器选择位。该位定义了 TI2 的采样频率及数字滤波器长度。TI2 采样频率及数字滤波器长度的选择关系如表 15.12 所示。

表 15.12　TI2 采样频率及数字滤波器长度的选择

PWMA_CCMR2.7-PWMA_CCM R2.4（IC2F[3:0]）	时　钟　数	PWMA_CCMR2.7-PWMA_CCM R2.4（IC2F[3:0]）	时　钟　数
0000	1	1000	48
0001	2	1001	64
0010	4	1010	80
0011	8	1011	96
0100	12	1100	128
0101	16	1101	160
0110	24	1110	192
0111	32	1111	256

注：即使对于带互补输出功能的通道，输入/捕获 2 滤波器选择位也是非预载的，并且不会考虑 PWMA_CR2.0（CCPCA）的值。

PWMA_CCMR2.3-PWMA_CCMR2.2（IC2PSC[1:0]）：输入/捕获 2 预分频器使能控制位。这两位定义了 CC2 输入（IC2）的预分频系数。IC2PSC[1:0]=00，无预分频器，捕获/输入口上检测到的每一个边沿都触发一次捕获；IC2PSC[1:0]=01，每 2 个事件触发一次捕获；IC2PSC[1:0]=10，每 4 个事件触发一次捕获；IC2PSC[1:0]=11，每 8 个事件触发一次捕获。

13. 捕获/比较模式寄存器 3：PWMA_CCMR3

PWMA_CCMR3.1-PWMA_CCMR3.0（CC3S[1:0]）：捕获/比较 3 选择控制位。这两位定义了通道的方向（输入或输出），以及输入引脚的选择。通道 3 的方向与输入引脚的选择如表 15.13 所示。

表 15.13　通道 3 的方向与输入引脚的选择

PWMA_CCMR3.1-PWMA_CCMR3.0（CC3S[1:0]）	方　　向	输入引脚
00	输出	—
01	输入	IC3 映射在 TI3FP3 上
10	输入	IC3 映射在 TI4FP3 上
11	输入	IC3 映射在 TRC 上

（1）通道 3 为输出模式时。

PWMA_CCMR3.7（OC3CE）：输出/比较 3 清 0 使能控制位。该位用于使能 PWMETI

引脚上的外部事件来清 0 通道 3 的输出信号（OC3REF）。PWMA_CCMR3.7（OC3CE）=0，OC3REF 不受 ETRF 输入的影响；PWMA_CCMR3.7（OC3CE）=1，一旦检测到 ETRF 输入高电平，则 OC3REF=0。

PWMA_CCMR3.6-PWMA_CCMR3.4（OC3M[2:0]）：输出/比较 3 工作模式选择位。这 3 位定义了输出参考信号 OC3REF 的动作，而 OC3REF 决定了 OC3 的值。OC3REF 为高电平时有效，而 OC3 的有效电平取决于 PWMA_CCER2.1（CC3P）。输出/比较 3 工作模式的选择如表 15.14 所示。

表 15.14　输出/比较 3 工作模式的选择

PWMA_CCMR3.6-PWMA_CCMR3.4（OC3M[2:0]）	工 作 模 式	功 能 说 明
000	冻结	PWMA_CCR3 与 PWMA_CNT 间的比较对 OC3REF 不起作用
001	匹配时设置通道 3 的输出为有效电平	当 PWMA_CCR3=PWMA_CNT 时，OC3REF 输出高电平
010	匹配时设置通道 3 的输出为无效电平	当 PWMA_CCR3=PWMA_CNT 时，OC3REF 输出低电平
011	翻转	当 PWMA_CCR3=PWMA_CNT 时，翻转 OC3REF
100	强制为无效电平	强制 OC3REF 为低电平
101	强制为有效电平	强制 OC3REF 为高电平
110	PWM 模式 1	在向上计数时，若 PWMA_CNT<PWMA_CCR3，则 OC3REF 输出高电平；否则，OC3REF 输出低电平。在向下计数时，若 PWMA_CNT>PWMA_CCR3，则 OC3REF 输出低电平；否则，OC3REF 输出高电平
111	PWM 模式 2	在向上计数时，若 PWMA_CNT<PWMA_CCR3，则 OC3REF 输出低电平；否则，OC3REF 输出高电平。在向下计数时，若 PWMA_CNT>PWMA_CCR3，则 OC3REF 输出高电平；否则，OC3REF 输出低电平

特别提示：

① 一旦 LOCK 级别设为 3（PWMA_BKR 中的 LOCK），并且 PWMA_CCMR3.1-PWMA_CCMR3.0（CC3S[1:0]）=00（该通道配置成输出），输出/比较 3 工作模式选择位就不能被修改。

② 在 PWM 模式 1 或 PWM 模式 2 下，只有当比较结果发生改变，或者在输出比较模式中从冻结模式切换到 PWM 模式时，OC3REF 电平才改变。

③ 在有互补输出功能的通道上，这些位是预载的。如果 PWMA_CR2.0（CCPCA）=1，则 PWMA_CCMR3.6-PWMA_CCMR3.4（OC3M[2:0]）位只有在 COM 事件发生时，才从预载位取新值。

PWMA_CCMR3.3（OC3PE）：输出/比较 3 预载使能控制位。PWMA_CCMR3.3（OC3PE）=0，禁止 PWMA_CCR3 的预载功能，可随时向 PWMA_CCR3 中写入数值，并且新写入的数值立即起作用；PWMA_CCMR3.3（OC3PE）=1，开启 PWMA_CCR3 的预载功能，读写操作仅对预载寄存器有效，PWMA_CCR3 的预载值在更新事件到来时被加载至当前寄存器中。

> **特别提示：**
> ① 一旦 LOCK 级别设为 3（PWMA_BKR 中的 LOCK），并且 PWMA_CCMR3.1-PWMA_CCMR3.0（CC3S[1:0]）=00（该通道配置成输出），输出/比较 3 预载使能控制位就不能被修改。
> ② 为了操作正确，在 PWM 模式下必须使能预装载功能。但在单脉冲模式下（PWMA_CR1.3（OPMA）=1），该功能不是必需的。

PWMA_CCMR3.2（OC3FE）：输出/比较 3 快速使能控制位。该位用于加快 CC3 输出对触发输入事件的响应。PWMA_CCMR3.2（OC3FE）=0，即使触发器是打开的，CC3 根据计数器与 CCR3 的值正常操作。当触发器的输入有一个有效沿时，激活 CC3 输出的最小延时为 5 个时钟周期。PWMA_CCMR3.2（OC3FE）=1，输入触发器有效沿的作用就像发生了一次比较匹配。因此，OC 被设置为比较电平而与比较结果无关。采样触发器的有效沿和 CC3 输出间的延时被缩短为 3 个时钟周期。OC3FE 只在通道被配置成 PWM 模式 1 或 PWM 模式 2 时起作用。

（2）通道 3 为输入模式时。

PWMA_CCMR3.7-PWMA_CCMR3.4（IC3F[3:0]）：输入/捕获 3 滤波器选择位。该位定义了 TI3 的采样频率及数字滤波器长度。TI3 采样频率及数字滤波器长度的选择如表 15.15 所示。

表 15.15　TI3 采样频率及数字滤波器长度的选择

PWMA_CCMR3.7-PWMA_CCMR3.4（IC3F[3:0]）	时　钟　数	PWMA_CCMR3.7-PWMA_CCMR3.4（IC3F[3:0]）	时　钟　数
0000	1	1000	48
0001	2	1001	64
0010	4	1010	80
0011	8	1011	96
0100	12	1100	128
0101	16	1101	160
0110	24	1110	192
0111	32	1111	256

备注：即使对于带互补输出功能的通道，输入/捕获 3 滤波器选择位也是非预装载的，并且不会考虑 PWMA_CR2.0（CCPCA）的值。

PWMA_CCMR3.3-PWMA_CCMR3.2（IC3PSC[1:0]）：输入/捕获 3 预分频器使能控制位。这两位定义了 CC3 输入（IC3）的预分频系数。IC3PSC[1:0]=00，无预分频器，捕获/输入口上检测到的每一个边沿都触发一次捕获；IC3PSC[1:0]=01，每 2 个事件触发一次捕获；IC3PSC[1:0]=10，每 4 个事件触发一次捕获；IC3PSC[1:0]=11，每 8 个事件触发一次捕获。

14. 捕获/比较模式寄存器 4：PWMA_CCMR4

PWMA_CCMR4.1-PWMA_CCMR4.0（CC4S[1:0]）：捕获/比较 4 选择控制位。这两位定义了通道的方向（输入或输出），以及输入引脚的选择。通道 4 的方向与输入引脚的选择如表 15.16 所示。

表 15.16 通道 4 的方向与输入引脚的选择

PWMA_CCMR4.1-PWMA_CCMR4.0 （CC4S[1:0]）	方 向	输 入 引 脚
00	输出	
01	输入	IC4 映射在 TI4FP4 上
10	输入	IC4 映射在 TI3FP4 上
11	输入	IC4 映射在 TRC 上

（1）通道 4 为输出模式时。

PWMA_CCMR4.7（OC4CE）：输出/比较 4 清 0 使能控制位。该位用于使能 PWMETI 引脚上的外部事件来清 0 通道 4 的输出信号（OC4REF）。PWMA_CCMR4.7（OC4CE）=0，OC4REF 不受 ETRF 输入的影响；PWMA_CCMR4.7（OC4CE）=1，一旦检测到 ETRF 输入高电平，则 OC4REF=0。

PWMA_CCMR4.6-PWMA_CCMR4.4（OC4M[2:0]）：输出/比较 4 工作模式选择位。这 3 位定义了输出参考信号 OC4REF 的动作，而 OC4REF 决定了 OC4 的值。OC4REF 为高电平时有效，而 OC4 的有效电平取决于 PWMA_CCER2.5（CC4P）。输出/比较 4 工作模式的选择如表 15.17 所示。

表 15.17 输出/比较 4 工作模式的选择

PWMA_CCMR4.6-PWMA_CCMR4.4 （OC4M[2:0]）	工 作 模 式	功 能 说 明
000	冻结	PWMA_CCR4 与 PWMA_CNT 间的比较对 OC4REF 不起作用
001	匹配时设置通道 4 的输出为有效电平	当 PWMA_CCR4=PWMA_CNT 时，OC4REF 输出高电平
010	匹配时设置通道 4 的输出为无效电平	当 PWMA_CCR4=PWMA_CNT 时，OC4REF 输出低电平
011	翻转	当 PWMA_CCR4=PWMA_CNT 时，翻转 OC4REF
100	强制为无效电平	强制 OC4REF 为低电平
101	强制为有效电平	强制 OC4REF 为高电平
110	PWM 模式 1	在向上计数时，若 PWMA_CNT<PWMA_CCR4，则 OC4REF 输出高电平；否则，OC4REF 输出低电平。在向下计数时，若 PWMA_CNT>PWMA_CCR4，则 OC4REF 输出低电平；否则，OC4REF 输出高电平
111	PWM 模式 2	在向上计数时，若 PWMA_CNT<PWMA_CCR4，则 OC4REF 输出低电平；否则，OC4REF 输出高电平。在向下计数时，若 PWMA_CNT>PWMA_CCR4，则 OC4REF 输出高电平；否则，OC4REF 输出低电平。

特别提示：

① 一旦 LOCK 级别设为 3（PWMA_BKR 中的 LOCK），并且 PWMA_CCMR4.1-PWMA_CCMR4.0（CC4S[1:0]）=00（该通道配置成输出），输出/比较 4 工作模式选择位就不能被修改。

② 在 PWM 模式 1 或 PWM 模式 2 下，只有当比较结果发生改变，或者在输出比较模式中从冻结模式切换到 PWM 模式时，OC4REF 电平才改变。

③ 在有互补输出功能的通道上，这些位是预载的。如果 PWMA_CR2.0（CCPCA）=1，则 PWMA_CCMR4.6-PWMA_CCMR4.4（OC4M[2:0]）只有在 COM 事件发生时，才从预载位取新值。

PWMA_CCMR4.3（OC4PE）：输出/比较 4 预装载使能控制位。PWMA_CCMR4.3（OC4PE）=0，禁止 PWMA_CCR4 寄存器的预装载功能，可随时向 PWMA_CCR4 中写入数值，并且新写入的数值立即起作用；PWMA_CCMR4.3（OC4PE）=1，开启 PWMA_CCR4 的预载功能，读写操作仅对预载寄存器有效，PWMA_CCR4 的预载值在更新事件到来时被加载至当前寄存器中。

特别提示：

① 一旦 LOCK 级别设为 3（PWMA_BKR 中的 LOCK），并且 PWMA_CCMR4.1-PWMA_CCMR4.0（CC4S[1:0]）=00（该通道配置成输出），输出/比较 4 预载使能控制位就不能被修改。

② 为了操作正确，在 PWM 模式下必须使能预装载功能。但在单脉冲模式下（PWMA_CR1 寄存器的 OPM1=1），该功能不是必需的。

PWMA_CCMR4.2（OC4FE）：输出/比较 4 快速使能控制位。该位用于加快 CC4 输出对触发输入事件的响应。PWMA_CCMR4.2（OC4FE）=0，即使触发器是打开的，CC4 也会根据计数器与 CCR4 的值正常操作。当触发器的输入有一个有效沿时，激活 CC4 输出的最小延时为 5 个时钟周期。PWMA_CCMR4.2（OC4FE）=1，输入触发器有效沿的作用就像发生了一次比较匹配。因此，OC 被设置为比较电平而与比较结果无关。采样触发器的有效沿和 CC4 输出间的延时被缩短为 3 个时钟周期。OC4FE 只在通道被配置成 PWM 模式 1 或 PWM 模式 2 时起作用。

（2）通道 4 为输入模式时。

PWMA_CCMR4.7-PWMA_CCMR4.4（IC4F[3:0]）：输入/捕获 4 滤波器选择位。该位定义了 TI4 的采样频率及数字滤波器长度。TI4 采样频率及数字滤波器长度的选择如表 15.18 所示。

表 15.18　TI4 采样频率及数字滤波器长度的选择

PWMA_CCMR4.7-PWMA_CCMR4.4 （IC4F[3:0]）	时　钟　数	PWMA_CCMR4.7-PWMA_CCMR4.4 （IC3F[4:0]）	时　钟　数
0000	1	1000	48
0001	2	1001	64
0010	4	1010	80
0011	8	1011	96
0100	12	1100	128
0101	16	1101	160
0110	24	1110	192
0111	32	1111	256

注：即使对于带互补输出功能的通道，输入/捕获 4 滤波器选择位也是非预载的，并且不会考虑 PWMA_CR2.0（CCPC1）的值。

PWMA_CCMR4.3-PWMA_CCMR4.2（IC4PSC[1:0]）：输入/捕获 4 预分频器使能控制位。

这两位定义了 CC4 输入（IC4）的预分频系数。IC4PSC[1:0]=00，无预分频器，捕获/输入口上检测到的每一个边沿都触发一次捕获；IC4PSC[1:0]=01，每 2 个事件触发一次捕获；IC4PSC[1:0]=10，每 4 个事件触发一次捕获；IC4PSC[1:0]=11，每 8 个事件触发一次捕获。

15. 捕获/比较使能寄存器 1：PWMA_CCER1

PWMA_CCER1.7（CC2NP）：OC2N 比较输出极性的选择位。PWMA_CCER1.7（CC2NP）=0，高电平有效；PWMA_CCER1.7（CC2NP）=1，低电平有效。

> **特别提示：**
> ① 一旦 LOCK 级别（PWMA_BKR 中的 LOCK）设为 3 或 2，并且 PWMA-CCMR2.1-PWMA-CCMR2.0（CC2S[1:0]）=00（通道配置为输出），OC2N 比较输出极性的选择位就不能被修改。
> ② 对于有互补输出的通道，该位是预装载的。如果 PWMA_CR2.0（CCPCA）=1，那么只有在 COM 事件发生时，PWMA_CCER1.7（CC2NP）才从预载位中取新值。

PWMA_CCER1.6（CC2NE）：OC2N 比较输出使能控制位。PWMA_CCER1.6（CC2NE）=0，关闭比较输出；PWMA_CCER1.6（CC2NE）=1，开启比较输出，其输出电平依赖于 MOE、OSSI、OSSR、OIS1、OIS1N 和 CC1E 的值。

> **特别提示：** 对于有互补输出功能的通道，该位是预载的。如果 PWMA_CR2.0（CCPCA）=1，那么只有在 COM 事件发生时，PWMA_CCER1.6（CC2NE）才从预载位中取新值。

PWMA_CCER1.5（CC2P）：OC2 输入捕获/比较输出极性选择位。

CC2 通道配置为输出：PWMA_CCER1.5（CC2P）=0，高电平有效；PWMA_CCER1.5（CC2P）=1，低电平有效。

CC2 通道配置为输入或捕获：PWMA_CCER1.5（CC2P）=0，捕获发生在 TI1F 或 TI2F 的上升沿；PWMA_CCER1.5（CC2P）=1，捕获发生在 TI1F 或 TI2F 的下降沿。

PWMA_CCER1.4（CC2E）：OC2 输入捕获/比较输出使能控制位。PWMA_CCER1.4（CC2E）=0，关闭输入捕获；PWMA_CCER1.4（CC2E）=1，开启输入捕获。

> **特别提示：**
> ① 一旦 LOCK 级别（PWMA_BKR 中的 LOCK）设为 3 或 2，OC2 输入捕获/比较输出使能控制位就不能被修改。
> ② 对于有互补输出功能的通道，OC2 输入捕获/比较输出使能控制位是预载的。如果 PWMA_CR2.0（CCPCA）=1，那么只有在 COM 事件发生时，PWMA_CCER1.5（CC2P）才从预载位中取新值。

PWMA_CCER1.3（CC1NP）：OC1N 比较输出极性的选择位。PWMA_CCER1.3（CC1NP）=0，高电平有效；PWMA_CCER1.3（CC1NP）=1，低电平有效。

> **特别提示：**
> ① 一旦 LOCK 级别（PWMA_BKR 中的 LOCK）设为 3 或 2，并且 PWMA-CCMR1.1-PWMA-CCMR1.0（CC1S[1:0]）=00（通道配置为输出），OC1 比较输出极性的选择位就不能被修改。

② 对于有互补输出的通道,OC1 比较输出极性的选择位是预载的。如果 PWMA_CR2.0 (CCPCA) =1,那么只有在 COM 事件发生时,PWMA_CCER1.3 (CC1NP) 才从预载位中取新值。

PWMA_CCER1.2 (CC1NE):OC1N 比较输出使能控制位。PWMA_CCER1.2 (CC1NE) =0,关闭比较输出;PWMA_CCER1.2 (CC1NE) =1,开启比较输出,其输出电平依赖于 MOE、OSSI、OSSR、OIS1、OIS1N 和 CC1E 的值。

特别提示:对于有互补输出功能的通道,OC1 比较输出使能控制位是预载的。如果 PWMA_CR2.0 (CCPCA) =1,只有在 COM 事件发生时,PWMA_CCER1.2 (CC1NE) 才从预载位中取新值。

PWMA_CCER1.1 (CC1P):OC1 输入捕获/比较输出极性选择位。

CC1 通道配置为输出:PWMA_CCER1.1 (CC1P) =0,高电平有效;PWMA_CCER1.1 (CC1P) =1,低电平有效。

CC1 通道配置为输入或捕获:PWMA_CCER1.1 (CC1P) =0,捕获发生在 TI1F 或 TI2F 的上升沿;PWMA_CCER1.1 (CC1P) =1,捕获发生在 TI1F 或 TI2F 的下降沿。

PWMA_CCER1.0 (CC1E):OC1 输入捕获/比较输出使能控制位。PWMA_CCER1.0 (CC1E) =0,关闭输入捕获;PWMA_CCER1.0 (CC1E) =1,开启输入捕获。

特别提示:

① 一旦 LOCK 级别(PWMA_BKR 中的 LOCK)设为 3 或 2,OC1 输入捕获/比较输出使能控制位就不能被修改。

② 对于有互补输出功能的通道,OC1 输入捕获/比较输出使能控制位是预载的。如果 PWMA_CR2.0 (CCPC1),只有在 COM 事件发生时,PWMA_CCER1.1 (CC1P) 才从预载位中取新值。

16. 捕获/比较使能寄存器 2:PWMA_CCER2

PWMA_CCER2.7 (CC4NP):OC4N 比较输出极性的选择位。PWMA_CCER2.7 (CC4NP) =0,高电平有效;PWMA_CCER2.7 (CC4NP) =1,低电平有效。

特别提示:

① 一旦 LOCK 级别(PWMA_BKR 中的 LOCK)设为 3 或 2,并且 PWMA_CCMR4.1-PWMA_CCMR4.0 (CC4S[1:0]) =00(通道配置为输出),OC4N 比较输出极性的选择位就不能被修改。

② 对于有互补输出功能的通道,OC4N 比较输出极性的选择位是预载的。如果 PWMA_CR2.0 (CCPCA) =1,那么只有在 COM 事件发生时,PWMA_CCER2.7 (CC4NP) 才从预载位中取新值。

PWMA_CCER2.6 (CC4NE):OC4N 比较输出使能控制位。PWMA_CCER2.6 (CC4NE) =0,关闭比较输出;PWMA_CCER2.6 (CC4NE) =1,开启比较输出,其输出电平依赖于 MOE、OSSI、OSSR、OIS1、OIS1N 和 CC1E 的值。

特别提示：对于有互补输出功能的通道，OC4N 比较输出使能控制位是预载的。如果 PWMA_CR2.0（CCPC1）=1，那么只有在 COM 事件发生时，PWMA_CCER2.6（CC4NE）才从预载位中取新值。

PWMA_CCER2.5（CC4P）：OC4 输入捕获/比较输出极性选择位。

CC4 通道配置为输出：PWMA_CCER2.5（CC4P）=0，高电平有效；PWMA_CCER2.5（CC4P）=1，低电平有效。

CC4 通道配置为输入或者捕获：PWMA_CCER2.5（CC4P）=0，捕获发生在 TI3F 或 TI4F 的上升沿；PWMA_CCER2.5（CC4P）=1，捕获发生在 TI3F 或 TI4F 的下降沿。

PWMA_CCER2.4（CC4E）：OC4 输入捕获/比较输出使能控制位。PWMA_CCER2.4（CC4E）=0，关闭输入捕获；PWMA_CCER2.4（CC4E）=1，开启输入捕获。

特别提示：
① 一旦 LOCK 级别（PWMA_BKR 中的 LOCK）设为 3 或 2，OC4 输入捕获/比较输出使能控制位就不能被修改。
② 对于有互补输出功能的通道，OC4 输入捕获/比较输出使能控制位是预装载的。如果 PWMA_CR2.0（CCPCA），那么只有在 COM 事件发生时，PWMA_CCER2.5（CC4P）才从预载位中取新值。

PWMA_CCER2.3（CC3NP）：OC3N 比较输出极性的选择位。PWMA_CCER2.3（CC3NP）=0，高电平有效；PWMA_CCER2.3（CC3NP）=1，低电平有效。

特别提示：
① 一旦 LOCK 级别（PWMA_BKR 中的 LOCK）设为 3 或 2，并且 PWMA_CCMR3.1-PWMA_CCMR3.0（CC3S[1:0]）=00（通道配置为输出），OC3N 比较输出极性的选择位就不能被修改。
② 对于有互补输出功能的通道，就位是预载的。如果 PWMA_CR2.0（CCPCA）=1，那么只有在 COM 事件发生时，PWMA_CCER2.3（CC3NP）才从预载位中取新值。

PWMA_CCER2.2（CC3NE）：OC3N 比较输出使能控制位。PWMA_CCER2.2（CC3NE）=0，关闭比较输出；PWMA_CCER2.2（CC3NE）=1，开启比较输出，其输出电平依赖于 MOE、OSSI、OSSR、OIS1、OIS1N 和 CC1E 的值。

特别提示：对于有互补输出功能的通道，OC3N 比较输出使能控制位是预载的。如果 PWMA_CR2.0（CCPCA）=1，那么只有在 COM 事件发生时，PWMA_CCER2.2（CC3NE）才从预载位中取新值。

PWMA_CCER2.1（CC3P）：OC3 输入捕获/比较输出极性选择位。

CC3 通道配置为输出：PWMA_CCER2.1（CC3P）=0，高电平有效；PWMA_CCER2.1（CC3P）=1，低电平有效。

CC3 通道配置为输入或者捕获：PWMA_CCER2.1（CC3P）=0，捕获发生在 TI3F 或 TI4F 的上升沿；PWMA_CCER2.1（CC3P）=1，捕获发生在 TI3F 或 TI4F 的下降沿。

PWMA_CCER2.0（CC3E）：OC3 输入捕获/比较输出使能控制位。PWMA_CCER2.0（CC3E）=0，关闭输入捕获；PWMA_CCER2.0（CC3E）=1，开启输入捕获。

特别提示：

① 一旦 LOCK 级别（PWMA_BKR 中的 LOCK）设为 3 或 2，OC3 输入捕获/比较输出使能控制位就不能被修改。

② 对于有互补输出功能的通道，OC3 输入捕获/比较输出使能控制位是预装载的。如果 PWMA_CR2.0（CCPC1），那么只有在 COM 事件发生时，PWMA_CCER2.1（CC3P）才从预载位中取新值。

17. 计数器高 8 位：PWMA_CNTRH

18. 计数器低 8 位：PWMA_CNTRL

19. 预分频器高 8 位：PWMA_PSCRH

20. 预分频器低 8 位：PWMA_PSCRL

预分频器 PSC1[15:0]用于对 CK_PSC 进行分频。计数器的时钟频率（f_{CK_CNT}）等于 f_{CK_PSC}/（PSCR[15:0]+1）。PSCR 包含了更新事件产生时装入当前预分频器寄存器的值（更新事件包括计数器被 TIM_EGR 的 UG 清 0 或被工作在复位模式的从控制器清 0）。这意味着为了使新的值起作用，必须产生一个更新事件。

21. 自动重载寄存器高 8 位：PWMA_ARRH

22. 自动重载寄存器低 8 位：PWMA_ARRL

PWMA_ARRH、PWMA_ARRL 构成 16 位的 PWMA_ARR，它包含了将要载入实际自动重载寄存器的值。当自动重载值为 0 时，计数器不工作。

23. 重复计数器寄存器：PWMA_RCR

开启了预载功能后，重复计数器寄存器允许用户设置比较寄存器的更新速率（周期性地从预载寄存器传输到当前寄存器）；如果允许产生更新中断，则会同时影响产生更新中断的速率。每次向下计数器 REP_CNT 达到 0，都会产生一个更新事件，并且计数器 REP_CNT 重新从 REP 值开始计数。由于 REP_CNT 只有在周期更新事件 U_RC 发生时才重载 REP 值，因此向 PWMA_RCR 写入的新值只在下个周期更新事件发生时才起作用。这意味着在 PWM 模式中，（REP+1）对应：在边沿对齐模式下，PWM 周期的数目；在中心对称模式下，PWM 半周期的数目。

24. 捕获/比较寄存器 1 高 8 位：PWMA_CCR1H

25. 捕获/比较寄存器 1 低 8 位：PWMA_CCR1L

PWMA_CCR1H、PWMA_CCR1L 构成 16 位的 PWMA_CCR1。

（1）CC1 通道配置为输出：PWMA_CCR1 包含了载入当前比较器值（预载值）。如果在 PWMA_CCMR1.3（OC1PE）中未选择预载功能，那么写入的数值会立即传输至当前寄存器中。否则只有当更新事件发生时，此预载值才传输至当前捕获/比较 1 寄存器中。当前比较器值同计数器 PWMA_CNT 的值进行比较，并在 OC1 端口上产生输出信号。

（2）CC1 通道配置为输入：PWMA_CCR1 包含了上一次输入捕获事件发生时的计数器值（此时该寄存器为只读寄存器）。

26. 捕获/比较寄存器 2 高 8 位：PWMA_CCR2H

27. 捕获/比较寄存器 2 低 8 位：PWMA_CCR2L

PWMA_CCR2H、PWMA_CCR2L 构成 16 位的 PWMA_CCR2。

（1）CC2 通道配置为输出：PWMA_CCR2 包含了载入当前比较器值（预载值）。如果在 PWMA_CCMR2.3（OC2PE）中未选择预载功能，那么写入的数值会立即传输至当前寄存器中。否则只有当更新事件发生时，此预载值才传输至当前捕获/比较 2 寄存器中。当前比较器值同计数器 PWMA_CNT 的值进行比较，并在 OC2 端口上产生输出信号。

（2）CC2 通道配置为输入：PWMA_CCR2 包含了上一次输入捕获事件发生时的计数器值（此时该寄存器为只读寄存器）。

28. 捕获/比较寄存器 3 高 8 位：PWMA_CCR3H

29. 捕获/比较寄存器 3 低 8 位：PWMA_CCR3L

PWMA_CCR3H、PWMA_CCR3L 构成 16 位的 PWMA_CCR3。

（1）CC3 通道配置为输出：PWMA_CCR3 包含了载入当前比较器值（预载值）。如果在 PWMA_CCMR3.3（OC3PE）中未选择预载功能，那么写入的数值会立即传输至当前寄存器中。否则只有当更新事件发生时，此预载值才传输至当前捕获/比较 3 寄存器中。当前比较器值同计数器 PWMA_CNT 的值进行比较，并在 OC3 端口上产生输出信号。

（2）若 CC3 通道配置为输入：PWMA_CCR3 包含了上一次输入捕获事件发生时的计数器值（此时该寄存器为只读寄存器）。

30. 捕获/比较寄存器 4 高 8 位：PWMA_CCR4H

31. 捕获/比较寄存器 4 低 8 位：PWMA_CCR4L

PWMA_CCR4H、PWMA_CCR4L 构成 16 位的 PWMA_CCR4。

（1）CC4 通道配置为输出：PWMA_CCR4 包含了载入当前比较器值（预载值）。如果在 PWMA_CCMR4.3（OC4PE）中未选择预载功能，那么写入的数值会立即传输至当前寄存器中。否则只有当更新事件发生时，此预载值才传输至当前捕获/比较 4 寄存器中。当前比较器值同计数器 PWMA_CNT 的值进行比较，并在 OC4 端口上产生输出信号。

（2）若 CC4 通道配置为输入：PWMA_CCR4 包含了上一次输入捕获事件发生时的计数器值（此时该寄存器为只读寄存器）。

32. 刹车寄存器：PWMA_BKR

PWMA_BKR.7（MOEA）：主输出使能控制位。一旦刹车输入有效，该位就被硬件异步清 0。根据 PWMA_BKR.6（AOEA）的设置值，该位可以由软件置 1 或被自动置 1。该位仅对配置为输出的通道有效。PWMA_BKR.7（MOEA）=0，禁止 OC1 和 OC1N 输出或强制为空闲状态；PWMA_BKR.7（MOEA）=1，如果设置了相应的使能控制位（PWMn_CCERi 的 CCIE），则使能 OC 和 OC1 输出。

PWMA_BKR.6（AOEA）：自动输出使能控制位。PWMA_BKR.6（AOEA）=0，MOE1 只能被软件置 1；PWMA_BKR.6（AOEA）=1，PWMA_BKR.7（MOEA）能被软件置 1 或

在下一个更新事件被自动置 1（如果刹车输入无效）。

> **特别提示：** 一旦 LOCK 级别（PWMA_BKR.1PWMA_BKR.0（LOCKA[1:0]））设为 1，自动输出使能控制位就不能被修改。

PWMA_BKR.5（BKPA）：刹车输入极性选择位。PWMA_BKR.5（BKPA）=0，刹车输入低电平有效；PWMA_BKR.5（BKPA）=1，刹车输入高电平有效。

> **特别提示：** 一旦 LOCK 级别（PWMA_BKR.1PWMA_BKR.0（LOCKA[1:0]））设为 1，刹车输入极性选择位就不能被修改。

PWMA_BKR.4（BKEA）：刹车功能使能控制位。PWMA_BKR.4（BKEA）=0，禁止刹车输入（BRK）；PWMA_BKR.4（BKEA）=1，开启刹车输入（BRK）。

> **特别提示：** 一旦 LOCK 级别（PWMA_BKR.1PWMA_BKR.0（LOCKA[1:0]））设为 1，刹车功能控制位就不能被修改。

PWMA_BKR.3（OSSRA）：运行模式下"关闭状态"选择控制位。该位在 PWMA_BKR.7（MOEA）=1 且通道设为输出时有效。PWMA_BKR.3（OSSRA）=0，当 PWM 不工作时，禁止 OC/OC1 输出（OC/OC1 使能输出信号=0）；PWMA_BKR.3（OSSRA）=1，当 PWM 不工作时，一旦 CC*i*E=1 或 CC*i*NE=1，首先开启 OC1/OC1N 并输出无效电平，然后置位 OC1/OC1N 使能输出信号。

> **特别提示：** 一旦 LOCK 级别（PWMA_BKR.1PWMA_BKR.0（LOCKA[1:0]））设为 2，运行模式下"关闭状态"选择控制位就不能被修改。

PWMA_BKR.2（OSSIA）：空闲模式下"关闭状态"选择控制位。该位在 PWMA_BKR.7（MOEA）=0 且通道设为输出时有效。PWMA_BKR.2（OSSIA）=0，当 PWM 不工作时，禁止 OC1/OC1N 输出（OC1/OC1N 使能输出信号=0）；PWMA_BKR.2（OSSIA）=1，当 PWM 不工作时，一旦 CC*i*E=1 或 CC*i*NE=1，OC1/OC1N 首先输出其空闲电平，然后 OC1/OC1N 使能输出信号=1。

> **特别提示：** 一旦 LOCK 级别（PWMA_BKR.1PWMA_BKR.0（LOCKA[1:0]））设为 2，空闲模式下"关闭状态"选择控制位就不能被修改。

PWMA_BKR.1PWMA_BKR.0（LOCKA[1:0]）：锁定设置位。该位用于防止软件错误。锁定关系表如表 15.19 所示。

表 15.19　锁定关系表

PWMA_BKR.1PWMA_BKR.0（LOCKn[1:0]）	保护级别	保护内容
00	无保护	寄存器无写保护
01	锁定级别 1	不能写入 PWMA_BKR 的 BKE、BKP、AOE 和 PWMA_OISR 的 OISI
10	锁定级别 2	不能写入锁定级别 1 中的各位，也不能写入 CC 极性位及 OSSR/OSSI
11	锁定级别 3	不能写入锁定级别 2 中的各位，也不能写入 CC 控制位

33. 死区寄存器：PWMA_DTR

PWMA_DTR.7-PWMA_DTR.0（DTGA[7:0]）：死区发生器设置位。这些位定义了插入互补输出之间的死区持续时间。死区发生器设置如表 15.20 所示。

表 15.20　死区发生器设置

PWMA_DTR.7-PWMA_DTR.0（DTGA[7:0]）	死 区 时 间
000、001、010、011	$DTGn[7:0] \times t_{CK\_PSC}$
100、101	$(64 + DTGn[6:0]) \times 2 \times t_{CK\_PSC}$
110	$(32 + DTGn[5:0]) \times 8 \times t_{CK\_PSC}$
111	$(32 + DTGn[4:0]) \times 16 \times t_{CK\_PSC}$

注：t_{CK_PSC} 为 PWMA 的时钟脉冲。

34. 输出空闲状态寄存器：PWMA_OISR

PWMA_OISR.7（OIS4N）：空闲状态时 OC4N 输出电平设置位。PWMA_OISR.7（OIS4N）=0，当 PWMA_BKR.7（MOEA）=0 时，在一个死区时间后，OC4N=0；PWMA_OISR.7（OIS4N）=1，当 PWMA_BKR.7（MOEA）=0 时，在一个死区时间后，OC4N=1。

PWMA_OISR.6（OIS4）：空闲状态时 OC4 输出电平设置位。PWMA_OISR.6（OIS4）=0，当 PWMA_BKR.7（MOEA）=0 时，如果 OC4N 使能，则在一个死区后，OC4=0；PWMA_OISR.6（OIS4）=1，当 PWMA_BKR.7（MOEA）=0 时，如果 OC4N 使能，则在一个死区后，OC4=1。

PWMA_OISR.5（OIS3N）：空闲状态时 OC4N 输出电平设置位。PWMA_OISR.5（OIS3N）=0，当 PWMA_BKR.7（MOEA）=0 时，在一个死区时间后，OC3N=0；PWMA_OISR.5（OIS3N）=1，当 PWMA_BKR.7（MOEA）=0 时，在一个死区时间后，OC3N=1。

PWMA_OISR.4（OIS3）：空闲状态时 OC3 输出电平设置位。PWMA_OISR.4（OIS3）=0，当 PWMA_BKR.7（MOEA）=0 时，如果 OC3N 使能，则在一个死区后，OC3=0；PWMA_OISR.4（OIS3）=1，当 PWMA_BKR.7（MOEA）=0 时，如果 OC3N 使能，则在一个死区后，OC3=1。

PWMA_OISR.3（OIS2N）：空闲状态时 OC2N 输出电平设置位。PWMA_OISR.3（OIS2N）=0，当 PWMA_BKR.7（MOEA）=0 时，在一个死区时间后，OC2N=0；PWMA_OISR.3（OIS2N）=1，当 PWMA_BKR.7（MOEA）=0 时，在一个死区时间后，OC2N=1。

PWMA_OISR.2（OIS2）：空闲状态时 OC2 输出电平设置位。PWMA_OISR.2（OIS2）=0，当 PWMA_BKR.7（MOEA）=0 时，如果 OC2N 使能，则在一个死区后，OC2=0；PWMA_OISR.2（OIS2）=1，当 PWMA_BKR.7（MOEA）=0 时，如果 OC2N 使能，则在一个死区后，OC2=1。

PWMA_OISR.1（OIS1N）：空闲状态时 OC1N 输出电平设置位。PWMA_OISR.1（OIS1N）=0，当 PWMA_BKR.7（MOEA）=0 时，在一个死区时间后，OC1N=0；PWMA_OISR.1（OIS1N）=1，当 PWMA_BKR.7（MOEA）=0 时，在一个死区时间后，OC1N=1。

PWMA_OISR.0（OIS1）：空闲状态时 OC1 输出电平设置位。PWMA_OISR.0（OIS1）=0，当 PWMA_BKR.7（MOEA）=0 时，如果 OC1N 使能，则在一个死区后，OC1=0；PWMA_OISR.0（OIS1）=1，当 PWMA_BKR.7（MOEA）=0 时，如果 OC1N 使能，则在一个死区后，OC1=1。

15.3 PWMA 的应用编程

为了更好地理解 PWMA 的结构与工作原理，对 PWMA 内部信号说明如下。

（1）公共部分。

ITR1：内部触发输入信号 1。

ITR2：内部触发输入信号 2。

TRC：固定为 TI1_ED。

TRGI：经过 TS 多路选择器后的触发输入信号。

TRGO：经过 MMS 多路选择器后的触发输出信号。

ETR：外部触发输入信号（PWMETI 引脚信号）。

ETRP：经过 ETP 边沿检测器及 ETPS 分频器后的 ETR 信号。

ETRF：经过 ETF 数字滤波后的 ETRP 信号。

BRK：刹车输入信号（PWMFLT）。

CK_PSC：预分频时钟，PWM1_PSCR 预分频器的输入时钟。

CK_CNT：PWM1_PSCR 预分频器的输出时钟，高级 PWM 定时器的时钟。

（2）通道 1 部分。

TI1：外部时钟输入信号 1（PWM1P 引脚信号或 PWM1P/PWM2P/PWM3P 相异或后的信号）。

TI1F：经过 IC1F 数字滤波后的 TI1 信号。

TI1FP：经过 CC1P/CC2P 边沿检测器后的 TI1F 信号。

TI1F_ED：TI1F 的边沿信号。

TI1FP1：经过 CC1P 边沿检测器后的 TI1F 信号。

TI1FP2：经过 CC2P 边沿检测器后的 TI1F 信号。

IC1：通过 CC1S 选择的通道 1 的捕获输入信号。

OC1REF：输出通道 1 输出的参考波形（中间波形）。

OC1：通道 1 的主输出信号（经过 CC1P 极性处理后的 OC1REF 信号）。

OC1N：通道 1 的互补输出信号（经过 CC1NP 极性处理后的 OC1REF 信号）。

（3）通道 2 部分。

TI2：外部时钟输入信号 2（PWM2P 引脚信号）。

TI2F：经过 IC2F 数字滤波后的 TI2 信号。

TI2F_ED：TI2F 的边沿信号。

TI2FP：经过 CC1P/CC2P 边沿检测器后的 TI2F 信号。

TI2FP1：经过 CC1P 边沿检测器后的 TI2F 信号。

TI2FP2：经过 CC2P 边沿检测器后的 TI2F 信号。

IC2：通过 CC2S 选择的通道 2 的捕获输入信号。

OC2REF：输出通道 2 输出的参考波形（中间波形）。

OC2：通道 2 的主输出信号（经过 CC2P 极性处理后的 OC2REF 信号）。

OC2N：通道 2 的互补输出信号（经过 CC2NP 极性处理后的 OC2REF 信号）。

（4）通道 3 部分。

TI3：外部时钟输入信号 3（PWM3P 引脚信号）。

TI3F：经过 IC3F 数字滤波后的 TI3 信号。

TI3F_ED：TI3F 的边沿信号。

TI3FP：经过 CC3P/CC4P 边沿检测器后的 TI3F 信号。

TI3FP3：经过 CC3P 边沿检测器后的 TI3F 信号。

TI3FP4：经过 CC4P 边沿检测器后的 TI3F 信号。

IC3：通过 CC3S 选择的通道 3 的捕获输入信号。

OC3REF：输出通道 3 输出的参考波形（中间波形）。

OC3：通道 3 的主输出信号（经过 CC3P 极性处理后的 OC3REF 信号）。

OC3N：通道 3 的互补输出信号（经过 CC3NP 极性处理后的 OC3REF 信号）。

（5）通道 4 部分。

TI4：外部时钟输入信号 4（PWM4P 引脚信号）。

TI4F：经过 IC4F 数字滤波后的 TI4 信号。

TI4F_ED：TI4F 的边沿信号。

TI4FP：经过 CC3P/CC4P 边沿检测器后的 TI4F 信号。

TI4FP3：经过 CC3P 边沿检测器后的 TI4F 信号。

TI4FP4：经过 CC4P 边沿检测器后的 TI4F 信号。

IC4：通过 CC4S 选择的通道 4 的捕获输入信号。

OC4REF：输出通道 4 输出的参考波形（中间波形）。

OC4：通道 4 的主输出信号（经过 CC4P 极性处理后的 OC4REF 信号）。

OC4N：通道 4 的互补输出信号（经过 CC4NP 极性处理后的 OC4REF 信号）。

15.3.1　PWMA 的时基单元与操作

PWMA 的时基单元包括 16 位计数器、自动重载寄存器、重复计数器、重复计数寄存器与预分频器，如图 15.1 所示。16 位计数器、预分频器、自动重载寄存器和重复计数器寄存器都可以通过软件进行读写操作。

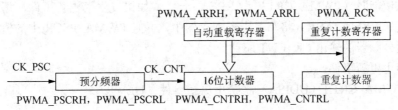

图 15.1　STC8H8K64U 系列单片机 PWMA 模块的时基单元

1. 读写 16 位计数器

写计数器的操作没有缓存，在任何时候都可以写 PWMA_CNTRH 和 PWMA_CNTRL，因此为避免写入错误的数值，一般不建议在计数器运行时写入新的数值。

读计数器的操作带有 8 位缓存。用户必须先读定时器的高字节，在用户读完高字节后，低字节将被自动缓存，缓存的数据将会一直保持到 16 位数据的读操作完成。

2. 自动重载寄存器的写操作

自动重载寄存器由预载寄存器和影子寄存器组成。预载寄存器中的值将写入 16 位的自动重载寄存器中，此操作由两条指令完成，每条指令写入 1 字节。必须先写高字节，后写低字节。影子寄存器在写入高字节时被锁定，并保持到低字节写完。

可在以下两种模式下进行自动重载寄存器的写操作。

（1）自动预载已使能（PWMA_CR1.7（ARPEA）=1）。在此模式下，写入自动重载寄存器的数据将被保存在预载寄存器中，并在下一个更新事件（UEV）时传送到影子寄存器。

（2）自动预载已禁止（PWMA_CR1.7（ARPEA）=0）。在此模式下，写入自动重载寄存器的数据将立即写入影子寄存器。

3. 预分频器的操作

PWMA 的预分频器基于一个由 16 位寄存器（PWMA_PSCR）控制的 16 位计数器实现。由于这个 16 位寄存器带有缓冲器，因此它能够在运行时被改变。预分频器可以将 16 位计数器的时钟频率按 1～65536 之间的任意值分频。预分频器的值由预载寄存器写入，保存了当前使用值的影子寄存器在低字节写入时被载入。由于需要两次单独的写操作来写 16 位寄存器，因此必须保证高字节先写入。新的预分频器值在下一次更新事件到来时被采用。

16 位计数器的频率计算公式为 $f_{CK\_CNT} = f_{CK\_PSC} / (PSCR[15:0] + 1)$

4. 更新事件及其产生的条件

更新事件产生的条件如下。

① 计数器向上或向下产生溢出。

② 软件置位 PWMA_EGR.0（UGA）。

③ 时钟/触发控制器产生了触发事件。

（1）更新事件。

在预载使能时（PWMA_CR1.7（ARPEA）=1），如果发生了更新事件，那么预载寄存器中的数值（PWMA_ARR）将写入影子寄存器中，并且 PWMA_PSCR 中的值将写入预分频器中，预分频器的输出 CK_CNT 驱动计数器。

（2）禁止更新事件。

置位 PWMA_CR1.1（UDISA）将禁止更新事件（UEV）。

5. 16 位计数器的工作模式

16 位计数器的工作模式由 PWMA_CR1.6-PWMA_CR1.5（CMSA[1:0]）和 PWMA_CR1.4（DIRA）来确定。

（1）向上计数模式：CMSA[1:0]=00，DIRA=0。

在向上计数模式中，计数器从 0 计数到用户定义的比较器值（PWMA_ARR 寄存器的值），然后重新从 0 开始计数，并产生一个计数器上溢事件，如图 15.2 所示。此时如果 PWMA_CR1.1（UDISA）是 0，那么产生一个更新事件（UEV）。

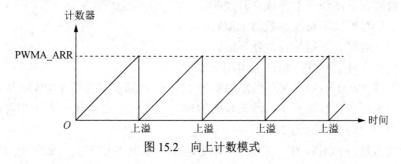

图 15.2   向上计数模式

（2）向下计数模式：CMSA[1:0]=00，DIRA=1。

在向下计数模式中，计数器从自动重载的值（PWMA_ARR 的值）开始向下计数到 0，然后从自动重载的值重新开始计数，并产生一个计数器下溢事件，如图 15.3 所示。如果此时 PWMA_CR1.1（UDISA）是 0，那么产生一个更新事件（UEV）。

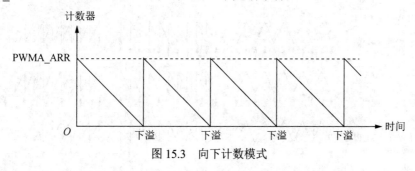

图 15.3   向下计数模式

（3）中央对齐计数模式：CMSA[1:0]=01、10、11。

在中央对齐计数模式中，计数器从 0 开始计数到 PWMA_ARR 的值，产生一个计数器上溢事件，然后从 PWMA_ARR 的值向下计数到 0，并产生一个计数器下溢事件，然后从 0 开始重新计数，如图 15.4 所示。在此模式下，不能写入 PWMA_CR1.1（DIRA）方向位，它由硬件更新并指示当前的计数方向。如果此时 PWMA_CR1.1（UDISA）是 0，那么上溢和下溢都会产生一个更新事件（UEV）。

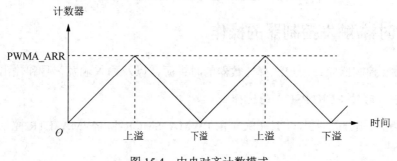

图 15.4   中央对齐计数模式

6. 重复计数器的操作

事实上，上溢事件和下溢事件只在重复计数器的值达到 0 的时候产生。这种特性对产生 PWM 信号非常有用。

重复计数器在下述任一条件成立时递减。

（1）向上计数模式下每次计数器上溢时。

（2）向下计数模式下每次计数器下溢时。

（3）中央对齐计数模式下每次上溢和下溢时。

虽然这样将 PWM 的最大循环周期限制为 128，但能够实现在每个 PWM 周期更新 2 次占空比。在中央对齐计数模式下，波形是对称的，如果每个 PWM 周期中都仅刷新一次比较寄存器，则最大的分辨率为 $2 \times t_{CK\_PSC}$。

重复计数器是自动加载的，重复速率由 PWMA_RCR 的值定义。如果更新事件由软件产生或通过硬件的时钟/触发控制器产生，则无论重复计数器的值是多少，都立即发生更新事件，并且 PWMA_RCR 中的内容被重载入重复计数器。

重复计数器设置对更新速率的影响如图 15.5 所示。

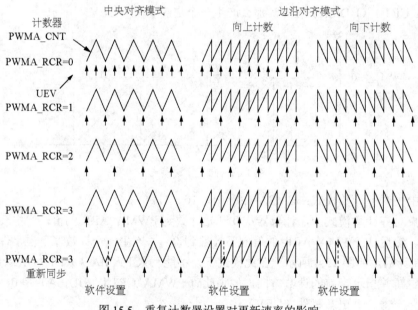

图 15.5　重复计数器设置对更新速率的影响

15.3.2　时钟/触发控制器的操作

时钟/触发控制器允许用户选择计数器的时钟源，以及输入触发信号和输出信号。

1. 预分频时钟（CK_PSC）的选择

时基单元的预分频时钟（CK_PSC）由 PWMA_SMCR 和 PWMA_ETR 控制，可以由以下时钟源提供。

（1）内部时钟（频率为 f_{MASTER}）。

（2）外部时钟模式 1：外部时钟输入（TIx）。

（3）外部时钟模式 2：外部触发输入 ETR。

（4）内部触发输入（ITRx）：使用一个 PWM 的 TRGO 作为另一个 PWM 的预分频时钟。

2.　内部时钟（f_{MASTER}）

当 PWMA_SMCR.2-PWMA_SMCR.0（SMSA[2:0]）=000 时，时基单元的预分频时钟（CK_PSC）由内部时钟提供。

3.　外部时钟模式 1

当 PWMA_SMCR.2-PWMA_SMCR.0（SMSA[2:0]）=111 时，时基单元的预分频时钟（CK_PSC）由外部时钟模式 1 提供。然后通过 PWMA_SMCR.6-PWMA_SMCR.4（TSA[2:0]）选择 TRGI 的信号源，计数器可以在选定输入端的每个上升沿或下降沿计数。外部时钟模式 1 的总体框图如图 15.6 所示。

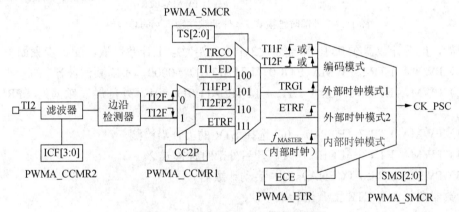

图 15.6　外部时钟模式 1 的总体框图

例如，将 TI2 作为外部时钟，配置向上计数器在 TI2 输入端的上升沿计数，配置步骤如下。

（1）PWMA_CCMR2.1-PWMA_CCMR2.0（CC2S[1:0]）=01，使用通道 2 检测 TI2 输入的上升沿。

（2）配置 PWMA_CCMR2.7-PWMA_CCMR2.4（IC2F[3:0]），选择输入滤波器带宽。

（3）PWMA_CCER1.5（CC2P）=0，选定上升沿极性。

（4）PWMA_SMCR.2-PWMA_SMCR.0（SMSA[2:0]）=111，配置计数器使用外部时钟模式 1。

（5）PWMA_SMCR.6-PWMA_SMCR.4（TSA[2:0]）=110，选定 TI2 作为输入源。

（6）PWMA_CR1.0（CENA）=1，启动计数器。

当上升沿出现在 TI2 时，计数器计数一次，并且触发标识位（PWMA_SR1.6（TIFA））被置 1，如果使能了中断（在 PWMA_IER 中配置），则会产生中断请求。

4.　外部时钟模式 2

计数器能够在外部触发输入 ETR 信号的每一个上升沿或下降沿计数。

当 PWMA_ETR.6（ECEA）=1 或 PWMA_SMCR.2-PWMA_SMCR.0（SMSA[2:0]）=111，并且 PWMA_SMCR.6-PWMA_SMCR.4（TSA[2:0]）=111 时，时基单元的预分频时钟（CK_PSC）由外部时钟模式 2 提供。

外部时钟模式 2（外部触发输入）的总体框图如图 15.7 所示。

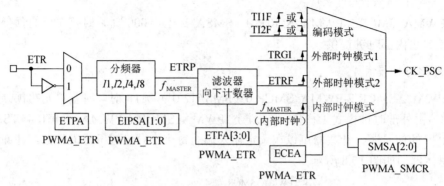

图 15.7　外部时钟模式 2（外部触发输入）的总体框图

例如，配置计数器在 ETR 信号的每 2 个上升沿时向上计数一次，配置步骤如下。

（1）PWMA_ETR.3-PWMA_ETR.0（ETFA[3:0]）=0000，不需要滤波器。

（2）PWMA_ETR.5-PWMA_ETR.4（ETPSA[1:0]）=01，外部触发频率为 EPRP 频率的 1/2。

（3）PWMA_ETR.7（ETPA）=0，选择 ETR 的上升沿检测。

（4）PWMA_ETR.6（ECEA）=1，开启外部时钟模式 2。

（5）PWMA_CR1.0（CENA）=1，启动计数器。

计数器在每 2 个 ETR 上升沿计数一次。

5．触发同步

PWMA 的计数器使用三种模式与外部的触发信号同步：标准触发模式、复位触发模式与门控触发模式。

（1）标准触发模式。

计数器的使能（CENA）依赖于选中输入端上的事件。

例如，计数器在 TI2 输入的上升沿开始向上计数。

① PWMA_CCER1.5（CC2P）=0，选择 TI2 的上升沿作为触发条件。

② PWMA_SMCR.2-PWMA_SMCR.0（SMSA[2:0]）=110，选择计数器为触发模式。PWMA_SMCR.6-PWMA_SMCR.4（TSA[2:0]）=110，选择 TI2 作为输入源。

③ PWMA_CR1.0（CENA）=1，启动计数器。

当 TI2 出现一个上升沿时，计数器开始在内部时钟驱动下计数，同时置位 PWMA_SR1.6（TIFA）。TI2 上升沿和计数器启动计数之间的延时取决于 TI2 输入端的重同步电路。

（2）复位触发模式。

当产生一个触发输入事件时，计数器和它的预分频器能够重新被初始化。同时，如果 PWMA_CR1.2（URSA）为低电平，则产生一个更新事件（UEV），然后所有的预载寄存器（PWMA_ARR，PWMA_CCRx）都会被更新。

例如，TI1 输入端的上升沿导致向上计数器被清 0。

① PWMA_CCER1.1（CC1P）=0，选择检测 TI1 的上升沿。

② PWMA_SMCR.2-PWMA_SMCR.0（SMSA[2:0]）=100，选择定时器为复位触发模式；PWMA_SMCR.6-PWMA_SMCR.4（TSA[2:0]）=101，选择 TI1 作为输入源。

③ PWMA_CR1.0（CENA）=1，启动计数器。

计数器开始依据内部时钟计数，然后正常计数，直到 TI1 出现一个上升沿。此时，计数器被清 0，然后从 0 重新开始计数。同时，PWMA_SR1.6（TIFA）被置位，如果 PWMA_IER.6（TIEA）为高电平，则产生一个中断请求。在 TI1 上升沿和计数器实际复位之间的延时取决于 TI1 输入端的重同步电路。

（3）门控触发模式。

计数器由选中输入端信号的电平使能。

例如，计数器只在 TI1 为低时向上计数。

① PWMA_CCER1.1（CC1P）=1，选择 TI1 上的低电平触发。

② PWMA_SMCR.2-PWMA_SMCR.0（SMSA[2:0]）=101，选择定时器为门控触发模式；PWMA_SMCR.6-PWMA_SMCR.4（TSA[2:0]）=101，选择 TI1 作为输入源。

③ PWMA_CR1.0（CENA）=1，启动计数器。

只要 TI1 为低，计数器就依据内部时钟计数；一旦 TI1 变高则停止计数。计数器开始或停止时，PWMA_SR1.6（TIFA）都会被置位。TI1 上升沿和计数器实际停止之间的延时取决于 TI1 输入端的重同步电路。

（4）外部时钟模式 2 联合触发模式。

外部时钟模式 2 可以与另一个输入信号的触发模式一起使用。ETR 信号被用作外部时钟的输入，另一个输入信号可用作触发输入（支持标准触发模式、复位触发模式和门控触发模式）。需要注意的是，不能通过 PWMA_SMCR.6-PWMA_SMCR.4（TSA[2:0]）把 ETR 配置成 TRGI。

例如，一旦在 TI1 上出现一个上升沿，计数器即在 ETR 的每一个上升沿向上计数一次。

①通过 PWMA_ETR 寄存器配置外部触发输入电路。PWMA_ETR.5-PWMA_ETR.4（ETPSA[1:0]）=00，禁止预分频；PWMA_ETR.7（ETPA）=0，选择 ETR 信号的上升沿触发；PWMA_ETR.6（ECEA）=1，使能外部时钟模式 2。

② 配置 PWMA_CCER1.1（CC1P）=0，选择 TI1 的上升沿触发。

③ PWMA_SMCR.2-PWMA_SMCR.0（SMSA[2:0]）=110 来选择定时器为触发模式；PWMA_SMCR.6-PWMA_SMCR.4（TSA[2:0]）=101 来选择 TI1 作为输入。

当 TI1 上出现一个上升沿时，PWMA_SR1.6（TIFA）被置位，计数器开始在 ETR 的上升沿计数。TI1 信号的上升沿和计数器实际时钟之间的延时取决于 TI1 输入端的重同步电路。ETR 信号的上升沿和计数器实际时钟之间的延时取决于 ETRP 输入端的重同步电路。

15.3.3　捕获/比较通道的操作

PWMAP、PWM2P、PWM3P、PWM4P 可以用作输入捕获，PWMAP/PWMAN、PWM2P/PWM2N、PWM3P/PWM3N、PWM4P/PWM4N 可以用作输出比较。这可以通过配

置捕获/比较通道模式寄存器（PWMA_CCMRi）的 CCiS 通道选择位来实现，此处的 i 表示通道数 1～4。每一个捕获/比较通道都是围绕一个捕获/比较寄存器（包含影子寄存器）来构建的，包括捕获的输入部分（数字滤波、多路复用和预分频器）和输出部分（比较器和输出控制）。捕获/比较通道 1 的结构框图如图 15.8 所示，其他通道的结构与捕获/比较通道 1 的结构基本一致。

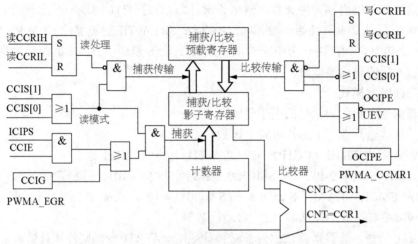

图 15.8 捕获/比较通道 1 的结构框图

捕获/比较模块由一个预载寄存器和一个影子寄存器组成。读写过程仅操作预载寄存器。在捕获模式下，捕获发生在影子寄存器上，然后将捕获的内容复制到预载寄存器中。在比较模式下，预载寄存器的内容被复制到影子寄存器中，然后影子寄存器的内容和计数器进行比较。

① 当通道被配置成输出模式时，可以随时访问 PWMA_CCRi。

② 当通道被配置成输入模式时，对 PWMA_CCRi 的读操作类似计数器的读操作。当捕获发生时，计数器的内容被捕获到 PWMA_CCRi 的影子寄存器，随后复制到预载寄存器中。在读操作进行过程中，预载寄存器是被冻结的。

1. 16 位 PWMA_CCRi 的写流程

16 位 PWMA_CCRi 的写操作通过预载寄存器实现。必须使用两条指令来完成整个流程，一条指令对应一字节。必须先写高位字节。在写高位字节时，影子寄存器的更新被禁止，直到低位字节的写操作完成。

2. 输入模块

输入模块的框图如图 15.9 所示。输入部分对相应的 TIx 输入信号采样，并产生一个滤波后的信号 TIxF。然后，一个带极性选择的边缘监测器产生一个信号（TIxFPx），该信号可以作为触发模式控制器的输入触发或捕获控制。该信号通过预分频后进入捕获寄存器（ICxPS）。

输入模块通道 1 的输入电路如图 15.10 所示。

在输入捕获模式下，当检测到 ICi 信号上相应的边沿后，计数器的当前值被锁存到捕获/比较寄存器（PWMA_CCRx）中。当发生捕获事件时，相应的 CCiIF 标志（位于 PWMA_SR1 中）被置 1。如果 PWMA_IER 的 CCiIE 被置位，即使能了中断，则将产生中断请求。如果在发生捕获事件时 CCiIF 已经为高，那么重复捕获标志位 CCiOF（位于 PWMA_SR2 中）被置 1。写 CCiIF=0 或读取存储在 PWMA_CCRiL 中的捕获数据都可将 CCiIF 清 0。写 CCiOF=0 可将 CCiOF 清 0。

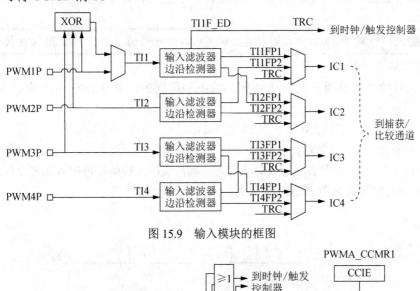

图 15.9　输入模块的框图

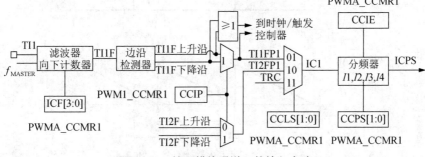

图 15.10　输入模块通道 1 的输入电路

（1）PWM 输入信号上升沿时捕获。

例如，在 TI1 输入的上升沿时捕获计数器的值到 PWMA_CCR1 中，配置步骤如下。

① PWMA_CCMR1.1-PWMA_CCMR1.0（CC1S[1:0]）=01，通道 1 被配置为输入。此时，PWMA_CCR1 变为只读寄存器。

② 根据输入信号 TI1 的特点，通过配置 PWMA_CCMR1.7-PWMA_CCMR1.4（IC1F[3:0]）可以设置相应输入滤波器的滤波时间。PWMA_CCMR1.7-PWMA_CCMR1.4（IC1F[3:0]）=0011，只有连续采样到 8 个相同的 TI1 信号，信号才有效（采样频率为 f_{MASTER}）。

③ 选择 TI1 通道的有效转换边沿。PWMA_CCER1.1（CC1P）=0，选择输入的上升沿为有效边沿。

④ 配置输入预分频器。PWMA_CCMR1.3-WM1_CCMR1.2（IC1PSC[1:0]）=00，选择捕获发生在每一个有效的电平转换时刻。

⑤ PWMA_CCER1.0（CC1E）=1，允许捕获计数器的值到捕获寄存器中。

⑥ 在需要时，通过置位 PWMA_IER.1（CC1IE），允许捕获 1 中断请求。

当产生一个输入捕获,并且产生有效的电平转换时,计数器的值被传送到 PWMA_CCR1,PWMA_SR1.1（CC1IF）置 1。当产生至少 2 个连续的输入捕获,而 PWMA_SR1.1（CC1IF）未被清 0 时,PWMA_SR2.1（CC1OF）也被置 1。如 PWMA_CCER1.0（CC1E）=1,则会产生一个中断。为了处理捕获溢出事件（PWMA_SR2.1（CC1OF））,建议在读出重复捕获标志之前读取数据,以免丢失在读出捕获溢出标志之后和读取数据之前可能产生的重复捕获信息。

> **特别提示**:设置 PWMA_EGR 中相应的 CC*i*G,可以通过软件产生输入捕获中断。

（2）PWM 输入信号测量。

该模式是输入捕获模式的一个特例,除下列区别外,其操作与输入捕获模式的操作相同。

- 两个 IC*i* 信号被映射至同一个 TI*i* 输入。
- 这两个 IC*i* 信号有效边沿的极性相反。
- 其中一个 TI*i*FP 信号作为触发输入信号,而触发模式控制器被配置成复位触发模式。

PWM 输入信号与计数器的测量关系如图 15.11 所示。

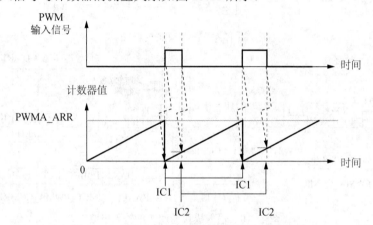

图 15.11　PWM 输入信号与计数器的测量关系

例如,测量 TI1 上输入 PWM 信号的周期（利用 PWMA_CCR1）和占空比（利用 PWMA_CCR2）,配置步骤如下。

① 选择 PWMA_CCR1 的有效输入:PWMA_CCMR1.1-PWMA_CCMR1.0(CC1S[1:0])=01,选中 TI1FP1。

② 选择 TI1FP1 的有效极性:PWMA_CCER1.0（CC1P）=0,上升沿有效。

③ 选择 PWMA_CCR2 的有效输入:PWMA_CCMR2.1-PWMA_CCMR2.0(CC2S[1:0])=10,选中 TI1FP2。

④ 选择 TI1FP2 的有效极性（捕获数据到 PWMA_CCR2）:PWMA_CCER1.5（CC2P）=1,下降沿有效。

⑤ 选择有效的触发输入信号:PWMA_SMCR.6-PWMA_SMCR.4（TSA[2:0]）=101,选择 TI1FP1。

⑥ 配置触发模式控制器:PWMA_SMCR.2-PWMA_SMCR.0（SMSA[2:0]）=100,选择复位触发模式。

⑦ 使能捕获：PWMA_CCER1.0（CC1E）=1，PWMA_CCER1.4（CC2E）=1。

3. 输出模块

输出模块会产生一个用于作为参考的中间波形，称为 OCiREF（高有效）。刹车功能和极性的处理都在输出模块的最后实现。输出模块的框图如图 15.12 所示。通道 1 带互补输出功能的模块框图如图 15.13 所示。

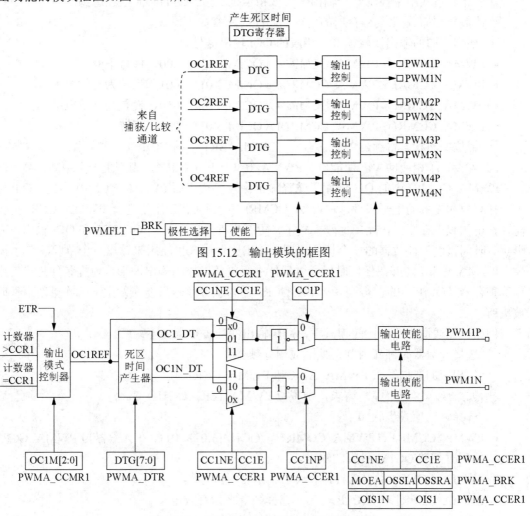

图 15.12　输出模块的框图

图 15.13　通道 1 带互补输出功能的模块框图

（1）强制输出模式。

在强制输出模式下，输出比较信号能够直接由软件强制为高电平或低电平，而不依赖于输出比较寄存器和计数器间的比较结果。

① PWMA_CCMRi.6-PWMA_CCMRi.6（OCiM[3:0]）=101，可强制 OCiREF 信号为高电平。

② PWMA_CCMRi.6-PWMA_CCMRi.6（OCiM[3:0]）=100，可强制 OCiREF 信号为低电平。

③ OCi/OCiN 的输出是高还是低取决于 PWMA_CCER1、PWMA_CCER1 中的极性标志位 CCiP/CCiNP。

在该模式下，PWMA_CCRi 影子寄存器和计数器之间的比较仍然在进行，相应的标志位也会被修改，并且仍然会产生相应的中断。

（2）输出比较模式。

输出比较模式用来控制一个输出波形或指示一段给定的的时间已经达到。

当计数器与捕获/比较寄存器的内容相匹配时，有如下操作。

① 根据不同的输出比较模式，相应的 OCi 输出信号。

- PWMA_CCMRi.6-PWMA_CCMRi.4（OCiM[3:0]）=000，保持不变。
- PWMA_CCMRi.6-PWMA_CCMRi.4（OCiM[3:0]）=001，设置为有效电平。
- PWMA_CCMRi.6-PWMA_CCMRi.4（OCiM[3:0]）=010，设置为无效电平。
- PWMA_CCMRi.6-PWMA_CCMRi.4（OCiM[3:0]）=011，翻转。

② 置位中断状态寄存器中的标志位（PWMA_SR1 中的 CCiIF）。

③ 若设置了相应的中断使能位（PWMA_IER 中的 CCiIE），则产生一个中断。

PWMA_CCMRi 中的 OCiM 用于选择输出比较模式，而 PWMA_CCMRi 中的 CCiP 用于选择有效和无效的电平极性。PWMA_CCMRi 中的 OCiPE 用于选择 PWMA_CCRi 是否需要使用预载寄存器。在输出比较模式下，更新事件（UEV）对 OCiREF 和 OCi 输出没有影响。时间精度为计数器的一个计数周期。输出比较模式也能用来输出一个单脉冲。

PWMA_CCRi 能够在任何时候通过软件进行更新以控制输出波形，前提条件是未使用预载寄存器（OCiPE=0），否则 PWMA_CCRi 的影子寄存器只能在发生下一次更新事件时被更新。

例如，在通道 1 输出比较模式下，翻转输出的配置步骤如下。

① 选择计数器时钟（内部、外部或预分频器）。

② 将相应的数据写入 PWMA_ARR 和 PWMA_CCR1 中。

③ 如果要产生一个中断请求，则置位 PWMA_IER（CC1IE）。

④ 选择输出模式步骤如下。

- PWMA_CCMR1.6-PWMA_CCMR1.4（OC1M[3:0]）=011，在计数器与 PWMA_CCR1 匹配时翻转 OC1M 引脚的输出。
- PWMA_CCMR1.3（OC1PE）= 0，禁用预载寄存器。
- PWMA_CCER1.1（CC1P）= 0，选择高电平为有效电平。
- PWMA_CCER1.0（CC1E）= 1，使能输出。

⑤ PWMA_CR1.0（CENA）=1，启动计数器。

（3）PWM 模式。

PWM（脉冲宽度调制）模式可以产生一个由 PWMA_ARR 确定频率同时由 PWMA_CCRi 确定占空比的信号。

通过对 PWMA_CCMRi.6-PWMA_CCMRi.4（OCiM[3:0]）位写入 110（PWM 模式 1）或 111（PWM 模式 2），能够独立地设置每个 OCi 输出通道产生一路 PWM。必须设置 PWMA_CCMRi.3（OCiPE）使能相应的预载寄存器，也可以设置 PWMA_CR1.7（ARPEA）使能自动重载的预载寄存器（在向上计数模式或中央对称计数模式中）。由于仅当发生一个更新事件的时候，预载寄存器才能被传送到影子寄存器，因此在计数器开始计数之前，必须通过设置 PWMA_EGR.0（UG1）来初始化所有的寄存器。OCi 的极性可以通过软件在 PWMA_CCER1 中的 CCiP 进行设置，它可以设置为高电平有效或低电平有效。OCi 的输出使能通过 PWMA_CCER1 和 PWMA_BKR 中的 CCiE、MOE、OISi、OSSR 和 OSSI 的组合来控制。

在 PWM 模式下，PWMA_CNT 和 PWMA_CCRi 始终在进行比较，（依据计数器的计数方向）以确定是否符合 PWMA_CCRi≤PWMA_CNT 或 PWMA_CNT≤PWMA_CCRi。根据 PWMA_CR1.6-PWMA_CR1.5（CMSA[1:0]）的状态，定时器能够产生边沿对齐的 PWM 信号或中央对齐的 PWM 信号。

① PWMA 边沿对齐模式（向上计数配置）。

当 PWMA_CR1.4（DIRA）=0 时，执行向上计数。

图 15.14 为 PWMA_ARR=8 时对应 PWMA_CCRi 的输出参考波形。PWMA_CNT< PWMA_CCRi 时，PWM 参考信号 OCiREF 为高，否则为低。如果 PWMA_CCRi 中的比较器值大于自动重载值（PWMA_ARR），则 OCiREF 保持为高。如果比较器值为 0，则 OCiREF 保持为低。

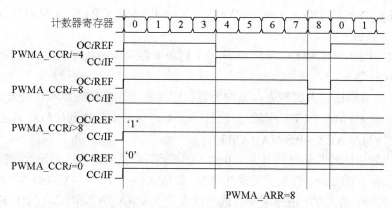

图 15.14　PWMA_ARR=8 时对应 PWMA_CCRi 的输出参考波形

② PWMA 边沿对齐模式（向下计数配置）。

当 PWMA_CR1.4（DIRA）=1 时，执行向下计数。

在 PWM 模式 1 下，当 PWMA_CNT>PWMA_CCRi 时，参考信号 OCiREF 为低，否则为高。如果 PWMA_CCRi 中的比较器值大于 PWMA_ARR 中的自动重载值，则 OCiREF 保持为高。该模式下不能产生占空比为 0% 的 PWM 波形。

③ PWMA 中央对齐模式。

当 PWMA_CR1.6- PWMA_CR1.5（CMSA[1:0]）不为"00"时，PWMA 计数模式为中央对齐计数模式（所有其他的配置对 OCiREF/OCi 信号都有相同的作用）。

根据不同 CMSA[1:0]的设置，比较标志可以在计数器向上计数、向下计数、或向上/向下计数时被置 1。PWMA_CR1 中的计数方向位（DIRA）由硬件更新，不能用软件修改它。

④ 单脉冲模式。

单脉冲模式（PWMA_CR1.3（OPMA）=1）是前述众多模式的一个特例。这种模式允许计数器响应一个激励，并在一个程序可控的延时之后产生一个脉宽可控的脉冲。

可以通过时钟/触发控制器启动计数器,在输出比较模式或 PWM 模式下产生波形。置位 PWMA_CR1.3(OPMA)将选择单脉冲模式,此时计数器自动地在下一个更新事件(UEV)时停止。仅当比较器值与计数器的初始值不同时,才产生一个脉冲。计数器启动之前(定时器正在等待触发),必须进行如下配置。

- 向上计数方式:计数器值< CCRi ≤ ARR。
- 向下计数方式:计数器值> CCRi。

例如,在从 TI2 输入引脚上检测到一个上升沿之后延迟 t_{DELAY},在 OC1 上产生一个 t_{PULSE} 宽度的正脉冲(假定 IC2 作为触发通道 1 的触发源),单脉冲波形图如图 15.15 所示,配置步骤如下。

- PWMA_CCMR2.1-PWMA_CCMR2.1(CC2S[1:0])=01,把 IC2 映射到 TI2。
- PWMA_CCER1.5(CC2P)=0,使 IC2 能够检测上升沿。
- PWMA_SMCR.6-PWMA_SMCR.4(TSA[2:0])=110,使 IC2 作为时钟/触发控制器的触发源(TRGI)。
- PWMA_SMCR.2-PWMA_SMCR.0(SMSA[2:0])=110(触发模式),IC2 被用来启动计数器。
- PWMA_CR1.4(DIRA)=0,PWMA_CR1.6-PWMA_CR1.5(CMSA[1:0])=00,边沿模式向上计数。
- PWMA_CR1.4(OPMA)=1,在下一个更新事件(当计数器从自动重载值翻转到 0)时停止计数。
- OPM 的波形由写入比较寄存器的数值决定(要考虑时钟频率和计数器预分频器),t_{DELAY} 由 PWMA_CCR1 中的值定义,t_{PULSE} 由自动重载值和比较器值之间的差值定义(PWMA_ARR – PWMA_CCR1)。
- 假定当发生比较匹配时要产生从 0 到 1 的波形,当计数器值达到预重载值时要产生一个从 1 到 0 的波形,首先要设置 PWMA_CCMR1.6-PWMA_CCMR1.6(OC1M)=111,进入 PWM 模式 2,根据需要有选择地设置 PWMA_CCMR1.3(OC1PE)=1,置位 PWMA_CR1.7(ARPEA),使能预重载寄存器,然后在 PWMA_CCR1 中填写比较器值,在 PWMA_ARR 中填写自动重载值,设置 UG 产生一个更新事件,然后等待在 TI2 上的一个外部触发事件。

⑤ OCx 快速使能(特殊情况)。

在单脉冲模式下,对 TIi 输入引脚的边沿检测会设置 PWMA_CR1.0(CENA)以启动计数器,然后计数器和比较器值间的比较操作产生了单脉冲的输出。但是这些操作需要一定的时钟周期,限制了可得到的最小时延 t_{DELAY}。

如果要以最小延时输出波形,可以设置 PWMA_CCMRi.2(OCiFE),此时强制 OCiREF 和 OCx 直接响应激励而不再依赖比较的结果,输出的波形与比较匹配时的波形一样。OCiFE 只在通道配置为 PWM1 模式和 PWM2 模式时起作用。

⑥ 互补输出和死区插入。

PWMA 能够输出两路互补信号,并且能够管理输出的瞬时关断和接通,这段时间通常被称为死区时间。用户应该根据连接的输出元器件和它们的特性(电平转换的延时、电源开关的延时等)来调整死区时间。

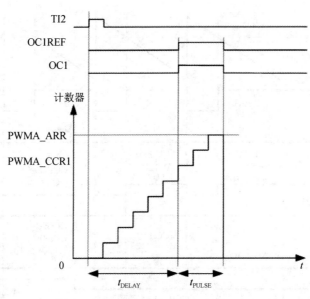

图 15.15　单脉冲波形图

通过配置 PWMA_CCERi 中的 CCiP 和 CCiNP，可以为每一个输出独立地选择极性（主输出 OCi 或互补输出 OCiN）。互补信号 OCi 和 OCiN 通过相关控制位的组合进行控制：PWMA_CCERi 的 CCiE 和 CCiNE，PWMA_BKR 中的 MOEA、OSSIA 和 OSSRA，以及 PWMA_OISR 中的 OISIi、OISIiN。特别的是，在转换到 IDLE 状态（MOEA 下降到 0）时，死区控制被激活。

同时设置 CCiE 和 CCiNE 将插入死区，如果存在刹车电路，则还要设置 MOE。每一个通道都有一个 8 位的死区发生器。

如果 OCi 和 OCiN 为高有效，那么可得如下结论。

- OCi 输出信号与 OCiREF 相同，只是它的上升沿相比 OCiREF 的上升沿有一定延迟。
- OCiN 输出信号与 OCiREF 相反，只是它的上升沿相比 OCiREF 的下降沿有一定延迟。

如果延迟大于当前有效的输出宽度（OCi 或 OCiN），则不会产生相应的脉冲。

图 15.16 和图 15.17 显示了死区发生器的输出信号和当前参考信号 OCiREF 之间的关系（假设 CCiP=0、CCiNP=0、MOE1=1、CCiE=1 且 CCiNE=1）。

图 15.16 为带死区插入的互补输出波形图。

每一个通道的死区延时都是相同的，都是在 PWMA_DTR 中编程配置的。

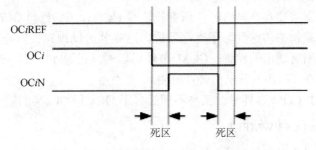

图 15.16　带死区插入的互补输出波形图

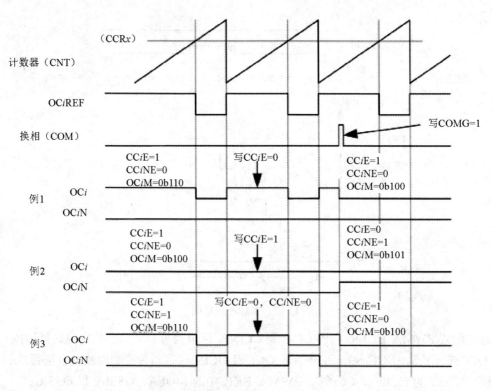

图 15.17 发生 COM 换相事件时三种不同配置下 OC*x* 和 CC*x*N 的输出波形

⑦ 重定向 OC*i*REF 到 OC*i* 或 OC*i*N。

在输出（强制输出、输出比较或 PWM 输出）模式下，通过配置 PWMA_CCER*i* 的 CC*i*E 和 CC*i*NE，OC*i*REF 可以被重定向到 OC*i* 或 OC*i*N 的输出。

这个功能可以在互补输出处于无效电平时，在某个输出上送出一个特殊的波形（如 PWM 或静态有效电平）。这个功能的另一个作用是，让两个输出同时处于无效电平或有效电平（此时仍然是带死区的互补输出）。

特别提示：当只使能 OC*i*N（CC*i*E=0，CC*i*NE=1）时，OC*i*REF 不会反相，而当 OC*i*REF 变高时立即有效。例如，如果 CC*i*NP=0，则 OC*i*N=OC*i*REF。另一方面，当 OC*i* 和 OC*i*N 都被使能（CC*i*E=CC*i*NE=1）时，若 OC*i*REF 为高，则 OC*i* 有效；而 OC*i*N 相反，当 OC*i*REF 低时 OC*i*N 变为有效。

⑧ 针对电动机控制的六步 PWM 输出。

当在一个通道上需要互补输出时，预重载位有 OC*i*M、CC*i*E 和 CC*i*NE。在发生 COM 事件时，这些预重载位被传送到影子寄存器位。这样就可以预先设置好下一步骤配置，并在同一个时刻更改所有通道的配置。COM 事件可以通过设置 PWMA_EGR.5（COMGA）由软件产生，或者在 TRGI 上升沿由硬件产生。

图 15.17 为发生 COM 事件时，三种不同配置下 OC*x* 和 OC*x*N 的输出波形。

4. 使用刹车功能（PWMFLT）

刹车功能常用于电动机控制中。在使用刹车功能时，依据相应的控制位（PWMA_BKR.7

（MOEA）、PWMA_BKR.2（OSSIA）、PWMA_BKR.3（OSSRA）），输出使能信号和无效电平都会被修改。系统复位后，刹车电路被禁止，PWMA_BKR.7（MOEA）为 0。置位 PWMA_BKR.4（BKEA）可以使能刹车功能。刹车输入信号的极性可以通过配置 PWMA_BKR.4（BKPA）来选择。PWMA_BKR.4（BKEA）和 PWMA_BKR.4（BKPA）可以被同时修改。

当发生刹车事件时（在刹车输入端出现选定的电平），会出现以下动作。

（1）PWMA_BKR.7（MOEA）被异步清除，将输出置于无效状态、空闲状态或复位状态（由 PWMA_BKR.2（OSSIA）选择）。这种特性在 MCU 的振荡器关闭时依然有效。

（2）一旦 PWMA_BKR.7（MOEA）=0，则每一个输出通道输出由 PWMA_OISR 的 OISi 设定的电平决定。如果 PWMA_BKR.2（OSSIA）=0，则定时器不再控制输出使能信号，否则输出使能信号始终为高。

（3）当使用互补输出时。

- 输出首先被置于复位状态，即无效的状态（取决于极性）。这是异步操作，即使定时器没有时钟，此功能也有效。
- 如果定时器的时钟依然存在，死区生成器将会重新生效，在死区之后根据 OISi 和 OISiN 指示的电平驱动输出端口。即使在这种情况下，OCi 和 OCiN 也不能被同时驱动到有效的电平。

特别提示：因为重新同步 PWMA_BKR.7（MOEA），所以死区时间比通常情况下长一些（大约为 2 个时钟周期）。

（4）如果 PWMA_IER.7（BIEA）=1，则当 PWMA_SR1.7（BIFA）为 1 时，产生一个中断。

（5）如果 PWMA_BKR.6（AOEA）=1，则在下一个更新事件时，PWMA_BKR.7（MOEA）被自动置位。这可以用来进行波形控制。否则，PWMA_BKR.7（MOEA）始终保持低电平，直到被再次置 1。这种特性可以用于安全方面，比如，可以把刹车输入连到电源驱动的报警输出、热敏传感器或其他安全元器件上。

特别提示：刹车输入高电平有效。因此，当刹车输入有效时，不能同时（自动或通过软件）设置 PWMA_BKR.7（MOEA）。同时，PWMA_SR1.7（BIFA）不能被清 0。

5. 在外部事件发生时清除 OCiREF 信号

对于一个给定的通道，置位 PWMA_CCMRi.7（OCiCE），在 ETRF 输入端的高电平能够把 OCiREF 信号拉低，OCiREF 信号将保持为低电平，直到发生下一次更新事件。该功能只能用于输出比较模式和 PWM 模式，而不能用于强制模式。

例如，OCiREF 信号可以连接到一个比较器的输出，用于控制电流。这时，PWMA_ETR 必须配置如下。

（1）外部触发预分频器必须处于关闭状态：PWMA_ETR.5-PWMA_ETR.4（ETPSA[1:0]）=00。

（2）必须禁止外部时钟模式 2：PWMA_ETR.6（ECEA）=0。

（3）设置 PWMA_ETR.7（ETPA），选择外部触发极性。

（4）设置 PWMA_ETR.3-PWMA_ETR.0（ETFA[1:0]），选择外部触发滤波器的采样频率与数字滤波器长度。

图 15.18 显示了当 ETRF 输入变为高电平时，对应 OCiCE 的值，OCiREF 信号的动作。

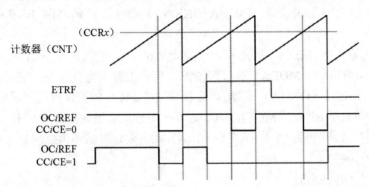

图 15.18　当 ETRF 输入变为高电平时，对应 OCiCE 的值，OCiREF 信号的动作

6. 编码器接口模式

编码器接口模式一般用于电动机控制。

（1）编码器接口模式概述。

编码器接口模式基本上相当于使用了一个带有方向选择的外部时钟。这意味着计数器只在 0 到 PWMA_ARR 自动重载值之间连续计数（根据方向，选择从 0 到 ARR 计数或从 ARR 到 0 计数）。因此，在开始计数之前必须配置 PWMA_ARR。在这种模式下，捕获器、比较器、预分频器、重复计数器等仍工作如常。编码器接口模式和外部时钟模式 2 不兼容，不能同时操作。在编码器接口模式下，计数器依照增量编码器的速度和方向被自动修改，因此，计数器的内容始终指示编码器的位置，计数方向与相连传感器旋转的方向对应。

（2）编码器的接口与设置方法。

TI1 和 TI2 这两个输入端用来作为增量编码器的接口。选择编码器接口模式的方法如下。

① 如果计数器只在 TI2 的边沿计数，则设置 PWMA_SMCR.2-PWMA_SMCR.0（SMSA[2:0]）=001。

② 如果计数器只在 TI1 边沿计数，则设置 PWMA_SMCR.2-PWMA_SMCR.0（SMSA[2:0]）=010；

③ 如果计数器同时在 TI1 和 TI2 边沿计数，则设置 PWMA_SMCR.2-PWMA_SMCR.0（SMSA[2:0]）=011。

根据两个输入信号的跳变顺序，产生计数脉冲和方向信号。根据两个输入信号的跳变顺序，计数器向上或向下计数，同时硬件对 PWMA_CR1.4（DIRA）进行相应的设置。不管计数器是依靠 TI1 或 TI2 计数，还是同时依靠 TI1 和 TI2 计数，任一输入端（TI1 或 TI2）的跳变都会重新计算 DIRA。

（3）计数器计数方向与编码信号的关系。

计数器计数方向与编码信号的关系如表 15.21 所示。

表 15.21 计数器计数方向与编码信号的关系

有效边沿	相对信号的电平 （TI1FP1 对应 TI2，T21FP2 对应 TI1）	TI1FP1 信号		T21FP2 信号	
		上升	下降	上升	下降
仅在 TI1 计数	高	向下计数	向上计数	不计数	不计数
	低	向上计数	向下计数	不计数	不计数
仅在 TI2 计数	高	不计数	不计数	向上计数	向下计数
	低	不计数	不计数	向下计数	向上计数
同时在 TI1 和 TI2 计数	高	向下计数	向上计数	向上计数	向下计数
	低	向上计数	向下计数	向下计数	向上计数

一个外部的增量编码器可以直接与 MCU 连接而不需要外部接口逻辑。但是，一般使用比较器将增量编码器的差分输出信号转换成数字信号，这可以极大增强抗噪声干扰能力。编码器输出的第三个信号表示机械零点，可以把它连接到一个外部中断输入并触发一个计数器复位。

（4）计数器编码模式的操作实例。

下面介绍一个计数器编码模式操作的实例，该实例显示了计数信号的产生和方向控制。此外，该实例还显示当选择双边沿时，输入抖动被抑制的过程。抖动可能会在传感器的位置靠近一个转换点时产生。

① 配置如下。

- PWMA_CCMR1.1-PWMA_CCMR1.0（CC1S[1:0]）=01，IC1FP1 映射到 TI1。
- PWMA_CCMR2.1-PWMA_CCMR2.0（CC2S[1:0]）=01，IC2FP2 映射到 TI2。
- PWMA_CCER1.1（CC1P）=0，IC1 不反相，IC1=TI1。
- PWMA_CCER1.5（CC2P）=0，IC2 不反相，IC2=TI2。
- PWMA_SMCR.2-PWMA_SMCR.0（SMSA[2:0]）=011，所有的输入均在上升沿和下降沿有效。
- PWMA_CR1.0（CENA）=1，启动计数器。

② IC1 极性同相时计数器的波形。

IC1 极性同相时计数器的波形如图 15.19 所示。

③ IC1 极性反相时计数器的波形。

PWMA_CCER1.1（CC1P）=1，IC1 极性反相，其他配置同上，此时计数器的波形如图 15.20 所示。

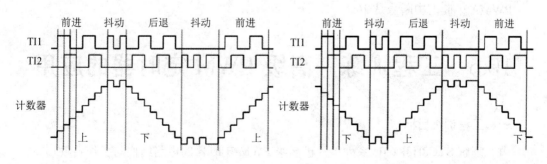

图 15.19 IC1 极性同相时计数器的波形　　　　图 15.20 IC1 极性反相时计数器的波形

15.4　中断与操作

（1）PWMA 中断源。

PWMA 有 8 个中断源：刹车中断、触发中断、COM 事件中断、输入捕捉/输出比较 4 中断、输入捕捉/输出比较 3 中断、输入捕捉/输出比较 2 中断、输入捕捉/输出比较 1 中断、更新事件中断（如计数器上溢、下溢及初始化）。通过设置 PWMA_EGR 中的相应位（BGA、TGA、COMGA、CC4G、CC3G、CC2G、CC1G、UGA）可以产生上述各中断，也可以用软件产生上述各个中断。

（2）PWMA 中断请求标志位。

刹车中断、触发中断、COM 事件中断、输入捕捉/输出比较 4 中断、输入捕捉/输出比较 3 中断、输入捕捉/输出比较 2 中断、输入捕捉/输出比较 1 中断、更新事件中断的中断请求标志位于 PWMA_SR1 中，分别为 BIFA、TIFA、COMIFA、CC4IF、CC3IF、CC2IF、CC1IF、UIFA。

（3）PWMA 中断允许。

PWMA 的每个中断源都对应一个中断允许控制位，刹车中断、触发中断、COM 事件中断、输入捕捉/输出比较 4 中断、输入捕捉/输出比较 3 中断、输入捕捉/输出比较 2 中断、输入捕捉/输出比较 1 中断、更新事件中断的中断允许控制位位于 PWMA_IER 中，分别为 BIEA、TIEA、COMIEA、CC4IE、CC3IE、CC2IE、CC1IE、UIEA，为 1 允许，为 0 禁止。

（4）PWMA 中断的中断优先级控制。

IP2H.2（PPWMH1）、IP2.2（PPWMA）是 PWMA 中断的中断优先级的控制位。

IP2H.2（PPWMH1）/IP2.2（PPWMA）=0/0，PWMA 中断的中断优先级为 0 级（最低级）。

IP2H.2（PPWMH1）/IP2.2（PPWMA）=0/1，PWMA 中断的中断优先级为 1 级。

IP2H.2（PPWMH1）/IP2.2（PPWMA）=1/0，PWMA 中断的中断优先级为 2 级。

IP2H.2（PPWMH1）/IP2.2（PPWMA）=1/1，PWMA 中断的中断优先级为 3 级（最高级）。

（5）PWMA 中断的中断号。

PWMA 中断的中断号是 26。

15.5　工程训练　高级 PWM 定时器的应用

一、工程训练目标

（1）理解 STC8H8K64U 系列单片机高级 PWM 定时器的电路结构与工作特性。

（2）掌握 STC8H8K64U 系列单片机高级 PWM 定时器的设置与应用编程。

二、任务功能与参考程序

1. 任务功能

利用 STC8H8K64U 系列单片机高级定时器 PWMA 驱动 P6 口控制的 LED，实现呼吸控制的效果。

2. 硬件设计

当选择高级定时器 PWMA 的输出通道引脚为切换 2（PWMA_PS=AAH）时，PWMA 的通道 1、通道 2、通道 3、通道 4 的互补输出共 8 个输出是从 P6 口输出的，刚好用于驱动 P6 控制的 LED。通道 1、通道 2、通道 3、通道 4 的互补输出（P、N）对应的输出引脚分别为 P6.0、P6.1、P6.2、P6.3、P6.4、P6.5、P6.6、P6.7。

3. 参考程序（C 语言版）

（1）程序说明。

利用 T0 实现 1ms 定时，为每个通道都设置一个方向标志位，每 1ms 时间到，目标计数器值加 1 或减 1，目标计数器值在 1~2047 之间变化。

（2）参考程序：工程训练 151.c。

```c
#include    "stc8h.h"        //包含支持 STC8H 系列单片机的头文件
#include <intrins.h>
#include <gpio.c>
#define uchar unsigned char
#define uint  unsigned int
typedef     unsigned long   u32;
/*--------定义 PWM 输出引脚----*/
#define PWM1_0       0x00            //P:P1.0, N:P1.1
#define PWM1_1       0x01            //P:P2.0, N:P2.1
#define PWM1_2       0x02            //P:P6.0, N:P6.1

#define PWM2_0       0x00            //P:P1.2/P5.4, N:P1.3
#define PWM2_1       0x04            //P:P2.2, N:P2.3
#define PWM2_2       0x08            //P:P6.2, N:P6.3

#define PWM3_0       0x00            //P:P1.4, N:P1.5
#define PWM3_1       0x10            //P:P2.4, N:P2.5
#define PWM3_2       0x20            //P:P6.4, N:P6.5

#define PWM4_0       0x00            //P:P1.6, N:P1.7
#define PWM4_1       0x40            //P:P2.6, N:P2.7
#define PWM4_2       0x80            //P:P6.6, N:P6.7
#define PWM4_3       0xC0            //P:P3.4, N:P3.3

#define ENO1P        0x01
#define ENO1N        0x02
#define ENO2P        0x04
#define ENO2N        0x08
#define ENO3P        0x10
```

```
#define ENO3N        0x20
#define ENO4P        0x40
#define ENO4N        0x80

/*------------ 本地变量声明 ------------*/
bit B_1ms;                          //1ms 标志
uint PWM1_Duty;
uint PWM2_Duty;
uint PWM3_Duty;
uint PWM4_Duty;
bit PWM1_Flag;
bit PWM2_Flag;
bit PWM3_Flag;
bit PWM4_Flag;
void UpdatePwm(void);               //声明更新 PWM 函数
void Timer0Init(void)               //1ms@24.000MHz
{
    AUXR &= 0x7F;                   //定时/计数器时钟 12T 模式
    TMOD &= 0xF0;                   //设置定时/计数器模式
    TL0 = 0x30;                     //设置定时初始值
    TH0 = 0xF8;                     //设置定时初始值
    TF0 = 0;                        //清 0 TF0 标志位
    TR0 = 1;                        //T0 开始计时
}
/*-------------------- 主函数-------------------------*/
void main(void)
{
    gpio();
    PWM1_Flag = 0;
    PWM2_Flag = 0;
    PWM3_Flag = 0;
    PWM4_Flag = 0;
    PWM1_Duty = 0;
    PWM2_Duty = 256;
    PWM3_Duty = 512;
    PWM4_Duty = 1024;
        Timer0Init();
    P_SW2 |= 0x80;                  //选择特殊功能寄存器
    PWMA_CCER1 = 0x00;              //写 CCMRx 前必须先清 0 CCxE，关闭通道
    PWMA_CCER2 = 0x00;
    PWMA_CCMR1 = 0x60;              //通道模式配置
    PWMA_CCMR2 = 0x60;
    PWMA_CCMR3 = 0x60;
    PWMA_CCMR4 = 0x60;
    PWMA_CCER1 = 0x55;              //配置通道输出使能和极性
    PWMA_CCER2 = 0x55;
    PWMA_ARRH = 0x03;              //设置周期时间
    PWMA_ARRL = 0xff;
    PWMA_ENO = 0x00;
    PWMA_ENO |= ENO1P;             //使能输出
```

```
    PWMA_ENO |= ENO1N;                 //使能输出
    PWMA_ENO |= ENO2P;                 //使能输出
    PWMA_ENO |= ENO2N;                 //使能输出
    PWMA_ENO |= ENO3P;                 //使能输出
    PWMA_ENO |= ENO3N;                 //使能输出
    PWMA_ENO |= ENO4P;                 //使能输出
    PWMA_ENO |= ENO4N;                 //使能输出
    PWMA_PS = 0x00;                    //高级 PWM 通道输出引脚选择位
    PWMA_PS |= PWM1_2;                 //选择 PWM1_2 通道
    PWMA_PS |= PWM2_2;                 //选择 PWM2_2 通道
    PWMA_PS |= PWM3_2;                 //选择 PWM3_2 通道
    PWMA_PS |= PWM4_2;                 //选择 PWM4_2 通道
    PWMA_BKR = 0x80;                   //使能主输出
    PWMA_CR1 |= 0x01;                  //开始计时
    P_SW2 &= 0x7f;
    P40 = 0;                           //使能 P6 控制的 LED
    ET0=1;
    EA = 1;                            //打开总中断
    while (1);
}
/*------------------------ T0 1ms 中断函数----------------------*/
void timer0(void) interrupt 1
{
    if(!PWM1_Flag)
    {
        PWM1_Duty++;
        if(PWM1_Duty >= 2047) PWM1_Flag = 1;
    }
    else
    {
        PWM1_Duty--;
        if(PWM1_Duty <= 0) PWM1_Flag = 0;
    }

    if(!PWM2_Flag)
    {
        PWM2_Duty++;
        if(PWM2_Duty >= 2047) PWM2_Flag = 1;
    }
    else
    {
        PWM2_Duty--;
        if(PWM2_Duty <= 0) PWM2_Flag = 0;
    }

    if(!PWM3_Flag)
    {
        PWM3_Duty++;
        if(PWM3_Duty >= 2047) PWM3_Flag = 1;
    }
```

```
        else
        {
                PWM3_Duty--;
                if(PWM3_Duty <= 0) PWM3_Flag = 0;
        }

        if(!PWM4_Flag)
        {
                PWM4_Duty++;
                if(PWM4_Duty >= 2047) PWM4_Flag = 1;
        }
        else
        {
                PWM4_Duty--;
                if(PWM4_Duty <= 0) PWM4_Flag = 0;
        }

        UpdatePwm();
}
/*------------更新 PWM 占空比----------*/
void UpdatePwm(void)
{
    P_SW2 |= 0x80;
    PWMA_CCR1H = (uchar)(PWM1_Duty >> 8);   //设置占空比时间
    PWMA_CCR1L = (uchar)(PWM1_Duty);
    PWMA_CCR2H = (uchar)(PWM2_Duty >> 8);   //设置占空比时间
    PWMA_CCR2L = (uchar)(PWM2_Duty);
    PWMA_CCR3H = (uchar)(PWM3_Duty >> 8);   //设置占空比时间
    PWMA_CCR3L = (uchar)(PWM3_Duty);
    PWMA_CCR4H = (uchar)(PWM4_Duty >> 8);   //设置占空比时间
    PWMA_CCR4L = (uchar)(PWM4_Duty);
    P_SW2 &= 0x7f;
}
```

三、训练步骤

（1）分析"工程训练 151.c"程序文件。

（2）将"gpio.c"文件复制到当前项目文件夹中。

（3）用 Keil μVision4 集成开发环境编辑、编译用户程序，生成机器代码文件（工程训练 151.hex）。

（4）将 STC 大学计划实验箱（8.3）连接至计算机。

（5）利用 STC-ISP 在线编程软件将"工程训练 151.hex"文件下载到 STC 大学计划实验箱（8.3）中。

（6）观察 P6 控制的 LED：LED4、LED11-LED17。

四、训练拓展

设计 2 个按键，一个用于增加高级定时器 PWMA 中通道 1 的占空比，一个用于减小高级定时器 PWMA 中通道 1 的占空比。

本章小结

STC8H8K64U 系列单片机内部集成了两组高级 PWM 定时器，即 PWMA 和 PWMB。两组高级 PWM 定时器的周期可不同，并可分别单独设置。PWMA 可配置成 4 对互补/对称/死区控制的 PWM，PWMB 可配置成 4 路 PWM 输出或捕捉外部信号。两组高级 PWM 定时器内部计数器时钟频率的分频系数为 1~65535 之间的任意数值。PWMA 有 4 个通道（PWM1P/PWM1N、PWM2P/PWM2N、PWM3P/PWM3N、PWM4P/PWM4N），每个通道都可独立实现单独 PWM 输出、可设置带死区的互补对称 PWM 输出、捕获和比较功能。PWMB 有 4 个通道（PWM5、PWM6、PWM7、PWM8），每个通道都可独立实现 PWM 输出、捕获和比较功能。两组高级 PWM 定时器唯一的区别是，PWMA 可输出带死区的互补对称 PWM，而 PWMB 只能输出单端的 PWM。

当使用 PWMA 输出 PWM 波形时，既可使能 PWMxP（PWM1P/PWM2P/PWM3P/PWM4P）和 PWMxN（PWM1N/PWM2N/PWM3N/PWM4N）互补对称输出；也可单独使能 PWMxP（PWM1P/PWM2P/PWM3P/PWM4P）或 PWMxN（PWM1N/PWM2N/PWM3N/PWM4N）输出。若单独使能 PWMxP 输出，则不能再单独使能 PWMxN 输出；反之，若单独使能 PWMxN 输出，则不能再单独使能 PWMxP 的输出。

当需要使用 PWMA 进行捕获或测量脉宽时，输入信号只能从每路的正端输入，即只有 PWMxP（PWM1P/PWM2P/PWM3P/PWM4P）具有捕获功能和测量脉宽功能。另外，PWMA 在对外部信号进行捕获时，可选择上升沿捕获或下降沿捕获，但不能同时选择上升沿捕获和下降沿捕获。如果需要同时捕获上升沿和下降沿，则可将输入信号同时接入两路 PWM，使能其中一路上升沿捕获，另外一路下降沿捕获。

PWMA 有多种时钟源可供选择，并且有多种外部输入触发方式。

习题

一、填空题

1. STC8H8K64U 系列单片机内部集成了_____组高级 PWM 定时器。
2. _____有 4 个通道，可实现互补输出 PWM 信号。
3. _____有 4 个通道，可独立单端输出 PWM 信号。
4. PWMA 每个通道都可独立实现 PWM 输出、_____和比较功能。
5. PWMA 和 PWMB 的唯一区别是，PWMA 可输出_____，而 PWMB 不能。
6. PWMA 由一个_____位自动重载计数器组成，由一个可编程的预分频器驱动。
7. 可编程预分频器分频系数的范围为_____。
8. PWMA 自动重载计数器的计数模式可分为_____、_____与_____ 3 种。

9. PWMA 产生中断的事件包括_____、触发、_____、外部中断、输出比较与刹车信号输入。

10. PWMA 自动重载计数器的启动控制位是_____。

二、选择题

1. "PWMA_ENO1|=0x03;" 语句的功能是（   ）。

   A. 使能 PWM4N 输出、使能 PWM4P 输出

   B. 使能 PWM3N 输出、使能 PWM3P 输出

   C. 使能 PWM2N 输出、使能 PWM2P 输出

   D. 使能 PWM1N 输出、使能 PWM1P 输出

2. 当 PWMA_CR1.6-PWMA_CR1.5（CMSA[1:0]）=01 时，PWMA 自动重载计数器选择的对齐模式是（   ）。

   A. 边沿对齐模式　　　　　　　　　B. 中央对齐模式 1

   C. 中央对齐模式 2　　　　　　　　D. 中央对齐模式 3

3. 当 PWMA_SMCR.6-PWMA_SMCR.4（TSA[2:0]）=010 时，PWMA 选择的触发源是（   ）。

   A. 内部触发 ITR2　　　　　　　　B. TI1 的边沿检测器（TIEF_）

   C. 滤波后的定时器输入 1（TI1FP1）　　D. 滤波后的定时器输入 2（TI2FP2）

4. 当 PWMA_SMCR.2-PWMA_SMCR.0（SMSA[2:0]）=000 时，PWMA 选择的时钟模式是（   ）。

   A. 内部时钟模式　　B. 门控模式　　C. 触发模式　　　　D. 外部时钟模式 1

5. 当 PWMA_ETR.3-PWMA_ETR.0（ETFA[3:0]）=0010 时，PWMA 选择的外部触发器滤波器的长度是（   ）个时钟。

   A. 2　　　　　　　　B. 4　　　　　　　　C. 12　　　　　　　　D. 16

6. 当 PWMA_CCMR1.1-PWMA_CCMR1.0（CC1S[1:0]）=01 时，PWMA 通道 1 选择的方向是（   ）。

   A. 输出　　　　　　　　　　　　　B. 输入，IC1 映射在 TI1FP1 上

   C. 输入，IC1 映射在 TI2FP1 上　　D. 输入，IC1 映射在 TRC 上

7. 当 PWMA_BKR.1-PWMA_BKR.0（LOCKA[1:0]）=10 时，PWMA 选择的保护级别是（   ）。

   A. 锁定级别 1　　　B. 锁定级别 2　　　C. 锁定级别 3　　　D. 无保护

8. "PWMA_IER|=0x01;" 语句的功能是（   ）。

   A. 允许刹车中断　　　　　　　　　B. 允许触发中断

   C. 允许 COM 中断　　　　　　　　D. 允许更新中断

三、判断题

1. PWMA 有 4 个通道、8 个 PWM 输出引脚。（   ）

2. PWMB 有 4 个通道、4 个 PWM 输出引脚。（   ）

3. PWMA 可编程预分频器分频系数的范围是 0～65535。（   ）

4．PWMA 在对外进行捕获或测量脉宽时，输入信号只能从每个通道的正端输入。
（　　）

5．PWMA 在对外进行捕获时，可选择输入信号的上升沿或下降沿捕获，但不能同时选择上升沿捕获和下降沿捕获。（　　）

6．PWMA_CCMR1 是捕获/比较模式寄存器 1，其高 6 位的含义在不同模式时是不一样的。（　　）

7．可用外部输入信号同时触发 PWMA 和 PWMB。（　　）

8．可用 PWMB 的输出信号作为 PWMA 的触发信号。（　　）

四、问答题

1．解释 PWMA_RCR 的作用。

2．自动重载寄存器由预载寄存器和影子寄存器组成，试说明影子寄存器的作用。

3．PWMA 时基单元的预分频时钟有哪些时钟源？

4．PWMA 的计数器使用哪三种模式与外部触发信号同步？

5．简述 PWMA 捕获功能的含义，并简述编程步骤。

6．简述 PWMA 测量输入信号周期和脉宽的编程步骤。

7．简述 PWMA 强制输出模式的编程步骤。

8．简述 PWMA 输出比较模式的功能与编程步骤。

9．简述 PWMA PWM 模式的编程步骤。

10．简述 PWMA 单脉冲 OPM 模式的功能与编程步骤。

11．简述 PWMA 输出的死区插入与互补对称输出的编程步骤。

12．简述 PWMA 的刹车功能。

五、程序设计题

1．利用 STC8H8K64U 系列单片机 PWMA 的 3 个通道对 RGB 全彩 LED 进行控制，3 个通道可独立控制实现任意颜色的混合发光效果。试编写程序实现。

2．利用 STC8H8K64U 系列单片机的 PWMA 实现三相 SPWM，三相相位差为 120°。试编写程序实现波形的输出。

第 16 章 USB 模块

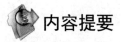 内容提要

STC8H8K64U 系列单片机集成了一个兼容 USB2.0/USB1.1 的全速 USB，它有 6 个双向端点，支持 4 种传输（控制传输、中断传输、批量传输和同步传输）模式，每个端点都拥有 64 字节的缓冲区。

本章介绍 STC8H8K64U 系列单片机 USB 模块。

16.1 USB 概述

USB（Universal Serial Bus，通用串行总线）是一种应用越来越广泛的数据通信方式，由 Intel、Compaq、Digital、IBM、Microsoft、NEC 及 Northern Telecom 等计算机公司和通信公司于 1995 年联合制定，并已形成了行业标准。USB 作为一种高速串行总线，其极高的传输速率可以满足高速数据传输的应用环境要求，并且该总线还兼有供电简单（可总线供电）、安装配置便捷（支持即插即用和热插拔）、扩展端口简易（通过集线器最多可扩展 127 个外部设备）、传输模式多样化（4 种传输模式）及兼容良好（产品升级后向下兼容）等优点。

USB 接口自推出以来，已成功替代串行通信端口和并口，成为 21 世纪大量计算机和智能设备的标准扩展接口和必备接口之一。USB 接口可以连接键盘、鼠标、大容量存储设备等多种外部设备，USB 接口也广泛应用于智能手机。计算机等智能设备与外界数据的交互主要以网络和 USB 接口为主。

STC8H8K64U 系列单片机内部集成兼容 USB2.0/USB1.1 的全速 USB，它有 6 个双向端点，支持 4 种传输（控制传输、中断传输、批量传输和同步传输）模式，每个端点都拥有 64 字节的缓冲区。USB 模块共有 1280 字节的 FIFO（先进先出寄存器），其结构如图 16.1 所示。

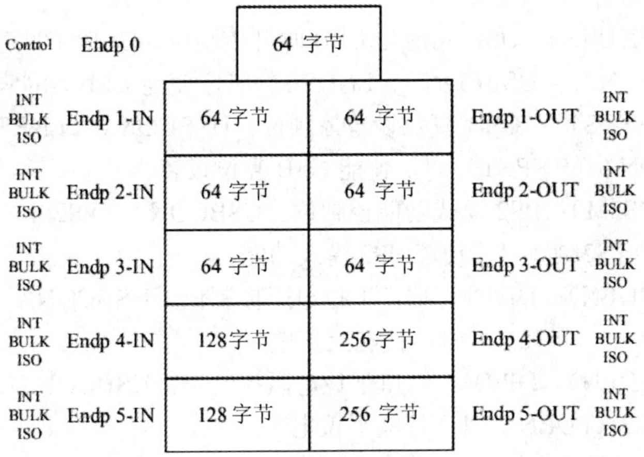

图 16.1　FIFO 的结构

16.2　USB 模块的控制

STC8H8K64U 系列单片机 USB 模块的特殊功能寄存器分为两部分：一部分是与 STC8H8K64U 系列单片机 CPU 管理与控制 USB 模块相关的特殊功能寄存器，包括 USB 时钟控制寄存器（USBCLK）、USB 数据寄存器（USBDAT）、USB 控制寄存器（USBCON）和 USB 地址寄存器（USBADR）；另一部分是 USB 模块自身的寄存器。USB 模块自身的寄存器是通过 USB 地址寄存器（USBADR）间接访问的。

1. USB 模块的管理与控制寄存器

USB 模块的管理与控制寄存器包括 USB 时钟控制寄存器（USBCLK）、USB 数据寄存器（USBDAT）、USB 控制寄存器（USBCON）和 USB 地址寄存器（USBADR），如表 16.1 所示。

表 16.1　USB 模块的特殊功能寄存器

符　号	名　称	地址	位位置与符号								复位值
			B7	B6	B5	B4	B3	B2	B1	B0	
USBCLK	USB 时钟控制寄存器	DCH	ENCKM	PCKI[1:0]		CRE	TST_USB	TST_PHY	PHYTST[1:0]		00100000
USBCON	USB 控制寄存器	F4H	ENUSB	USBRST	PS2M	PUEN	PDEN	DFREC	DP	DM	00000000
USBADR	USB 地址寄存器	FCH	BUSY	AUTORD	UADR[5:0]						00000000
USBDAT	USB 数据寄存器	ECH	—								00000000
IE2	中断允许寄存器 2	AFH	EUSB	ET4	ET3	ES4	ES3	ET2	ESPI	ES2	00000000
IP2H	高中断优先级控制寄存器 2	B6H	PUSBH	PI2CH	PCMPH	PX4H	PPWM2H	PPWM1H	PSPIH	PS2H	00000000
IP2	中断优先级控制寄存器 2	B5H	PUSB	PI2C	PCMP	PX4	PPWM2	PPWM1	PSPI	PS2	00000000

（1）USB 控制寄存器：USBCON。

USBCON.7（ENUSB）：USB 功能与 USB 时钟控制位。USBCON.7（ENUSB）=0，关闭 USB 功能与 USB 时钟；USBCON.7（ENUSB）=1，使能 USB 功能与 USB 时钟。

USBCON.6（ENRST）：USB 复位设置控制位。USBCON.6（ENRST）=0，关闭 USB 复位设置；USBCON.6（ENRST）=1，使能 USB 复位设置。

USBCON.5（PS2M）：PS2 模式功能控制位。USBCON.5（PS2M）=0，关闭 PS2 模式功能；USBCON.5（PS2M）=1，使能 PS2 模式功能。

USBCON.4（PUEN）：DP/DM 端口上拉电阻控制位。USBCON.4（PUEN）=0，禁止上拉电阻；USBCON.4（PUEN）=1，使能上拉电阻。

USBCON.3（PDEN）：DP/DM 端口下拉电阻控制位。USBCON.3（PDEN）=0，禁止下拉电阻 USBCON.3（PDEN）=1，使能下拉电阻。

USBCON.2（DFREC）：差分接收状态位（只读）。USBCON.2（DFREC）=0，当前 DP/DM 的差分状态为 0；USBCON.2（DFREC）=1，当前 DP/DM 的差分状态为 1。

USBCON.1（DP）：D+端口状态位（PS2 为 0 时只读，PS2 为 1 时可读写）。USBCON.1（DP）=0，当前 D+为逻辑 0 电平；USBCON.1（DP）=1，当前 D+为逻辑 1 电平。

USBCON.0（DM）：D-端口状态位（PS2 为 0 时只读，PS2 为 1 时可读写）。USBCON.0（DM）=0，当前 D-为逻辑 0 电平；USBCON.0（DM）=1，当前 D-为逻辑 1 电平。

（2）USB 时钟控制寄存器：USBCLK。

USBCLK.7（ENCKM）：PLL 倍频控制位。USBCLK.7（ENCKM）=0，禁止 PLL 倍频；USBCLK.7（ENCKM）=1，使能 PLL 倍频。

USBCLK.6-USBCLK.5（PCKI[1:0]）：PLL 时钟选择位。PLL 时钟选择如表 16.2 所示。

表 16.2　PLL 时钟选择

USBCLK.6-USBCLK.5（PCKI[1:0]）	PLL 时钟源
00	6MHz
01	12MHz（默认值）
10	24MHz
11	IRC/2

USBCLK.4（CRE）：时钟追频控制位。USBCLK.4（CRE）=0，禁止时钟追频；USBCLK.4（CRE）=1，使能时钟追频。

USBCLK.3（TST_USB）：USB 测试模式选择位。USBCLK.3（TST_USB）=0，禁止 USB 测试模式；USBCLK.3（TST_USB）=1，使能 USB 测试模式。

USBCLK.2（TST_PHY）：PHY 测试模式控制位。USBCLK.2（TST_PHY）=0，禁止 PHY 测试模式；USBCLK.2（TST_PHY）=1，使能 PHY 测试模式。

USBCLK.1-USBCLK.0（PHYTST[1:0]）：USB PHY 测试方式选择位。USB PHY 测试方式如表 16.3 所示。

表 16.3　USB PHY 测试方式

USBCLK.1-USBCLK.0（PHYTST[1:0]）	测 试 方 式	DP	DM
00	测试方式 0: 正常	x	x

续表

USBCLK.1-USBCLK.0（PHYTST[1:0]）	测 试 方 式	DP	DM
01	测试方式 1：强制 "1"	1	0
10	测试方式 2：强制 "0"	0	1
11	测试方式 3：强制单端 "0"	0	0

（3）USB 间接地址寄存器：USBADDR。

USBADDR.7（BUSY）：USB 间接地址寄存器忙碌标志位。

写 0：无意义。

写 1：启动 USB 间接地址寄存器的读操作，地址由 USBADDR 设定。

读 0：USBDATA 中的数据有效。

读 1：USBDATA 中的数据无效，USB 正在读取 USB 间接地址寄存器。

USBADDR.6（AUTORD）：USB 间接地址寄存器自动读标志位，用于 USB FIFO 的块读取。

写 0：每次读取 USB 间接地址寄存器都必须先写 BUSY。

写 1：当软件读取 USBDATA 时，下一个 USB 间接地址寄存器的读取将自动启动（USBADDR 不变）。

USBADDR.5-USBADDR.0（UADR[5:0]）：USB 间接地址寄存器的地址位，用于存放访问 USB 内部寄存器所对应的地址。

（4）USB 间址数据寄存器：USBDATA。

USBDATA.7-USBDATA.0（UDAT[7:0]）：用于存放间接读写 USB 内部寄存器的数据。

（5）USB 中断控制寄存器：IE2、IP2H、IP2。

IE2.7（EUSB）：USB 中断允许控制位。IE2.7（EUSB）=0，禁止 USB 中断；IE2.7（EUSB）=1，允许 USB 中断。

IP2H.7（PUSBH）、IP2.7（PUSB）：USB 中断优先级选择控制位。具体选择关系如下。

IP2H.7（PUSBH）/IP2.7（PUSB）=0/0，USB 中断优先级为 0 级（最低级）。

IP2H.7（PUSBH）/IP2.7（PUSB）=0/1，USB 中断优先级为 1 级。

IP2H.7（PUSBH）/IP2.7（PUSB）=1/0，USB 中断优先级为 2 级。

IP2H.7（PUSBH）/IP2.7（PUSB）=1/1，USB 中断优先级为 3 级（最高级）。

USB 中断的中断向量地址为 00CBH，中断号为 25。

2. USB 模块的内部寄存器

USB 模块的内部寄存器共 29 个，如表 16.4 所示。

特别提示：USB 模块内部寄存器的地址与 STC8H8K64U 系列单片机的特殊功能寄存器地址不是同一个，不能直接访问，需要通过 USBADDR 间接访问。

表 16.4　USB 模块的内部寄存器

符　号	名　称	地址	位置与符号								复位值
			B7	B6	B5	B4	B3	B2	B1	B0	
FADDR	USB 功能地址寄存器	00H	UPDATE	UADDR[6:0]							00000000

续表

符　号	名　　称	地址	位位置与符号								复位值
			B7	B6	B5	B4	B3	B2	B1	B0	
POWER	USB电源管理寄存器	01H	ISOUD	—	—	—	USBRST	USBRSU	USBSUS	ENSUS	0xxx0000
INTRIN1	USB 端点 IN 中断标志位寄存器	02H	—	—	EP5INIF	EP4INIF	EP3INIF	EP2INIF	EP1INIF	EP0IF	xx000000
INTROUT1	USB端点OUT中断标志位寄存器	04H	—	—	EP5OUTIF	EP4OUTIF	EP3OUTIF	EP2OUTIF	EP1OUTIF		xx00000x
INTRUSB	USB电源中断标志位寄存器	06H	—	—	—	—	SOFIF	RSTIF	RSUIF	SUSIF	xxxx0000
INTRIN1E	USB 端点 IN 中断允许控制位寄存器	07H	—	—	EP5INIE	EP4INIE	EP3INIE	EP2INIE	EP1INIE	EP0IE	xx000000
INTROUT1E	USB端点OUT中断允许控制位寄存器	09H	—	—	EP5OUTIE	EP4OUTIE	EP3OUTIE	EP2OUTIE	EP1OUTIE		xx00000x
INTRUSBE	USB 电源中断允许控制位寄存器	0BH	—	—	—	—	SOFIE	RSTIE	RSUIE	SUSIE	xxxx0000
FRAME1	USB 数据帧号低字节寄存器	0CH	FRAME[7:0]								00000000
FRAME2	USB 数据帧号高字节寄存器	0DH	—	—	—	—	—	FRAME[10:8]			xxxxx000
INDEX	USB 端点索引寄存器	0EH	—	—	—	—	—	INDEX[2:0]			xxxxx000
INMAXP	USB IN 端点最大数据包值的设置寄存器	10H	INMAXP[7:0]								00000000
CSR0	USB 端点 0 控制状态寄存器	11H	SSUEND	SOPRDY	SDSTL	SUEND	DATEND	STSTL	IPRDY	OPRDY	00000000
INCSR1	IN 端点控制状态寄存器 1	11H	CLRDT	STSTL	SDSTL	FLUSH	—	UNDRUN	FIFONE	IPRDY	0000x000
INCSR2	IN 端点控制状态寄存器 2	12H	AUTOSET	ISO	MODE	ENDMA	FCDT	—	—	—	00000xxx
OUTMAXP	OUT 端点最大数据包值的设置寄存器	13H	OUTMAXP[7:0]								00000000
OUTCSR1	OUT 端点控制状态寄存器 1	14H	CLRDT	STSTL	SDSTL	FLUSH	DATERR	OVRRUN	FIFOFUL	OPRDY	00000000

续表

符号	名称	地址	位位置与符号								复位值
			B7	B6	B5	B4	B3	B2	B1	B0	
OUTCSR2	OUT 端点控制状态寄存器 2	15H	AUTOCLR	ISO	—	—	—	—	—	—	0000xxxx
COUNT0	USB 端点 0 的 OUT 长度寄存器	16H	—	OUTCNT0[6:0]							x0000000
OUTCOUNT1	USB 端点 OUT 长度低字节寄存器	16H	OUTCNT[7:0]								00000000
OUTCOUNT2	USB 端点 OUT 长度高字节寄存器	17H	—				—	OUTCNT[10:8]			xxxxx000
FIFO0	USB 端点 0 的 FIFO 数据访问寄存器	20H	FIFO0[7:0]								00000000
FIFO1	USB 端点 1 的 FIFO 数据访问寄存器	21H	FIFO1[7:0]								00000000
FIFO2	USB 端点 2 的 FIFO 数据访问寄存器	22H	FIFO2[7:0]								00000000
FIFO3	USB 端点 3 的 FIFO 数据访问寄存器	23H	FIFO3[7:0]								00000000
FIFO4	USB 端点 4 的 FIFO 数据访问寄存器	24H	FIFO4[7:0]								00000000
FIFO5	USB 端点 5 的 FIFO 数据访问寄存器	25H	FIFO5[7:0]								00000000
UTRKCTL	USB 跟踪控制寄存器	30H	FTM1	FTM0	INTV[1:0]		ENST5	RES[2:0]			10111011
UTRKSTS	USB 跟踪状态寄存器	31H	INTVCNT[3:0]				STS[1:0]		TST_UTRK	UTRK_RDY	111100x0

（1）USB 功能地址寄存器：FADDR。

FADDR.7（UPDATE）：更新 USB 功能地址状态位。FADDR.7（UPDATE）=0，最后的 USB 功能地址（UADDR[6:0]）已生效；FADDR.7（UPDATE）=1，最后的 USB 功能地址（UADDR[6:0]）还未生效。

FADDR.6-FADDR.0（UADDR[6:0]）：保存 USB 的 7 位功能地址。

（2）USB 电源控制寄存器：POWER。

POWER.7（ISOUD）：ISO 更新控制位。POWER.7（ISOUD）=0，当软件向 IPRDY

（CSR0.1，或 USBCSR1.0）写 1 时，USB 在收到下一个 IN 令牌后发送数据包；POWER.7（ISOUD）=1，当软件向 IPRDY 写 1 时，USB 在收到 SOF 令牌后发送数据包，如果在 SOF 令牌之前收到 IN 令牌，则 USB 发送长度为 0 的数据包。

POWER.3（USBRST）：USB 复位控制位。向此位写 1 可强制产生异步 USB 复位。读取此位可以获得当前总线上的复位状态信息，POWER.3（USBRST）=0，表示总线上没有检测到复位信号；POWER.3（USBRST）=1，表示总线上检测到了复位信号。

POWER.2（USBRSU）：USB 恢复控制位。以软件方式在总线上强制产生恢复信号，以便将 USB 设备从挂起模式进行远程唤醒。当 USB 处于挂起模式（POWER.1（USBSUS）=1）时，向此位写 1 将强制在 USB 上产生恢复信号，软件应在 10～15ms 后向此位写 0，以结束恢复信号。软件向 POWER.2（USBRSU）写入 0 后将产生 USB 恢复中断，此时硬件会自动将 POWER.1（USBSUS）清 0。

POWER.1（USBSUS）：USB 挂起控制位。当 USB 进入挂起模式时，此位被硬件置 1。当以软件方式在总线上强制产生恢复信号，或者在总线上检测到恢复信号时已经读取了 INTRUSB 后，硬件自动将此位清 0。

POWER.0（ENSUS）：使能 USB 挂起方式检测位。POWER.0（ENSUS）=0，禁止挂起检测，USB 将忽略总线上的挂起信号；POWER.0（ENSUS）=1，使能挂起检测，当检测到总线上的挂起信号时，USB 将进入挂起方式。

（3）USB 端点 IN 中断标志位寄存器：INTRIN1。

INTRIN1.5（EP5INIF）：端点 5 的 IN 中断标志位。INTRIN1.5（EP5INIF）=0，端点 5 的 IN 中断无效；INTRIN1.5（EP5INIF）=1，端点 5 的 IN 中断有效。

INTRIN1.4（EP4INIF）：端点 4 的 IN 中断标志位。INTRIN1.4（EP4INIF）=0，端点 4 的 IN 中断无效；INTRIN1.4（EP4INIF）=1，端点 4 的 IN 中断有效。

INTRIN1.3（EP3INIF）：端点 3 的 IN 中断标志位。INTRIN1.3（EP3INIF）=0，端点 3 的 IN 中断无效；INTRIN1.3（EP3INIF）=1，端点 3 的 IN 中断有效。

INTRIN1.2（EP2INIF）：端点 2 的 IN 中断标志位。INTRIN1.2（EP2INIF）=0，端点 2 的 IN 中断无效；INTRIN1.2（EP2INIF）=1，端点 2 的 IN 中断有效。

INTRIN1.1（EP1INIF）：端点 1 的 IN 中断标志位。INTRIN1.1（EP1INIF）=0，端点 1 的 IN 中断无效；INTRIN1.1（EP1INIF）=1，端点 1 的 IN 中断有效。

INTRIN1.0（EP0IF）：端点 0 的 IN/OUT 中断标志位。INTRIN1.0（EP0IF）=0，端点 0 的 IN/OUT 中断无效；INTRIN1.0（EP0IF）=1，端点 0 的 IN/OUT 中断有效。

在软件读取 INTRIN1 后，硬件自动将 INTRIN1 中的所有中断标志位清 0。

（4）USB 端点 OUT 中断标志位寄存器：INTROUT1。

INTROUT1.5（EP5OUTIF）：端点 5 的 OUT 中断标志位。INTROUT1.5（EP5OUTIF）=0，端点 5 的 OUT 中断无效；INTROUT1.5（EP5OUTIF）=1，端点 5 的 OUT 中断有效。

INTROUT1.4（EP4OUTIF）：端点 4 的 OUT 中断标志位。INTROUT1.4（EP4OUTIF）=0，端点 4 的 OUT 中断无效；INTROUT1.4（EP4OUTIF）=1，端点 4 的 OUT 中断有效。

INTROUT1.3（EP3OUTIF）：端点 3 的 OUT 中断标志位。INTROUT1.3（EP3OUTIF）=0，端点 3 的 OUT 中断无效；INTROUT1.3（EP3OUTIF）=1，端点 3 的 OUT 中断有效。

INTROUT1.2（EP2OUTIF）：端点 2 的 OUT 中断标志位。INTROUT1.2（EP2OUTIF）=0，

端点 2 的 OUT 中断无效；INTROUT1.2（EP2OUTIF）=1，端点 2 的 OUT 中断有效。

INTROUT1.1（EP1OUTIF）：端点 1 的 OUT 中断标志位。INTROUT1.1（EP1OUTIF）=0，端点 1 的 OUT 中断无效；INTROUT1.1（EP1OUTIF）=1，端点 1 的 OUT 中断有效。

在软件读取 INTROUT1 后，硬件自动将 INTROUT1 中的所有中断标志位清 0。

（5）USB 电源中断标志位寄存器：INTRUSB。

INTRUSB.3（SOFIF）：USB 帧起始信号中断标志位。INTRUSB.3（SOFIF）=0，USB 帧起始信号中断无效；INTRUSB.3（SOFIF）=1，USB 帧起始信号中断有效。

INTRUSB.2（RSTIF）：USB 复位信号中断标志位。INTRUSB.2（RSTIF）=0，USB 复位信号中断无效；INTRUSB.2（RSTIF）=1，USB 复位信号中断有效。

INTRUSB.1（RSUIF）：USB 恢复信号中断标志位。INTRUSB.1（RSUIF）=0，USB 恢复信号中断无效；INTRUSB.1（RSUIF）=1，USB 恢复信号中断有效。

INTRUSB.0（SUSIF）：USB 挂起信号中断标志位。INTRUSB.0（SUSIF）=0，USB 挂起信号中断无效；INTRUSB.0（SUSIF）=1，USB 挂起信号中断有效。

在软件读取 INTRUSB 后，硬件自动将 INTRUSB 中的所有中断标志位清 0。

（6）USB 端点 IN 中断允许控制位寄存器：INTRIN1E。

INTRIN1E.5（EP5INIE）：端点 5 的 IN 中断允许控制位。INTRIN1E.5（EP5INIE）=0，禁止端点 5 的 IN 中断；INTRIN1E.5（EP5INIE）=1，允许端点 5 的 IN 中断。

INTRIN1E.4（EP4INIE）：端点 4 的 IN 中断允许控制位。INTRIN1E.4（EP4INIE）=0，禁止端点 4 的 IN 中断；INTRIN1E.4（EP4INIE）=1，允许端点 4 的 IN 中断。

INTRIN1E.3（EP3INIE）：端点 3 的 IN 中断允许控制位。INTRIN1E.3（EP3INIE）=0，禁止端点 3 的 IN 中断；INTRIN1E.3（EP3INIE）=1，允许端点 3 的 IN 中断。

INTRIN1E.2（EP2INIE）：端点 2 的 IN 中断允许控制位。INTRIN1E.2（EP2INIE）=0，禁止端点 2 的 IN 中断；INTRIN1E.2（EP2INIE）=1，允许端点 2 的 IN 中断。

INTRIN1E.1（EP1INIE）：端点 1 的 IN 中断允许控制位。INTRIN1E.1（EP1INIE）=0，禁止端点 1 的 IN 中断；INTRIN1E.1（EP1INIE）=1，允许端点 1 的 IN 中断。

INTRIN1E.0（EP0IE）：端点 0 的 IN/OUT 中断允许控制位。INTRIN1E.0（EP0IE）=0，禁止端点 0 的 IN/OUT 中断；INTRIN1E.0（EP0IE）=1，允许端点 0 的 IN/OUT 中断。

（7）USB 端点 OUT 中断允许控制位寄存器：INTROUT1E。

INTROUT1E.5（EP5OUTIE）：端点 5 的 OUT 中断允许控制位。INTROUT1E.5（EP5OUTIE）=0，禁止端点 5 的 OUT 中断；INTROUT1E.5（EP5OUTIE）=1，允许端点 5 的 OUT 中断。

INTROUT1E.4（EP4OUTIE）：端点 4 的 OUT 中断允许控制位。INTROUT1E.4（EP4OUTIE）=0，禁止端点 4 的 OUT 中断；INTROUT1E.4（EP4OUTIE）=1，允许端点 4 的 OUT 中断。

INTROUT1E.3（EP3OUTIE）：端点 3 的 OUT 中断允许控制位。INTROUT1E.3（EP3OUTIE）=0，禁止端点 3 的 OUT 中断；INTROUT1E.3（EP3OUTIE）=1，允许端点 3 的 OUT 中断。

INTROUT1E.2（EP2OUTIE）：端点 2 的 OUT 中断允许控制位。INTROUT1E.2（EP2OUTIE）=0，禁止端点 2 的 OUT 中断；INTROUT1E.2（EP2OUTIE）=1，允许端点 2 的 OUT 中断。

INTROUT1E.1（EP1OUTIE）：端点 1 的 OUT 中断允许控制位，INTROUT1E.1（EP1OUTIE）=0，禁止端点 1 的 OUT 中断；INTROUT1E.1（EP1OUTIE）=1，允许端点 1 的 OUT 中断。

（8）USB 电源中断允许控制位寄存器：INTRUSB。

INTRUSB.3（SOFIE）：USB 帧起始信号中断允许控制位。INTRUSB.3（SOFIE）=0，禁止 USB 帧起始信号中断；INTRUSB.3（SOFIE）=1，允许 USB 帧起始信号中断。

INTRUSB.2（RSTIE）：USB 复位信号中断允许控制位。INTRUSB.2（RSTIE）=0，禁止 USB 复位信号中断；INTRUSB.2（RSTIE）=1，允许 USB 复位信号中断。

INTRUSB.1（RSUIE）：USB 恢复信号中断允许控制位。INTRUSB.1（RSUIE）=0，禁止 USB 恢复信号中断；INTRUSB.1（RSUIE）=1，允许 USB 恢复信号中断。

INTRUSB.0（SUSIE）：USB 挂起信号中断允许控制位。INTRUSB.0（SUSIE）=0，禁止 USB 挂起信号中断；INTRUSB.0（SUSIE）=1，允许 USB 挂起信号中断。

（9）USB 数据帧号寄存器：FRAME1、FRAME2。

FRAME1.7-FRAME1.0（FRAME[7:0]）：用于保存最后接收到数据帧的 11 位帧号的低 8 位。

FRAME2.2-FRAME2.0（FRAME[10:8]）：用于保存最后接收到数据帧的 11 位帧号的高 3 位。

（10）USB 端点索引寄存器：INDEX。

INDEX.2-INDEX.0（INDEX[2:0]）：用于选择 USB 端点。USB 端点选择表如表 16.5 所示。

表 16.5 USB 端点选择表

INDEX.2-INDEX.0（INDEX[2:0]）	USB 端点
000	0
001	1
010	2
011	3
100	4
101	5

（11）USB IN 端点最大数据包值的设置寄存器：INMAXP

INMAXP.7-INMAXP.0（INMAXP[7:0]）：用于设置 USB IN 端点最大数据包的大小。

特别提示：当需要获取/设置此信息时，首先必须使用 INDEX 来选择目标端点 0～5。

（12）USB 端点 0 控制状态寄存器：CSR0。

CSR0.7（SSUEND）：SETUP 结束事件处理完成标志位。当处理完 SETUP 结束事件（SUEND）后，软件需要设置 SSUEND，硬件检测到 SSUEND 被写入 1 时自动将 SUEND 清 0。

CSR0.6（SOPRDY）：OPRDY 事件处理完成标志位。当处理完从端点 0 接收到的数据包后，软件需要设置 SOPRDY，硬件检测到 SOPRDY 被写入 1 时自动将 OPRDY 清 0。

CSR0.5（SDSTL）：当接收到错误的条件或不支持的请求时，可以向此位写 1 来结束当前的数据传输。当 STALL 信号被发送后，硬件自动将此位清 0。

CSR0.4（SUEND）：SETUP 安装包结束标志位。当一次控制传输在软件向 DATAEND 写 1 之前结束时，硬件将此只读位置 1。当软件向 SSUEND 写 1 后，硬件将该位清 0。

CSR0.3（DATEND）：数据结束标志位。软件应在下列情况下向此位写 1。

① 当发送最后一个数据包后，固件向 IPRDY 写 1 时。

② 当发送一个零长度数据包后，固件向 IPRDY 写 1 时。

③ 当接收完最后一个数据包后，固件向 SOPRDY 写 1 时。

该位将被硬件自动清 0。

CSR0.2（STSTL）：STALL 信号发送完成标志位。发送完 STALL 信号后，硬件将该位置 1，该位必须用软件清 0。

CSR0.1（IPRDY）：IN 数据包准备完成标志位。软件应在将一个要发送的数据包装入端点 0 的 FIFO 后，将该位置 1。

在发生下列条件之一时，硬件将该位清 0。

① 数据包已发送时。

② 数据包被一个 SETUP 包覆盖时。

③ 数据包被一个 OUT 包覆盖时。

CSR0.0（OPRDY）：OUT 数据包准备完成标志位。当收到一个 OUT 数据包时，硬件将该只读位置 1，并产生中断。该位只在软件向 SOPRDY 写 1 时才被清 0。

特别提示：当需要获取/设置此信息时，首先必须使用 INDEX 来选择目标端点 0

（13）IN 端点控制状态寄存器 1：INCSR1。

UBCSR1.7（CLRDT）：复位 IN 数据切换位。当 IN 端点由于被重新配置或 STALL 而需要将数据切换位复位到 0 时，软件需要向此数据位写 1。

UBCSR1.6（STSTL）：STALL 信号发送完成标志位。当 STALL 信号发送完成后，硬件会将该位置 1（此时 FIFO 被清空，IPRDY 被清 0）。该标志位必须用软件清 0。

UBCSR1.5（SDSTL）：STALL 信号发送请求位。软件应向该位写 1 以产生 STALL 信号作为对一个 IN 令牌的应答。软件应向该位写 0 以结束 STALL 信号。该位对 ISO 方式没有影响。

UBCSR1.4（FLUSH）：清除 IN 端点 FIFO 的下一个数据包指示位。向该位写 1 将从 IN 端点 FIFO 中清除待发送的下一个数据包，FIFO 指针被复位，IPRDY 被清 0。如果 FIFO 中包含多个数据包，软件必须针对每个数据包都向 FLUSH 写 1。当 FIFO 清空完成后，硬件将 FLUSH 清 0。

UBCSR1.2（UNDRUN）：数据不足标志位。该位的功能取决于 IN 端点的方式，具体如下。

① ISO 方式：在 IPRDY 为 0 且收到一个 IN 令牌，并且发送了一个零长度数据包时，该位被置 1。

② 中断/批量方式：当使用 NAK 作为对一个 IN 令牌的应答时，该位被置 1。

该位必须用软件清 0。

UBCSR1.1（FIFONE）：IN 端点的 FIFO 非空标志位。UBCSR1.1（FIFONE）=0，IN 端点的 FIFO 为空；UBCSR1.1（FIFONE）=1，IN 端点的 FIFO 包含一个或多个数据包。

UBCSR1.0（IPRDY）：IN 数据包准备完成标志位。软件应在将一个要发送的数据包装入 IN 端点的 FIFO 后，将该位置 1。在发生下列条件之一时，硬件将该位清 0。

① 数据包已发送时。

② 自动设置被使能（AUTOSET =1）且 IN 端点的 FIFO 数据包达到 INMAXP 所设置的值。

③ 如果 IN 端点处于同步方式且 ISOUD 为 1，那么在收到下一个 SOF 之前 IPRDY 的读出值总是为 0。

> **特别提示**：需要获取/设置此信息时，首先必须使用 INDEX 来选择目标端点 1~5。

（14）IN 端点控制状态寄存器 2：INCSR2。

INCSR2.7（AUTOSET）：自动设置 IPRDY 控制位，INCSR2.7（AUTOSET）=0，禁止自动设置 IPRDY；INCSR2.7（AUTOSET）=1，使能自动设置 IPRDY（必须使向 IN FIFO 中装载的数据达到 INMAXP 所设置的值，否则 IPRDY 必须手动设置）。

INCSR2.6（ISO）：同步传输使能控制位。INCSR2.6（ISO）=0，端点被配置为批量/中断传输方式；INCSR2.6（ISO）=1，端点被配置为同步传输方式。

INCSR2.5（MODE）：端点方向选择位。INCSR2.5（MODE）=0，选择端点方向为 OUT；INCSR2.5（MODE）=1，选择端点方向为 IN。

INCSR2.4（ENDMA）：IN 端点的 DMA 请求控制位。INCSR2.4（ENDMA）=0，禁止 IN 端点的 DMA 请求；INCSR2.4（ENDMA）=1，使能 IN 端点的 DMA 请求。

INCSR2.3（FCDT）：强制 DATA0/DATA1 数据切换设置位。INCSR2.3（FCDT）=0，端点数据只在发送完一个数据包且收到 ACK 时切换；INCSR2.3（FCDT）=1，端点数据在每发送完一个数据包后被强制切换，不管是否收到 ACK。

> **特别提示**：需要获取/设置此信息时，首先必须使用 INDEX 来选择目标端点 1~5

（15）OUT 端点最大数据包值的设置寄存器：OUTMAXP。

OUTMAXP.7-OUTMAXP.0（OUTMAXP[7:0]）：用于设置 USB 的 OUT 端点最大数据包的大小。

> **特别提示**：需要获取/设置此信息时，首先必须使用 INDEX 来选择目标端点 1~5。

（16）OUT 端点控制状态寄存器 1：OUTCSR1。

OUTCSR1.7（CLRDT）：复位 OUT 数据切换位。当 OUT 端点由于被重新配置或 STALL 而需要将数据切换位复位到 0 时，软件需要向此数据位写 1。

OUTCSR1.6（STSTL）：STALL 信号发送完成标志位。当 STALL 信号发送完成后，硬件会将该位置 1。该标志位必须用软件清 0。

OUTCSR1.5（SDSTL）：STALL 信号发送请求位。软件应向该位写 1 以产生 STALL 信号作为对一个 OUT 令牌的应答。软件应向该位写 0 以结束 STALL 信号。该位对 ISO 方式没有影响。

OUTCSR1.4（FLUSH）：清除 OUT 端点 FIFO 的下一个数据包。向该位写 1 将从 OUT 端点 FIFO 中清除下一个数据包，FIFO 指针被复位，OPRDY 位被清 0。如果 FIFO 中包含多个数据包，那么软件必须针对每个数据包都向 FLUSH 写 1。当 FIFO 清空完成后，硬件将 FLUSH 清 0。

OUTCSR1.3（DATERR）：在 ISO 方式下，如果接收到的数据包有 CRC 或位填充错误，该位被硬件置 1。当软件将 OUTCSR1.3（OPRDY）清 0 时，该位被清 0。该位只在 ISO 方式时有效。

OUTCSR1.2（OVRRUN）：数据溢出标志位。当一个输入数据包不能被装入 OUT 端点 FIFO 时，该位被硬件置 1。该位只在 ISO 方式时有效。该位必须用软件清 0。

OUTCSR1.2（OVRRUN）=0，表示无数据溢出；OUTCSR1.2（OVRRUN）=1，表示自该标志位上一次被清除以来，因 FIFO 已满，数据包丢失。

OUTCSR1.1（FIFOFUL）：OUT 端点的 FIFO 数据满标志位。OUTCSR1.1（FIFOFUL）=0，OUT 端点的 FIFO 未满；OUTCSR1.1（FIFOFUL）=1，OUT 端点的 FIFO 已满。

OUTCSR1.0（OPRDY）：OUT 数据包接收完成标志位。当有数据包可用时，硬件将该位置 1。软件应在将每个数据包都从 OUT 端点 FIFO 卸载后将该位清"0"。

特别提示： *需要获取/设置此信息时，首先必须使用 INDEX 来选择目标端点 1～5。*

（17）OUT 端点控制状态寄存器 2：OUTCSR2。

OUTCSR2.7（AUTOCLR）：自动清除 OPRDY 控制位。OUTCSR2.7（AUTOCLR）=0，禁止自动清除 OPRDY；OUTCSR2.7（AUTOCLR）=1，使能自动清除 OPRDY（必须使从 OUT FIFO 中下载的数据达到 OUTMAXP 所设置的值，否则 OPRDY 必须手动清除）。

OUTCSR2.6（ISO）：同步传输选择控制位。OUTCSR2.6（ISO）=0，端点被配置为批量/中断传输方式；OUTCSR2.6（ISO）=1，端点被配置为同步传输方式。

特别提示： *需要获取/设置此信息时，首先必须使用 INDEX 来选择目标端点 1～5。*

（18）USB 端点 0 的 OUT 长度寄存器：COUNT0。

COUNT0.6-COUNT0.0（OUTCNT0[6:0]）：端点 0 的 OUT 字节长度。COUNT0 专用于保存端点 0 最后接收到的 OUT 数据包的数据长度（由于端点 0 数据包最长只能为 64 字节，所以只需要 7 位）。此长度值只在端点 0 的 CSR0.0（OPRDY）位为 1 时才有效。

特别提示： *需要获取此长度信息时，首先必须使用 INDEX 来选择目标端点 0。*

（19）USB 端点的 OUT 长度寄存器：OUTCOUNT1、OUTCOUNT2。

OUTCOUNT1.7-OUTCOUNT1.0（OUTCNT[7:0]）：OUT 端点的 11 位数据的低 8 位。

OUTCOUNT2.2-OUTCOUNT2.0（OUTCNT[10:8]）：OUT 端点的 11 位数据的高 3 位。

OUTCOUNT1 和 OUTCOUNT2 联合组成一个 11 位的数，保存最后 OUT 数据包的数据长度，适用于端点 1～5。此长度值只在端点 1～5 的 OUTCSR1.0（OPRDY）位为 1 时才有效。

特别提示： *需要获取此长度信息时，首先必须使用 INDEX 来选择目标端点 1～5。*

（20）USB 端点的 FIFO 数据访问寄存器：FIFO0、FIFO1、FIFO2、FIFO3、FIFO4、FIFO5。

FIFO0.7-FIFO0.0（FIFO0[7:0]）：USB 端点 0 的 IN/OUT 数据间接访问寄存器。

FIFO1.7-FIFO1.0（FIFO1[7:0]）：USB 端点 1 的 IN/OUT 数据间接访问寄存器。

FIFO2.7-FIFO2.0（FIFO2[7:0]）：USB 端点 2 的 IN/OUT 数据间接访问寄存器。

FIFO3.7-FIFO3.0（FIFO3[7:0]）：USB 端点 3 的 IN/OUT 数据间接访问寄存器。

FIFO4.7-FIFO4.0（FIFO4[7:0]）：USB 端点 4 的 IN/OUT 数据间接访问寄存器。

FIFO5.7-FIFO5.0（FIFO5[7:0]）：USB 端点 5 的 IN/OUT 数据间接访问寄存器。

16.3 USB 模块的操作文件

USB 模块自身寄存器的地址（子地址）与 STC8H8K64U 系列单片机的特殊功能寄存器地址不是同一个地址空间，为了能直接使用 USB 模块内部寄存器符号名称，需要对各寄存器符号名称进行地址定义，以及将 USB 模块的操作创建为一个独立文件，命名为 USB.c，参考程序如下。

```
/*-------USB 模块字地址定义------------*/
#define FADDR 0
#define POWER 1
#define INTRIN1 2
#define EP5INIF 0x20
#define EP4INIF 0x10
#define EP3INIF 0x08
#define EP2INIF 0x04
#define EP1INIF 0x02
#define EP0IF 0x01
#define INTROUT1 4
#define EP5OUTIF 0x20
#define EP4OUTIF 0x10
#define EP3OUTIF 0x08
#define EP2OUTIF 0x04
#define EP1OUTIF 0x02
#define INTRUSB 6
#define SOFIF 0x08
#define RSTIF 0x04
#define RSUIF 0x02
#define SUSIF 0x01
#define INTRIN1E 7
#define EP5INIE 0x20
#define EP4INIE 0x10
#define EP3INIE 0x08
#define EP2INIE 0x04
#define EP1INIE 0x02
#define EP0IE 0x01
#define INTROUT1E 9
#define EP5OUTIE 0x20
#define EP4OUTIE 0x10
#define EP3OUTIE 0x08
#define EP2OUTIE 0x04
#define EP1OUTIE 0x02
#define INTRUSBE 11
#define SOFIE 0x08
#define RSTIE 0x04
#define RSUIE 0x02
#define SUSIE 0x01
#define FRAME1 12
```

```
#define FRAME2 13
#define INDEX 14
#define INMAXP 16
#define CSR0 17
#define SSUEND 0x80
#define SOPRDY 0x40
#define SDSTL 0x20
#define SUEND 0x10
#define DATEND 0x08
#define STSTL 0x04
#define IPRDY 0x02
#define OPRDY 0x01
#define INCSR1 17
#define INCLRDT 0x40
#define INSTSTL 0x20
#define INSDSTL 0x10
#define INFLUSH 0x08
#define INUNDRUN 0x04
#define INFIFONE 0x02
#define INIPRDY 0x01
#define INCSR2 18
#define INAUTOSET 0x80
#define INISO 0x40
#define INMODEIN 0x20
#define INMODEOUT 0x00
#define INENDMA 0x10
#define INFCDT 0x08
#define OUTMAXP 19
#define OUTCSR1 20
#define OUTCLRDT 0x80
#define OUTSTSTL 0x40
#define OUTSDSTL 0x20
#define OUTFLUSH 0x10
#define OUTDATERR 0x08
#define OUTOVRRUN 0x04
#define OUTFIFOFUL 0x02
#define OUTOPRDY 0x01
#define OUTCSR2 21
#define OUTAUTOCLR 0x80
#define OUTISO 0x40
#define OUTENDMA 0x20
#define OUTDMAMD 0x10
#define COUNT0 22
#define OUTCOUNT1 22
#define OUTCOUNT2 23
#define FIFO0 32
#define FIFO1 33
#define FIFO2 34
#define FIFO3 35
#define FIFO4 36
#define FIFO5 37
```

```
#define UTRKCTL 48
#define UTRKSTS 49
#define EPIDLE 0
#define EPSTATUS 1
#define EPDATAIN 2
#define EPDATAOUT 3
#define EPSTALL -1
#define GET_STATUS 0x00
#define CLEAR_FEATURE 0x01
#define SET_FEATURE 0x03
#define SET_ADDRESS 0x05
#define GET_DESCRIPTOR 0x06
#define SET_DESCRIPTOR 0x07
#define GET_CONFIG 0x08
#define SET_CONFIG 0x09
#define GET_INTERFACE 0x0A
#define SET_INTERFACE 0x0B
#define SYNCH_FRAME 0x0C
#define GET_REPORT 0x01
#define GET_IDLE 0x02
#define GET_PROTOCOL 0x03
#define SET_REPORT 0x09
#define SET_IDLE 0x0A
#define SET_PROTOCOL 0x0B
#define DESC_DEVICE 0x01
#define DESC_CONFIG 0x02
#define DESC_STRING 0x03
#define DESC_HIDREPORT 0x22
#define STANDARD_REQUEST 0x00
#define CLASS_REQUEST 0x20
#define VENDOR_REQUEST 0x40
#define REQUEST_MASK 0x60
/*--------定义结构体函数--------*/
typedef struct
{
    uchar bmRequestType;
    uchar bRequest;
    uchar wValueL;
    uchar wValueH;
    uchar wIndexL;
    uchar wIndexH;
    uchar wLengthL;
    uchar wLengthH;
}SETUP;

typedef struct
{
    uchar bStage;
    uint wResidue;
    uchar *pData;
}EP0STAGE;
```

```c
SETUP Setup;
EP0STAGE Ep0Stage;
/*--------读寄存器--------*/
uchar ReadReg(uchar addr)
{
    uchar dat;
    while (USBADR & 0x80);
    USBADR = addr | 0x80;
    while (USBADR & 0x80);
    dat = USBDAT;
    return dat;
}
/*--------写寄存器--------*/
void WriteReg(uchar addr, uchar dat)
{
    while (USBADR & 0x80);
    USBADR = addr & 0x7f;
    USBDAT = dat;
}
/*-------读 FIFO--------*/
uchar ReadFifo(uchar fifo, uchar *pdat)
{
    uchar cnt;
    uchar ret;
    ret = cnt = ReadReg(COUNT0);
    while (cnt--)
    {
        *pdat++ = ReadReg(fifo);
    }
    return ret;
}


/*--------写 FIFO--------*/
void WriteFifo(uchar fifo, uchar *pdat, uchar cnt)
{
    while (cnt--)
    {
        WriteReg(fifo, *pdat++);
    }
}
/*--------USB 初始化--------*/
void UsbInit()
{
    P_SW2 |= 0x80;
    RSTFLAG = 0x07;
    IRC48MCR = 0x80;
    while (!(IRC48MCR & 0x01));
    P_SW2 &= ~0x80;
    USBCLK = 0x00;
    USBCON = 0x90;
    WriteReg(FADDR, 0x00);
    WriteReg(POWER, 0x08);
```

```
    WriteReg(INTRIN1E, 0x3f);
    WriteReg(INTROUT1E, 0x3f);
    WriteReg(INTRUSBE, 0x00);
    WriteReg(POWER, 0x01);
    Ep0Stage.bStage = EPIDLE;
}
```

16.4 工程训练 计算机通过 USB 接口发送指令读取 A/D 转换模块的测试参数

一、工程训练目标

（1）理解 STC8H8K64U 系列单片机与 USB 模块的电路结构关系。

（2）学会 STC8H8K64U 系列单片机 USB 模块的应用编程。

二、任务功能与参考程序

1. 任务功能

计算机通过 USB 接口向 STC8H8K64U 系列单片机 USB 模块发送读取 A/D 转换模块测试参数（1.19V 的内部电压）的指令，STC8H8K64U 系列单片机通过 USB 模块接收到指令后，启动 A/D 转换模块读取 15 通道内部的 1.19V 电压，并将结果返回计算机处理与显示。

计算机端部分直接用设计好的 USB 通信应用程序（STC USB HID Demo）发送指令与显示测试参数，图 16.2 为计算机端 USB 通信应用程序启动后的工作界面。

2. 硬件设计

STC8H8K64U 系列单片机 USB 模块的引脚 P3.0（D−）、P3.1（D+）直接与计算机 USB 接口的 D−、D+对应相接，P3.2 通过一个开关接地，如图 16.3 所示。

图 16.2 计算机端 USB 通信应用程序
启动后的工作界面

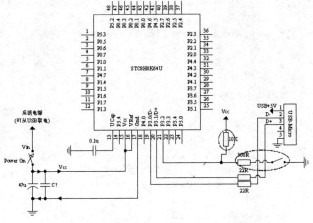

图 16.3 计算机与 STC8H8K64U 系列单片机
USB 模块接口电路（USB 直接下载电路）

> **特别提示**：采用 USB 直接下载电路下载程序的步骤：按住 SW17 按键，按动 SW19（电源开关），等待 STC-ISP 在线编程软件检测 USB 下载端口，当检测到 USB 下载端口时，STC-ISP 在线编程软件串行通信端口号栏中会显示 "STC USB Writer"，如图 16.4 所示。

图 16.4 STC USB 下载时对应的串行通信端口号

3. 参考程序（C 语言版）

（1）程序说明。

计算机端已设计好 USB 通信应用程序（STC USB HID Demo）。STC8H8K64U 系列单片机端应用程序首先将 USB.c 包含进来，然后直接在主函数中调用 USB 相关操作。

（2）参考程序：工程训练 161.c。

```c
#include <stc8h.h>                    //包含支持 STC8H 系列单片机的头文件
#include <intrins.h>
#include <gpio.c>
#define uchar unsigned char
#define uint  unsigned int
#include "USB.c"


bit B_1ms;                            //1ms 标志位
uint msecond;
uint Bandgap;
char code DEVICEDESC[18];
char code CONFIGDESC[41];
char code HIDREPORTDESC[27];
char code LANGIDDESC[4];
char code MANUFACTDESC[8];
char code PRODUCTDESC[30];
uchar xdata HidFreature[64];
uchar xdata HidInput[64];
uchar xdata HidOutput[64];

void ADC_Config(void);
void Timer0_Config(uint tReload);
uint Get_ADC12bitResult(uchar channel);    //channel = 0~15
uchar GetCheckSum(uchar *buf, uchar len);
 void Timer0Init(void)                      //1ms@24.000MHz
{
    AUXR |= 0x80;
    TMOD &= 0xF0;
    TL0 = 0x40;
    TH0 = 0xA2;
    TF0 = 0;
    TR0 = 1;
}
```

```
void main()
{
    uchar i;
    uint ADData;
    gpio();
    Timer0Init();
    ADC_Config();
    UsbInit();
    P3M0 = 0x00;
    P3M1 = 0x03;
    IP2H |= 0x80;                    //USB 中断优先级为 3 级
    IP2 |= 0x80;
    IE2 |= 0x80;
    ET0=1;
    EA = 1;
    HidOutput[0]=0xaa;
    HidOutput[1]=0x55;
    HidOutput[2]=0x02;
    for(i=3;i<64;i++) HidOutput[i] = 0;
    while (1)
    {
        if(B_1ms)                         //1ms½
        {
            B_1ms = 0;
            if(++msecond >= 300)      //300ms½
            {
                msecond = 0;

                Bandgap = Get_ADC12bitResult(15);     // 获取通道 15 的测量数据
                ADData = Get_ADC12bitResult(3);       // 获取通道 15 的测量数据
                HidOutput[3] = (uchar)(ADData >> 8);
                HidOutput[4] = (uchar)(ADData);
                HidOutput[5] = (uchar)(Bandgap >> 8);
                HidOutput[6] = (uchar)(Bandgap);
                HidOutput[7] = GetCheckSum(HidOutput,7);
            }
        }
    }
}

void usb_isr() interrupt 25
{
    uchar intrusb;
    uchar intrin;
    uchar introut;
    uchar csr;
    uchar cnt;
    uint len;
    intrusb = ReadReg(INTRUSB);
```

```
        intrin = ReadReg(INTRIN1);
        introut = ReadReg(INTROUT1);
        if (intrusb & RSTIF)
        {
           WriteReg(INDEX, 1);
           WriteReg(INCSR1, INCLRDT);
           WriteReg(INDEX, 1);
           WriteReg(OUTCSR1, OUTCLRDT);
           Ep0Stage.bStage = EPIDLE;
        }
        if (intrin & EP0IF)
        {
           WriteReg(INDEX, 0);
           csr = ReadReg(CSR0);
           if (csr & STSTL)
           {
               WriteReg(CSR0, csr & ~STSTL);
               Ep0Stage.bStage = EPIDLE;
           }
           if (csr & SUEND)
           {
               WriteReg(CSR0, csr | SSUEND);
           }
           switch (Ep0Stage.bStage)
           {
               case EPIDLE:
               if (csr & OPRDY)
               {
                   Ep0Stage.bStage = EPSTATUS;
                   ReadFifo(FIFO0, (uchar *)&Setup);
                   ((uchar *)&Ep0Stage.wResidue)[0] = Setup.wLengthH;
                   ((uchar *)&Ep0Stage.wResidue)[1]= Setup.wLengthL;
                   switch (Setup.bmRequestType & REQUEST_MASK)
                   {
                       case STANDARD_REQUEST:
                       switch (Setup.bRequest)
                       {
                           case SET_ADDRESS:
                               WriteReg(FADDR, Setup.wValueL);
                           break;

                           case SET_CONFIG:
                               WriteReg(INDEX, 1);
                               WriteReg(INCSR2, INMODEIN);
                               WriteReg(INMAXP, 8);
                               WriteReg(INDEX, 1);
                               WriteReg(INCSR2, INMODEOUT);
                               WriteReg(OUTMAXP, 8);
                               WriteReg(INDEX, 0);
                           break;
```

```
case GET_DESCRIPTOR:
    Ep0Stage.bStage = EPDATAIN;
    switch (Setup.wValueH)
    {
        case DESC_DEVICE:
            Ep0Stage.pData = DEVICEDESC;
            len = sizeof(DEVICEDESC);
        break;

        case DESC_CONFIG:
            Ep0Stage.pData = CONFIGDESC;
            len = sizeof(CONFIGDESC);
        break;

        case DESC_STRING:
        switch (Setup.wValueL)
        {
            case 0:
                Ep0Stage.pData = LANGIDDESC;
                len = sizeof(LANGIDDESC);
            break;

            case 1:
                Ep0Stage.pData = MANUFACTDESC;
                len = sizeof(MANUFACTDESC);
            break;

            case 2:
                Ep0Stage.pData = PRODUCTDESC;
                len = sizeof(PRODUCTDESC);
            break;

            default:
                Ep0Stage.bStage = EPSTALL;
            break;
        }
        break;

        case DESC_HIDREPORT:
            Ep0Stage.pData = HIDREPORTDESC;
            len = sizeof(HIDREPORTDESC);
        break;

        default:
            Ep0Stage.bStage = EPSTALL;
        break;
    }
    if (len < Ep0Stage.wResidue)
    {
        Ep0Stage.wResidue = len;
    }
```

```
                break;

            default:
                Ep0Stage.bStage = EPSTALL;
            break;
        }
        break;

    case CLASS_REQUEST:
        switch (Setup.bRequest)
        {
            case GET_REPORT:
                Ep0Stage.pData = HidFreature;
                Ep0Stage.bStage = EPDATAIN;
            break;

            case SET_REPORT:
                Ep0Stage.pData = HidFreature;
                Ep0Stage.bStage = EPDATAOUT;
            break;

            case SET_IDLE:
            break;

            case GET_IDLE:
            case GET_PROTOCOL:
            case SET_PROTOCOL:
            default:
                Ep0Stage.bStage = EPSTALL;
            break;
        }
        break;

    default:
        Ep0Stage.bStage = EPSTALL;
    break;
}

switch (Ep0Stage.bStage)
{
    case EPDATAIN:
        WriteReg(CSR0, SOPRDY);
        goto L_Ep0SendData;
    break;

    case EPDATAOUT:
        WriteReg(CSR0, SOPRDY);
    break;

    case EPSTATUS:
        WriteReg(CSR0, SOPRDY | DATEND);
```

```
                    Ep0Stage.bStage = EPIDLE;
                break;

                case EPSTALL:
                    WriteReg(CSR0, SOPRDY | SDSTL);
                    Ep0Stage.bStage = EPIDLE;
                break;
            }
        }
    break;

    case EPDATAIN:
        if (!(csr & IPRDY))
        {
            L_Ep0SendData:
            cnt = Ep0Stage.wResidue > 64 ? 64 : Ep0Stage.wResidue;
            WriteFifo(FIFO0, Ep0Stage.pData, cnt);
            Ep0Stage.wResidue -= cnt;
            Ep0Stage.pData += cnt;
            if (Ep0Stage.wResidue == 0)
            {
                WriteReg(CSR0, IPRDY | DATEND);
                Ep0Stage.bStage = EPIDLE;
            }
            else
            {
                WriteReg(CSR0, IPRDY);
            }
        }
    break;

    case EPDATAOUT:
    if (csr & OPRDY)
    {
        cnt = ReadFifo(FIFO0, Ep0Stage.pData);
        Ep0Stage.wResidue -= cnt;
        Ep0Stage.pData += cnt;
        if (Ep0Stage.wResidue == 0)
        {
            WriteReg(CSR0, SOPRDY | DATEND);
            Ep0Stage.bStage = EPIDLE;
        }
        else
        {
            WriteReg(CSR0, SOPRDY);
        }
    }
    break;
    }
}
```

```
    if (intrin & EP1INIF)
    {
        WriteReg(INDEX, 1);
        csr = ReadReg(INCSR1);
        if (csr & INSTSTL)
        {
            WriteReg(INCSR1, INCLRDT);
        }
        if (csr & INUNDRUN)
        {
            WriteReg(INCSR1, 0);
        }
    }

    if (introut & EP1OUTIF)
    {
        WriteReg(INDEX, 1);
        csr = ReadReg(OUTCSR1);
        if (csr & OUTSTSTL)
        {
            WriteReg(OUTCSR1, OUTCLRDT);
        }
        if (csr & OUTOPRDY)
        {
            ReadFifo(FIFO1, HidInput);
            WriteReg(OUTCSR1, 0);

            if((HidInput[0]==0xaa) && (HidInput[1]==0x55) && (HidInput[2]==0x01))
            {
                WriteReg(INDEX, 1);
                WriteFifo(FIFO1, HidOutput, 64);
                WriteReg(INCSR1, INIPRDY);
            }
        }
    }
}

char code DEVICEDESC[18] =
{
    0x12,                           //bLength(18);
    0x01,                           //bDescriptorType(Device);
    0x00,0x02,                      //bcdUSB(2.00);
    0x00,                           //bDeviceClass(0);
    0x00,                           //bDeviceSubClass0);
    0x00,                           //bDeviceProtocol(0);
    0x40,                           //bMaxPacketSize0(64);
    0x54,0x53,                      //idVendor(5354);
    0x80,0x43,                      //idProduct(4380);
    0x00,0x01,                      //bcdDevice(1.00);
    0x01,                           //iManufacturer(1);
    0x02,                           //iProduct(2);
```

```
    0x00,                          //iSerialNumber(0);
    0x01,                          //bNumConfigurations(1);
};

char code CONFIGDESC[41] =
{
    0x09,                          //bLength(9);
    0x02,                          //bDescriptorType(Configuration);
    0x29,0x00,                     //wTotalLength(41);
    0x01,                          //bNumInterfaces(1);
    0x01,                          //bConfigurationValue(1);
    0x00,                          //iConfiguration(0);
    0x80,                          //bmAttributes(BUSPower);
    0x32,                          //MaxPower(100mA);
    0x09,                          //bLength(9);
    0x04,                          //bDescriptorType(Interface);
    0x00,                          //bInterfaceNumber(0);
    0x00,                          //bAlternateSetting(0);
    0x02,                          //bNumEndpoints(2);
    0x03,                          //bInterfaceClass(HID);
    0x00,                          //bInterfaceSubClass(0);
    0x00,                          //bInterfaceProtocol(0);
    0x00,                          //iInterface(0);
    0x09,                          //bLength(9);
    0x21,                          //bDescriptorType(HID);
    0x01,0x01,                     //bcdHID(1.01);
    0x00,                          //bCountryCode(0);
    0x01,                          //bNumDescriptors(1);
    0x22,                          //bDescriptorType(HID Report);
    0x1b,0x00,                     //wDescriptorLength(27);
    0x07,                          //bLength(7);
    0x05,                          //bDescriptorType(Endpoint);
    0x81,                          //bEndpointAddress(EndPoint1 as IN);
    0x03,                          //bmAttributes(Interrupt);
    0x40,0x00,                     //wMaxPacketSize(64);
    0x01,                          //bInterval(10ms);
    0x07,                          //bLength(7);
    0x05,                          //bDescriptorType(Endpoint);
    0x01,                          //bEndpointAddress(EndPoint1 as OUT);
    0x03,                          //bmAttributes(Interrupt);
    0x40,0x00,                     //wMaxPacketSize(64);
    0x01,                          //bInterval(10ms);
};

char code HIDREPORTDESC[27] =
{
    0x05,0x0c,                     //USAGE_PAGE(Consumer);
    0x09,0x01,                     //USAGE(Consumer Control);
    0xa1,0x01,                     //COLLECTION(Application);
    0x15,0x00,                     // LOGICAL_MINIMUM(0);
    0x25,0xff,                     // LOGICAL_MAXIMUM(255);
```

```
    0x75,0x08,                      // REPORT_SIZE(8);
    0x95,0x40,                      // REPORT_COUNT(64);
    0x09,0x01,                      // USAGE(Consumer Control);
    0xb1,0x02,                      // FEATURE(Data,Variable);
    0x09,0x01,                      // USAGE(Consumer Control);
    0x81,0x02,                      // INPUT(Data,Variable);
    0x09,0x01,                      // USAGE(Consumer Control);
    0x91,0x02,                      // OUTPUT(Data,Variable);
    0xc0,                           //END_COLLECTION;
};

char code LANGIDDESC[4] =
{
    0x04,0x03,
    0x09,0x04,
};

char code MANUFACTDESC[8] =
{
    0x08,0x03,
    'S',0,
    'T',0,
    'C',0,
};

char code PRODUCTDESC[30] =
{
    0x1e,0x03,
    'S',0,
    'T',0,
    'C',0,
    ' ',0,
    'U',0,
    'S',0,
    'B',0,
    ' ',0,
    'D',0,
    'e',0,
    'v',0,
    'i',0,
    'c',0,
    'e',0,
};

/*------------ A/D 转换模块设置----------*/
void ADC_Config(void)
{
    P1M1 |= 0x08;
    P1M0 &= 0xf7;
    P_SW2 |= 0x80;
    ADCTIM = 0x3f;
```

```
    P_SW2  &= 0x7f;
    ADCCFG = 0x2f;
    ADC_CONTR = 0x80;
}

/*-----------查询法读 A/D 转换结果-----------*/
uint Get_ADC12bitResult(uchar channel) //channel = 0~15
{
    ADC_RES = 0;
    ADC_RESL = 0;

    ADC_CONTR = (ADC_CONTR & 0xF0) | 0x40 | channel; //选择通道与启动 A/D 转换
    _nop_();
    _nop_();
    _nop_();
    _nop_();
    while((ADC_CONTR & 0x20) == 0) ;      //等待 AD 转换结束
    ADC_CONTR &= ~0x20;
    return  (((uint)ADC_RES << 8) | ADC_RESL);
}

/*----------------- T0 1ms 中断函数-------------------------*/
void timer0 (void) interrupt 1
{
    B_1ms = 1;
}

/*------------- 获取校验码-----------*/
uchar GetCheckSum(uchar *buf, uchar len)
{
    uchar i;
    uchar cs=0;
    for (i = 0; i < len; i++)
    {
        cs += buf[i];
    }
    return cs;
}
```

三、训练步骤

（1）分析"USB.c"和"工程训练 161.c"程序文件。

（2）将"gpio.c"文件复制到当前项目文件夹中。

（3）用 Keil μVision4 集成开发环境新建工程训练 161 项目。

（4）新建"USB.c"程序文件。

（5）新建"工程训练 161.c"程序文件，并编译与生成机器代码文件（工程训练 161.hex）。

（6）将 STC 大学计划实验箱（8.3）连接至计算机。

（7）利用 STC-ISP 在线编程软件将"工程训练 161.hex"文件下载到 STC 大学计划实验箱（8.3）中。

（8）计算机端启动计算机 USB 通信应用程序（STC USB HID Demo）。

（9）单击 USB 通信应用程序（STC USB HID Demo）工作界面的 "Once" 按钮，计算机向 STC8H8K64U 系列单片机发送提取通道15与通道3 的模拟量输入数据的指令，STC8H8K64U 系列单片机接到指令后，启动 A/D 转换通道测量 15 通道和 3 通道的模拟量输入数据，并通过 STC8H8K64U 系列单片机 USB 模块传送给计算机显示。计算机端显示的测量结果如图 16.5 所示。

（10）分析计算机的显示结果。

① 分析显示结果，找出通道 15 与通道 3 的测量数据。

② 根据 STC 大学计划实验箱（8.3）的电路结构，说明 A/D 转换模块通道 3 测量的什么模拟输入？如何改变？

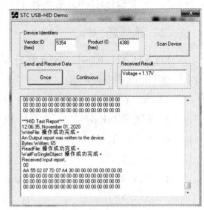

图 16.5　计算机端显示的测量结果

本章小结

本章介绍了 STC8H8K64U 系列单片机的 USB 模块。STC8H8K64U 系列单片机 USB 模块支持 USB2.0/USB1.1 协议，具有 6 个双向端点，支持 4 种传输（控制传输、中断传输、批量传输和同步传输）模式，每个端点都拥有 64 字节的缓冲区，USB 模块共有 1280 字节的 FIFO（先进先出寄存器）。

STC8H8K64U 系列单片机 USB 模块的特殊功能寄存器分为两部分（共 29 个）：一部分是与 STC8H8K64U 系列单片机 CPU 管理与控制 USB 模块相关的特殊功能寄存器，包括 USB 时钟控制寄存器（USBCLK）、USB 数据寄存器（USBDAT）、USB 控制寄存器（USBCON）和 USB 地址寄存器（USBADR）；另一部分是 USB 模块自身的寄存器。USB 模块自身的寄存器是通过 USB 地址寄存器（USBADR）间接访问的。

习题

一、填空题

1. STC8H8K64U 系列单片机 USB 模块支持＿＿＿＿协议，具有＿＿＿＿个双向端点，支持＿＿＿＿种传输模式，每个端点都拥有＿＿＿＿字节的缓冲区，USB 模块共有＿＿＿＿字节的 FIFO（先进先出寄存器）。

2. STC8H8K64U 系列单片机用于管理与控制 USB 模块的特殊功能寄存器共 4 个，包括 USB 时钟控制寄存器（USBCLK）、＿＿＿＿、USB 控制寄存器（USBCON）和＿＿＿＿。

3. 用于选择 USB 端点的 USB 内部寄存器是＿＿＿＿。

4．STC8H8K64U 系列单片机 USB 模块的中断允许控制位是_____，中断号是_____。

5．STC8H8K64U 系列单片机 USB 模块的使能控制位是_____。

二、选择题

1．STC8H8K64U 系列单片机 USB 模块的 USBCLK.6-USBCLK.5（PCKI[1:0]）=01，PLL 选择的时钟频率是（　　）。

    A．6MHz　　　　　B．6MHz　　　　　C．24MHz　　　　　D．IRC/2

2．STC8H8K64U 系列单片机 USB 模块内部寄存器 INDEX=0x03 时，USB 模块选择的端点是（　　）。

    A．0　　　　　　　B．2　　　　　　　C．3　　　　　　　D．5

3．STC8H8K64U 系列单片机 USB 模块的数据引脚 D+是（　　）。

    A．P3.0　　　　　B．P3.1　　　　　C．P1.0　　　　　D．P1.1

4．STC8H8K64U 系列单片机 USB 模块的数据引脚 D−是（　　）。

    A．P3.0　　　　　B．P3.1　　　　　C．P1.0　　　　　D．P1.1

三、判断题

1．STC8H8K64U 系列单片机 USB 模块的特殊功能寄存器和 USB 模块内部寄存器的地址是同一个地址空间。（　　）

2．STC8H8K64U 系列单片机 USB 模块内部寄存器是可以直接访问的。（　　）

3．STC8H8K64U 系列单片机 USB 模块 6 个端点的工作特性是一样的。（　　）

4．STC8H8K64U 系列单片机 USB 模块面向 STC8H8K64U 系列单片机的 CPU 是一个中断源，但实际上包括端点输入、端点输出等多种中断源。（　　）

5．USB 端点 0 具备输入与输出中断标志位与中断允许控制位。（　　）

四、问答题

1．FIFO 是一种数据寄存器，它的存储特性是怎样的？

2．堆栈（SP）是一种数据寄存器，它的特性是怎样的？主要用在哪里？

3．STC8H8K64U 系列单片机 USB 模块内部寄存器是怎样访问的？

4．STC8H8K64U 系列单片机 USB 模块的时钟频率是如何选择的？

5．STC8H8K64U 系列单片机 USB 模块的工作端点是如何选择的？

第17章 16位乘/除法器

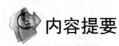 内容提要

STC8H8K64U 系列单片机在往高端 MCU 方向发展，其内部集成了 16 位乘/除法器，简称 MDU16，它可以实现 32 位数据格式化、32 位逻辑左移、32 位逻辑右移、16 位乘以 16 位、32 位除以 16 位及 16 位除以 16 位等无符号数据运算。

本章主要介绍 STC8H8K64U 系列单片机的 16 位乘/除法器。

17.1 16 位乘/除法器的操作

STC8H8K64U 系列单片机内部集成了 16 位乘/除法器，简称 MDU16，可实现 32 位数据格式化、32 位逻辑左移、32 位逻辑右移、16 位乘以 16 位、32 位除 16 位及 16 位除以 16 位等无符号数据运算。

1. STC8H8K64U 系列单片机 16 位乘/除法器的特殊功能寄存器

STC8H8K64U 系列单片机 16 位乘/除法器的特殊功能寄存器包括 MDU 操作控制寄存器、MDU 模式控制寄存器与 MDU 数据寄存器，如表 17.1 所示。MDU 数据寄存器又分为操作数 1 数据寄存器和操作数 2 数据寄存器。

表 17.1 STC8H8K64U 系列单片机 16 位乘/除法器的特殊功能寄存器

符 号	名 称	位位置与符号								复位值
		B7	B6	B5	B4	B3	B2	B1	B0	
MD3	MDU 数据寄存器 3	MD3[7:0]								00000000
MD2	MDU 数据寄存器 2	MD2[7:0]								00000000
MD1	MDU 数据寄存器 1	MD1[7:0]								00000000
MD0	MDU 数据寄存器 0	MD0[7:0]								00000000
MD5	MDU 数据寄存器 5	MD5[7:0]								00000000
MD4	MDU 数据寄存器 4	MD4[7:0]								00000000
ARCON	MDU 模式控制寄存器	MODE[2:0]			SC[4:0]					00000000
OPCON	MDU 操作控制寄存器	—	MODV	—	—	—	—	RST	ENOP	00000000

（1）操作数 1 数据寄存器。

MD3、MD2、MD1、MD0 是操作数 1 数据寄存器。

（2）操作数 2 数据寄存器。

MD5、MD4 是操作数 2 数据寄存器。

（3）MDU16 工作模式的选择。

ARCON.7-ARCON.5（MODE[2:0]）：MDU16 工作模式的选择控制位。MDU16 的工作模式与 MODE[2:0]的控制关系如表 17.2 所示。

表 17.2　MDU16 的工作模式与 MODE[2:0]的控制关系

ARCON.7-ARCON.5 （MODE[2:0]）	MDU16 工作模式	功能说明	工作 时钟数
001	逻辑右移	将{MD3,MD2,MD1,MD0}中的数据右移 SC[4:0]位，MD3 的高位补 0	3～18
010	逻辑左移	将{MD3,MD2,MD1,MD0}中的数据左移 SC[4:0]位，MD0 的低位补 0	3～18
011	数据格式化	对{MD3,MD2,MD1,MD0}中的数据进行逻辑左移，将数据高位的 0 全部移出，直至 MD3 的最高位为 1，逻辑左移的位数被记录在 SC[4:0]中	3～20
100	16 位乘法	{MD1,MD0}×{MD5,MD4}={MD3,MD2,MD1,MD0}	10
101	16 位除法	{MD1,MD0}÷{MD5,MD4} 商为{MD1,MD0}，余数为{MD5,MD4}	9
110	32 位除法	{MD3,MD2,MD1,MD0}÷{MD5,MD4} 商为{MD3,MD2,MD1,MD0}，余数为{MD5,MD4}	17
其他	无效	—	—

ARCON.4-ARCON.0（SC[4:0]）：MDU16 数据位数的选择控制位。当 MDU16 为移动模式（逻辑左移或逻辑右移）时，ARCON.4-ARCON.0（SC[4:0]）用于设置 MDU16 逻辑左移和逻辑右移的位数；当 MDU16 为数据格式化模式时，ARCON.4-ARCON.0（SC[4:0]）对应的数据值为数据格式化后数据所移动的实际位数。

（4）MDU16 的操作控制与状态标志。

OPCON.6（MDOV）：MDU16 的溢出标志位。当除数为 0 或乘法的积大于 0FFFFH 时，OPCON.6（MDOV）会被硬件自动置 1；当软件写 OPCON.0（ENOP）或 ARCON 时，硬件会自动将 OPCON.6（MDOV）清 0。

OPCON.1（RST）：MDU16 软件复位控制位。写 1 触发软件复位，MDU16 复位完成后硬件自动将 OPCON.1（RST）清 0。

OPCON.0（ENOP）：MDU16 模块使能控制位。写 1 触发 MDU16 模块开始计算，当 MDU16 计算完成后，硬件自动将 ENOP 清 0。软件可以在对 OPCON.0（ENOP）置 1 后，循环地查询 OPCON.0（ENOP），OPCON.0（ENOP）由 1 变 0 则表示计算完成。

2. STC8H8K64U 系列单片机 16 位乘/除法器数据存储格式

STC8H8K64U 系列单片机 16 位乘/除法器包括 32 位除以 16 位、16 位除以 16 位、16 位乘以 16 位、32 位逻辑左移、32 位逻辑右移及 32 位数据格式化等数据运算，各种运算的源操作数与目标操作数的存储格式介绍如下。

（1）32 位除以 16 位除法运算。

被除数：{MD3,MD2,MD1,MD0}。

除数：{MD5,MD4}。

商：{MD3,MD2,MD1,MD0}。

余数：{MD5,MD4}。

（2）16 位除以 16 位除法运算。

被除数：{MD1,MD0}。

除数：{MD5,MD4}。

商：{MD1,MD0}。

余数：{MD5,MD4}。

（3）16 位乘以 16 位乘法运算。

被乘数：{MD1,MD0}。

乘数：{MD5,MD4}。

积：{MD3,MD2,MD1,MD0}。

（4）32 位逻辑左移/逻辑右移。

操作数：{MD3,MD2,MD1,MD0}。

（5）32 位数据格式化。

操作数：{MD3,MD2,MD1,MD0}。

17.2　16 位乘/除法器的应用编程

1. STC8H8K64U 系列单片机 16 位乘/除法器的操作步骤

（1）选择访问扩展特殊功能寄存器：用 "P_SW2|=0x80;" 实现。

（2）设置操作数。

（3）设置数据运算指令。

（4）启动数据运算：置 1OPCON.0（ENOP），用 "OPCON=1;" 实现。

（5）等待计算完成：用 "while((OPCON&1)!=0);" 实现。

（6）返回运算结果。

2. STC8H8K64U 系列单片机 16 位乘/除法器的工作函数

由于 STC8H8K64U 系列单片机 16 位乘/除法器的除法运算可分解为求商运算和求余数运算，因此，STC8H8K64U 系列单片机 16 位乘/除法器的工作函数共 8 个，描述如下。

（1）32 位除以 16 位求商运算函数：

```
unsigned long quotient3216(unsigned long dat1, unsigned int dat2)
```

dat1 是被除数，dat2 是除数，返回值是商。

（2）32 位除以 16 位求余数运算函数：

```
unsigned long mod3216(unsigned long dat1, unsigned int dat2)
```

dat1 是被除数，dat2 是除数，返回值是余数。

（3）16 位除以 16 位求商运算函数：

```
unsigned int quotient1616(unsigned int dat1, unsigned int dat2)
```

dat1 是被除数，dat2 是除数，返回值是商。

（4）16 位除以 16 位求余数运算函数：

```
unsigned int mod1616(unsigned int dat1, unsigned int dat2)
```

dat1 是被除数，dat2 是除数，返回值是余数。

（5）16 位乘以 16 位乘法运算函数：

```
unsigned long mul16X16(unsigned int dat1, unsigned int dat2)
```

dat1 是被乘数，dat2 是乘数，返回值是积。

（6）32 位逻辑左移函数：

```
unsigned long left_N(unsigned long dat1,unsigned char num)
```

dat1 是要移位的数据，num 是需要左移的位数，返回值是移位后的结果。

（7）32 位逻辑右移函数：

```
unsigned long right_N(unsigned long dat1,unsigned char num)
```

dat1 是要移位的数据，num 是需要右移的位数，返回值是移位后的结果。

（8）32 位数据格式化函数：

```
unsigned char normalized(unsigned long dat1)
```

dat1 是要格式化的数据，返回值是完成格式化数据所需要移位的位数。

为了便于在编程中调用，把这些工作函数统一安排在一个文件中，并命名为 MDU16.c，在需要使用乘/除法器时，将"MDU16.c"复制到当前项目文件夹中，在主程序文件中用包含语句包含该文件，再在主函数调用相关函数即可。MDU16.c 的参考程序如下。

```c
//定义 32 位特殊功能寄存器（MD3，MD2，MD1，MD0）
#define MD3U32 (*(unsigned long volatile xdata *)0xfcf0)
//定义 16 位特殊功能寄存器（MD3，MD2）
#define MD3U16 (*(unsigned int volatile xdata *)0xfcf0)
//定义 16 位特殊功能寄存器（MD1，MD0）
#define MD1U16 (*(unsigned int volatile xdata *)0xfcf2)
//定义 16 位特殊功能寄存器（MD5，MD4）
#define MD5U16 (*(unsigned int volatile xdata *)0xfcf4)
/*------------------16 位乘以 16 位------------------------*/
unsigned long mul16X16(unsigned int dat1, unsigned int dat2)
{
    unsigned long res;
    P_SW2 |= 0x80;                 //访问扩展寄存器 xsfr
    MD1U16 = dat1;                 //dat1 用户给定
    MD5U16 = dat2;                 //dat2 用户给定
    ARCON = 4 << 5;                //16 位乘以 16 位，乘法模式
    OPCON = 1;                     //启动计算
    while((OPCON & 1) != 0);       //等待计算完成
    res = MD3U32;                  //32 位结果
    return res;                    //返回运算结果
}

/*------------------32 位除以 16 位------------------------------*/
unsigned long quotient3216(unsigned long dat1, unsigned int dat2)
{
    unsigned long res;
    P_SW2 |= 0x80;                 //访问扩展寄存器 xsfr
    MD3U32 = dat1;                 //dat1 用户给定
    MD5U16 = dat2;                 //dat2 用户给定
```

```
    ARCON = 6 << 5;                 //32 位除以 16 位，除法模式
    OPCON = 1;                      //启动计算
    while((OPCON & 1) != 0);        //等待计算完成
    res = MD3U32;                   //32 位商
    return res;
}

unsigned long mod3216(unsigned long dat1, unsigned int dat2)
{
    unsigned long res;
    P_SW2 |= 0x80;                  //访问扩展寄存器 xsfr
    MD3U32 = dat1;                  //dat1 用户给定
    MD5U16 = dat2;                  //dat2 用户给定
    ARCON = 6 << 5;                 //32 位除以 16 位，除法模式
    OPCON = 1;                      //启动计算
    while((OPCON & 1) != 0);        //等待计算完成
    res = MD5U16;                   //16 位余数
    return res;
}
unsigned int quotient1616(unsigned int dat1, unsigned int dat2)
{
    unsigned int res;
    P_SW2 |= 0x80;                  //访问扩展寄存器 xsfr
    MD3U32 = dat1;                  //dat1 用户给定
    MD5U16 = dat2;                  //dat2 用户给定
    ARCON = 5<< 5;                  //16 位除以 16 位，除法模式
    OPCON = 1;                      //启动计算
    while((OPCON & 1) != 0);        //等待计算完成
    res = MD1U16;                   //16 位商
    return res;
}

unsigned int mod1616(unsigned int dat1, unsigned int dat2)
{
    unsigned int res;
    P_SW2 |= 0x80;                  //访问扩展寄存器 xsfr
    MD3U32 = dat1;                  //dat1 用户给定
    MD5U16 = dat2;                  //dat2 用户给定
    ARCON = 5 << 5;                 //16 位除以 16 位，除法模式
    OPCON = 1;                      //启动计算
    while((OPCON & 1) != 0);        //等待计算完成
    res = MD5U16;                   //16 位余数
    return res;
}


unsigned long left_N(unsigned long dat1,unsigned char num)
{
    unsigned long res;
```

```
        MD3U32 = dat1;                   //dat1 用户给定
        ARCON = (2 << 5) + num;          //32 位左移模式
        OPCON = 1;                       //启动计算
        while((OPCON & 1) != 0);         //等待计算完成
        res = MD3U32;
        return res;
}

unsigned long right_N(unsigned long dat1,unsigned char num)
{
        unsigned long res;
        MD3U32 = dat1;                   //dat1 用户给定
        ARCON = (1 << 5) + num;          //32 位右移模式
        OPCON = 1;                       //启动计算
        while((OPCON & 1) != 0);         //等待计算完成
        res = MD3U32;
        return res;
}

unsigned char normalized(unsigned long dat1)
{
        unsigned char res;
        MD3U32 = dat1;                   //dat1 用户给定
        ARCON = (3<< 5);                 //32 位数据格式化
        OPCON = 1;                       //启动计算
        while((OPCON & 1) != 0);         //等待计算完成
        res = ARCON&0x1f;
        return res;
}
```

17.3 工程训练 STC8H8K64U 系列单片机 16 位乘/除法器的应用

一、工程训练目标

（1）掌握 STC8H8K64U 系列单片机 16 位乘/除法器的工作特性。
（2）掌握 STC8H8K64U 系列单片机 16 位乘/除法器的应用编程。

二、任务功能与参考程序

1. 任务功能

应用 STC8H8K64U 系列单片机的 16 位乘/除法器进行数据运算，求解 32 位除以 16 位的商。商的结果超过 8 位 LED 数码管的显示范围（99999999），LED 数码管的最高位显示 "0"，其他位熄灭；商的结果低于 99999999，LED 数码管正常显示。

2. 硬件设计

在 STC 大学计划实验箱（8.3）中实现，直接利用实验箱中的 LED 数码管显示运算结果。

3. 参考程序（C 语言版）

（1）程序说明。

将 STC8H8K64U 系列单片机 16 位乘/除法器的工作函数创建为一个独立的文件，命名为 MDU16.c。MDU16.c 的参考程序见 17.2 节。在应用时，在主程序文件中利用包含语句包含"MDU16.c"，在主函数中根据需要调用相应的运算函数即可。本任务是实现 32 位除以 16 位的求商运算，所以在主函数中调用"quotient3216(dat1, dat2);"函数。

（2）主函数参考程序：工程训练 171.c。

```
#include <stc8h.h>                        //包含支持STC8H系列单片机的头文件
#include <intrins.h>
#include <gpio.c>
#define uchar unsigned char
#define uint  unsigned int
#include<LED_display.c>
#include<MDU16.c>
#define DATA1 87654321                     //定义被除数（输入被除数的数值）
#define DATA2 4321                         //定义除数（输入除数的数值）
unsigned long quot;                        //定义商

void main()
{
  gpio();
  quot=quotient3216(DATA1, DATA2);         //求32位除以16位数的商
   while (1)
    {
      if(quot>99999999)
       {
           Dis_buf[7]=16;                  //运算溢出显示
         Dis_buf[6]=16;
         Dis_buf[5]=16;
         Dis_buf[4]=16;
         Dis_buf[3]=16;
         Dis_buf[2]=16;
         Dis_buf[1]=16;
         Dis_buf[0]=0;
       }
      else
       {
         Dis_buf[7]=quot%10;               //数据最低位
         Dis_buf[6]=quot/10%10;
         Dis_buf[5]=quot/100%10;
         Dis_buf[4]=quot/1000%10;
         Dis_buf[3]=quot/10000%10;
```

```
            Dis_buf[2]=quot/100000%10;
            Dis_buf[1]=quot/1000000%10;
            Dis_buf[0]=quot/10000000%10;    //最高位
        }
        LED_display();
    }
}
```

三、训练步骤

（1）分析"MDU16.c"和"工程训练 171.c"程序文件。

（2）将"gpio.c"和"LED_display.c"两个文件复制到当前项目文件夹中。

（3）用 Keil μVision4 集成开发环境新建工程训练 171 项目。

（4）输入与编辑"MDU16.c"文件。

（5）输入、编辑与编译用户程序工程训练 171.c，生成机器代码文件（工程训练 171.hex）。

（6）将 STC 大学计划实验箱（8.3）连接至计算机。

（7）利用 STC-ISP 在线编程软件将"工程训练 171.hex"文件下载到 STC 大学计划实验箱（8.3）中。

（8）观察 LED 数码管的显示结果是否为 20285。若不是，找出问题所在。

（9）计算 93658724 除以 1256 的商，修改程序并运行程序，记录运算结果，并比较与手动计算（或计算器）的结果是否一致。

（10）计算 999999999 除以 2 的商，记录运算结果，并比较与手工计算（或计算器）的结果是否一致？若不一致，解释原因。

四、训练拓展

（1）修改程序，计算 16 位乘以 16 位的积，积的结果用 LED 数码管显示。当积的结果大于 99999999 时，所有的 LED 数码管显示"-"。

（2）积的运算结果改为用 LCD12864 显示。

本章小结

STC8H8K64U 系列单片机在往高端 MCU 方向发展，其内部集成了 16 位乘/除法器，简称 MDU16，可实现 32 数据格式化、32 位逻辑左移、32 位逻辑右移、16 位乘以 16 位、32 位除以 16 位及 16 位除以 16 位等无符号数据运算。

MD3、MD2、MD1、MD0 是操作数 1 数据寄存器，MD5、MD4 是操作数 2 数据寄存器。ARCON.7-ARCON.5（MODE[2:0]）用于设置 MDU16 的工作模式，001、010、011、100、101、110 分别对应 32 位逻辑右移、32 位逻辑左移、32 位数据格式化、16 位乘以 16 位、16 位除以 16 位及 32 位除以 16 位的无符号数运算。

习题

一、填空题

1. STC8H8K64U 系列单片机 MDU16，支持 32 位数据规格化、32 位逻辑左移、_____、16 位乘以 16 位、_____及 16 位除以 16 位等无符号数据运算。

2. 当 ACON.7-ACON.5（MODE[2:0]）=010 时，选择的工作模式是_____。

3. 操作数 1 数据寄存器包括_____、MD1 及 MD0。

4. 操作数 2 数据寄存器包括_____、MD4。

5. STC8H8K64U 系列单片机 MDU16 的数据格式化是指_____。

二、选择题

1. 当 ACON.7-ACON.5（MODE[2:0]）=011 时，选择的工作模式是（　　　）。

　　A．逻辑左移　　　　B．逻辑右移　　　　C．数据格式化　　　D．16 位乘以 16 位

2. 当要进行 32 位除以 16 位无符号运算时，该工作模式对应的指令代码是（　　　）。

　　A．001　　　　　　B．010　　　　　　C．101　　　　　　D．110

三、判断题

1. STC8H8K64U 系列单片机 MDU16 既支持无符号数运算，也支持有符号数运算。（　　　）

2. STC8H8K64U 系列单片机 MDU16 支持 32 位除以 16 位无符号数运算。（　　　）

四、问答题

1. 启动 STC8H8K64U 系列单片机 MDU16 开始计算的控制位是什么？

2. 如何判断 STC8H8K64U 系列单片机 MDU16 的计算过程结束？

3. 简述 STC8H8K64U 系列单片机 MDU16 运算的编程步骤。

4. 在 C 语言中，定义 32 位无符号数的关键字是什么？

第18章 低功耗设计与可靠性设计

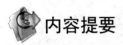 内容提要

嵌入式系统的低功耗设计与可靠性设计是智能电子设备性能要求的重要组成部分。STC8H8K64U 系列单片机的低功耗设计是指让单片机工作在慢速模式、空闲模式或掉电模式，从而达到节省能源的目的；STC8H8K64U 系列单片机的可靠性设计是指系统防程序跑飞的可靠性保障措施，简称 WDT，俗称看门狗。

本章介绍 STC8H8K64U 系列单片机低功耗设计与可靠性设计。

18.1 低功耗设计

单片机应用系统的低功耗设计越来越重要，特别是对采用电池供电的手持设备电子产品来说，低功耗设计十分重要。STC8H8K64U 系列单片机可以工作于正常模式、慢速模式、空闲（待机）模式和掉电（停机）模式，一般把后 3 种模式称为省电模式。

对于普通的单片机应用系统，使用正常工作模式即可；如果对速度要求不高，可对系统时钟进行分频，让单片机工作在慢速模式。电源电压为 5V 的 STC8H8K64U 系列单片机的典型工作电流为 2.7～7mA。对于采用电池供电的手持设备电子产品，不管是工作在正常模式还是工作在慢速模式，均可以根据需要进入空闲模式或掉电模式，从而大大降低单片机的工作电流。在空闲模式下，STC8H8K64U 系列单片机的工作电流典型值为 1.8mA；在掉电模式下，STC8H8K64U 系列单片机的工作电流小于 0.1μA。

1. STC8H8K64U 系列单片机的慢速模式

STC8H8K64U 系列单片机的慢速模式由时钟分频寄存器 CLKDIV（地址为 FE01H，复位值为 0000 0100B）控制，CLKDIV 可以对系统时钟进行分频，使单片机工作在较低频率，减小单片机工作电流。CLKDIV 的格式见 2.4 节。

系统时钟频率=主时钟频率/CLKDIV 值

2. 系统电源管理（空闲模式与掉电模式）

STC8H8K64U 系列单片机的系统电源管理由电源控制寄存器 PCON 进行管理，如表 18.1 所示。

表 18.1　STC8H8K64U 系列单片机的电源控制寄存器

符号	描述	地址	位地址与符号								复位值
			B7	B6	B5	B4	B3	B2	B1	B0	
PCON	电源控制寄存器	87H	SMOD	SMOD0	LVDF	POF	GF1	GF0	PD	IDL	0011 0000

1）空闲模式

（1）空闲模式的进入。

置位 PCON.0（IDL）（空闲模式的控制位）进入空闲模式，当单片机被唤醒后，该控制位由硬件自动清 0。

（2）空闲模式的状态。

单片机进入空闲模式（IDLE）后，只有 CPU 停止工作，其他外部设备依然在运行。

（3）空闲模式的退出。

有如下两种方式可以退出空闲模式。

① 外部复位（RST）引脚硬件复位，将复位引脚拉高，产生复位。通过拉高复位引脚来产生复位的信号源需要保持 24 个时钟加 20μs 才能产生复位，之后将复位引脚拉低，结束复位，单片机从用户程序 0000H 处开始进入正常模式。

② 外部中断、定时器中断、低压检测中断及 A/D 转换中断中的任何一个中断的产生都会引起 IDL/PCON.0 被硬件清 0，从而使单片机退出空闲模式。任何一个中断的产生都可以将单片机唤醒，单片机被唤醒后，CPU 将继续执行进入空闲模式语句的下一条指令，之后将进入相应的中断服务子程序。

2）掉电模式

（1）掉电模式的进入。

PCON.1（PD）：掉电模式的控制位.置位 PCON.1（PD）进入掉电模式，当单片机被唤醒后，该控制位由硬件自动清 0。

（2）掉电模式的状态。

单片机进入掉电模式后，CPU 及全部外部设备均停止工作，但 SRAM 和 XRAM 中的数据一直维持不变。

（3）掉电模式的退出。

有如下三种方式可以退出掉电模式。

① 外部复位 RST 引脚硬件复位，可退出掉电模式。复位后，单片机从用户程序 0000H 处开始进入正常工作模式。

② INT0（P3.2）、INT1（P3.3）、INT2（P3.6）、INT3（P3.7）、INT4（P3.0）、T0（P3.4）、T1（P3.5）、T2（P1.2）、T3（P0.4）、T4（P0.6）、RXD（P3.0）、RXD2（P1.4）、RXD3（P0.0）、RXD4（P0.2）、I2C_SDA（P1.4/）等中断，以及比较器中断、低压检测中断都可唤醒单片机。单片机被唤醒后，CPU 将继续执行进入掉电模式语句的下一条指令，然后执行相应的中断服务子程序。

③ 使用内部掉电唤醒专用定时器可唤醒单片机。

特别提示： 当单片机进入空闲模式或掉电模式后，中断的产生使单片机被唤醒，CPU 将继续执行进入省电模式语句的下一条指令；当下一条指令执行完，是继续执行下一条指令还是进入中断是有一定区别的，所以建议在设置单片机进入省电模式的语句后加几条 _nop_ 语句（空语句）。

（4）掉电唤醒专用定时器。

STC8H8K64U 系列单片机掉电唤醒专用定时器由特殊功能寄存器 WKTCH 和 WKTCL 管理和控制。

WKTCH 不可位寻址，地址为 ABH，复位值为 0111 1111B，其各位的定义如表 18.2 所示。

表 18.2　WKTCH 各位的定义

位号	B 7	B 6	B 5	B 4	B 3	B 2	B 1	B 0
位名称	WKTEN	15 位定时器计数值低 7 位（WKTCH[6:0]）						

WKTCL 不可位寻址，地址为 AAH，复位值为 1111 1111B，其各位的定义如表 18.3 所示。

表 18.3　WKTCL 各位的定义

位号	B 7	B 6	B 5	B 4	B 3	B 2	B 1	B 0
位名称	15 位定时器计数值高 8 位（WKTCL[7:0]）							

WKTCH.7（WKTEN）：掉电唤醒专用定时器的使能控制位。当 WKTCH.7（WKTEN）=1 时，允许掉电唤醒专用定时器工作；当 WKTCH.7（WKTEN）=0 时，禁止掉电唤醒专用定时器工作。

掉电唤醒专用定时器是由 WKTCH 的低 7 位和 WKTCL 的 8 位构成的一个 15 位的计数器，计数器的设置范围为 1~32766，用户设置的（WKTCH[6:0]，WKTCL[7:0]）值要比实际计数值少 1。

相比于传统 8051 单片机，STC8H8K64U 系列单片机除增加了 WKTCH 和 WKTCL 外，还增加了两个隐藏的特殊功能寄存器 WKTCH_CNT 和 WKTCL_CNT，用来控制内部停机唤醒专用定时器。WKTCL_CNT 和 WKTCL 共用一个地址 AAH，WKTCH_CNT 和 WKTCH 共用一个地址 ABH，WKTCH_CNT 和 WKTCL_CNT 是隐藏的，对用户是不可见的。WKTCH_CNT 和 WKTCL_CNT 实际上用作计数器，而 WKTCH 和 WKTCL 实际上用作比较器。当用户对 WKTCH 和 WKTCL 写入内容时，该内容只写入 WKTCH 和 WKTCL；当用户读 WKTCH 和 WKTCL 的内容时，实际上读的是 WKTCH_CNT 和 WKTCL_CNT 的实际计数内容，而不是 WKTCH 和 WKTCL 的内容。

内部掉电唤醒定时器有自己的时钟，时钟频率大约为 32KHz，但误差较大。用户可通过读 RAM 区 F8H 和 F9H 的内容（F8H 存放时钟频率的高字节，F9H 存放时钟频率的低字节）来获取内部掉电唤醒定时器出厂时所记录的时钟频率。

内部掉电唤醒定时器定时时间的计算公式为

$$内部掉电唤醒定时器定时时间 = \frac{16 \times 10^6 \times 计数次数}{f_{wt}}(\mu s)\qquad(18-1)$$

式中，f_{wt} 为从 F8H、F9H 获取的内部掉电唤醒定时器的时钟频率。

例 18.1　LED 以一定时间闪烁，按下按键，单片机进入空闲模式或掉电模式，LED 停止闪烁并停留在当前亮或灭状态，按键 SW18 连接单片机 P3.3 引脚，LED10 连接单片机 P4.7 引脚。

解　C 语言程序如下。

```
#include "stc8h.h"                    //包含支持 STC8H 系列单片机的头文件
#include"intrins.h"
sbit SW18 = P3^3;                     //定义按键接口
sbit LED10 = P4^7;                    //定义 LED 接口
void Delay10ms()                      //@12.000MHz
{
    unsigned char i, j;

    _nop_();
    _nop_();
    i = 156;
    j = 213;
    do
    {
        while (--j);
    } while (--i);
}
void DelayX10ms(unsigned char x)      //@12.000MHz
{
    unsigned char i;
    for(i=0;i<x;i++)

    {
        Delay10ms();
    }
}

void main( )
{
    while(1)
    {
        LED10 = ~LED10;               //进行按键功能处理
        delayms(3000);
        if(SW18 ==0)                  //检测按键是否按下出现低电平
        {
            delayms(1);               //调用延时子程序进行软件去抖动
            if(SW18 ==0)              //再次检测按键是否确实按下出现低电平
            {
                while(SW18 ==0);      //等待按键松开
                PCON|=0x01;           //将 IDL 置 1，单片机将进入空闲模式
                PCON|=0x02;           //将 PD 置 1，单片机将进入掉电模式
                _nop_;_nop_;_nop_;_nop_;
            }
        }
    }
}
```

例 18.2 采用内部掉电唤醒定时器唤醒单片机，唤醒时间为 500ms。编写 WKTCH 和 WKTCL 的设置程序。

解 设 f_{wt} 为 32KHz，根据式（18-1）计算内部掉电唤醒定时器的计数值

$$计数次数 = \frac{内部掉电唤醒定时器定时时间 \times f_{wt}}{16 \times 10^6} = \frac{500 \times 10^3 \times 32 \times 10^3}{16 \times 10^6} = 1000$$

根据 WKTCH 和 WKTCL 的设定值为计数值 1000 减 1，即 1000-1=999。因此，WKTCH=03H，WKTCL=E7H。

C 语言源程序如下。

```
#include "stc8h.h"                    //包含支持 STC8H 系列单片机的头文件
void main(void)
{
    WKTCH=0x03;
    WKTCL=0xe7;
    //…
}
```

18.2 可靠性设计

随着单片机应用系统在各行各业的应用越来越广泛，其可靠性变得越来越重要，工业控制、汽车电子、航空航天等领域尤其需要高可靠性的单片机应用系统中。为了防止外部电磁干扰或单片机自身程序设计异常等情况导致的电子系统中的单片机程序跑飞，使得系统长时间无法正常工作，一般情况下需要在系统中设计一个看门狗定时器电路。看门狗定时器电路的基本作用就是监视 CPU 的运行。如果 CPU 在规定的时间内没有按要求访问看门狗定时器，就认为 CPU 处于异常状态，看门狗定时器就会强迫 CPU 复位，使系统从头开始按规律执行用户程序。当系统正常工作时，单片机可以通过一个 I/O 引脚定时向看门狗定时器脉冲输入端输入脉冲（定时时间只要不超出看门狗定时器的溢出时间即可）。系统一旦死机，单片机就会停止向看门狗定时器脉冲输入端输入脉冲，超过一定时间后，硬件看门狗定时器电路就会发出复位信号，将系统复位，使系统恢复正常工作。

1. STC8H8K64U 系列单片机看门狗定时器寄存器与计算

传统 8051 单片机一般需要外置看门狗定时器专用集成电路来实现看门狗定时器电路，STC15W4K32S4 单片机内部集成了看门狗定时器，使单片机系统的可靠性设计变得更加方便、简洁。用户可以通过设置和控制看门狗定时器控制寄存器 WDT_CONTR（地址为 C1H，复位值为 xx00 0000B）来使用看门狗定时器功能。

（1）WDT_CONTR 各位的定义。

WDT_CONTR 各位的定义如表 18.4 所示。

表 18.4 WDT_CONTR 各位的定义

位号	B7	B6	B5	B4	B3	B2	B1	B0
位名称	WDT_FLAG	—	EN_WDT	CLR_WDT	IDLE_WDT	WDT_PS[2:0]		

WDT_CONTR.7（WDT_FLAG）：看门狗定时器溢出标志位。当溢出时，该位由硬件置 1，可用软件将其清 0。

WDT_CONTR.5（EN_WDT）：看门狗定时器允许位。当该位设置为 1 时，看门狗定时器启动；当该位设置为 0 时，看门狗定时器不起作用。

WDT_CONTR.4（CLR_WDT）：看门狗定时器允许位。当该位设置为 1 时，看门狗定时器启动；当该位设置为 0 时，看门狗定时器不起作用。

WDT_CONTR.3（IDLE_WDT）：看门狗定时器 IDLE 模式（空闲模式）位。当该位设置为 1 时，看门狗定时器在空闲模式计数；当该位设置为 0 时，看门狗定时器在空闲模式不计数。

WDT_CONTR.2-WDT_CONTR.0（WDT_PS[2:0]）：看门狗定时器预分频系数控制位。

（2）看门狗定时器溢出时间计算方法。

看门狗定时器溢出时间计算公式为

$$看门狗溢出时间 = \frac{12 \times 32768 \times 2^{(WDT\_PS[2:0]+1)}}{系统时钟} \tag{18-2}$$

例如，当晶振时钟频率为 12MHz，WDT_PS[2:0]=001 时，看门狗定时器溢出时间为

$$（12 \times 4 \times 32768）/12000000 = 131.0（ms）$$

常用预分频系数设置和看门狗定时器溢出时间如表 18.5 所示。

表 18.5　常用预分频系数设置和看门狗定时器溢出时间

WDT_PS[2:0]	预分频系数	看门狗定时器溢出时间/ms（11.0592MHz）	看门狗定时器溢出时间/ms（12MHz）	看门狗定时器溢出时间/ms（20MHz）
000	2	71.1	65.5	39.3
001	4	142.2	131.0	78.6
010	8	284.4	262.1	157.3
011	16	568.8	524.2	314.6
100	32	1137.7	1048.5	629.1
101	64	2275.5	2097.1	1250
110	128	4551.1	4194.3	2500
111	256	9102.2	8388.6	5000

2. STC8H8K64U 系列单片机看门狗定时器的硬件启动

STC8H8K64U 系列单片机看门狗定时器可使用软件启动，也可以使用硬件启动。硬件启动是通过 STC-ISP 在线编程软件在下载程序前设置完成的，如图 18.1 所示，勾选"上电复位时由硬件自动启动看门狗"复选框。此外，STC8H8K64U 系列单片机看门狗定时器一旦使用硬件启动后，软件无法将其关闭，必须对单片机进行重新上电才可将其关闭。

3. STC8H8K64U 系列单片机看门狗定时器的使用

当启用看门狗定时器后，用户程序必须周期性地复位看门狗定时器，以表示程序还在正常运行，并且复位周期必须小于看门狗定时器的溢出时间。如果用户程序在一段

图 18.1　WDT 硬件启动的设置

时间之后（超出看门狗定时器的溢出时间）不能复位看门狗定时器，看门狗定时器就会溢出，将强制 CPU 自动复位，从而确保程序不会进入死循环，或者执行到无程序代码区。复位看门狗定时器的方法是重写看门狗定时器控制寄存器的内容。

例 18.3 看门狗定时器的使用主要涉及看门狗定时器控制寄存器的设置及看门狗定时器的定期复位。

解 使用看门狗定时器的 C 语言程序如下。

```
#include "stc8h.h"        //包含支持 STC8H 系列单片机的头文件
void main(void)
{
    ......               //其他初始化代码
    WDT_CONTR = 0x3c;    //看门狗定时器初始化，即 0011 1100B
    //(EN_WDT)=1，开启看门狗定时器；(CLR_WDT)=1，看门狗定时器重新计数
    //(IDLE_WDT)=1，设置看门狗定时器在空闲模式时也计数
    //(PS2)=1，(PS1)=0，(PS0)=0，设置预分频系数为 32
    while(1)
    {
        display( );      //显示子程序
        keyboard( );     //键盘子程序
        ...              //其他程序
        WDT_CONTR=0x3c;  //复位看门狗定时器
    }
}
```

4. STC8H8K64U 系列单片机看门狗定时器的应用实例

例 18.4 STC8H8K64U 系列单片机接有一个按键 key 和一个 LED，LED 以时间间隔 t_0 闪烁，设置看门狗定时器溢出时间大于 t_0，程序正常运行。当按下 key 时，t_0 逐渐变大，LED 闪烁变慢，按下 key 若干次后 t_0 大于看门狗定时器溢出时间，以此模拟程序跑飞，迫使系统自动复位，单片机重新运行程序，LED 以时间间隔 t_0 闪烁。要求应用看门狗定时器来实现。

解 假设 STC8H8K64U 系列单片机系统频率为 12MHz，当 key 被按下时，单片机运行时间为一次按键工作时间加上 LED 闪烁间隔 t_0，根据表 18.5 将看门狗定时器溢出时间设置为 2.0971s，对应的分频参数 WDT_PS[2:0]=101，即(WDT_CONTR)=0x3D，C 语言源程序如下。

```
#include "stc8h.h"              //包含支持 STC8H 系列单片机的头文件
sbit key = P3^3;                //定义按键接口
sbit led = P4^7;                //定义 LED 接口
void Delay1ms()                 //@12.000MHz
{
    unsigned char i, j;

    i = 16;
    j = 147;
    do
    {
        while (--j);
    } while (--i);
```

```
}
delaytms(unsigned  int  t)              //延时
{
    unsigned int i;
    for(i=0;i<t;i++)
{
Delay1ms();
}
}
void main(void)
{
    unsigned int t0=1000;
    WDT_CONTR=0x3D;                     //看门狗定时器初始化
    while(1)
    {
        led = ~ led;
        delaytms(t0);
        if(key == 0)
        {
            delayms(10);
            if(key==0)
            {
                t0=t0+1000;             // t0变大直至程序跑飞
                while(key ==0);         //等待按键松开
            }
        }
        WDT_CONTR=0x3D;                 //复位看门狗定时器
    }
}
```

本章小结

　　STC8H8K64U 系列单片机的空闲模式通过置位 PCON.0（IDL）来实现，进入空闲模式后，只有 CPU 停止工作，其他外部设备依然在运行。外部复位 RST 引脚硬件复位、外部中断、定时器中断、低压检测中断以及 A/D 转换中断中的任何一个中断的产生都会引起 PCON.0（IDL）被硬件清 0，从而使单片机退出空闲模式。单片机被中断唤醒后，CPU 将继续执行进入空闲模式语句的下一条指令，之后将进入相应的中断服务子程序。

　　STC8H8K64U 系列单片机的掉电模式通过置位 PCON.1（PD）来实现。单片机进入掉电模式，CPU 及全部外部设备均停止工作。RST 引脚硬件复位、外部中断、定时中断、串行通信端口中断，以及内部掉电唤醒专用定时器都可使单片机退出掉电模式。单片机被唤醒后，CPU 将继续执行进入掉电模式语句的下一条指令，之后将根据不同的唤醒方式，决定是否进入相应的中断服务子程序。

STC8H8K64U 系列单片机的看门狗定时器设计由 WDT_CONTR 进行设置，包括看门狗定时器允许控制、看门狗计数器清 0，以及看门狗定时器预分频系数的选择。在应用看门狗定时器时，要注意单片机程序的最大循环时间要小于看门狗定时器溢出时间，在循环程序内安排重置看门狗定时器计数的语句（实际上是清 0 看门狗定时器计数器）即可。

习题

一、填空题

1. STC8H8K64U 系列单片机工作的典型功耗是_____，空闲模式下的典型功耗是_____，停机模式下的典型功耗是_____。

2. STC8H8K64U 系列单片机的低功耗设计是指通过编程让单片机工作在_____、空闲模式和_____。

3. STC8H8K64U 系列单片机在空闲模式下，除_____不工作外，其余模块仍继续工作。

4. STC8H8K64U 系列单片机在空闲模式下，任何中断的产生都会引起_____被硬件清 0，从而退出空闲模式。

5. STC8H8K64U 系列单片机在掉电模式下，单片机所使用的时钟停振，CPU、看门狗定时器、定时器、串行通信端口、A/D 转换模块等功能模块停止工作，但_____继续工作。

6. STC8H8K64U 系列单片机进入掉电模式后，CPU 除可以通过外部中断及其他中断的外部引脚进行唤醒外，还可以通过内部_____唤醒。

7. STC8H8K64U 系列单片机的可靠性设计是指启动单片机中的_____定时器。

8. STC8H8K64U 系列单片机是通过设置特殊功能寄存器_____实现看门狗定时器功能的。

二、选择题

1. PCON=25H 时，STC8H8K64U 系列单片机进入（　　　）。
   A. 空闲模式　　　　B. 掉电模式　　　　C. 低速模式

2. PCON=22H 时，STC8H8K64U 系列单片机进入（　　　）。
   A. 空闲模式　　　　B. 掉电模式　　　　C. 低速模式

3. PCON=81H 时，STC8H8K64U 系列单片机进入（　　　）。
   A. 空闲模式　　　　B. 掉电模式　　　　C. 低速模式

4. 当 $f$osc=12MHz、CLKDIV=01H 时，STC8H8K64U 系列单片机的系统时钟频率为（　　　）。
   A. 12MHz　　　　B. 6MHz　　　　C. 3MHz　　　　D. 1.5MHz

5. 当 $f$osc=18MHz、CLKDIV=02H 时，STC8H8K64U 系列单片机的系统时钟频率为（　　　）。
   A. 18MHz　　　　B. 9MHz　　　　C. 4.5MHz　　　　D. 3MHz

6. 当 WKTCH=81H、WKTCL=55H 时，STC8H8K64U 系列单片机内部掉电专用唤醒定时器的定时时间为（　　）。

    A. 171ms   B. 170ms   C. 342ms   D. 340ms

7. 当系统时钟为 20MHz、WDT_CONTR=35H 时，STC8H8K64U 系列单片机看门狗定时器的溢出时间为（　　）。

    A. 629.1ms   B. 1250ms   C. 1048.5ms   D. 2097.1ms

8. 若系统时钟为 12MHz，用户程序中周期性最大循环时间为 500ms，则对看门狗定时器设置正确的是（　　）。

    A. WDT_CONTR=0x33   B. WDT_CONTR=0x3C

    C. WDT_CONTR=0x32   D. WDT_CONTR=0xB3

三、判断题

1. 若 CLKDIV 为 02H，则 $f_{SYS}=f_{osc}/2$。（　　）

2. 若 CLKDIV 为 03H，则 $f_{SYS}=f_{osc}/8$。（　　）

3. 当 STC8H8K64U 系列单片机处于空闲模式时，任何中断都可以唤醒 CPU，从而使单片机退出空闲模式。（　　）

4. 当 STC8H8K64U 系列单片机处于空闲模式时，若外部中断未被允许，则其中断请求信号不能唤醒 CPU。（　　）

5. 当 STC8H8K64U 系列单片机处于掉电模式时，除外部中断外，其他允许中断的外部引脚信号也可唤醒 CPU，使单片机退出掉电模式。（　　）

6. STC8H8K64U 系列单片机内部专用掉电唤醒定时器的定时时间与系统时钟频率无关。（　　）

7. STC8H8K64U 系列单片机看门狗定时器溢出时间的大小与系统时钟频率无关。（　　）

8. STC8H8K64U 系列单片机 WDT_CONTR 的 CLR_WDT 是看门狗定时器的清 0 位，当该位设置为 0 时，看门狗定时器将重新计数。（　　）

四、问答题

1. STC8H8K64U 系列单片机的低功耗设计有哪几种工作模式？如何设置？

2. STC8H8K64U 系列单片机如何进入空闲模式？在空闲模式下，STC8H8K64U 系列单片机的工作状态是怎样的？

3. STC8H8K64U 系列单片机如何进入掉电模式？在掉电模式下，STC8H8K64U 系列单片机的工作状态是怎样的？

4. STC8H8K64U 系列单片机在空闲模式下，如何唤醒 CPU？退出空闲模式后，CPU 执行指令的情况是怎样的？

5. STC8H8K64U 系列单片机在掉电模式下，如何唤醒 CPU？退出掉电模式后，CPU 执行指令的情况是怎样的？

6. 在 STC8H8K64U 系列单片机程序设计中，如何选择时钟分频器的预分频系数？如何设置 WDT_CONTR，实现看门狗定时器功能？

参考文献

[1] 宏晶科技. STC8H 系列单片机技术参考手册[Z].2020.10

[2] 丁向荣. 单片微机原理与接口技术——基于 STC15W4K32S4 系列单片机. 北京：电子工业出版社，2020.3

[3] 丁向荣. 单片微机原理与接口技术——基于 STC15W4K32S4 系列单片机. 北京：电子工业出版社，2015.5

[4] 丁向荣. 单片机应用系统与开发技术项目教程. 北京：清华大学出版社，2017.2

[5] 丁向荣. 单片机原理与应用项目教程. 北京：清华大学出版社，2015.5

[6] 丁向荣. 单片机原理与应用-基于可在线仿真的 STC15F2K60S2 系列单片机. 北京：清华大学出版社，2015.1

[7] 丁向荣. 增强型 8051 单片机原理与系统开发. 北京：清华大学出版社，2013.9

[8] 丁向荣. STC 系列增强型 8051 单片机原理与应用. 北京：电子工业出版社，2010.1

[9] 陈桂友. 增强型 8051 单片机实用开发技术[M]. 北京：北京航空航天大学出版社，2010.1

[10] 丁向荣，贾萍. 单片机应用系统与开发技术（第 2 版）. 北京：清华大学出版社，2015.8